Uni-Taschenbücher 1995

UTB
FÜR WISSEN
SCHAFT

Eine Arbeitsgemeinschaft der Verlage

Wilhelm Fink Verlag München
Gustav Fischer Verlag Jena und Stuttgart
A. Francke Verlag Tübingen und Basel
Paul Haupt Verlag Bern · Stuttgart · Wien
Hüthig Fachverlage Heidelberg
Leske Verlag + Budrich GmbH Opladen
Lucius & Lucius Verlagsgesellschaft Stuttgart
Mohr Siebeck Tübingen
Quelle & Meyer Verlag · Wiesbaden
Ernst Reinhardt Verlag München und Basel
Schäffer-Poeschel Verlag · Stuttgart
Ferdinand Schöningh Verlag Paderborn · München · Wien · Zürich
Eugen Ulmer Verlag Stuttgart
Vandenhoeck & Ruprecht in Göttingen und Zürich

Arnold Gehlen

Der Mensch

Seine Natur und seine Stellung in der Welt

13. Auflage

Quelle & Meyer Wiesbaden

Deutsche Bibliothek - CIP-Einheitsaufnahme

Gehlen, Arnold:
Der Mensch : seine Natur und seine Stellung in der Welt / Arnold Gehlen. - 13. Aufl. - Wiesbaden : Quelle und Meyer, 1997
(UTB für Wissenschaft : Uni-Taschenbücher ; 1995)
ISBN 3-8252-1995-X (UTB)
ISBN 3-494-02241-0 (Quelle & Meyer)

1997, Quelle & Meyer Verlag GmbH & Co.
ISBN 3-494-02241-0
Lizenzausgabe der 13. Auflage des AULA-Verlags, Wiesbaden

Einbandgestaltung: Alfred Krugmann, Stuttgart
Druck und Verarbeitung: Zechnersche Buchdruckerei, Speyer
Printed in Germany/Imprimé en Allemagne

ISBN 3-8252-1995-X (UTB-Bestellnummer)

Inhalt

Einführung

1. Der Mensch als biologisches Sonderproblem

Das von nachdenkenden Menschen empfundene Bedürfnis nach einer Deutung des eigenen menschlichen Daseins ist kein bloß theoretisches Bedürfnis. Je nach den Entscheidungen, die eine solche Deutung enthält, werden Aufgaben sichtbar oder verdeckt. Ob sich der Mensch als Geschöpf Gottes versteht oder als arrivierten Affen, wird einen deutlichen Unterschied in seinem Verhalten zu wirklichen Tatsachen ausmachen; man wird in beiden Fällen auch in sich sehr verschiedene Befehle hören.

Die Religionen, die Weltanschauungen, die Wissenschaften gehen in der Beantwortung dieser Frage nach dem Wesen des Menschen natürlich nicht auf. Aber sie pflegen eine Antwort anzubieten oder doch wenigstens Gesichtspunkte, von denen man eine solche ableiten kann. Hierbei ist keinerlei Übereinstimmung gewährleistet, denn die Antworten können sich – wie im eben genannten Beispiel – ausschließen.

Man sollte versuchen, gerade diese Umstände zur Bestimmung des Wesens des Menschen heranzuziehen; das würde bedeuten: es gibt ein lebendiges Wesen, zu dessen wichtigsten Eigenschaften es gehört, zu sich selbst Stellung nehmen zu müssen, wozu eben ein „Bild", eine Deutungsformel notwendig ist. Zu sich selbst heißt: zu den eigenen wahrgenommenen Antrieben und Eigenschaften – aber auch zu seinesgleichen, zu anderen Menschen, denn auch deren Behandlung wird davon abhängen, für was man sie hält, und für was man sich hält. Was es aber heißt: der Mensch *muß* sein Wesen deuten und von daher sich selbst und anderen gegenüber tätig und stellungnehmend sich verhalten – das ist nicht so leicht gesagt.
Jedoch eine Antwort ist notwendig, denn sonst bleibt es bei der Vermutung, man könne in dieser Frage „neutral" bleiben und brauche sich nicht für eine der sehr streitenden Formeln zu entscheiden.

Die erstere leitet den Menschen von Gott, die andere vom Tier ab. Aber die erste ist keine wissenschaftliche, und die zweite, wie wir sehen werden, gerade wissenschaftlich zweideutig. Umgekehrt fällt auf, daß beide Standpunkte eine gemeinsame Voraussetzung haben: daß nämlich der Mensch nicht aus sich selbst begriffen werden könne, daß er nur mit Kategorien des Außermenschlichen beschreibbar oder deutbar sei. Hier nun setzt das Interesse dieses Buches ein: ich nehme an, daß diese Voraussetzung nicht notwendig ist, daß es vielmehr möglich ist, eine Auffassung vom Wesen des Menschen zu entwickeln, die sich – um es technisch auszudrücken – sehr spezifischer und nur für diesen Gegenstand zutreffender Begriffe bedient. Diese Richtung der Untersuchung wird freigelegt, wenn man die Frage festhält: was bedeutet gerade das Bedürfnis der Deutung?

Dieses wäre sofort verstanden, wenn der Mensch ein Wesen wäre, welches in sich oder mit sich eine *Aufgabe* vorfände, die er sich in seiner Selbstdeutung faßlich machen und „verdeutlichen" muß. Alles wird darauf ankommen, ob es möglich ist, in einer wissenschaftlichen, d. h. empirischen Analyse des Menschen diesen Gesichtspunkt zu entwickeln. Der Mensch wäre nicht nur ein notwendig, aus irgendwelchen, aber sehr besonderen menschlichen Gründen *stellungnehmendes* Wesen, sondern auch ein in gewisser Weise „unfertiges", d. h. ein solches, welches mit sich oder gegeneinander vor Aufgaben gestellt wäre, die mit dem bloßen Dasein gegeben wären, aber nicht gelöst. Steht die Sache so, dann ist allerdings eine „Selbstanschauung" von innen her notwendig, wenn nämlich der Mensch „sich zu etwas zu machen" hat, und dies nur angesichts eines Bildes von sich möglich ist. Aber die Aufgabe, die ihm gestellt ist, die müßte mit seinem bloßen Dasein schon gegeben sein, also eben in seiner Bestimmtheit als „Mensch" liegen. Genau dies hat Nietzsche einmal gesehen, als er den Menschen „das noch nicht festgestellte Tier" nannte (XIII, 276). Dieses Wort ist richtig und exakt doppelsinnig. Es meint erstens: es gibt noch keine Feststellung dessen, was eigentlich der Mensch ist, und zweitens: das Wesen Mensch ist irgendwie „unfertig", nicht „festgerückt". Beide Aussagen sind zutreffend und können übernommen werden.

Damit wäre ein erster Hinweis für den Inhalt dieses Buches gegeben. Er verdeutlicht sich nach mehreren Seiten.

Diese Schrift ist eine philosophische und wissenschaftliche. Sie hält sich sorgfältig im Umkreis der Erfahrung, der Analyse von Tatsachen oder Vollzügen, die jedermann erreichbar oder für jedermann nachvollziehbar sind. Bei der heutzutage erreichbaren Stromstärke der Reflexionsbeleuchtung haben metaphysische Aussagen eine nur sehr bedingte Überzeugungskraft und vor allem wenig echte, motivbildende und die Handlungen realer Menschen bestimmende Macht. Gegenüber dem Umfang des erreichbaren Tatsachenwissens, das sehr oft seiner eigenen, widerspruchslosen Ordnung widerstreitet, können abgehobene, als abstrakte Wahrheiten formulierte Sätze sich schwer halten. Zwingend erzeugen sie die weitere Frage, durch welche inneren und äußeren Erfahrungen sie hindurchgegangen und also begrenzt sind, und innerhalb welcher Traditionen oder Revolutionen sie einleuchtend sind. Die empirisch-analytische Wissenschaft hat nun den Vorteil, daß sie sich auf eine (heute noch) selbstverständliche und sich selbst genügende Bewußtseinshaltung stützen kann, aber sie bezahlt diesen Vorteil mit der Eigenschaft, daß ihre Aussagen fragmentarisch sind. Auch die hier vorgelegte Darstellung ist einseitig oder allenfalls mehrseitig, sie ist also auf Kritik oder besser noch auf Ergänzung angewiesen. Es hat sich jedenfalls herausgestellt, daß man die hier beschriebenen Tatsachen nur unter der Voraussetzung einer, wenn man will technischen Enthaltung von der Metaphysik zu Gesichte bekommt. Der Mensch ist ein Forschungsgebiet, auf dem auch heute noch eine unbestimmte Zahl ungesehener und unbenannter Phänomene sich feststellen läßt.

Es ist erst das Thema „Geist", welches eine metaphysische Stellungnahme herausfordert. Die hier auftretenden Probleme sind derartig verwickelt, vielschichtig und schwierig, daß jede vereinfachte Formel naiv wirkt. Wen sollen globale Thesen über den Geist, die z. B. das Ideologienproblem oder das Relativismusproblem ignorieren, überzeugen können? Auf dem Wege dieses Buches liegen diese großen Fragen nicht unmittelbar, so daß ihre Einklammerung auch den positiven Sinn hat, sie einer späteren Untersuchung vorzubehalten. Doch soll im letzten Abschnitt dieses Buches eine Exposition der Grundfragen erfolgen, soweit ich sie heute schon zu übersehen vermag.

Um nun in den Gang der Einführung zurückzulenken, so soll gerade die „Sonderstellung" des Menschen bestimmt werden. Es würde als ein Vorzug empfunden werden, wenn sich dabei die allgemeine und populäre Ansicht begründen ließe, die alles, was nicht Mensch ist, vom Regenwurm bis zum Schimpansen, als „Tier" bezeichnet und vom Menschen absetzt. Worin liegt das Recht dieser Unterscheidung, und kann man sie noch halten, wenn man auch die Grundprinzipien der Abstammungslehre zugibt?

So wie die Anatomie eine allgemeine Wissenschaft vom Bau des menschlichen Körpers ist, muß auch eine Gesamtauffassung „des Menschen" möglich sein, denn da wir niemals im Zweifel sind, ob ein Wesen ein Mensch ist oder nicht, da weiter der Mensch wirklich eine echte Gattung bildet, sind wir zu der Erwartung berechtigt, daß eine allgemeine Anthropologie einen eindeutigen Gegenstand haben wird. Sie wäre logisch jeder speziellen Anthropologie, vor allem der Rassenlehre, aber auch der Psychologie wie jeder

Wissenschaft vorgeordnet, die von vornherein nur einen besonderen Aspekt des Menschen thematisiert. Sie würde daher ihrerseits die Probleme dieser speziellen Wissenschaften nicht ausdrücklich behandeln, so wenig wie die allgemeine Anatomie die besonderen anatomischen Rassenmerkmale behandelt.

Wenn von einer Sonderstellung des Menschen die Rede ist, so ist anzugeben, wovon der Mensch sich absondert. Es ist daher dem Vergleich menschlicher Eigenschaften und Leistungen mit tierischen kein geringer Raum zugestanden worden, aber diese Vergleiche wurden nicht, wie bisher fast immer, in der vorgefaßten Absicht angestellt, die ersteren aus den letzteren mit Hilfe der grenzenlosen Bereitwilligkeit des Begriffs „Entwicklung" abzuleiten, der allzu leicht aus einem hypothetischen zu einem metaphysischen Begriff wird; auch quasiempirische Begriffe, die ursprünglich gegen metaphysische, wie den der Schöpfung, entwickelt wurden, werden eigenauthentisch und „metaphysisch", wenn sie in deren Funktion eintreten. Jene Ableitung gelingt allenfalls für einzelne Merkmale oder Merkmalskomplexe, aber nicht für den „ganzen Menschen", und die Aufgabe, „den Menschen" darzustellen, ist sehr schwer, oft versucht worden, aber doch wohl noch nie gelungen.

Sie ist nicht gelungen aus mehreren Gründen. Der Hauptgrund ist der: man bringt das „Äußere" und das „Innere" nicht zusammen, Morphologie und Psychologie, Leib und Seele bleiben für jede bisherige Betrachtung doch fremde Welten. Auch die allgemeine Behauptung: der Mensch ist eine Leib-Seele-Geist-*Einheit* muß abstrakt bleiben; sie ist zwar richtig, aber sie ist logisch nur verneinend: die Ablehnung des abstrakten Dualismus ist darin ausgesprochen. Über die positive Seite ist dagegen nichts gesagt. Diese Formel bleibt wie jede Ganzheitsformel abstrakt, sozusagen zu wahr, um richtig zu sein, und kann auf die nächste konkrete Frage von sich aus nichts antworten. Um in den Begriffen der neuen Ontologie N. Hartmanns zu sprechen: es kommt uns darauf an, unbeschadet der von vornherein zugestandenen Unmöglichkeit, den „Geist" auf das „Leben" *zurückzuführen*, diejenigen *Kategorien* zu finden, die „durchlaufen", die also das Zusammenbestehen dieser Schichten möglich machen.

Ein weiterer Grund für das Mißlingen anthropologischer Gesamttheorien ist folgender: in eine solche Wissenschaft müßten mehrere Einzelwissenschaften eingehen: die Biologie, die Psychologie, die Erkenntnislehre, die Sprachwissenschaft, die Physiologie, die Soziologie usw. Schon die Orientierung in so verschiedenen Wissenschaften kann nicht leicht sein, noch fraglicher muß die Möglichkeit sein, irgendeinen Gesichtspunkt zu gewinnen, von dem aus alle diese Wissenschaften in Hinsicht auf *ein* Thema beherrscht werden können. Es müssen sozusagen die Grenzen zwischen diesen Wissenschaften niedergerissen werden, aber in einer produktiven Weise: aus dieser Zerstörung muß das Material für einen Neubau einer einzigen Wissenschaft gewonnen werden. Ich habe nun einen solchen leitenden Gesichtspunkt, der wieder aus keiner der beteiligten Einzelwissenschaften genommen werden konnte, sondern ein philosophischer ist, aufzustellen, und das ganze Buch stellt die Anwendung dieses einen Grundgedankens, einer einfachen Anschauung, dar.

Die Schwierigkeit, angesichts deren bisher eine philosophische Anthropologie nicht zustande kam, bestand also in folgendem:

Sobald man einzelne Merkmale oder Eigenschaften ansah, fand man nichts spezifisch Menschliches. Der Mensch hat zwar einen sehr merkwürdigen Körperbau, aber die Anthropoiden (Großaffen) einen ziemlich ähnlichen. Es gibt genügend Tiere, die Wohnungen oder Kunstbauten aufführen oder gesellig leben, von den Ameisen bis zu den Bibern. Elefanten sind auch klug, und sicher gibt es sprachähnliche akustische Verständigung bei manchen Tieren. Mit den interessanten Versuchen Köhlers zur Intelligenz der Schimpansen werden wir uns noch ausführlich befassen. Kommt dazu noch das Gewicht der Abstammungslehre, so scheint eine Anthropologie allenfalls das letzte Kapitel einer Zoologie zu sein. Solange man keine Gesamtanschauung vom Menschen hat, muß es bei der Betrachtung und Vergleichung von Einzelmerkmalen bleiben, und solange es dabei bleibt, gibt es keine selbständige Anthropologie, weil es kein selbständiges Wesen Mensch gibt.

Will man aber dieses festhalten, so muß man eine „Ganzheit" des Menschen anerkennen. Aber die These von der Leib-Seele-Einheit bewältigt den Dualismus von Leib und Seele, Außen und Innen nicht eigentlich. Sie weigert sich nur, auf die darin enthaltenen schwierigen Probleme einzugehen. Warum ist es der Natur eingefallen, ein Wesen zu organisieren, das der ungemeinen Irrtumsfähigkeit und Störbarkeit des Bewußtseins ausgesetzt ist? Warum hat sie den Menschen nicht lieber, statt mit „Seele" und „Geist" mit ein paar sicher funktionierenden Instinkten mehr ausgestattet? Außerdem, wenn eine solche Einheit bestehen soll: wo sind denn die Begriffe und Denkformen, um Seele und Geist vom Leibe her (mit biologischen Kategorien) zu verstehen, oder den Leib von der Seele und dem Geiste her? Das müßte ja möglich sein, wenn da eine „Einheit" ist. Nichts davon ist beantwortet und das Recht zu einem neuen Versuch unbestreitbar.

Es könnte ja sein, daß alle wesentlichen menschlichen äußeren und inneren Merkmale und Leistungen einen noch nicht gesehenen Zusammenhang haben, der nur von *einem* bestimmten Gesichtspunkt deutlich wird. Wenn nun dieser Leitfaden uns nötigen würde, unsere maßgebenden Begriffe sehr oft im Gegensatz zu denen zu wählen, die sich in der Zoologie und Tierpsychologie bewährt haben, oder doch mindestens die Akzente entschieden zu verlagern – so wäre mit der Lösung der anthropologischen Aufgabe auch die Sonderstellung des Menschen in der Natur verstanden und ein Begriff, eine begriffene Anschauung „des Menschen" erreicht. Jener eine Gesichtspunkt müßte ein sehr zentraler sein, es jedenfalls unmöglich machen, irgendein einzelnes Merkmal – die „Vernunft", die Hand, den aufrechten Gang, die Sprache oder sonst etwas für das „Ganze" zu erklären. Das gelingt nie, denn jedes isolierte Merkmal ist irgendwo im Tierischen wiederzufinden und, allein gefaßt, zweideutig.

Streng genommen gebe ich nur eine *elementare Anthropologie*, aber dieses Elementare reicht eben beim Menschen ganz außerordentlich weit und ist in seinen Auswirkungen wahrscheinlich überhaupt unbegrenzbar. Für das, was ich zu sagen habe, müssen sehr viele Tatsachen aus mehreren Wissenschaften übersehbar gemacht werden, und dies von einer Gesamtanschauung aus zu tun, war die eigentlich philosophische Aufgabe. Die Philosophie hat es nämlich mit bestimmten vorhandenen Sachverhalten und Gegenständen (mögen dies auch Vollzüge sein, z. B. Handlungen) zu tun, und so ist etwa „der Mensch" ein Thema der Philosophie: keine der Einzelwissenschaften, die sich mit dem Menschen ebenfalls beschäftigen – Morphologie, Psychologie, Sprachwissenschaft usw. –, hat diesen Gegenstand: der Mensch, und wieder gibt es keine Wissenschaft vom Menschen ohne Berücksichtigung der Resultate, die in jenen Einzelwissenschaften liegen.

Dieses Buch setzt sich nun auch einer anderen Ansicht entgegen. Das ist die sehr verbreitete „naturalistische" und sich „biologisch" nennende Auffassung des Menschen vom Tiere aus, sei es in Gestalt der klassischen – oder, wie man sie auch nennen kann, naiven – Abstammungslehre, sei es in irgendeiner anderen Auffassung, die vom Körperlichen ausgehend und im angeblichen Besitz oder in Pacht „biologischer Denkweise" soviel Seelisches von außen einfangen will, wie es ohne offensichtlichen Widersinn gehen möge. Ich werde mich mit solchen Auffassungen im Text und wissenschaftlich auseinandersetzen und hier nur meinen Gegenvorwurf anbringen: ich behaupte, daß gerade eine solche Denkweise *keine* biologische ist, wenn es um den Menschen geht, und das biologische Denken in Mißkredit bringen muß, behaupte vielmehr, mit einer Auffassung vom Menschen, welche zu fast allen gängigen Anschauungen im Widerspruch steht, selber exakt biologisch zu denken. Denn man gebe mir einmal die Voraussetzung zu – die Hypothese, die in dieser Schrift durch alles das sichergestellt werden wird, was man mit ihr erkennen und übersehen kann – nämlich die Voraussetzung: im Menschen liegt ein ganz einmaliger, sonst nicht versuchter Gesamtentwurf der Natur vor. Dann muß doch jede *unmittelbare* Ableitung des Menschen vom Tier, also etwa von Großaffen, Schimpansen usw., von vornherein diese Fragestellung versperren – ja, gerade der Vorsatz, nach jener Ableitung zu suchen, würde jeden eigentlich anthropologischen Gedankenkeim verschütten. Und hier zeigt sich nun eine sehr wichtige Dialektik in dem, was man „biologisches Denken" nennt.

Sieht man den Menschen von außen an, seinen Körperbau, und ist man Kenner der zoologischen Entwicklungsgeschichte, dazu vielleicht noch Kenner der Fossilien, der Skelettreste längst gestorbenen Lebens, so drängt sich allerdings eine bestimmte Theorie auf, und um so mehr, je stärker man dem Denkinstinkt des Vereinfachens und Vereinheitlichens nachgibt: die Theorie von der geradlinigen Abstammung des Menschen von den Anthropoiden. Diese Theorie behauptet gerade deswegen biologisch zu denken, weil sie vom Leiblichen, vom Körperbau, von den Entwicklungsgesetzen organischen Lebens aus denkt. Eben deswegen kommt sie an die „Innenseite" des Menschen nicht heran, und eben deswegen muß sie allergrößten Wert auf Köhlers Schimpansenexperimente (sog. Tierpsychologie) legen, nach denen die Anthropoiden auch Intelligenz und sogar erfinderische Intelligenz haben. So gibt es ein Schema einer Gesamttheorie, wie es jetzt recht allgemein herrscht, aber um den Preis ganz rücksichtsloser Vernachlässigung des menschlichen Innenlebens oder ganz kindlicher Vorstellungen von dessen Inhalten. Was ist Sprache? Was ist Phantasie? Was ist Wille? Gibt es überhaupt Erkenntnis, und wenn ja – was wird erkannt und was nicht? Warum gerade dieses und jenes nicht? Was ist „Moral", und warum gibt es so etwas? Mit den Begriffen jener Theorie sind diese Fragen überhaupt nicht zu stellen, geschweige zu beantworten.

Ich behaupte nun: man kann diese Fragen einer Beantwortung näherführen, und zwar in Untersuchungen, die sich um eine möglichst unbefangene, möglichst nur beschreibende Begriffsbildung bemühen müssen, deren innere Schwierigkeit hauptsächlich in der Auflösung hartnäckiger Denkgewohnheiten liegt. Ist nämlich der Mensch ein „Sonderentwurf" der Natur, so muß ihn ja gerade jede nichtspezifische Betrachtung schon im Grundsätzlichen verfehlen. Umgekehrt werde ich nachweisen: es gibt eine – sagen wir in erster Annäherung: anthropo-biologische – Betrachtungsweise, welche die besondere Leibesbeschaffenheit des Menschen mit der sehr komplexen und komplizierten „Innerlichkeit" zusammen sehen und diesen Zusammenhang auch da mit speziellen Grundbegriffen (Kategorien) wenigstens näherungsweise fassen kann, wo uns der Einblick in den direkten Nexus des Leiblichen und Seelischen wohl für immer versagt ist.

Eine objektive Analyse eines Lebewesens kann nur biologisch verfahren, indem sie auch die seelischen und geistigen Lebenserscheinungen als Tatsachen in bezug auf andere Tatsachen untersucht. Solange die theoretische Einstellung aus sich selbst heraus keinen Grund findet, sich selbst zu opfern, kommt man um diese Beziehungen nicht herum. Aber eine solche Untersuchung darf sich nicht bloß im Somatischen oder zusätzlich dazu bei der Vergleichung einiger, von einer selbst körperfremden Psychologie gesehener Verstandes- oder Lernleistungen mit solchen gewisser Tiere aufhalten. Sie gelingt nur, wenn man spezifisch menschliche Gesetze findet, die sich durch den gesamten Bereich der menschlichen Konstitution hindurch verfolgen lassen; dann aber empfiehlt es sich, von allen zunächst sich anbietenden geläufigen Vorstellungen einmal *abzusehen*, sie „einzuklammern". Auch von der Vorstellung der direkten Abstammung des Menschen von dem, was man *heute* Anthropoiden nennt, oder was, wenn auch ausgestorben, mit ihnen eine Klasse bilden würde; auch von der Meinung, es gäbe „Übergänge" von der tierischen zur menschlichen Intelligenz oder Sprache, von „Tierstaaten" oder Symbiosen zu menschlichen *Institutionen*, und ebenfalls von vielen gewohnten Begriffsbildungen der Psychologie. Diese Einklammerung ist auch keine Zumutung, weil auf *diesen* Wegen bisher jedenfalls eine befriedigende Gesamttheorie des Menschen, selbst in den Grenzen des Erreichbaren, nicht gelungen ist. Man kommt anders weiter.

Wenn es um den Menschen geht, darf also eine biologische Betrachtung nicht bloß auf das Somatische, auf das Körperliche gehen. Worin besteht denn dann die anthropo-biologische Fragestellung? Sie besteht allein in der Frage nach den *Existenzbedingungen* des Menschen. Man sehe sich dieses sonderbare und unvergleichliche Wesen an, dem alle tierischen Lebensbedingungen fehlen, und frage sich: vor welchen Aufgaben steht ein solches Wesen, wenn es einfach sein Leben erhalten, sein Dasein fristen, wenn es seine bare Existenz durchhalten will? Und es wird sich zeigen – in langen und schwierigen Untersuchungen, aber unter einem einzigen Grundgedanken –, daß dazu einsichtig und notwendig nichts weniger gehört, als die ganze Breite der elementaren menschlichen Innerlichkeit; die Gedanken und die Sprache, die Phantasie, die sonderbaren bebilderten Antriebe, die kein Tier hat, die einzigartige Motorik und Beweglichkeit – alle diese Merkmale werden wir jedes für sich einfach daraufhin ansehen, was man darin bemerken kann, und sie werden sich dann alle gegenseitig erläutern und aufeinander hinweisen. Es ist ein höchst komplizierter, ein wunderbarer Aufbau von Leistungen erfordert, damit ein Wesen von *gerade dieser leiblichen Verfassung* morgen und nächste Woche und nächstes Jahr noch leben kann. So sieht die biologische Betrachtung aus, wenn es sich um den Menschen handelt.

Oben war gesagt worden: der Mensch ist das noch nicht festgestellte Tier, er ist irgendwie nicht „festgerückt". Er ist, wie wir auch sagten, ein Wesen, welches in sich eine *Aufgabe* vorfindet – und gerade deshalb braucht er eine Deutung seiner selbst, um die es immer gegangen ist und auch hier geht. Wir können diese Sätze jetzt etwas erweitern: die Natur hat dem Menschen eine Sonderstellung angewiesen, oder anders gesagt, sie hat im Menschen eine sonst nicht vorhandene, noch nie ausprobierte Richtung der Entwicklung eingeschlagen, sie hat ein neues Organisationsprinzip zu erschaffen beliebt. Zu diesem gehört, daß der Mensch in seinem bloßen Dasein eine Aufgabe vorfindet, daß sein Dasein seine eigene Aufgabe und Leistung wird, ganz elementar: es ist schon für ihn eine beträchtliche Leistung, nächstes Jahr noch zu leben, und zu dieser Leistung müssen die gesamten Fähigkeiten des Menschen von ihm selbst gebraucht werden. Er ist nicht „festgerückt" heißt: er *verfügt* noch über seine eigenen Anlagen und Gaben, um zu existieren, er *verhält sich zu sich selbst,* lebensnotwendig, wie dies kein Tier tut; er lebt nicht, wie ich zu sagen pflege, er *führt* sein Leben. Nicht aus Spaß, und nicht zum Luxus des Nachdenkens, sondern aus ernster Not: wenn die Natur ein Wesen allen Gefahren der Störbarkeit und Abirrung auslieferte, die in diesem „Nichtfestgestelltsein", in diesem Zwang, sich selbst festzustellen und über sich zu verfügen, bestehen, so mußte ein ernster Grund vorliegen. Und er liegt vor in dem Risiko einer Physis, die aller beim Tiere wohlbewährten organischen Gesetzlichkeit geradezu widerspricht. Wenn irgendeine Betrachtungsweise biologisch genannt werden darf, so dürfte es diese sein: ein Wesen unter die Frage zu stellen, mit welchen Mitteln es eigentlich existiert. Wenn man dies tut, so gewahrt man einen außerordentlichen Bereich einer ganz neuen Wissenschaft: einer Gesamtwissenschaft vom Menschen. Man kann zeigen, warum diese besondere biologische, ja anatomische Leiblichkeit des Menschen seine Intelligenz notwendig macht, und eine gerade so funktionierende. Man kann zeigen, wie die Sprache ein System tieferliegender Bewegungs- und Empfindungszusammenhänge fortsetzt, wie das Denken, Vorstellen sich aufbauen, wie die unvergleichliche Wahrnehmungswelt des Menschen mit all dem zusammenstimmt. Die ganz untierische und einmalige Antriebsstruktur desselben gehört einsichtig zu einem solchen Wesen, und es gibt *einen* Systemgedanken, der das reiche Material, das wir an tatsächlichem Wissen haben, zu organisieren erlaubt. Wir wollen also ein System einleuchtender, wechselseitiger Beziehungen *aller* wesentlichen Merkmale des Menschen herstellen, vom aufrechten Gang bis zur Moral, sozusagen, denn alle diese Merkmale bilden ein System, in dem sie sich *gegenseitig* voraussetzen: ein Fehler, eine Abweichung an einer Stelle würde das Ganze lebensunfähig machen. Die Frage nach den „Ursachen" bleibt ausgeschlossen, es besteht keine kausale Abhängigkeit des einen Merkmals vom anderen: die Intelligenz hat nicht die Sprache „bewirkt" oder der aufrechte Gang die Intelligenz oder umgekehrt. Dieses Wesen ist *ein* Naturentwurf, und zu seiner Lebensfähigkeit gehören genau diese Eigenschaften in genau den zu zeigenden gegenseitigen Beziehungen. Ich werde auch gleich im ersten Teil zeigen, daß diese Sonderstellung des Menschen innerhalb der klassischen Abstammungstheorie selbst ein unübersehbares Problem ist, und dies in den bestimmten, darzustellenden Theorien nachweisen.

Methodisch ist hier also die Erinnerung notwendig, daß der Begriff der „Ursache" vollständig zu verschwinden hat. Er hat einen definablen Sinn nur da, wo einzelne Zusammenhänge isoliert werden können, also innerhalb echt experimenteller Wissenschaften. Sonst ist er ein Kurzschlußbegriff und besteht meistens darin, daß man aus einem ganzen Komplex ein Merkmal isoliert und als „Ursache" eben dieses Komplexes, aus dem es isoliert wurde, setzt. So, wenn gesagt wird, der Gebrauch der Hand sei die Ursache der starken Gehirnentwicklung und diese wieder die Ursache der Menschwerdung, oder die Auflichtung spättertiärer Urwälder sei die Ursache des berühmten Herabsteigens von den Bäumen und dieses die Ursache der Aufrichtung usw.

Eine äquivalente Behandlung, welche die Fehler solcher „Kausalfragen" vermeidet und von vornherein im Sinne unserer biologischen Fragestellung liegt, ist die folgende: daß man auf den *Zusammenhang* von *Bedingungen abhebt.* Man formuliert also: ohne A kein B, ohne B kein C, ohne C kein D usw. Läuft diese Reihe in sich zurück – ohne N kein A –, so ist ein totales Verständnis des betrachteten Systems gelungen, ohne daß irgendwo die Metaphysik einer einzelnen Ursache Platz hätte.

Man sieht sofort, daß diese Methode der „Ganzheit" des Menschen, wenn sie existiert, allein angemessen wäre, ja, daß umgekehrt diese Ganzheit nur dann bewiesen ist, wenn diese Methode gelingt, die die unsere ist.

Diese seit der ersten Auflage unverändert unterstrichenen Grundthesen haben dieses Buch nicht vor Mißverständnissen bewahrt, die sich alle um eine zu enge, populäre Fassung des Begriffes „biologisch" gruppieren. Begreiflicherweise gehört dieser Begriff infolge des Mißbrauches, der damit getrieben wurde, zu denen, gegen die man sensibilisiert ist. Aber man kann ihn schwer ersetzen: die Worte „lebenswissenschaftlich" oder „vitalistisch" enthalten nicht weniger Vieldeutigkeiten. Es soll daher wieder betont werden, daß das Bewußtsein, die Vorstellungswelt, die Sprache hier nicht aus körperlichen Vorgängen „abgeleitet" oder auf sie „zurückgeführt" werden sollen, und daß die Kunst, die Religion, das Recht nicht als bloße Reflexe des organischen Lebens verstanden werden können.

Die hier gewählte und als biologisch bezeichnete Betrachtungsweise besteht vielmehr darin, die höheren Funktionen, wie Phantasie, Sprache, Denken usw., im *Vollzuge* zu beobachten. Eine parallellaufende Untersuchung zeigt die klar umschriebene Sonderstellung des Menschen in morphologischer, also engeren Sinnes biologischer Hinsicht. Hier entsteht die Frage: wie kann ein so schutzloses, bedürftiges, ein so exponiertes Wesen sich überhaupt am Leben erhalten? Es zeigt sich nun, daß jene höheren Funktionen unter dieser, im weiteren Sinne biologischen Frage als Lebensnotwendigkeiten erscheinen, daß sie also in jene morphologische Sonderstellung „hineinkomponiert" sind. Beide Gedankenreihen laufen daher im Begriff der *Handlung* zusammen, deren nähere, empirische Analyse auf Schritt und Tritt echte Strukturen zeigt, d. h. Kategorien, die den Zusammenhang des Leiblichen und Seelischen enthalten und, sagen wir, auf gewisse Verdichtungsstellen eingrenzen. Dieser Zusammenhang *selbst* ist unserer Erkenntnis transzendent. Von ihm gilt, was Heisenberg (Die Einheit des naturw. Weltbildes, 1942, p. 32) sagt: daß „die Wirklichkeit für unser Denken zunächst in getrennte Schichten zerfällt, die sozusagen erst in einem abstrakten Raum hinter den Phänomenen zusammenhängen", so daß „alle Erkenntnis gewissermaßen über einer grundlosen Tiefe hängen muß". Andererseits wird dieser Zusammenhang selbstverständlich in jeder gewollten Armbewegung fortdauernd *vollzogen*, ist also eine Tatsache und Erfahrung. Die Analyse der Handlungsvollzüge des Menschen läßt also erhoffen, diesen dunkelsten aller „abstrakten Räume" wenigstens approximativ und von den Rändern her zu erleuchten.

Ich will hier schon ein Beispiel geben. Es betrifft die fundamentale Kategorie der „Entlastung". Das Denken, Vorstellen und Phantasieren ruht, wie sich zeigen wird, auf einem breiten Unterbau „sensomotorischer" Funktionen, die über Hand, Auge und Sprache laufen. Es wäre eine unerlaubte Vereinfachung, wollte man deswegen die ersteren auf die letzteren „zurückführen" oder aus ihnen „entstehen" lassen. Andererseits ist kein Zweifel an dem Bestehen dieser Fundierung. Die hier einsetzende Kategorie der Entlastung meint nun, daß die Funktionen des Denkens und der Phantasie an den elementaren, mit Worten durchwobenen Tast- und Seherfahrungen ihre Beweglichkeit erhalten, daß sie die dort entwickelten Erfahrungen in einer sozusagen müheloseren und freieren Form fortsetzen, und daß gewisse Strukturen beider Bereiche nachweisbar identisch sind. Diese höheren Funktionen mögen, wie Nic. Hartmann in einer souveränen Rezension dieses Buches (Bl. f. dt. Philos. 15, 1941) es ausdrückte, „den Apparat der Sprache wieder überflügeln und hinter sich lassen, könnten deswegen aber doch sehr wohl durch ihn vorerst einmal die Freiheit ihrer Spannweite gewonnen haben". Man findet bei Bergson (Schöpf. Entw., übers. 1921, p. 188) einen Ansatz in ähnlicher Richtung, der die Kategorie der Entlastung enthält: „Beim Menschen kann die Bewegungsgewohnheit andere Bewegungsgewohnheiten in Schach halten, und so, durch Überwindung des Automatismus, das Bewußtsein in Freiheit setzen." In diesem Schema ist dann das Problem von Denken und Sprache, Sprache und Handlung so gestellt, daß es sehr wohl einer analytischen Untersuchung offensteht, *wenn* diese die Handlung in den Mittelpunkt stellt.

Doch zurück zu den allgemeineren Fragen. Die höheren Funktionen werden hier so gefaßt, daß sie zu den Bedingungen gehören, unter denen ein so exponiertes Wesen wie der Mensch erst wirklich lebensfähig wird. Gegen diese hier biologisch genannte Ansicht wird sich zunächst einmal wenig einwenden lassen, wenn sie auch durchaus eine elementare bleibt. Man kann nicht alle Probleme auf einmal behandeln, und wie sich diese Ansicht modifiziert, wenn man sie auf die geistige Superstruktur ganzer Gesellschaften bezieht, werden wir an anderer Stelle sehen. Aber hier schon läßt sich zeigen, daß sich unsere Ansicht gerade umgekehrt zu jener verhält, welche mit einer „Zurückführung" des geistig-seelischen Bereiches auf den organischen arbeitet. Man sieht nämlich immer wieder, daß das, was man jenen geistigen Leistungen allein zuzurechnen und vorzubehalten pflegt, schon in den vitalen Schichten „vorberücksichtigt" ist. Die vegetativen, sensorischen und motorischen Funktionen arbeiten offenbar sehr viel geistreicher, als der Idealismus zugeben wollte und der Materialismus zugeben konnte. Eben deswegen kann man sich jene höchsten Funktionen nicht in einem beliebig gearteten Organismus vorstellen, und so bleiben sie zuletzt doch unverstanden, wenn man sie nicht mit der organischen Sonderstellung des Menschen in Beziehung setzt.

Wenn der Mensch hier und in dieser Beziehung, im *Vergleich* zum Tier als „Mängelwesen" erscheint, so akzentuiert eine solche Bezeichnung eine Vergleichsbeziehung, hat also nur einen transitorischen Wert, ist kein „Substanzbegriff". Insofern will der Begriff gerade das, was H. Freyer (Weltgeschichte Europas, 1949, I, p. 169) gegen ihn einwendet: „Man setzt den Menschen fiktiv als Tier, um dann zu finden, daß er als solches höchst unvollkommen und sogar unmöglich ist." Eben das soll der Begriff leisten: die übertierische Struktur des menschlichen Leibes erscheint schon in *enger* biologischer Fassung im Vergleich zum Tier als paradox und hebt sich dadurch ab. Selbstverständlich ist der Mensch mit dieser Bezeichnung nicht ausdefiniert, aber die Sonderstellung bereits in enger, morphologischer Hinsicht ist markiert.

2. Ablehnung des Stufenschemas

Es ist nun notwendig, eine erste und unterrichtende Übersicht über das Ganze der folgenden Darlegungen vorauszuschicken, damit der Leser schon mit bestimmten Vorstellungen an dieselben herangeht. Das „anthropologische Schema" ist hier schon im Umriß darzustellen, denn es bildet den Leitgedanken aller folgenden näheren Untersuchungen, die dieses Schema nur durchführen. Zunächst bedarf es aber noch einer kurzen, negativen Vorarbeit, um ein Vorurteil außer Kraft zu setzen, das wahrscheinlich mit einer Art Selbstverständlichkeit auftritt, wo es sich um das Verhältnis von Mensch und Tier handelt.

Man kann dieses Vorurteil an dem bekannten Buch Schelers „Die Stellung des Menschen im Kosmos" aufweisen, in dem mit Hilfe der folgenden Vorstellungen gearbeitet wird:

Aus dem instinktiven Verhalten, einem in bestimmtem Rhythmus verlaufenden, sinnvollen, nicht erworbenen und artdienlichen Verhalten, gehe sowohl das gewohnheitsmäßige hervor als auch das intelligente. Das gewohnheitsmäßige Verhalten kommt jedem Lebewesen zu, das sein Verhalten auf Grund früherer Erfahrungen in einer lebensdienlichen und zweckmäßigen Weise langsam und stetig abändert, in strenger Abhängigkeit von der Zahl der Versuche und der sogenannten Probierbewegungen. Wo ein Tier erfolgreiche Probierbewegungen festhält und herausübt, bildet sich eine Gewohnheit, und das assoziative Gedächtnis sei ebenfalls in jener Fähigkeit beschlossen. Eng verbinde sich dieses Prinzip von Anfang an mit der Handlungs- und Bewegungsnachahmung, und ohne uns auf unsichere Zuordnungen einzulassen, kann gesagt werden, daß ein Verhalten, in dem Übung, Gewohnheit, Nachahmung und Gedächtnis zu bemerken sind, sich vom primitiveren instinktiven sowie vom intelligenten zureichend unterscheidet. Wo immer die Natur diese neue psychische Form hervorgehen ließ, hat sie ein Hilfsmittel für die nun möglichen neuen Gefahren mitgegeben, nämlich die praktische Intelligenz und Vorzugsfähigkeit. Ein Lebewesen verhält sich intelligent, wenn es ohne Versuche ein sinngemäßes Verhalten *neuen*, weder art- noch individualtypischen Situationen gegenüber vollzieht, wenn es plötzlich eine triebhaft interessante Neuaufgabe löst. Es handelt sich um eine aufspringende Einsicht in einen neuartigen Sachverhalt, der durch Antizipation, durch Vorherhaben eines möglichen Umstandes ergänzt wird, ein Erlebnis, das umgehend in ein erfinderisches Handeln übergeht. Gibt man nun, wie kaum zweifelhaft ist, den höheren Affen diese Fähigkeit zu, so entsteht die Frage, ob es dann noch einen Wesensunterschied zwischen Tier und Mensch gebe.

Scheler bejahte diese Frage in dem Gedanken, das neue Prinzip, das den Menschen zum Menschen mache, sei ein allem Leben überhaupt entgegengesetztes Prinzip, stehe außerhalb alles dessen, was wir Leben nennen könnten: es sei der Geist. Das Wesen des Geistes sei seine existentielle Entbundenheit, Ablösbarkeit vom Banne und von der Abhängigkeit vom Organischen. Ein solches geistiges Wesen sei nicht mehr trieb- und umweltgebunden, sondern umweltfrei oder weltoffen, es vermöge die ursprünglich gegebenen Widerstandszentren der Umwelt zu Gegenständen zu erheben und den Akt der Ideierung zu vollziehen, d. h. Dasein und Wesen grundsätzlich zu trennen. Der Mensch könne durch einen asketischen Akt der Hemmung der eigenen triebhaften Zuwendung zu den Dingen den Realitätseindruck der Welt aufheben und das reine Sosein der Dinge auffassen, von ihrem Dasein absehend, ja sich durch solche Einsicht in reine Soseinsverhalte bestimmen lassen. Denn das *Dasein* der Dinge sei gegeben im Erlebnis des Widerstandes derselben gegen unser strebendes und triebhaftes Leben, aber der Mensch sei fähig, jenen Lebensdrang außer Kraft zu setzen, im Verhältnis zu dem die Welt vor allem als Widerstand oder Reiz erscheine, und nun diese verdrängte Triebenergie zu sublimieren zum unendlichen Ausbau jener geistigen Akte, die das bloße Wesen und Sosein der Dinge erfassen. D. h., der Geist lebt von den Kräften, die nicht in der Welt umgesetzt, *die ihr entzogen werden*, er bewegt sich außerhalb des Lebens und auf Kosten des Lebens. „Der Mensch allein (ich zitiere Scheler) vermag sich über sich als Lebewesen emporzuschwingen und von einem Zentrum gleichsam jenseits der raumzeitlichen Welt aus alles, und darunter auch sich selbst, zum Gegenstande seiner Erkenntnis zu machen. Dieses Zentrum aber, von dem aus der Mensch die Akte vollzieht, durch die er die Welt, seinen Leib und seine Psyche vergegenständlicht, kann nicht selbst ein Teil eben dieser Welt sein."

Über diese hier referierte Lehre ist die Anthropologie, soweit ich sehe, nicht wesentlich hinausgegangen, denn auch die programmatische Lehre von der Leib-Seele-Geist-Einheit bringt ja nur am letzten Teil eine Korrektur an, indem sie sich weigern würde, die These von der „Außerweltlichkeit" des Geistes mitzumachen.

Dies aber nur vorbereitend. In der Lehre Schelers steckt außerdem ein sehr allgemeines Vorurteil, nämlich ein *Stufenschema,* dessen Abschnitte Instinkt, Gewohnheit, praktische Intelligenz und menschliche Intelligenz heißen. Es ist dies eine täuschende Ordnung, auf die man sich nicht einlassen darf, denn es gibt dann nur zwei Möglichkeiten:

Entweder gibt es dann bloß einen graduellen Unterschied zwischen der praktischen Intelligenz, die schon Tiere haben, und der menschlichen; also einen kontinuierlichen Übergang vom Tier zum Menschen, so daß der Mensch durch bloße Anreicherung oder Verfeinerung, Komplizierung tierischer „Eigenschaften" definiert wäre – ganz im Sinne der klassischen Abstammungslehre.

Oder der Unterschied zwischen beiden und das wesentlich Menschliche wäre in einer besonderen Beschaffenheit *bloß der Intelligenz* zu suchen, in irgendeiner besonderen Qualität „Geist". Dieser müßte dann zwangsläufig allen vorhergehenden Leistungen, bis zur praktischen Intelligenz, *gegenüber-*

gestellt und, wie man sofort sieht, damit denaturiert werden. Die Behauptung (Scheler-Klages), der „Geist" sei außerlebendig oder überlebendig, sagt dann gar nichts Neues aus, sie macht bloß klar, wie man gedacht hat, weil man an ein bestimmtes Zwangsschema gebunden war.

Denkt man also in diesem Stufenschema, so muß man eine doch wohl wesentliche Möglichkeit verpassen: nämlich die, daß der Unterschied vom Tiere beim Menschen in einem durchlaufenden Strukturgesetz bestehen könnte, daß also der „Stil" oder die Verlaufsform der Bewegungen, der Handlungen, der Lautäußerungen, der Intelligenzakte, der Antriebserlebnisse ein grundsätzlich anderer sein könnte. Diese Betrachtung wird hier verfolgt, und sie kommt außer Zweifel, wenn sich eine *Einheit* des Strukturgesetzes aufzeigen läßt, das *alle* menschlichen Funktionen von den leiblichen bis zu den geistigen beherrscht. Man kann dann den Unterschied keineswegs allein mehr in den „Geist" setzen, sondern er wäre genau so schon in physischen Bewegungsformen aufweisbar. Wir werden, um jetzt eine erste Formel zu geben, den Menschen als *handelndes Wesen* definieren. Darin bekommt die oben gegebene Bezeichnung des Menschen als eines stellungnehmenden, nicht festgestellten, verfügenden (auch über sich verfügenden) Wesens eine weitere und entscheidende Verdeutlichung. Und es ist klar, wie diese Definition innerhalb des Stufenschemas überhaupt nicht erscheinen kann, wie sie ganz jenseits der Frage liegt, ob zu den tierischen Voraussetzungen beim Menschen noch der Geist dazutritt oder nicht. Wohl aber können und werden wir nachweisen, wie die Bestimmung des Menschen zur Handlung das durchlaufende Aufbaugesetz aller menschlichen Funktionen und Leistungen ist, und daß sich diese Bestimmung aus der physischen Organisation des Menschen eindeutig ergibt: ein physisch so verfaßtes Wesen ist nur als handelndes lebensfähig; und damit ist das Aufbaugesetz *aller* menschlichen Vollzüge, von den somatischen bis zu den geistigen, gegeben.

Es hat also zunächst die uralte, auch bei Scheler noch im Hintergrund vorhandene Vorstellung zu fallen, als vereinige der Mensch in sich irgendwelche in der Natur aufeinander aufgebaute Lebensbereiche. Die Vorstellung ist etwa die, als gebe es in der Natur niedere Instinktwesen, etwas höhere Gewohnheits- und Gedächtnistiere, noch höhere mit praktischer Intelligenz, und als vereinige der Mensch alle diese Welten in sich, sie noch krönend mit seinem menschlichen Geist, ein Mikrokosmos. So ähnlich dachte schon Aristoteles, und gerade dieses Schema muß erkannt und verworfen werden, weil es das Verhältnis von Mensch und Tier von vornherein falsch bestimmt.

In dem von Scheler gegebenen Schema stecken zwei falsche Vorstellungsreihen. Einmal die einer Entwicklungsordnung der Leistungen vom

„Instinkt“ an bis zum menschlichen Geist, und dann die andere, daß diese Leistungsstufung sich in der Folge von niederen zu höheren Tieren und zum Menschen hin darstelle. Wir müssen diese beiden Thesen gesondert widerlegen.

Die insbesondere von Konrad Lorenz geförderte neue Tierpsychologie („Über die Bildung des Instinktbegriffs“, Die Naturwiss. 1937, 19 bis 21. „Über den Begriff der Instinkthandlung“, Folia Biotheoret. 1937, II. „Vergl. Verhaltensforschung“, Vhdlgn. dt. zool. Ges. 1939, „Die angeborenen Formen möglicher Erfahrung“, Ztsch. f. Tierpsych. V, 2. „Psychologie u. Stammesgeschichte“ in: Die Evolution der Organismen, 1943. „Über das Töten von Artgenossen“, Jhb. Max Planck-Ges. 1955) hat mit der alten, von Spencer, Lloyd Morgan u. a. vertretenen Meinung aufgeräumt, daß der „Instinkt“ die ontogenetische und phylogenetische „Vorstufe“ der höheren geistigen Leistungen sei. Es gibt zunächst, wie sorgfältige Experimente zeigen, zwei grundsätzlich verschiedene Arten von angeborenen, arterhaltenden Bewegungsvorgängen, nämlich Orientierungsreaktionen, die von steuernden Außenreizen abhängig sind, und Instinktbewegungen. Wenn ein Frosch sich zuerst mit seinen Augen und dann durch kleine Schrittchen mit seinem ganzen Körper symmetrisch zu einer Fliege einstellt, bevor er schnappt, so vollzieht er eine Orientierungsreaktion (Taxis). Wenn ein Fisch eine Mückenlarve mit beiden Augen fixiert und ansteuert, gleichzeitig aber einer dazwischenstehenden Wasserpflanze ausweicht, so löst er ein bestimmtes Raumproblem, nämlich das des „Umweges“ sofort, d. h. ohne Versuchs- und Irrtumsverhalten. Es besteht so ein fließender Übergang von den einfachen Orientierungsmechanismen zum einsichtigen Verhalten und zur Intelligenz, und wenn der Schleimfisch Blennius auf der Flucht gleichzeitig die Richtung im Auge behält, aus der der Feind kommt, und diejenige, in der sein Schlupfwinkel liegt, so wirkt sein Verhalten „intelligent“. Orientierungsreaktionen sind wahrscheinlich die phylogenetischen Wurzeln komplizierter *variabler* Verhaltensweisen, gleich ursprünglich mit echten Instinkten, aber nicht auf diese zurückführbar, also von ihnen durchaus zu unterscheiden.

Echte Instinkte dagegen sind Bewegungen oder besser sehr prägnante *Bewegungsfiguren* sehr spezieller Art, die auf Grund eines angeborenen Automatismus ablaufen und die von *inneren* endogenen Reizerzeugungsprozessen abhängig sind. Kraft einer solchen inneren Umstimmung beginnen die Vögel mit ihren Instinktbewegungen des Nestbaus, indem sie das Material zusammentragen, das vorher und nachher für sie nicht existiert, oder produzieren zahlreiche Tierarten die rhythmischen, sehr präzisen Bewegungsfiguren, die als Balz die Paarung einleiten und durchführen. Die innere Reizproduktion solcher angeborenen Bewegungsfiguren ist besonders dadurch beweisbar, daß sie bei hohem Reizspiegel – z. B. bei Hunger – und beim Fehlen eines Zielgegenstandes geradezu „im Leeren" ablaufen können, so wie ein von Lorenz beobachteter junger Star alle Bewegungsfolgen des Beutefangs, einschließlich des Verfolgens der nicht vorhandenen Beute mit Augen und Kopf, des Abflugs, Schnappens und der Schluckbewegung *ohne Objekt* vollzog. Ein isoliert aufgezogener Wellensittich, der vor einer völlig ungegliederten Attrappe balzt, scheint geradezu die Körperformen eines wirklichen Sittichweibchens zu halluzinieren, indem er bestimmte, normalerweise den Kopf des Weibchens betreffende Bewegungsweisen, wie Füttern und Kraulen, genau an jener Stelle im Raume ausführt, wo der Kopf des Weibchens, das er nie gesehen hat, sein müßte.

Instinktbewegungen, also angeborene und artspezifische Verhaltensfiguren, werden natürlich normalerweise durch die passenden Objekte ausgelöst, die das Tier in seiner Umwelt vorfindet, also durch den Artgenossen oder Geschlechtspartner, die Beute, den Feind usw. Oder besser, sie werden nicht durch diese Objekte ausgelöst, sondern durch jeweils höchst spezifische wahrnehmbare „Signale" an ihnen, die man Auslöser nennt. Eine isoliert und ausschließlich in Gesellschaft von Spießenten aufgezogene Stockente hatte gegenüber den Spießerpeln niemals geschlechtliche Reaktionen gezeigt. Als sie aber zufällig und nur durch eine enge Spalte im Gehege erstmalig einen Stockerpel erblickte, antwortete sie auf den Eindruck seines charakteristischen Prachtkleides mit einem explosiven Hervorbrechen aller arteigenen weiblichen Balzhandlungen. Bei der instinktiven Fluchtreaktion von Auerhühnern ist der Auslöser die prägnante, symmetrische Umrißgestalt des segelnden Sperbers. Eine Attrappe aus Pappe mit diesem Umriß löste bei zwanzig Tage alten Tieren intensive Instinktbewegungen aus: das einzige Hähnchen ging mit gespreizten Flügeln in Abwehrstellung, während die Hennen nach einer Deckung flüchteten und sich dort drückten. Als Auslöser dienen oft chemische „Signale", also Geruchstoffe, so wie zahlreiche Tiere den Feind oder die Beute wittern, oft akustische (z. B. Warnlaute) oder optische Zeichen, nämlich auffallende, bunte Farben oder regelmäßige oder symmetrische Formen, in anderen Fällen wieder „Signalbewegungen", also ungewöhnliche, prägnante und rhythmische Bewegungsfiguren. „Als Organ des ‚Imponiergehabens' (Heinroth), durch das ein Männchen sowohl dem Geschlechtsgenossen wie dem Weibchen als solches „kenntlich" wird, finden sich bei Tintenfischen, Spinnen, Knochenfischen, Reptilien und sehr vielen

Vögeln Organe, die fächerartig *spreizbar* sind und ein buntes Farbenmuster zeigen, wobei dann stets eine Orientierungsreaktion dafür sorgt, daß die volle Fläche des entfalteten Imponierorgans (z. B. ein Pfauenrad. Vf.) senkrecht zur Blickachse des Artgenossen steht" (Lorenz, D. angeb. Formen, 257). Die Auslöser sind in allen Fällen so prägnant und spezifisch, daß die Forscher sie mit Attrappen nachahmen und so das Instinktverhalten experimentell „herausholen" und untersuchen können. Tinbergen konnte die Nachfolgereaktion des Stichlingweibchens zum Nest mit primitiven Attrappen auslösen, wobei nur die rote Farbe des Männchens und die bestimmte Bewegungsweise des „Zickzacktanzes" geboten wurde. Es gibt sehr komplizierte gegenseitige Verschränkungen von wechselweise sich auslösenden und wie auf einer Skala aufsteigenden, spezifischen Instinktbewegungen zweier Artgenossen, wie sie z. B. Seitz an dem Fisch Astatotilapia untersuchte (Ztsch. f. Tierpsych. IV, 1940).

Diese sich hauptsächlich an die Namen von K. Lorenz, Seitz, Tinbergen (Instinktlehre, 1956), Heinroth u. a. anknüpfenden Forschungen haben die bisher sehr unsicheren Vorstellungen von tierischen Instinkten vollständig umgewälzt, die gesamte ältere Literatur überholt und eine experimentelle Wissenschaft mit strenger Begriffsbildung eröffnet. Außerordentlich mager und enttäuschend sind jedoch, wie wir später sehen werden, die insbesondere von K. Lorenz unternommenen Versuche einer direkten Übertragung dieses Instinktbegriffs auf den Menschen ausgefallen. Die für den Menschen entscheidende Eigenschaft besteht, wie Lorenz übrigens selbst sieht (Die angeb. Formen, 292), bei diesem Thema in einer *Instinktreduktion,* d. h. in einem offenbar stammesgeschichtlichen „Abbau" fast aller fest montierten Zuordnungen von „Auslösern" zu speziellen, angeborenen Bewegungsweisen. Dies geht so weit, daß sehr oft bloß noch affektive „Gefühlsstürme" ohne alle Handlungen oder, in anderen Fällen, in sehr variablen und unvorhersehbaren Handlungen auf ebenso unvoraussehbare Reize antworten, die aus der großartig umstrukturierten menschlichen Wahrnehmungswelt heraus auftauchen.

Für die uns jetzt beschäftigende Frage steht schon fest, daß zwischen intelligentem und instinktivem Verhalten keineswegs ein Stufenverhältnis besteht, sondern, wie schon Bergson sah, geradezu eine Tendenz zur gegenseitigen Ausschließung. Auch in den sehr zahlreichen Fällen, wo Taxien, bedingte Reflexe oder Selbstdressuren in das instinktive Verhalten eingeschaltet sind, kann man beide analytisch noch sondern. Die merkwürdigen und „eigensinnigen" Instinktbewegungen beruhen auf inneren Kumulierungsvorgängen reaktionsspezifischer Energien, die sich wie Hormone verhalten, innere Reize erzeugen und den Organismus zum Handeln treiben, das unfehlbar einspringt, wenn ein zugeordneter „Auslöser", über die Wahrnehmungszentren wirkend, die zentralen Hemmungen abschaltet. Diese Vorgänge sind physiologisch offenbar von Orientierungsreaktionen (Taxien) sowie von allen Selbstdressuren, Lernvorgängen und „Einsichten", welche ein nach wechselnden Umständen *variables* Verhalten ermöglichen, durchaus verschieden, mit ihnen gleich ursprünglich und nicht deren Vorstufen.

Auch die zweite These Schelers besteht nicht zu Recht. Es gibt keine „Parallelität" der Aufbauordnung der Leistungen mit der Systematik höherer und niederer Tiere derart, daß es für den Menschen einen notwendigen, sozusagen leergelassenen Platz an der Spitze gäbe. Nahe verwandte Tiere mit fast den gleichen Instinkthandlungen können in ihrer Fähigkeit zu erlerntem Verhalten erstaunlich verschieden sein. Dohlen und Kohlkraben verstecken mit denselben instinktiven Koordinationen ihre Nahrungsreste, doch lernt nur der Kolkrabe, daß dieses Verhalten allein Erfolg hat, wenn niemand dabei zusieht. Man muß bei der Erforschung von Leistungen sich außerhalb der zoologischen Systematik bewegen, die Leistungsgattungen stimmen mit den zoologischen nicht überein. Buytendijk hat dies in verschiedenen Schriften außer Zweifel gesetzt (Psych. des animaux, Paris 1928. Bl. f. dt. Philos. III, 33 ff. Die neue Rundschau, Okt. 1938). Er sagt: „Die Darwinistische Auffassung, daß das Größerwerden der Lernfähigkeit in der Wirbeltierreihe parallel geht mit der zoologischen Entwicklung und in der menschlichen Lernfähigkeit den Höhepunkt erreicht, steht im Widerspruch zu den Tatsachen." Baumtiere, wie Affen, Eichhörnchen, Papageien, haben in vielem gleiche Gewohnheiten und zeigen dieselben hochentwickelten Lernmöglichkeiten: Eichhörnchen z. B. finden ihre aufbewahrten Nüsse nach rein optischen Erinnerungsdaten, und diese Eigenschaft, wie auch die Verwendung von Umwegen zur Erreichung eines Zieles, gehört nach W. Köhler gerade zu den Höchstleistungen der höheren Affen.

Die Intelligenz der Tiere, für sich allein betrachtet, folgt keineswegs ihrer Rangordnung in der zoologischen Systematik. Die jagenden Insekten, wie Gottesanbeterinnen und Libellen, die mit Wendung des Kopfes die Beute anvisieren, während die übrigen Orientierungsreaktionen ungestört weiter verlaufen, wirken weitaus intelligenter als ihre nächsten Verwandten, die dieser Fähigkeit entbehren. Sie ähneln darin den Affen Köhlers, die „durch ihr Blicken erweisen, daß sie wirklich zunächst eine Art Bestandsaufnahme der Situation vornehmen". Das ist aber, wie Buytendijk zeigte, keineswegs ein Privileg höherer Tiere, sondern eine Eigenschaft vieler Jagd- oder Baumtiere (Psych. des animaux p. 243, vgl.

Kap. 8, La pensée des animaux). Die Fähigkeit rein optischer Raumorientierung in fremden Räumen haben Katzen, Affen und Vögel, aber nicht Hunde. Umgekehrt zeigen zoologisch sehr verwandte Arten, wie Frösche und Kröten, ein außerordentlich verschiedenes Verhalten, denn Frösche sind Lauertiere, Kröten beutesuchende Jagdtiere.

Andererseits ist die einfache Instinktreaktion, d. h. die Enthemmung angeborener Bewegungsketten durch ein unbedingtes Ansprechen auf Auslöser, keineswegs ein Privileg niederer Tiere. „Insbesondere werden soziale Instinkthandlungen von Vögeln sehr oft ausschließlich durch angeborene Schematen von hoher Spezialisation zum Ansprechen gebracht" (Lorenz, Fol. Bioth. 1937). Daneben aber findet sich wieder bei Vögeln eine durch Erlernen erworbene Eingrenzung von Instinkthandlungen auf ganz bestimmte Objekte. „So spricht z. B. die Verteidigungsreaktion einer Stockentenmutter unmittelbar nach dem Schlüpfen ihrer Jungen auf den Notruf *jedes* Stockentenkückens voll an, einige Wochen später aber nur auf den ihrer eigenen, zu dieser Zeit von der Mutter persönlich gekannten Kinder" (a. a. O.).

Es genügen für unseren Zweck diese wenigen Beispiele, die man aus den zitierten Schriften vermehren kann: hier kam es darauf an, das harmonistische Stufenschema abzulehnen, innerhalb dessen es für den Menschen nur einen bestimmten, leergelassenen Platz gibt. Vor allem darf man sich nicht darauf einlassen, den Menschen entweder als nur graduell vom Tiere unterschieden anzunehmen, oder ihn durch den „Geist" allein, dann also meistens im Sinne eines gegennatürlichen Wesenszuges, zu bestimmen. Die Anthropologie gewinnt ihr Feld überhaupt erst jenseits dieser Vorurteile, und sie muß an einem strukturellen Sondergesetz festhalten, welches in *allen* menschlichen Eigentümlichkeiten dasselbe ist, und welches von dem Naturentwurf eines *handelnden Wesens* aus verstanden werden muß.

Immerhin lassen sich doch wohl einige Gesetze formulieren, die man über tierische Leistungen und Leistungsgrenzen im allgemeinen aufstellen kann.

1. Im allgemeinen lernen Tiere, d. h. sie verwerten Erfolgserfahrungen im Sinne zweckmäßigeren und glatteren Verlaufs im Wiederholungsfall unter der Einwirkung lebenswichtiger Reiz- oder Schockwirkungen. Eben darauf beruht ja der Mechanismus des „bedingten Reflexes". Wenn einem für das Tier biologisch bedeutungslosen Außenreiz mehrere Male ein bedeutungsvoller folgt, der eine angeborene instinktive Reaktion auslöst, so verhält sich das Tier allmählich schon auf den ersten so, als ob er ein Vorzeichen des folgenden

biologisch bedeutsamen Ereignisses sei. Man kann mit Lorenz (Folia Bioth. p. 41) und Guillaume (La Formation des Habitudes, 1947, p. 24) durchaus sagen, daß der substituierte Reiz als „Signal" des folgenden, biologisch wesentlichen eintritt, sollte aber an dieser Stelle den Ausdruck „Bedeutung" nicht verwenden. Denn eine Bedeutung des Signals, nämlich seine Auffassung als eines solchen, gibt es erst im Akte der *Unterscheidung* von dem, *was* es bedeutet, und im gleichen Augenblick wird das Signal Symbol, d. h. es erhält einen Stellenwert im sozialen Verkehr. Ein Eisenbahnsignal z. B. ist eine auf zwei mögliche Texte hin verengte, auf den optischen Sektor eingegrenzte Kurzmitteilung und durch bedingte Reflexe gar nicht zu erklären.

2. Ein Leistungsplus wird also von Tieren nur im Anziehungs- oder Abstoßungsfeld ganz konkreter, gegenwärtiger Situationen aufgebaut, die letzten Endes instinkt-bedeutsam sein müssen. Man kann diesen Sachverhalt auch so ausdrücken, daß man sagt: die Lernleistungen liegen irgendwo auf dem Wege zu einer instinktiven Endphase des Verhaltens, einer consummatory action. Sie liegen daher besonders häufig im „Appetenzverhalten" (appetitive behaviour), d. h. in den Verhaltensweisen, die unter Beibehaltung eines gleichbleibenden Zieles adaptive Veränderlichkeit zeigen. Dieses gleichbleibende Ziel ist eben eine instinktive consummatory action. Es ist also, wie Lorenz (Über d. Bildg. d. Inst.-Begr. p. 295) selbst unterstreicht, der „Appetit" nach einer bestimmten Instinkthandlung, der imstande ist, „das Tier ebenso auf eine bestimmte, nicht angeborene Verhaltensweise zu dressieren, wie der Appetit nach einem Fleischstückchen einen Zirkuslöwen auf eine solche zu dressieren vermag". Solche Eigendressuren können übrigens auch in die consummatory action selbst eingebaut sein, so wie junge Hühner sehr bald nicht mehr nach Steinchen picken, oder wie der junge Neuntöter die zur erfolgreichen Durchführung seiner Aufspießreaktion nötige Kenntnis des Dornes durch Eigendressur nach dem Prinzip von Versuch und Irrtum erwirbt.

Spezifisch menschlich ist demgegenüber die Möglichkeit der *Entlastung* des Verhaltens, also z. B. der denkenden oder praktischen Tätigkeit von der Funktion im Dienst instinktiver Antriebe, damit also gleichzeitig die Chance zu lernen, ohne daß in der Verlängerung der Lernsituation eine biologisch ausgezeichnete Situation liegen muß. M. a. W: es ist die *Ablösbarkeit* einer freien, z. B. experimentierenden Tätigkeit einerseits vom Druck biologischer Bedürfnisse erster

Hand, andererseits vom Zuge der „Prämiensituationen", welche es ermöglicht, ein solches Verhalten unabhängig vom Reizbestand wechselnder Situationen durchzuhalten oder durchzuführen; während das, was ein Tier gelernt hat, überhaupt nur dann in Erscheinung treten kann, wenn die definierte Situation eintritt, die das Stichwort dafür gibt. Es wäre falsch, diese erstaunliche menschliche Fähigkeit einseitig der Intelligenz zuzuschreiben, denn sie ruht auf einem sehr tiefliegenden Unterbau. Zu diesem gehört das von O. Storch (Die Sonderstellung des Menschen in Lebensabspiel und Vererbung, Wien 1948) in glücklicher Übereinstimmung mit den hier vertretenen Ansichten beschriebene „Freiwerden" der Sinnesorgane aus dem Einbau in die tierischen Funktionskreise ebenso, wie die Instinktreduktion, die es weder zuläßt, den weitaus überwiegenden Teil des menschlichen Verhaltens als Instinktverhalten noch als Appetenzverhalten zu beschreiben. Es ist von der höchsten Wichtigkeit, daß aller echte Symbolgebrauch, etwa der Sprache, auf dieser Bedingung der Ablösbarkeit des Verhaltens vom Kontext der jeweils aktuellen Situation beruht, denn es liegt geradezu im Wesen des Symbols, auf ein *Nichtgegebenes* und aus diesem Kontext nicht Erschließbares hinzuweisen.

3. Konrad Lorenz hat in der Arbeit „Psychologie und Stammesgeschichte" (p. 122 f.) gegen meine Unterscheidungen mit dem Argument polemisiert, daß gewisse „Neugiertiere", wie Raben, aktiv Lernsituationen aufsuchen, daß sie „sozusagen die Forschung um ihrer selbst willen betreiben", und also „in ihrer Methode der Umweltbeherrschung dem Menschen sehr viel näher stehen als etwa der Schimpanse als Kletterspezialist". Daß solche Tiere sich unbekannten Außenreizen positiv zuwenden, um „durch systematische (!) Untersuchung schlechterdings aller Reize allmählich die biologisch relevanten herauszugreifen", schließt die ungeheuere Kluft zwischen Mensch und Tier ebensowenig wie das Wort „Neugierde" oder wie die passionierte Zuneigung dieses ausgezeichneten Forschers zu seinen Versuchstieren. Auf diesen Wegen kommt Lorenz schließlich zu der immensen These, daß die wesentlichen Kulturleistungen des Menschen „ausschließlich auf Forschungsleistungen aufgebaut sind, die ganz wie (!) beim neugierig-spielenden Jungtier ausschließlich um ihrer selbst willen zustande gekommen sind". Bei diesen tierischen Forschungsleistungen ist nun allerdings nicht viel an Erkenntnis herausgekommen. Wenn ein Rabe einen zugeworfenen Lappen „untersucht" und ihn sogar später verwendet, um das instinktmäßig angeborene Verstecken von Nahrungsresten auszuführen, so scheint

uns das außerordentlich intelligent, und man vermißt eigentlich nur noch die Worte „na, nehmen wir mal einstweilen das“. Dabei verdanken wir Lorenz selbst den Hinweis an anderer Stelle (Bildg. d. Inst. Begr., p. 311), daß sich „nachweisen läßt, daß der Rabe keinerlei Einsicht in das Wesen des ‚Versteckens‘ im Sinne des Unsichtbarmachens des Versteckten besitzt“. Unter menschlicher Neugier verstehe ich, und würde vorschlagen zu verstehen, die ihrer Struktur nach außerordentlich hoch intellektuelle Fähigkeit, ein durchaus instinktiv verwurzeltes Interesse an einem Sachverhalt als bloß gewußtem abzusättigen. Die noch höhere intellektuelle Neigung der eigentlichen Forschung besteht dagegen darin, irgendwelche objektiven Tatsachen nach ihrer eigenen Sachgesetzlichkeit abzufragen, um sie mit anderen Tatsachen in einem verstehbaren Zusammenhang zu bringen. Die Bedingung dazu ist die, daß die instinktiven firsthand-Einstellungen zu den ersten Tatsachen entweder eingeklammert (wie die Furcht vor der Leiche beim Anatomen) oder so weit sublimiert sind, daß sie den Zutritt rein rationaler Einstellungen vertragen, ohne diese triebhaft abzudecken. Die Geschichte der Wissenschaft ist eine Geschichte sehr mühsamer innerer Askesen, sehr künstlich gezüchteter Verzichtsakte auf instinktiv bedingte „Vorurteile“. Ich würde dieses Forschungsinteresse nicht Neugier nennen und beide wieder von dem von Lorenz gemeinten aktiven Appetenzverhalten gegenüber unspezifischen neuen Reizen begrifflich durchaus unterscheiden.

3. Erster Begriff vom Menschen

Sieht man sich die oben formulierten Gesetze an, so erscheinen sie als Anwendungen derjenigen echt biologischen Betrachtungsweise, welche sich unter der Führung Uexkülls durchgesetzt hat. Wir werden nachher bei der Diskussion der Weltoffenheit des Menschen auf die Umwelttheorie ausführlich zurückkommen müssen. Hier genügt die Erinnerung, daß fast alle Tiere eine weitgehende regionale Fesselung an ganz bestimmte Umwelten, eine „Einpassung“ in solche zeigen, so daß die Betrachtung des organischen Baus bis in alle Einzelheiten der Sinnesorgane, der Verteidigungs- und Angriffswaffen, der Ernährungsorgane usw. Rückschlüsse auf Lebensweise und Wohngebiet zuläßt und umgekehrt. Ein fast wehrloses Tier, Pflanzenfresser, Bewohner unübersichtlicher Niederwälder wie das Reh wird nur als „Fluchttier“ lebensfähig sein, d. h. eine hochspezialisierte „Renngestalt" haben, Gefahrorgane hoher Leistungsfähigkeit usw. In *diesem* Zusammenhang arbeiten die Instinkte. Sie zu finden, bedarf es einer schwierigen experimentellen Untersuchung, aber jedesmal ist ein Instinkt eine ganz spezifische, arteigene Bewegungsgestalt, die auf ebenso arteigene Umweltereignisse hin „angelegt" ist.

Nunmehr ist es aber Zeit, einen ersten Überblick über das anthropologische Schema zu geben, das in diesem Buch durchgeführt werden wird.

Der Mensch ist das handelnde Wesen. Er ist in einem noch näher zu bestimmenden Sinne nicht „festgestellt", d. h. er ist sich selbst noch Aufgabe – er ist, kann man auch sagen: das stellungnehmende Wesen. Die Akte seines Stellungnehmens nach außen nennen wir Handlungen, und gerade insofern er sich selbst noch Aufgabe ist, nimmt er auch zu sich selbst Stellung und „macht sich zu etwas". Es ist dies nicht Luxus, der auch unterbleiben könnte, sondern das „Unfertigsein" gehört zu seinen physischen Bedingungen, zu seiner Natur, und in dieser Hinsicht ist er ein Wesen der *Zucht:* Selbstzucht, Erziehung, Züchtung als In-Form-Kommen und In-Form-Bleiben gehört zu den Existenzbedingungen eines nicht festgestellten Wesens. Sofern der Mensch auf sich selbst gestellt eine solche lebensnotwendige Aufgabe auch verpassen kann, ist er das gefährdete oder „riskierte" Wesen, mit einer konstitutionellen Chance, zu verunglücken. Der Mensch ist schließlich *vorsehend.* Er ist – ein Prometheus – angewiesen auf das Entfernte, auf das Nichtgegenwärtige in Raum und Zeit, er lebt – im Gegensatz zum Tier – für die Zukunft und nicht in der Gegenwart. Es gehört diese Bestimmung zu den Umständen einer handelnden Existenz, und was am Menschen im eigentlichen Sinne menschliches Bewußtsein ist, muß von hier aus verstanden werden. Überhaupt sind diese jetzt gegebenen Bestimmungen, die für alles Folgende genau festgehalten werden müssen, nur Entfaltungen der Grundbestimmung: der Handlung. Hält man daran fest, so gewinnt man eine Vielzahl von Einzelaussagen über den Menschen, als Entwicklungen der Grundanschauung: des Naturentwurfs eines handelnden Wesens.

Soviel ich sehe, ist ein in dieser Richtung zielender Ansatz zuerst im Deutschland der klassischen Zeit angedeutet und vorentworfen worden, aber nicht zur Entwicklung gelangt. Und zwar sind es Schiller und Herder, bei denen sich eine solche Auffassung findet: „Bei dem Tiere und der Pflanze", sagt Schiller in „Über Anmut und Würde", „gibt die Natur nicht bloß die Bestimmung an, sondern führt sie auch allein aus. Dem Menschen aber gibt sie bloß die Bestimmung und überläßt ihm selbst die Erfüllung derselben . . . der Mensch allein hat als Person unter allen bekannten Wesen das Vorrecht, in den Ring der Notwendigkeit, der für bloße Naturwesen unzerreißbar ist, durch seinen Willen zu greifen und eine ganz frische Reihe von Erscheinungen in sich selbst anzufangen (dies ist eine Kantische Definition der Freiheit, Vf.). Der Akt, durch den er dieses wirkt, heißt vorzugsweise eine *Handlung*." Herder – auf den ich nachher ausführlich zurückkomme – sagt: „nicht mehr eine unfehlbare Maschine in den Händen der Natur, wird er sich selbst Zweck und Ziel der Bearbeitung." Das sind Einsichten hohen Wertes in das Problem des „nicht festgestellten Tieres", des Wesens, das sich selbst Aufgabe ist, aber sie kamen in der Philosophie der Zeit nicht zur Entfaltung, weil deren sonstige philosophische Einstellung notwendig zur alten Auffassung des Menschen als Geistwesen führte, die insofern zu eng ist, als in ihr gerade die erwähnten Bestimmungen nicht ohne weiteres liegen.

Es ist nun vor allem diese hier in ersten Zügen beschriebene Wesensbestimmung, welche es erlaubt, die physisch-morphologische Sonderstellung des Menschen mit zu umfassen. Das ist von außerordentlicher Wichtigkeit. Nur von dem Gedanken eines handelnden, nicht festgestellten Wesens her bekommt man die Physis des Menschen überhaupt in den Blick, und niemals läßt die Definition als „Geistwesen" allein einen Zusammenhang gerade dieser Leibesbeschaffenheit mit dem, was man unter Vernunft oder Geist zu verstehen pflegt, sichtbar werden. Morphologisch ist nämlich der Mensch im Gegensatz zu allen höheren Säugern hauptsächlich durch *Mängel* bestimmt, die jeweils im exakt biologischen Sinne als Unangepaßtheiten, Unspezialisiertheiten, als Primitivismen, d. h. als Unentwickeltes zu bezeichnen sind: also wesentlich negativ. Es fehlt das Haarkleid und damit der natürliche Witterungsschutz; es fehlen natürliche Angriffsorgane, aber auch eine zur Flucht geeignete Körperbildung; der Mensch wird von den meisten Tieren an Schärfe der Sinne übertroffen, er hat einen geradezu lebensgefährlichen Mangel an echten Instinkten und er unterliegt während der ganzen Säuglings- und Kinderzeit einer ganz unvergleichlich langfristigen Schutzbedürftigkeit. Mit anderen Worten: innerhalb *natürlicher*, urwüchsiger Bedingungen würde er als bodenlebend inmitten der gewandtesten Fluchttiere und der gefährlichsten Raubtiere schon längst ausgerottet sein.

Die Tendenz der Naturentwicklung geht nämlich dahin, organisch hochspezialisierte Formen in ihre je ganz bestimmten Umwelten einzupassen, also die unübersehbar mannigfaltigen in der Natur zustande kommenden „Milieus" als Lebensräume für darin eingepaßte Lebewesen auszunutzen. Die flachen Ränder tropischer Gewässer wie die ozeanische Tiefsee, die kahlen Abhänge nördlicher Alpengebirge wie das Unterholz lichter Mischwälder sind ebenso *spezifische* Umwelten für spezialisierte, nur darin lebensfähige Tiere, wie die Haut der Warmblüter für die Parasiten, und so in unzähligen, je besonderen Fällen. Der Mensch dagegen hat, morphologisch gesehen, so gut wie keine Spezialisierungen. Er besteht aus einer Reihe von Unspezialisiertheiten, die unter entwicklungsbiologischem Gesichtspunkt als Primitivismen erscheinen: sein Gebiß z. B. hat eine primitive Lückenlosigkeit und eine Unbestimmtheit der Struktur, die es weder zu einem Pflanzenfresser- noch zu einem Fleischfressergebiß, d. h. Raubtiergebiß machen. Gegenüber den Großaffen, die hochspezialisierte Baumtiere mit überentwickelten Armen für Hangelkletterei sind, die Kletterfuß, Haarkleid und gewaltigen Eckzahn haben, ist der Mensch als Naturwesen gesehen hoffnungslos unangepaßt. Er ist von einer einzigartigen, im ersten Teil näher zu durchforschenden biologischen Mittellosigkeit, und er vergütet diesen Mangel allein durch seine *Arbeitsfähigkeit* oder Handlungsgabe, d. h. durch Hände und Intelligenz; eben deshalb ist er aufgerichtet, „umsichtig", mit freigelegten Händen.

Es ist wieder, wie ich nachher zeigen werde, Herder, welcher diese Einsicht in einer dem geringeren Fachwissen seiner Zeit entsprechenden Vagheit doch im wesentlichen entschieden erfaßt hat. Aber auch Kant hatte 1784 in der kleinen Schrift „Idee zu einer allgemeinen Geschichte in weltbürgerlicher Absicht" eine ähnliche Intuition. Die Natur, sagt er dort, tut nichts überflüssig, und indem sie dem Menschen Vernunft und „Freiheit des Willens" gab, verweigerte sie ihm Instinkte und Versorgung durch „anerschaffene Kenntnis". „Er sollte vielmehr alles aus sich selbst herausbringen. Die Erfindung seiner Nahrungsmittel, seiner Bedeckung, seiner äußeren Sicherheit und Verteidigung (wozu sie ihm weder die Hörner des Stiers, noch die Klauen des Löwen, noch das Gebiß des Hundes, sondern bloß Hände gab), alle Ergötzlichkeit, die das Leben angenehm machen kann, selbst seine Einsicht und Klugheit, und sogar die Gutartigkeit seines Willens sollten gänzlich sein eigen Werk sein (!). Sie scheint sich hier in ihrer größten Sparsamkeit selbst gefallen zu haben, und ihre tierische Ausstattung so knapp, so genau auf das höchste Bedürfnis einer anfänglichen Existenz abgemessen zu haben, als wolle sie: der Mensch sollte, wenn er sich aus der größten Rohigkeit dereinst zur größten Geschicklichkeit, inneren Vollkommenheit der Denkungsart und – so viel es auf Erden möglich ist – dadurch zur Glückseligkeit emporgearbeitet haben würde, hiervon das Verdienst ganz allein haben und es sich selber nur verdanken dürfen." In diesen wichtigen Sätzen ist die Bestimmung des Menschen organisch mittellos, instinktlos und auf sich selbst gestellt zu sein, sich „hervorarbeiten" zu müssen und als „sein eigenes Werk" die Existenz als Aufgabe in sich selbst zu finden – zugleich Waage und Gewicht, wie Herder einmal sagt – sehr genial erkannt, und nur die Einengung dieser Aufgabe auf die „Erwerbung vernünftiger Moralität" zeitbedingt.

Josef Pieper hat den Vf. in einer Kritik dieses Buches darauf aufmerksam gemacht, daß sich bereits in der Theologischen Summe des Thomas v. Aquin (I, 76, 5) das hier umrissene anthropologische Problem findet: „Die geistige Seele ist die vollkommenste Seele. Wenn nun aber die Körper der anderen Sinnenwesen (d. h. der Tiere) einen natürlich mitgegebenen Schutz, Haare statt der Kleidung und Hufe statt der Schuhe, wie auch von Natur ihre eigenen Waffen besitzen, wie Krallen, Zähne und Gehörn: dann scheint es doch, die geistige Seele hätte nicht mit einem so unvollkommenen Leibe vereinigt werden dürfen, dem solcherart Hilfen ermangeln." Thomas bezieht in seiner Antwort auf diesen Einwand sogar die „Instinktreduktion" mit ein: „Die geistige Seele hat, da sie das Universale zu fassen vermag (Weltoffenheit!), die Kraft zum Unendlichen. Und darum konnte es nicht sein, daß ihr von der Natur eindeutig bestimmte, instinkthafte Meinungen festgesetzt würden ... vielmehr besitzt der Mensch an Stelle all dieser Dinge von Natur die Vernunft und die Hände, welche die Werkzeuge der Werkzeuge sind" usw. Ähnlich, worauf mich A. Szalai hinwies, De regimine principum I, 1.

Die Resultate der neueren Biologie geben uns die Möglichkeit, die exponierte und riskierte Konstitution des Menschen in einen weiteren Zusammenhang zu stellen. Die „Umwelt" der meisten Tiere, und gerade der höheren Säuger ist das nicht auswechselbare Milieu, an das der spezialisierte Organbau des Tieres angepaßt ist, innerhalb dessen wieder die ebenso artspezifischen, angeborenen Instinktbewegungen arbeiten. Spezialisierter Organbau und Umwelt sind also Begriffe, die sich gegenseitig voraussetzen. Wenn nun der Mensch *Welt* hat, nämlich eine deutliche Nicht-eingegrenztheit des Wahrnehmbaren auf die Bedingungen des biologischen Sichhaltens, so bedeutet auch dies zunächst eine negative Tatsache. Der Mensch ist weltoffen heißt: er *entbehrt* der tierischen Einpassung in ein Ausschnitt-Milieu. Die ungemeine Reiz- oder Eindrucksoffenheit gegenüber Wahrnehmungen, die keine angeborene Signalfunktion haben, stellt zweifellos eine erhebliche Belastung dar, die in sehr besonderen Akten bewältigt werden muß. Die physische Unspezialisiertheit des Menschen, seine organische Mittellosigkeit sowie der erstaunliche Mangel an echten Instinkten bilden also unter sich einen Zusammenhang, zu dem die „Weltoffenheit" (M. Scheler) oder, was dasselbe ist, die Umweltenthebung den Gegenbegriff bilden. Umgekehrt entsprechen beim Tier die Organspezialisierung, das Instinktrepertoire und die Umweltfesselung einander. Es ist das anthropologisch entscheidend wichtig. Wir haben damit einen Strukturbegriff des Menschen, der *nicht* auf dem Merkmal des Verstandes, Geistes usw. allein beruht, und bewegen uns also von nun an jenseits der oben erwähnten Alternative, entweder einen nur graduellen Unterschied zwischen dem Menschen und den ihm nächststehenden höheren Tieren annehmen, oder den Wesensunterschied bloß in den Geist setzen zu müssen. Wir haben jetzt dagegen den „Entwurf" eines organisch mangelhaften, *deswegen* weltoffenen, d. h. in keinem *bestimmten* Ausschnitt-Milieu *natürlich* lebensfähigen Wesens, und verstehen jetzt auch, was es mit den Bestimmungen auf sich hat, der Mensch sei „nicht festgestellt" oder „sich selbst noch Aufgabe": Es muß die bloße Existenzfähigkeit eines solchen Wesens fraglich sein, und die bare Lebensfristung ein Problem, das zu lösen der Mensch allein auf sich selbst gestellt ist, und wozu er die Möglichkeiten aus sich selbst herauszuholen hat. Das wäre also das handelnde Wesen. Da der Mensch lebensfähig ist, müssen die Bedingungen zur Lösung dieses Problems in ihm liegen, und wenn bei ihm schon die Existenz eine Aufgabe und schwierige Leistung ist, so muß diese Leistung durch die *gesamte* Struktur des Menschen hindurch nachweisbar sein. Alle seine besonderen menschlichen Fähigkeiten sind auf die Frage zu beziehen: Wie ist ein so monströses Wesen lebensfähig, und damit ist das Recht der biologischen Fragestellung gesichert. Eine biologische Betrachtung des Menschen besteht also nicht darin, seine Physis mit der des Schimpansen zu vergleichen, sondern besteht in der Beantwortung der Frage: wie ist dieses mit jedem Tier wesentlich unvergleichbare Wesen lebensfähig?

Denn schon die Weltoffenheit ist, von daher gesehen, grundsätzlich eine *Belastung*. Der Mensch unterliegt einer durchaus untierischen *Reizüberflutung*, der „unzweckmäßigen" Fülle einströmender Eindrücke, die er irgendwie zu bewältigen hat. Ihm steht nicht eine Umwelt instinktiv nahegebrachter Bedeutungsverteilung gegenüber, sondern eine Welt – richtig negativ ausgedrückt: ein *Überraschungsfeld* unvorhersehbarer Struktur, das erst in „Vorsicht" und „Vorsehung" durchgearbeitet, d. h. erfahren werden muß. Schon hier liegt eine Aufgabe physischer und lebenswichtiger Dringlichkeit: aus eigenen Mitteln und eigentätig muß der Mensch *sich entlasten, d. h. die Mängelbedingungen seiner Existenz eigentätig in Chancen seiner Lebensfristung umarbeiten.*

An dieser Stelle beginnt nun die tiefere wissenschaftliche Aufgabe, welche sich dieses Buch setzt. Wir konnten uns in dem bisher entworfenen Gesamtschema noch hier und da, wie gezeigt, an früheren Autoren orientieren, aber den Nachweis der Gültigkeit dieses Schemas bis ins einzelne der faktischen menschlichen Funktionszusammenhänge hat noch niemand vorgelegt. Dies deswegen, weil das *Entlastungsprinzip* nicht gesehen wurde, welches in dem eben hervorgehobenen Satz, der sehr wohl zu merken ist, erscheint. Dieses Prinzip bildet den Schlüssel zum Verständnis des *Strukturgesetzes* im Aufbau der gesamten menschlichen Leistungen, welchem Nachweis der ganze zweite und dritte Teil dieser Schrift gewidmet ist. Wir beginnen hier schon, die vielfältigen Zusammenhänge, die sich daran knüpfen, auseinanderzusetzen. Der Grundgedanke ist der, daß die sämtlichen „Mängel" der menschlichen Konstitution, welche unter natürlichen, sozusagen tierischen Bedingungen eine höchste Belastung seiner Lebensfähigkeit darstellen, vom Menschen selbsttätig und handelnd gerade zu Mitteln seiner Existenz gemacht werden, worin die Bestimmung des Menschen zur Handlung und seine unvergleichliche Sonderstellung zuletzt beruhen.

Die Akte, in denen der Mensch die Aufgabe, sein Leben möglich zu machen, durchsetzt, sind daher immer von zwei Seiten zu sehen: es sind *produktive* Akte der Bewältigung der Mängelbelastung – Entlastungen – und, von der anderen Seite gesehen, vom Menschen aus sich selbst hervorgeholte und, vom Tier her gesehen, ganz neuartige Mittel der Lebensführung.

In allen Handlungen des Menschen geschieht ein Doppeltes: er bewältigt tätig die Wirklichkeit um ihn herum, indem er sie ins Lebensdienliche *verändert,* weil es eben natürliche, von selbst angepaßte Existenzbedingungen außer ihm nicht gibt oder weil die natürlichen unangepaßten Lebensbedingungen ihm unerträglich sind. Und, von der anderen Seite gesehen, holt er damit aus sich eine sehr komplizierte Hierarchie von Leistungen heraus, „stellt" in sich selbst eine Aufbauordnung des Könnens „fest", die in ihm bloß der Möglichkeit nach liegt, und die er durchaus eigentätig, auch gegen innere Belastungen handelnd, aus sich herauszuzüchten hat. D. h. der Inbegriff menschlicher Fähigkeiten, von den elementarsten bis zu den höchsten, wird von ihm in Auseinandersetzung mit der Welt erst *eigentätig* entwickelt, und zwar in der Richtung eines Führungs- und Unterordnungssystems von Leistungen, in denen die wirkliche Lebensfähigkeit erst nach langer Zeit erreicht wird.

Wir machen diesen Vorgang, den die späteren Teile Schritt für Schritt verfolgen, an einigen Angelpunkten vorgängig deutlich.

Infolge seiner organischen Primitivität und Mittellosigkeit ist der Mensch in jeder wirklich natürlichen und urwüchsigen Natursphäre lebensunfähig. Er hat also den Ausfall der ihm organisch versagten Mittel selbst einzuholen, und dies geschieht, indem er die Welt tätig ins Lebensdienliche umarbeitet. Er muß die ihm organisch versagten Schutz- und Angriffswaffen ebenso wie seine in keiner Weise natürlich zu Gebote stehende Nahrung sich selbst „präparieren", muß zu diesem Zweck Sacherfahrungen machen und Techniken der objektiven, sachentsprechenden Behandlung entwickeln. Er muß für Witterungsschutz sorgen, seine abnorm lange unentwickelten Kinder ernähren und großziehen und bedarf schon aus dieser elementaren Nötigung heraus der Zusammenarbeit, also der Verständigung. Der Mensch ist, um existenzfähig zu sein, auf Umschaffung und Bewältigung der Natur hin gebaut, und deswegen auch auf die Möglichkeit der *Erfahrung* der Welt hin: er ist handelndes Wesen, weil er unspezialisiert ist, und also der natürlich angepaßten Umwelt entbehrt. Der Inbegriff der von ihm ins Lebensdienliche umgearbeiteten Natur heißt *Kultur,* und die Kulturwelt ist die menschliche Welt. Es gibt für ihn keine Existenzmöglichkeit in der unveränderten, in der nicht „entgifteten" Natur, und es gibt keinen „Naturmenschen" im strengen Sinne: d. h. keine menschliche Gesellschaft ohne Waffen, ohne Feuer, ohne präparierte und künstliche Nahrung, ohne Obdach und ohne Formen der hergestellten Kooperation. Die Kultur ist also die „zweite Natur" – will sagen: die menschliche, die selbsttätig bearbeitete, innerhalb deren er allein leben kann – und die „unnatürliche" Kultur ist die *Auswirkung* eines einmaligen, selbst „unnatürlichen", d. h. im Gegensatz zum Tier konstruierten Wesens in der Welt. *An genau der Stelle,* wo beim Tier die „Umwelt" steht, steht daher beim Menschen die *Kulturwelt,* d. h. der Ausschnitt der von ihm bewältigten und zu Lebenshilfen umgeschaffenen Natur. Schon deswegen ist es grundfalsch, von einer Umwelt des Menschen – im biologisch definierten Sinne – zu reden. Beim Menschen entspricht der Unspezialisiertheit seines Baues die Weltoffenheit, und der Mittellosigkeit seiner Physis die von ihm selbst geschaffene „zweite Natur". Hierin liegt übrigens der Grund, warum der Mensch im Gegensatz zu fast allen Tierarten nicht geographisch natürliche und unüberschreitbare Daseinsbereiche hat. Fast jede Tierart ist eingepaßt in ihr klimatisch, ökologisch usw. konstantes „Milieu", der Mensch allein überall auf der Erde lebensfähig, unter dem Pol und dem Äquator, auf dem Wasser und dem Lande, in Wald, Sumpf, Gebirge und Steppe. Er ist dann lebensfähig, wenn er dort Möglichkeiten erzeugen kann, sich eine zweite Natur zurechtzumachen, in der er dann statt in der „Natur" existiert.

Der Kulturbereich des Menschen, d. h. jeder besonderen Gruppe oder Gemeinschaft, enthält also die Bedingungen ihrer physischen Existenz, angefangen von den Waffen und Ackergeräten irgendwelcher Eingeborener. Dagegen sind eben diese Bedingungen bei Tieren in der jeweiligen Umwelt enthalten, in die sie eingepaßt sind. Der Unterschied von Kultur- und Naturmenschen ist mißverständlich. Keine menschliche Bevölkerung lebt in der Wildnis von der Wildnis, jede hat Jagdtechniken, Waffen, Feuer, Geräte. Ebenso treten wir der bekannten Unterscheidung von Kultur und Zivilisation nicht bei, die außerdem in den wenigsten Kultursprachen formulierbar wäre. Kultur soll uns sein: der Inbegriff der vom Menschen tätig, arbeitend bewältigten, veränderten und verwerteten Naturbedingungen, einschließlich der bedingteren, *entlasteten* Fertigkeiten und Künste, die auf jener Basis erst möglich werden.

Steht dies fest, so sehen wir hier eine der wichtigsten Seiten des erwähnten Prinzips: die „Weltoffenheit", die untierische Ausgesetztheit gegenüber einer organisch gar nicht angepaßten Überflutung mit Wahrnehmungseindrücken, welche zuerst eine Belastung ist, stellt auch die Bedingungen dafür dar, menschlich leben zu können – vorausgesetzt, wohlgemerkt, daß eine eigentätige Bewältigung dieser Weltoffenheit gelingt. Die Fülle und Mannigfaltigkeit der dem Menschen zugänglichen, auf ihn einströmenden Welt birgt auch hier und da die Chance von unerwarteten und gar nicht vorherzusehenden Erfahrungen, aus denen man eine Hilfe im Lebenskampf, einen nächsten Schritt der Lebensfristung machen kann. Oder anders ausgedrückt: die Weltoffenheit des Menschen ist eben deswegen eine so grenzenlose und in ihrer Mannigfaltigkeit unausgelesene, weil der Mensch in dem Chaos der Umstände *unter allen Bedingungen* auch solche finden muß, aus denen er sich eine Hilfe machen kann, ein Werkzeug, eine Erfahrung, die ausnutzbar ist, soll er überhaupt existieren können. Diese unmittelbare Belastung wird also produktiv zur Existenzchance gemacht werden müssen. Wir werden genau und bis ins einzelne verfolgen, wie die Bewältigung der Eindrucksfülle immer zugleich eine selbsttätig vollzogene *Entlastung* ist, sozusagen eine Herabsetzung des unmittelbaren Kontakts mit der Welt, wie aber gerade damit der Mensch sich orientiert, die Eindrücke ordnet, sich faßlich macht und sie vor allem *in die Hand bekommt*.

Hier begeben wir uns auf ein bisher wenig erforschtes Gebiet, und ich muß daher eine gewisse vorbereitende und orientierende Einführung an dieser Stelle vorlegen.

An erster Stelle ist zu merken: die Wahrnehmungswelt, die wir, die Augen aufschlagend, um uns sehen, ist durch und durch *Resultat* menschlicher Eigentätigkeit. Sie ist, schon rein optisch, in sehr hohem Grade symbolisch, d. h. ein Feld von *Erfahrungsandeutungen*, welche uns die Beschaffenheit und Verwendbarkeit der Gegenstände symbolisieren. Die Ausgesetztheit gegenüber einer biologisch-zweckmäßig nicht eingegrenzten Eindrucksüberflutung stellt den Menschen – schon im frühesten Alter – vor die Aufgabe einer Bewältigung derselben, einer Entlastung, d. h. einer aktiven Tätigkeit gegenüber der sinnlich eindringenden Welt, welche in *kommunikativen*, umgehenden, in-Erfahrung-ziehenden und *erledigenden* Tätigkeiten *ohne unmittelbaren Erfüllungswert* besteht. Die Welt wird also in bedürfnisfreien (selbst entlasteten), kommunikativen Bewegungen und Aktionen „durchgegangen", ihre offene Fülle in Erfahrung gezogen, „erkannt" und abgestellt, und dieser Prozeß, welcher den größten Teil des kindlichen Alters ausfüllt, hat als *Resultat* die uns gegebene Wahrnehmungswelt. Diese ist ein Inbegriff dahingestellter, potentiell bekannter, in bloßen Andeutungen übersehener Dinge von *möglicher Verfügbarkeit*, und der bloße oberflächliche optische Eindruck gibt uns Symbole, welche uns den Gebrauchswert und die Umgangseigenschaften der Dinge (Gestalt, Schwere, Textur, Härte, Gewicht usw.) andeuten. Die sehr tiefsinnige Zusammenarbeit des Auges mit der Hand und den kommunikativen Umgangsbewegungen endet in dem Erfolg, daß das Auge allein als führendes Organ eine Welt ausgiebiger Symbole dahingestellter, erledigter, aber jederzeit verfügbarer Sachverhalte übersieht. Sofern darin eine Ablösung und Führung menschlicher Leistungen gegeneinander erscheint, indem die Hand und die Körperbewegungen sich allmählich von der Aufgabe umgehender Erfahrungstätigkeit zurückziehen und für andere Aufgaben – nämlich geplante Arbeit – frei werden, während das Auge allein zu bloßen „Erfahrungsproben" befähigt wird, erscheint die Aufbau- und Entlastungsgesetzlichkeit menschlicher Leistungen noch einmal in innerer Betrachtung. Dabei tritt eine Vielheit von Funktionen ins Spiel: der Nah- und Fernsinne, die sich zum Teil gegenseitig kontrollieren, der Sprache, des Denkens, der Phantasmen und sehr komplizierter „aufgeschobener", d. h. an bloß möglichen, nicht wahrgenommenen Situationen orientierter Bedürfnisse, die allesamt die Eigenschaft haben, gegenseitig aufeinander reagieren zu können, mit den verschiedensten Chancen wechselnder Führung und Unterordnung, bis zu den freiesten und verfügbaresten, immer höher variablen Leistungen.

4. Fortsetzung derselben Anschauung

Die Weltoffenheit des Menschen wird insofern zweckmäßig, als sie ein wahrhaft unendliches Feld wirklicher und möglicher Sachverhalte hergibt, ein Erfindungsfeld, in dem die Mannigfaltigkeit so groß ist, daß der Mensch unter allen Umständen einige Mittel findet und ausnutzen kann, um eine das Leben ermöglichende Veränderung hervorzubringen, so die Mängel seiner organischen Ausstattung irgendwie ersetzend. Diese Ausnutzung der Belastung, sie ins Fruchtbare zu wenden, verdankt er aber nur seiner Eigentätigkeit.

Diese Eigentätigkeit besteht, allgemein gesagt, in den das Kindesalter ausfüllenden „Bewegungen", in denen die ringsum sichtbaren Dinge nach und nach in Erfahrung gezogen werden; sie werden gesehen, betastet, bewegt, behandelt in kommunikativen Umgangsbewegungen, die wir genau untersuchen werden. Der Erfolg dieser Prozesse, in denen Bewegungen jeder Art, besonders der Hände, mit allen Sinnen, besonders dem Auge, zusammenwirken, ist der, daß die umgebende Welt „durchgearbeitet" wird, und zwar in der Richtung der Verfügbarkeit und der Erledigung: die Dinge werden der Reihe nach in Umgang gezogen und abgestellt, im Zuge dieses Verfahrens aber unvermerkt mit einer hochgradigen Symbolik angereichert, so daß endlich das Auge allein, ein müheloser Sinn, sie übersieht und in ihnen zuletzt Gebrauchs- und Umgangswerte *mitsieht*, welche vorher mühsam eigentätig erfahren wurden. Die mit der Reizüberflutung gesetzte Aufgabe der Orientierung wird so gelöst, daß darin der Mensch die Dinge gleichzeitig *in die Hand bekommt*, aber auch wieder dahinstellt und erledigt, bis endlich die irrationale Überraschungsfülle der Eindrücke *reduziert* ist auf Reihen leicht übersehbarer Zentren (Dinge), deren jedes eine Fülle müheloser *Andeutungen* von möglichen Umgangserfolgen, entwickelbaren Veränderungen enthält, von dahingestellter Verfügbarkeit. So beschrieben, wird die *Entlastungsleistung* dieser Vorgänge deutlich, d. h. die Ausnutzung der Belastung ins Lebensdienliche. Der Mensch kann „stillgelegt" um sich blicken und übersieht dann einen Umkreis optischer, raffiniert hochsymbolischer Andeutungen von verfügbaren Sacherfolgen und Umständen – aber er verdankt dies seiner *Eigentätigkeit*, den mühsamen Prozessen tätigen und umgehenden Erfahrungserwerbs. Man sieht genau: nur ein Wesen, welches *nicht* angepaßt ist auf bestimmte, typische Umweltvorgänge wird dazu genötigt sein, ein „unspezialisiertes" Wesen. Nur ein solches ist aber auch auf seine Eigentätigkeit gestellt, nur dieses endlich sieht sich einer Eindrucksflut gegenüber, in der es sich zu orientieren hat. Sich orientieren muß dann heißen: die Eindrucksflut reduzieren auf bestimmte ausgiebige Zentren, diese gleichzeitig in die Hand bekommen und sich vom Druck unmittelbarer Eindrucksfülle entlasten. Während das Tier eingespannt ist in das Drangfeld der jeweiligen unmittelbaren Situationen und Situationsveränderungen, kann der Mensch eigentätig sich zurückziehen, Distanz schaffen.

Unmittelbar eingreifend in die beschriebene Aufgabe ist eine andere Reihe von Aufgaben, die mit der Unfertigkeit des kindlichen Bewegungsapparates gesetzt sind. Tiere beherrschen bekanntlich nach wenigen Stunden bis Tagen ihre Bewegungsskala, die dann abgeschlossen ist. Die menschlichen Bewegungen sind dagegen ausgezeichnet durch eine ganz unvorstellbare mögliche Mannigfaltigkeit, durch einen Kombinationsreichtum, von dem man sich eine annähernde Vorstellung auch dann nicht machen kann, wenn man daran denkt, welche Fülle exakt gesteuerter Bewegungsformen in einem einzigen Handwerk erfordert wird – geschweige in der Kompliziertheit eines ganzen Industriesystems. Die Bewegungen sind also ganz ungemein „plastische", nämlich eingerichtet auf unbegrenzt variable, kontrollierte Zuordnungen, eine jede Neukombination von Bewegungen ist selbstgesteuert, d. h. auf Grund eines mehr oder weniger bewußten Zuordnungsplanes aufgebaut: man denke an die schwierigen Umsteuerungen, die bei Erlernung eines neuen Sports nötig sind. Merkwürdigerweise ist diese ungemeine Fülle von Bewegungsmöglichkeiten (Artisten, Sportsleute, alle unendlich verschiedenen Arbeitsgänge), und zwar von willkürlichen Bewegungskombinationen noch selten in Gegensatz gegen die Monotonie tierischer Bewegungsformen gestellt worden.

Wenn wir fragen, warum der Mensch über eine solche Mannigfaltigkeit von Bewegungsformen verfügt, so kann auch hier die Antwort nur lauten: seine Bewegungsskala ist *unspezialisiert.* Die unbegrenzte Plastizität der menschlichen Bewegungen und Handlungsformen ist also nur zu verstehen von der ebenso unbegrenzten Fülle von Tatsachen aus, vor die ein weltoffenes Wesen zu stehen kommt, und in denen es nun fähig sein muß, *irgendwelche* auszunützen und einzusetzen.

Die jahrelange Unfertigkeit des kindlichen Bewegungsapparates ist wieder eine Belastung, wenn man vom Tier her sieht. Sie ist eine *Aufgabe,* nämlich die Aufgabe, durch eigene Bemühung, unter mühsamer Erlernung in Mißerfolgen, Gegenimpulsen und Selbstüberwindungen die eigenen Bewegungsmöglichkeiten herauszuentwickeln. Die Unfertigkeit des menschlichen Bewegungskönnens macht einen qualitativen Unterschied zu den sehr bald „montierten", dann aber monoton-zweckmäßigen tierischen Bewegungen. Die des Menschen sind unentwickelt, weil sie eine Unendlichkeit möglicher Variationen enthalten, die der Mensch im Umgang mit den umgebenden Gegenständen erst herausentwickeln soll, und zwar so, daß jede Bewegungserfahrung Raum gibt für Neukombinationen der *Bewegungsphantasie,* so daß er schließlich über eine offene Menge beliebig variablen Bewegungskönnens verfügt, in der es Überordnung, Führung, Zusammenspiel, Umsteuerung und Kontrolle gibt. Diese Bewegungsskala hat der tierischen gegenüber zwei weitere, für das Verständnis entscheidende Merkmale:

1. Sie ist entwickelbar nur in *demselben* Umgang, den wir oben von der anderen Seite her beschrieben haben. Die Erfahrungsbewegungen in der unbestimmt offenen Sphäre, in der der Mensch sich orientieren muß, sind von – innen gesehen – zugleich Lösungen der Aufgabe, aus der Unfertigkeit eine Feinheit und Breite des Bewegungskönnens herauszuholen,

die der Unübersehbarkeit der Sachumstände gewachsen ist. Ein Wesen von so unnatürlichen Existenzbedingungen braucht Bewegungen, welche an beliebigen Sachverhalten nach beliebigen Hinsichten variabel sein müssen, weil es gilt, aus dem Unvorhergesehenen eine lebensdienliche Veränderung herauszuholen. Dazu bedarf es *kontrollierter Bewegungsvariationen,* welche nun unmittelbar in denselben Handlungen, in denen sich der Mensch orientiert, aus einer anfänglichen Unfertigkeit herausgezüchtet werden. Man kann also diese beiden Leistungen so beschreiben: gegeben zunächst ein schutzlos reizüberflutetes und bewegungsunfähiges Wesen (!). Diese doppelte Belastung wird nun eigentätig zur Grundlage einer ganz untierischen Lebensführung und -fristung umgearbeitet, und zwar wird die Welt in „begierdefreien" kommunikativen Aktionen bewältigt, durchgeordnet, ihre offene Fülle in Erfahrung gezogen, („erkannt"), weil nur aus einer beherrschbar und übersehbar gewordenen Welt Anregungen zu denjenigen Veränderungen entnommen werden können, welche einem organisch mittellosen Wesen über den nächsten Tag helfen. Unmittelbar in denselben Prozessen wird aus der anfänglichen Bewegungsunfertigkeit die Fülle sacherfahrener, gesteuerter und variabler Handlungen herausentwickelt, und zwar von vornherein als mühsamer Erwerb des Könnens, dessen ein solches Wesen bedarf, um der unvorhersehbaren Fülle und Veränderlichkeit der Umstände gewachsen zu sein. Es ist philosophisch sehr wichtig, die gemeinsame *Wurzel von Erkenntnis und Handlung* freizulegen, denn Weltorientierung und Handlungsführung sind die ersten und tragenden menschlichen Lebensgesetze. Die Unfertigkeit bedeutet Selbsterlebnis des Bewegenskönnens, und dieses bedeutet: Anreiz zum Weiterausbau der potentiell unendlichen Mannigfaltigkeit.

2. Es gehört zu diesen Leistungen einsichtig notwendig eine hochgradige *Sachempfindlichkeit,* aber auch *Selbstempfindlichkeit* der menschlichen Handlungsbewegungen. Die menschliche Motorik ist in allen Phasen *tastempfindlich* und wird in ihren Vollzügen zugleich mit den Sachveränderungen, an denen sie tätig ist, *gesehen.* Es ist von ganz ungemeiner Bedeutung, wie wir finden werden, daß alle Bewegungen durch Seh- und Tastempfindungen zurückempfunden sind, so daß sie sich nicht nur auf die im Sachumgang entwickelten neuen Dingeindrücke einlassen, sondern sogar *auf sich selbst,* gegeneinander usw. reagieren können. Es ist dies, wie wir sehen werden, eine Bedingung zur Entwicklung der *Bewegungsphantasie,* und es ist überhaupt zu merken, daß alle menschlichen sensomotorischen Leistungen *selbstempfunden,* d. h. aber: an sich selbst und gegeneinander reagibel und umgangsfähig sind. Es ist dies die Vor-

aussetzung zur Ausbildung einer „inneren Welt", d. h. von Umgangs- und Bewegungsphantasmen, Erfolgsvorstellungen, Eindruckserwartungen, welche *unabhängig vom tatsächlichen Bestand der wirklichen Situation* entwickelt und aufgebaut werden können: ein sehr hoher, aber noch keineswegs der letzte Grad der Entlastung. Mit der Fähigkeit des Menschen, seinen Bewegungen zuzusehen und sie in Tast- und Seherlebnisssen zurückzuerfahren, muß man die Aufrichtung desselben, die Vielheit der Wahrnehmungsachsen und die Haarlosigkeit – (der ganze Leib eine Sinnesfläche) – in Beziehung sehen. In wenigen Worten zusammengefaßt: die Existenz eines unspezialisierten und damit weltoffenen Wesens ist auf Handlung, voraussehende praktische Veränderung der Dinge in der Hinsicht auf *Mittel* gestellt. Die Aneignung der offen einströmenden Wirklichkeit und die Ausbildung eines unbegrenzt variablen Handlungskönnens erfolgen tätig in besonderen, bei keinem Tier aufweisbaren, triebfreien (entlasteten, s. u.) und kommunikativen Erfahrungs- und Umgangsprozessen, vor allem in der Kooperation von Hand, Auge und Tastsinn. Die Hand- und Armbewegungen (in erster Linie), deren Beziehungen zum Verhalten der Dinge selbst immer gesehen bleiben, machen breiteste Bewegungs- und Variationserfahrungen, die zugleich in der Richtung nach der Zukunft als Bewegungsphantasie, als Erfolgs- und Erwartungsphantasmen erscheinen (s. u. Zweiter Teil).

Adolf Portmann (Basel) hat in hochbedeutsamen Untersuchungen („Die Ontogenese d. Menschen als Problem der Evolutionsforschung", Verhandlgn. d. Schw. Naturforschenden Ges. 1945; „Biologische Fragmente zu einer Lehre vom Menschen", ²1951; „Zoologie und das neue Bild des Menschen", ⁴1960) die Sonderstellung des Menschen in ontogenetischer Hinsicht herausgearbeitet. Die niederen Säugetiere, wie viele Insektenfresser, Nager und marderartige Raubtiere kommen bei kurzer Tragzeit und großer Zahl der Jungen als „Nesthocker" zur Welt, in hilflosem Zustand, unbehaart und mit noch verschlossenen Sinnesorganen. Bei den höheren Säugern dagegen, den Huftieren, Robben, Walen, Affen und Halbaffen ist eine viel größere Differenzierungsarbeit zu leisten, um ein Zentralorgan aufzubauen, das einigermaßen dem Reifezustand in seinen Funktionen entspricht. Wir finden nun eine extreme Verringerung der Jungenzahl, meist auf ein bis zwei, und eine Verlängerung der Tragzeit, während der der Embryo eine funktionell betrachtet sinnlose Phase des Verschlusses der Augenlider, des Gehörorgans usw. durchläuft, die bereits vor der Geburt wieder aufgehoben wird. Die Jungen machen also im Mutterleibe ein Stadium durch, das dem Geburtszustand eines Nesthockers gestaltlich entspricht, so daß ihre Ausbildung bei der Geburt schon weitgehend der reifen Form gleicht, und sie über die artgemäßen

Bewegungsweisen und die arttypischen Mittel der Kommunikation verfügen: sie sind „sekundäre Nestflüchter".

Demgegenüber hat nun die menschliche Ontogenese eine völlige Sonderstellung unter den Wirbeltieren. Der Mensch hat bei der Geburt ein Hirngewicht, das etwa dreimal so hoch ist wie das der neugeborenen Anthropoiden, und ein entsprechend höheres Körpergewicht (etwa 3200 Gramm gegenüber 1500 Gramm beim Orang). Die artgemäße aufrechte Körperhaltung und die Anfänge der arttypischen Kommunikation (Worte) erreicht er erst etwa ein Jahr nach der Geburt. „Nach einem Jahre erlangt der Mensch den Ausbildungsgrad, den ein seiner Art entsprechendes echtes Säugetier zur Zeit der Geburt verwirklichen müßte. Würde also dieser Zustand beim Menschen auf echte Säugerweise gebildet, so müßte unsere Schwangerschaft etwa um ein Jahr länger sein, als sie tatsächlich ist; sie müßte etwa 21 Monate betragen" (Biol. Frg. p. 45). Der Neugeborene ist daher eine Art „physiologischer", d. h. normalisierter Frühgeburt, oder ein „sekundärer Nesthocker', der „einzige Fall dieser Kategorie unter den Wirbeltieren". Das starke Längen- und Massenwachstum gerade des ersten Lebensjahres ist in seinem fötalen Charakter schon lange erkannt worden. (v. Lange, 1903, Scammon, 1922; nach Portmann a.a.O. p.47). Dieses „extra-uterine Frühjahr" ist von fundamentaler Bedeutung: in ihm kombinieren sich Prozesse der Reifung, die als solche auch im Mutterkörper gefördert werden würden, mit den einströmenden Erlebnissen unzählbarer Reizquellen, in deren Verarbeitung die Reifungsprozesse, wie die Erwerbung der aufrechten Haltung, der Bewegungs- und Sprachmittel ihrerseits erst fortschreiten. „So geschehen naturgesetzliche Abläufe beim Menschen im ersten Lebensjahre statt unter allgemein gültigen Bedingungen im Mutterleibe bereits unter einmaligen Voraussetzungen" (p. 79), oder „dem Menschen ist es zugeordnet, entscheidende Ausbildungsphasen seines Verhaltens und seiner Körperformung in enger Wechselwirkung von psychischen und körperlichen Geschehnissen außerhalb des Mutterleibes zu durchleben" (p. 81). Die Sonderstellung der menschlichen Ontogenese mit ihren handgreiflichen morphologischen Besonderheiten (hohes Geburts- und Hirngewicht, Offenheit der Sinne bei Unfertigkeit des Bewegungsapparates mit auffallend später Entwicklung der Körperproportionen der Reifegestalt) ist also nur zu verstehen im Hinblick auf das „weltoffene Verhalten der Reifeform", dem wieder „der einzig dem Menschen zukommende frühe Kontakt mit dem Reichtum der Welt" (p. 80) entspricht. Oder die ganze in diesem Buch zu beschreibende Daseinsart und Verhaltensgesetzlichkeit der Reifeform ist in der Embryologie des Menschen sozusagen „vorberücksichtigt", so daß „eine Reihe ontogenetischer Eigenheiten, so die Dauer der Schwangerschaft, die frühe Massenentwickelung unseres Leibes, der Ausbildungsgrad bei der

Geburt nur im Zusammenhang mit der Bildungsweise unseres Sozialverhaltens sinnvoll verstanden werden können" (p. 12). Um diese staunenswerte Tatsache sich zu verdeutlichen, ist eine Parallele, ein Vergleich mit dem Zustand des Nesthockers bei den höheren Vogelgruppen nützlich. Dort ist, wie Portmann (D. Ontogen. d. Menschen als Problem d. Evolutionsforschg. p. 2) zeigte, wegen der zur Ausbildung des zentralen Nervenorgans erforderlichen größeren Differenzierungsarbeit eine längere Periode der Unselbständigkeit notwendig, die nun durch Einbeziehung der Altvögel in den Entwickelungsgang kompensiert ist. „Der Altvogel wird obligatorische Teilfunktion der ganzen Ontogenese", und die „Verschränkung" von Alt- und Jungvogel, insbesondere natürlich auch ihrer koordinierten Instinkte (der Fütterung auf der einen Seite, des „Sperrens" auf der anderen) ist eine Teilgesetzlichkeit der Ontogenese des Nesthockers. Faßt man den Menschen mit Portmann als „sekundären Nesthocker" auf, so müßte man sagen, daß nicht nur das Pflegeverhalten der Mutter, sondern auch der kommunikative Kontakt anderer Menschen, ja die unbestimmte offene Reizeinwirkung der Umgebung zu „obligatorischen Teilfunktionen der ganzen Ontogenese" werden!

5. Handlung und Sprache

Es muß sich nun allmählich der Umriß eines Bildes heraussheben, in dem sich die Besonderheit der menschlichen Verfassung an ihren Leistungen darstellt. Diese Leistungen selbst haben wir eben in den Anfängen charakterisiert. Sie bestehen in der tätig gelösten Aufgabe, sich in der Welt so zu orientieren, daß sie ihm verfügbar wird und in die Hand fällt. Es ist dies eine produktive Entlastungsleistung, er bricht den Bannkreis der *Unmittelbarkeit*, in dem das Tier mit seinen unmittelbaren Sinnessuggestionen und Sofortreaktionen gefangen bleibt, er schafft eigentätig um sich einen „Leerraum" einer übersehbaren, andeutungsreichen und dahingestellt-verfügbaren Welt. Er baut sich diese auf im Zuge der Erfahrungsbewegungen, in denen ohne Triebdruck und Trieberfüllung – „spielend" – die Dinge in Erfahrung gezogen, kommunikativ aufgeschlossen und abgestellt werden, bis endlich das Auge allein eine geordnete, neutralisierte Welt beherrscht. Unmittelbar damit entwickelt er aus der Unfertigkeit heraus in mühsamen und selbsterlebten, darin aber den Anlaß zu weiterer Variation findenden Prozessen ein Handlungskönnen, das in seiner geführten Mannigfaltigkeit derjenigen der Welt gewachsen ist. Weil diese Bewegungen von vornherein selbst herausgearbeitete sind, unter Kontrollen, überwundenen Hemmungen und errungenen Führungen verfügbar werden, legt sich im Menschen ein reicher Vorrat variablen Könnens an, der da eingesetzt werden kann, wo das Auge eine aussichtsreiche Möglichkeit sieht. Da erzwingen nicht irgendwelche plötzlichen Eindrücke eine Antwortreaktion, wie beim Tiere ein umweltfremder Reiz die Flucht. Beim Menschen sind die *Kontaktstellen mit der Situation* des „Jetzt" sensorisch und motorisch auf ein Minimum zurückgebildet, und zwar durch seine eigene Leistung.

Im Zusammenhang genau dieser Entwicklung, eingewoben in diese Vorgänge, entsteht die *Sprache.* Sie entspringt aus mehreren, zunächst unabhängig voneinander bemerkbaren Wurzeln, auf die der Zweite Teil in Breite eingehen wird, und die hier nicht angemerkt werden sollen. Eins aber kann bereits jetzt festgestellt werden: kommunikatives, umgehendes Sichverhalten, ferner „Andeutungs"- oder Symbolleistung, selbstempfundene, sinnlich reflektierte Selbsttätigkeit und endlich herabgesetzter, entlasteter Kontakt mit der Welt sind zwar in der Sprache deutlich zu sehr hoher Vollendung entwickelt, aber durchaus nicht der Sprache allein eigen: sie sind schon, wie gesagt, Merkmale der sich entlastenden menschlichen Lebendigkeit überhaupt, Charaktere schon des *vorsprachlichen* Verhaltens.

Gelingt dieser Nachweis des näheren, wie ich ihn allerdings bringen werde, so ließe sich zeigen, wie das Aufbaugesetz des menschlichen sensorisch-motorischen Verhaltens *sich in der Sprache fortsetzt,* wie es also endlich die Besonderheit menschlicher Intelligenz verständlich macht. Mit anderen Worten: aus der morphologischen Beschaffenheit des Menschen folgen die vorhin erläuterten Aufgaben der eigentätigen Umarbeitung der elementaren Belastungen in die Mittel zur Daseinserhaltung und Lebensfristung. Dazu gehörte eine eigentätig aufgebaute und übersehbar gemachte Wahrnehmungswelt, eine Orientierung in dieser, bei welcher die Dinge zugleich verfügbar werden, und die Organisation eines in unbestimmt hohem Grade anpassungsfähigen Handlungskönnens. Die *Richtung* dieser senso-motorischen Prozesse wird von der Sprache eindeutig übernommen und zur Vollendung ausgebaut, und damit ist der Übergang zum „Denken" gefunden. Dieser anthropologische Entwurf unterscheidet sich also von allen bisherigen dadurch, daß es ihm gelingt, unter der Idee des *Leistungsaufbaus,* einem echt anthropologisch-biologischen Gedanken, eine Ebene zu finden, auf der der Übergang vom „physischen" zum „geistigen" immerfort *vollzogen* wird, also nachvollzogen und *verstanden* werden kann. Unter dem Gewicht einer lebensdringlichen Aufgabe wird eine Hierarchie von Leistungen entwickelt, in denen *dasselbe Gesetz* nachweisbar ist.

Um zu zeigen, wie die Sprache die bisher entworfene Leistungsgesetzlichkeit fortsetzt, stellen wir die folgenden einfachen Überlegungen an:

Schon bei Tieren gibt es die nicht weiter auflösbare und „urphänomenale"

Fähigkeit der *Intention,* d. h. eines aktiven Sichrichtens durch ein wahrnehmbares „Signal" hindurch auf ein darin erscheinendes Ganzes. Insbesondere bedeutet die Ausbildung eines „bedingten Reflexes", daß sich eine Umstrukturierung der ganzen Situation in der Wahrnehmung derart ergeben hat, daß ein prägnantes Anfangssignal durch die ganze folgende Entwicklung der Situation im Verhalten bestätigt wird. *Symbole* dagegen werden wesensgesetzlich im kommunikativen Umgang entwickelt. Die Symbole der unbegrenzt offenen Welt, in der der Mensch steht, hat seine Umgangstätigkeit selbst erst gesetzt. Wenn uns Vorderseiten, Schatten und Glanzlichter *genügen,* um z. B. einen schweren, metallischen, runden Gegenstand anzudeuten, so stecken in dieser hochkonzentrierten Symbolik lange Übungserfahrungen, Umgangsvollzüge und Lernleistungen. Die *selbsttätig* aufgebaute Symbolik der Dinge um uns macht uns eine Andeutungswelt möglicher *Verfügbarkeit* auch dann, wenn dabei automatische gestalt-psychologische Prozesse mitwirken. Denn die Gestaltgesetze der Wahrnehmung sind in ihrer Tendenz nach Übersicht, Gliederung, Schwerpunktsbildung und Transponierbarkeit der Gestalten auf mögliche „Verlagerungen" und „Eingriffe" hin angelegt. Diese Prozesse gehen in die Symbolstruktur der Dinge mit ein, wie sie im Zuge unserer Umgangstätigkeit erwächst und in einer Andeutungswelt möglicher Verfügbarkeit endet.

Eine *Lautbewegung* hat in Analogie zur Tastbewegung die außerordentliche Eigenschaft, zugleich Bewegung *und* zurückempfunden zu sein, nur daß der sinnliche Erfolg einer Lautbewegung in den Bereich eines *Fernsinns,* des Gehörs, fällt. Ein Laut ist zunächst einfach als Bewegung zu betrachten und gehört in die Klasse der zurückempfundenen Bewegungen, die beim Menschen eine außerordentliche Rolle spielen, weil in erster Linie sie Bewegungserfahrungen ermöglichen, also selbstgeführte und selbstkontrollierte Steigerungen der Leistungen.

Innerhalb der kommunikativen, empfindlichen und sachumgehenden Bewegungen also entspringen aus mehreren Wurzeln auch „Lautbewegungen", deren *gehörte* Seite als Empfindung, also durchaus als *Außenwelt* erlebt wird: die Artikulationsbewegung klingt aus der Welt zurück an das Ohr. Sobald nun auf verschiedenen, später darzustellenden Wegen *gerade diese* Bewegungen als Kommunikationsbewegungen gegenüber gesehenen Dingen eingesetzt werden, so ist es möglich, sich in einer spezifischen, besonders freien und mühelosen Bewegung zugleich auf eine Sache zu richten – sie zu intendieren – *und* sie gleichzeitig und in demselben Akt daran zu empfinden oder zu „vernehmen". Diese sehr besondere Fähigkeit ist schon ein sehr hoher Grad lange vorbereiteter Entlastung, und gerade diese Intention, sich in Lautaktionen kommunikativ auf Dinge zu richten, ist die vitale Basis des Gedankens.

Es handelt sich also bei der Sprache darum, die oben beschriebene, im zweiten Teil näher analysierte sensomotorische Kommunikation innerhalb einer unbeschränkten Sphäre, welche im aktiven Aufbau von verdichteten Symbolen *und* in der Beliebigkeit der Verfügbarkeit über dieselben (oder die in ihnen angedeuteten Sachverhalte) endet, noch einmal sozusagen konzentriert geschehen zu lassen. Das „Intendieren", sofern es in Lautbewegungen verläuft, erschafft unmittelbar selbst schon das Symbol, den gehörten Laut, den es, mit der Sache umgehend, von ihr her empfängt – es empfindet also zugleich sich selbst und vernimmt die Sache. Diese Art der Kommunikation ist in hohem Grade schöpferisch, weil sie den reell empfindbaren Bestand der Welt tatsächlich *vermehrt*, und sie ist die müheloseste, am meisten entlastete. Die empfindbare Fülle der Welt wird gerade dadurch, daß sie tätig vermehrt wird, doch wieder zusammengezogen und verdichtet in sehr bestimmten, leichten Symbolen – die andererseits selbst schon Aktionen sind. Es ist dies das Meisterstück menschlicher Leistung: ein Maximum an Orientierung und Symbolisierung zugleich mit der höchst erleichterten Verfügung über das Wahrgenommene, das durch die Worte unvergleichlich in das Selbstgefühl der eigenen Tätigkeit gezogen wird.

Daß nun der eben geschilderte Prozeß, der zur Sprache kommt, die anthropologische Aufgabe folgerichtig zur Höhe führt, ist vielleicht aus dem eben Gesagten schon zu erkennen. Es wird übersehbar, wenn man die folgenden Punkte erwägt:

1. Es gelingt jetzt, auch die der unmittelbaren Bewegungskommunikation entzogene *Ferne* noch symbolisch zu verdichten und übersehbar zu machen. Es gibt eine symbolsetzende, organisierende Aktion, die ebenso weit reicht wie das Auge.
2. Es ist jetzt, über die unmittelbar angreifenden Umgangsbewegungen hinaus, ein aktives Verhalten möglich, das *nicht* seine Gegenstände praktisch verändert, sondern sie unberührt läßt. Auf unbegrenzt Wahrnehmbares gehend, gibt es eine bloß empfindbare, nur in sich selbst empfindliche Kommunikation, die *keine realen Veränderungen* bewirkt. Es ist dies natürlich die Bedingung alles *theoretischen* Verhaltens, welches aber immer ein Verhalten zu den Dingen hin bleibt und, im bloßen inneren Umschlagen der Bewegungsform, jederzeit in praktisches Verhalten übergehen kann. Zwischen die Wahrnehmung und die tätige Behandlung des Wahrgenommenen wird eine Zwischenphase nichtverändernden Verkehrs mit den Dingen (Planung) gelegt.
3. Alle Lautbewegungen sind ganz beliebig verfügbar und reproduzierbar. Sofern also in ihnen eine Intention auf die Dinge verlaufen kann, sind solche Intentionen möglich *unabhängig vom wirklichen Vorhan-*

densein der in diesen Symbolen vermeinten Dinge oder Situationen. Das angesichts eines Dinges von ihm her vernommene Lautsymbol ist abhebbar von demselben: es vertritt dieses daher auch „in absentia". Es ist dieses die Basis alles „Vorstellens". Es ist daher möglich, sich unbeschränkt *über* die tatsächlich vorhandene Situation *hinweg* auf Sachverhalte und Wirklichkeiten zu richten, welche *nicht* gegeben sind. Der Mensch erhält durch die Sprache, wie Schopenhauer einmal sagt, die Übersicht (!) der Vergangenheit und der Zukunft, wie auch des Abwesenden. Die biologische Notwendigkeit dieser Leistung für das Wesen Mensch ist klar. Angewiesen auf die bloße Jetzt-Situation, wie das Tier, wäre es lebensunfähig. Der Mensch muß die Fähigkeit haben, die Grenze der Situation vollständig zu sprengen, sich auf Zukünftiges und Abwesendes zu richten und daraufhin zu handeln, sowie von jenem her sekundär sich der Gegenwart zuzuwenden, deren Bestände einsetzend zu Mitteln für *künftige* Sachverhalte. Der Mensch wird dadurch „Prometheus", vorsehendes und tätiges Wesen zugleich.

4. Da die Laute auch Handlungen und eigene Handlungen symbolisieren können (Tätigkeitsworte), so ist jede Hinsicht oder Koordination von Bewegungen zugleich mit den darin verwickelten Sachverhalten in Worten intendierbar, ebenfalls situationsfrei symbolisch darstellbar und mitteilungsfähig.
5. Die Wichtigkeit dieses Punktes in der Aufgabe bedarf ebensowenig der Erläuterung, wie der zuletzt zu erwähnende Punkt: die Leistung der Sprache für die *Mitteilung* der Intentionen, wodurch der Mensch geradezu noch *von seiner eigenen Erlebniswelt befreit* und fähig wird, *aus der der anderen* zu handeln.

Zusammenfassend: die Sprache führt und schließt die gesamte Aufbauordnung des menschlichen Sinnes- und Bewegungslebens in deren unvergleichbarer Sonderstruktur zusammen. In ihr vollendet sich die Richtung auf Entlastung vom Druck des Hier und Jetzt, von der Reaktion auf das zufällig Vorhandene. In ihr gipfeln die Erfahrungsprozesse der Kommunikation, wird die Weltoffenheit zureichend und produktiv bewältigt und eine Unendlichkeit von Handlungsentwürfen und Plänen möglich. In ihr schließt sich alle Verständigung zwischen Menschen in der Gleichrichtung auf gemeinsame Tätigkeit, gemeinsame Welt und gemeinsame Zukunft.

6. Handlung und Antriebe

Die Befreiung zur umsichtigen und vorausschauenden Tätigkeit, die Entlastung aus dem Druck der unmittelbaren Gegenwart, in die das Tier verwickelt bleibt, sind also die elementaren Aufgaben, und sie werden vom Menschen in schwierigen Leistungen bewältigt, in mühsamer und Jahre ausfüllender Auseinandersetzung mit der Welt und mit sich selbst. Sieht man die Mängelausstattung des Menschen an, so ist es leicht einzusehen: er muß erkennen, um tätig zu sein, und muß tätig sein, um morgen leben zu können. Diese einfache Formel kompliziert sich sehr, wenn man bemerken muß, daß dieses Erkennen selbst schon ein sehr bedingtes ist: im Chaos der Reizüberflutung ist zunächst gar nichts zu erkennen, und erst die sehr allmähliche Bewältigung desselben durch Umgangs- und Erfahrungsbewegungen läßt die zusammenfassenden Symbole entstehen, an denen das einsetzen kann, was Erkenntnis zu nennen ist. Immer ist das Jetzt der Wahrnehmung nur der Ansatz der Prozesse, auf die es ankommt, in denen nämlich der Mensch sich herausarbeitet zur Übersicht und zur übergreifenden Verfügung über das, was die Situation gerade enthält. Die Sprache also erwächst aus diesem Gesamtaufbau von Leistungen und wird innerhalb desselben eingesetzt; an sie wieder sind eine präzise Erinnerung und eine sicher kombinierende Voraussicht gebunden, und ohne diese gibt es keine geplante, gerichtete Tätigkeit, sowie natürlich auch keine Mitteilung und Verständigung, und es ist wieder leicht zu sehen, wie beim Menschen das Problem der Lebensfristung so gestellt ist, daß es niemals ein einzelner für sich lösen kann. Das Tier dagegen lebt im Jetzt, also problemlos: eine ihm nicht einsichtige und von ihm nicht beeinflußbare Ordnung und Harmonie, die man unter dem Begriff „Biozönose" untersucht, sorgt dafür, daß ihm die Mittel der Lebensfristung schon begegnen werden. Die bloße Bewegungsunruhe des Hungergefühls läßt es z. B. übergehen in Suchbewegungen und unter Leitung einer höchst spezialisierten Fernewitterung auf die Beute treffen: es lebt mit der Zeit. Der Mensch, den „schon der künftige Hunger hungrig macht" (Hobbes, De hom. X, 3) hat „keine Zeit": ohne Vorbereitung des „morgen" wird dieses morgen nichts enthalten, wovon er leben könnte. Deshalb kennt er die Zeit. Erinnernd und voraussehend gilt es, in gespanntem Wachsein tätig zu sein.

Wir untersuchen nun im Dritten Teil die Frage: wie muß das Bedürfnis- und Antriebsleben eines solchen Wesens gebaut sein? Die Antwort ist, um auch hier bereits einen orientierenden Entwurf zu geben, sehr einfach: es wird lebensnotwendig sein, daß die Bedürfnisse und Antriebe eines solchen Wesens in der Richtung der Handlung, der Erkenntnis und der Voraussicht funktionieren. Es gäbe eine untragbare Lage, wenn die Antriebe des Menschen bloße „Jetztbewältigungen" wären, nur Wahrgenommenes erstrebten, sich im Kreise der aktuellen Situation erschöpften, während sein Bewußtsein und Handeln gerade über das Nächstliegende hinweg in die Zukunft arbeiten. Vielmehr müssen die menschlichen Bedürfnisse versachlicht und auf die Dauer gestellt sein: Ferninteressen, sozusagen, an ganz bestimmten, erfahrenen *Sachverhalten* und an entsprechenden besonderen *Tätigkeiten*. Der Trieb des Hungers muß ohne scharfe Grenze übergehen in das Bedürfnis, sagen wir, an einer bestimmten, erfolgreich gewesenen Stelle nach Nahrung zu suchen und die dazu nötigen Leistungen praktischer Art zu vollziehen. Anders ausgedrückt: die Bedürfnisse elementarer Art, die bloßen Minimumsbedürfnisse der Abhilfe physischer Not, müssen erweitert werden können zu Bedürfnissen nach den Mitteln dazu und nach den Mitteln dieser Mittel, also vereindeutigte und intelligente *Sach*interessen werden: die Bedürfnisse müssen den Handlungen *nachwachsen*, ganz eindeutige Umstände enthalten und die sachumgehenden Tätigkeiten mit umfassen.

Viele Besonderheiten des menschlichen Antriebslebens sind hieraus verständlich. Zuerst die Bewußtheit desselben. Nicht ohne zwingende Gründe kann die Natur allein beim Menschen das Antriebsleben bewußt gemacht und damit der Störbarkeit ausgeliefert haben. Aber es muß bewußt sein, Zielbilder, Erfüllungssituationen und Sachbedingungen enthalten und in sich aufnehmen, auch noch die indirektesten Handlungen unterstützen können: die Grenze zwischen den bloß fristungsnötigen Minimaltrieben (Hunger, Geschlechtstrieb usw.) und den höheren Interessen an den konkreten sachlichen Umständen und Betätigungen für ihre dauernde und erfolgreiche Erfüllung muß fließend sein; ich sage deshalb immer formelhaft: „Bedürfnisse und Interessen", weil die letzteren die umstandsbewußten und auf die Dauer gestellten, *handlungsangepaßten* Bedürfnisse sind. Einsichtig hängen hiermit zwei Besonderheiten des menschlichen Antriebslebens zusammen: die *Hemmbarkeit* und die *Verschiebbarkeit* der Bedürfnisse und Interessen. Beide sind wieder nur möglich bei Bewußtheit derselben. Die bloß ausbrechenden zufälligen Triebhandlungen im „Jetzt" müssen grundsätzlich gehemmt werden können, wenn Dauerinteressen lebensnotwendig sind: sie wachsen nur auf den unterdrückten Jetztbewältigungen. Ohne die Hemmung des beim Kinde ja lebhaften punktuellen Zerstörungstriebes gäbe es z. B. nie ein sachliches Eigenschaftsinteresse an den Dingen, das für alle Sachtätigkeit Bedingung ist. Ein Bedürfnis ist, sowie es bewußt ist, auch hemmbar oder vertagbar, auch der Hunger. Die Verschiebbarkeit der Bedürfnisse ist natürlich notwendig, wenn sie sachhaltig und zielbewußt, mit Inhaltsumständen besetzt sein sollen, denn unter geänderten äußeren Bedingungen, bei Neukonstellationen sachlicher Art muß das Bedürfnis mitvariieren können, was auch nur möglich ist, wenn es wesentlich bewußt, d. h. mit Phantasmen inhaltlicher Art besetzt ist.

Bei einem handelnden Wesen muß also das Antriebsleben eine sehr besondere Struktur haben: es muß vor allem *orientierbar* sein, d. h. nicht nur bestimmte lebensnotwendige Bedürfnisse enthalten, sondern auch die oft sehr bedingten Umstände ihrer Befriedigung, mit denen, weil diese ja selbst wechseln, es mitvariieren muß. Inhaltliche Vorstellungen, Phantasmen der Erfüllungen und ihrer Sachgesetze müssen diese Orientierung gewährleisten. Die Verschiebbarkeit ist daher entscheidend wichtig, und sie muß so weit gehen, daß auch noch die bedingtesten und umständlichsten Handlungen – z. B. die Vorbereitung zur Herstellung von Mitteln – ein Antriebsinteresse haben können, andernfalls man sie unterlassen oder unzuverlässig verrichten würde. Der Schlüssel zum Verständnis der menschlichen Antriebsstruktur ist daher die *Handlung*.

Die oft bemerkte und beklagte Instinktlosigkeit des Menschen hat mithin eine sehr positive Kehrseite. Wir nähern uns damit einer Tatsache von sehr großer Bedeutung. *Zwischen* die elementaren Bedürfnisse und ihre äußeren, nach unvorhersehbaren und zufälligen Bedingungen wechselnden Erfüllungen ist eingeschaltet: das ganze System der Weltorientierung und Handlung, also die Zwischenwelt der bewußten Praxis und Sacherfahrung, die über Hand, Auge, Tastsinn und Sprache läuft. Eben darin miteinander verknüpft, schiebt sich schließlich der gesamte soziale Zusammenhang zwischen die firsthand-Bedürfnisse des Einzelnen und deren Erfüllungen. Es ist nun dieselbe Instinktreduktion, die auf der einen Seite den direkten Automatismus abbaut, der bei genügendem inneren Reizspiegel, wenn der zugeordnete Auslöser aufscheint, die angeborene Reaktion enthemmt, und auf der anderen Seite ein neues, vom Instinktdruck *entlastetes* System von Verhaltensweisen in Freiheit setzt. Dies ist jenes eben erwähnte System, in dem Wahrnehmungen, Sprache, Denken und variable, nicht angeborene, sondern erlernbare Handlungsfiguren auf die Variationen der *Außendinge*, auf die Variationen des Verhaltens *anderer Menschen* und, besonders bedeutungsvoll, sogar *aufeinander* reagieren können. Anders ausgedrückt: es besteht eine weitgehende Unabhängigkeit der Handlungen sowie des wahrnehmenden und denkenden Bewußtseins von den eigenen elementaren Bedürfnissen und Antrieben oder die Fähigkeit, beide Seiten sozusagen „auszuhängen“ oder einen „*Hiatus*“ freizulegen. Es ist nun vor allem nicht möglich, dieses strukturell übertierische Verhalten als „Appetenzverhalten“ zu beschreiben, wenn man darunter ein variables Verhalten bei gleichbleibendem Ziel versteht, nämlich einer consummatory action. An dieser Vorstellung des purposive behaviour, des zielstrebigen Verhaltens, hält aber die Tierpsychologie seit Tolman fest. Umgekehrt ist es beim Menschen genau dieser Hiatus, der die außerordentliche Möglichkeit einer *Umkehr der Antriebsrichtung* eröffnet: unser rationales Verhalten wird zwar alltäglich das Ziel des Brockens und Beißens mit einschließen, kann aber außeralltäglich ganz davon absehen und einen rein *subjektiven Zustand* diesseits des Hiatus herbeiführen. So, wenn alle primitiven Völker irgendwelche Künste besitzen, um Rausch- und Trancezustände, Entrückungen und Ekstasen meist auf toxischem Wege herbeizuführen. Dies geschieht primär überall sogar kollektiv: dann erhält man, etwa durch Gelage, Musik und Tänze, Exaltationen überindividueller Art, also Sozialräusche, die biologisch ebenso irrational sind, wie die sehr oft damit verbundenen Selbstbeschädigungen und Askesen (Askese als Stimulans, nicht als Disciplina oder Sacrificum). In sehr vielen Fällen rücken dann die Akte, die gewöhnlich als periodische Endphasen, als consummatory actions eintreten, wie Essen, Trinken oder sexueller Verkehr in die Ebene, wo sich sonst das zweckhafte rationale Verhalten abspielt, sie werden also als *Mittel* vollzogen, um nämlich „symbolisch" einen rein inneren, ekstatischen Zusammenhang der Menschen auszudrücken. So findet man es in sehr zahlreichen Kulten. Diese „Umkehr der Antriebsrichtung" ist offenbar zu verstehen als eine progressive Steigerung der Beherrschbarkeit der Antriebe, ja in den hohen, überorgiastischen Formen der Askese als eine Fortsetzung der Instinktreduktion selber, d. h. des Prozesses der Menschwerdung.

Wir wollen zunächst aber die erwähnte Unabhängigkeit der Handlungen von den Antrieben oder die Fähigkeit, beide „auszuhängen" und den Hiatus freizulegen, noch nach mehreren Seiten verdeutlichen. Der „Handlungskreis", d. h. die Zusammenarbeit der Handlung, der Wahrnehmung, des Denkens usw. an einem zu verändernden Sachverhalt kann, da entlastet, weitgehend auf sich selbst gestellt werden und seine Motive und Ziele aus sich selbst entwickeln. Er ist genötigt, dem Gesetz und dem Antwortverhalten der Tatsachen zu folgen, sich darauf einzulassen, ihnen nachzugehen und sie auszubauen. Diese Sachlichkeit des Verhaltens innerhalb der sachzufälligen Tatsachen erfordert auf der anderen Seite die Hemmbarkeit der Bedürfnisse: es müssen diese eingeklammert oder aufgeschoben, an kurzschlüssiger Störung der Erfindung oder Orientierung gehindert werden können, gerade wenn diese Tätigkeit, ganz den Eigengesetzen des Sachumgangs hingegeben, *künftigen Bedürfnissen* dienen soll. Diese Fähigkeit, die Antriebe „bei sich zu behalten", das einsichtige Verhalten unabhängig von ihnen zu variieren, legt überhaupt *ein „Inneres" erst bloß*, und dieser Hiatus ist, genau gesehen, die vitale Basis des Phänomens Seele. Dieses „Beisichbehalten" ist von unendlicher Wichtigkeit für die Existenz des Menschen, und es wird schon beim kleinsten Kind erzwungen, indem dessen Bewegungsunfertigkeit und Handlungsunfähigkeit als Totalhemmungen des Auslebens der Bedürfnisse es bedingen, daß ihm die Bedürfnisse gestaut und fühlbar werden.

Wenn so die elementaren Bedürfnisse nicht an feste Auslöser angepaßt sind, sondern ihr Verhältnis zu den Erfüllungsobjekten in der beschriebenen Weise gelockert ist, so versteht sich eben daraus die Notwendigkeit, sie an der Erfahrung zu *orientieren*, sie in ihrer zunächst gestaltlosen Offenheit zu „prägen" oder *mit Bildern zu besetzen.* Die *Hemmbarkeit* des Antriebslebens, seine *Besetzbarkeit mit Bildern* und die „Verschiebbarkeit" oder *Plastizität* sind also Seiten desselben Tatbestandes, und in gewöhnlicher Rede nennen wir „Seele" zunächst die Schicht der in Bildern und Vorstellungen sich meldenden Antriebe, bewußten Bedürfnisse und orientierten Interessen. Nur in diesem Hiatus können Bedürfnisse und Handlungen fortdauernd aneinander orientiert werden: die ersten müssen mit Inhaltsumständen erfüllt, mit Erfahrungen bebildert, mit differenzierten Erwartungen besetzt werden, um der Erweiterung des menschlichen Tätigkeitsumkreises in der Welt nachwachsen zu können, die durch Erkenntnis und Handlung dauernd erweitert und „aufgebrochen" wird. Schließlich ist der Mensch fähig, an einer bestimmten, sehr mittelbaren Tätigkeit ein ebenso bestimmtes „Sachinteresse", geradezu ein Bedürfnis danach zu haben, während in seiner Seele das Bild und der Trieb nach dem Ziel dieser Tätigkeit ruhen und alle unmittelbaren Veränderungen überdauern. Eben darauf ist es abgesehen.

Man muß also die menschlichen Antriebe von ihren Aufgaben im Zusammenhang der Handlung aus ansehen und findet dann eine Reihe von Merkmalen vor, die in einsichtiger Weise zusammenhängen. Man kann dann über sie eine Reihe von schematischen Aussagen machen, welche die allgemeine Struktur des Antriebslebens des Menschen umreißt, und innerhalb deren sich alle noch zu untersuchenden besonderen Gesetzlichkeiten abspielen:

1. Die Antriebe sind hemmbar und können „zurückbehalten" werden, wodurch sich der „Hiatus" zwischen ihnen und der Handlung öffnet.
2. Sie werden erst im Aufbau der Erfahrung entfaltet, also an der Erfahrung zielbewußt.
3. Sie sind besetzbar mit Bildern, Phantasmen, mit inhaltlichen „Erinnerungen". Zurückgehalten, werden sie mit diesen Bildern als bestimmte Bedürfnisse und Interessen bewußt.
4. Sie sind plastisch und variabel, können den Veränderungen der Erfahrungen und Umstände folgen, den Handlungen nachwachsen.
5. Aus diesem Grunde gibt es keine scharfe Grenze zwischen elementaren Bedürfnissen und bedingten Interessen.

6. Auf gehemmten Bedürfnissen können höhere wachsen, welche als „Dauerinteressen“ die Bewegung in die Zukunft tragen und gegenüber den wechselnden Gegenwartsbedürfnissen „innen bleiben“. Sie sind immer die subjektiven Korrelate objektiver *Institutionen.*
7. Alle Bedürfnisse und Interessen sind, sobald sie an der Umgangserfahrung erwacht und damit bebildert geworden sind, als solche auch *Gegenstand* der Stellungnahme *anderer* virtueller Interessen und damit verwerfbar resp. „unterstrichen“ zuläßlich.

Die Teleologie dieser Ausstattung für ein in die Zukunft hinein und nicht nur aus inneren Impulsen, sondern auch aus den wechselnden Weltbedingungen heraus handelndes Wesen ist klar. Es ist auf der einen Seite lebenswichtig, daß die wegen der menschlichen Organmängel sehr dringenden Bedürfnisse weltoffen sind, sich in engem Zusammenhang mit der tätigen Erfahrung entwickeln und daß sie ohne scharfe Grenze zu Interessen an ganz bestimmten Umständen und Tätigkeiten werden. Denn die Veränderungen in der Welt, die ein so exponiertes Wesen herbeiführen muß, um sich halten zu können, sind selber, so bedingt und kompliziert sie sein mögen, elementar triebwichtig, und daher werden auch alle Zwischentätigkeiten, in denen dies geleistet wird, ebenfalls zu Bedürfnissen: Wahrnehmung, Sprache, Bewegungsvariationen, gerichtetes Mittelhandeln. Auf der anderen Seite müssen Dauerinteressen ausgebildet, orientiert und zurückbehalten werden, auch als innere Invarianten bewußt bleiben, welche den Wechsel der Tätigkeiten und Umstände in der Gegenwart beherrschen und überdauern. Die Organisation eines solchen architektonischen und gut orientierten Antriebssystems gehört selbst zu den Aufgaben des Menschen und ist vielleicht die am schwersten zu lösende. Dies beweist auch die oft sehr geringe Stabilität der *Institutionen,* über die hinweg oder durch die hindurch sich diese Organisation allein vollziehen kann.

Die am Tier ausgebildete Betrachtungsweise, welche das menschliche Verhalten direkt auf ein System von Instinkten zurückzuführen sucht (z. B. Mc. Dougalls Methode), entspricht den menschlichen Sonderbedingungen ebensowenig wie die abstrakte Innenschau, welche das menschliche Innenleben *ohne* Beziehung zur Handlung, in seinem inneren Reflex betrachtet und zu dem Chaos der verschiedenen Richtungen der Psychologie geführt hat.

7. Antriebsüberschuß und Führung

Das hier kurz Auseinandergesetzte mußte erst feststehen, bevor wir dahinter einen noch tieferen Blick tun können: Die allgemeine Aussage über die menschliche Antriebsstruktur würde einen Antriebsüberschuß feststellen.

Alfred Seydel (Bewußtsein als Verhängnis, 1927) hat wohl zuerst diesen wichtigen Begriff als „Triebüberschuß" eingeführt, dann sprach Scheler (Die Stellung d. Menschen i. Kosmos, 1928, p. 54) von dem Wesen, „dessen Triebunbefriedigung stets überschüssig ist über seine Befriedigung". Man darf jedoch mit dem konstitutionellen und allgemein menschlichen Antriebsüberschuß nicht die Desintegration verwechseln, die in den kulturell hochgezüchteten Antriebsverteilungen dann eintritt, wenn die Institutionen zersetzt werden, in denen jene gebunden waren: der Erfolg ist dann, daß unbefriedigte soziale Bedürfnisse die primitiven, besonders sexuellen Instinkte überlasten. Der moderne Begriff eines frei flottierenden, sozusagen ungebundenen „libidinösen" Triebüberschusses hat als soziologischen Hintergrund den Institutionenzerfall des Großstadtmilieus.

Der *konstitutionelle* Antriebsüberschuß dagegen kann wohl nur als die Innenseite eines nicht spezialisierten, eines Wesens von organischer Mittellosigkeit begriffen werden, das einem chronischen Druck innerer und äußerer Aufgaben ausgesetzt ist. Er ist dann sozusagen der Reflex der unbegrenzten Thematik einer chronischen Bedürftigkeit und zunächst so zu beschreiben, daß er in bloßen Handlungen der Befriedigung der animalischen Minimumbedürfnisse, wie Hunger und Geschlechtstrieb, gar nicht unterzubringen ist.

Der Unterschied von Mensch und Tier ist in dieser Hinsicht außerordentlich. Die Instinkte der Tiere sind die Instinkte ihrer Organe, mit denen sie in ihre Umwelt eingepaßt sind, und so folgen diese Instinkte den großen Rhythmen der Natur: zu gewissen Zeiten, wenn die Bedingungen gegeben sind, erwacht der Wandertrieb, der Geschlechtstrieb, der Nestbauinstinkt oder der Trieb, sich zum Winterschlaf zurückzuziehen. Den Wechsel der äußeren und inneren Bedingungen *durchzuhalten* ist umgekehrt gerade für den Menschen lebensnotwendig, und damit die Ausbildung von Dauerantrieben, die ihn nicht loslassen, ihn des Morgens wieder zurückführen zu seiner Tätigkeit, zu der Sisyphusleistung täglicher Daseinsbewältigung. Die Antriebsenergie scheint von vornherein zugeschnitten auf die nicht voraussehbaren, unter Umständen außerordentlichen Leistungen, vor welche widrige Sachumstände den Menschen stellen, und sie wird sehr selten in ihrer unglaublichen Kraft wirklich erschöpft. Obschon es unmöglich ist, einen Maßstab aufzustellen, kann in erster Annäherung an dieses sehr schwierige Problem vermutet werden, daß die rein quantitativ, energetisch betrachtete potentielle Antriebsenergie des Menschen die jedes Tieres von vergleichbarer Größe übertrifft.

Ein zweiter Aspekt ergibt sich aus der chronischen Bedürftigkeit des Menschen. Diese erscheint physisch in seiner mangelnden Organausstattung, geistig in dem weltweiten Umfang der ihm offenen und also zu beherrschenden Reize und Motive, von seiten des Antriebslebens dagegen in der fundamentalen Eigenschaft, daß diese Antriebe selbst *nichtperiodisch*, d. h. *chronisch* sind. Einmal ist der Geschlechtsinstinkt selbst weitgehend von der Periodizität entbunden und die Dauer der Geschlechtsreife ist, mit jedem Tier verglichen, abnorm; da die Kinder eine außerordentlich verlängerte Jugendzeit haben, ist schon dadurch ein Jahrzehnte überdauernder biologischer Zusammenhang nahegelegt, der seine ebenso chronischen instinktiven Korrelate haben muß. Auch wenn man annimmt, daß ein zuerst wenig differenzierter Hordeninstinkt sich erst dann in der Bahnung des Geschlechtstriebes auf jene kleinere Gruppe zusammenzog, als die ökonomischen Notwendigkeiten eine Differenzierung der größer werdenden Horde zur kooperativen Gruppe erzwangen, so muß doch auch hier als Substrat eine Synthese sozialer und wirtschaftlicher Dauerbedürfnisse angenommen werden. Mit anderen Worten: mit der kontinuierlichen Reihe des generativen Prozesses, mit dem unabgerissen dauernden Zusammenhang der sich vergrößernden Gesellschaft und mit dem ebenso dauernden Zwang zu wirtschaften, weil schon der künftige Hunger hungrig macht, treten objektive, nichtperiodische Faktoren ersten Ranges auf, die nur ein dauernder Antriebsüberschuß bewältigen kann. Eine partielle Instinktrhythmik in einem so dauerbeanspruchten Wesen wäre eine sehr störende Disharmonie. Tiefer ist vielleicht noch der umgekehrte Anblick: an bestimmte Vorfälle in dem Gang der Natur angepaßte Instinkte müssen natürlich mit der Rhythmik dieses Ganges mitpausieren, während es günstige, d. h. angepaßte Naturverhältnisse für den Menschen überhaupt nicht gibt, dessen Aufgabe daher ebenso „chronisch" wie „unbestimmbar" ist.

Nur ein Wesen, das dauernd akute Antriebe und also einen über jede augenblickliche Erfüllungssituation hinaustreibenden Antriebsüberschuß hat, kann seine Weltoffenheit damit ins Produktive wenden und auch noch jene überindividuellen Tatsachen *als Motive* in sein Verhalten einbeziehen, also aus dem generativen, sozialen und wirtschaftlichen Zusammenhang noch Aufgaben höherer Art entwickeln, die sich dann objektiv in den verschiedensten Sozialordnungen niederschlagen.

Noch von einer anderen Seite her läßt sich der konstitutionelle Antriebsüberschuß aufzeigen. Der Mensch ist ausgezeichnet durch eine abnorm verlängerte Entwicklungszeit, d. h. durch eine, mit dem Tier verglichen, außerordentliche Dauer der Zeit, die bis zu seiner selbständigen Handlungsfreiheit abläuft. Die Motorik, erst recht die Sexualität sind sehr lange unfertig, die Fähigkeit zur Teilnahme an der gemeinsamen Daseinsbewältigung sehr spät erreicht. Schon während dieser ganzen Zeit steht der Mensch unter einem Antriebsüberschuß, der aber noch nicht in ernsthaften Aufgaben untergebracht werden kann – auch in primitiven Gesellschaften kaum vor dem vierzehnten Jahre. Es ist eine großartige Teleologie, wie dieser Antriebsüberschuß so lange in „unbelasteten", spielerischen und unstabilen Betätigungen untergebracht wird, und dies sind genau die, in denen der Mensch die ganze Aufbauleistung des kommunikativen, begierdelosen, aber unspezifisch „getriebenen" Umgangs mit der Welt und seinem eigenen Können in der tätigen Bewältigung der Reizoffenheit erwirbt, die wir oben beschrieben haben. Erst wenn er sich orientiert hat, Sprache, Bewegungsfähigkeit, Denken, Handfertigkeit, Geschicklichkeiten jeder Art erworben hat, erst dann erwacht die Sexualität, erst dann ist er „fertig" und fähig, seine Existenz selbst zu bestreiten. Der Antriebsüberschuß ist daher ein „apriori", und er stellt den Menschen von vornherein vor einen Verarbeitungszwang. Und hier ist es wieder im höchsten Grade zweckmäßig, wie die *Hemmungen* innerhalb des Antriebslebens selbst, von der einen Seite gesehen, erzwungen sind und als Weisen der Selbstverarbeitung des Überschusses erscheinen, von der anderen Seite gesehen, aber Bedingungen der Entwicklung handlungsnaher und sozial tragbarer Bedürfnisse sind. Mit anderen Worten: der *Formierungszwang*, unter dem das menschliche Innenleben infolge des Antriebsüberschusses steht, ist selbst eine Bedingung der Antriebsentwicklung eines handelnden, vorsehenden und sozial lebenden Wesens. Die bewußten, orientierten Interessen des Menschen sind durchgesetzt gegen andere, gleichmöglich gewesene, sind, vielleicht unter Einfluß von außen, unter Hemmung derselben festgelegt, selbst immer noch Gegenstand der Verwerfung oder Zulassung, und damit erst handlungsnahe und sachnahe; aber dies nicht zufällig, sondern unter dem Formierungszwang des Antriebsüberschusses, der dabei selbst zu einem Teile verarbeitet und untergebracht wird.

Dieser Formierungszwang geht außerordentlich tief. Selbst die organisch repräsentierten Minimaltriebe – Hunger und Sexualität – schließen an die Gesetze des höheren Interessenlebens an, sie sind ebenfalls hemmbar, in gewissen Grenzen ablenkbar, sogar aus anderen Interessen heraus unter Umständen ganz zu überwinden (Askese, Hungerstreik usw.). Ein Mensch, der es aus pathologischen Gründen zu keiner weltzugewandten und dauertätigen Bedürfnisformierung und Interessenarchitektur bringt, entartet im Überdruck des drängenden Antriebsüberschusses in selbstzerstörerischen Süchten. Diese Formierung der Antriebskräfte zur Tätigkeit ist sogar eine Bedingung des vegetativen Ordo: die vegetativen Funktionen des Menschen sind dahin abgestimmt.

Nach den bisherigen Ausführungen über dieses wichtige und dunkle Thema erscheint uns der Antriebsüberschuß einmal als das Korrelat der chronischen Bedürftigkeit dieses exponierten Wesens, dessen Energien selber chronisch treiben müssen. Hormonal wahrscheinlich anderer Herkunft, aber als Superadditum in der gleichen Richtung wirkend, wäre die „Stauung" durch die abnorm verlangsamte, langgezogene Entwicklung. Weiter muß man sich klar sein, daß die schon erwähnte Instinktreduktion beim Menschen keineswegs eine dynamische Schwächung bedeutet, sondern eine Organentbindung und Umweltablösung der Antriebsquanten, ihre Konzentration aus der organischen Festlegung heraus, wie dies einem „embryonschen" Wesen zukommt, das wesentliche Merkmale der Foetalisierung zeitlebens beibehält (s. u. Abschnitt 11). Damit ist eine gewisse Entdifferenzierung der Instinktresiduen nahegelegt, wie sie der richtig verstandene Begriff der Libido Jungs meint, die doch wieder zusammengeht mit der Aufhebung der für das Tierleben so bezeichnenden rhythmischen Betätigung des hormonalen Antriebssystems. Die Folge beider Einflüsse ist dann ein sehr frappanter Zug der menschlichen Antriebslage, nämlich die ursprüngliche, nicht durch „Domestikation' erklärbare „stetige, dauernde Sexualisierung aller menschlichen Antriebssysteme einerseits – aber auch die bedeutungsvolle Durchdringung der sexuellen Aktivität mit den stetig wirkenden anderen Motiven menschlichen Verhaltens" (Portmann, Biol. Frgm. 61/62).

Erscheint uns so der Antriebsüberschuß stets in naher Spiegelung zu der konstitutionellen Riskiertheit des Menschen und sozusagen als die korrelative Kraft, die dieses Risiko tragbar macht, so gewinnen wir endlich Zugang zu dem großen und rätselhaften Phänomen, dem Schlüssel so vieler schöpferischer „Antworten" auf die „Herausforderungen" (challenges, Toynbee) akuter Weltsituationen, nämlich zu jener Leidenschaft, das Leben selbst aufs Spiel zu setzen, zu jener „biological hardiness" (Gerald Heard, Social Substance of Religion, 1931), die aus einem „excess of energy" kommt. Die Reduktion des physischen Risikos, wie sie in der möglichst vollkommenen Anpassung an die Umwelt, also in der Spezialisierung liegt, war nicht der Weg der Entwickelung *zum* Menschen. Sie ist auch nicht der Weg der Entwickelung *des* Menschen, nämlich seiner Kultur, die nicht im konservativen Festhalten gefundener Sicherungen und Gleichgewichte zu bestehen scheint, sondern viel eher in den Aufgipfelungen einer Energie, die durch das Risiko gereizt wird, geradezu gelockt wird. Das Exponierte, sich selbst zu exponieren, aus der Riskiertheit bewußt das Risiko zu machen: das ist die oft versuchte und oft gelungene Chance; hier ist kein Unterschied zwischen den Mammutjägern, den Polynesiern, die den Sturmwind der Hochsee ausnützen, ihre Nußschalen zu treiben, und den ersten Fliegern. Eine biologische Theorie vom Menschen sollte dieses biologisch paradoxe Verhalten noch einschließen.

Der Antriebsüberschuß ist also eine sehr entscheidende Tatsache. Er steckt ebenso in den über alle Worte großartigen Schöpfungen, in denen der Mensch die Natur nötigte, ihn zu tragen, wie in den entsprechenden durchgezüchteten und formierten, auf Dauer gestellten Antriebsstrukturen, deren Inbegriff Charakter heißt. Von hier aus ist eine Definition des Menschen als *Zuchtwesen* möglich. Diese Bezeichnung umfaßt alles, was man unter Moral verstehen kann, im *anthropologischen* Aspekt: die Zuchtbedürftigkeit, den Formierungszwang, unter dem ein „nicht festgestelltes Tier" steht, und von dem Erziehung und Selbstzucht, auch die Prägung durch die Institutionen, in denen die Aufgaben des Lebens bewältigt werden, nur die auffälligsten Stadien sind. Weil der Mensch an sich selbst vor einer ungemein „belasteten" Aufgabe steht, die er nur zugleich mit der Aufgabe seines Lebens, also tätig, durchführen kann, weil er in sich selbst eine Herrschafts- und Führungsgesetzlichkeit der Bedürfnisse und Interessen großzuziehen, sich in einem System orientierten Willens „festzustellen" hat, deshalb sind „harmonistische" Ansichten des Menschen, die diese ungemeine virtuelle Innenspannung verwischen, so falsch. Dabei hat die Gemeinschaft des Volkes, des Stammes und vor allem der kleinen, übersehbaren „Auge-in-Auge-Gruppen" (face-to-face group der amerikanischen Soziologen) eine Bedeutung, die jedes Vergleichs mit tierischen „Staaten" spottet. Zunächst erfordert rein vegetativ die einzigartig hinausgezögerte menschliche Kindheit einen Dauerschutz, der nur in irgendeiner Institution zu finden ist. Ferner sind die höheren sensomotorischen und ideosensorischen Prozesse, vom Gehen und Sprechen angefangen, strukturell Kommunikationsprozesse entlasteter, bedürfnisloser Lebendigkeit, bei denen die verarbeitete Rückempfindung, die übernommene Antwort in das entwickelte Können eingehen. Sie würden ohne äußere Teilnahme und Führung zwar auch entwickelt werden, aber sehr lange sehr große Energiebeträge beanspruchen, also nicht den habitualisierten Unterbau höherer, entlasteter Leistungen abgeben. Hier ist die Gemeinschaft in die Wachstumsprozesse eines Wesens hineinkomponiert, wie die Luft. Endlich wird durch die Erziehung die Kraft zur Selbstführung erst begründet, in einem Alter, in dem weder Verständnis für die Absichten der Erziehung, noch irgendeine Fähigkeit, sie selbst zu leisten, vorhanden ist. Das für ein handelndes Wesen entscheidende Können der kontrollierten, selbsttätigen Stellungnahme nach außen und innen hat den Einfluß und die dauernde Gegenwart der Gesellschaft zur Entwicklungsbedingung.

8. Das Entlastungsgesetz – Rolle des Bewußtseins

Der schon mehrfach eingeführte Begriff der Entlastung erweist sich als eine wesentliche Kategorie der Anthropologie.

Es ist ohne weiteres einleuchtend, daß man das menschliche Bewußtsein, ebenso wie das tierische, nur im Zusammenhang mit dem *Verhalten* verstehen kann, so daß man es geradezu als eine *Phase der Handlung* definieren muß. Diese Grundanschauung des von Peirce und James begründeten Pragmatismus besteht zweifellos zu Recht. Sorel (De l'utilité du Pragmatisme, Paris 1928) hat gezeigt, daß man sogar Kant als „Vorpragmatiker" ansehen kann. Das menschliche Erkennen und Denken ist, schon soweit es sprachmäßig ist, wesentlich aktuell oder virtuell nach außen gewendet, es hebt mit der Wahrnehmung an, und eine Untersuchung seines Leistungsaufbaus ergibt überall, daß es sich stets um den Zusammenschluß wahrnehmender und handelnder Tätigkeiten zu einem *Können* handelt. Unter besonderen, hoch entwickelten sozialen Bedingungen kann die handelnde Seite sich zur Symbolik verkürzen. Aber auch die Kontemplation der Charismatiker, wie des Buddha, erstrebt zuletzt nicht nur Einsicht, sondern eine andere Art des *Lebens*, sie verzichtet nicht auf Mitteilung, sei sie auch sprachlos-symbolisch, und sie setzt von der Gesellschaft, auf die sie bezogen ist, zweierlei voraus: daß diese ein solches Verhalten als ein höheres *Können* positiv unterstützt, und daß sie den Betreffenden von der elementaren Arbeit entlastet, indem sie sie selbst übernimmt.

Um auf das Entlastungsprinzip zurückzukommen, so bietet sich zunächst der folgende Aspekt. Die biologischen Sonderbedingungen des Menschen machen es notwendig, die Beziehungen zur Welt von der bloßen Gegenwart zu entbinden, und deswegen muß der Mensch seine Erfahrungen mühsam und tätig selbst vollziehen, damit sie ihm verfügbar werden, und dies in einem hochgezüchteten, auf bloße Andeutungen hin variablen Können. Am Ende des Prozesses sind große Symbolfelder des Sehens, Sprechens, Vorstellens aufgebaut, in denen man sich bereits „andeutungsweise" verhalten kann, sind ferner die motorischen Bereiche entlastet und stillgelegt, aber von jenem andeutungsweisen Verhalten her nach beliebigen Richtungen hin einsetzbar. Wir sind fähig, mit kleinstem Energieaufwand und in höchsten, freiesten – d. h. entlasteten – Leistungen uns vorzugreifen, zurückzugreifen, uns ein- und umzustellen, zu entwerfen und von daher unsere Tätigkeit *zur Arbeit*, in gerichteter Tat einzusetzen. Die Sprache bezeichnet sehr richtig mit solchen motorischen Ausdrücken wie umstellen, vorgreifen usw. die Leistungen des Bewußtseins, das man kurz als einen Bereich von Könnensphantasmen bezeichnen darf. Dieser ganze Prozeß wird als notwendig verstanden, wenn man einsieht, wie die besondere physische Situation des Menschen, die man mit den Begriffen „Unspezialisiertheit“ und „Weltoffenheit“ umschreiben muß, ihn vor die außerordentliche Belastung stellt, seine Lebenschancen *eigentätig* sich verschaffen zu müssen. Die Aufgabe des Menschen besteht in erster Linie darin, überhaupt am Leben zu bleiben – es wird dies darin deutlich, daß wir z. B. für eine menschliche Gemeinschaft, ein Volk, gar keine andere Aufgabe als die setzen können, sich im Dasein zu erhalten. Ein Blick auf die Geschichte genügt, um zu zeigen, wie schwierig eine solche Leistung ist – wo sind die Carthager oder die Burgunder, einst mächtige Völker?

Wir haben daher den folgenden ersten Ansatz des *Entlastungsprinzips:* Der Mensch macht selbsttätig aus seinen elementaren Belastungen Chancen der Lebensfristung, indem seine motorischen, sensorischen und intellektuellen Leistungen (von der Sprache entbunden) sich aneinander höher treiben, bis umsichtige Handlungsführung möglich ist. Man würde nun diese höchst komplizierten Entlastungs- und Führungsprozesse besser verstehen, wenn uns die Neurologie über die Vorgänge im sensorischen und motorischen Nervensystem etwas Befriedigendes sagen könnte, denn dort ist ja die gesamte Gesetzlichkeit menschlicher Leistungen irgendwie „vertreten“. Das ist nun nicht der Fall, und so sind wir zu dem Versuch einer unmittelbaren Nachkonstruktion der Aufbauordnung menschlichen Verhaltens genötigt.

Um den eben nur im allgemeinen vorgestellten Entlastungsbegriff zu verdeutlichen, muß man ihn bis ins Innere der menschlichen Organisation hinein verfolgen und zeigen, wie die besondere menschliche „Technik“, sich im Dasein zu halten, bereits in den Strukturen seines senso-motorischen Lebens erscheint. Man denke hier zuerst an den Zusammenhang von Andeutung und Übersicht im Sehfeld: die möglicherweise empfindbaren Massen kommen in der Wahrnehmung keineswegs in ihrer erreichbaren Ausgiebigkeit zur Geltung, sondern das Wahrnehmungsfeld ist hochgradig symbolisch geworden, und zwar im Zuge der eigenen Bewegungsentwicklung. Zum Beispiel pflegen wir an einem Gegenstand, etwa einer Tasse, die Glanzlichter und Schatten sowie die Ornamentik teils ganz zu übersehen, teils nimmt sie das Auge als Andeutungshilfen für die Raum- und Gestaltauffassung, womit also indirekt die Rückseiten und die von uns weg orientierten Raumteile „gehabt“ werden. Überschneidungen werden ebenso ausgewertet. Dagegen wird die Materialstruktur („dünnes Porzellan“) und das Gewicht voll mitgesehen, doch in einer anderen und sozusagen mehr „prädikativen“ Weise als der im Vordergrund zur Geltung kommende Charakter des „Gefäßes“, d. h. des Hohlen und Runden, und wieder in anderer Weise geben gewisse optische Daten, z. B. der Henkel oder die „handliche“ Stelle der Gesamt-

form Bewegungssuggestionen für Umgangsbewegungen. Alle diese Daten aber umfaßt das Auge mit *einem* Blick. Man muß geradezu sagen, daß unser Auge gegen den Istbestand der Empfindbarkeit, ja des jeweils hintergrundhaft Empfundenen ungemein gleichgültig ist, dagegen höchstempfindlich für hochkomplexe Andeutungen.
An diesen Prozessen interessiert uns hier nur der erreichte Endzustand unter dem Gesichtspunkt der Entlastung. Und dazu kann gesagt werden: die Unmittelbarkeit des Eindrucks und Einflusses der Reizfülle ist gebrochen, die Kontaktstellen mit ihr sind auf ein Minimum reduziert, aber auf Minima von höchster potentieller Entwickelbarkeit. So entspricht die Wahrnehmungsordnung ebenso dem indirekten, auf die künftigen Phasen der Wirklichkeit gehenden Verhalten des Menschen, wie sie ihrerseits aus einem unangepaßten, unspezifischen, „probierenden" Verhalten erst hervorgeht. Diese ganze, im Resultat lebenswichtige Struktur setzt natürlich gerade die Überschwemmung mit unangepaßten, unausgelesenen Reizmassen voraus, und mit Hilfe dieser Bedingung erst gelingt jene allmähliche „Aufladung" der Eindrücke mit Symbolen, jene Ordnung und Gliederung des Sehfeldes, die im Zuge der menschlichen Umgangstätigkeit anwächst und als übersehbare Welt vor uns steht: sie drückt sichtbar aus, daß man Distanz gewonnen hat, den Bannkreis der Unmittelbarkeit gebrochen, und daß ein voraussehendes, die künftigen Eindrücke schon vorwegnehmendes und im großen Umkreis herrschendes Verhalten möglich ist. So zieht der Mensch aus den, vom Tier her gesehen, abnormen Bedingungen gerade die Mittel seiner menschlichen Lebensführung, und diesen nicht einfachen Zusammenhang bezeichne ich mit dem Ausdruck „Entlastung".

Dieser Ausdruck soll weiter noch eine andere Seite desselben Sachverhaltes bedeuten, nämlich die *fortschreitende Indirektheit* des menschlichen Verhaltens, den zunehmend herabgesetzten, aber auch feineren, freieren und mehr variablen Kontakt. Zwischen die Handlung und deren Ziel werden Mittelglieder eingeschoben, die ihrerseits Gegenstand eines abgeleiteten und umwegigen Interesses werden, und nicht den zufälligen Gebrauch eines vor Augen liegenden Werkzeugs für nächste Zwecke, sondern die Herstellung eines Werkzeugs für einen fernen Zweck halten wir für menschliches Tun. Was also von außen gesehen indirektes, variables, die Unmittelbarkeit übergreifendes Verhalten ist, ist von innen gesehen geplantes, voraussehendes, von je höheren Zentren aus gesteuertes.

In dieser letzteren Hinsicht bekommt der Begriff der Entlastung einen zusätzlichen Sinn. Damit die niederen Funktionen zu geführten und eingesetzten werden können, müssen die höheren gewisse Leistungen übernehmen, die jenen ursprünglich zukamen, vor allem die der Variation und Kombination, aber sie tun dies in einer uneigentlichen, andeutenden, mehr symbolischen Form. Sie sind also bewußt. Dieser Mechanismus ist, genau genommen, die Voraussetzung, unter der wir erst die Funktionen in höhere und niedere einteilen.

Das einfachste Beispiel ist ein Bewegungsentwurf. Die Bewegungen der Arme und Hände sind zuerst noch mit den Aufgaben der Ortsbewegung belastet und verlieren diese mit der Aufrichtung. In der Fülle der Spiel-, Umgangs-, Tast- und Greifbewegungen haben sie einen großen Vorrat von Kombinationen und Variationen durchgespielt, in direktem Kontakt an den Sachen selbst. Das heißt aber: sie haben keine Handlung im eigentlichen Sinn, keine vorausgeplante Arbeit geleistet. Erst wenn ein Entwurfsfeld der Phantasie entwickelt ist, können vorstellend, in einer nur andeutenden Bewegungs- und Situationsphantasie alle Variationen und Kombinationen neu entworfen werden, und die reale Bewegung wird selbst zur geführten, zur einsetzbaren Arbeitsbewegung. Die Aufgaben der Bewegungsvariation und -zuordnung, mit deren Durchbuchstabieren das kleine Kind Jahre ausfüllt, werden also später von der virtuellen Bewegung übernommen, die reale Bewegung wird auf einfachem Wege geführt und kann zum Teil automatisieren. Ein Bewegungsentwurf ist aber eine nur „angetippte", eine virtuelle und damit zugleich voraussehende Bewegung, eine bloß mögliche, aber in der Richtung auf die Zukunft und auf zukünftige Situationen als möglich erlebte Bewegung.

In diesem Sinne bedeutet Entlastung: daß die Schwerpunktbildung im menschlichen Verhalten zunehmend in die „höchsten", nämlich die mühelosesten, nur andeutenden Funktionen fällt, also in die bewußten oder geistigen, und so ist dieser Begriff geradezu ein Schlüsselbegriff der Anthropologie: er lehrt uns, die höchsten Leistungen des Menschen mit seiner physischen Beschaffenheit und seinen elementaren Lebensbedingungen im Zusammenhang zu sehen.

Unter diesem Gesichtspunkt läßt sich auch die außerordentliche Rolle würdigen, welche die *Gewohnheit* spielt. Sie entlastet, und zwar zunächst in dem Sinne, daß bei einem gewohnten Verhalten der Motivations- und Kontrollaufwand, die Korrekturbemühung und die Affektbesetzung wegfallen. „Im täglichen Leben", sagt Guillaume (La Formation des Habitudes, 1947, p. 27), „sind unsere gewohnten Akte durch die Wahrnehmungen gewisser Objekte bedingt, auf die wir automatisch reagieren." Das so habitualisierte Verhalten wird eben dadurch, daß es der Intervention des Bewußtseins entgleitet und sich ablagert, auch stabilisiert, es wird kritikfest und einwandsimmun, und so die *Basis* für ein höheres, auf ihm erwachsendes variables Verhalten. Nur wer z. B. den gewöhnlichen Wort- und Formenschatz einer fremden Sprache sicher und geläufig beherrscht, kann seine Aufmerksamkeit darauf verwenden, ihre Feinheiten herauszuarbeiten. Man kann diesen wichtigen Entlastungsvorgang, bei dem die Gewohnheitsbildung die Basis für ein höheres Verhalten legt, sogar bis in den bedingten Reflex hinein verfolgen. Bei diesem Prozeß wird eine Reaktion, die mit einem Reiz erster Hand gekoppelt ist (z. B. die Aussonderung von Speichel beim Erblicken von Nahrung), schon von einem zufälligen Reiz ausgelöst, der jenem regelmäßig vorausging, wie einem Klingelzeichen. Zweifellos nähert sich damit die instinktive, erste Reaktion in ihrer Struktur einer Gewohnheit, denn der Automatismus wird an eine Situation gekoppelt, die sich regelmäßig als dieselbe wiederholt, wobei irgendwelche, sonst belanglose Reize, wenn sie nur regelmäßig sind, einen Enthemmungswert erhalten. So zeigt sich denn schon hier die Basisfunktion der Gewohnheitsbildung: dieser Prozeß legt nämlich ein Reizverhaltensniveau fest, von dem aus nun weitere, neue Inhalte erlebbar werden und in den Umkreis der Verwertung rücken. Der so entstehende bedingte Reflex zweiten Grades bedeutet eine Erweiterung der beherrschten Umwelt von der Basis des ersten aus: Pawlow hat beobachtet, daß der durch ein erstes Signal erworbene Wert auf ein zweites übertragen werden kann. Wenn das Geräusch des Metronoms, das die Nahrung anzeigte, schon den Speichelfluß enthemmt, so kann ein Lichtsignal, das wieder dem Metronom voranging, diese Wirkung schließlich selbst erreichen. Das ist eine Erweiterung des Reizfeldes auf der Basis einer ersten erworbenen Gewohnheit.

Alle höheren Funktionen des Menschen auf jedem Gebiete des intellektuellen und moralischen Lebens, aber auch der Bewegungs- und Handlungsverfeinerung werden nun dadurch entwickelt, daß die Ausbildung fundierender, stabiler Basisgewohnheiten die ursprünglich dort verwendete Motivations-, Versuchs- und Kontrollenergie *entlastet und „nach oben abgibt"*. Dazu erwäge man z. B., daß die Organisation der Gesellschaft für eine einigermaßen regelmäßige und habituelle Dauererfüllung der elementaren biologischen Bedürfnisse sorgt. Schon seit dem Neolithikum nützt man die zuwachsenden Überschüsse der Feldfrüchte und des Viehs zur Vorratsbildung, d. h. zur habituellen Dauererfüllung des Nahrungsbedürfnisses aus. Die nicht in der Grundproduktion arbeitsteilig Befaßten werden damit in allen ihren höheren intellektuellen und praktischen Funktionen frei für Verhaltensweisen, die man ohne Sophistik nicht mehr als „Appetenzverhalten" bezeichnen kann, indem sie z. B. Dinge herstellen, die nutzlos, aber schön sind, oder indem sie sich dem Ausbau, der Differenzierung, der Bereicherung der Handwerke, Künste und Riten hingeben. Überdies gehen in diese Kulturleistungen alle die Antriebs- und Affektmengen ein, die durch die Trivialisierung der gewohnheitsmäßigen Erfüllung des biologischen Bedarfs freiwerden. Wie will man sonst die ungeheuere Leidenschaft erklären, mit der alle Frühkulturen sehr künstliche Gestaltungen, wie z. B. die magischen Rituale ausbauen, trotz offenbar sehr fragwürdigen empirischen Erfolges? Sie werden zweifellos deswegen so zähe festgehalten, weil sie einen sehr hohen Erfüllungswert haben, nämlich für große Antriebsquanten, die durch die Habitualisierung und Vergleichgültigung der elementaren Bedarfsdeckung entlastet wurden und sich nun Verarbeitung gerade in den *freigesetzten* intellektuellen und motorischen Funktionen erzwingen.

Wir wollen diesen Abschnitt mit einigen allgemeineren philosophischen Bemerkungen abschließen.

Die ontologische Kategorienlehre N. Hartmanns hat gezeigt, daß im Schichtenaufbau der Welt die Kategorien der niederen Schichten, wie der anorganischen, die stärkeren sind, d. h. sie sind indifferent gegen das Bestehen der höheren und stecken den Rahmen ab, innerhalb dessen die höheren allein Spielraum haben. Umgekehrt sind die höheren Kategorien zwar die abhängigen, so wie seelisches Leben das organische und dieses das anorganische voraussetzt, aber die reicheren: jede höhere Schicht enthält ein „kategoriales Novum", h. h. neue Strukturen und Urphänomene, die aus den niederen nicht ableitbar sind. Die höheren Kategorien sind zwar „schwächer", d. h. vom vorausgesetzten Bestehen der niederen einseitig abhängig, aber ihnen gegenüber frei, d. h. autonom.

Die Anthropologie kann nun, glaube ich, eine Reihe spezieller Kategorien beitragen, darunter insbesondere solche, die ein großes Interesse haben, weil sie durch mehrere Schichten „durchlaufen". So können wir mit Hilfe der Kategorie „*Entlastung*" eines der Grundgesetze des sensorischen und motorischen Lebens beschreiben, die den „Spielraum" für das Eintreten des denkenden Bewußtseins umgrenzen; wir können sogar in der eigentlich geistigen Tätigkeit selbst, nämlich in der inneren Sprachentwickelung, diese Kategorie der Entlastung noch nachweisen (s. u. Abschnitt 33). Wir vermögen sie nach unten, nach dem Biologischen hin zu verfolgen, im „bedingten Reflex" noch eben zu greifen, und wir verlieren sie erst über die Gewohnheit hin im Dunkel des Vegetativen. Keine Theorie erklärt natürlich, wie aus dem Anorganischen das Organische, wie daraus das Seelische und Geistige wird. Der Begriff der „Entwicklung" sollte nur den der „Schöpfung" im Sinne eines quasi-automatischen Entstehens von Neuem ersetzen, aber er versteht das Schöpferische dieser Entstehung nicht. Nun sagt Hartmann: „Das Auftreten des Lebens im Weltall ist an Bedingungen gebunden, von denen es leicht einzusehen ist, daß sie in den kosmischen Zusammenhängen nur als seltene Ausnahmen existieren können." Ich möchte diesen Gedanken zu einer Hypothese erweitern: es sieht so aus, als ob *unwahrscheinliche Bedingungen* der je niederen Schicht erfüllt ein müssen, wenn die Phänomene der höheren eintreten sollen. So würde die *Sonderstellung* des Menschen eine ontologische Dignität haben. Sie ist nämlich schon eine organbiologische Unwahrscheinlichkeit, und diese exzeptionelle Organisation mußte erst erreicht sein, wenn in einer unableitbaren Weise die höheren Kategorien sich manifestieren sollten. Weiter läßt sich wahrscheinlich machen, daß die Vielheit und Divergenz menschlicher Antriebe es im allgemeinen nur zu unstabilen sozialen Gefügen kommen lassen, so daß die Bedingungen hoher Kulturschöpfungen in einem unwahrscheinlichen Gleichgewichtszustand vieler Unstabilitäten lägen. Daher die stets erstaunlich kurzen Blütezeiten der Kulturen: den Niedergang der ägyptischen Kultur setzt Toynbee erstaunlich früh, nach dem Bau der Pyramiden und noch im Alten Reich an.

Eine letzte Überlegung betrifft das Bewußtsein. Das Bewußtsein entsteht offenbar von der Wahrnehmung aus, im Sinne einer Steuerung und „Dosierung" des Verhaltens bereits gegenüber entfernten Reizquellen.

Die von J. M. Baldwin, Bergson, Dewey u. a. begründete Lehre von der Beziehung des Bewußtseins auf den *gehemmten* Lebensprozeß stützt sich auf verschiedene Tatsachen. Einmal darauf, daß die Wahrnehmung offenbar bei *bewegten* Lebewesen im Sinne der „Vorverlegung" der Reaktion auf das noch nicht in Kollisions- oder Gefahrennähe gerückte Fernding arbeitet. Sodann auf die allgemeine Erscheinung, daß bewußtlos automatisierte und sicher funktionierende Abläufe jeder Art erst dann bewußt werden, wenn sie nicht mehr störungsfrei vor sich gehen. Schließlich kann man jederzeit feststellen, daß unerwartete Hemmungen unserer Handlungen eine Reflexion freisetzen: „la réflexion apparait comme le choc en retour du réflexe brusquement inhibé", sagt Pradines (Traité de Psych. générale I, 1946, p. 208). Dabei ist, wie N. Hartmann (Neue Anthr. i. Dtschl., Bl. f. dt. Philos 15, p. 163) ausführt, nicht aus der Hemmung unmittelbarer Reaktionen allein das Aufkommen des Bewußtseins verständlich, wohl aber aus der Mannigfaltigkeit schöpferischer Leistungen, die in die entstehende Lücke einspringen.

An dieser Stelle soll ein einschlägiger Gedankengang von M. Pradines referiert werden, den er in der erwähnten Schrift sowie vorher schon in der „Philosophie de la sensation" (1932 ff. 3 Bde.) dargelegt hat. Er hat das wahrnehmende Bewußtsein auf zwei elementare Lebensfunktionen bezogen, nämlich das „Bedürfnis" und die „Verteidigung". Die Anreize (Stimulations) des Bedürfnisses sind an die Vorwegnahme eines abwesenden Erfüllungsobjektes gebunden, dessen Gegenwart, Besitz oder Konsum sie befriedigt; Pradines ordnet dieser Bedürfnisfunktion die „Bedürfnissinne" Geruch und Geschmack zu, wobei doch wohl die Tatsache zu kurz kommt, daß schon bei sehr vielen Tieren die Auslösung von Instinktbewegungen im Dienste elementarer Bedürfnisse über die Fernsinne geht. Die Anreize der Verteidigung sind zuerst die Einwirkungen gegenwärtiger Objekte unmittelbar auf den Organismus, deren Entfernung den Organismus befreit. Pradines erklärt als Grundereignis der zweiten Klasse eine „irritation originelle", nämlich eine abwehrende, defensive Reaktion des gereizten Lebensprozesses. Ihr ordnet er den Tastsinn und die höheren Sinne zu.

Wir kommen jetzt zu dem Kern der Theorie, der uns deswegen bedeutend erscheint, weil er den Gesichtspunkt der Entstehung des Bewußtseins aus dem gehemmten Lebensprozeß mit der Auffassung schon der Sinneswahrnehmung als „Entlastung" vereinigt. Diese originäre Reizung nämlich „differenziert" sich einmal in der Richtung der Wahrnehmung, sodann in der der Schmerzfähigkeit, die als verschiedene und sukzessive Modalitäten *derselben* Aktivität beschrieben werden. Er nimmt an, daß die Schmerzfähigkeit indirekt als „Rückstoß" (répercussion) der sensorischen Differenzierung auf jene originäre Reizbarkeit entstand, und setzt die Intelligenz auf den untersten Schichten der Wahrnehmung schon voraus. Der zentrale Satz ist dieser (p. 378): „Das eigentliche Mittel, das die Intelligenz brauchte, um aus der direkten Reizung die Wahrnehmung zu entwickeln, war die Sensibilisierung des Lebewesens gegenüber Reizungen von immer geringerem Affektwert, eine Sensibilisierung, die nicht mehr einer aggressiven Einwirkung, sondern ihrer zunehmend entfernten Drohung entspricht."

Der *Schmerz* nun ist keine Funktion des Bedürfnisses, das ist vielmehr die Lust; er kommt daher auch den Bedürfnissinnen Geschmack und Geruch nicht zu. Seine eigentliche Domäne ist der Tastsinn, während er wiederum aus den Gesichts- und Gehörswahrnehmungen ausgeschlossen ist, weil diese an Schwingungen eines Mediums gebunden sind, deren Rolle es gerade ist, uns (potentielle) Tastwahrnehmungen in einer so immateriellen und ungreifbaren Form zu vermitteln, daß sie uns nicht verletzen können. Die Fernwahrnehmung, würden wir sagen, entlastet also den Organismus von der unmittelbaren, approximativ schmerzhaften Berührung. Der Schmerz ist aber keine gradweise gesteigerte Tastempfindung, trotzdem die Basis der Tastwahrnehmung in der Antezipation des Schmerzes durch den Tastsinn besteht. Die Tastempfindlichkeit zeigt sich in der Fähigkeit, in schmerzlosen Zuwüchsen der Intensität die gradweise Annäherung eines eindringenden (comprimant) Reizes aufzuzeichnen, bis an der Schmerzgrenze die archaische „expulsive" oder „aversive" Aktivität einspringt. Die Schmerzqualität selber ist, wie gesagt, eine Rückwirkung der Sensibilisierung. „Die Natur konnte die biologisch bedeutungslosen Vorläufer des irritierenden Reizes nicht zum Bewußtsein bringen, ohne das Bewußtsein jenes Reizes selbst, wenn er gegeben war, bis zu der Lebhaftigkeit zu steigern, die eben der Schmerz ist"

(p. 378). So besteht eine intime und tiefe Beziehung zwischen Intelligenz und Schmerz. „Denn dieser ist die Intelligenz selbst, wenn sie bis zur Wurzel der Irritation herabsteigt, das Resultat des Lichtes, mit dem die Intelligenz diese durchdringt, indem sie die schwächsten Reizungen expressiv, bewußt und durchsichtig macht." Soweit Pradines.

Ist so das Bewußtsein von seinen Ursprüngen her wesentlich zur Außenwelt hin gewendet, so sind umgekehrt alle Prozesse und Vollzüge des Lebens selbst wesentlich bewußtlos, sie verlaufen im Dunkel des Unbewußten und das „wie" dieser Abläufe ist uns schlechterdings verborgen. Wir wissen so wenig, wie wir atmen und verdauen, wie wir sehen und denken, als wir wissen, wie wir es machen, den Arm zu heben.

Von der unglaublichen Kompliziertheit und Vollkommenheit der vegetativen und motorischen Vollzüge selbst haben wir keine Erkenntnis und das Bewußtsein ist also offenbar nicht da, uns darüber zu belehren.

Kant hat in § 77 und folgenden der „Kritik der Urteilskraft", von denen Schelling mit Recht sagte, daß vielleicht niemals auf so wenigen Blättern so viele tiefsinnige Gedanken zusammengedrängt worden seien, ausgeführt, *daß nach der eigentümlichen Beschaffenheit unserer Erkenntnisvermögen,* welche in sinnliche Anschauung und diskursives Denken zerfallen, uns die „Erklärung der Möglichkeit eines Naturproduktes" *nicht* gegeben, nur deren „Erörterung" verstattet sei. Er entwirft an dieser Stelle die Idee eines höheren, uns nicht eigenen Erkenntnisvermögens, des „intellectus archetypus", nämlich eines produktiven und die Entstehung seiner Erzeugnisse selbst in ihrer Genese anschauenden Verstandes, den wir haben müßten, um uns die innere Zweckmäßigkeit eines Organismus begreiflich zu machen.

Dies erinnert an eine Lehre, die Nietzsche verkündet hat. Wenn dieser von der großen Vernunft des Leibes redet, deren Werkzeug nur die kleine Vernunft ist, welche Geist heißt, so lehrt auch er die für das Bewußtsein unzugängliche und inkommensurable Vollkommenheit des organischen Prozesses. „Alles vollkommene Tun ist gerade unbewußt und nicht mehr gewollt . . . der Grad der Bewußtheit macht ja Vollkommenheit unmöglich" (Wille z. M., Taschenausg. 9, Aph. 289). „Das Bewußtsein ist nur ein Werkzeug des Lebens und in Anbetracht, wie Viel und Großes ohne Bewußtsein geleistet wird, nicht das nötigste" – eine Schlußbemerkung übrigens, die anthropologisch nicht richtig ist, und statt deren man auf sehr viel bessere sehen kann, z. B. die folgende These (Aph. 504): „Das Bewußtsein – ganz äußerlich beginnend, als Coordination und Bewußtwerden der ‚Eindrücke' – anfänglich am weitesten entfernt vom biologischen Centrum des Individuums, aber ein Prozeß, der sich vertieft, verinnerlicht, jenem Centrum beständig annähert."

Die allgemeine Formel würde lauten: das Bewußtsein, nach außen gewendet, ist zuerst ein Hilfsmittel im Dienste der Vollkommenheit des organischen Prozesses, also wesentlich nicht fähig und auch nicht dazu bestimmt, diesen Prozeß zu erkennen. Der eigentliche Entdecker dieser Formel ist Schopenhauer (s. m. Aufs. „Die Resultate Schopenhauers" in „Gedächtnisschrift für Arthur Schopenhauer", hg. v. C. A. Emge und O. v. Schweinichen, Berlin 1938).

Auf einer gewissen Stufe von Komplikation des Lebensablaufs – sofern es nämlich *bewegte* Wesen gibt – entsteht das Bewußtsein, zuerst als Wahrnehmung und aus den gesamten organischen Bedingungen heraus, also sich selbst wesentlich unableitbar. Seine Leistung liegt ganz offensichtlich in seiner Teleologie auf den Ablauf komplizierter und unter erschwerten Bedingungen stehender Lebensprozesse. Wenn wir an unsere Diskussion des Entlastungsgesetzes denken, so begreift man, daß auch die höheren symbolischen Leistungen des Bewußtseins ausgenutzt werden, um höhere vitale Prozesse von Führung, Unterordnung und Zusammenarbeit zu ermöglichen. *Es wird nur soviel erhellt, als für einen komplizierten, mehr abgestuften und „besseren" Funktionsablauf und Funktionsaufbau im Dunkeln verwertbar ist.*

Beim Menschen sind nun wegen der außerordentlichen Belastung seiner Daseinsbedingungen die aufzubauenden Entlastungs-, Führungs- und Steuerungsprozesse ganz besonders verwickelt und variabel, die darin eingebauten Bewußtseinsfunktionen daher unvergleichlich reichhaltig. Hat man aber einmal den Gesichtspunkt gefunden, der aus der Ausnahme-Konstitution des Wesens Mensch seine Leistung, zu leben, verstehen läßt, so hat man von da aus einen unmittelbaren Weg zur Beantwortung der Fragen: warum denn Sprache, warum denn Phantasie, Innenwelt, Erinnerung? Wir werden sehen, wie jede dieser Fragen geradezu überdeterminiert ist, weil sie von jeder erreichten Aussicht aus beantwortet werden kann.

Unser von Anfang an nach außen gewendetes, auf Erfahrung und Kommunikation mit Anderen angelegtes Bewußtsein gibt uns daher von der allgemein durchscheinenden großartigen *Zweckmäßigkeit* des organischen Geschehens keine annähernde Kenntnis, und wir können nur ahnen, daß mit der bloßen Existenz, geradezu mit der Durchführung der Bewegungen des Lebens, schon ein „Problem" gelöst wird, und zwar mit einer Vollkommenheit, die jeder Erkenntnis spottet. Es scheint in irgendeiner Hinsicht am Leben unendlich viel gelegen zu sein, und daß das lebendige Dasein in der Fülle der Welt selbst ein Wert ist, vielleicht *der* Wert, drückt sich doch in der weltweiten Verbreitung des Glaubens an ein Fortleben nach dem Tode aus, oder darin, daß es Religionen gibt, die die rituelle Pflicht der Schonung, der Nichttötung alles Lebendigen für eine der höchsten erklären.

Ist die Inkommensurabilität des Vollzuges des Daseins für die *empirische* Erkenntnis zugegeben, – denn wir können nur die Umstände, unter denen der Mensch existiert, angeben, sowie die in ihm selbst und außer ihm erreichbaren Mittel, diese Umstände zu bewältigen, aber nicht das „Wie“ des Existierens und Bewältigens, das wir eben *sind* und *vollziehen* – so ist weder die Aussage möglich, das Leben sei „sinnlos“, noch die: es hat etwas im erfahrenden und denkenden Bewußtsein Gegebenes zu „realisieren“, um selbst Sinn zu bekommen. Es könnte aber sehr wohl sein, daß sich im Lösen der Aufgabe, vor welche der Mensch mit seinem bloßen Dasein gestellt ist, etwas sehr entscheidendes *mit vollzieht.* So sagt Nietzsche einmal: „Ob nicht alles bewußte Wollen, alle bewußten Zwecke, alle Wertschätzungen vielleicht nur Mittel sind, mit denen etwas wesentlich *Verschiedenes* erreicht werden soll, als es innerhalb des Bewußtseins scheint“, das alles „könnten Mittel sein, vermöge deren wir etwas zu leisten hätten, was außerhalb unseres Bewußtseins liegt.“ (Aph. 676 a. a. O.).

Die hier ausgesprochene, das empirische Dasein transzendierende Sinngebung des Lebendigen führt zu der Vorstellung einer „unbestimmten Verpflichtung“. Im „bloßen Existieren“ könnte eine Leistung vollzogen werden, auf die es unendlich ankommt, und deren Gebot, wesentlich unerkennbar deswegen, weil wir dieses Gebot *sind,* nur symbolisch andeutbar wäre. Die wohl niemals recht verstandenen Gedanken Nietzsches vom Übermenschen, von der ewigen Wiederkehr, vom Willen zur Macht finden so ihren Ort. Wörtlich genommen, haben sie wenig Sinn, und sind sie nur Ausbauten der Schopenhauerschen Metaphysik oder des Darwinismus. Für ihn waren es Symbole, die ein „Mehr an Leben“ irgendwie kennzeichnen und die unbestimmte Verpflichtung näher bestimmen sollten. Auch als solche sind diese Formeln zu positivistisch und undialektisch, aber sie sind, obschon nicht christlich, ihrer Substanz nach keineswegs unreligiös. Denn es läßt sich immerhin zeigen, was an anderer Stelle geschehen soll, daß die „unbestimmte Verpflichtung“ eine der Grundkategorien des elementaren, archaischen (protomagischen) religiösen Verhaltens ist (s. Urmensch und Spätkultur, 1956).

Jede Festlegung der „unbestimmten Verpflichtung“ im religiösen, rechtlichen, staatlichen und sittlichen Leben hat ihre geschichtlichen und sozialen Umstände und Grenzbedingungen. Diese werden in dem vorliegenden Buche nicht diskutiert, aber die hier zu entwickelnde Ansicht von dem „nicht festgestellten Wesen“ hat einen notwendigen Bezug auf jenen Begriff. Theodor Ballauf (Das Problem des Lebendigen, 1949, p. 136) hat diese Ansicht in sehr glücklicher Form zusammengefaßt: „Nicht das Sein als ‚Wille‘ wird hier sichtbar, sondern das Sein kommt in seiner Urstruktur in die eigene Sicht, nämlich die einer relativen Indeterminativität, die prinzipiell an ihm besteht und spezifisch am Rande der Naur hervortritt, und die gerade deshalb zum Vollzug ihrer selbst als Wille zwingt."

9. Tier und Umwelt. Herder als Vorgänger

In der oben erwähnten Abhandlung „Die Resultate Schopenhauers" habe ich gesagt, daß Schopenhauer das allgemeine Schema der modernen Harmoniebetrachtung von tierischer Organisation und Umwelt zuerst entworfen hat. Dies geschieht in dem Kapitel „Vergleichende Anatomie" der Schrift „Über den Willen in der Natur". Darin zeigt er die vollkommene Harmonie des Willens, des Charakters – also des Trieb- und Instinktsystems – einer jeden Tierart, seiner organischen Spezialisierung und seiner Lebensumstände, indem er von der „augenfälligen, bis ins Einzelne herab sich erstreckenden Angemessenheit jedes Tieres zu seiner Lebensart, zu den äußeren Mitteln seiner Erhaltung" spricht, wie „jeder Teil des Tieres sowohl jedem anderen als seiner Lebensweise auf das genaueste entspricht, z. B. die Klauen jedesmal geschickt sind, den Raub zu ergreifen, den die Zähne zu zerfleischen und zu zerbrechen taugen und den der Darmkanal zu verdauen vermag, und die Bewegungsglieder geschickt sind, dahin zu tragen, wo jener Raub sich aufhält, und kein Organ je unbenutzt bleibt". „Man betrachte die zahllosen Gestalten der Tiere. Wie ist doch jedes durchweg nur das Abbild seines Wollens, der sichtbare Ausdruck der Willensbestrebungen, die seinen Charakter ausmachen. Von dieser Verschiedenheit der Charaktere ist die der Gestalten bloß das Bild." Und wieder ist umgekehrt der Bau des Tieres der Umwelt völlig angemessen: „Will er (der „Wille") als Affe auf den Bäumen umherklettern, so greift er alsbald mit vier Händen nach den Zweigen und streckt dabei ulna und radius unmäßig in die Länge; zugleich verlängert er das os coccygis zu einem ellenlangen Wickelschwanze, um sich damit an die Zweige zu hängen und von einem Ast zum anderen zu schwingen."

Unabhängig hiervon, aber nach eigenen Äußerungen nicht von Kantischen Gedankengängen hat J. v. Uexküll (v. Uexküll: Umwelt und Innenwelt der Tiere, 1921; Bausteine zu einer biolog. Weltanschauung, 1913. Uexküll-Kriszat, Streifzüge durch die Umwelt von Tier und Mensch, [2]1958) in seinen bekannten Schriften die Zugeordnetheit von Organausstattung und Umwelt des Tieres untersucht. Er achtete dabei besonders auf die Frage, welche Sinnesreize einem Tiere kraft seiner besonderen Ausstattung mit Sinnesorganen allein gegeben sein können, und kam zu einer Ablehnung der naiven Vorstellung, die den Tieren unsere Welt als ihre eigene zuschreibt, während in Wirklichkeit jede Art ihre eigene artspezifische Umwelt hat, zu deren Bewältigung und Erfahrung sie ein System spezialisierter Organe besitzt. Kennen wir die Sinnesorgane und Leistungsorgane eines Tieres, so können wir seine „Umwelt" rekonstruieren. Ich erinnere nur an einige der bekanntesten Beispiele Uexkülls: die Zecke (Holzbock) wartet an den Ästen eines beliebigen Strauches, um sich auf warmblütige Tiere herabfallen oder von ihnen abstreifen zu lassen. Augenlos, besitzt sie einen allgemeinen Lichtsinn der Haut, anscheinend um sich auf dem Wege nach oben zu orientieren, wenn sie ihren Wartepunkt erklettert. Die Annäherung der Beute wird dem sonst blinden und tauben Tier durch den Geruchssinn angezeigt, und zwar ist dieser Sinn allein abgestimmt auf den einzigen Geruch, den unterschiedslos alle Säugetiere ausströmen: den der Buttersäure. Bei diesem Signal läßt sie sich fallen, und wenn sie auf etwas Warmes fällt und ihr Beutetier erreicht hat, so folgt sie ihrem Tast- und Temperatursinn, um die wärmste, d. h. haarlose Stelle zu finden, wo sie sich in das Hautgewebe einbohrt und sich voll Blut pumpt.

Die „Welt" dieser Zecke besteht also nur aus Licht- und Wärmeempfindungen und aus einer einzigen Geruchsqualität. Es ist erwiesen, daß sie keinen Geschmackssinn hat. Ist ihre erste und einzige Mahlzeit zu Ende, so läßt sie sich zu Boden fallen, legt ihre Eier ab und stirbt.

Natürlich ist ihre Chance gering. Um die Fortdauer der Art sicherzustellen, wartet nicht nur eine sehr große Zahl dieser Tiere auf ihren Büschen, sondern jedes einzelne kann auch lange Zeit ohne Nahrung warten: im zoologischen Institut zu Rostock hat man Zecken am Leben erhalten, die achtzehn Jahre gehungert hatten. Ihre Lebensweise ist im organischen Bau vollkommen durchgeführt: die Samenzellen, die das eben beschriebene Zeckenweibchen während seiner Wartezeit beherbergt, bleiben in Samenkapseln gebündelt liegen, bis das Säugetierblut in den Magen der Zecke gelangt; dann befreien sie sich und befruchten die Eier, die im Eierstock ruhten.

Schon dieses eine Beispiel beweist schlagend die Harmonie zwischen dem organischen Bau des Tieres, d. h. seiner speziellen Organausstattung, zwischen seiner Umwelt (den ihm zugänglichen Außenwelteindrücken) und seiner Lebensweise, seinen Lebensumständen.

Andere Beispiele. Manche Seeigel beantworten alle Verdunkelungen innerhalb ihres Lichtsinns mit einer abwehrenden Stachelbewegung, ob diese nun von einem vorbeischwimmenden Fisch, von dem Schatten eines Bootes oder gar von einer Verdunkelung der Sonne durch Wolken herrühren mag; ihr Lichtsinn ist arm, aber zweckmäßig; dieser Teil ihrer Umwelt kennt weder Farben noch Formen, sondern nur Schatten. In der Umwelt der Pilgermuschel lebt ihr gefährlichster Feind: der Seestern Asterias. Solange der Seestern sich ruhig verhält, wirkt er gar nicht auf die Muschel. Seine charakteristische

Form ist kein Merkmal für sie. Sobald er sich aber in Bewegung setzt, stößt sie als Antwort ihre langen Tentakel aus, die als Riechorgane dienen. Diese nähern sich dem Seestern, nehmen den neuen Reiz auf; daraufhin erhebt sich die Muschel und schwimmt davon. Es ist gleichgültig, welche Form und Farbe der bewegte Gegenstand besitzt. Er tritt in der Umwelt der Muschel nur dann auf, wenn seine Bewegung so langsam ist wie die des Seesternes. Die Augen der Pilgermuschel sind weder auf Form noch auf Farbe eingestellt, sondern nur auf das langsame Bewegungstempo des Feindes. Wenn dann das Geruchsmerkmal hinzukommt, erfolgt die Flucht. Ganz ähnlich erscheinen in der Umwelt der Bienen nur aufgelöste Formen, wie Sterne oder Kreuze, dagegen keine geschlossenen, wie Kreise oder Quadrate: weil nur die Blüten, die den ersteren entsprechen, für Bienen ein lebensnotwendiges Interesse haben, nicht aber Knospen, die noch geschlossen sind. Die hochfrequenten Lautäußerungen einer Fledermaus wirken auf Nachtschmetterlinge genau so wie die Nachahmung dieser Töne durch Reibung eines Glasstöpsels in der Flasche: es ist das Signal des Feindes; nur auf diese hohen Töne sind sie eingestellt, im übrigen aber völlig taub. Diejenigen Nachtfalter, die infolge ihrer hellen Färbung leicht sichtbar sind, fliegen auf den hohen Ton hin davon, während diejenigen Arten, die eine Schutzfärbung besitzen, sich auf den gleichen Ton hin niederlassen; dabei hat natürlich kein Schmetterling seine eigene Farbe je gesehen. Auch hier ist die Wahrnehmungswelt des Tieres seinen Lebensinteressen, beide wieder seinem biologischen Bau genau und wechselweise angepaßt. (Alle Beispiele aus Uexküll.)

Dieselbe Betrachtungsweise ist auf die höchsten Tiere anwendbar. Man kann allein aus der Betrachtung der Nase als Vorhof der Atmungsorgane bei Affen Schlüsse auf ihre Lebensumstände ziehen. Paviane, als Bodentiere, mit Aufenthalt in trockener staubiger Luft haben die lange Nase anderer Bodentiere („Hundsaffen"), die als Luftfilter und Luftbefeuchter dient, während baumlebende Primaten die Nase sehr weitgehend zurückbilden. Der Gorilla, mehr dem Bodenleben angepaßt als Schimpanse und Orang, zeigt auch eine ausgebildetere äußere Nase. Man kann sogar aus der Form der Nase erschließen, daß einige Makakenarten in ihrer Lebensweise sich den bodenbewohnenden Affen annähern, denn die äußere Nase rückt recht weit nach vorn und bildet damit enge Röhren für den Luftweg.

Diese Betrachtung läßt auch für Fossilien nicht im Stich. F. H. Osborn (Urspr. u. Entwicklg. des Lebens, übers. Ad. Meyer, 1930) zeigt, daß die fossilen Elefanten in ihren Mahlzähnen aufs feinste mit ihrer Umwelt harmonierten. Es gibt vollständige Übergänge in der Zahnstruktur zwischen teilweise gras-, teilweise blätterfressenden oder aussschließlich blätterfressenden (Mastadon) Formen. Osborn sagt, die Anpassungsfähigkeit und Plastizität der Proboscidier an außergewöhnliche Lebensbedingungen könne nur mit der durch Intelligenz erreichten Anpassung des Menschen verglichen werden.

Buytendijk (Psych. des animaux, Paris 1928, 74) gibt ein schönes Beispiel für die Spezialisiertheit der Gehörwahrnehmungen von Eidechsen und Fröschen: es gelingt nicht, sie auf einen Ton zu dressieren, selbst wenn man ihn mit elektrischer Schlagwirkung verbindet. Dagegen reagiert eine Eidechse im Terrarium sofort auf ein leichtes Kratzen am Boden, ähnlich dem Geräusch eines sich bewegenden Insekts: es ist nur auf diese Wahrnehmungen hin spezialisiert.

Es gilt z. B. das folgende Gesetz: gewisse vorwiegend optische Tiere, wie einige Vögel und Affen, die sich von ruhenden, unbewegten Gegenständen nähren, reagieren erstens vorwiegend und geradezu zwanghaft optisch, sodann innerhalb des optischen Bereichs auf Form- und Farbeindrücke; Jagdtiere dagegen *auf bewegte* Reize. Nun ist klar: eine sehr spezialisierte Wahrnehmung, von hohem Vitalwert für die Art, muß ein eindeutiges Verhalten nach sich ziehen, das Verhalten wird um so „reaktiver", je spezialisierter das Tier ist. Anders ausgedrückt: die Wahrnehmung wirkt „suggestiv" und schlägt sozusagen automatisch in eine Reaktion um. Spezialisierte Sinne sind nicht vertauschbar.

Eindrucksvoll ist die Unfähigkeit von Hühnern oder Affen, sich auf andere, auf Tast- oder Gehörseindrücke zu verlassen, und die Suggestivität des optischen Eindrucks für sie. Ein Huhn, inmitten von Körnern, hört bei allmählicher Verdunkelung des Lichts auf zu picken, auch wenn diese Körner seine Füße bedecken, auch wenn es Hunger hat und wenn man das charakteristische Geräusch fallender Körner erzeugt: es bleibt ruhig und schläft ein (Buytendijk, 96). Die Zwangsläufigkeit der Reaktion auf speziellen Seheindruck hin zeigt schön das folgende Beispiel: man zeigt verschiedenen höherren Affen (Pavian, Mandrill, Schimpanse) eine Orangenattrappe; sie greifen sofort zu, in großer Aufregung und Begierde, ohne durch das Fehlen des Geruchs oder veränderte Tastempfindungen beeindruckt zu sein. Als ein Loch in die Attrappe kam, irritierte sie der ungewohnte Seheindruck: die Aufregung legte sich, drehte man aber vor ihren Augen den Gegenstand so, daß die störende Stelle verschwand –, „alors les mains revenaient instantanément". Das zeigt gut die Unwiderstehlichkeit der optisch spezialisierten Wahrnehmung, und Buytendijk zeigt belehrend, wie überraschend wenig sich ein großer Mandrill auf seine Tast-, Geruchs- und Geschmacksempfindungen verließ: als man die Attrappe in Stücke riß, steckte er ein Stück sofort in den Mund, nahm es heraus, „l'examina avec attention", beroch es, steckte es wieder in den Mund, nahm es wieder heraus und warf es erst nach mehreren Versuchen fort: so lange dauerte es, bis das Suggestive des optischen Eindrucks überwunden war. An der Spezialisiertheit und Einseitigkeit der Wahrnehmungswelt auch der Affen kann hiernach kein Zweifel sein.

Uexküll vergleicht die Sicherheit, mit der ein Tier sich in seiner Umwelt bewegt, mit der entsprechenden eines Menschen in seiner Wohnung. In dieser Wohnung findet das Tier lauter ihm bekannte Dinge, nämlich artbesondere „Bedeutungsträger": – seine Nahrung, seinen Weg, seinen Gatten, seinen Feind. Viele Tiere nehmen von dem möglichen Reichtum der Welt nur ganz wenige Gestalten, Farben, Düfte und Geräusche wahr und immer nur die, die von ihren *speziellen* Bedeutungsträgern ausgehen. „Da zur Aufnahme von Reizen durch ein Tier die entsprechenden Sinnesorgane vorhanden sein müssen, verfährt die Natur ganz radikal, indem sie dem Tier keine Sinnesorgane außer den allernotwendigsten gewährt" (Uexküll, Ztschr. f. d. ges. Naturwiss. I, 7).

Diese Betrachtungsweise ist nur in besonderen Fällen unzweckmäßig. Von Haustieren, deren Domestikation das ursprüngliche Verhalten weitgehend verändert hat, ist in dieser ganzen Untersuchung abzusehen. Sonst haben noch einige unscheinbare, aber „vielseitige" Species mit großen Vermehrungsraten (Ratten, Sperlinge) einen beachtlichen Grad von Umweltneutralität erreicht, doch sind gerade die höchsten Säuger – Elefanten, Anthropoiden, Raubkatzen – sehr spezialisiert und im wilden Zustand streng umweltgebunden. Die Struktur eines Tieres muß also im Zusammenhang mit seiner Umwelt erforscht werden. Seine Organe der Ernährung, der Bewegungsweise, Fortpflanzung; die Sinnesorgane, Körperbedeckung, Bewaffnung usw. sind je verwendungsspeziell und bilden einen je sehr ausgeprägten, besonderen Zusammenhang, ein System. Dieses System ist angepaßt seiner streng artspezifischen Umwelt: einer ganz eindeutigen Lebensweise, Technik der Fortpflanzung und Ernährung, einer „Heimat" mit ihren Wegen und Schlupfwinkeln, dort vorhandenen wieder besonderen Beutetieren oder Früchten, Feinden, Symbionten – alles in entsprechendem Klima usw. Man nennt das Ganze einer solchen Zuordnung eine Biozönose, die in interessanten Fällen vielgliedrig ist. Woltereck (Grundzüge e. allg. Biol. 1932, S. 42, 220 ff.) beschreibt eine solche Biozönose von Algen, Kladozeren (Kleinkrebsen) und Jungfischen, die je einander als Nahrung dienen. Die ungeschützten Kladozeren leben in den gleichen Monaten (Juni, Juli) und in den gleichen Wasserschichten wie die Jungfische, die später ihre Nahrung aus dem Schlamm und von den Pflanzen der Uferzone nehmen. Im Frühsommer dagegen fressen sie unzählige dieser Planktonkrebse. Unter den Kladozeren sind Individuen, die schon im Juni Dauereier produzieren, welche monatelang zur Entwicklung brauchen, die Mehrzahl dagegen ist lebendgebärend, und sie werden mitsamt ihren Jungen gefressen. Aus den Dauereiern entstehen erst Krebse, wenn die groß gewordenen Fische diese Nahrung verschmähen (was übrigens nach dem Selektionsgesetz zu einer Bevorzugung dieser geschützten Individuen führen sollte; dies ist nicht der Fall). Dabei stimmen nun die Vermehrungsindices mit den Verzehrungszahlen überein. Die Fische, die von den etwa zwanzig Nachkommen eines Krebses statistisch neunzehn samt der Mutter wegschnappen, fressen nie das Zwanzigste, rotten also die Krebse nicht aus –, deren Überproduktion an Jungen wieder steigt nicht auf dreißig oder vierzig, sondern hält nur eben der Vernichtungsziffer die Waage. Es bleibt so unter ungeheueren Verlusten ein Gleichgewicht des Kollektivgefüges erhalten. Das Subjekt des Geschehens ist also sozusagen weder ein Individuum noch eine Art, sondern eine Beziehung von Art und Umwelt, oder besser ein Gefüge von Arten und Umwelten.

Diese berühmte Umwelttheorie v. Uexkülls war ein genialer Griff, etwas wirklich Neues, und sie lehrte uns überzeugend, daß die Welt der Tiere nicht die unsere ist. Allerdings war sie unvollständig: einmal verzichtete Uexküll auf die Einführung des Instinktbegriffs, wohl wegen der Unsicherheit der damals, vor Lorenz, geltenden Meinungen. Zu den in die Umwelt der Tiere eingepaßten Organspezialisierungen treten seither die ebenso speziellen instinktiven Bewegungsfiguren, die durchaus wie Organe betrachtet werden können, ja, die man wie diese zur systematischen Klassifikation benutzen kann. Weiter ist bemerkt worden, daß die Theorie Uexkülls doch dazu führte, die Untersuchung auf „Merkwelt" und „Wirkwelt" einzuengen, also auf das, was zum sensorischen und motorischen Nervensystem in Verbindung zu bringen ist. So ging die Tendenz immer mehr zur Erforschung der Eigenwelten der Tier*subjekte*, die eigentlich ergiebige Verhaltensforschung trat zurück, der Kantische Unterbau der Theorie setzte sich durch („Alle Wirklichkeit ist subjektive Erscheinung", Uexküll, Theoret. Biologie), und die Schule arbeitete später sogar mit der Vorstellung der Leibnizischen Monaden (Brock, Sudhoffs Archiv 27, 1935). Dagegen sagte nun Hermann Weber („Zur neueren Entwickelung d. Umweltlehre J. v. Uexkülls", Die Naturw. 1937/7. „Zur Fassung und Gliederung e. allg. Umweltbegriffes", ebda. 1939/38. „Der Umweltbegriff der Biologie u. s. Anwendung", Der Biologe VIII/1939. „Zum gegenw. Stand d. allg. Ökologie", Die Naturw. 1941, 50/51. „Organismus u. Umwelt", Der Biologe XI/1942) mit Recht, daß zahlreiche Umweltfaktoren, wie Temperatur, Luftdruck, Ultrastrahlen, Bakterien usw., in einen subjektiv gefaßten Umweltbegriff nicht eingehen können und doch höchst wirksame Umweltfaktoren sind.

Einen weiteren, ebenso wesentlichen Mangel der Theorie sehe ich darin, daß Uexküll seinen so fruchtbaren Ansatz sofort auf den Menschen übertrug, indem er z. B. mit der bekannten Vorstellung arbeitete, daß der Wald für den Dichter, Jäger, Holzhändler, Verirrten usw. je ein anderer Wald ist. In der Schrift „Niegeschaute Welten" – mit dem charakteristischen Untertitel „Die Umwelten meiner Freunde" – beschrieb er eine Fülle von alten Bekannten und Originalen, die nicht aus ihrer Haut heraus konnten, und unterschied dann überhaupt zwei Typen von Menschen entsprechend seiner Unterscheidung von Merkwelt und Wirkwelt, nämlich „Merklinge" und „Wirklinge".

Auf diese Weise wird allerdings ein Unterschied allererster Ordnung verwischt. Man verwechselt die ursprünglichen, echt instinktiven Verhaltensfiguren der Tiere, die auf naturhafte, zugeordnete Umwelten bezogen sind, mit den *erworbenen* Spezialisierungen des Verhaltens, die beim Menschen einer reich gegliederten Kultursphäre antworten. Dann entsteht die theoretisch und praktisch gleich fundamentale Frage: wie bringt es denn der Mensch angesichts seiner Weltoffenheit und der Instinktreduktion, bei aller potentiell in ihm enthaltenen unwahrscheinlichen Plastizität und Unstabilität eigentlich zu einem voraussehbaren, regelmäßigen, bei gegebenen Bedingungen denn doch mit einiger Sicherheit provozierbaren Verhalten, also zu einem solchen, das man quasi-instinktiv oder quasiautomatisch nennen könnte, das bei ihm *an Stelle* des echt instinktiven steht und das offenbar den stabilen sozialen Zusammenhang erst definiert? So fragen, heißt das Problem der *Institutionen* stellen. Man kann geradezu sagen, wie die tierischen Gruppen und Symbiosen durch Auslöser und durch Instinktbewegungen zusammengehalten werden, so die menschlichen durch Institutionen und die darin erst „sich feststellenden" quasiautomatischen Gewohnheiten des Denkens, Fühlens, Wertens und Handelns, die allein als institutionell gefaßte sich vereinseitigen, habitualisieren und damit stabilisieren. Erst so werden sie in ihrer Vereinseitigung gewohnheitsmäßig und einigermaßen zuverlässig, d. h. voraussehbar. Werden die Institutionen zerschlagen, so sehen wir sofort eine Unberechenbarkeit und Unsicherheit, eine Reizschutzlosigkeit des Verhaltens erscheinen, das man *jetzt* als triebhaft bezeichnen kann. Auch ist es einer der empörendsten Eindrücke, die es gibt, wenn die Tugenden nach Zerfall der Institutionen, in denen sie sich in charaktervoller Beschränktheit entwickelt hatten, auf den Einzelnen zurückfallen und sich als Verwirrung und Ratlosigkeit reflektieren. Nur innerhalb eines stabil institutionalisierten Kultursystems kann es zu den hochgezüchteten und irreversiblen Attitüden kommen, die v. Uexküll beschrieben hat, wo dann der Begriff „Umwelt", völlig unbiologisch, nur etwa dasselbe bedeuten kann wie hochzivilisiertes Individual-Milieu.

Der gut definierte, biologisch exakte Umweltbegriff ist also auf den Menschen nicht anwendbar, denn genau an der Stelle, wo beim Tiere die „Umwelt" steht, steht beim Menschen die „zweite Natur" oder die Kultursphäre mit ihren eigenen, sehr besonderen Problemen und Begriffsbildungen, die von dem Umweltbegriff nicht erfaßt, sondern im Gegenteil nur verdeckt werden.

Diese Behauptungen sollen natürlich nicht auf einen Wortstreit hinauslaufen. Die anscheinend beste Definition des biologischen Umweltbegriffs hat H. Weber in der Arbeit „Zur Fassung und Gliederung eines allgemeinen Umweltbegriffs" gegeben: „Unter Umwelt soll die im ganzen Komplex einer Umgebung enthaltene Gesamtheit der Bedingungen verstanden werden, die einem bestimmten Organismus gestatten, sich kraft seiner spezifischen Organisation zu halten." Man kann bei allen hochspezialisierten Tierarten, also bei der weit überwiegenden Mehrzahl, den Komplex der *artspezifischen* äußeren Bedingungen angeben, die erfüllt sein müssen, damit diese Art „sich hält", lebt und sich fortpflanzt. Ich kann nun einen solchen Komplex von vorgegebenen Naturbedingungen für die Gattung Mensch nicht finden, mit Ausnahme ganz allgemeiner, für jeden Organismus gültiger (atmosph. Luft, gewisse Luftdruckbedingungen usw.). „Der Mensch" lebt nicht in einem Verhältnis organischer oder instinktiver Einpassung in irgendwelche bestimmte, angebbare Außenbedingungen, sondern seine Konstitution erzwingt, leistet aber auch eine intelligente, planende Tätigkeit, die ihm gestattet, aus *sehr beliebigen* Konstellationen von Naturumständen durch *Veränderung* derselben sich Techniken und Mittel seiner Existenz zurechtzumachen. Wir sehen ihn daher „überall" leben, sehr im Gegensatz zu den geographisch streng umschriebenen Heimatgebieten aller spezialisierten Tiere. Er lebt in Wüsten und Polarregionen, neben Antilopen und Eisbären, in Hochgebirgen, Steppen und Dschungeln, in Sumpfgebieten, auf dem Wasser und in allen Klimaten, vor allem aber heutzutage in Städten. Eine spezifische, für die ganze Gattung gültige, notwendig vorauszusetzende Anordnung von Umgebungsbestandteilen im Sinne obiger Definition, die gegeben sein müßte, damit „der Mensch" sich hält, ist daher nicht angebbar.

Der Mensch kann das alles, weil er durch planende und voraussehende Veränderung sich aus ganz beliebigen vorgefundenen Umständen seine Kultursphäre schafft, die bei ihm also an Stelle der Umwelt steht, und die nun allerdings zu den *natürlichen* Lebensbedingungen dieses unspezialisierten und organisch mittellosen Wesens gehört. „Kultur" ist daher ein anthropo-biologischer Begriff, der Mensch von Natur ein Kulturwesen. Schon der Australier verfügt über etwa 200 Geräte und Techniken, mittels deren er sich in seiner trostlosen Umgebung behauptet. Kultur ist also in erster Annäherung der Inbegriff der Sachmittel und Vorstellungsmittel, der Sach-

und Denktechniken, einschließlich der Institutionen, mittels deren eine bestimmte Gesellschaft „sich hält“, in zweiter Annäherung der Inbegriff aller darauf fundierten Folgeinstitutionen.

Die nicht in der Gattung Mensch, sondern erst in den einzelnen Rassen vorhandenen Klimaanpassungen sind doch wahrscheinlich sekundär. Die Vorfahren der Indianer, Neger usw. haben früher in ganz anderen Klimaten unter sehr verschiedenen Bedingungen gelebt und müssen auch anders ausgesehen haben. Das Pleistozän und Alluvium ist die Zeit der großen Unruhe und der großen Verschiebungen der Hominiden gewesen, und die heutigen nordamerikanischen Indianer haben ihre stark europiden und mongoliden Merkmale sehr wahrscheinlich aus ihrer nordasiatischen Urheimat (s. v. Eickstedt, Rassenkunde u. Rassengesch. d. Menschheit, 1934, p. 793 ff.). Die ostafrikanischen Schädelfunde aus der Alluvialzeit, zumal der Schädel von Oldoway, haben ganz auffallende europide Beziehungen.

Daß menschliche Gesellschaften „ihre Umwelt wechseln“ – ein für die Zoologie unmöglicher Begriff –, ist noch in historischen Zeiten nachweisbar. Große Wanderungen in ganz neuartigen Lebensräumen erfordern dann eine Revolution der Kultur, eine völlige Umstellung der Lebenstechniken und Denkmittel, die sich bis zum Religiösen hin zu erstrecken pflegt. Die berühmte Rezeption des Christentums durch die Germanen war ein solcher Teilvorgang einer Wanderungsbewegung. Die germanische Religion mit ihren himmlischen Kriegerbanden („Die gesamte nordische Götterschar erscheint als eine streitbare Mannschaft“: Neckel, Kultur der alten Germanen, 1934, p. 181) und ihrer geringen Kultentwicklung („sacrificiis non student“, Caesar Bell. gall.) muß selbst schon die Religion wandernder Völker gewesen sein, und es war unmöglich, eine weit überlegene Zivilisation, wie die spätrömische, von ihr aus zu bewältigen. Noch eindrucksvollere Beispiele plötzlichen Kulturwandels haben wir aus anderen Kontinenten. Nach v. Eickstädt (a. a. O. p. 819) ist das Wohngebiet der Sioux und Fox um 1700 der Wildreisdistrikt von Minnesota gewesen. Das bedeutet Sammelwirtschaft, Waldjägertum, Kanuverwendung. Von den Odschibwä, die Gewehre hatten, verdrängt, schwenkten sie in die Prärie ein und erwarben von den Europäern Pferde. „Wenige Jahre später war das ganze Volk beritten, und damit eröffnete sich ihm mit einem Schlage ein riesiger Lebensraum in der Hochprärie.“

Jeder Mensch auf jeder Kulturstufe erlebt nun sich, seine Gesellschaft, sein Kulturmilieu und deren Hintergrund, die bestimmte Landschaft als Teile der „Welt“. Selbst der Australier faßt seine Heimat auf als Teil eines großen, unbestimmt weit sich erstreckenden, in der Vorstellung übergriffenen Ganzen, und die Weltorientierung und Weltausdeutung des Menschen erstreckt sich durchaus auf dieses Ganze. Unseren Sinnen ist zwar von der „Welt“ nur ein Teilausschnitt gegeben, wie allen, auch den tierischen Wahrnehmungsorganen. *Wir* wissen das, weil wir durch Mikroskope und Fernrohre diesen Teilausschnitt erweitern können. Der Wilde weiß es religiös: aus der Unsicherheit gegenüber dem Gegebenen. Beide fassen die sichtbare Welt auf als Teil einer *nichtgegebenen*, und es ist hier gleichgültig, ob die letzere aus Elektronen und Bakterien oder aus Dämonen und Geistern besteht. Der Mensch, generell, interpretiert in das Wahrgenommene Wahrnehmbares hinein und in das Wahrnehmbare Nichtwahrnehmbares, und vor allem geht sein *Verhalten* auf alle diese Bereiche. Für das Eichhörnchen existiert die Ameise am gleichen Baume nicht. Für den Menschen existieren nicht nur beide, sondern auch die fernen Berge und die Sterne, die wahrzunehmen biologisch völlig überflüssig ist, und jenseits des Wahrnehmbaren die Götter, mit denen er in Ritus und Kultus verkehrt. Wenn Lorenz sagt: „die gesamte Soziologie höherer Tiere baut sich auf Auslösern und angeborenen Schematen auf“, so liegt darin bereits die Ablehnung des Umweltbegriffs für den Menschen. Man kann einen chinesischen Bauern oder einen europäischen Metallarbeiter ansehen: man wird keine angeborenen Bewegungsfiguren finden, die sich auf eine artspezifische Anordnung von Umweltinhalten mit ihren Auslöserwerten beziehen. Doch wohl aus denselben Gründen: weil alles auf ein variables, bewußt gesteuertes Verhalten ankommt, das erst in der sozialen Wechselwirkung sich feststellt, vergleichmäßigt und gegebenenfalls habitualisiert, dabei aber für neue, zusätzliche Motivationen offen, d. h. entwicklungsfähig bleibt. Es gilt, einer unendlich offenen Mannigfaltigkeit der Welt zunächst einmal die Bedingungen barer physischer Existenz abzugewinnen. Brauchbar dazu ist selbst der Polarstern – zur Orientierung.

Ich kann mir den Hinweis nicht versagen, daß *Herder* auf dem Wege der hier darzustellenden Theorie schon einige Schritte tat. Ich schalte diesen Nachweis ein.

In der Preisschrift über den Ursprung der Sprache (1772) versucht Herder eine höchst interessante Unterscheidung von Tier und Mensch von verschiedenen Seiten aus. „Daß der Mensch den Tieren an Stärke und Sicherheit des Instinkts weit nachstehe, ja daß er das, was wir bei so vielen Tiergattungen angeborene Kunstfähigkeiten und Kunsttriebe nennen, gar nicht habe, ist gesichert“, sagt er. Darüber hinaus führt er sehr genial einen neuen Gesichtspunkt ein, der im Grunde der der Umwelt ist: er nennt ihn die „Sphäre der Tiere“.

Jedes Tier, führt er aus, hat seinen Kreis, in den es von der Geburt an gehört, gleich (!) eintritt, in dem es lebenslang bleibt, und stirbt. „Nun ist es aber sonderbar, daß je schärfer die Sinne der Tiere, und je wunderbarer seine Kunstwerke sind, desto kleiner ist ihr Kreis, desto einartiger ist ihr Kunstwerk." Er sagt, er habe diesem Verhältnis lange nachgespürt und eine wunderbare umgekehrte Proportion zwischen der minderen Extension ihrer Bewegungen, Nahrung, Erhaltung, Paarung, Erziehung, Gesellschaft gefunden und ihren Trieben und Künsten. Je geringer also ihre Sphäre, wird man mit Herder sagen, um so sicherer und vollendeter das „Können" der Tiere: „wenn unendlich feine Sinne in einem kleinen Kreis, auf ein Einerlei eingeschlossen werden, und die ganze andere Welt für sie Nichts ist(!): wie müßten sie durchdringen!" Umgekehrt: „Je vielfacher die Verrichtungen und Bestimmungen der Tiere, je zerstreuter ihre Aufmerksamkeit auf mehrere Gegenstände, je unstäter ihre Lebensart, kurz je größer und vielfältiger ihre Sphäre ist, desto mehr sehen wir ihre Sinnlichkeit sich verteilen und schwächen."

Herder nimmt also den Satz an: „Die Empfindsamkeit, Fähigkeiten und Kunsttriebe der Tiere nehmen an Stärke und Intensität zu im umgekehrten Verhältnis der Größe und Mannigfaltigkeit ihres Wirkungskreises." Sie haben, wie er sagt, „Sinne in Triebe gediegen". Sieht man davon ab, daß Herder den deutlichen Begriff der Organspezialisierung nicht hat, daß er mehr auf Empfindung, Wahrnehmung und „Kunsttriebe" achtet, seine Theorie überhaupt zu sehr am Insekt orientiert, so hat er doch zum ersten Male deutlich die Einpassung der „Fähigkeiten" der Tiere, sowohl ihrer Aktionen wie ihrer Wahrnehmungen und Instinkte, in einen begrenzten Weltausschnitt, d. h. in die Umwelt erkannt und ausgesprochen.

Mit derselben Sicherheit unterscheidet er grundsätzlich richtig den Menschen. Er lehrt einen „eigenen Charakter der Menschheit", mit dessen Auftreten sich „die Szene ganz ändert". Und er definiert den Menschen als Mängelwesen! Das neugeborene Kind „äußert weder Vorstellungen noch Triebe durch Töne, wie doch jedes Tier in seiner Art; bloß unter Tiere gestellt, ist's also das verwaisteste Kind der Natur. Nackt und bloß, schwach und dürftig, schüchtern und unbewaffnet: und was die Summe seines Elends ausmacht, aller Leiterinnen des Lebens beraubt. Mit einer so zerstreuten, geschwächten Sinnlichkeit, mit so unbestimmten, schlafenden Fähigkeiten, mit so geteilten und ermatteten Trieben geboren, offenbar auf tausend Bedürfnisse verwiesen, zu einem großen Kreise bestimmt ... Nein! ein solcher Widerspruch ist nicht die Haushaltung der Natur!"

Für den Menschen gilt daher, nach Herder, wenn man vom Tier her sieht, nur eine negative Bezeichnung: „Der Charakter seiner Gattung" besteht zunächst aus „Lücken und Mängeln". „Seine Sinne und Organisation sind nicht auf Eins geschärft: er hat Sinne für Alles und natürlich also für jedes Einzelne schwächere und stumpfere Sinne. Seine Seelenkräfte sind über die

Welt verbreitet; keine Richtung seiner Vorstellungen auf ein Eins: mithin kein Kunsttrieb, keine Kunstfertigkeit" (keine Instinkte). Der Mensch hat also auch keine „Umwelt": „Der Mensch hat keine so einförmige und enge Sphäre, wo nur eine Arbeit auf ihn warte: eine Welt von Geschäften und von Bestimmungen liegt um ihn." Er hat „zerstreute Begierden, geteilte Aufmerksamkeit, stumpfwitternde Sinne".

Es ist bewundernswert, wie Herder hier die biologische Hilflosigkeit des Menschen, seine Weltoffenheit und die „Zerstreutheit seiner Begierden" in ihrem inneren Zusammenhang sieht, wie er dann auf die Frage der „Schadloshaltung" kommt und an dieser Stelle dann die Sprache (Vernunft, Besonnenheit) aus diesem neugefundenen „Charakter der Menschheit" ableitet, als einen „aus der Mitte dieser Mängel" entstehenden Ersatz.

Man kann über das Verhältnis des Menschen zum Tier nichts Treffenderes sagen, als daß der Unterschied nicht „in Stufen, oder Zugabe von Kräften, sondern in einer ganz verschiedenartigen Richtung und Auswickelung aller Kräfte" liege, so daß also der Verstand des Menschen nicht seiner tierischen Organisation aufliegt, sondern: „Es ist die ganze Einrichtung aller menschlichen Kräfte; die ganze Haushaltung seiner sinnlichen und erkennenden, seiner erkennenden und wollenden Natur, . . . die bei den Menschen so Vernunft heißt, wie sie bei den Tieren Kunstfähigkeit wird: die bei ihm Freiheit heißt, und bei den Tieren Instinkt wird". Die „ganze Haushaltung der Natur" schlägt also beim Menschen eine neue Richtung ein. Herder hat das geleistet, was jede philosophische Anthropologie, auch die, welche einen theologischen Begriff des Menschen voraussetzt, zu leisten verpflichtet ist: die Intelligenz des Menschen im Zusammenhang seiner biologischen Situation, seiner Wahrnehmungs-, Handlungs- und Bedürfnisstruktur zu sehen, d. h. „die gänzliche Bestimmung seiner denkenden Kräfte im Verhältnis seiner Sinnlichkeit und Triebe". Das menschliche Bewußtsein setzt eine besondere morphologische Ausstattung, eine besondere Bewegungsfähigkeit, Wahrnehmungsleistung und Antriebsstruktur voraus, eine „ganz verschiedenartige Richtung und Auswickelung aller Kräfte". Die philosophische Anthropologie hat seit Herder keinen Schritt vorwärts getan, und es ist im Schema dieselbe Auffassung, die ich mit den Mitteln moderner Wissenschaft entwikkeln will. Sie braucht auch keinen Schritt vorwärts zu tun, denn dies ist die Wahrheit.

Anmerkung: Für wichtige Hinweise, die ich berücksichtigt zu haben hoffe, bin ich seit Erscheinen der ersten Auflage (1940) den Rezensionen von Nicolai Hartmann (Neue Anthropologie in Deutschland, Bl. f. dt. Philosophie XV, 1941) und Hermann Ammann (Sprache u. Gemeinschaft, Die Tatwelt XVII, 1941) verpflichtet. Ausführliche und wiederholte Diskussionen mit Konrad Lorenz, Hans Bürger-Prinz und Helmut Schelsky sind in viele Formulierungen eingegangen. Die Schrift von O. Storch „Die Sonderstellung des Menschen in

Lebensabspiel und Vererbung", Wien 1948, verbreitert die biologischen Fundamente von Grundeinsichten, die sich als gemeinsam herausstellten. Der unter dem Namen Buytendijks erschienene Aufsatz „Tier und Mensch" (Die neue Rundschau, Okt. 1938), von dem ich in den früheren Auflagen sagte, daß er der hier vorgelegten Theorie in entscheidenden Punkten nahesteht, und daß diese Übereinstimmung in unabhängig voneinander ausgesagten Grundthesen wichtig ist, stammt, wie H. Plessner inzwischen mitteilt, aus der Zusammenarbeit mit ihm.

I. Teil

Die morphologische Sonderstellung des Menschen

10. Die Organprimitivismen

Die nächste uns obliegende Aufgabe ist nun, die Sonderstellung des Menschen in morphologischer Hinsicht, also in der Betrachtung „von außen" nachzuweisen. Diese Besonderheit besteht, wie schon angedeutet, in einem durchgehenden *Mangel* an hochspezialisierten, d. h. umweltspezifisch angepaßten Organen, und dieses wären die von außen sichtbaren Bedingungen eines handelnden und weltoffenen, also auf sich selbst gestellten Wesens.

Die „Organmängel" und Organbesonderheiten des Menschen sind also unter der Leitidee des „Unspezialisierten" zu betrachten und sind dann, positiv ausgedrückt, Primitivismen. Diese sind entweder ontogenetische, d. h. der Mensch bewahrt und konserviert auch als Erwachsener Fötalzustände, oder phylogenetische: die vergleichend anatomische Forschung ergibt, daß das menschliche Organ in der dann erscheinenden entwicklungsgesetzlichen Konstruktion an den Anfang gehört, also primitiv („geologisch alt") ist. Beide Gesichtspunkte können zusammenfallen, brauchen es aber nicht, daher die Unterscheidung notwendig ist, auf die Mijsberg (Über den Bau des Urogenitalapparates bei den männlichen Primaten, Verh. kgl. Adad. d. Wiss. Amsterdam, 1923) mit Recht Gewicht legt. Spezialisierte Zustände sind dagegen Endzustände der Entwicklung, und es widerspricht jeder biologischen Vorstellung, daß primitive Organe aus schon spezialisierten sich zurückentwickelt hätten.

Wir müssen dabei die Ausdrücke gut bestimmen. Der Begriff „primitiv" ist gleichbedeutend mit dem Begriff „unspezialisiert", und er bedeutet in diesen Erörterungen niemals „niedrigstehend" oder „minderwertig", so wie man etwa einen Australierschädel gegenüber einem europäischen primitiv nennt. Vielmehr ist für diese ganze Problematik primitiv = unspezialisiert = ursprünglich, entweder im ontogenetischen Sinne (embryonal) oder im phylogenetischen (archaisch). Unter Spezialisierung ist zu verstehen der *Verlust* der Fülle der Möglichkeiten, die in einem unspezialisierten Organ liegen, zugunsten der Hochentwicklung einiger dieser Möglichkeiten auf Kosten anderer. Da wo wir Rückentwicklungen haben, sind diese immer in Spezialisierungsvorgänge eingebaut: der Daumen der Anthropoiden, die „Flossen" des Pinguins oder die bei vielen Schmarotzern als überflüssig verschwundenen Eingeweide sind Beispiele, (Vgl. Burkamp, Wirklichkeit u. Sinn, 1938, Bd. II.). Daß einmal verlorene Funktionen nicht wiedergewonnen werden können, besagt das Dollo'sche Gesetz. Da solche Rückbildungen innere Teilprozesse von Spezialisierungen sind, besagt es zugleich die Unumkehrbarkeit erreichter Spezialisierungen, welche das Endziel organischer Entwicklung sind und bei allen Säugern, außer dem Menschen, erreicht. Dagegen ist es biologisch nicht vorstellbar, daß spezialisierte Organe sich zu unspezialisierten, d. h. eine Fülle von Ausgangsmöglichkeiten enthaltenden zurückentwickeln könnten. Dieses Problem ist das Grundproblem der menschlichen Abstammungslehre, wenn sich nämlich nachweisen läßt, daß die wesentlich menschlichen Organe unspezialisierte, also embryonale oder archaische sind. In jeder Betrachtung, die den Menschen *direkt* und ohne eine besondere, auf diese Frage bezogene *Zusatzhypothese* aus einem Tier ableitet, steht man angesichts der hervorragenden, gleich näher nachzuweisenden Unspezialisiertheit menschlicher Organe vor der unüberwindlichen Schwierigkeit, daß man primitive Zustände aus progressiven ableiten müßte. Die für eine solche Ableitung in erster Linie in Betracht kommenden Großaffen sind sogar ganz ungemein hoch spezialisiert. Dies ist die Grundschwierigkeit der Abstammungslehre, wenn sie an den Menschen herangeht, da doch andererseits an der sehr nahen Verwandtschaft von Mensch und Affe kein Zweifel ist. Dies muß zunächst einmal ganz deutlich gesagt werden. Eine jede Theorie, die das nicht sieht, steht überhaupt nicht auf der Höhe der Schwierigkeit des Problems. Während die Ableitung etwa der Vögel aus permzeitlichen Reptilien (als Typen) recht einsichtig ist, steht die des Menschen immer vor dieser Schwierigkeit.

Ich führe nun den folgenden Beweis: es gibt zwei Arten der menschlichen Entwicklungslehre. Die eine, der wir uns anschließen werden, trägt diesem Problem Rechnung und betrachtet den Menschen entweder als ein hocharchaisches Wesen, welches seit frühesten Zeiten den Weg zur Spezialisierung vermieden hat, *oder* sie leitet den Menschen aus einem Primatenstamm tierischer Ahnen durch eine *Zusatzhypothese* ab. In beiden Fällen ist die *Sonderstellung* des Menschen, seine Unvergleichbarkeit, ausgesprochen. Diese Zusatzhypothese kann sehr verschieden aussehen, aber sie kommt immer darauf hinaus, daß die Menschwerdung innerhalb der uns bekannten Entwicklungsgesetze nur durch Einführung eines *Sondergesetzes* verständlich wird, worin dann eben die Sonderstellung des Menschen ohne weiteres erscheint.

Die andere Entwicklungstheorie ist die klassische, den Menschen *geradlinig* von bereits spezialisierten Großaffentypen ableitende. Sie trägt dem Problem nicht Rechnung. Und dann werde ich zeigen, wie sie dem Zwang der Wahrheit unterliegt: in ihrer Konstruktion, den Menschen direkt aus dem Großaffen abzuleiten, muß sie das berühmte „Zwischenglied" beschreiben. Das ist eine unlösbare Aufgabe: denn wenn die Sonderstellung des Menschen Tatsache ist, so muß diese Theorie in das Zwischenwesen Merkmale geradezu *entgegengesetzter* (nämlich menschlicher und tierischer) Art hineindefinieren. Dabei kommt, wir wir finden werden, ein solches Monstrum und Wunderwesen heraus, daß nun dieses *Zwischenglied* (und nicht mehr der Mensch) eine ganz phantastische Sonderstellung im ganzen Tierreich erhält. Womit der Beweis für unsere These vom Gegner wider Willen erbracht ist.

In diesem Abschnitt werden nun zunächst die menschlichen Organbesonderheiten der Kopfregion behandelt, woran sich eine kurze Erörterung des Standes der wichtigen Probleme der Hand und des Fußes anschließt. Im Abschnitt 11 wird in Breite die Betrachtung der übrigen menschlichen Primitivismen einsetzen, und zwar gleich im Zusammenhang der sich ergänzenden Theorien von Bolk und Schindewolf. Wir werden dieser Theorie, als der anscheinend leistungsfähigsten, den Vorzug geben und dann im Abschnitt 12 das Abstammungsproblem diskutieren.

Nach diesen vorbereitenden Bemerkungen gehe ich zur zusammenfassenden Darstellung der „Primitivismen" resp. „Unspezialisiertheiten" des Menschen über, wobei zuerst der Kopfabschnitt unter besonderer Hinsicht auf den Gebiß- und Kieferteil betrachtet werden soll.

Gehirn- und Gesichtsteil des Schädels stehen bei weitaus der Mehrzahl der Säugetiere im umgekehrten Verhältnis zueinander und selbst bei allen Menschenaffen (Anthropoiden, Anthropomorphen*) ist der Schnauzenteil des Schädels außerordentlich massig und nach vorn entwickelt auf Kosten des verkleinerten und fliehenden Gehirnteils, während er beim Menschen unter der Hirnkapsel fast verschwindet.

Je weiter wir nun bei allen Wirbeltieren, vor allem aber den Säugern, in die Embryonalzeit zurückgreifen, um so ähnlicher wird die Kopfbildung,

*: Der Sprachgebrauch schwankt in der Literatur. Unter Anthropoidae werden meist die „Menschenaffen" verstanden, also Schimpansen, Orang, Gorilla, Gibbonen. Anthropomorphen nennt man meist diese Gruppe einschließlich des Menschen. Doch liegt dies nicht ganz fest. Wir wollen selbst an dieser Bezeichnung festhalten. Pongidae ist ein Sondername für die Gruppe Schimpanse – Orang – Gorilla.

wobei die Köpfe im Verhältnis zum übrigen Körper groß, rundlich werden, die Schnauze aber gar nicht oder nur wenig unter der Hirnkapsel hervortritt. Die Zahnanlagen stehen nach Bolk bei allen Säugern senkrecht im Kiefer, sie sind „orthodont".

Bei den Tieren einschließlich der Anthropoiden wächst die Schädelbasis dann im Verhältnis zum Schädeldach weit nach vorn, die Nase schiebt sich heraus und der Nasenrücken bildet mit der zurückgelehnten Stirn eine fortlaufende schräge, oft fast horizontale Fläche. Die Schnauzenbildung erfolgt also auf Kosten des Hirnteils. Beim Menschen kann man sagen, daß die embryonale Anlage *erhalten bleibt.* Hierbei besteht ein Gegensatz zwischen Ausbildung massiger und verlängerter Kiefer und Schrägstellung der Zähne nach außen (Pferd, Schimpanse) sowie kleinem rundem Kiefer mit senkrechtem Aufbiß. Westenhöfer (Das Problem der Menschwerdung, 2. Aufl., 1935; Das menschliche Kinn. Arch. f. Frauenkde. u. Konst. Forschung 10, 1924) hat nachdrücklich auf dieses morphologisch einsichtige Verhältnis hingewiesen. Er zitiert eine entsprechende Bemerkung von Ludwig Fick schon aus dem Jahre 1853: „Alle Schädel ergeben, vor vollendeter Entwicklung gemessen, ein Resultat, das ihnen eine höhere Organisation vindicieren müßte, als nach ihrer vollendeten Ausbildung; und dies ist sehr natürlich, weil es allgemeines Entwicklungsgesetz für die Wirbeltiere ist, daß das Cerebrospinalsystem mit seinen Annexen, den spezifischen Sinnesorganen, dasjenige System bildet, dessen Massenzunahme von der Geburt bis zur vollendeten Entwicklung die geringste ist, während das umgekehrte bei der Kieferentwicklung eintritt."

Wir wollen jedoch die Frage an dem speziellen Punkt weiter erörtern, wo sie anthropologisch am wichtigsten ist, nämlich bei der Vergleichung des Anthropoiden- und Menschenschädels. Hier besteht einwandfrei die Tatsache eines embryonal und in den Jugendstadien höchst menschenähnlichen Schädels bei den Anthropoiden, der sich erst später zu der imposanten Schnauzenbildung des erwachsenen Großaffen entwickelt. Naef-Zürich hat in einigen wichtigen Abhandlungen (Die Naturwissenschaften, 1926, S. 89f., 445f., 472f.) an instruktiven Bildern die Hufeisenform des menschlichen (und Halbaffen-)Kiefers im Gegensatz zu der späteren Verlängerung des Großaffenkiefers zur Aufnahme des viel massigeren Gebisses gezeigt: „Das ist eine bei allen Pongiden im Laufe der späteren Entwicklung sich einstellende Veränderung, die von ganz menschlicher Jugendform ausgeht." Dazu stellt er das „Gesetz der konservativen Vorstadien" auf. Er sagt, daß zwischen allen Säugetierschädeln, um so mehr zwischen denen aller Simiae, auf älteren embryonalen Zuständen Übereinstimmungen bestehen, die später verlorengehen, in dem Maße nämlich, als die einzelnen Formen ihren besonderen

Zielen zusteuern, sich also spezialisieren. Für die reifen Embryonen aller Simiae ist eine Schädelform typisch, die gegenüber anderen Säugetieren eine sehr bedeutende Vergrößerung der Hirnkapsel und eine relative Verkürzung der Kieferpartie bringt, bei der die Augenhöhlen nach vorn gerichtet (plastisches Sehen!) und von den Schläfengruben durch Verbindung des Stirn- und Wangenbeins abgetrennt sind. Bei den Anthropoiden (also einschließlich der Hylobatiden, Langarmaffen, also Gibbons) haben wir die gleiche Kombination in mindestens leicht gesteigerter Form vor uns, ebenso bei den eigentlichen Anthropomorphen (Hominidae + Pongidae + foss. Australo-pithecus); hier aber sind die Schädel- und Gehirnproportionen in der Anlage durchaus menschlich geworden. Der Schädel der jungen Kinder bewahrt bei allen Simiae viel von der angelegten Menschlichkeit, bei den eigentlichen Anthropomorphen aber hat der Säugling immer eine schöne, freie Menschenstirn. Bei den heranwachsenden Tieren tritt das Gemeinsame innerhalb jeder Gruppenbildung immer mehr zurück. Der spezialisierte Eigencharakter der Arten baut sich hier auf der altererbten urtypischen Grundlage auf. Die dann bei Naef folgende Rekonstruktion des Propliopithecus (Mitteltertiär) und den versuchten Nachweis einer geradlinigen einfachen Entwicklung von diesem über den Pithecanthropus zum Homo Neand. und Homo sapiens übergehe ich hier und hebe nur hervor, daß nach Naef der Sondercharakter der Pongiden (engeren Sinnes Menschenaffen) in einer sekundären Steigerung der Körperkräfte, Gewandtheit und natürlichen Wehrhaftigkeit besteht, unter Verzicht auf die Erhaltung der Anlage (und auf Weiterbildung) höherer Leistungen. Die jungen Pongiden sind ohne Zweifel weit intelligenter als die alten. Die entwicklungsgeschichtliche Aufgabe des Menschen hätte also sozusagen im „Durchhalten" der bei allen Simiae angelegten Körper-Hirnrelation und der entsprechenden Schädelwölbung bestanden, die eben die Simiae, insbesondere Pongiden, in ihren Embryonal- und Jugendformen noch zeigen. „Der Augenschein zeigt in der Geschichte des Pongidenschädels einen ungeheueren sekundären Abfall von einer unverkennbar primär eingeschlagenen und noch jahrelang von jedem Individuum verfolgten menschlich gerichteten Entwicklung, und schon die Urform der Familie allein kann nur menschenähnlicher gedacht werden als ihre einzelnen heutigen Vertreter. Schon diese Urform aber muß in eine weite Vergangenheit zurückverlegt werden, mindestens ins mittlere Miozän. Denn im oberen ist der spezialisierte heutige Charakter bereits festgelegt."

In einer anderen Abhandlung „Der neue Menschenaffe" (Naturwiss. 1925, H. 33) diskutiert Naef den Australopithecus afr. Dart. Er weist ihn an den anatomischen Merkmalen (Fehlen der Augenbrauenwülste, steile Schneidezähne, schwache Eckzähne, ziemlich deutliches Kinn usw.) als einen Menschenaffen nach, dessen Hirnwachstum während der Kinderjahre länger als bei den heutigen Pongiden in der Richtung auf menschliche Proportionen hin Schritt hielt. Das ganze Profil erinnert auffallend an das Säuglingsstadium heutiger Pongiden. Ebenso wie Dart schließt Naef auf senkrechte Halswirbelsäule, also auf mehr oder minder aufrechte Körperhaltung.

Der Schluß, den Naef zieht, ist der, daß Ap. „den vorauszusetzenden gemeinsamen Vorfahren von Menschen und Menschenaffen näher geblieben sei als die Pongiden". Diese Auffassung „ist um so natürlicher, als Bau und Entwicklung der Menschenaffen beweisen, daß sie einst – am Menschen gemessen – viel höher standen als heute und als dafür auch bestimmte paläontologische Tatsachen sprechen; die ältesten ihrer Vertreter sind am wenigsten, die jüngsten am meisten von der menschlichen Norm abgewichen." Die ganze Gruppe muß wenigstens die *Möglichkeit* in sich getragen haben, die ausgesprochen menschlichen Jugendzustände, die *allen* Gliedern mehr oder minder eigen sind, viel länger beizubehalten als die heutigen Pongiden. „Mögen auch die erwachsenen Vormenschen der späteren Tertiärzeit noch manch äffischen Zug besessen haben, der heute verloren ist, so müssen sie doch reich geblieben sein an Freiheit der Anpassung, primitiv, kindlich und gerade darum menschlich."

Das Resultat ist bisher jedenfalls dies: eine in den Fötalformen der Säuger, hauptsächlich der Anthropomorphen angelegte Form, nämlich Schädelwölbung, geringe Entwicklung eines untergesetzten Gebisses und Orthodontie wird allein beim Menschen beibehalten. Das wäre also sicher ein ontogenetischer und höchstwahrscheinlich ein phylogenetischer Primitivismus, also eine Unspezialisiertheit. Denn es ist zweifellos, daß die spätere gewaltige Schnauzenbildung der Großaffen eine sehr zweckmäßige Spezialisierung in der Richtung auf Ineinandergreifen von Fang- (Beiß-), Freß- und Geruchsfunktionen ist, entsprechend der Anlage vierfüßiger Tiere, bei denen der Schnauzenteil das äußerste Vorderende bildet. In der Richtung dieser Spezialisierung sind also die Großaffen entwickelt, die Paviane als reine (sekundäre) Bodentiere am meisten, die eigentlichen Menschenaffen weniger.

Nun handelt es sich in den vorgetragenen Anschauungen um keine ganz neuen Theorien, sondern um eine Wiederentdeckung derselben schon früher geäußerten. Schon Kollmann ging von der Ähnlichkeit des Schädels jugendlicher Affen mit dem menschlichen aus, und zog daraus, im Sinne des biogenetischen Grundgesetzes, den Schluß, daß die Affen von mehr menschenähnlichen Formen abstammen müßten (Arch. f. Anthr. 1906, V; Korr. d. D. anthr. Ges. 1905, 36). Die Menschen können sich daher nicht aus Formen, die mit den heutigen Anthropoiden vergleichbar sind, entwickelt haben, sondern aus „fötalen Formen", deren Schädelform sie bewahrten, und Kollmann erwartete, daß die Anthropoiden der Tertiärzeit noch keine Affenschädel wie heute besaßen, sondern runde Köpfe, wie jetzt noch die Anthropoidenföten. Diese Theorie hat große Ähnlichkeit mit der später zu besprechenden Schindewolfs. Noch früher ging Ranke (Korr. d. D. anthr. Ges. 1897) denselben Weg: „Speziell der Schädel der Säugetiere erreicht bei seiner individuellen Ausbildung zuerst eine der menschlichen ganz entsprechende Form, welche das typisch menschliche Übergewicht des Gehirns über die vegetativen Organe zeigt. Von dieser Menschenform ausgehend, entwikkelt sich die Tierform des Schädels. Der Gang ist sonach umgekehrt so, wie ihn die landläufige Entwicklungslehre postulieren zu müssen meint; nicht vom Niedrigen zum Höheren aufsteigend, sondern absteigend vom Höheren zum Niedrigeren. Die höchste Form der Schädelbildung, die menschliche, ist der gemeinschaftliche Ausgangspunkt der Schädelentwicklung der gesamten Säugetierreihe." In dieser Argumentation ist die Ausdehnung des Problems auf die gesamte Säugetierreihe überflüssig, und die Bezeichnungen „höher" und „niedriger" fragwürdig, aber es ist richtig, daß nur eine Entwicklung in der Richtung des Kopfbaus des Affenfötus zur spezialisierten, tierischen Endgestalt vorstellbar ist, der Mensch dagegen diesen primitiven (fötalen) und im Sinne des biogenetischen Grundgesetzes archaischen Zustand festhält. Jedenfalls stand auch Kollmann ausdrücklich auf dem Standpunkt, daß die indifferenten, nicht spezialisierten Formen als die Stammformen zu betrachten sind, und somit die Anthropoiden aus der Stammesgeschichte des Menschen ausscheiden. Zu ähnlichen Resultaten kam, wie ich aus Kohlbrugge (Die morphologische Abstammung des Menschen, 1908 – ein sehr besonnenes Buch) entnehme, schon Äby 1867.

Diesem so festgestellten Primitivismus (Unspezialisiertheit) des Menschen entspricht nun die hohe Primitivität seines Gebisses. Schon Klaatsch (Das Werden der Menschheit und die Anfänge der Kultur, 3. Aufl. 1936) sagte in diesem Sinne, am menschlichen Gebiß lasse sich überhaupt kaum irgendeine spezielle Anpassungserscheinung erkennen. Im großen und ganzen erscheine es als eine „ganz ausgezeichnete Fortführung jenes Urzustandes, von dem aus die anderen Gebißformen der Säugetiere sich entwickelt haben. Der Mensch ist somit in seinem Gebiß ganz ungemein ursprünglich ‚primitiv' geblieben."

Diese Primitivität besteht erstens in der beim Menschengebiß vorhandenen ursprünglichen Lückenlosigkeit, d. h. im Fehlen einer Lücke (Diastema) zwischen Eckzähnen und Prämolaren. Eine solche ist dann notwendig, wenn die Eckzähne sich, wie bei den Anthropoiden, zu gewaltigen Reißzähnen spezialisieren. Eben diese gewaltige Eckzahnentwicklung fehlt allen gegenwärtigen und fossilen Menschen, auch dem Sinanthropus und dem Homo heidelbergensis.

In der Abhandlung „Einige besondere Bildungen an den Zähnen des Menschen und ihre Bedeutung für die Vorgeschichte" (Anat. Anz. 58, 1924) zeigt Adloff, daß die hinter den Eckzähnen stehenden Prämolaren bei allen Anthropoiden einspitzig sind, also der Spezialisierung des Eckzahns folgen, beim Menschen zweispitzig, also molarenähnlich. Mithin fehlt hier eine infolge der überragenden Entwicklung der tierischen Eckzähne eingetretene Spezialisierung. Adloff betont, „daß der menschliche Eckzahn eine primitive Form besitzt, die sich vor allem auch in der Bildung der lingualen Fläche durch Entwicklung eines Höckers ausspricht, der ebenso auch bei den Schneidezähnen vorhanden ist, während die Eckzähne der Anthropoiden durch Spezialisierung diese ursprüngliche Form vollständig verloren haben. Es ist also durchaus unvorstellbar, daß der Mensch jemals anthropoidenähnliche Eckzähne besessen hat."

In ähnlicher Richtung weist eine Diskussionsbemerkung von Werth (Ztschr. f. Säugetierk. 12, 1937) über das Fehlen vergrößerter Eckzähne: „auch hierbei handelt es sich ohne Zweifel um ein stammesgeschichtlich primitives, geologisch altes Merkmal. Der Mangel eines über die Zahnreihe deutlich oder überhaupt hervortretenden Eckzahnes ist die Regel noch heute bei den als primitivst angesehenen plazentalen Säugetieren, den Insektenfressern. Wir treffen diesen Zustand ferner bei einer ganzen Reihe frühtertiärer Säugetiere an."

Für diese höchst wichtigen Fragen sind auch die anderen Schriften Adloffs heranzuziehen: Das Gebiß des Menschen und der Anthropoiden und das Abstammungsproblem (Ztschr. f. Morph. u. Anthorp. 26, 1927); Der Eckzahn des Menschen und das Abstammungsproblem (Ztschr. f. Anat. u. Entw.-Gesch. 94, 1931); Über die primitiven und die sog. pithecoiden Merkmale im Gebiß des rezenten und fossilen Menschen und ihre Bedeutung (ebda. 1937, Bd. 107); Das Gebiß von Sinanthropus pekinensis (Ztschr. f. Morphol. u. Anthropol. 1938, Bd. 37).

In diesen Schriften weist Adloff außer den eben genannten noch weitere primitive Merkmale des menschlichen Gebisses nach; dazu gehört:

1. Der sehr primitive untere Milchmolar, gegenüber der mehr einspitzigen Form der Milchmolaren der Anthropoiden. (These: die Milchzähne rezenter Formen ähneln mehr den bleibenden Zähnen ihrer fossilen Vorgänger als ihren eigenen Nachfolgern.)
2. Die senkrechte Stellung der menschlichen Zähne, insbesondere der Schneidezähne, im Gegensatz zu den Anthropoiden mit ihren schräg nach vorn gestellten Schneidezähnen.

Es ist unbestritten, daß bei weitaus dem größten Teil der Säugetiere die Zähne embryonal senkrecht in den Kiefern angelegt sind. Bei den Affen, insbesondere den Anthropoiden, stehen vor dem Zahnwechsel die Zähne senkrecht im Kiefer, und damit verbunden ist eine nur mäßige Prognathie (Schnauzenbildung), während das Mittelgesicht fast senkrecht steht. Erst nach dem Zahnwechsel tritt beim Menschenaffen die tierische Prognathie auf, beim Menschen bleibt die senkrechte Zahnstellung mit Aufbiß oder Überbiß erhalten.

Die Wichtigkeit dieser Feststellungen wird erst durch die Erwägung deutlich, daß es eine Veränderung des Zahnbaues infolge funktioneller Anpassung nicht geben kann, weil die Zähne sich innerhalb des Kiefers fertig entwickeln, und wenn sie durchbrechen, allen äußeren Einwirkungen absolut unzugänglich sind.

Die vergleichend-anatomische Arbeit von S. Frechkop („Considérations prélim. sur l'évol. de la dentition des Primates", Notes sur les Mammifères XXVI, Bull. Musée royal d'Histoire nat. de Belg., 1940) kommt ebenfalls für die einzelnen Klassen der Zähne (Molaren, Prämolaren, Canini und Incisivi) zu dem Resultat, daß diese sich am meisten dem Prototyp annähern, der als Ausgangspunkt der Entwicklung und Differenzierung bei den verschiedenen Primatengattungen gedient haben muß, daß sie einen vergleichsweise primitiven Zustand repräsentieren.

Also kann, dies festgestellt, das Menschengebiß aus dem viel spezialisierteren Anthropoidengebiß nicht entstanden sein, denn das Gebiß des Menschen ist viel primitiver als das sämtlicher rezenter Anthropoiden. Aus der „Ahnenreihe" des Menschen haben alle Gebilde zu verschwinden, welche mit den heutigen Anthropoiden überhaupt in eine Klasse gestellt werden können, vor allem auch der Dryopithecus (gegen Weinert, v. Eickstedt u. a.) – ein echter Tertiärschimpanse.

Aus mehreren Gründen ist das Gebißproblem von höchster Bedeutung und von abstammungstheoretischen Hypothesen kaum trennbar. Erstens beschränken sich die Fossilfunde sehr oft auf Schädel-, Kiefer- und Gebißstücke. Zweitens sind die Grundstrukturen des Gebisses ganz außerordentlich beharrlich und äußeren Einflüssen – der Selektion wie der Anpassung – unzugänglich. Drittens steht das Gebiß in den wichtigsten Harmoniebeziehungen zum ganzen Schädelbau. Das Stehenbleiben des menschlichen Gebisses auf einem indifferenten Entwicklungsstadium, das Ausbleiben der Spezialisierung der Eckzähne müssen mit der Größenentwicklung des Gehirns in Korrelation stehen, denn es entfiel damit auch die gewaltige Kau- und Nackenmuskulatur der Anthropoiden mit den entsprechenden Knochenleisten und Kämmen auf ihren Schädeln. Der erweiterte, fast parabolische Zahnbogen des Menschen im Gegensatz zu den parallelen Zahnreihen der Anthropoiden bedingt ferner eine sehr geräumige Mundhöhle mit vergrößerter Zunge, damit Verlängerung des Kondylenabstandes und Verbreiterung des Schädels.

Adloff formulierte in seinen letzten Schriften („Ergänz. Bemerk. zur Beurteilg. d. Gebisses von Sinanthropus Pekinensis", Anat. Anz. 91, 1941; „Odontologie und Anthropologie", Zahnärztl. Rundschau 1941/11) seine entwicklungsgeschichtlichen Ansichten so: „Hiernach würden die Hominiden eine selbständige Gruppe bilden, die nur aus einer Primatenform hervorgegangen sein kann, die wahrscheinlich in ihrem äußeren Habitus dem heutigen Menschen sehr unähnlich gewesen sein wird, die aber die Anlagen zu den spezifisch menschlichen Merkmalen von jeher besessen haben muß, die auch niemals ein anthropoides Stadium durchlaufen hat. Ebenso sind die Anthropoiden ein selbständiger Zweig gewesen, der mit den Hominiden an der Wurzel wohl nahe verwandt war, sich aber von Anfang an parallel zu ihnen, aber in bestimmten Merkmalen divergierend, entwickelt hat. Schließlich aber können Hominiden und Anthropoiden zwar einer gemeinsamen Vorfahrenform entstammen, aber die letzteren würden sich frühzeitig abgezweigt und einen eigenen Entwicklungsweg eingeschlagen haben, indem sie infolge einseitiger Spezialisierung die auch bei ihnen ursprünglich vorhanden gewesenen Anlagen zu den spezifisch menschlichen Eigenschaften einbüßten." Nach der letzteren Möglichkeit würde man erwarten, daß die ältesten fossilen Anthropoiden selbst vergleichsweise primitive, also menschenähnlichere Merkmale aufweisen müßten, als sie heute vorhanden sind, was in der Tat zutrifft. Die von Broom seit 1937 in Südafrika gefundenen Typen (Paranthropus und Plesianthr.) aus dem unteren Pleistocän besaßen kleine, sonst anthropoide Eckzähne ohne Diastema und hominidenähnliche erste untere Prämolaren, also ein omnivores Gebiß von indifferenter, unspezialisierter Form. Geradezu hominidenähnlich ist das Gebiß des diluvialen Australopithecus Afr. Dart. Die entsprechenden Spezialisierungen waren also noch nicht erfolgt, sie sind auf einem ursprünglichen Zustand stehen geblieben. Adloff stimmt (1931) Klaatsch zu, nach dem der Mensch seinen eigenen bis zum Tertiär hinaufreichenden Stammbaum besitzt, d. h. daß primitive Formen, in denen die Anlagen zu den spezifisch menschlichen Eigenschaften vorhanden waren, diese weiter ausbildeten und sich allmählich zum Menschen entwickelten, während die anderen Primaten, wohl aus derselben Wurzel stammend, dieser Entwicklung nicht folgen konnten, zurückblieben und auch früher oder später andere Wege einschlugen, die sie von der menschlichen Linie entfernten, so daß also in Wahrheit – ganz kraß ausgedrückt – der Mensch nicht vom Affen, sondern der Affe vom Menschen abstamme.

Unter dem Druck der Argumente von Adloff hat nun Weidenreich, früher ein entschlossener Anhänger der „Reduktionstheorie", eine neue Theorie aufgestellt. Adloff (1938) referiert diese so: Danach stammen die Hominiden von unbekannten Anthropoiden ab, die sich vor Dryopithecus, der ja nach seinem Gebiß bereits ein vollkommener Anthropoide mit hochspezialisiertem Eckzahn war, in zwei Zweige spalteten. Der eine mit hominidenähnlichem Gebiß, zu welchem auch (evtl. als späterer Nachkomme) der Australopithecus gerechnet wird, führte zu den Hominiden, der andere zu Dryopithecus und seinen Nachfahren, den heutigen Menschenaffen. Entgegenkommenderweise soll dieser anthropoidenähnliche Vorfahr weder ein Schimpansen- noch ein Gorillatypus gewesen sein, sondern eine Form von kurzschnauzigem und mopsköpfigem Charakter, eine Form, die einige ihrer spezifisch hominiden Merkmale mit erstaunlich großer Beharrlichkeit festgehalten habe. Hier sagt nun Adloff mit Recht: diese Form, die anthropoiden-*ähnlich* war, aber spezifisch hominide Merkmale besaß, könne doch mit demselben Recht als Hominide bezeichnet werden (1937, 1938)!

An dieser Stelle ist also der Streit gar nicht mehr weiterzuführen, er wäre rein definitorisch (scholastisch). Aber wenn die klassische Theorie so viel zugibt, hat sie schon die Hauptthese zugegeben: „Spezialisierte Formen, gleich den fossilen und rezenten Anthropoiden, liegen nicht in der Stammreihe der Hominiden." (Adloff 1938). Auch nach Weidenreich muß jetzt die Abzweigung der Hominiden von unbekannten Anthropoiden zu einer Zeit erfolgt sein, als bei diesen die Spezialisierung der Eckzahngegend noch nicht eingesetzt hatte – oder mit anderen Worten: Das Gebiß der Anthropoiden ist aus hominidenähnlichen Zuständen hervorgegangen! Die Gebißentwicklung des Menschen muß also, unter Festhaltung primitiver Formen, geradlinig bis zum heutigen Zustand verlaufen sein, und es ist unmöglich zu glauben, daß die Menschen sich erst einmal in der Richtung nach den Anthropoiden zu entwickelt haben sollten, um dann durch „Reduktion" wieder den umgekehrten Weg einzuschlagen.

Nachdem eben Kopfregion und Gebiß unter dem Gesichtspunkt der Primitivität durchgegangen worden sind, wenden wir uns den nicht minder wichtigen Fragen der Hand und des Fußes zu.

Bekanntlich vertrat schon der berühmte Klaatsch die Ansicht, daß alle anderen Säugetiere in Sackgassen geraten seien, aus denen es ein Zurück nicht mehr gibt (= spezialisiert), während der Mensch allein mit seiner Ursprünglichkeit sich eine hohe Entwicklungsfähigkeit bewahrt habe.

Die Übereinstimmungen bei Affen und Menschen hielt Klaatsch für Erinnerungen an die gemeinsame Abstammung von einer Urform, der jedoch der Mensch noch näher steht als die Affen, so daß sich der Anthropoide erst sekundär von der menschlichen Bahn entfernt hat (Globus 1899, Bd. 76). Denn bei den Anthropoiden ist die Hand durch Rückbildung des Daumens verändert, den Greiffuß der Affen hielt jedoch Klaatsch für den Ausgangszustand des menschlichen Fußes.

Diese fast allgemein angenommene Anschauung, der Fuß des Menschen sei aus dem anthropoiden Greiffuß entwickelt, folgt ja zwingend aus der Annahme von Anthropoiden-Ahnen, aber Klaatsch hätte sie heute nicht mehr unbestritten gefunden.

Im Zusammenhang dieser Frage besprechen wir jetzt die – untereinander sehr verschiedenen – Theorien von Osborn und Frechkop, welche darin übereinstimmen, die Unableitbarkeit der menschlichen Extremitäten von anthropoiden und die Ursprünglichkeit und Unspezialisiertheit der ersteren zu betonen.

H. F. Osborn hat seine Anschauungen in einer Reihe von Aufsätzen niedergelegt. Dieselben heißen: 1. Fundamental discoveries of the last decade in human evol. (New York Acad. of Med. April 1927). 2. Recent disc. relating to the origin and antiquity of man (Amer. philosophical soc. 1927, Science 1927, Vol. 65). 3. do. Palaeobiologica I, 1927 – derselbe Aufsatz. 4. Recent disc. in human evolution (Medical soc. of the county of Kings, 1927). 5. The influence of habit in the evolution of man and the great apes (Bull. New York Acad. of Medic. IV, 1928). 6. Influence of bodily locomotion in separating man from the monkeys and apes (The Scientif. Monthly, 1928, Vol. 26).

Osborn geht zunächst von der sehr einleuchtenden These aus, daß man die Betrachtung der Morphologie der Organe nicht von der ihrer Funktion trennen kann. Bei den Anthropoiden gibt es eine eindeutige Entwicklung zu einem hochspezialisierten Baumtyp mit schwingender Fortbewegung, in erster Linie durch die Arme (highly specialized arboreal type known as limb-swinging or brachiating). Dazu gehören folgende Anpassungen:

a) Vordergliedmaßen im direkten Verhältnis zum „hyperarboreal habit" verlängert.
b) Hintergliedmaßen im selben Verhältnis verkürzt.
c) vier verlängerte Finger, stark genähert und bewegungsgleich (syndactyly).
d) Daumen verkürzt, verringerte Greiffähigkeit.
e) Also Umbau der Hand zu einem Klammer- oder Hakengebilde.
f) Umbau des Fußes zu einem handähnlichen Gebilde durch eine gewisse Verlängerung der vier Zehen; deutliche Abtrennung der Großzehe und Entwicklung derselben zur Greiffähigkeit.

Also sind die Anthropoiden nicht eigentlich Vierfüßler, sondern die Hand ist durch Verlust der eigentlichen Handfunktion verändert, indes der Fuß durch Verlust seiner „fußmäßigen" (footlike) Funktion Annäherung an die Hand gewann.

Indem dann O. das Dollosche Gesetz annimmt, nach dem Entwicklung nicht umkehrbar ist und verlorene Organe nicht wiedergewonnen werden können, hält er es für undenkbar, daß Anthropoiden die ganze Richtung ihrer Entwicklung umkehren könnten, ihre verlorenen Funktionen oder verkümmerten Organe wiedergewinnen und in die ganz neue Richtung zum zweihändigen Menschentypus hätten übergeben können.

Dazu ergänzen embryologische Beobachtungen: die Hand des menschlichen Fötus hat keine Ähnlichkeit mit den langen und hakenähnlichen Fingern der Anthropoiden, die Finger sind immer kurz und gespreizt, der Daumen zeigt keine Andeutung der Abkunft von dem verkümmerten Anthropoidendaumen. Wäre der Mensch ein Nachkomme einer baumlebenden Form, so müßten fötale Erinnerungen an diese Zustände erscheinen.

In anderen Abhandlungen (2, 3) begründet O., warum er die bis vor kurzem vertretene Ape-human-theory verlassen habe. Er glaubt nicht mehr, daß überhaupt für die Abstammungsfrage vergleichend-anatomische Untersuchungen genügen. Dieses Problem kann nur von einer Reihe von Wissenschaften gemeinsam betrieben werden: Geologie, Zoologie, Paläontologie, vergleichende Anatomie, Embryologie, Ethnologie, Botanik, Paläobotanik gehören dazu, aber auch Psychologie und „Verhaltenslehre" (Behaviorismus).

O. stellt folgende Merkmale gegenüber:

Hominidae	*Simiidae*
1. Fortschreitende Intelligenz, rapide Entwicklung des Vorhirns.	1. Gehemmte Intelligenz und Gehirngröße.
2. Zweifüßige, bodenlebende Haltung, angepaßt an rasche Wanderung über offenen Boden.	2. Vierhändiges, baumangepaßtes Verhalten, Baumleben.
3. Zweifüßigkeit mit Entwicklung eines Lauf- und Rennfußes. Großzehe.	3. Vierhändige Bewegung auf dem Boden.
4. Kurze Arme, lange Beine.	4. Kurze Beine, lange Arme.
5. Entwicklung der Werkzeughand, Daumen und Finger.	5. Verlust des Daumens, keine besondere Fähigkeit zu Werkzeugen.
6. Lauf- und Rennfähigkeit des Fußes, erhöht durch Vergrößerung der Großzehe.	6. Greiffähigkeit der Großzehe zum Klettern.

„In brief, man has a bipedal, dexterous, wideroaming psychology; the ape has a quadrupedal, brachiating, tree-living psychology." „Im Leben und Verhalten des Uraffen lag die Potenz zu den heutigen Über-Affen, aber im Vormenschen lag die Möglichkeit zur modernen Kultur." Aus einer ähnlichen Gegenüberstellung:

1. Gebrauch von Armen und Werkzeugen zu Angriff, Verteidigung, all arts of life.	1. Gebrauch der Arme zur Baumkletterei, in zweiter Linie zum Ergreifen von Futter und Greifen nach dem Gegner.
2. Gebrauch der Beine zum Gehen, Rennen, Wandern, zur Flucht vor Feinden.	2. Gebrauch der Beine zum Baumklettern und Äste-Erfassen.
3. Schutz vor Feinden durch Wachsamkeit, Verstecken, Flucht.	3. Durch Zuflucht in Bäumen.

Daher sagt O.: „Zwischen Mensch und Affe – nicht den Händen und Füßen des Affen, sondern dem ganzen Affen, seine Psychologie und sein Verhalten eingeschlossen – wird man mehr Unterschiede als Ähnlichkeiten finden.“

Der Autor arbeitet mit der Vorstellung einer unabhängigen Vorfahrenreihe des Menschen, nicht von anthropoidem Typus, der sich von einem neutralen, gemeinsamen Stamm der Oligozänzeit (Tertiär) herleitet. Von diesem Stamm sonderte sich auch der Affenzweig über Dryopithecus nach den Baumspezialtypen hin. Die neutrale Ausgangsform darf weder als Mensch noch als Affe bezeichnet werden (Adloff!). Es war wohl eine „neutral form“, sowohl boden- wie baumlebend, mit der „alertness“ der niederen Affen, die Finger breit und getrennt, wohlentwickelter Daumen, die Großzehe „slightly separated“ – also menschlich eher als äffisch. O. sagt (2): „Ich betrachte die Affenmenschentheorie als total falsch und irreführend. Sie sollte aus unseren Gedanken und Schriften verschwinden, und zwar aus rein wissenschaftlichen Gründen.“

O. rechnet mit außerordentlichen Zeiträumen. Er rechnet die Fossiltypen von Neandertal, Heidelberg, Krapina usw. *nicht* zu den Vorfahren der heutigen Rassen, sondern betrachtet sie als letzte Ausläufer eines Nebenzweiges. Über die Entwicklung der Anschauungen dieser ersten paläontologischen und geologischen Autorität unterrichtet seine Abhandlung: Is the ape-man a myth? In Human Biology, I/I, 1929.

Zur Frage der Extremitäten verweise ich weiter auf Frechkop-Brüssel, der in zwei Aufsätzen in Bd. XIII des Bulletin du Musée royal d'Hist. nat. de Belgique (1937) sich Westenhöfers doch wohl nicht belegbarer Theorie anschloß, daß die Vorfahren der Säugetiere eine zweifüßige Haltung gehabt hätten. Unabhängig davon jedoch stellt sich die folgende Arbeit desselben Autors „Le Pied de l'Homme (Mémoires du Mus. royal d'Hist. nat. de Belg. II Série, fasc. 3, 1936) die Frage: Beweist der Bau des menschlichen Fußes, daß der Mensch in der phylogenetischen Entwicklung ein Anthropoidenstadium durchlaufen hat? Die Opponierbarkeit der großen Zehe des Affenfußes ist als eine erworbene Kletteranpassung aufzufassen: in der Reihe Mensch–Gorilla–Schimpanse–Gibbon–Orang zeigt sich in dem Bau des Fußes eine Zunahme der Opponierbarkeit und Tendenz zur Rückbildung der großen Zehe. „Der Sinn der Richtung, in dem sich die Entwicklung des Anthropoidenfußes vollzieht, geht von Anfang an dahin, daß die Großzehe fähig wird, sich von den anderen zu trennen, dann nach einer Greifform mit opponierbarer Großzehe, wodurch der Fuß die Form einer Hand erhält. Je mehr die äußere Zange (Zehe 2–5) fähig wird, sich um den Baumast zu schließen, um so länger und gekrümmter werden ihre Elemente (Krümmung der Phalangen beim Orang) und um so mehr verkürzt sich die große Zehe." An der Opposition nimmt als andere Zange immer mehr auch die Ferse teil. Die Entwicklungsrichtung ist am höchsten spezialisiert etwa beim Faultier, bei dem die erste Zehe ganz verschwunden ist und die Skeletteile der Ferse zangenmäßig gerundet die Klammer mit den vier anderen Zehen bilden.

Wollte man den menschlichen Fuß von dem der Anthropoiden ableiten, so müßte man zweimal eine Umkehr der schon spezialisiert gewordenen Entwicklung annehmen: da der Anthropoidenfuß die Opponierbarkeit der Großzehe erworben hat, hätte sich beim Menschen diese Zehe den anderen wieder annähern müssen, und außerdem müßte der Mensch die deutliche Spezialisierung der schwingkletternden Affen, die zu überlangen Armen und Verkürzung der Beine führte, wieder zurückgebildet haben und zu den Proportionen der meisten niederen Affen – längere Beine als Arme – zurückgekehrt sein. Die zweifüßige Haltung scheint mit dem plantigraden Fuß in Beziehung zu stehen. „Nous croyons pouvoir dire que l'évolution du pied de l'homme n'a jamais passé par un stade de pied d'Anthropoides" (S. 329), der Fuß des Menschen „n'est pas d'origine arboricole". Aus der Linie der Vorfahren des Menschen müssen anthropoidenähnliche Formen ausgeschlossen werden.

Was endlich das Problem der Hand betrifft, so ist an deren primitivem Zustand gegenüber der Hakenhand der Anthropoiden mit ihren langen, gebogenen Fingern und der Rückbildung des Daumens kein Zweifel, und eine Entwicklung von dieser zu jener Form ist nicht vorstellbar. Die Opponierbarkeit des menschlichen Daumens ist eine Spezialisierung, aber anscheinend sehr jungen Datums. Hancar referiert in den Mitteilgn. d. Wiener Anthropol. Gesellschaft (LXXI, 2, 1941) die in Rußland, und zwar in Tesik-Taš in Mittelasien und in Kiik-Koba (Krim) gemachten Funde vom Neandertaler-Typus (dort die russische Literatur). Dort sind Handknochen gefunden worden, welche erstmalig die Rekonstruktion der Hand des Altsteinzeitmenschen zulassen. Diese Hand ist kurz, breit, massig und geradfingrig, und es findet sich nicht die geringste Annährung an Anthropoidenformen, wohl aber an die Formen des Anthropoiden-Embryos. „Das schließt einerseits aus, daß der Menschwerdung ein „Herabsteigen von den Bäumen" unmittelbar vorausgegangen sei, und weist andererseits den Menschenaffen in der Entwicklung den Rang einer etwa parallel zur Menschwerdung gehenden Spezialisierung auf das Baumleben im tropischen Urwald zu, einer Spezialisierung, die vom Standpunkt der Aufstiegsmöglichkeit zum Menschentum gewertet, die Menschenaffen in eine Sackgasse führte, mit der weder der Vormensch noch der Urmensch etwas zu tun hat" (Hancar). Die interessanteste Eigenart der Kiik-Koba-Hand ist aber die, daß der Platz des Daumensattelgelenks, eines frei beweglichen Kugelgelenks, von einem Zylindergelenk eingenommen wird, das sich zwar zur Seitwärtsbewegung des Daumens eignet, eine Gegenüberstellung aber nur sehr beschränkt erlaubt. Die Opponierbarkeit des Daumens wäre also eine ganz auffallend neue Erwerbung, die Kiik-Koba-Hand ohne diese Spezialisierung ist ganz ungemein primitiv. Die lebenden, sehr niedrig stehenden Insektenfresser vom Typus Tupaja haben die fünffingrige Hand mit spreizbarem – nicht opponierbarem – Daumen. Sie sind von Schwalbe und Gregory als Ausgangsformen der Primaten angesprochen worden – übrigens mit Unrecht. (Henckel, „Das Primoridalkranium von Tupaja u. d. Ursprung d. Primaten", Ztschr. Anat. u. Entw.-Gesch. 86, 1928: „Der Ursprung des Primatenstammes bleibt ungewiß.")

11. Die Theorie von Bolk und verwandte

Die bisher dargestellten Forschungen haben einen Kreis von ursprünglichen und unspezialisierten Merkmalen des menschlichen Organismus nachgewiesen, und die Möglichkeit der „Rückbildung" dieser Merkmale aus anthropoiden Zuständen im höchsten Grade unwahrscheinlich gemacht. Morphologisch denkbar bleibt dagegen immer das Umgekehrte. Man sieht sogleich, daß die besprochenen Primitivismen: Schädelwölbung, untergestelltes Gebiß, freigelegte Hand und Standfuß in einem inneren Zusammenhang stehen: sie machen eben das aus, was man Aufrichtung nennt. Die Sonderstellung des Menschen ist also notwendig dann gewahrt, wenn man seinem unvergleichlich primitiven, archaischen Körperbau Rechnung trägt.

Mit den bisher referierten Hinweisen ist jedoch das Problemgebiet der Primitivismen keineswegs erschöpft. Ich möchte die weiteren Fragen jedoch nicht aus dem Zusammenhang der großen systematischen Theorie lösen, in denen sie bei Bolk erscheinen, weil diese und die anschließend zu erwähnende von Schindewolf zugleich ein neues Schema des Abstammungsproblems ergeben, nämlich die festgehaltene Anthropoidenabstammung des Menschen mit einer sehr besonderen *Zusatzhypothese*, in welcher die Sonderstellung des Menschen doch wieder auffallend erscheint, indem diese Zusatzhypothese einen einmaligen entwicklungsgeschichtlichen Sondervorgang verlangt.

Die außerordentlich bedeutsamen Anschauungen des verstorbenen Amsterdamer Anatomen L. Bolk sind in zwei größeren Abhandlungen niedergelegt, nämlich in den „Vergleichenden Untersuchungen an einem Fetus eines Gorilla und eines Schimpansen", Ztschr. f. Anat. u. Entw.-Gesch. 81, 1926, sowie in der selbständig erschienenen Schrift „Das Problem der Menschwerdung", Jena 1926. Es handelt sich in beiden Fällen um ein Ineinandergreifen von morphologischer Untersuchung und erklärender Theorie, so daß wir nur Schritt für Schritt in Ausführlichkeit referieren können. Bolk gibt von vornherein die nahe Verwandtschaft von Anthropoiden und Menschen zu, ja auch die Abstammung der letzteren von affenähnlichen Vorfahren, betont jedoch eindringlich die Notwendigkeit, den Menschen selber zum Ausgangspunkt der Fragestellung zu machen, indem er diese Frage so formuliert: „Was ist das Essentielle des Menschen als Organismus, und was ist das Wesentliche des Menschen als Form?"

Zur Beantwortung werden zunächst „primäre" und „konsekutive" Merkmale unterschieden, und die Aufrichtung des Menschen samt ihren Folgewirkungen wird als konsekutive Erscheinung hingestellt, was also bedeuten würde: „Nicht weil der Körper sich aufrichtete, wurde die Menschwerdung vorbereitet, sondern weil die Form sich vermenschlichte, richtete der Körper sich auf."

Als primäre, also die eigentliche Sonderstellung des Menschen begründende Merkmale werden dagegen die folgenden namhaft gemacht: die Orthognathie (= Unterstellung des Gebißteils unter den Hirnteil), die Unbehaartheit, Pigmentverlust in Haut, Haaren und Augen, die Form der Ohrmuschel, die Mongolenfalte, die zentrale Lage des Foramen magnum, hohes Hirngewicht, Persistenz der Schädelnähte, die Labia maiora beim Weibe, der Bau von Hand und Fuß, die Form des Beckens, die ventral gerichtete Lage der Geschlechtsspalte beim Weibe.

Alle diese Eigenschaften sind Primitivismen in einem sehr besonderen Sinn: *sie sind permanent gewordene fötale Zustände oder Verhältnisse*, mit anderen Worten „Formeigenschaften oder Formverhältnisse, welche beim Fetus der übrigen Primaten vorübergehend sind, sind beim Menschen stabilisiert".

Diese Merkmale sind also nach Bolks Anschauung keine neu erworbenen Eigenschaften, sondern beim Menschen werden Durchgangsstadien, die allen Primaten gemeinsam sind und in der Fötalentwicklung der Affen durch eine dann noch folgende je besondere Spezialisierung abgelöst werden, festgehalten oder „stabilisiert". In dieser Anschauung erscheint also in großer Klarheit die untierische Unspezialisiertheit des Menschen und sie wird, was den erklärenden Teil der Theorie ausmacht, gerade bei festgehaltener Verwandtschaft mit den Anthropoiden durch die These von der *Entwicklungshemmung* der Spezies Mensch geliefert.

Das Wesentliche der menschlichen Gesamtverfassung ist also der fötale Charakter der Formen. Wenn nun unsere wichtigsten Merkmale des Körperbaues einen gemeinsamen Zug haben, eben den der Unspezialisiertheit, Primitivität und des nachweislichen Konservativismus von embryonalen Merkmalen, so müssen sie nach Bolk einer gemeinsamen inneren Voraussetzung folgen. Die Faktoren, welche die Entstehung des Menschen bedingt haben, können keine äußeren, sondern müssen innere gewesen sein: er ist das Resultat einer bestimmt gerichteten Umbildung, auf die man alle typisch menschlichen Eigenschaften als auf dieselbe Ursache zurückführen muß. Als solche sieht der Forscher eine allgemeine menschliche *Verzögerung oder Retardation der Entwicklung* an. Aus ihr wäre zunächst ein bisher noch gar nicht zur Sprache gekommenes und von keiner anderen Theorie genügend bedachtes Merkmal des Menschen abzuleiten, nämlich das anormal langsame Wachstumstempo des Menschen, das ihn vor jedem Tier auszeichnet, das langsame Tempo des Lebensgangs von der untierisch verlängerten Kindheitsphase bis zu dem Sonderfall, daß allein der Mensch noch ein langes rein somatisches Leben nach dem Erlöschen der Fortpflanzungsfunktion hat. Dies soll also zunächst das *Retardationsgesetz* begründen, wobei ausdrücklich gewarnt wird, diese Retardation mit Herabsetzung der Lebensintensität gleichzusetzen. Es genügt ein Blick auf die folgende Tabelle:

	Geburtsgewicht	*Verdoppelung desselben*
Schwein	2,0 kg	14 Tage
Rind	40,0 „	47 „
Pferd	45,0 „	60 „
Mensch	3,5 „	180 „

Wenn man die Eigenschaft des menschlichen Entwicklungsganges als etwas Gewordenes auffaßt, so daß der Werdegang des Menschen als ein verlangsamter bestimmt wird, so würde dies bedeuten, daß die Vorformen des heutigen Menschen in einem schnelleren Tempo sich ausbildeten. Zum mindesten an einem besonderen Merkmal glaubt Bolk dies nachweisen zu können. Er weist nämlich an dem Ehringsdorfer Kinderkiefer und an einigen des Krapinafundes nach, daß sich damals die Dentition des Menschen noch in etwa gleichem Tempo mit den Anthropoiden vollzogen habe, während sich beim Jetztmenschen Zahnwechsel und Zahnzusatz in charakteristischer Weise verzögert und im Tempo verlangsamt haben. Bolk sah gerade in dieser Verlangsamung die Ursache für die Entstehung des neumenschlichen Kinns. Stellt man sich also eine solche Verzögerung des Entwicklungsganges des Organismus als Ganzen vor, auf den die Organsysteme in mehr oder weniger selbständiger Weise reagierten, so gewinnt man auch Verständnis für gewisse Disharmonien zwischen der substantiellen und der funktionellen Ausbildung einzelner Organsysteme, besonders zwischen dem „germatischen" und somatischen Teil des menschlichen Organismus (s. u.).

Sehen wir nun eine solche „*Retardation*" ein, unter deren Einfluß jede Phase des menschlichen Lebens verzögert wurde, so kann sie nur in einer sehr spezifischen Besonderheit des endokrinen Systems liegen: „Es ist uns hinlänglich bekannt, daß Beschleunigung und Verzögerung des Wachstums von bestimmten Unterteilen und Bezirken des Körpers durch eine Alternation der Funktion dieser Organe bedingt werden." Ist die Retardation als allgemeines anthropologisches Gesetz ein vom endokrinen System ausgehender Hemmungs- und Verzögerungsfaktor, so muß die krankhafte Aufhebung dieser Hemmung durch endokrine Störungen gerade zu Mißbildungen und progressiven Entwicklungen führen: Körperbehaarung tritt wieder hervor, die Schädelnähte schließen sich zu früh, Kiefervergrößerung tritt ein usw. „Sie bemerken, daß eine Anzahl von dem, was man pithecoide Eigenschaften nennen möchte, in latentem Zustande unserem Organismus innewohnen, die gleichsam nur auf das Hinfälligwerden der hemmenden Kräfte warten, um wieder aktiv zu werden."

Die pathologischen Wachstumserscheinungen, welche man als Folge von abnormen Wirkungen der endokrinen Organe kennengelernt hat, berechtigen uns zum Schluß, daß ebenso das physiologische Wachstum in irgendwelcher Weise durch die interne Sekretion beherrscht werden muß. „Eine Verzögerung in der individuellen Entwicklung, welche im Laufe einer gewiß langen Werdungsperiode des menschlichen Geschlechts sich allmählich vollzogen hat und eine neue Norm für den Lebensgang des Menschen schuf, kann nur auf eine Aktion des endokrinen Systems zurückgeführt werden."

Die soweit erst in den Anfängen dargestellte Theorie würde zunächst die allgemeine, biologisch anormale Entwicklungslangsamkeit des Menschen erklärlich machen, seine unverhältnismäßig ausgedehnte Kindheit, die für die Größe außerordentliche Lebensdauer, das lange Greisenalter nach Erlöschen der Fortpflanzungsleistung usw. Auf diese doch zunächst einmal auffallenden und anthropologisch bedeutenden Daten antwortet überhaupt unter den mir bekannten Theorien nur diejenige Bolks.

Verfolgt man jetzt diesen Gedanken der Retardation in die einzelnen Organsysteme, so versteht man zunächst die Besonderheit der menschlichen Gebißentwicklung. Beim Affen beginnt der Durchbruch des Milchgebisses fast unmittelbar im Anschluß an die Geburt, und überhaupt finden Wechsel des Milchgebisses und Zuwachs des permanenten Gebisses gleichzeitig statt: kurz nach dem zweiten Milchmolar erscheint der erste permanente, und zur Zeit, wo dieser durchbricht, fängt der Wechselvorgang schon an, es werden die Milchinzisivi ausgestoßen und in der jetzt folgenden Zeit finden weiterer Wechsel des Milchgebisses und Zuwachs des permanenten Gebisses gleichzeitig statt, so daß sich (wie ich aus der Kinn-Arbeit desselben Autors, Anat. Anz. XXIV fortsetze) der Kiefer in ständiger Verlängerung befinden muß, um mit der Zunahme des Gebisses gleichen Schritt zu halten.

Dagegen haben wir nun beim Menschen zwei Ruhepausen eingeschaltet, also eine verzögerte Entwicklung. Der Durchbruch des Milchgebisses findet am Ende des zweiten Jahres seinen Abschluß, es folgt eine Ruhepause bis zum sechsten Jahr, und es erscheint der erste permanente Molar. Nach einem individuell etwas wechselnden Zeitraum fängt jetzt der Wechselprozeß an und erst nach Beendigung des Wechselvorganges erscheint der Zuwachs, der zweite permanente Molar. Der dritte kann sogar ganz ausbleiben, und legt ein beredtes Zeugnis ab von einer individuell sehr verschiedenen Retardation, die in Elimination ihren Abschluß findet.

Weiter wirft schon hier die Theorie Bolks Licht auf ein sonst rätselhaftes Gebiet: die Pubertät. Nimmt man an, daß Soma und Germa sich gegenüber dem Einfluß der Retardation in dem Sinne relativ unabhängig verhalten, daß natürlich das Germa der widerstandsfähigere Teil ist, so hätten wir als Folge die wenigstens beim weiblichen Geschlecht klar übersehbare substanzielle Reife des Ovars, schon lange, bevor der Organismus somatisch der Schwangerschaft gewachsen sein würde: mit vier Jahren hat das Ovar 27 mm Länge und 12 mm Breite, mit vierzehn Jahren ebenso; das weibliche Germa ist, wenn das Mädchen vier oder fünf Jahre alt ist, substanziell fertig. Es tritt ungefähr im fünften Jahre eine Ruhepause ein, die Funktion darf noch nicht anfangen, da das Soma der Folge dieser Funktion, der Empfängnis, noch lange nicht gewachsen ist. Hier hat die Retardation nicht das Wachstum gehemmt, sondern die Reifung der an sich schon zur Reifung fertigen Elemente auf ein höheres Alter verschoben. Diese Hemmung läßt in einem individuell sehr wechselnden Alter nach, in unseren Breiten liegt das Schwellenalter der geschlechtlichen Reife etwa im elften oder zwölften Jahre. Aber ein Mädchen, das in diesem Alter zu menstruieren anfängt, ist ein biologischer Widerspruch, ein Organismus mit einem prinzipiellen Funktionsfehler. Die Erlangung der Geschlechtsreife ist noch nicht, wie sonst bei höheren Säugern, die Erlangung der Endform, sondern der Abschluß der Entwicklung liegt erst etwa beim achtzehnten Jahre, mit einer *Möglichkeit* der Geschlechtsreifung schon im fünften Jahre und einem normalen Schwellenalter im elften. Zur gleichen Zeit (der Pubertät) erfolgt eine Wachstumsbeschleunigung, d. h. ein weiteres Nachlassen der Retardationshemmung.

Die bisher besprochene Erscheinung der Retardation würde also die allgemeine Verlangsamung des Entwicklungstempos mit den genannten Einzelzuständen betreffen. Ihre ganz besondere Leistungsfähigkeit zeigt nun aber die Theorie darin, daß aus demselben Gedanken die morphologischen Sondermerkmale des Menschen abgeleitet werden können. „Das Essentielle seiner (des Menschen) Form, sagt Bolk, ist das Resultat einer Fetalisierung, jenes seines Lebensgangs die Folge einer Retardierung. Diese beiden Eigenschaften stehen in engstem kausalen Zusammenhang miteinander, denn die Fetalisierung der Form ist eine notwendige Konsequenz der Retardierung der Formwerdung."

Die Frage wäre also die: „Wie kann eine Verlangsamung der Entwicklung Kausalmoment gewesen sein für die Ausbildung spezifischer somatischer Eigenschaften?"

Da sich die einzelnen Organsysteme gegenüber dem Einfluß der Retardation relativ unabhängig verhalten, so kann es sich ereignen, daß, obgleich der Organismus als Ganzes am Endpunkt seiner Entwicklung angelangt ist, die eine oder andere Eigenschaft noch nicht den ursprünglich normalen Entwicklungsgrad erreicht hat. Sie wird dann auf einen unvollständigen Zustand fixiert und diese Unvollständigkeit trägt einen infantilen Charakter, bei noch stärkerer Verlangsamung einen „fötalen". Geht die Retardation noch weiter, so ist ihr höchster Grad Stillstand der Entwicklung, d. h. die morphologische Eigenschaft kommt gar nicht mehr zur Erscheinung. „Progressive Retardation" führt über Infantilismus und Fötalisation zum Ausfall eines Merkmals.

Die notwendige Folge einer Retardationswirkung wäre mithin, *daß der Körper in fortwährend höherem Grade einen fötalen Charakter bekommt,* indem ursprünglich vorübergehende, jugendliche Zustände permanent werden. An dieser Stelle würden alle bisher referierten und von den verschiedensten Autoren aufgewiesenen „Primitivismen" des Menschen, dazu noch eine Reihe neuer, von Bolk hervorgehobener eine bestimmte Deutung erhalten: alle spezifischen menschlichen körperlichen Merkmale sind permanent gewordene fötale Zustände.

Von diesen Merkmalen bespricht nun Bolk in den mir bekannten Schriften nicht Hand und Fuß, sondern die folgenden:

Zunächst das Haarkleid. Die Entblößung des Rumpfes und der Gliedmaßen ist ein Vorgang, der nicht beim Menschen den Anfang genommen hat, sondern die Nacktheit des Menschen bei Persistenz der Kopfbehaarung ist die Konservierung eines Zustandes, der schon bei den Anthropoiden vorübergehend während der letzten Zeit des fötalen Lebens und kurz nach der Geburt bereits vorhanden ist. Es sind keine Ursachen, die erst auf den fertigen menschlichen Körper einwirkten, auf die man den Verlust des Haarkleides zurückführen darf. Beim Menschen, besonders dem Weibe, sieht man, wie fortschreitende Retardierung zum Verlust, zum Nichterscheinen einer Eigenschaft führt, die in der Anlage immer noch vorhanden ist, wie die bei innersekretorischen Störungen auftretende dichte Behaarung – oft über den ganzen Körper hinweg – zeigt.

Es besteht nun die folgende Reihe stufenweisen Rückgangs:

a) Niedere Affen. Das Haarkleid erscheint beim Fötus fast gleichzeitig am ganzen Körper, der neugeborene Affe besitzt eine vollkommene Behaarung.

b) Gibbonen. Die Kopfhaut des Fötus wird zuerst als abgeschlossener Bezirk behaart, vor der Geburt hat jedoch auch die Rückenseite des Körpers schon eine wohlentwickelte Behaarung. In diesem Zustande, also mit nackter Ventralfläche, wird der junge Gibbon geboren, das Haarkleid bald nach der Geburt vollständig.

c) Anthropoiden. Zuerst bildet sich wieder die Kopfbehaarung. Bei Schimpansen und Gorillas wird der Fötus nackt geboren, nur mit ziemlich langen Kopfhaaren. Die Körperbehaarung wächst erst etwa zwei Monate nach der Geburt.

d) Hominiden. Diese deutlich progressive Reihe führt einen beim Menschen bleibend gewordenen Fötalzustand klar vor Augen. Zum Thema Haarkleid füge ich gleich noch die von Bolk nicht beachtete Tatsache hinzu, daß der Mensch das embryonal angelegte farblose Wollhaarkleid auf einem großen Teil der Hautoberfläche bis zum Tode beibehält und damit nicht nur in der Ordnung der Primaten, sondern im ganzen Tierreich einzig dasteht. Damit steht eine zweite Besonderheit der menschlichen Haut im Zusammenhang: dieselbe vermeidet jegliche Spezialisierung etwa in Richtung des Kälteschutzes, der Verteidigung (Hautpanzer, Stachel, Fell) oder des Angriffs (Hörner, Hufe), ihr fehlen sogar im Unterschied zu allen übrigen Säugetieren Sinneshaare, d. h. Spür- und Tasthaare mit einer die Wurzeln umgebenden Erweiterung des Blutgefäßes, wie sie auch alle Anthropoiden besitzen. Die Haut des Menschen ist die am wenigsten spezialisierte überhaupt, sie ist sozusagen überall Sinnesfläche.

Um zu Bolk zurückzukehren, so ist von höchster Wichtigkeit ein weiterer embryonaler Formenkreis, nämlich die Erhaltung der Krümmungen der fötalen Körperachse, die der Mensch beibehält, während sie bei den Vierfüßlern ausgeglichen werden. Man vergleiche die Abb. 1 bis 4.

Die anfangs sehr gleichmäßige Krümmung des embryonalen Körpers der höheren Säugetiere ändert sich allmählich durch Längenwachstum des mittleren Abschnittes so, daß der kraniale und kaudale Abschnitt mehr selbständige Krümmungen darstellen. Wir betrachten zuerst den kranialen Abschnitt nach Bolk. Die Abb. 1 zeigt den Medianschnitt durch den Kopf eines Hundeembryo, Abb. 2 den entsprechenden beim Menschen, beide von 20 mm Länge. Die weiteren Abbildungen lassen erkennen, wie beim Menschen die fötale Krümmung bestehenbleibt. Die drei eingezeichneten ventralwärts offenen Abknickungen bezeichnet Bolk als die okzipetale, intrasphenoidale und rhinale, in dem letzteren Teil stehen der zerebrale und der rhinozephale Abschnitt fast senkrecht aufeinander, so daß der letztere etwa parallel zum Halse verläuft. Der Vergleich der Abb. 1 und 3 zeigt, welche bedeutende Änderung der Achsen im Verlauf der Entwicklung eintritt. Der Okzipetalwinkel ist noch da, kann aber beim schnellen Lauf fast ganz fortfallen, und verschwindet bei anderen Säugern (Maulwurf, Igel) völlig. Der zweite Winkel ist ganz verschwunden, und es ist eine sekundäre Knickung mit rückwärts offenem Winkel entstanden, so daß sich die rhinozephale Achse in die Verlängerung der basalen stellt. Auf jenem Wege bildet sich die Prognathie der Säuger, eben jenes Vorwachsen des Schnauzenteils auf Kosten des Hirnteils. Beim Menschen (Abb. 2 und 4) bleiben die fötalen Abknickungen unverändert bestehen. Alle Affenschädel haben übrigens mit dem des Menschen die Erhaltung der rhinozephalen Knickung gemein. Die Prognathie der Affen (und niederer Menschenrassen) ist mit der der Säuger sonst nicht vergleichbar, sie entsteht durch Verlängerung des Nasenbodens nach vorn ohne die beim Hunde gezeigte Drehbewegung der Achsen.

Beim kaudalen Teil des Fötus findet eine konkave Abbiegung statt, die Abb. 5 und 6 (menschl. Fötus von 11 bzw. 26 mm Länge) darstellen. Fig. 7 zeigt einen Medianschnitt durch die Beckenorgane eines zweijährigen Mädchens, Fig. 8 das kaudale Rumpfende eines halberwachsenen Schimpansen. Die in Abb. 5 und 6 gegebenen Verhältnisse können von denen der Anthropoidenembryonen nicht merkbar abweichen. Beim Menschen bleibt die ventralwärts gebogene Körperachse des Fötus fortbestehen, woraus sich die besondere Anatomie der weiblichen Geschlechtsorgane beim Menschen erklärt, beim Schimpansen erfolgt eine Streckung in Richtung der Körperachse, so daß die Analöffnung auf die Rückseite zu liegen kommt. Die topographischen und anatomischen Verhältnisse dieser Region entsprechen beim Schimpansen völlig denen der geschwänzten Affen. Näheres vgl. Bolk, Zur

Entwicklung und vgl. Anat. des Tractus urethro-vaginalis der Primaten, Ztschr. f. Morph. u. Anthr. 10, 1907.

Bolk vertritt ferner die Anschauung, daß auch die Form des knöchernen Beckens in erster Linie die Äußerung einer Erhaltung des fötalen Verlaufs der Körperachse ist, und daß es auf einem Stadium der embryonalen Entwicklung stehengeblieben sei, das sichtbar wird, wenn das Becken das vorknorpelige Stadium durchlaufen hat.

(Eine weitere Reihe von Primitivismen im Sinne der Erhaltung von Fötalzuständen des Menschen gegenüber den übrigen Primaten, besonders im Bau der Niere, im Penis pendulus und im Descensus der Keimdrüsen weist eine die Forschung Bolks ergänzende Arbeit von Mijsberg nach [Abh. d. Kgl. Akad. Amsterdam, 1923]. Diese Erscheinungen sind z. T. auch phylogenetisch primitiv. Die Arbeit ist methodisch sehr sorgfältig.)

Die Anschauungen Bolks wurden hier etwas breiter referiert, weil sie merkwürdigerweise schon heute so gut wie vergessen sind. Die von Lubosch (Anat. Anz. 63, 1927), der die Theorie Bolks für ungemein zwingend und fruchtbar hielt, geäußerte Erwartung ist nämlich nicht eingetreten. Er sagte: „Es handelt sich hier um Gedanken, die aus den Erörterungen über Anthropogenese nicht wieder verschwinden können, weil sie ungemein fruchtbringend sind und viele Fragen klären."

Ich sehe den Vorteil dieser Hypothese, die ja, wie jede, nur unter dem Gesichtspunkt ihrer Leistungsfähigkeit zu betrachten ist, nun in den folgenden Punkten:

1. Es werden alle typisch menschlichen Unspezialisiertheiten aus einem Prinzip abgeleitet, der Retardation.
2. Es werden aus demselben Prinzip noch einige weitere Besonderheiten des Menschen verstehbar, nämlich die Verlangsamung des Entwicklungstempos und damit zusammenhängende Tatsachen, wie die biologische Notwendigkeit der Dauerfamilie und die Pubertät.
3. Weiter gibt Bolk in seiner Auffassung der Menschwerdung einen inneren Grund dieses Prozesses an, nämlich endokrine Wirkungen. Es entfallen die Nachteile der lamarckistischen Anpassungstheorien, wie z. B. das berühmte Herabsteigen von den Bäumen usw.
4. Es ist weiter vor allem das Erklärungsprinzip der Retardation nicht ad hoc erfunden, sondern es handelt sich um einen biologisch, wenn auch selten sonst noch aufweisbaren Vorgang, der nur beim Menschen an sehr hoher Stelle des Systems unerwartet wieder aufträte. Der bekannte Lurch Axolotl wird in seiner normalen Umwelt schon als kiemenatmende Larve geschlechtsreif und entwickelt sich nur ausnahmsweise zur lungenatmenden Landform. Der Grottenolm erreicht die

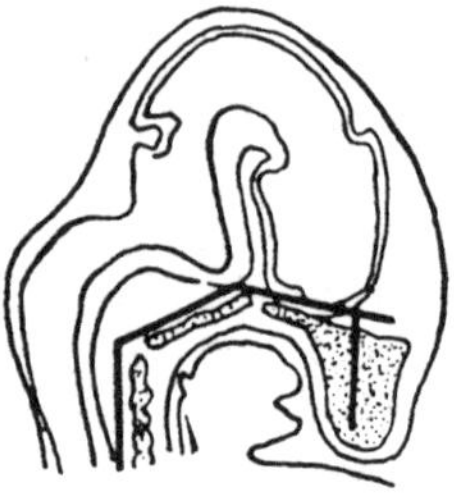

Fig. 1

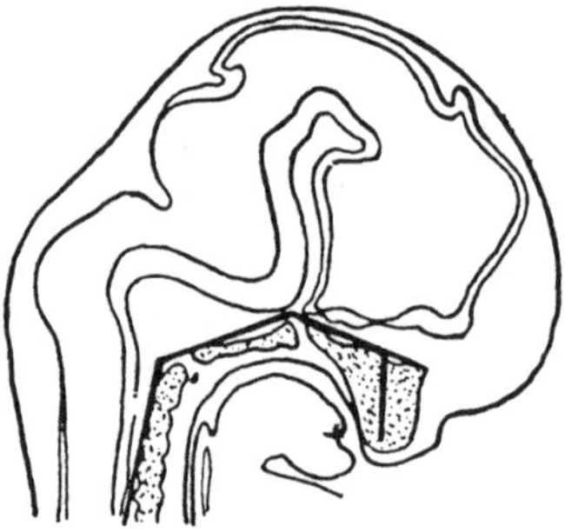

Fig. 2

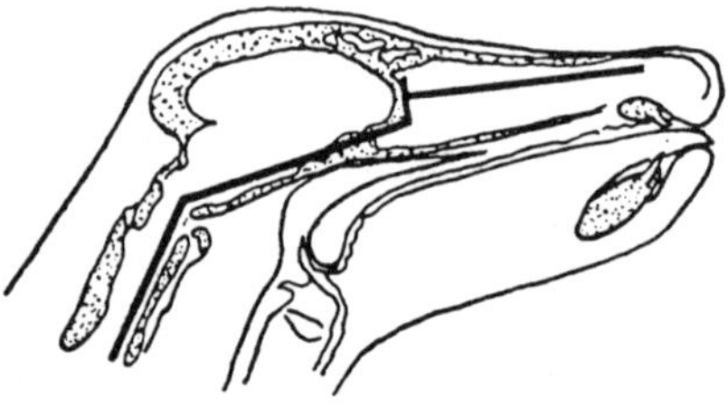

Fig. 3

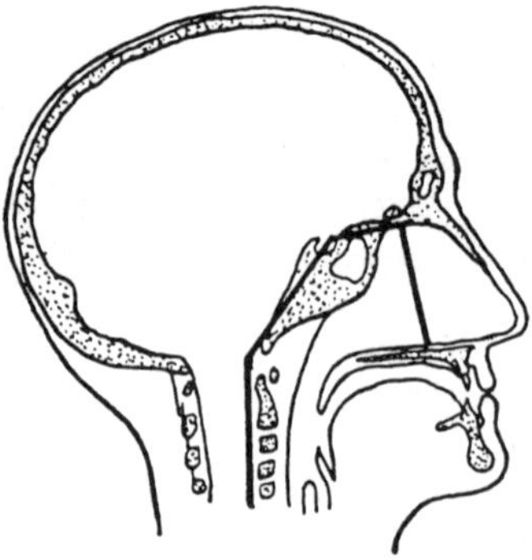

Fig. 4

Aus: Bolk, Das Problem der Menschwerdung. Gustav Fischer, Jena 1926.

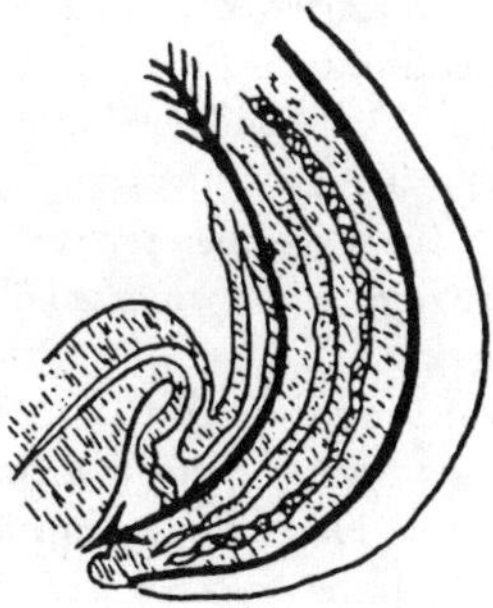

Fig. 5

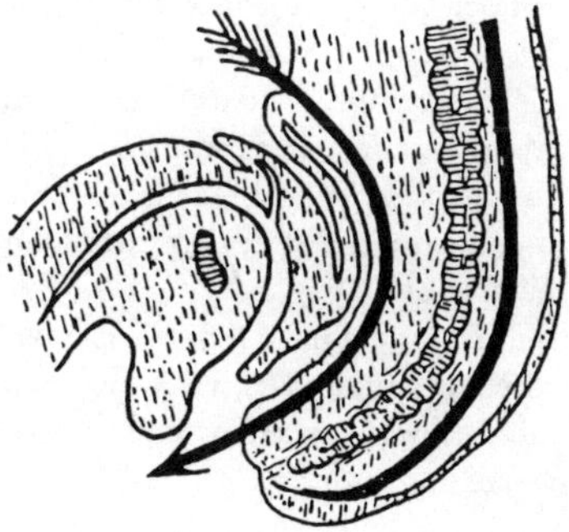

Fig. 6

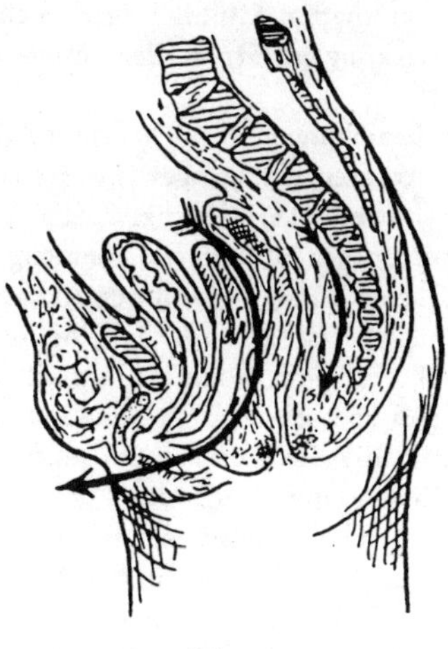

Fig. 7

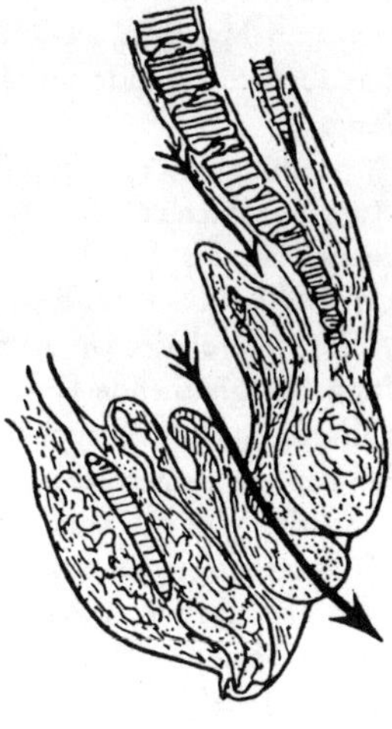

Fig. 8

Landform überhaupt nie mehr. Bei diesen Erscheinungen ist ebenso wie bei der „Umweltneutralität" der Sperlinge und Ratten, den Intelligenzleistungen der Schimpansen usw. ein Vergleich mit dem Menschen von Teilerscheinung zu Teilerscheinung möglich. Die Sonderstellung des Menschen bedeutet nicht seine Unvergleichbarkeit mit beliebigen Tieren in irgendwelchen Einzelmerkmalen. Der Mensch ist aber selbst unter diesem einen Vergleichsgesichtspunkt der einzige „embryonische höhere Säuger".

5. Die Theorie wird durch gewisse pathologische Erscheinungen beim Menschen gestützt. Wenn die normale Hormonwirkung gestört wird, so müßte man erwarten, daß die retardierenden Hemmungen hinfällig werden, mit der Folge, daß Eigenschaften, die unterdrückt waren, aufs neue erscheinen, oder daß verlangsamte Funktionen sich mit beschleunigtem Tempo entwickeln. Oben war schon auf solche Fälle hingewiesen worden. Das sehr späte Verwachsen der Schädelnähte (im Gegensatz zu den Verhältnissen bei den Primaten) wäre auf normale Retardation zurückzuführen, und eine Störung derselben würde zu einer anthropoidenähnlichen frühzeitigen Schließung führen. Wird die Hemmung der ebenfalls oben erwähnten Geschlechtsentwicklung gestört, so hätten wir „das Bild der beklagenswerten fünf- bis sechsjährigen prämaturen Mädchen". Die Liste der krankhaften Mißbildungen, welche aus abnorm veränderter Hemmungswirkung erklärt werden könnte, ist lang.

6. Weiterhin gibt es sehr interessante Beziehungen der Theorie zu den Rassenproblemen. Schon mehrere Autoren haben gewisse Rassenmerkmale als Folge verschiedenen hormonalen Gleichgewichts aufgefaßt. Bolk bekennt sich nun ausdrücklich als einen „überzeugten Anhänger von der Ungleichheit der Rassen". In der genannten Abhandlung (Vergleichende Untersuchungen ...) weist er nach, daß die mongolische Rasse einen typischen fötalen Erscheinungskomplex festhält, der bei der nordischen Rasse fehlt, obgleich auch deren Embryone ihn zeigen: die eingesunkene Nasenwurzel, die Protrusio bulbi und die Mongolenfalte. Die auffallenden Rassenunterschiede der Pigmentierung, Behaarung, Prognathie sowie im physiologischen Lebenstempo (schnellere Entwicklung, kürzere Blütezeit, rascher Verfall bei der Negerrasse) ließen sich unter demselben Gesichtspunkt ansehen. Damit würde z. B. die sehr viel größere Europäerähnlichkeit des Negerkindes gegenüber dem erwachsenen Neger (E. Fischer) in eine wichtige Parallele zu der größeren Menschenähnlichkeit der jungen Anthropoiden kommen. Bolk sagt: „Nicht alle Rassen sind auf dem Wege der Mensch-

werdung gleich weit fortgeschritten." Bolk hat sich nicht zu den Fragen der fossilen Menschenreste geäußert, aber er würde wohl der von mehreren Autoren geäußerten Ansicht zustimmen, nach der gewisse Merkmale fossiler und heutiger – z. B. Australierschädel –, wie Kinnlosigkeit, Überaugenwülste und Prognathie im Sinne einer rassenbesonderen „tierähnlichen" Sonderbildung zu deuten wären, also mit ihm als partiell unvollkommene Retardation.

7. Es läßt sich gerade wieder mit Hilfe der Bolkschen Theorie die Abstammung der Menschen, sogar in direkter Linie, von Anthropoiden aufrechterhalten, allerdings eben nur mit seiner „Zusatzhypothese", die die Sonderstellung des Menschen auf ein ihm eigenes biologisches Gesetz zurückführt. Weiter muß man doch annehmen, daß neue Formen nicht von den bereits spezialisierten Zuständen der Erwachsenen aus vor sich gehen können, sondern nur durch „Umstimmung" auf embryonalen Stufen. Indem Bolk den Vorgang der Menschwerdung dahin verlegt, ist er über alle Anpassunglehren und „Reduktionstheorien" hinaus. Die außerordentliche und unbestreitbare, später verschwindende Ähnlichkeit – selbst in der Tendenz zur Aufrichtung – von jungen Anthropoiden und Menschen würde weiter bedeuten, daß ein gewisser Fötalisationsprozeß oder Grad der Retardation schon bei den Anthropoiden wirksam ist, der Affe aber seine fötalen Züge, die nach der Geburt noch eine Weile andauern, sehr schnell verliert, der Mensch sie dagegen durchhält. Dies würde heißen: der Prozeß der „Menschwerdung" geht sozusagen zweimal vor sich, in Andeutungen bei den Primaten, und endgültig beim Menschen. Damit wäre die fühlbare Besonderheit, die doch die Anthropoiden ihrerseits von den anderen Säugern und niederen Primaten trennt, indem sie z. B. weder als Zweifüßler, noch als Vierfüßler angesprochen werden können, doch irgendwie erfaßt.

Diese Theorie von Bolk ist nun von Versluys (Hirngröße und hormonales Geschehen bei d. Menschwerdung, 1939) mit Forschungen von Dubois (Biol. general. 6, 1930) in bemerkenswerter Weise in Verbindung gebracht worden. Dubois verglich die Beziehungen zwischen Hirngröße und Körpergröße nahe verwandter Säuger und fand annähernd, daß sich die Hirngewichte verhielten wie die $^5/_9$ten Potenzen der Körpergewichte. Da man weiter ein verschiedenes Verhältnis der Großhirngröße im Vergleich zur Körpergröße beim Vergleich der Gattungen untereinander annehmen muß, welchen Faktor Dubois „Kephalisation" nennt, kann man berechnen, daß verschieden große Säuger, bei Einsetzung des Volumens des Großhirns, welches sie bei gleicher Körpergröße haben würden (mit Hilfe des Exponenten $^5/_9$), oft ein verschiedenes Großhirnvolumen (Gewicht) aufweisen, also auch in der Kephalisation verschieden sind. Man findet dann, daß in sehr vielen Fällen, besonders wenn es sich um Tiere einer Stammesreihe handelt, und zwar bei lebenden und fossilen Formen, das Großhirngewicht *sprungweise* durch jedesmalige *Verdoppelung* zunimmt. Setzt man die Kephalisation, also das Verhältnis von Großhirngröße zur Körpergröße bei Umrechnung auf gleiche Körpergröße, bei den primitiven Säugern des unteren Tertiärs gleich 1, so findet man, daß Spitzmäuse auf dieser Stufe stehenblieben, während die überwiegende Masse der lebenden Säuger eine höhere Kephalisation erreicht hat, nämlich eine zweimal, viermal, achtmal so große. Die Menschenaffen zeigen eine Kephalisation, die 16mal so groß ist, wie die Ausgangsstufe, beim Menschen ist sie 64mal so groß, also viermal so groß wie bei den Menschenaffen (ca. 14 Milliarden Neuronen gegen etwa 3½ Milliarden). Diese auffallende sprungweise Zunahme kann eigentlich nur durch jedesmalige mutative Verdoppelung der Anzahl der Nervenzellen erklärt werden*).

Hier liegt nun die Annahme nahe, daß sich bei diesem Vorgang die Hormonproduktion verändert haben muß, und dies stellt die Verbindung mit Bolk her. Die Fötalisation des Menschen, die Retardation seiner Entwicklung, die allgemeine Körperbehaarung, die späte Geschlechtsreife und eine Reihe weiterer Merkmale sind mit Sicherheit auf hormonale Bedingungen zurückzuführen.

Diese Theorie von Versluys-Bolk deckt, wie man sieht, doch einen sehr weiten Bereich anthropologischer Tatsachen. Ich lenke besonders auf zwei Umstände die Aufmerksamkeit:

Einmal wäre die enorme Gehirnentwicklung des Menschen und die vielleicht damit zusammenhängende Umkonstruktion der gesamten Physis in der Richtung auf „Embryonalisierung“ und „Primitivität“ keineswegs eine *Folge* des „Kampfes ums Dasein“, nicht das Resultat eines Auslesevorgangs, sondern durch direkte innere Ursachen provoziert. Diese Umstimmung wäre beim Menschen im Gegenteil so radikal, daß sie ihn aus allen „natürlichen“ Lebensbedingungen hinauswarf und auf eine sonst nicht vorhandene und neuartige Lebensführung hinwies.

Diese Auffassung ist aus einem zweiten Grunde wichtig. Die Vorstellungen über die Menschwerdung bewegen sich meistens noch in der Richtung, daß man sich, vom Anthropoiden ausgehend, eine durch den „Kampf ums Dasein“ verursachte allmähliche Zunahme der Gehirnentwicklung und -leistung vorstellt. Man hat gegen unsere Theorie eingewendet, der Mensch sei ge-

* Kritisch dazu: Grünthal, Zur Frage d. Entst. d. Menschenhirns, Basel-New York 1948. Klatt, D. theor. Biol. u. d. Problematik d. Schädelform, Biologia Generalis XIX, I, 1949. H. Spatz, Gedanken über die Zukunft des Menschenhirns, 1961.

rade auch spezialisiert, nämlich ein spezialisiertes Gehirnwesen. Es ist jedoch die Auffassung falsch, die sich eine starke Gehirnentwicklung über jedem beliebigen „Unterbau" vorstellen kann, und ebenso ist das Gehirn gerade dasjenige Organ, welches jede spezialisierte, also auf bestimmte Umweltfaktoren zugeschnittene Organausbildung unnötig macht, also unter dem allein brauchbaren Gesichtspunkte des Verhaltens das Organ der Plastizität, Variabilität und Umstellbarkeit; wohlgemerkt aber nur im Zusammenhang mit der ganzen einmaligen menschlichen Physis, seiner Exponiertheit, Beweglichkeit, Reizoffenheit usw. und seiner Unspezialisiertheit, die vielleicht hormonal ebenso vom Gehirn beeinflußt ist, wie sie umgekehrt ein solches Gehirn erst möglich macht und tragen kann. Mit der Menschwerdung hat der „Kampf ums Dasein" jenseits des Kreises von Fressen und Gefressenwerden, von Einpassung und Fehlentwicklung überhaupt erst angefangen, nämlich der Kampf um die Grundlagen des Lebens, um die Möglichkeit, morgen noch zu leben.

Dies sind die Gründe, welche den Schriften von Bolk in meinen Augen eine sehr große Wichtigkeit verleihen. Es ist mir daher um so willkommener, endlich noch eine weitere Theorie darstellen zu können, welche der Bolkschen in entscheidenden Punkten nahesteht, aber ganz unabhängig von ihr entwickelt ist. Es ist die von Schindewolf, dargestellt in der großen Abhandlung „Das Problem der Menschwerdung, ein paläontologischer Lösungsversuch" (Jahrb. d. preuß. geolog. Landesanst. 49 II, 1928; Forschg. u. Fortschr. 1930, 6).

Die Untersuchung Schindewolfs beschränkt sich wieder auf das Gebiet des Schädels. Auch sie geht von der mehrfach erwähnten Tatsache aus, daß alle für den Menschenschädel bezeichnenden und ihn von allen übrigen Säugerschädeln unterscheidenden Merkmale beim Menschen in den embryonalen und jugendlichen Formen nicht nur bereits vorhanden sind, sondern daß sie sogar in noch reinerer und verstärkter Form auftreten, also sozusagen „übermenschlich" sind. Darin sieht Sch., wie mehrere obenerwähnte Autoren, einen eindeutigen Hinweis, daß der Mensch nicht von Affen nach Art oder Analogie der heutigen Anthropoiden ableitbar ist. Diese klassische Theorie, die den Menschen aus fossilen Typen des Schimpansen-Gorilla-Stammes ableitet, lehnt Sch. ab, und er stellt, genau wie Naef, Kollmann usw., fest, daß der embryonale und Säuglingsschädel der Affen – Simiae – gewisse menschliche Formeigenschaften hat, die er jedoch im Lebenslauf bis zur Umkehrung der Gesamtproportionen verliert. Diese Merkmale sind: Dominanz des stark gewölbten Hirnschädels, Verlagerung des kurzen Gesichts unter die Schädelkapsel, kräftige Wölbung des Frontale, zentrales Foramen magnum, Abschluß der Orbitae gegen die Schläfengrube, Richtung der Augenhöhlen nach vorn.

Diese Form, die der Embryo und das Jungtier aller Affen zeigt und die auch der Mensch aufweist, hält dieser durch (Bolk!). Beim Affen kommt es zu einer Entwicklung, die im Sinne raubtierartiger Verlängerung der Schnauze und der Verkleinerung des Hirnteils verläuft. Das Verhältnis von Hirn und Gesichtsschädel dreht sich geradezu um, und damit verschwinden die menschenähnlichen Merkmale des jungen Affenschädels: das Foramen magnum wandert nach hinten, die Schläfenlinien erheben sich, die Stirn wird fliehend, der Unterkieferast steil, enorme Gebißentwicklung setzt ein, dazu die Bildung des Eckzahns und der Überaugenwülste: der typische „Raubtierschädel" älterer Affen entsteht.

Daraus zieht nun Sch. nicht den Schluß, wie Kollmann (s. o.): daß im Sinne des biogenetischen Grundgesetzes die Anthropoiden von mehr menschenähnlichen Formen abstammen müßten, während der Mensch die primitive Ausgangsform festgehalten habe. Er zieht vielmehr eine auch bei Wirbellosen beobachtete Erscheinung heran, die er „Proterogenese" nennt. Er stellt nämlich die Theorie auf, daß bei den Affen das biogenetische Grundgesetz keine Gültigkeit resp. umgekehrte Bedeutung besitzt, indem die Altersstadien, nicht die Jugendstadien die einstigen stammesgeschichtlichen Zustände wiederholen. Die ersteren bieten uns die Merkmale der Vorfahren dar, während neue Merkmalskomplexe plötzlich und ohne Vorliegen entsprechender phylogenetischer Vorstadien von den frühesten ontogenetischen Stufen der Affen erworben wurden, also die Jugendformen mit neuen Charakteren auftraten. Beim Menschen verläuft dann die Entwicklung *progressiv*, d. h. im Sinne des „Vorwanderns" der Jugendmerkmale auf die Altersstadien, oder im Sinne ihrer „Durchhaltung". Beim Affen dagegen werden diese Jugendmerkmale regressiv abgebaut, sie greifen nicht auf immer spätere Wachstumsstadien über, sondern werden auf frühere Stadien zurückgeschraubt, indem sich die altererbte phylogenetische Struktur durchsetzt.

„Die Umwandlung der Halbaffen in echte Affen geschah nun unserer Deutung nach sprunghaft durch Aufnahme der menschenartigen Formmerkmale in frühontogenetischen Stadien der an der Wurzel des Affenstammes stehenden fossilen Typen." Vom Propliopithecus (Oligozän) ab nahm bei der Familie der Hominidae die proterogenetische Entwicklung des menschlichen Merkmalskomplexes (immer nur: am Schädel) einen stark progressiven Verlauf, bei den Pongiden kam sie zu Stillstand und Rückbildung. Die „Reduktionstheorie" des menschlichen Gebisses aus dem hochspezialisierten Anthropoidengebiß nennt Sch. ebenfalls eine „unhaltbare Vorstellung", und er führt aus, „daß die verbreitete Auffassung einer Abstammung des Menschen von fossilen Menschenaffen nicht aufrechtzuerhalten ist, wenigstens soweit man dabei, wie es ja meistens geschieht, an Formen denkt, die in all den obengenannten Merkmalen (den embryonalen und unspezialisierten) bereits typisch nach Art der heutigen Menschenaffen spezialisiert waren".

Nach Sch. überlagern sich nun im Menschen zwei Gesetzlichkeiten: die Proterogenese und die biogenetische Gesetzlichkeit. Er zeigt eben auch später verschwindende Andeutungen früherer phylogenetischer Stadien im Sinne des biogenetischen Gesetzes: embryonalen Schwanz, Anlage mehrerer Milchdrüsen bzw. Brustwarzen, ebensolche Anlage der Gaumenfalten, der inneren Nase, die sich später zurückbilden und ursprünglich wie bei niederen Säugern reicher angelegt sind.

Nun wäre nach dieser Theorie zu erwarten, daß die ältesten Vertreter der Menschenreihe noch in gewissen Hinsichten affenähnlicher gewesen wären, da bei ihnen die progressive Entwicklung der Proterogenese, des „Durchhaltens" der Embryonalmerkmale, noch nicht so weit ging, wie heute. Dagegen wäre bei den ältesten Typen der Menschenaffen, verglichen mit den heute lebenden, eine höhere Menschenähnlichkeit zu erwarten. Den Beweis liefern dafür erstens die bekannten Hominidenfossile, zweitens der Australopithecus afr. Dart.; den Dryopithecus schließt Sch. wie Osborn, Adloff (gegen Gregory, Weinert, Eickstedt) trotz starker Menschenähnlichkeit der Molaren wegen schon zu starker äffischer Spezialisierung aus der unmittelbaren Ahnenreihe des Menschen aus. Australopithecus ist dagegen der menschenähnlichste aller bekannten fossilen und heutigen Großaffen: kräftig gewölbte Hirnkapsel, der stark nach unten entwickelte, kleine Gesichtsschädel, der nur schwach unter der deutlichen, doch fliehenden Stirn vorspringt, Fehlen der Überaugenwülste, große Keilbeinflügel in Verbindung mit dem Parietale, Steilstellung der Schneidezähne und relativ kleine Eckzähne geben dieses Bild.

Den Beginn der Hominidenreihe setzt Sch. ins frühe Miozän. Er lehnt mit seiner Theorie ab, daß sich der Mensch als Abkömmling bereits spezialisierter Menschenaffen auffassen, oder daß die Affen und noch weitere Säugetiere sich vom Menschen ableiten ließen (Dacqué, Westenhöfer, Kollmann usw.).

Zu meiner Überraschung lehnt er auch Bolk ab. Ich kann jedoch keinen wesentlichen Unterschied der beiden Hypothesen sehen, außer daß Sch. überhaupt nur einen kleinen Teil der von Bolk aufgeworfenen Probleme behandelt. In den folgenden Hauptpunkten stimmen nämlich beide Autoren überein, und zwar – um so wertvoller – unabhängig voneinander:

1. Das Durchhalten fötaler Merkmale ist die Grundtatsache des Menschen bzw. Menschenschädels.
2. Der Mensch ist ein Abkömmling von Primaten, weist aber denen gegenüber eine Sondergesetzlichkeit auf.
3. Diese Sondergesetzlichkeit erscheint in einer Zusatzhypothese. Bei Bolk heißt diese „Retardation", bei Sch. „Proterogenese".

4. Einen ersten Grad dieser Sondergesetzlichkeit gibt es schon in den Frühformen (ontogen.) der Primaten resp. Anthropoiden, also eine „erste Menschwerdung".
5. Diese wird aber nicht durchgehalten, sondern „überwachsen".

Ich finde, daß dieses die Hauptsachen sind und sehe so wenig einen Unterschied, daß ich die Übereinstimmung lebhaft begrüße.

Die Ablehnung Bolks durch Schindewolf ist einerseits eingeständlich gefühlsmäßig, worüber ich als Dritter aber hinweggehen darf. Zweitens bringt sie die Theorie Bolks auf zu einfache Formeln, nämlich auf die Behauptung, daß der Mensch auf dem Entwicklungsstadium des Primatenfötus *stehengeblieben* sei. Solche Formulierungen hat nun zwar Bolk selber gewählt, ebenso wie das verdächtige Schlagwort vom Menschen als „geschlechtsreif gewordenem Affenembryo", das wohl den gefühlsmäßigen Widerstand Sch.s verursacht hat. Aber eine ganze, komplizierte Theorie in einem Satz zusammenzufassen, ist erstens überhaupt ein Bedürfnis der Forschung, und zweitens in der Anthropologie besonders gebräuchlich. Das „missing link" ist auch nur eine in ein Schlagwort verdichtete Theorie. Wenn Bolk oft sagt: beim Menschen wurden gewisse den Anthropoiden gemeinsame Fötalmerkmale *stabilisiert*, so schließt dies natürlich nicht den *Ausbau* der so festgehaltenen Stadien, ihr Weiterwachsen in den stabilisierten Bahnen aus, behauptet also eine *besondere* Entwicklungsweise des menschlichen Organismus; dafür sagt er dann oft „konservative Entwicklung" im Gegensatz zu „propulsiver", die im Übergang von fötalen Jugendformen zu spezialisierten Altersformen bestehen würde. Eben diese menschliche Entwicklungsgesetzlichkeit heißt „Retardation" und sie besteht darin, daß (Bolk, Vgl. Unters. 23) „obgleich der Organismus als Ganzes am Endpunkt seiner Entwicklung angelangt, das Wachstum abgeschlossen ist, eine oder andere besondere körperliche Eigenschaft noch nicht jenen Entwicklungsgrad erreicht hat, der ihr ursprünglich eigen war. Dann wird diese Eigenschaft auf einem, wie man sagen könnte, unvollständigen Zustand fixiert, und diese Unvollständigkeit trägt einen infantilen Charakter ... die notwendige Folge der Retardationswirkung ist mithin, daß der Körper in fortwährend höherem Grade einen fötalen Charakter bekommt".

Genau diese besondere Entwicklungsweise beschreibt Sch. selbst: das „Vorwandern" oder „Durchhalten" embryonaler Merkmale bis zum Zustand der endgültigen Stabilisierung beim Menschen. Wir können wohl damit an der Gemeinsamkeit der Grundansicht festhalten, wenn auch das hypothetische Erklärungsprinzip, die Retardation oder Proterogenese, einen bestimmten Unterschied der *Ausdeutung* macht.

Es sind genau diese Gemeinsamkeiten der Betonung des Primitivismus des

Menschen, die das große Übergewicht solcher Anschauungen über die klassische Theorie ausmachen, die im Schema der Funktionsanpassung erwachsener Formen denkt. Daß aber Artumwandlung vom Erwachsenenstadium her eintreten könne, ist ein ganz unwahrscheinliches Dogma, so wie Schwalbe dachte, die Urmenschen hätten den Eckzahn durch Funktionsverlust verloren, weil sie schon Waffen hatten!

Wie aus vollendeten äffischen Spezialisierungen jemals menschliche Embryonalmerkmale entstehen können, ist unvorstellbar. Nimmt man dagegen „Umstimmungen" des Organismus in frühontogenetischen Stadien an, so ist es vorstellbar, daß diese sich in erster Linie im „Festhalten" gerade der embryonalen Merkmale auswirken könnten. Es ist bemerkenswert, daß die klassische Theorie aus innerer Notwendigkeit zu lamarckistischen Vorstellungen kommen muß, denn die von ihr zu erklärende „Rückbildung" von äffischen Spezialisierungen kann ja gerade als *Verlusterscheinung* niemals mit vorteilhaften Selektionen eindeutig in Beziehung gebracht werden. Das ist ein interessanter Fall. Es ist nämlich von da aus dann kein Einwand gegen die sehr merkwürdige, aber notwendige Annahme der grundsätzlichen „Primitivisten" zu machen, nach der nämlich die direkte Entwicklung eines primitiven Urprimaten zum Menschen unter Vermeidung von Spezialisierungen oder die Durchsetzung der Retardation bei anthropoidenähnlichen Vorfahren in einer ganz besonders günstigen „*optimalen Zufallsumwelt*" vor sich gegangen sein müßte. Eben eine solche fordert die klassische Theorie mit ihren „Rückbildungen" selber! Ich komme auf diese bedeutende Frage noch zurück. Das berühmte Herabsteigen von den Bäumen, wenn es auch noch so „allmählich" vor sich ging, war nur möglich, wenn darunter kein Tiger spazierte. Deshalb eben bleibt der Orang oben.

In diesem Zusammenhang ist endlich noch auf eine sehr wichtige Frage hinzuweisen, nämlich auf die *Domestikationserscheinungen* am Menschen. Eugen Fischer hat das sehr große Verdienst, in einer bedeutsamen Abhandlung „Die Rassenmerkmale des Menschen als Domestikationserscheinungen" (Ztschr. f. Morph. u. Anthr. 1914, Bd. 18) auf die morphologischen Ähnlichkeiten des Menschen mit seinen Haustieren hingewiesen zu haben, und hier liegt sicher eine sehr tiefe Frage. F. verstand unter Domestikation „die willkürliche Beeinflussung der Ernährungs- und Fortpflanzungsverhältnisse" und fand, daß dadurch eine sehr starke Variabilität auftritt, und zwar in Hinsicht der Größe, an Integumentalorganen (Haarkleid, Pigmentsystem) und an Anhangsgebilden (Schwänze, Ohren, Hahnenkämme, äußere Nase usw.) Er hat dann in reicher Kasuistik den Vergleich des Menschen mit seinen Haustieren unter dieser Hinsicht durchgeführt und hielt z. B. die weiße Hautfarbe des Menschen für Domestikations-Albinismus, ebenso den teilweisen

Pigmentverlust, der grüne, blaue usw. Augen hervorbringt: „Es gibt kein einziges freilebendes Säugetier, das eine Pigmentverteilung im Auge hat wie der Europäer, und umgekehrt, bei fast allen Haustieren gibt es Individuen oder Schläge, bei denen sie mit jener vollkommen identisch ist. Albinismus ist ein mendelndes Merkmal. F. bringt die echten menschlichen Zwergrassen (ostafr. Pygmäen, Mittel 141 cm) unter denselben Gesichtspunkt: „Die domestizierten Formen, und damit der Mensch als eine solche, neigen besonders zu solcher Größenvariabilität (Hunde!) und diese Größen in der Domestikation pflegen erblich zu sein." F. sprach ebenfalls den Gedanken aus, daß möglicherweise Verkürzung des Gesichtsschädels und Schwächung des Gebisses ebenfalls zu diesen Erscheinungen gehören.

Die Verbindung dieser hochinteressanten Fragen zu Bolk hat Hilzheimer hergestellt (Historisches und Kritisches zu Bolks Problem der Menschwerdung, Anat. Anz. 62). H. faßte die Haustierrassen, und zwar unabhängig von Bolk, als Verjugendlichungen unter dem Einfluß der Domestikation auf, so z. B. den Schoßhund als eine konstant gewordene Jugendform des großwüchsigen Hundes, ebenso die menschliche Schädelform als entstanden durch Stehenbleiben auf jugendlichem Stadium. In seinem Büchlein „Die Stammesgeschichte des Menschen" (1926) hat H. versucht, die Massigkeit der Kiefer bei Kleinheit der Zähne im Unterkiefer von Mauer mit ähnlichen Erscheinungen bei Haustieren in Verbindung zu bringen, also als Domestikations-Variante.

Konrad Lorenz ist in den Schriften „Die angeb. Formen mögl. Erfahrung" (Ztschr. f. Tierpsych. V) und „Durch Domestikation verursachte Störungen des arteigenen Verhaltens" (Ztschr. ang. Psych. 59, 1940) auf diese wichtigen Fragen näher eingegangen. Seine These, daß die Domestikation für die Menschwerdung konstitutiv war, ist weitgehend angenommen (z. B. W. E. Mühlmann, Gesch. d. Anthropol., 1948, p. 193). Trotz seiner kategorischen Erklärung, daß nicht einen Augenblick zu zweifeln sei, daß der Mensch als solcher ein „domestiziertes" Lebewesen ist, kann man gerade in der Vermischung von Retardation und Domestikation einen Fehler sehen, der die Theorien dieses ausgezeichneten Forschers beeinträchtigt. Die bei Haustieren eintretenden Domestikationsfolgen bestehen in äußeren und inneren Merkmalen: zu ersteren gehört die Tendenz zur Kurzbeinigkeit, Verfettung, zur Kurzköpfigkeit, zur Muskelschwäche, Größenvariabilität, Albinismus usw.; zu den letzteren die Dissoziationen im Antriebssystem: Vermehrung der Freßlust, Vermehrung und Wahllosigkeit der geschlechtlichen Reaktionen, Zerfall der hochdifferenzierten Instinktschemata. „Die Glucke des wilden Bankivahuhnes, der Stammform aller unserer Haushuhnrassen, spricht mit Brutpflegehandlungen ausschließlich auf artgleiche Kücken an, die auf Kopf und Rükken die normale, eine echte Auslöserfunktion entwickelnde Kückenzeichnung tragen und die artbezeichnenden Laute ausstoßen. Unsere gewöhnlichen Landhühner zeigen meist keinerlei Reaktion mehr auf die Farbe der Kücken. Bei schweren Fleischhühnern, wie Plymouth, Rhodeländer u. a., ist meist auch das akustische Merkmal aus dem Brutpflege auslösenden Schema verschwunden; solche Vögel betreuen sogar junge Säuger." (D. ang. F. 298.)

Zweifellos gibt es bei vielen Menschen die hier als Domestikationsmerkmale bezeichneten Erscheinungen, aber sie gehören unter das Kapitel „Zivilisationsschäden". Die konstitutiven menschlichen Merkmale, wie sie Bolk beschreibt, mit Lorenz als Domestikationsfolgen aufzufassen, ist ein Irrtum. Der Infantilismus der Großstädter ist etwas anderes als die konstitutionelle Verjugendlichung der species homo. Vor allem ist ein Hauptbeweis von Lorenz nicht stichhaltig: der Höhlenbär. Dieser zeigte so ziemlich alle Domestikationserscheinungen, die wir heute an Hundeskeletten feststellen können, Riesen- und Zwergformen, Mopsköpfe, verkürzte krumme Dackelbeine usw. Hier liegt nun, meint Lorenz, eine Selbstdomestikation vor, und diese Merkmale erklären sich sicherlich in gleicher Weise wie die des Menschen selbst. Wie der Mensch war er durch seine Lebensweise in Höhlen vor klimatischen Einwirkungen weitgehend geschützt, die Selektion durch tierische Feinde unterbunden und so der Weg zur Domestikation beschritten. „Ohne allen Zweifel gingen die ersten Domestikationsvorgänge in den Höhlen der Höhlenbären und etwas später in denen der Menschen der Anthropusstufe vor sich" (p. 297).

Diese Zweifel sind sehr stark. „Die allermeisten der europäischen und mittelmeerischen Höhlensiedlungen fallen in die Würmeiszeit (die letzte), doch gibt es auch solche aus der vorhergehenden Zwischeneiszeit" (G. Kraft, Der Urmensch als Schöpfer, 1928, p. 16). So z. B. das Drachenloch bei Vättis (2445 m!), das im Riß-Würm-Interglazial zum Zweck der Jagd auf Höhlenbären aufgesucht und offenbar Jahr für Jahr vorübergehend auch besiedelt wurde. Im übrigen „stammen alle Funde aus der Riß-Eiszeit (außer Castillo) und aus den noch älteren Abschnitten der Eiszeit in Europa, Vorderasien und Afrika aus Freilandstationen"! (p. 96). So fällt der empirische Hauptbeweis, den Lorenz führen will. Zudem müßte die Theorie der Selbstdomestikation, wie Portmann (Biol. Frgm. p. 134) einwendet, erklären, warum gerade das wesentliche Merkmal der Domestikation, das Gleichbleiben oder gar Abnehmen der Gehirnausbildung, bei dieser menschlichen Selbstdomestikation offenbar ins Gegenteil verkehrt ist, und warum ein anderer Vorgang der Haustierwerdung, die geschlechtliche Frühreife, ebenfalls beim Menschen durch sein Gegenteil vertreten wäre.

Es liegt daher kein Grund vor, von den Hauptlinien der Theorie Bolks abzugehen. Retardation bzw. Verjugendlichung und Domestikation sind heterogene Vorgänge. Diese Theorie ist nicht vollkommen. Es gibt Tatsachen, die sich schwer in ihr unterbringen lassen, wie z. B. die von Schultz (zit. Portmann p. 35) hervorgehobene, daß die Affen in ihren Reifeformen den fötalen Körperproportionen näher bleiben als der Mensch, während der Mensch in einer von allen Affenverhältnissen abweichenden Wachstumsart erst spät nach der Geburt die Körperproportionen der Reifegestalt erreicht. Portmann selbst hat den allzu vereinfachten Grundgedanken Bolks von der Entwicklungsverlangsamung entscheidend verbessert. Unser Entwicklungsgang umfaßt eine nur dem Menschen eigene rasche Wachstumssteigerung zu Beginn, die bis zum Ende des ersten Jahres anhält, ferner die späte Wachstumsphase des Pubertätsschusses, für die es ebenfalls keine tierische Parallele gibt, und dazwischen eine Periode sehr langsamen Wachstums: das ist gerade die, in der die Elemente der Haltung, Sprache und des Verhaltens in Wechselwirkung mit den Einflüssen der sozialen Umgebung sich aufbauen. „Langsamkeit der Entwicklung erscheint nicht bloß als somatische Grundsituation, sondern in Zuordnung zur weltoffenen Existenzweise des Menschen" (Biol. Frgm. p. 102. Die Ontogen. d. Menschen als Prbl. d. Evol.-Forschg. p. 8). Dies ist eine sehr bedeutende Vertiefung der Bolkschen Theorie, die jetzt erst voll geeignet wird, einer allgemeinen Anthropologie als Basis zu dienen.

Wenn der Mensch, wie hier vertreten wird, „von Natur ein Kulturwesen" ist, so mag das bedeuten: der Naturkonstruktion eines unspezialisierten, auf die Handlung bezogenen und nicht festgestellten Wesens kann irgendeine besondere Entwicklungsgesetzlichkeit zugrunde liegen, wie Retardation, Proterogenese o. ä. Jedoch so, daß die gesamte innere Organisation auf das *Verhalten* bezogen wurde, von welchem ja die Existenz desselben abhing, auf die Tätigkeit der Weltveränderung. Dieses Verhalten und die Rückwirkungen desselben in den selbstgeschaffenen Lebensbedingungen könnten dann diesem Entwicklungsgesetz in die Hand arbeiten, so daß die typisch menschlichen Merkmale durch die Rückwirkungen seines eigenen Verhaltens fortdauernd *verstärkt* werden, indem diese mutationsauslösend in der *Richtung* derjenigen Veränderungen wären, wie etwa der des endokrinen Systems, von denen die Menschwerdung eingeleitet wurde. Auf diese Weise könnten sich die Merkmale der konstitutionellen Fötalisation und die der Domestikation (die ja einen mutationsauslösenden Einfluß der Kulturverhältnisse immer voraussetzen) sozusagen in derselben Richtung überlagern.

Das Hauptproblem, vor dem die Morphologie des Menschen steht, wäre hiermit umrissen, und es ist versucht worden, das in der Literatur sehr verstreute Material unter einem bestimmten Gesichtspunkt zu ordnen, denn für die Anthropologie ist die Einsicht in die Unspezialisiertheit und Unangepaßtheit des Menschen an eine natürliche Umwelt, sein Charakter als „Mängelwesen" in morphologischer Hinsicht von entscheidender Bedeutung. Denn daraus folgt die anthropologisch-biologische Frage nach der Lebensfähigkeit eines solchen Wesens und damit die Einsicht in die *Handlung* als die Mitte des menschlichen Daseins. Und nur von der Handlung her bekommen wir Einblick in die biologische Funktion des Bewußtseins. Mit anderen Worten: wäre es nicht Zeit zuzugeben, daß auf dem Boden der vergleichenden Anatomie allein die Frage nach der Entstehung des Menschen nicht zu lösen ist? Denn ehe wir nach der Entstehung von etwas fragen können, brauchen wir doch einen richtigen Begriff dessen, *was* da entsteht. In diesem Buch geht es um die wissenschaftlichen, analytischen Grundlagen einer solchen Wesensbestimmung, und es ist ein Vorteil dieser Absicht, daß sie an entwicklungsgeschichtlichen Fragen nur in zweiter Linie interessiert ist. Was nachgewiesen werden soll, ist die Sonderstellung des Menschen im Bereiche des Lebens, und es gelingt eine Gesamtauffassung dieses Wesens, welche, wie wir noch sehen werden, über zahlreiche Einzelheiten und Tatsachen Rechenschaft ablegen kann, eine Auffassung, welche zwar nur Elemente gibt, da sie den immensen Bereich kulturanthropolgischer und sozialanthropologischer Fragen notwendig ausklammern muß, die aber doch das Innere und das Äußere des Menschen am Leitfaden der Handlung in eine verstehbare Beziehung bringt, ohne unlösbare metaphysische Probleme, wie das Leib-Seele-Problem, aufwerfen zu müssen. Wenn daher die von uns verwendeten Kategorien, wie Entlastung, Kommunikation, Retardation (Verjugendlichung) usw. „psychophysisch neutral" sind, wie Scheler das nannte, indem jeder Bewußtseinsaspekt hier sein Antriebskorrelat und seine morphologische Entsprechung hat, so ist dies der positive, in den Phänomenen selbst liegende Grund, der uns hindert, das Leib-Seele-Problem anzutreffen, solange wir an den Phänomenen selbst bleiben. Die Einsicht in die morphologische Primitivität und Unspezialisiertheit ist ein unnachläßlicher Bestandteil dieser Auffassung, und daher waren diese Tatsachen zu belegen und darzustellen. Nun aber sind morphologische Probleme doch immer zugleich entwicklungsgeschichtliche, und zwangsläufig kommt man damit in Abstammungshypothesen hinein, die wir daher noch berühren müssen.

12. Die Abstammungsfrage

Die Unspezialisiertheit des Menschen ist der Prüfstein einer jeden Abstammungslehre. Wer sie nicht ausdrücklich in den Mittelpunkt der Fragestellung rückt, verfehlt die ganze Schwierigkeit und das Gewicht des Problems. Die klassische darwinistische Theorie tut dies in dem Satz, daß der

Mensch in direkter und ungebrochener Entwicklung ein Stadium durchlaufen hat, in welchem er Anthropoide, Menschenaffe gewesen ist. Auch das in seiner Art bewundernswerte Buch von Rensch (Neuere Probleme der Abstammungslehre, ²1954) steht durchaus auf dem Boden der Mutations- und Selektionshypothesen. Autoren wie Weinert, Weidenreich, v. Eickstedt stimmen bei aller Verschiedenheit der Einzelannahmen darin überein, die Abstammung des Menschen in direkter Entwicklung von tertiärzeitlichen Anthropoiden zu behaupten, die in allen entscheidenden Merkmalen die nächsten Verwandten der heute lebenden Großaffen sind. Vor allem der Dryopithecus aus dem Miozän, ein Tertiärschimpanse mit großen Eckzähnen, den manchmal auch seine europäische Abstammung zu empfehlen scheint, wird häufig als dieser erste Vorfahre in Anspruch genommen, so auch von W. Marinelli (D. Abst. d. Menschen, Wien 1948, p. 50).

Die Darstellung von Rensch steht, wie gesagt, ganz auf dem Standpunkt der rationalen Deszendenztheorie und betont, daß bei geeigneten Bauplänen auch die Höherentwicklung eine unausbleibliche Folge der natürlichen Auslese darstellt: Indem sich Rensch gegen die Ansicht von Bolk–Dubois–Versluys wendet, daß nämlich die Retardation nicht durch Auslesen zustande gekommen sein könnte, sagt er: „Die verlängerte Jugendzeit und die damit verknüpfte enorme Erhöhung vielseitiger, plastischer Handlungsmöglichkeit bedeutet doch einen ganz eindeutigen Selektionsvorteil, und ein solcher Vorteil mußte sich bei jeder Konkurrenz positiv auswirken." Kurz darauf führt er aus, daß „durch die Entwicklung der Sprache und des Sprachzentrums" wahrscheinlich ein ganz neuer Typ von Allgemeinvorstellungen möglich wurde. „So denkt der heutige Mensch in Worten, und darauf ist wohl in erster Linie seine Befähigung zu komplizierteren Begriffsbildungen, zu Phantasie- und Spekulationsvorstellungen, d. h. zum abstrakten Denken begründet. Auch hier war die Förderung durch natürliche Auslese ohne weiteres gegeben, denn vermöge der Phantasie konnten auch künftige Situationen vorgestellt werden" usw. Es ist darauf aufmerksam zu machen, daß hier die Theorie eigenauthentisch wird. Jede menschliche Fähigkeit funktioniert ja, und an dieser Funktion ist eine Seite der Leistung und also des Nutzens immer abzulesen. Daß aber dieser Nutzen einen Selektionswert hatte, müßte erst bewiesen werden, und die bloße Tatsache, daß eine Funktion funktioniert und nützlich funktioniert, kann nicht zum Beweis gelten, daß sie *nicht* durch autonome evolutive Kräfte, sondern durch Ausleseprozesse zustande kam. Man schließt vom Nutzen der Funktion auf den Selektionswert, von daher auf den Selektionsvorgang, von daher auf die Mutation als auf den Ursprung der Funktion bzw. ihres organischen Substrates (z. B. des Sprachzentrums). Dabei ist schon die „Konkurrenz", der

der Vormensch ausgesetzt gewesen sein soll und die er durch vorteilhafte Mutationen niederschlug, rein fiktiv. Mit was für Wesen und um welche Lebensräume soll er in Konkurrenz gestanden haben? Nichts widerlegt die andere Möglichkeit, daß eine autonome evolutive Entwicklung ihm ganz neue Lebenschancen freilegte, einen „Eigenmarkt", um im Bilde der Konkurrenz zu bleiben, so daß er die Bäume den Affen überlassen konnte, wo sie heute noch leben. Es ist absolut nicht einzusehen, wieso die Entwicklung von Sprache und Denken einen Selektionsvorteil gegenüber Anthropoiden in der Konkurrenz um das Urwaldleben geboten haben muß. Ebenso muß gefragt werden: im Konkurrenzkampf mit wem und um was kann die verlängerte schutzlose Jugendzeit ein Selektionsvorteil gewesen sein, anstatt ein lebensgefährlicher Nachteil?

Ein anschauliches Gesamtschema eines Anthropoiden zu zeichnen, aus dem in direkter Entwicklung der Mensch hervorgegangen sein kann, ist eine unlösbare Aufgabe, wie der Versuch Weinerts (Die Entstehung der Menschenrassen, 1938) zeigt. Er erklärt den Dryopithecus germanicus für den unmittelbaren tierischen Vorfahren des Menschen und der rezenten Anthropoidenreihe. Nun war Dryopithecus im Miozän ein ausgesprochener Anthropoide mit großen Eckzähnen und spezialisiertem P 3, ein echter Vorschimpanse. Von dieser Form aus sollen in Mitteleuropa die ersten Phasen der Menschwerdung erfolgt sein, und Weinert hält es für möglich, daß eine schimpansenähnliche Menschenaffenhorde zufällig den Feuerbesitz erworben und sich damit an den häuslichen Herd gewöhnt habe, abgesehen von den durchgefallenen Kandidaten der Menschwerdung, die „am ersten Feuer als gedankenlose Beisitzer mitgesessen haben" und wieder „ins Tierreich abgesunken sind" (Der geistige Aufstieg d. Menschheit, 1940, p. 66). Ich werde später (Teil II) an der Analyse der Anthropoiden-Intelligenz zeigen, daß dies völlig unmöglich ist, denn der Unterhalt eines „zufälligen" Feuers würde eine Abstraktionsleistung voraussetzen, die ohne Sprache nicht möglich ist: zum mindesten der Begriff „trockene Äste" und das „Suchen" unter einer solchen *festgehaltenen* Hinsicht. Wir wissen genau, daß dies die Anthropoidenintelligenz weit übersteigt, noch abgesehen von der unüberwindlichen, triebhaften Furcht eines jeden Tieres vor Feuer.

Da sich nun die ersten echten Hominidenfunde auf Java finden, so muß Weinert eine Wanderung seiner Wesen von Mitteleuropa nach Java annehmen. Daß eine solche Reise für jedes Tier, angesichts der zahllosen Verschiedenheiten von Klima, Bodenformation, Steppen-, Wald- und Hochgebirgszonen völlig unvorstellbar ist und allen unseren Erfahrungen über die strenge regionale Gebundenheit aller Tierarten widerstreitet, kann nicht zweifelhaft sein. Aber diese Konsequenz liegt in dem Ausgangspunkt, der genommen ist, und deshalb sagt Weinert „Füße, die in äffischer Weise auch gleichzeitig zum Greifen eingerichtet waren, sind wahrscheinlich schon beim Dryopithecus nicht mehr ganz am Platze gewesen" (Enst. d. M. p. 105).

Wir sollen uns also nun einen Schimpansen vorstellen, der das Feuer beherrscht und auf Menschenfüßen geht, und schließlich soll es der Wunsch nach Erkenntnis gewesen sein, der ihn die Grenzen der Urheimat überschreiten ließ (p. 19). Nun wissen wir aber, daß die Intelligenzleistungen der Menschenaffen sich streng innerhalb ihrer Freß- und Spielinteressen halten, und daß ihnen Begriff wie Wahrnehmung *objektiver* Dinge fehlt. Wir werden sehen, daß nicht nur die Intelligenz, sondern die spezifisch menschliche Bewegungsstruktur und Sinnesleistung in die Auffassung objektiver Dinge eingehen (Abschnitt 16).

Wenn man, wie es Weinert versucht, das „missing link" vom Anthropoiden zum Menschen wirklich konstruieren will, und nicht nur angesichts irgendwelcher Fossilreste behaupten, daß diese das missing link darstellen, so muß man das Minimum an menschlichen Merkmalen hineindefinieren: Lauffuß, Feuerbesitz, Anfänge der Sprache, aufrechte Haltung. Das gibt ein solches Wunderwesen von Tier, ein so außerhalb aller biologischen Kategorien liegendes Etwas, daß nun *diesem,* und nicht mehr dem Menschen eine einmalige Sonderstellung im ganzen Naturreich zugesprochen werden müßte.

Diese Konstruktion ist deshalb widerlegbar, weil sich nachweisen läßt, daß die für die minimalste menschliche Leistung, z. B. das Betasten eines objektiven Dinges und das „Erfahren" desselben, bereits *alle* menschlichen Eigenschaften ins Spiel treten: die Aufrichtung (also Standfuß), freigelegte Hand, zurückempfundene und variable Bewegungen, gehemmte Antriebsstruktur, symbolisches Sehen, ein senkrecht orientierter Wahrnehmungsraum und abstraktes „Merken". Irgendeine menschliche Eigenschaft zu isolieren und in ein Tier zu transplantieren, würde darüber hinaus noch unser gesamtes biologisches Wissen über den Zusammenhang von Umwelt, Merkwelt, spezialisierter Organausstattung und tierischer Antriebsstruktur über den Haufen werfen. Die mit dem Menschen gegebene, völlig unvergleichbare Neukonstruktion würde zur Hälfte auf ein Tier abgebildet, und damit dieses für unser biologisches Vorstellungsvermögen unableitbar, ja ähnlich sagenhaft wie der Salamander, der auch das Feuer nicht scheuen sollte. Ich muß sagen, daß ich mir unter einer „Lebenshaltung, die sich bis auf den Feuerbesitz nicht wesentlich von der des Menschenaffen unterschied", nichts mehr vorstellen kann. Es ist also keineswegs so, daß die moderne Theorie in der Frage der Abstammung des Menschen den klassischen Standpunkt der Ableitung aus Mutation und Selektion bereits verlassen hätte, wie man bisweilen hört. Aber neben diese Theorie, und mit ihr konkurrierend, treten diejenigen Hypothesen, welche die Sonderstellung des Menschen grundsätzlich berücksichtigen und die Unspezialisiertheit des Menschen ausdrücklich zum Thema machen. Tut man dies, so gibt es anscheinend drei und nur drei Lösungsschemata:

1. Man behauptet (oder richtiger vermutet) die Abstammung des Menschen von eigener Linie. Diese Hypothese tritt in zwei Formen auf.

1a. Der Mensch hat eine eigene, über die Säugetiere noch hinausreichende Abstammungsreihe, es gibt einen „Sonderast“ hominider Prägung bis in prämammale Zustände. Man versucht auch, die menschliche Aszendenz unter Ausschaltung der Affen unmittelbar auf primitive Säugetiere zurückzuführen. In diese Gruppe 1a gehören etwa Klaatsch (Das Werden der Menschheit), Westenhöfer (Das Problem der Menschwerdung 1935, Der Eigenweg des Menschen 1942), Dacqué (Urwelt, Sage und Menschheit 1928, Entwicklungslehre als anthrop.-methaph. Problem, Bl. f. dt. Philos. 6, 1932), Fr. Samberger (Über Entst. u. Entw. d. Lebens, 1933), Frechkop in den oben zitierten Schriften u. a.

1b. Mensch und Anthropoide haben sich parallel entwickelt, sie haben einen sehr entfernten gemeinsamen Vorfahren. Da man diesem in irgendeinem Sinne die Anlagen oder Vorbedingungen zur Menschwerdung zuschreiben muß, so wäre von ihm aus die Entwicklung direkt zum Menschen gegangen, während ein Seitenzweig zu den Anthropoiden in Richtung der Spezialisierung und „Vertierung“ führte. Dieser Urprimat kann mit demselben Recht Hominide wie Anthropoide genannt werden, und mindestens sehr wesentliche Merkmale, welche heute die Sonderstellung des Menschen ausmachen, müßte man ihm bereits zuschreiben. Nach dieser Hypothese wäre zu erwarten, daß die fossilen Anthropoiden menschenähnlicher sind als die heutigen, was in der Tat zutrifft. Solche Typen wie der Australopithecus oder der Paranthropus würden späte Reste eines sehr frühen Seitenzweiges dieses Urprimaten sein (Adloff, Osborn).

2. Man kann aber sogar die Abstammung des Menschen vom relativ unspezialisierten Anthropoiden zugeben, muß aber dann eine *Zusatzhypothese* oder Ausnahmeregel angeben, welche die Sonderstellung des Menschen beträfe. Hierher würden Bolks Retardation oder Schindewolfs Proterogenese gehören. Dabei ist es gleichgültig, ob sich diese Sondergesetzlichkeit ähnlich noch irgendwo im Tierreich findet, sie müßte jedenfalls die spezifisch menschlichen Merkmale mitsetzen.

Für die Theorie 1a lassen sich kaum stichhaltige Beweise vorlegen, und man kann sie einklammern. Zwischen den Theorien 1b und 2 kann man also nach unserer Überzeugung wählen, was aber eigentlich nur Sinn hat, wenn man neues Material zu einer derselben beitragen kann. Ohne diese Bedingung können wir nur sagen, daß die Theorie Bolk-Versluys, mit Einarbeitung der Portmannschen Befunde, die meisten Tatsachen und Merkmale berücksichtigt und ableitbar macht. Die zuletzt genannten Lösungsschemata tragen der Grundtatsache des Archaismus, der Primitivität und Unspezialisierung des Menschen ausdrücklich Rechnung, und sie geben einen biologischen Rahmen, in den man die Phänomene des Bewußtseins verstehbar einfügen kann, wie hier geschieht. Sie müssen übrigens während der eigentlichen Periode der „Menschwerdung" eine besonders günstige, optimale Zufallsumwelt, ein „Paradies" annehmen, denn ein unspezialisiertes Wesen, bevor die Werkzeugintelligenz wirksam wurde, muß unangepaßt und schutzlos gewesen sein, kann also nur in einem „Mutterschoß der Natur" gelebt haben. Auf diese merkwürdige Folgerung wies bereits Klaatsch (Korresp. Blatt d. Dt. Ges. f. Anthrop. 1899, p. 157) hin. Er sah in den Unspezialisiertheiten des Menschen ganz richtig „das starke Zurücktreten aller auf den Kampf ums Dasein beziehbaren Momente", und erklärte dies durch „die Annahme, daß die Vorgeschichte des Menschen lange Perioden aufweist, in denen der Kampf ums Dasein sehr zurücktrat, wo also ungewöhnlich günstige Bedingungen dem Geschlecht der Proanthropen es gestatteten, Umgestaltungen einzugehen, die für den Kampf ums Dasein unpraktisch, ja schädlich gewesen wären".

Was die Fossilfunde anbetrifft, so kann man den Sinanthropus, den Neandertaler (einschließlich des Heidelbergers) und den rezenten Menschen in eine progressive Reihe ordnen. Daraus folgt nicht, daß ein realer genetischer Zusammenhang bestand, und selbst wenn man dies annimmt, bleibt die Frage völlig offen, ob eine autonome evolutive Sondergesetzlichkeit dabei im Spiele war, oder nicht. Der Sinanthropus stammt aus dem mittleren Diluvium, das Alter der Funde schätzt man auf mindestens 400 000 Jahre und man kennt Reste von etwa 40 Individuen bei erstaunlicher Variationsbreite, „die von sehr primitiven Stadien bis ganz in die Nähe des Neandertalers führen" (v. Koenigswald, Neue Menschenaffen- u. Vormenschenfunde, D. Naturwiss. 1939). Er kannte den Feuergebrauch und einfachste Werkzeuge. Der Neandertaler war außerordentlich groß und massig, seine Gehirngröße liegt oberhalb des Durchschnitts der heutigen Männer. Es ist daher nicht sicher (Marinelli a. a. O. 46), daß er in die Vorfahrenreihe der heutigen Menschen gehört, die an ihm vorbeigelaufen sein könnte.

Die 1891 von Dubois gefundene berühmte Pithecanthropus-Kalotte von Trinil, die Virchow damals für einen Riesengibbon erklärte, ist inzwischen von v. Koenigswald um eine weitere (1937 aus Sangiran, Mitteljava) vermehrt worden. Dieser Typus zeigt eine Mischung menschlicher und äffischer Merkmale, unter letzteren vor allem eine Einschnürung hinter den Augen und die Abknickung des Hinterhauptes. Dazu kam dann 1939 ein Oberkiefer mit dem ausgesprochen äffischen Merkmal des Diastema, in das der große Eckzahn eingegriffen haben muß, und ein nicht gut erhaltener Gehirnschädel. Der Oberkiefer ist sensationell, weil das Fehlen eines Diastema bisher als typisch menschlicher Primitivismus galt. Koenigswald schloß eben wegen der Eckzahnentwicklung noch 1939 den Dryopithecus als eine Überspezialisierung aus dem direkten Verhältnis zum Menschen aus, und dasselbe müßte von jenem Oberkiefer gelten. Andererseits scheint ein ebenfalls in den Trinilschichten gefundenes Unterkieferfragment den Schluß zuzulassen, daß hier der Eckzahn und der anschließende Prämolar klein waren. Da es keine Kulturrelikte des Pithecanthropus gibt, und keinen ganzen, gut erhaltenen Schädel, so wird die Frage, ob es sich hier wirklich um einen Hominiden handelt, erneut aufgeworfen, zumal Dubois vor seinem 1940 erfolgten Tode der Meinung seines alten Gegners Virchow beigetreten war und seinen eigenen, weltberühmten Fund von 1891 für einen Gibbon erklärte. Wahrscheinlich ist die Beziehung zwischen Sinanthropus und Pithecanthropus doch nicht so eng, wie man glaubt, trotzdem beide vermutlich Zeitgenossen waren.

Die Australopithecusgruppe mit dem erstaunlich menschenähnlichen und unspezialisierten Gebiß, der bemerkenswerten Schädelwölbung und den fehlenden Überaugenwülsten würde dem Menschen näher stehen, als den rezenten Anthropoiden, aber auch näher als dem Pithecanthropus, wenn wir uns diesen mit großem Eckzahn vorstellen. Nach dem Funde des Schädels eines Primatenkindes bei Taungs durch Dr. R. Dart (1924), der Australopithecus africanus genannt wurde, fand Broom bei Sterkfontein (Transvaal) Schädelreste, die diesem Typ nahestanden, und die er als Plesianthropus bezeichnete. 1939 ergaben Funde bei Komdraai die Gattung Paranthropus, und man faßt heute alle diese offenbar verwandten und sich immer noch vermehrenden Typen als Australopithecinae zusammen, es liegen nunmehr die Reste von mehr als hundert Individuen vor. Das Gehirnvolumen scheint dasjenige der heutigen Großaffen übertroffen zu haben. Struktur und Funktion des Gebisses und der Zähne sind unverkennbar hominid, alle Merkmale der Beckenknochen weisen auf aufrechten Gang hin, zumal das foramen magnum viel weiter vorn lag, als bei Anthropoiden.

In den Höhlen von Makapansgat und Sterkfontein sind einzelne Geräte der Geröllkultur zutage gekommen. Es handelt sich um primitive Schlagtechnik: das Geröll wird schräg abgeschlagen, es entsteht eine Schneidekante (André Varagnac Hg.: Der Mensch der Urzeit, 1960, p. 16, 19, 54). Dart fand sogar in Knochen von Antilopen eingezwängte Knochensplitter, ein Reißinstrument (G. Heberer: Natur und Volk, Heft 10, 1960, p. 314, dort auch Abbildung der Steingeräte). Den von Leakey im Jahre 1959 bei Oldoway zusammen mit Steingeräten gefundenen Schädel des „Zinjanthropus" aus derselben Familie setzt man in das untere Pleistozän, vielleicht handelt es sich um den ältesten bisher gefundenen Hominiden.

Die seit der 1. Auflage hier ausgesprochene Vermutung, die mir damals durch Adloff nahegelegt wurde, scheint bestätigt, daß man die Vorfahren des homo sapiens in der Richtung des Australopithecus zu suchen habe. „Es ist durchaus möglich, daß wir seit Millionen Jahren aufrecht gehen und erhobenen Hauptes dem uns vorgezeichneten Entwicklungsgang folgen, wohin er auch immer führe" (Wilton M. Krogman, Blick in d. Wissensch. 2, 1949).

Wir lenken nunmehr wieder in den Gang unserer Untersuchungen zurück. Die weitere, in den nächsten Abschnitten des zweiten Teils zu behandelnde Aufgabe ist die Darstellung der sensomotorischen Vollzüge, in denen sich der Mensch eigenhändig seine Wahrnehmungswelt aufbaut und unmittelbar darin sein unbegrenztes Bewegungskönnen entwickelt und in Führung nimmt. Es beginnen bereits damit die rein menschlichen *Entlastungsprozesse*, in denen er, die Welt in Erfahrung ziehend, sie infolge dieser Tätigkeit in bloße wahrnehmbare Symbole vermindert und zusammenzieht, so daß er Übersicht und Verfügbarkeit gewinnt. In diesen Prozessen erlangt er zugleich Herrschaft über eine nicht begrenzte und begrenzbare Mannigfaltigkeit und Variabilität von Bewegungen, Bewegungssynthesen und -andeutungen, bis endlich aus diesem Unterbau in gerader Entwicklung die Sprache aufwächst, und uns einen Einblick in die tiefe Verbundenheit von Erkenntnis und Handlung gestattet.

II. Teil

Wahrnehmung, Bewegung, Sprache

13. Elementare Kreisprozesse im Umgang

Nachdem wir nunmehr die morphologische Sonderstellung des Menschen am Nachweis der „Primitivität", der Unspezialisiertheit seiner Physis dargestellt haben, ergibt sich die Folgerung, daß der Mensch die Bedingungen seiner Lebensfristung selbst zu erzeugen hat; denn die Unspezialisiertheit bedeutet ja den *Mangel* einer ihm natürlich angepaßten Umwelt, mit der er im biologischen Gleichgewicht lebt, und sie enthält zweitens die Notwendigkeit, die ganze exponierte, organisch hilflose und ungedeckte Verfassung durch *Selbsttätigkeit* durchsetzungsfähig zu machen, also in erfahrenen und kontrollierten Handlungen die physische Existenz überhaupt erst zu ermöglichen.

Das ergibt zwei ineinandergreifende Reihen von Aufgaben. Die eine besteht in der Aneignung der offenen Weltfülle, welche ja nicht eine zugeschnittene, reizsparsame und instinktiv angenäherte Auswahl-Umwelt ist, wie die des Tiere, sondern einfach ein unendliches *Überraschungsfeld*, in dem erst einmal Orientierung notwendig ist. Diese geschieht nun keineswegs „theoretisch", sondern praktisch, nämlich in Bewegungen aufschließenden, aneignenden und erledigenden Wertes, welche in erster Linie mit dem Seh- und Tastsinn zusammenwirken. Wir nennen diese Bewegungen „kommunikativ" und müssen ihre rein menschliche Struktur und Verlaufsform untersuchen, ebenso aber ihr Resultat: dies besteht im eigentätigen *Aufbau* der gedeuteten und beherrschten Sehwelt, die wir Erwachsene unmittelbar zu haben glauben. Diese ist eigentätig reduziert worden auf übersichtlich, andeutungsreich und intim *gewordene* Zentren von „möglicher Ausgiebigkeit", auf die uns bekannten „Dinge". Dies ist also ein Entlastungsprozeß, d. h. eine tätige Umarbeitung des Überraschungsfeldes in eine verfügbare und in verdichteten Andeutungen übersehbare Welt von zu erwartenden Eindrücken und

Erfolgen; wie im Umkreis dieser Vorgänge die Sprache entsteht und diese Entwicklung geradlinig fortsetzt, werden wir ebenso sorgfältig untersuchen wie jene Prozesse selbst. Die Entlastung oder Ablösung vom unmittelbaren Druck der Gegenwart, die Freisetzung und Entfaltung immer höherer und müheloserer Kräfte zur Rückwendung zur *Welt,* zu ihrer voraussehenden Beherrschung und Ausnützung wird dabei anschaulich werden.

Unmittelbar eingreifend in diese Aufgaben und im dauernden Gegenvollzug gelöst wird eine Reihe weiterer, die man unter dem Thema „Entwicklung der Bewegungsbeherrschung" zusammenfassen kann. Es ist viel zu wenig beachtet worden, daß den Menschen eine ganz untierische Fülle von Bewegungsmöglichkeiten auszeichnet. Die uns möglichen willkürlichen Bewegungskombinationen sind buchstäblich nicht erschöpfbar, die Feinfühligkeit der Zuordnungen unbegrenzt. Wir können nicht nur jede beliebige Stelle des eigenen Körpers berühren, sondern jede beliebige Bewegung jeder anderen zuordnen und jede Bewegungsgestalt des einen Gliedes in die eines anderen transponieren. Dies ist anatomisch in der Aufrichtung des Menschen, der Anlage der Sinnesorgane, der Beweglichkeit des Kopfes, Kreuzes usw., in der Vielheit der hintereinander geschalteten Gelenke (Hand-Armsystem) und darin begründet, daß die nackte Haut überall Sinnesfläche ist; es gehört aber weiter dazu die Ausbildung einer bildhaften *Bewegungsphantasie* und die Fähigkeit symbolischen, andeutenden Bewegungsvollzuges, womit wir erst Bewegungen transponieren, ineinander fortsetzen und eine in der anderen intendieren können. Erst dann haben wir ein der unbeschreiblichen Mannigfaltigkeit der Weltumstände gewachsenes und kontrollierbares Handlungskönnen von fast absoluter Plastizität und Variierbarkeit. Dieses Handlungskönnen wird nun ebenfalls durch Eigentätigkeit entwickelt, und zwar in *denselben* Prozessen, welche auch zur Erfahrung und Durcharbeitung der Eindrucksfülle dienen. Das neugeborene Kind ist ebenso unorientiert und reizschutzlos, wie es bewegungsunfähig ist. Alle Tiere beherrschen nach sehr kurzer Zeit ihre notwendige Bewegungsskala. Die menschlichen Bewegungen dagegen sind angelegt auf Selbststeuerung und unbegrenzt variable, kontrollierte Zuordnungen im unmittelbaren Umgang mit Sacherfahrungen, also plastisch, empfindlich und fähig, bildhafte Bewegungsphantasie und Phantasmen der sachlichen Erfolge und Veränderungen zu verschmelzen. Sie sind deshalb bei Geburt in so hohem Grade unfertig, weil sie von Grund auf durch selbstempfundene Bemühung verfügbar gemacht werden, dabei aber variabel *bleiben* und in Umgang und Kommunikation mit den Sacherfahrungen entwickelt werden sollen. Diese beiden Reihen von Aufgaben enthalten also sehr klar die menschliche Notwendigkeit der Handlung in einer angeeigneten und bekanntgemachten Welt. Die Welt wird in begierdefreien, kommunikativen Aktionen bewältigt, ihre offene Fülle in Erfahrung gezogen, – erkannt –, weil aus sacherfahrenen und gesteuerten, erfolgskundigen Handlungen allein die Mittel der Lebensfristung hervorgehen. Die Plastizität der menschlichen Bewegungen ist lebensnotwendig, denn sie ist die Anpassungsfähigkeit an die unendlich verschiedenen Sachverhalte und deren voraussehenden Einsatz. Daß Erkenntnis und Handlung schon an der Wurzel untrennbar sind, Weltorientierung und Handlungsführung *ein* Prozeß, ist philosophisch von größter Bedeutung und auch da festzuhalten, wo später beide Seiten mehr auseinandertreten.

Der kleine Mensch kommt in einem so hilflosen, sozusagen nachembryonalen Zustand zur Welt, daß sich zuerst die meisten Reize einfach störend auswirken und mit Unlustreaktionen beantwortet werden. Anscheinend hilft hier die Natur zunächst einmal provisorisch mit einer physiologischen Abblendung der Reizfülle, ehe ein Verhältnis zu ihr herstellbar ist. Der Säugling lernt im zweiten Monat den Reiz, etwa den akustischen, ohne Unbehagen zu ertragen und macht im dritten den wichtigen Schritt zur Gleichgültigkeit, der nur in der Schutzsituation des menschlichen Säuglings vital möglich ist. Nach gemachten Beobachtungen waren im achten Monat 2,5 v. H. der Reize negativ, 92,5 v. H. neutral und 5 v. H. positiv, d. h. mit Zuwendung der Aufmerksamkeit. Im sechsten Monat waren 5 v. H. der Reize negativ, 67,5 v. H. neutral und 27,5 v. H. positiv gewesen: die Ausgesetztheit wird also anscheinend durch „Gewöhnung" für den zarten Organismus erträglich gemacht, indem der Prozentsatz der neutralen Reize zunächst steigt, bevor die Fähigkeit zu ihrer Verarbeitung sich zu entwickeln beginnt, was etwa im zehnten Monat zu bemerken ist: dann erfolgt eine deutliche Wendung nach außen mit starker Zunahme der Greifbewegungen, und das Kind fängt an, auf die Einzelheiten aktiv einzugehen. (Ich entnehme die einzelnen kinderpsychologischen Details als Beispiele und Illustrationen den geläufigen Lehrbüchern ohne nähere Nachweise.)

Hat das Kind nach mehreren Monaten seine Bewegungen einigermaßen zu steuern gelernt, so beobachtet man den merkwürdigen Prozeß der anscheinend lustvollen Wiederholung, der unermüdlichen Reproduktion. Das Kind des zweiten Halbjahres beginnt aktiv zu werden, Betasten, Kriechen, Aufstehen und Einzelbewegungen der Glieder werden gelernt, und zwar in wiederholender Weise. Wir beginnen unsere Untersuchungen an einem Beispiel von Guernsey, das uns noch mehrfach beschäftigen wird: ein Kind, elf Monate, fällt im Bett hin und stößt die Stirn heftig auf. Es schreit mehrere Minuten lang. Ganz plötzlich hielt es inne, richtete sich auf und begann sorgfältig, aufmerksam und mit angestrengter Hingabe seine Stirn mehrere Dutzend Male nacheinander in genau derselben Weise in einer geführten Bewegung vorn aufzuschlagen. Wie soll man das verstehen? Hier ist natürlich eine Erwartung der Wiederkehr des ursprünglichen Reizes, des Schmerzgefühls an bestimmter Stelle, vorhanden und eine Bewegung wird mitsamt ihrem „sensorischen Erfolg" – eben dem Stoßschmerz – wiederholt. Man kann das Selbstnachahmung nennen und damit abtun. Die Frage ist jedoch, welches Lustgefühl so stark werden kann, daß es sogar die Wiederholung des Stoßschmerzes in Kauf nimmt. Hier, glaube ich, stehen wir vor einem menschlichen Urphänomen. Die zur Plastizität und zur Selbstführung bestimmte menschliche Motorik muß sich zunächst einmal in sich selbst ergreifen, und das *Selbstgefühl der eigenen Tätigkeit* ist die Lustquelle dieser Bewegungen. Ich will nicht sagen, daß schon ein denkendes Erfassen der Bewegung vorhanden sei, aber es ist Tatsache, daß zufällig ablaufende Bewegungen samt ihren sensorischen Erfolgen *übernommen* und damit *geführt* und *eingesetzt* werden können. Ich will den Ausdruck vermeiden, daß das Kind sich seinen Bewegungen gegenüber „objektiv" verhalten kann: aber ihm wird durch die dabei auftretenden Empfindungen ein *entfremdetes Selbstgefühl der eigenen Bewegungen vermittelt,* und diese Entdeckung ist eine neue, belebende und sofort wiederholte Möglichkeit. Irgendeine unbeabsichtigte oder unwillkürliche motorische Leistung hat einen Reizerfolg, und dadurch entsteht ein besonderes Bewußtsein, ein entfremdetes Selbstgefühl dieser Leistung, die nun übernommen, eingesetzt und vor allem ausgebaut werden kann. Es ist dieses entfremdete Selbstgefühl der eigenen Tätigkeit, das den weiteren Ausbau derselben steuert.

Der ungeheure Reichtum variabler und plastischer Bewegungen, die der Mensch entwickeln wird, ruht auf dieser Voraussetzung: die Bewegung muß, um bewußt und einsetzbar zu werden, sensorisch *zurückempfunden* werden, sie muß in einer Hülle wirklicher oder zu erwartender Empfindungen ein „entfremdetes Selbstgefühl" gewinnen. Da nun die Wahrnehmungswelt durchaus nur durch unsere Bewegung in ihr entdeckt und erfahren wird, so werden uns auch umgekehrt alle Wahrnehmungen in einem Hof von Bewegungschancen erscheinen, sie werden in dem „wie" ihres Erscheinens zugleich fruchtbare oder nützliche Bewegungsrichtungen andeuten, so wie ich etwa die perspektivische Ansicht eines Hauses nur zu sehen brauche, um dabei zu entnehmen, was mir der Umgang nach und nach an Ansichten etwa entfalten würde. Doch davon später.

Zunächst fragen wir, ob es nicht Bewegungssysteme herausgehobener Art gibt, in denen der sensorische Erfolg in einer besonderen Art an den motorischen Vollzug geknüpft wäre. Das wäre dann der Fall, wenn es sensomotorische Prozesse gäbe, in denen der motorische Vollzug einen unmittelbaren und regelmäßigen sensorischen Erfolg hätte, so daß also die Bewegung *selbst den Reiz ihrer eigenen Fortsetzung* produzieren würde. Solche Bewegungsfolgen würden sich besonders leicht automatisieren. In der Tat scheint schon das *Gehen* hierher zu gehören. J. M. Baldwin (Die Entw. d. Geistes beim Kinde und bei der Rasse, 1898, S. 78/9) erzählt, er habe sein Kind am Körper mit freihängenden Beinen in einer Stellung gehalten, daß die bloßen Füße einen glatten Tisch leicht berührten. Im neunten Monat konnte er drei bis vier gut geregelte, aufeinander folgende, abwechselnde Bewegungen beobachten, und zwar derart, daß sie das Kind würden nach rückwärts befördert haben. Hier ist es also zu sehen, wie eine Beinbewegung ein besonderes Gefühl an der Fußsohle erzeugt, das wieder der Reiz einer Fortsetzung der Bewegung wird: die Bewegung produziert den Reiz zu ihrer eigenen Wiederholung.

Der wichtigste Fall, der hierher gehört, ist jedoch ein ganz besonderer: er liegt im Sprech-Hör-System. Bekantlich gehört die lallende Ausbildung und Einübung bedeutungsloser Artikulationsfolgen zu den Leistungen schon des zwei bis drei Monate alten Säuglings, der so einen Könnensschatz an Lautfähigkeit anlegt, den er erst später richtig einzusetzen lernt. Die Grundtatsache dieses Sprech-Hör-Systems ist die *doppelte Gegebenheit* des Lautes, der ebenso motorischer Vollzug des Sprechwerkzeuges wie selbstgehörter, zurückgegebener Klang ist. Wir verhalten uns dem selbst produzierten Laut gegenüber sowohl aktiv, ihn eben artikulierend, wie passiv, nämlich das Produkt unserer Tätigkeit fällt mühelos in das Ohr zurück. Hier ist die Fähigkeit „entfremdeter Eigentätigkeit" so auffallend, wie sonst nur noch im *Tastsystem der Hand,* das ebenso die aktivpassive Doppelgegebenheit zeigt, denn auch hier treten dauernd im Vollzug unserer Handbewegungen Tastempfindungen auf. In beiden Sinneskreisen werden unsere Bewegungen ganz unmittelbar sensorisch reflektiert, sie geben in höchstem Maße das Gefühl entfremdeter Selbsttätigkeit, die sich an ihren sinnlichen Rückwirkungen und Begleitungen weitertreibt. Sobald die Hand des Menschen frei beweglich wird, ist sie ein solcher fast selbständiger Mechanismus, denn jeder Tasteindruck reizt zum „Nachfassen", wodurch wieder neue Tasteindrücke entwikkelt werden. Das Kind übt in der Zeit noch bedeutungsleeren Lallens gleichzeitig sein Ohr und seine Sprachmotorik; die zustandekommenden Laute hören und wieder nachbilden, in den notwendig dabei unterlaufenden Abweichungen der Sprachbewegung und Tonqualität sich ergehen – das gehört zu den wichtigsten Teilen der selbstempfundenen Eigentätigkeit, die sich selbst entwickelt und ihre Möglichkeiten durchspielt.

Das Beispiel Guernseys ist sehr bedeutsam. Es zeigt zunächst eine bestimmte „Zwecklosigkeit" der Aktion, ja sogar eine vitale Unzweckmäßigkeit: Schmerz wird „frei" wiederholt. Eine Bewegung ergreift sich an ihrer empfundenen Rückwirkung: sie wird gehemmt, gestoßen; gerade darin erfährt sie sich in ihrer Eigentümlichkeit, eine Sache ist in sie eingegangen; nicht die abstrakte Rückempfindung treibt sie weiter, sondern die *Kommunikation* mit einem äußeren, in sie hineingenommenen Ding. Die Hemmung erzeugt die Empfindung, hier des Schmerzes; aber darin entdeckt sich ein Sachumgang, der sofort lebendig ergriffen und weitergetrieben, hier: wiederholt wird. Die Hemmung einer Bewegung macht sie nur passiv bewußt, die darin ergriffene Welt macht sie jedoch kommunikativ und *einsetzbar*. Gewiß ist die gehemmte Bewegung die zufällige – die geführte ist die verselbständigte oder „entfremdete", in der ein Stück Welt mitbewegt wird.

Immerhin wäre die von Guernsey mitgeteilte Bewegung damit noch nicht beschrieben, daß sie unter die sensomotorischen „Kommunikationsspiele" eingereiht wird. Damit wäre der merkwürdige „theoretische" Charakter der Aktion nicht getroffen, der sofort auffällt. Die beschriebene Bewegung ist in keiner Weise zweckvoll, sie ist nicht angeboren, nicht instinktiv, kein „Reflex", und sie entbehrt gänzlich eines Erfolges, der biologisch als sinnvoll einsehbar wäre. Sie ist dafür, wenn man alles Beschriebene so nennen will, „intelligent".

Der hier geltend zu machende Gedanke, daß sich der Unterschied menschlicher und tierischer Verfassung bereits in den Strukturen des Bewegungslebens abzeichnet, hat Widerspruch erfahren. Doch sollte unser Beispiel genügen, um ihn zu vertreten, wobei es außerdem noch mehr beweist: ich teile nämlich nicht die Neigung der neueren Psychologie, den Begriff der „Empfindung" so ganz zu verwerfen oder ihn als bloß hypothetischen Grenzbegriff einzusetzen. Man kann das beim Sehsinn diskutieren, aber nicht beim Tastsinn: dort gibt es ebenso ein „Auslöschen" der Empfindung im Erfahren der Dingeigenschaften, wie Rauhigkeit und Härte, als umgekehrt ein sehr bestimmtes Empfindungserlebnis als ein objektives „Haben" eines subjektiven Zustandes; der so empfundene und „theoretisch" gehabte subjektive Zustand ist in Guernseys Fall gerade die Pointe des Vorgangs, die Bewegung erfolgt „zu ihm hin". Es steckt in dem Vorgang nicht nur die kommunikative Bewegungslust, die Köhlers Schimpansen wie jeder Turner bei ihrem Spiel mit der Sprungstange erlebten, sondern mehr: die Bewegung endet in einem „Feststellungserlebnis" – hier sogar eines Schmerzes, das nun seinerseits wieder Anlaß zum neuen Vollzuge wird.

Von besonderem Interesse sind sensomotorische Kreisprozesse weiterhin dann, wenn in sie noch eine Gewohnheitsbildung mit dem zugeordneten Entlastungserfolg eingebaut ist (s. o. § 8). Baldwin konstatierte bei seinen hervorragenden Analysen die erste Nachahmung gesehener Bewegungen mit der Hand im 9. Monat. Wenn dann ein Kind etwa im 26. Monat eine gesehene Gestaltvorlage mit der Hand nachzeichnet, so wird die Bewegungsgestalt der zeichnenden Hand über Vorlage und Abbildung hinweg optisch kontrolliert; die Zeichenbewegungen sind zuerst ganz unsicher und ausfahrend, die Zeichnung entsprechend gestaltverzerrt. Was dabei gelernt wird, ist aber die Transponierung einer Vorlagegestalt in eine parallele Bewegungsgestalt sowie eine Einübung flüssiger Feinbewegungen. Ist dies erreicht, so wird die Blickkontrolle des Abbildes entlastet und der Blick kann sich, wie beim Schreibenlernen, schon auf die nächste Vorlagegestalt richten. Die Führungsleistung des entlasteten Blicks für die Bewegungsfolge, die er vorwegnimmt und nicht mehr direkt kontrolliert, wird dabei sehr deutlich. Hier haben wir sensomotorische Prozesse, deren Mittelglieder infolge der Automatisierung ausgefallen sind. Das Endstadium ist dann, daß auch die Vorlage wegfällt – daß also die Gestaltvorstellung die Reproduktion im Schreiben oder Zeichnen führt. Man sieht an diesem Beispiel die außerordentliche innere Kompliziertheit von Leistungen, die am Ende sehr einfach aussehen. Entwicklung ist, wie James Mark Baldwin sagt, nicht nur Evolution, auch Involution, da die Elemente durch die Formen der Komplizierung, die sie bilden, verhüllt werden. Übrigens werden alle diese Zuordnungen ebenso durch Deckungs- (Erfüllungs-) Erlebnisse gesteuert wie durch Vermissungserlebnisse, und es ist beobachtet worden, wie ein Kind seine Finger erstaunt ansah, als bei zu weit entferntem Greifziel das erwartete Tasterlebnis *ausblieb*. Hier haben wir ein ähnliches „theoretisches" Verhalten im sensomotorischen Vollzug wie oben beim Beispiel Guernseys.

Da kein Zweifel bestehen kann, daß in dieser Seh-Tast-Kooperation ebensowohl das objektive *Sosein* der in Umgang gezogenen Dinge zur Erfahrung kommt wie ihr *Umgangswert*, d. h. ihre auf unsere Bewegungen bezogenen Erscheinungen, so ist der Schluß erlaubt: *daß nur auf diese „reflektierte" Bewegungsstruktur bezogen die „Objektivität" der Dingwelt zur Gegebenheit kommt.* Der Ausdruck „entfremdetes Selbstgefühl" der eigenen Bewegungen ist in diesem Sinne zu verstehen. Wir kennen die sensomotorischen Kreisprozesse, in denen der Umgang mit einem Stück Welt zugleich der Reiz zur Fortsetzung ist, in denen die Bewegung ein Eigengewicht erhält, das wieder verarbeitet werden muß im Sinne eines Selbstausbaus, der in sich selbst die Befriedigung der sich genießenden Lebendigkeit hat. Aber dieser Kreis kann an jeder Stelle gesprengt werden, sobald die „Entfremdung" einsetzt, d. h. die Subjektivität der Tastempfindung als solche (also objektiv!) zum Datum wird, oder gerade eine solche eben entwickelte optische Dingerscheinung. Dann kann der Prozeß umgekehrt laufen: der Bewegungsvollzug so angesetzt werden, daß er zu dieser Empfindung hin verläuft und dort endet, wie bei Guernseys Kind, oder bei dieser Dinggestalt oder dieser optisch gegebenen Konstellation der eigenen Glieder.

Diese Darlegung ist nicht ganz einfach, aber die menschliche Bewegungsstruktur ist es auch nicht. Man kann hier den Menschen mit Diderot (Le rêve de d'Alembert) ein „système agissant à rebours", ein verkehrt herum laufendes System nennen, würde aber damit nur die Intellektualität seiner Bewegungsform bezeichnen. Und zwar *aller* Bewegungen, denn alle sind tastempfindlich, die ganze Oberfläche ein einziges Sinnesfeld, dessen Teile sich bei der extremen menschlichen Beweglichkeit überall gegenseitig erreichen können.

Unsere Bewegungen können sich nicht nur mit den Dingen auseinandersetzen, sondern miteinander. Eine *geführte* Bewegung kann einmal den Gegenstand erreichen, vor allem aber sich selbst: sie kann zum „subjektiven Datum" hin umgesteuert werden, also „verkehrt laufen", so wie das buchstäblich Kinder tun, wenn sie die sonderbarsten Arten, sich fortzubewegen, aus dem Vergnügen am Können, an der Führung und aus der ganz bewußt empfundenen Sonderbarkeit der Körperempfindung heraus ausprobieren. Dies wird sofort dann praktisch, wenn ungewohnte Bewegungszuordnungen einzuüben sind: beim Rudern, Schwimmen, bei jedem Sport und – an jeder Maschine. Aber es ist entscheidend, daß solches „Ausprobieren" oder Einüben zu den *natürlichen* Leistungsbedürfnissen des Kindes gehört, in denen es die extreme menschliche Beweglichkeit ebenso ausnützt wie die „Intelligenz", die Umsteuerbarkeit und die Selbstentfremdung, d. h. die Chance der Bewegung, in einem „theoretischen Datum" des Seh- oder Tastsinns zu enden.

Es besteht nämlich beim Menschen infolge seines einzigartigen Körperbaues eine ganz ungemeine Beweglichkeit der Extremitäten und des Kopfes, also derjenigen Organe, welche in solchen Kreisprozessen eingreifen, wobei besonders, wie gesagt, die durch Hand, Auge und Sprache laufenden führend sind. Alle diese Organe sind nicht nur willkürlich beweglich, sondern unabhängig voneinander, so daß sie sich gegenseitig, miteinander auseinanderzusetzen haben. Die inneren Organe der Ernährung, des Kreislaufs usw. stehen in unmittelbarer gegenseitiger Abhängigkeit, sie sind eben damit unwillkürlich. Jene äußeren Organe können unabhängig voneinander, *gegeneinander* und also „willkürlich" funktionieren, sie sind eben deshalb ermüdbar und wesentlich aussetzend, der Ruhepausen bedürftig. Auf diesen höchst wichtigen Sachverhalt gründete zuerst Bichat (Recherches physiologiques sur la vie et la mort, 3. Aufl. Paris 1805) seine Unterscheidung der „vie animale" und der „vie organique". Er sagt da (p. 36): „L'intermittence de la vie animale est tantôt partielle, tantôt générale: elle est partielle quand un organe isolé a été longtemps en exercice, les autres restant inactifs. Alors cet organe se relâche; il dort tandis que les autres veillent. Voilà sans doute pourquoi chacque fonction animale n'est pas dans une dépendance immédiate des autres, comme nous l'avons observé dans la vie organique."

Indem diese Organe unabhängig voneinander einsetzbar sind, können sie gegeneinander arbeiten. Wir werden bald sehen, welche Wichtigkeit dies bei der mühsam zu lernenden richtigen Zusammenarbeit von Hand und Auge, bei den Tatsachen der Selbstbetastung, der Unterscheidung des eigenen Leibes von der Außenwelt usw. hat. Dabei werden durchaus wechselnde Führungs- und Überordnungsverhältnisse herausgearbeitet, in einem Alter, in dem das Kind noch keine Worte und keinen Gedanken hat. So z. B., wenn das Auge auf das Ziel gerichtet bleiben muß, dem die bewegte Hand zustrebt, ohne auf diese abzugleiten; wenn die Entdeckung der „Topographie des eigenen Leibes" sich immer in Bewegung und Gegenbewegung bei wechselnder Unterordnung abspielt, usw. Immer müssen kommunikative Bewegungen, ihrer eigenen Empfindlichkeit und Intelligenz folgend, ihre Erfahrungen machen, wobei das Übernehmen, die Auslese von Erfolgen und die dann mögliche Führung und Einsetzung erfolgreicher Bewegungen eine erste Rolle spielen. Eine Bewegung ist dann willkürlich, wenn sie, auf Grund umgehender Erfahrung, ihren eigenen Erwartungsvorgriff enthält – sie ist dann angereichert und in noch höherem Maße „verletzbar" und offen für noch weitere Bestimmungen. Sie ist außerdem dann ausgelesen aus einem nicht vollzogenen Bereich ursprünglich gleich möglicher Chancen, also „gekonnt". Im Übernehmen von Zufallsbewegungen ist das Innewerden eines motorischen Könnens (samt seines Umgangsbereichs) mit seiner Verfügbarkeit gleich ursprünglich.

Es gehört zu den Schwierigkeiten, aber auch Erfolgsbedingungen einer besonnenen Untersuchung, solche Grundtatsachen nicht weiter aufzulösen. Man könnte den Vorgang auch so beschreiben: das Kind nimmt seine Bewegungen samt ihren Erfolgen wahr, „assoziiert" beide, und indem es künftig den Erfolg „vorstellt", leistet sein „Wille" die entsprechende Bewegung.

Eine solche Beschreibung würde die Zahl der Unbekannten vervielfachen, sie stünde von vornherein in Verbindung mit gewissen Theorien, die die weitere Untersuchung niemals aussondern könnte, sie würde sofort schon in der Wortwahl den Gegensatz des „Physischen" und „Psychischen" aufreißen. Wir haben dagegen in den Worten „verfügen", „übernehmen", „einsetzen", „entfremdetes Selbstgefühl" usw. Begriffe gewählt, die gegenüber dem Unterschied von Physisch und Psychisch gleichgültig sind.

Bostroem (Störungen des Wollens, Hdb. d. Geisteskrankh. II, 3) zählt unter den „ideomotorischen" (= sensomotorischen) Bewegungen die Gehbewegungen, Radfahr- und Klavierspielbewegungen auf. Mit vollem Recht. Doch zeigt sich auch hier der kultur-anthropologisch entscheidende Zusammenhang von Entlastung und Führung. Wenn ein Klavierspieler im Konzert vom Blatt spielt, so nimmt der Blick, der früher beim Lernen die Fingeranschläge kontrollierte, die nächsten Taktfolgen vorher, die unmittelbar vom Blatt in Bewegungen übersetzt werden. Das Ohr kontrolliert keineswegs mehr die eigenen Töne, sondern hört auf die der anderen: ein gutes Beispiel, wie entlastete Fähigkeiten, zu anderer Verwendung freigesetzt, die Leistung unter Einsetzung gelernter Automatismen aufs höchste komplizieren und wie sie führend werden. Überall, wo künftig von kommunikativen Bewegungen, von sensomotorischen Kreisprozessen, von Selbstentfremdung die Rede ist, ist die in diesem Abschnitt beschriebene Intellektualität der Bewegungsstruktur mitzudenken, also die gegenseitige Entlastung von Sinnesleistungen und die Fähigkeit, zum isolierten subjektiven Datum hin – ohne Triebinteresse, ja beim Übergang in den Schmerz gegen ein solches – die Bewegung einzusetzen bzw. sie von daher zu führen.

Wir werden sehen, wie großartig sich diese Prozesse der im kommunikativen Umgang selbst freigelegten und übernommenen Erfahrungen anreichern, wenn Hand, Auge und Sprache zusammenarbeiten. Es sind Kreisprozesse in diesem höheren System, auf die alles gesammelt wird. Alle menschlichen Leistungen, die motorischen wie die eigentlichen Intelligenzleistungen haben, wie sich zeigen wird, die Tendenz, in diesem System zusammenzulaufen. Dieses System ist das *Führungsfeld*, unter dessen Kontrolle alle motorische und intelligente Erfahrung zusammenhängt.

Um dies verständlich zu machen, ist noch auf die folgende Tatsache hinzuweisen. Die besondere Ähnlichkeit von Sprache und Hand liegt nicht nur darin, daß beide Systeme in hohem Grade unabhängig vom Gesamtbewegungszustand leben können: dies hängt mit ihrer Eigenschaft als führende Organe zusammen. Sie liegt vor allem auch darin, daß *nur* auf diesen beiden Gebieten unsere Eigentätigkeit ganz elementar schöpferisch ist, in dem Sinne einer Vermehrung des sinnlichen Reichtums der Welt. Zu der stummen Welt fügt unsere Sprache die tönende hinzu, und unsere Hand, mit den Dingen umgehend, sie zerbrechend oder bearbeitend, entlockt ihnen immer neue tastbare und auch sichtbare Eigenschaften. Wenn so hier unsere Eigentätigkeit eine wahrhaft produktive ist, wenn sie den Reichtum der Welt und der Reize der Welt selbst noch vermehrt, so muß sie diesen Reichtum auch wieder bewältigen, und Sprache und Hand müssen sich auf die erzeugten, begegnenden und einströmenden Erlebnisse fortdauernd wieder einlassen. Daher sind hier Quellen höchst verdichteten, kommunikativen, sensomotorischen Lebens, in die nun auch unser Phantasieleben einströmt. Sprechen und Sprachphantasie, Handwerk und phantasievolles Abwandeln desselben sind ursprüngliche, an diesen Konzentrationsstellen intelligenten sensomotorischen Lebens entspringende Mächte.

14. Fortsetzung

An dieser Stelle ist nun bereits die *erste Sprachwurzel* einzuführen: das rein kommunikative, noch gedankenlose offene Leben des Lautes. Der tätig hervorgebrachte Laut – der in dieser Beziehung ebenfalls Bewegung ist – wird gehört, die Lauttätigkeit zählt zu jenen, welche die Reize zur Fortsetzung selbst hervorbringen. Man muß hier noch von jeder „Bedeutung" des Lautes absehen und doch feststellen: das kleine Kind hält lallende „Selbstgespräche"; was es an Tönen hervorholt, hört es zugleich, um es wieder anzusetzen in der Bemühung des Wiederholens. Das ist ein ganz ähnlicher Vorgang der ausbauenden Bewegung entfremdeten Selbstgefühls, wie der vorhin erörterte. Indem das Kind das Gehörte wiedererzeugt und vermannigfaltigt, übt es zugleich seine akustische Gestalt- und Eindrucksempfindlichkeit und sein artikulatorisches Können. Da nun der produzierte Laut aus der Welt zurückklingt, so macht es in diesem Spiel keinen Unterschied, ob der gehörte Laut von ihm selbst oder von anderen herkommt, die sich immer finden, um auf das Kind einzureden. Es gibt so zunächst den Anreiz, auch sonst Gehörtes nachzusprechen, bis zu einer ganz deutlichen Bemühung, den gehörten Laut als *Motiv* einer zu ihm hinführenden, ihn reproduzierenden Bewegung zu haben: der Erwachsene spricht dem Kinde die Lautfolge „rerere" vor. Das Kind lauscht, bekommt ein angestrengt arbeitendes Gesicht, schreit kurz und laut auf und bricht in Tränen aus. Dann auf einmal, leise und mit Lächeln, angestrengt arbeitend, produziert es: „rerere" (2 M. 18 T.).

Es gibt also eine rein sinnliche Kommunikation auf diesem Wege, die im Hören, Nachsprechen, Wiederhören und Abwandeln von Lauten eigener oder fremder Herkunft besteht, wobei die Artikulation des Kindes unvermerkt geführt wird. Diesen Vorgang nenne ich „Leben des Lautes", er besteht in dieser sinnlichen Kommunikation mit Selbstausbau des Sprachvermögens, ein Vorgang, der nur auf dem Gebiete des Tastumgangs eine Parallele haben kann, denn auch dort gibt es sich selbst weiterbauende Prozesse, eine in die Selbsttätigkeit verschmolzene Außenwelt – auch dort ist sinnliche Kommunikation möglich. Bei der blinden und taubstummen Helen Keller war dies der Weg der Sprache.

Man muß sich diese sinnliche Kommunikation genau vorstellen. Wenn ich einen Laut artikuliere, höre und wiederhole, wenn er dann ohne vorausgehende Bemühung an mein Ohr kommt, und ich ihn nachspreche, so muß sich hier ein Gefühl des doppelseitigen Lebens des Lautes entwickeln – auch etwa beim blinden Kinde. Es muß die Erwartung der vorgreifenden Phantasie entstehen, einen artikulierten Laut von außen wiederholt und zurückgegeben zu hören. Wird diese Erwartung und die Befriedigung ihrer Erfüllung enttäuscht, bleibt die Antwort aus, so ist das Leben abgeschnitten und die Erwartung bleibt unerfüllt, sie fällt ins Leere.

Es sind innerhalb jeder Kommunikation die Vermissungs- und Erfüllungserlebnisse, die zu immer tieferer, weitergreifender Erfahrung antreiben. Der lebende, kommunizierende Laut, der zurückgegeben wird und weitergespielt, unterscheidet sich sehr von dem verhallenden, der ins Leere trifft. Es baut sich die Erweiterung des Prozesses vornehmlich in der ersten Richtung aus, und hierin erscheint ein sehr allgemeines Gesetz des Fortschritts durch Preisgabe oder Auslese. Alle menschlichen Leistungen, auch die Bewegungsleistungen lassen sich zu außerordentlicher Vollkommenheit steigern und hochtreiben, wenn sie beschränkt werden, andere Möglichkeiten abstreifen und sich „spezialisieren". Es ist leicht zu sehen, wie an die schon hier einsetzende Auslese der Laute auf die kommunizierend erfolgreichen hin sich eine sehr wichtige Eigentümlichkeit jeder Sprache ansetzt, ja jedes seelischen Erlebnisses überhaupt. Weil die Sprache (und jede weitere Entwicklung des Inneren) von vornherein im Umgang erfolgt, weil der fremde von außen andringende Laut im Nachvollzug in Eigentätigkeit verwandelt wird und nun am Selbstgefühl der Lebenstätigkeit teilnimmt, so werden später *alle,* von der Sprache überhaupt betroffenen Weltbestände *in das Bewußtsein intimer eigener Verfügbarkeit gezogen.* Durch die Sprache werden den Dingen nicht „Zeichen" aufgeklebt, sondern sie werden in unseren Umgang verwickelt, intim und zu Teilnehmern unseres Lebens. Dies sah auch Humboldt in den folgenden Worten: „Denn sie (die Stimme) geht als lebender Klang, wie das atmende Dasein selbst, aus der Brust hervor ... und haucht also das Leben, aus dem sie hervorströmt, in den Sinn, der sie aufnimmt, so wie auch die Sprache selbst immer mit dem dargestellten Objekt die dadurch hervorgebrachte Empfindung wiedergibt und ... die Selbsttätigkeit des Menschen mit seiner Empfänglichkeit zusammen knüpft" (Einl. z. Kawiwerk, Über die Verschiedenheit des menschlichen Sprachbaues, 1836, S. 51). Wir sind noch nicht bei der eigentlich bedeutungsvollen Sprache, sondern erst bei „sensomotorischen" Vollzügen, bei bloßen Bewegungsleistungen. Aber deren „Intelligenz" ist zu betonen. Sobald sich solche Bewegungen mit Weltinhalten angereichert haben, kommunikativ geworden sind, lebt man sie sozusagen nicht bloß, sondern man lebt in ihnen. Sie werden jetzt einsetzbar, entwicklungsfähig und können an Vermissungen lernen, sich andererseits in Erfüllungen und Begegnungen einarbeiten und bereichern.

Hier ist dann schon der Ort, erstmalig auf die *Bewegungsphantasie* zu kommen, die uns bald noch näher beschäftigen wird. Ich behandele sie hier gleich im Zusammenhang mit der *Empfindungsphantasie.* Es ist zunächst die Tatsache zu beachten, daß eine jede Bewegung, sofern sie kommuniziert, sofern sie also weltumgängliche Inhalte entwickelt, und damit nun übernommen wird: daß sie dann im bloßen Ansatz schon Erwartungsvorgriffe enthält. In den ansetzenden Bewegungen liegen ihre kommenden Phasen nicht weniger beschlossen als die zukünftig darin enthaltenen Sachantworten, Veränderungsreihen der begegnenden Dinge. Auch im Laut, der in der Teilnahme mit den Lauten der anderen lebt, liegt schon Erwartung des Wiederhörens, als eine „Intention" auf die Erfüllung. Unter „*Intention*" hat man den Erwartungsvorgriff einer jeden gerichteten Bewegung auf Erfolg, Antwort und Rückschlag zu verstehen, und es ist ein sehr großer Fehler, Intention erst im Seelischen oder gar Geistigen anzunehmen: eine geführte Bewegung intendiert im Ansatz bereits Fortgang und Umgangserfolg. Der im Laut sich fassende gerichtete Vorgriff auf eine Erfüllung in anderen, antwortenden Lauten ist natürlich von besonderer Bedeutung: er ist die *vitale Grundlage des Gedankens,* nämlich der im Laut sich faßlichen und gerichteten, dabei frei verfügbaren „Intention auf etwas".

Die Frage, ob die Tiere im Warnruf nicht eine bestimmte Gefahr „meinen" und also „Sprache" haben, ist meist zu wichtig genommen. Ich halte es durchaus für möglich, daß es bei Tieren außer der bloßen Ausdrucksansteckung auch echten Warnruf gibt, in dem die „Intention auf Gefahr" steckt. Sie haben deshalb immer noch keine Sprache. Denn zur Sprache gehören drei schlechthin wesentliche weitere Eigenschaften: die im Laut gerichtete Erwartung auf Erfüllung in *anderen* Lauten, die feste Zuordnung prägnanter Lautgestalten zu ebenso prägnanten Dingen, und die *Unabhängigkeit* der Verfügbarkeit einer echten Sprache vom *Jetztgehalt* der Situation. Kein Tier wird den Warnruf in einer harmlosen Situation als *solchen* reproduzieren. Das Tier ist eben nicht situationsentlastet, und deshalb sind ihm seine Laute nicht frei verfügbar, sondern aufgedrängt.

In den eben beschriebenen Erscheinungen kommunizierender und sich dabei durch Beschränkung und Erfolgsübernahme steigernder Tätigkeit beobachtet man eine bedeutende Entwicklungsfähigkeit. Diese liegt daran, daß hier Selbsttätigkeit und Empfänglichkeit, Eigentätigkeit und belebender, anreizender Umgang innig verbunden sind. Eben dies bedeutet Glück oder Lust, ungehemmter – nicht widerstandsloser, aber die Hemmungen einarbeitender – Fortgang der Aktivität. Alle Richtungen unserer Handlungen, in denen wir uns in Kommunikation mit Menschen und Dingen ausbreiten, bedürfen keiner „Erklärung".

Die amerikanischen Pragmatisten, besonders Dewey, ferner Nietzsche und Bergson haben die Lehre von der Entstehung des Bewußtseins aus dem gehemmten Lebensprozeß begründet, die in dem allgemeinen Sinne, daß Bewußtsein, Bewegung, Widerstand und Empfindung zusammengehören, sicher richtig ist. Die Entdeckung der Pragmatisten, das Bewußtsein von der Handlung her und im Zusammenhang mit ihr zu sehen, war ein großer Fund. Ich glaube aber nicht, daß die von Dewey vertretene These von dem nur episodischen Charakter des Bewußtseins haltbar ist: es habe nur den Sinn, diskoordinierte Bewegungen durch Umkombination der Hindernisse wieder flüssig zu machen, um in das glatte und kunstlose gewohnte Hantieren wieder zurückzutauchen; eine episodische Rückwendung, um die Verlegenheiten der wesentlich reflexionslosen Handlung zu beheben. Ich denke dagegen, daß es beim Menschen kein bewußtloses Dasein gibt, sondern nur bewußtlos gewordenes: Gewohnheiten, die mühsam aus Widerständen herausentwickelt wurden, und nun in die entscheidende neue Funktion eintreten, die *Basis* eines *entlasteten*, höheren, aber wieder bewußten Verhaltens zu werden. Auch ist wohl nicht, wie Dewey meint, unser eigentlicher Lebensboden der Alltag, sondern wir leben vom Alltag in die *Zukunft*, und dies chronisch; ebenso chronisch ist das Bewußtsein, das von der Zukunft her das Alltagsverhalten über den Gewohnheiten bestimmt.

Zurück zu unseren Betrachtungen über den sensomotorischen, kommunizierenden Selbstausbau. Ein anderes Beispiel schon sehr viel komplexerer Art ist der Tanz. Beim frei gestalteten Tanz kommuniziert die Bewegung mit der Musik, die beim guten Tanz nicht etwa „Begleitung" ist, sondern die Musik scheint die innere Musik der Bewegungen bloß ins Hörbare fortzusetzen und wieder die Bewegung die an sich raumlose Musik in sich hineinzuziehen und an einem sichtbaren Ort zu verdichten.

Alle hier gemeinten Kreisprozesse des sinnlich-bewegten Umgangs sind rhythmisch oder rhythmisierbar. Es scheint der Rhythmus die ursprüngliche Verlaufsgestalt zu sein, in der solche Bewegungen sich aufbauen. Immer wird das Lebensgefühl durch die sinnlich zurückgegebene und rhythmisch sich fortsetzende Bewegung wie in tiefen Atemzügen sich immer neu wiedergegeben – im Erlebnis entfremdeter und doch intimer Selbsttätigkeit im Umgang.

Betrachten wir jetzt weiterhin wieder eine andere Seite jener Vollzüge, bei denen die Handlung den Reiz zum weiteren Ausbau selbst erzeugt. Diese Leistungen sind in einem bestimmten Sinne „frei" oder selbst-genügend. Sie werden in hohem Maße verselbständigt, sie *entfernen sich vom Anlaß* oder sie erfolgen in zunehmender *Unabhängigkeit von der Ausgangssituation*. Ein bestimmter aktueller Anlaß mag den Anstoß geben – aber diese Kreisprozesse verwickeln sich in sich selbst, indem der Umgang mit den Gegenständen ja diese selbst bereichert, und die so bereicherte Bewegung „empfindlicher" wird für neue Aufgaben, die sie selbst freilegt. Man sehe zu, wie Kinder mit Gegenständen hantieren, wie sie sich auf die dabei in die Kommunikation hineingezogenen Eigenschaften der Dinge fortdauernd einlassen, so daß der Vorgang der Freilegung solcher Sacheigenschaften untrennbar ist vom Vorgang des eigenen Leistungsausbaus, von der Selbstentfremdung des Könnens, die zugleich Aneignung des Könnens ist. Der Zusammenhang mit der Ausgangssituation wird dabei fortschreitend gelöst, und die Bewegungen vertiefen sich in sich selbst. Diese Vorgänge sind auch für die Sprache von größter Bedeutung, sobald sie erst ihre Möglichkeiten ergriffen und angeeignet hat.

Es ist diese Struktur der menschlichen kommunikativen Bewegungen von allergrößter Bedeutung. Sie ist nämlich die Bedingung jeder *Sachlichkeit* des Verhaltens. Die kleinen Kinder schaffen sich um sich herum zahlreiche eigentümliche umschriebene Sonderbereiche von Handlungsgewohnheiten, die jeweils bestimmte Dinge zum Mittelpunkt haben – es ist dies eine wichtige Seite des Spiels. Erst wenn die umgebenden Dinge jeweils „Selbstzwecke" des (sich dabei übenden) Umgangs werden, kommt es zur Entdeckung ihrer *eigenen* Eigenschaften: je mehr dies geschieht, um so betonter wird die Spannung zwischen dem „objektiven" und dem „subjektiven" Pol, zwischen den Handlungs*erfolgen* und dem an ihnen sich fassenden *Könnensbewußtsein* der Tätigkeit. Je prägnanter und eindrücklicher der Leistungserfolg, je länger der Weg dahin vom Anlaß fort, um so stärker ist das Selbstgefühl und Innesein der Eigentätigkeit: so wie der eindringliche, hart Laut der Klapper das Vehikel ist, auf dem die schüttelnde Handbewegung sich als gekonnte herausübt.

Die Bedingung jeder Objektivität oder strengen Sachgerechtigkeit der Bewegungen ist also die, daß die Dinge aus der Umgebung herausgelöst werden, daß man sich in kommunikativen Bewegungsvorgängen auf sie einläßt und daß damit ein ausgelesenes Können, aber auch Bewegungs- und Erfolgserwartungen aufgebaut werden. Beim kindlichen Schaffen, seinen Kritzeleien und Bauten, sollen diese Produkte zunächst gar nichts „bedeuten", sondern sie kommen zustande in einem Sichvertiefen und Sichvergessen in sensomotorischen Umgängen, die eine gewisse Selbstgenügsamkeit und Situationsfreiheit gegenüber dem gesamten anderweitigen Bestande des „Jetzt" haben. Ebenso bedeuten die Lallübungen, sinnlosen Gesänge usw. bereits eine funktionale *vor* der inhaltlichen, gedanklichen Befreiung von der konkreten, umgebenden Reizlage, die für die Sprache von höchster Bedeutung ist. Ich halte es für möglich, daß das Sprach-Hörsystem und das motorische System der Hand gehirn-physiologisch schon irgendwie verselbständigte Bezirke sind, wie dies sicher vom optischen System (s. u.) gilt. Diese Prozesse machen daher den Menschen weitgehend umweltentlastet oder situationsfrei, sie „entfernen sich vom Anlaß", sind aber gerade deswegen die Wege zur „Objektivität" und zu jener intimen Sachgemäßheit, die nur in selbständigen Umgangs- und Kommunikationserfahrungen der Bewegungen erworben wird.

Die auffallende, abnorm lange Unfertigkeit des Kindes und seine Hilflosigkeit sind von daher zu sehen. Die geradezu jahrelange Übungszeit schon für einfache motorische Leistungen fällt gegenüber Tieren sehr auf, die ihre Bewegungen in kürzester Zeit montieren. Ich beobachtete, wie ein neugeborener Elefant bereits nach wenigen Tagen von der Mutter dauernd aufgescheucht und zum Laufen genötigt wird – er darf die wandernde Herde nicht lange aufhalten. Die menschlichen Bewegungen sind deswegen nicht fertig, weil sie gerade *nicht angepaßt sein* sollen, sondern weil sie eine für jedes Tier unerreichbare Anpassungsbereitschaft erwerben sollen. Sie müssen eine unvergleichlich höhere Integrationsstufe im Gegeneinanderarbeiten selbst aufbauen. Vielleicht zeigt kein Beispiel klarer, wie das menschliche Leben vom Physiologischen her auf Handlung, nicht auf angepaßte Reaktion angelegt ist.

Wenn nun, wie ich gleich zeigen werde, auch die höchsten Tiere diese Fähigkeit des umgehenden Selbstausbaus von Bewegungsfiguren nicht erreichen, so fehlt ihnen dazu nicht die Intelligenz oder die Sprache, sondern die Plastizität und Sensibilität der Bewegungen, also die „Intelligenz der Bewegungen". Das ist zu einem vorläufigen Verständnis der „Willenshandlungen" beachtenswert.

Es kommt unter zwei Bedingungen bei Handlungen zu einer charakteristischen Veränderung: wenn die Bewegungen gehemmt werden und sich nun gegen den Widerstand durchzusetzen suchen; und wenn ein Zufallserfolg „aufgegriffen" und in wiederholter, gerichteter Bewegung „intendiert" oder ausgewertet wird. In beiden Fällen, die wir auch bei Tieren beobachten, ändert sich das gesamte Verhalten in gleicher Richtung, nämlich im Sinne einer „Konzentration" auf eine bestimmte Aufgabe, und man ist berechtigt, hier den besonderen Begriff des Willens einzuführen. Auch dann, wenn das Verhalten noch ein „Appetenzverhalten" nach Instinktzielen ist.

Da aber in diesem Falle die Grenze zwischen dem „willkürlichen" und dem „getriebenen" Verhalten nicht scharf zu ziehen ist, kann man noch in engerem Sinne von Willenshandlungen dann reden, wenn die Handlung von dem als *Motiv* vorschwebenden Erfolg her gesteuert wird. Auch da gibt es Übergangsformen. Wenn ein Kind ein gestern liegengelassenes Ding, mit dem es umging, wieder erblickt, so wird es sich daraufzu bewegen, seine Erinnerung wird im Ansatz der Bewegung und ihr folgend die Richtung nach der Zukunft einschlagen und „Erwartung" werden, und es wird nun nach der Richtung dieser Erwartungen hin seine Handlungen einsetzen, die also jetzt ein „Motiv" haben und Willenshandlungen sind. Vielleicht wird man dasselbe auch höheren Tieren unterstellen dürfen, so wenn sich die Schimpansen nach ihren gewohnten Kisten und Stöcken umsahen, um ihre Triebziele zu erreichen.

In diesen Fällen ist aber auch eine andere Interpretation möglich: es könnte sich um eine „Komplexergänzung" derart handeln, daß ein Teil oder Bestandstück der Gesamtsituation bereits diejenigen Gesamtbewegungsfolgen auslöst, die zur Bewältigung der gesamten Reizlage notwendig und schon bekannt sind. Wir können daher einen noch spezielleren Begriff der Willenshandlung konstruieren, wenn wir diese Möglichkeit ausschließen. Es würde sich dann darum handeln, daß durch irgendeine Bewegungsfolge ein Erfolg angesteuert wird, und zwar in konzentrierter Bemühung, der ein isolierter und verselbständigter Bestandteil der Situation und *nicht* instinktwichtig ist; und dieser Erfolg wäre mit größter Wahrscheinlichkeit dann ein vorschwebendes Motiv, wenn er ursprünglich gar kein Ding, sondern ein bloßes Empfindungsdatum ist. Hier gleich das Beispiel: „Beim Lallen produzierte das Kind plötzlich einige neue Laute. Es stutzte, bekam einen staunenden, erwartungsvollen Gesichtsausdruck, lag momentan mit offenem Mund und großen, träumenden Augen da und artikulierte dann langsam und vorsichtig mehrere derselben Laute, wie g, w, b. Der ganze Körper war bei der Produktion des Neuen in Bewegung" (fünf Monate, 19 Tage).

Das ist ein Beispiel für eine im Sinne obiger Definition gewollte Bewegung, und es wäre bloße theoretische Silbenstecherei, zu bestreiten, daß das Kind diese zufälligen Leistungserfolge wiederholen „will". Man sieht auch, daß die Ablösung des Leistungserfolges, seine Verselbständigung zum Motiv und das Übernehmen desselben im Gebiet der Lautbewegungen früher ist, als dieselbe Erscheinung bei Hantierungserfolgen, denn erst am Ende des ersten Jahres werden z. B. Kritzeleien zufälliger Art auf diese Weise „unterstrichen" auf Fortsetzung hin eingesetzt.

Die hier definierte besondere Klasse von Handlungen ist, wie wir noch sehen werden, sehr umfangreich und spezifisch menschlich. Alle motorischen, geistigen, emotionalen usw. Vollzüge haben die Qualität „Willensleistung", wenn sie folgenden Umständen entsprechen: das Wort bezeichnet in erster Linie die *Führung* einer Leistung nach einem intendierten Erfolg *unabhängig vom Gesamtgehalt der gegebenen Situation.* Es muß also:

1. Die Richtung des Einsatzes vom Erfolg her gesteuert sein.
2. Der Erfolg ist antizipiert, vorentworfen oder wiederaufgenommen.
3. Die Leistung erfolgt neutral und unabhängig gegenüber den Gesamtinhalten der jetzt gegebenen Reizlage oder Situation.
4. Sie erfolgt also auf ein isoliertes, verselbständigtes Motiv hin.
5. Sie setzt sich auch gegenüber Hemmungen durch Verstärkung, Umwege usw. durch.

Um hier eine Art Definition des Begriffs „Wille“ anzuschließen, so ist dieses Wort eine Abstraktion aus der hochbedeutsamen Tatsache, daß die *Beziehungen* zwischen unseren Handlungen und den Antworten und Reaktionen der Dinge abgehoben und selbst *Gegenstand* eines Interesses werden können. Denn die Antriebe des „Handlungskreises“ finden ihre Erfüllung in den positiven Reaktionen der Dinge auf die Erwartungen des aktiven Handelns *selbst.* Es können daher aus dem Sachumgang selber Motive entwickelt werden, deren Erfüllungswert darin liegt, daß sich ein Sacherfolg und eine Serie von Handlungen gegenseitig bestätigen, ganz abgesehen davon, ob dies noch für einen anderen, vitalnäheren Antrieb von Interesse ist oder nicht. Damit erhalten ganz beliebige Sachverhalte der unendlichen Dingmannigfaltigkeit schon dadurch Erfüllungswert, daß sie sich als Erfolg einer mit ihnen umgehenden Aktivität ergeben. Alles konstruierende, probierende, experimentierende Verhalten, das von der Sache her zwischengesteuert wird, erlaubt ein Erfüllungserlebnis *in ihm selbst,* und schon ein solches Verhalten heißt willensmäßig. Diese ganze Struktur kann abgehoben und selbst Gegenstand eines Bedürfnisses werden: es ist eine der Strukturen, auf die das Wort von Woodsworth (1918) paßt: the mechanism furnishes his own drive. Der Willensmensch findet Erfüllung im Handeln und in der positiven, bestätigenden Reaktion der Dinge auf sein Handeln, und nicht in der Erfüllungsqualität der von ihm hervorgerufenen Situationen für irgendwelche andere Antriebe in ihm.

Dieser Sachumgang kann wegen der Rückempfindlichkeit körpereigenen Verhaltens auch im erlebbaren Bewegungserfolg allein bestehen. Das Beispiel, wie das Kind b, w, g „aussprechen will“, ist in dieser Hinsicht belehrend. Es besteht gar keine Notwendigkeit und sozusagen gar kein Interesse an dieser Leistung – in wenigen Monaten würde das Kind diese Laute, von anderen nachsprechend, auch haben. Was in dieser Bewegungsfigur, wie im ersten Beispiel Guernseys imponiert, ist die „Sachlichkeit“, mit der das Kind um seine Leistung in der Ebene des Empfindbaren bemüht ist, die deutliche Willensmäßigkeit des in sich selbst reflektierten Verhaltens. Haben schon die kommunikativen Bewegungen die Tendenz, sich in sich selbst auszubauen, so trennt sich in der daraus aufsteigenden Entwicklung des peripheren Willens die Tätigkeit zunehmend vom Eindruck der Außenwelt, weil sich die Bewegung selbst Inhalte ihrer Tätigkeit setzt.

15. Leistungsgrenzen der Tiere

Die Psychologie höherer Tiere hatte aus leicht verständlichen Bedürfnissen bisher fast immer das Interesse, die „Brücke" zwischen tierischer und menschlicher „Intelligenz" zu schlagen und kam so einhellig zu der Auffassung eines bloß quantitativen, nicht qualitativen Unterschiedes. Daß sehr oft nicht rein sachliche, sondern dogmatische Bedürfnisse dabei mitspielten, sieht man aus der Wichtigkeit, die dabei Worte bekommen. In einer neuen Arbeit wird beschrieben, wie ein Schimpansenkind, um die Tür zu öffnen, einen Stuhl heranschiebt. Da die Tür verschlossen ist, hat dies keinen Erfolg, und nun holt das Tier weitere Stühle. Der Verfasser nennt das mit W. Köhler einen „guten Fehler" – er könnte es mit demselben Autor auch ein „törichtes Repetieren" nennen, aber der erstere Ausdruck ist dogmatisch naheliegender, wenn man eben Übereinstimmungen sucht.

Das Forcieren solcher „Ähnlichkeiten" hat aber auch den sachlichen Grund, daß man erst erforschen und einigermaßen übersehen muß, was das Tier kann – wobei man oft Gelegenheit findet, Parallelen zum Menschen zu ziehen –, ehe man dahinter kommt, was es *nicht* kann. Die systematische Erforschung dieser Grenzen liegt noch in den Anfängen. Wir wollen aber unter diesem Gesichtspunkt einmal die hervorragendsten Forschungen dieser Art, die „Intelligenzprüfungen an Menschenaffen" von W. Köhler (Abhdlg. d. preuß. Akad. d. Wiss. 1917) ansehen, um unsere eigene Auffassung von einem qualitativen Leistungsunterschied zu belegen. Ich behaupte, daß die *Grenzen* der Leistungen der Anthropoiden nicht nur von einem geringeren Niveau ihrer Intelligenz bedingt sind – wobei „Intelligenz" etwa Einsicht in neue Sachverhalte heißen soll –, sondern *ebenso* von ihrer spezifischen Antriebsstruktur, ihrer besonderen Sinnesausstattung und dem Inbegriff ihres sensomotorischen Vermögens. Diese Grenzen sind also konstitutionell begründet und qualitativ. Das heißt aber: eine einfach graduelle Vermehrung ihrer Intelligenz würde ohne Änderung ihrer Gesamtkonstitution keineswegs einen „Übergang" zum Menschen bedeuten.

Zunächst gilt ausnahmslos: die recht beachtlichen Leistungen dieser Schimpansen erfolgten doch immer nur angesichts konkreter, vorliegender Triebziele, wie Bananen, Apfelsinen usw., also stets nur im unmittelbaren Zusammenhang mit einer von außen an sie herangebrachten und *aufdringlichen Reizlage*. Sie verhielten sich dann gemäß dem oben erwähnten Gesetz: sie lernten nur unter dem Druck triebwichtiger und aktueller Reizeinwirkung, und nur im Anziehungsfeld der Beute wurde ein Leistungsplus aufgebaut. Es fehlt also die im kindlichen Spiel erscheinende begierdefreie Entwicklung eines „Mehr" an Leistung, rein von den sachlich entdeckten Möglichkeiten des instinktneutralen Gegenstandes als solchen her.

Bei vielen Versuchen hat sich ergeben, daß diese Tiere ihr Verhalten optisch steuern, dabei aber in charakteristischer Weise sehr bald an ihre Grenzen kommen. Wenn das klügste Tier (Sultan) ein Seil bemerk, das an einem Ende die hochgezogene Beute trägt, am anderen mit einem Ring am Nagel hängt, so bemerkt es zwar die optische Verbindung Seil–Beute und versucht sie durch Zerren auszuwerten, aber es versagt an der Leistung, das Seil einfach vom Nagel abzuhängen. Laufen mehrere Fäden anschaulich auf das Ziel zu, das nur an einem hängt, so zieht das Tier zuerst am kürzesten Faden, einerlei, ob er das Ziel enthält oder nur in der Nähe leer endet. Der Gebrauch einer Leiter, um damit ein hoch gelegenes Ziel zu erreichen, geschieht so, daß der optisch ausgiebigste – aber statisch unsicherste – Kontakt zwischen Wand und Leiter hergestellt, d. h. die Leiter an die Wand „angeklebt" wird. Bei der Stockverwendung – um das Ziel heranzuangeln – kam es vor, daß ein Tier, wenn ein Stock zu kurz war, ihn mit einem anderen so zusammenlegte, daß sie optisch einen Stock von doppelter Länge ausmachten – aber die Hand mußte beide Teile aneinander halten, und so lange bleibt praktisch wertlos, was dem optischen Eindruck nach eine Verbesserung ist. Sultan konnte später bekanntlich zwei Rohre aneinanderstecken und mit dem langen Stock arbeiten, fand aber die Lösung spielend zufällig und durch Ausnützung dieses Zufallserfolges, eine öfter bemerkbare Leistung – z. B. graben sie mit einem Stock spielend im Boden herum, finden dabei eßbare Wurzeln und graben nun interessiert weiter. Für ihr optisch gesteuertes Verhalten ist weiter bemerkenswert, daß bei der Aufgabe, zur Erreichung eines hochgelegenen Zieles zwei Kisten aufeinanderzustellen, die obere öfters dadurch optisch „verlängert" und dem Ziel genähert wird, daß sie auf eine Spitze gestellt werden soll. Selbst wenn sie schon gelernt hatten, zwei Stöcke aneinanderzustecken, wurden sie unsicher, wenn diese zufällig fast parallel in der Hand lagen; sie schienen dann optisch nicht mehr „ablösbar" zu sein. Hierher gehört auch die Tatsache, daß die Angelei mit den Stöcken nur dann gelang, wenn diese ungefähr im Blickfeld zusammen mit dem Ziel lagen oder doch leicht einzubeziehen waren – der an die entgegengesetzte Käfigwand gelegte Stock wird nicht erkannt oder benutzt. Dagegen versuchen sie alles zu verwenden, was beweglich und langgestreckt *aussieht*, Tücher, Drahtstücke, Zweige, Decken, trotz der funktionellen Unbrauchbarkeit.

Diese Reihe von Tatsachen beweist zunächst die vorwiegend optische Steuerung des Verhaltens bei ziemlich geringer optischer „Feinauftrennung" der Daten. Sie beweist aber noch mehr, daß nämlich diese Daten keine statischen Werte enthalten. Köhler weist darauf selbst nachdrücklich hin.

Statisch sicher eine Kiste auf die andere zu stellen wurde nie gelernt. Ein Tier versuchte, auf einem Kistenbau stehend, die eine unten herauszuziehen, um sie oben aufzutürmen, mit großem Schreck, wenn alles einstürzt; oder sie „kleben" die Kiste in Kopfhöhe an die Wand des Raumes, um sie optisch dem hochhängenden Ziel zu nähern. Die optisch unausgiebigste, an vier Punkten haftende, aber statisch allein sichere Leiteraufstellung „normaler Art" gelingt als echte Lösung niemals.

Hiermit sind die Grenzen des Bereiches angegeben, *innerhalb* dessen Intelligenzleistungen im Sinne echter Einsicht vorkommen. Aus dem Gesagten ist der Schluß erlaubt, daß die Struktur des Sehfeldes der Schimpansen sich von der des Menschen unterscheidet; die Schimpansen sind primär Augentiere, doch können ihre Sehdinge nicht so wie die des Menschen statische Werte im Sinne des Gewichts, der Schwere, Festigkeit usw. haben, auch scheint ihrem Sehraum die Auszeichnung der Senkrechten als Gravitationslinie zu fehlen, was bei ihrer Natur als Baumtiere mit dauernd verlagerten Wahrnehmungsachsen ja nicht verwunderlich ist. Die optische „Feinstruktur" menschlicher Sehdinge hängt aber, wie wir bald sehen werden, in erster Linie von der Seh-Tast-Kooperation ab, die den Andeutungsreichtum sachlicher Qualitäten erst entwickelt, und ich sehe nicht, wie man der Folgerung entgehen will, daß diesen Tieren die ganzen dazu erforderlichen Bewegungsstrukturen fehlen, weil sie sie ja nicht nötig haben. Die kindlichen Umgangsspiele mit allen erreichbaren Dingen vollziehen sich einmal unabhängig von „Beutereizen" und triebfrei, d. h. sie stellen kein „Appetenzverhalten" dar wie alle Handlungen, die Köhler untersucht hat; vor allem aber vollziehen sie sich mit einer spezifischen Bewegungsintelligenz derart, daß Verfeinerungen und Verbesserungen des Hantierungsvollzuges von Korrekturen abhängen, die teils in der Sachebene als notwendig erscheinen, teils aber auch von parallelen Eindrücken der Empfindungsreihe vorgeschrieben sind, wenn etwa eine erwartete Deckung von Seh- und Tastempfindungen *nicht* erfolgt. Das Kind würde einen Lappen deswegen nicht als Stock benutzen, weil es ihm infolge der Umgangserfahrung seine Unstarrheit *ansieht* und ebenso den sachlichen Mißerfolg erwartet, wie das Ausbleiben von Tastempfindungsreihen, die einer erfolgreichen *Bewegung* mit starren Dingen entsprechen würden. Der Affe kann zwar hantieren, sich aber dabei nicht auf Erfahrungen und Erwartungen verlassen, *die eine primäre Kooperation von Hand und Auge im „Selbstzweckverhältnis" voraussetzen.* Die hier beim Menschen vorhandene und dem Tier gegenüberzustellende Eigenlebendigkeit des Bewegungsumgangs, die „Intelligenz" seiner kommunikativen Bewegungen, die an Seh- und Tasteindrücken *und* deren Verhältnis zueinander immerfort kontrollierte Sachlichkeit derselben ist ein Angelpunk des gesamten Problems „Mensch". Die Unabhängigkeit der Kooperation Hand-Auge-Sprache von den elementaren organischen Bedürfnissen ist hier schon zu beobachten. Dieses System findet

Stoff, Anlaß, Tätigkeit, Erfüllung und Vervollkommnung weitgehend in sich selbst, und diese Tatsache ist für die Struktur und Entwicklung des menschlichen Antriebslebens, ja für das ganze Problem „Innenwelt“ von grundlegender Wichtigkeit. In der weitgehenden *Unabhängigkeit* des handelnden Umgangs, der sich sachlich in die Umstände verwickelt, von den Bedürfnissen, in diesem „Hiatus“ liegt der Schlüssel zum Problem „Seele“. Dieser Hiatus legt nämlich das Innenleben der Antriebe *als solches* erst frei, und daraus erklärt sich sowohl die *Bewußtheit* wie die *Plastizität* der menschlichen Antriebe, die sich nach den sachlichen Bedingungen ihrer tätigen Erfüllung, mit denen die Handlung umgängig beschäftigt ist, umstimmen und spezifizieren, inhaltlich besondern müssen. Ich komme im Dritten Teil darauf zurück.

Unter diesem Gesichtspunkt würde man geradezu erwarten, daß eine weitere Grenze der Leistungen der Schimpansen da liegt, wo sie dem Triebimpuls, der sie allein bestimmt, entgegenhandeln oder ihn auch nur „einklammern“ müßten, und in weiterer Folge da, wo ein bestimmtes Verhalten nur innerhalb einer solchen „Klammer“ möglich wäre. Die Tiere verstanden es, zum Triebziel Umwege zu machen – was in ihrer Baumwelt oft genug vorkommen dürfte, und sie holten auch mit einem kurzen Stock einen längeren heran, und mit diesem die Frucht. Aber sie versagten, wo es darauf ankam, einen vorhandenen Sachverhalt „wegzudenken“ oder fortzuschaffen, um ihre Beute zu erreichen. Ein solches dem Sinn nach negatives, dem Material nach positive Anstrengung erforderndes Verhalten verlangt vorübergehend, den Antrieb auszuschalten und sich das Verhalten von der bloßen Sache des Hindernisses her vorschreiben zu lassen. Als sie schon gelernt hatten, leere Kisten heranzuholen, um darauf hochgelegene Ziele zu erreichen, haben nur die intelligentesten es fertig gebracht, die schweren Steine herauszunehmen, mit denen die Kiste unbeweglich gemacht wurde. Als die solide Aufstellung der Kiste dadurch verhindert wurde, daß Steine oder Konservendosen den Grund unter dem Ziel bedeckten, hat auch Sultan keinen Versuch gemacht, die Steine beiseite zu schieben und den ebenen Grund freizulegen, und keiner warf auch nur einen Blick auf das Hindernis.

Anstatt einen Stein zu entfernen, der vor der zu öffnenden Tür liegt, versuchen sie wie die Schildbürger in gemeinsamer Arbeit die Tür über den Stein zu heben! Dahin gehört auch der von Buytendijk wiedergegebene Versuch: ein Affe (Cercopithecus) hat gelernt, den einfachen drehbaren Riegel eines Kastens zu öffnen, in dem sich ein Apfel befindet. Stellte man einfach einen Holzblock unter den Riegel, der das Öffnen verhinderte, so gelang es dem Affen nicht, den Block als Hindernis zu erkennen und wegzunehmen. Zur Umwelt und zu den entsprechenden Leistungen der Affen gehören also zweifellos Hindernisse und deren Bewältigung nicht.

Es ist ihnen auch fast unmöglich, der unmittelbaren Antriebsrichtung entgegenzuarbeiten. Beweisend dafür sind eine Reihe von Versuchen, zunächst das „Umwegbrett". (Vor dem Gitter eine Vorrichtung in Form einer Schublade. Die dem Tier abgekehrte Seitenwand fehlt. Die Lösung besteht in der Operation, das Ziel mit einem Stock um 180° vom Tiere weg nach der offenen Seite der Vorrichtung zu schieben, dann es nach der Seite aus dem Bereich des Kastens herauszubewegen und endlich heranzuziehen.)

Hier scheitern die Tiere einfach an der Unfähigkeit, einen Sachverhalt als solchen zu begreifen, ja auch nur wahrzunehmen. Zunächst verhindert die Begierde des Heranziehens völlig die Erkenntnis der Lücke und ihrer Bedeutung als Sachverhalt in der Aktion, denn diese Lücke liegt der triebnahen Bewegungsrichtung entgegengesetzt. Selbst der intelligenteste, Sultan, bedurfte viermal einer Zufallsbewegung der Frucht nach der Lücke zu, ehe er das völlige Austreten der Frucht im Erwartungsvorgriff hatte. Zwei Tiere holten sogar die zum Rande gelangte Frucht eilig wieder zurück.

Als ein Affe beim Abschieben der Frucht von sich weg durch ein Geräusch erschreckt wurde und wegsah, zerfiel sofort die mühsame Bewegung. Sie schlug um in der Richtung, die falsche Zugbewegung setzte ein und wurde nicht korrigiert.

Diese außerordentliche Störbarkeit der Aktionen fällt überhaupt auf. Sie handeln eben nicht unabhängig von der Gesamtsituation, so daß jeder neu einfallende Reiz das Ganze ändert und die Leistung zerfällt. Es ist nur der Situationsdruck des präsenten Triebreizes, der die Lernvorgänge hervortreibt, so daß das Tier wesentlich abhängig arbeitet. Es verselbständigt sein Tun eben nicht, das deshalb unsachlich ist. Sie leben nicht im „entfremdeten Selbstgefühl" der empfindlichen Eigentätigkeit, haben in keiner Weise einen „feinsinnigen" Umgangsverkehr mit den Dingen, der sich aus sich selbst weiterbewegt und anreichert.

Ein Seil, an dem ein Stock hängt, den sie brauchen, ist am anderen Ende mittels eines Ringes an einen Nagel angehängt und einfach durch Abheben freizumachen. Sie zerren, beißen, versuchen sogar den Nagel abzubeißen oder umzubrechen. Sie fanden die Lösung erst, als die Bewegungen des Ringes am Nagel ihnen auffielen. Es fehlte jedes sachliche Probieren an den Angelpunkten des Sachverhalts.

Umgekehrt: sie probieren sinnlos. Führt der Stock nicht zum Ziel, da er zu kurz ist, so wird er umgedreht (!), oder ein grüner Stengel, der noch kürzer ist, versucht. Man findet auffallend häufig, daß sie brauchbare Lösungsmethoden infolge zufälliger Mißerfolge aufgeben, weil keine Einsicht in den Sachverhalt, keine entfremdete und gegenständlich gewordene Bewegungserfahrung ausgelesener Art vorhanden ist. In dieselbe Erscheinung gehört es, wenn die Schimpansen an jeder Versuchsanordnung sofort „gedankenlos" herumprobieren, während der Mensch erst zum Probieren greift, wenn ihn seine vorgreifenden Erwartungen im Stich lassen. Was den Schimpansen fehlt, ist also nicht erst eine mit der menschlichen vergleichbare Intelligenz, an deren Stelle sie eben ihre Schimpansen-Intelligenz haben, sondern ihnen fehlt die gesamte oben beschriebene Handlungsstruktur kommunikativen und verselbständigten Handelns. Ihr Gefangensein, die „Unfreiheit" und Benommenheit im Triebzwang ist höchst eindrucksvoll:

Es handelt sich z. B. darum, eine Stange zur Erreichung des Ziels erst mittels einer Kiste zu holen. Koko schleppte die Kiste auf die hoch an der Hauswand angebrachte Stange zu. Als er aber an der Stelle vorbeikommt, wo seitlich draußen die Früchte auf dem Boden liegen, wird deren Anziehungskraft unüberwindlich: er ändert mit seiner Kiste die eingeschlagene Wegrichtung und benutzt die Kiste als Stock, indem mit dem entfernten Ende nach den Früchten geangelt wird.

Oder das Tier wendet sich zwar dem Stock zu, aber die Kiste bleibt sozusagen an das Endziel gebannt stehen. Sie wird dann sogar sinnloserweise bestiegen in einer Erinnerung an ganz andere Versuche.

Manchmal halfen zufällig erfolgreich gewesene Blick-, Kopf- oder Körperbewegungen, bei denen geeignete Hilfsmittel entdeckt wurden. Diese Bewegungen werden dann übernommen und eingesetzt, aber wieder nur unter Triebdruck. Das Tier „sucht". Dabei hören die Schwierigkeiten auf, die sich ursprünglich bei optischer Trennung von Ziel und Werkzeug (s. o.) ergaben, als nämlich entfernte Werkzeuge gar nicht bemerkt wurden. Es ist wieder wichtig, daß eine Verselbständigung des Suchens nicht gelingt und kein objektives Zielbild des zu Suchenden vorhanden sein kann, weil die Tiere überhaupt kein sachliches, erregungsentlastetes Situationsbild haben, das ihnen gestattete, eine unlösbare Aufgabe liegen zu lassen und sich auf die Suche nach sachlich entsprechenden Hilfsmitteln zu begeben. Die Suchbewegung blieb triebgefesselt im *Umkreis* des Ziels, die Tiere halten zäh an der Nähe der Zielregion fest, sie kehren z. B. nicht auf den offenstehenden Korridor zurück, um dort nach geeigneten Werkzeugen zu suchen. Selbst als Sultan auf den Korridor hinaus – und an dem Werkzeug vorbei – geführt (!) wird, „schnappt" es nicht ein. Es ist auch bemerkenswert, wie die Tiere immer erst angesichts des Triebgegenstandes, in der „kritischen Nähe", die Unangemessenheit herangeholter Werkzeuge einsehen – daß z. B. eine Kiste zu niedrig ist, um darauf das Triebziel zu erreichen. Ein ähnliches Beispiel: Das Problem, Kisten aufeinanderzustellen, um ein hochgelegenes Ziel zu erreichen. Während Grande eine 2,15 m entfernte Kiste heranholt, wird die erste heimlich fortgenommen. Grande stellt die herangeholte Kiste unter das Ziel, steigt darauf (!), und erst wie sie nun wieder nicht ankommt, „sieht sie sich nach allen Seiten mit dem Ausdruck des Erstaunens um und wendet sich endlich jammernd zum Beobachter".

Genug der Beispiele, die wir hier unter einem ganz anderen Gesichtspunkt angesehen haben als Köhler. In allen Fällen – auch in der völligen Verwirrung, in die die Tiere geraten, wenn ihre eingeübten Gewohnheiten gekreuzt werden – zeigt sich, wie ihnen qualitative Handlungsfiguren fehlen, wie unfähig sie sind, sich mit ihren Leistungen aus dem Situationsdruck zurückzuziehen und sie in sich selbst aufzubauen, geschweige denn sich vorstellend und planend ein Orientierungsschema zu entwerfen, was erst mit der Sprache möglich wäre.

Natürlich gibt es dann bei ihnen erst recht nicht aus dem Handlungsumgang entspringende und selbständig aufgenommene *Motive*. Unter günstigsten Bedingungen gelingt *angesichts* des Triebziels eine sehr störbare und zerfallsbereite Einsetzung eines Erfolges als „Mittel", also ein echter Motivationsprozeß treibt sich unter der drastischen Erfolgsnot empor: aber der Akt der *Ablösung* dieser Resultate vom „Jetzt" und ihre Setzung als *selbständiges* Ziel neuer Wiederholungen gelingt nicht. Köhler sagt, seine Affen hätten bei ihren Schmierereien mit weißem Ton „mit Interesse auf das Ergebnis geblickt" – aber ich behaupte, man wird niemals beobachten, daß sie, am nächsten Tage vor diese Malereien geführt, nun beharrlich nach Ton suchen, um weiterzumalen. Denn die Affen haben kein „sachliches", d. h. von dem Funktionswert der Dinge im unmittelbaren Triebinteresse unabhängiges Verhältnis zu ihnen, und ich zeigte, was entscheidend ist: dies ist nicht ein Mangel an „Intelligenz", sondern liegt viel tiefer. Die sensomotorischen Bewegungsstrukturen und die „Antriebsformeln" der Schimpansen sind eben nicht die menschlichen, und ihre wohl vorhandene Intelligenz entspricht eben ihrer gesamten Konstitution, ihrem „arboreal, quadrumanual habit" (Osborn).

Die ursprüngliche und dauernde, eindrucksvolle Indifferenz der Tiere gegenüber dem, was ihre wachen Triebe nicht gerade reizt, also gegenüber dem, was nicht zu ihrer artspezifischen Umwelt gehört, ist also auf die Monotonie und „Unbegabtheit" ihres Sinnes- *und* Bewegungslebens zurückzuführen. Sie ist ganz streng zu trennen von der *erworbenen* Indifferenz des Menschen, die entsteht, nachdem er alle Einzelheiten der erfahrbaren Welt sich angeeignet hat und nun diese Erfahrungen „zur Dispositon" dahingestellt sein läßt. Die erworbene Neutralität und einstweilen dahingestellte Gleichgültigkeit unserer Weltumgebung setzt die vorher geschehene, in alle Einzelheiten gehende Durcharbeitung, vor allem in der Sprache, voraus. Ich komme darauf zurück.

Für diesen Abschnitt abschließend ist zu sagen: Nur wenn man den Menschen wesentlich als handelnd auffaßt, und alle Einzelheiten der Betrachtung darauf bezieht, gelingt seine Unterscheidung vom Tier. Dieser Unterschied muß dann aber zunächst für die beiderseitigen Handlungsfiguren selber durchgeführt werden, um die qualitative Unvergleichbarkeit menschlichen Handelns schon auf einfachster Stufe, der des kommunikativen Umgangs, zu zeigen.

Es ist grundfalsch, den Wesensunterschied von Mensch und Tier erst an der „Intelligenz" aufzeigen zu wollen: er ist anatomisch, sensomotorisch und, wie wir jetzt sehen, sinnesphysiologisch schon da. Da wir in die Tiere nicht hineinsehen können, darf man die Frage des „Verstandes" nicht zum Kriterium machen. Die Ansicht der Inder, daß die Affen außerordentlich weise und klüger als die Menschen wären, weil sie nicht sprechen, ist nämlich unwiderlegbar*).

Für den Menschen bezeichnend sind sensomotorische, mit Seh- und Tastempfindungen vereinigte Bewegungsvollzüge, welche Kreisprozesse sind, d. h. den Reiz zur Fortsetzung selbst erzeugen. Sie geschehen „begierdelos", sie haben keinen unmittelbaren Wert der Triebbefriedigung. Sie sind kommunikativ, d. h. geschehen an beliebigen, in die Bewegungen hineingezogenen Gegenständen, sie werden im „entfremdeten Selbstgefühl" vollzogen, d. h. in der Ebene der Sachen ebenso erlebt, wie diese umgekehrt in das Gefühl der Tätigkeit verwickelt werden. Solche Prozesse bauen sich aus, vermannigfaltigen sich notwendig, weil einerseits in ihnen neue Bewegungskombinationen entwickelt, als auch neue Sacheindrücke oder Zwischenempfindungen hervorgerufen werden, die wieder reizen, sich darauf „einzulassen". Dieses produktive Umgangsverhältnis ist zugleich ein sachliches, die Bewegung lernt, auf erwartete Dingveränderungen sich vorgreifend einzustellen, und irgendwelche Phasen können ein in der Phantasie vorentworfenes *Motiv* für eine nach ihm hin eingesetzte Handlung werden; das Ganze erfolgt in „Gleichgültigkeit" gegen den sonstigen Reizbestand der Situation, also verselbständigt, und hat seine Zweckmäßigkeit in sich, die auf den Namen „Sacherfahrung in der Bewegungsübung" zu bringen wäre. Die hier nicht zu erörternde, später zu besprechende dazugehörige Antriebslage ist *nicht* die irgendwelcher physischer Bedürfnisse, sondern die sehr besondere unstabiler Kommunikations- und Spielinteressen *ohne* den Gehalt der „Vorübung" späterer Triebtätigkeit („Spiel" der Katzen usw.).

Es ist wichtig festzuhalten, daß die „Sachlichkeit" des Verhaltens, d. h. das

* Brehm erzählt noch, obgleich mit Fragezeichen, daß Matrosen einen Schimpansen „zuletzt als ihren Maat betrachteten". Den ersten 1877 nach Berlin gebrachten Gorilla fütterte man mit Jauerschen Würstchen und Berliner Weiße.

Sicheinlassen auf die im Umgang entwickelten Eigenschaften der Dinge selbst, untrennbar ist von dem „begierdefreien" Bewegungs- und Sinnenumgang mit ihnen. Bei den Schimpansen werden sehr störbare und *nicht* vom Triebdruck ablösbare „Inseln" sachlichen Verhaltens nur unter künstlichen Laboratoriumsbedingungen und nur unter dem stärksten Zug anschaulicher Triebziele vorübergehend hochgedrückt, diese „Spuren" sind keineswegs *Anfänge*, sondern im Gegenteil oberste Leistungsgrenzen.

Bei den beschriebenen menschlichen Prozessen blieben noch eigentlich erledigende und den Schritt von der Sachlichkeit zur „Neutralisierung" oder Vergleichgültigung („höhere Sachlichkeit") bezeichnende Akte unberücksichtigt. Wir finden sie gleich im Zusammenhang mit der selbst aufgebauten Symbolik.

16. Optische Gestalten und Symbole

Unsere nächste Aufgabe besteht in der Untersuchung der Leistungen der Wahrnehmung, die in ihrer symbolischen Struktur eine überraschende Erfolgsbreite des sensomotorischen Lebens enthält, deren Verdeutlichung uns zu einem tieferen Verständnis der Sprache führen wird.

Wenn wir uns zunächst auf die optische Wahrnehmung beschränken, so muß eine gewisse Gliederung und Formierung des Gesehenen zu „Gestalten" schon zu den Fähigkeiten des sinnesphysiologischen Systems selbst gehören. Schon Insekten haben keineswegs eine diffuse, komplexartige Wahrnehmung, sondern es isolieren sich bei ihnen umschriebene Reizgruppen aus solchen diffusen Ganzwahrnehmungen heraus (vgl. Buytendijk, Psych. des animaux, 1928, p. 80). Bienen orientieren sich nach Wegmarken, bei deren Verlagerung sie sich verirren. Ein Hund lernt sehr leicht, aus einer Serie von Figuren die Gestalt eines Dreiecks, gleich welcher Größe, herauszufinden.

Die von Lorenz beschriebene Signalapparatur visueller Auslöser, welche Instinktbewegungen enthemmen, besteht überaus häufig aus auffallenden Formen oder aus rhythmischen, präzisen Bewegungsgestalten, deren Eindringlichkeit oft durch leuchtende Spektralfarben erhöht ist. So enthemmt der Anblick des grünen Kopfes des Erpels die Balzbewegungen der Stockente, so fand Heinroth, daß Nilgänse auf die zufällig gleiche Flügelspitzenzeichnung der zoologisch fernstehenden Türkenente mit Nachfolgereaktion ansprechen, und so wählte das Weibchen des Wellensittichs gerade dasjenige Männchen, dessen mit tiefblauen Flecken gezierter gelber „Bart" durch künstliche Färbung „aufgebessert" wurde. Eine besonders einfache Gestalt steuert das Verhalten der Jungen des maulbrütenden Fisches Haplochromis multicolor, die bei Gefahr in das bereitgehaltene Maul der pflegenden Mutter schlüpfen. Man hat an Paraffinattrappen mit dunklen Glasperlen festgestellt, daß es die genau symmetrisch und waagerecht nebeneinanderliegenden dunklen Augenflecke der Mutter sind, die zugleich auslösend und orientierend wirken, indem sie diese einfache Gestalt • • darbieten. Jede Veränderung der symmetrischen Augenstellung vermindert die Reaktion der Jungen.

Alle diese Gestalten sind „prägnant". Die Gestalttheorie kann auch in ihrer neuesten, ausgezeichneten Fassung von Metzger (Psychologie, ²1954) nicht erklären, was „Prägnanz" einer Gestalt ist. Metzger bezeichnet Strukturen als prägnant, wenn in ihnen ein „Wesen" sich rein verkörpert und wenn sie eine ausgezeichnete und infolgedessen beständige Ordnung aufweisen. Das sind nun Zirkeldefinitionen, denn in den Begriffen „rein" und „ausgezeichnet" liegt schon das Prägnanzphänomen. Tatsache ist, daß unter den unendlichen Vierecken das Quadrat ausgezeichnet ist, unter den unendlichen Kurven die Kegelschnitte, die Sinuskurven. Alles, was die Sprache mit den Worten unvollkommen, übertrieben, schief, unrein, grob, lückenhaft, verwaschen usw. bezeichnet, ist unprägnant gegenüber dem Gegenteil. Tatsache ist weiter, daß in der Wahrnehmung eine „Prägnanztendenz" derart arbeitet, daß fast parallele Linien, fast symmetrische Figuren es in der Wahrnehmung ganz werden, daß Winkel von 87° oder 93° zu rechten, daß nicht zu große Lücken ausgefüllt werden; umgekehrt ist es unmöglich, einen rechten Winkel als einen von „nicht ganz 93°" aufzufassen.

Der Vorzug des Prägnanten in unserer Gestaltwahrnehmung dürfte außerordentlich tief verwurzelt sein und in biologisch uralte Schichten zurückführen, nämlich ins Instinktive. Lorenz hatte die geniale Einsicht, daß die generelle Eigenschaft der auslösenden Signale ihre *Unwahrscheinlichkeit* ist (Die angeb. Formen, p. 256). Es gilt dies ebenso für die chemischen Geruchssignale wie für die akustischen (z. B. das Krähen des Hahnes) und die optischen, bei denen gerade regelmäßige, symmetrische Figuren, rhythmische Bewegungsgestalten und Spektralfarben eine so ausschlaggebende Rolle spielen. Alle diese prägnanten Signale sind unwahrscheinlich in dem Sinne, daß sie sich aus dem Durcheinander des Hintergrundes der Gesamtwahrnehmung als *auffallend* herausheben. Umgekehrt bedeutet die Schutzfärbung mancher Tiere, mit der sie sich unauffällig machen, daß sie in den Durchschnittsbestand, in das Nullniveau des Umfeldes eingehen: dann erscheinen verwaschene oder gefleckte Musterungen neben grauen, bräunlichen, gedeckten Tönen bei Vermeidung von Spektralfarben. Man wird den Gestaltvorzug symmetrischer Figuren zuletzt nur aus ihrer Unwahrscheinlichkeit erklären können.

Alle Gestalten, nicht nur die ausgezeichneten, haben nun bekanntlich zwei sehr wichtige, schon im Sinnesbereich angelegte Eigenschaften: die *Konstanz* und die *Transponierbarkeit*. Die Konstanz ist die anschauliche Beständigkeit der Gestalt als „derselben" unter wechselnden Reizverhältnissen. Ein Stuhl z. B. hat optisch „dieselbe Gestalt", gleichgültig, von welcher Seite, unter welcher Perspektive, unter welchen Beleuchtungsverhältnissen er gegeben ist; im Wechsel der „Abschattungen" (Husserl) der ineinander übergehenden Ansichten, die mir eine in der Hand gedrehte Schachtel zeigt, bleibt ihre Gestalt dieselbe. Die Transponierbarkeit der Gestalt bedeutet ihre anschauliche „Abhebbarkeit" von dem Empfindungsmaterial, an dem sie erscheint, und ihre Übertragbarkeit als „dieselbe" auf ein anderes: so können wir eine Melodie als dieselbe in eine andere Tonart übertragen, wobei kein Einzelton, als Einzelempfindung genommen, unverändert bleibt. Natürlich sind die Transponierbarkeit und die Konstanz, zusammen genommen, die Bedingungen dafür, daß man ähnliche Dinge als Fälle der gleichen Art sehen kann. Zwei Kreise wird jedermann als „zweimal dasselbe" auffassen (Transponierbarkeit), auch dann, wenn der eine perspektivisch verkürzt ist (Gestaltkonstanz).

Mindestens bei höheren Tieren sind nun zweifellos beide Gestaltgesetze in den Sinnessphären schon angelegt, so daß es eine Art unmittelbarer sinnlicher Allgemeinanschauung gibt. Buytendijk meint dies in dem Begriff „formation d'invariantes", wenn z. B. ein Hund eine Anschauung der allgemeinen Dreiecksgestalt dressurmäßig erreichen kann, unabhängig von der Größe, von der Richtung der Darbietung, ja von der Winkelgröße der Dreiecke. „L'animal est en état d'apprendre à reconnaître l'invariable, le commun dans une série de perceptions." Köhlers Affen wollten langgestreckte Tücher, Drahtstücke usw. als Stöcke zum Herausholen ihrer Früchte benutzen, sie transponierten also die Gestaltqualitäten „langgestreckt" und „beweglich". Natürlich ist diese Fähigkeit die sinnesphysiologische Voraussetzung der Begriffsbildung.

Eingebaut in die Gestaltkonstanz sind noch parallele Gesetze, vor allem die Größen- und Farbkonstanz. Es ist nicht feststellbar, ob sie auch bei Tieren bestehen. Man nennt Größenkonstanz die Tatsache, daß die anscheinende Größe der Sehdinge bei räumlicher Entfernung sich durchaus nicht im gleichen Maße verringert, wie das den geometrischen Abbildungsgesetzen auf der Netzhaut entsprechen würde. Innerhalb eines gewissen, deswegen „orthoskopisch" genannten Bereiches sehen wir die Dinge gleich groß, d. h. wir wissen nicht nur, daß die sich entfernenden Dinge in Wirklichkeit gleich groß bleiben, sondern wir sehen dies auch unverhältnismäßig lange so. Farb- bzw. Helligkeitskonstanz heißt die Eigenschaft der Sehdinge, im Wechsel der Beleuchtungsfarbe (z. B. im rötlichen Abendlicht) oder Lichtstärke ihre „eigene" Farbe oder Helligkeit dennoch zu behaupten. Nach Maßgabe der physikalischen Lichtwerte würde uns ein Stück Kreide an einem trüben Tage dieselbe Farbe zeigen wie ein Stück Kohle in der Sonne. Die Kooperation aller dieser Leistungen unterstützt die Verarbeitung der durchaus *veränderlichen* Reize unserer Umgebung zu dinghaft beständigen Gegenständen schon innerhalb eines Sinnes. Die konstanzgesetzmäßigen Abweichungen der Wahrnehmung vom wechselnden unterliegenden Reizbestand, d. h. dessen „Verwertung" gemäß bestimmter, dem optischen System eigener Gesetzlichkeiten führt gerade zur Deckung mit der Realität, in der es dinghaft beständige Gegenstände, auch solche derselben Art, in vielen Fällen eben gibt. Metzger betont daher mit Recht immer wieder die Sachlichkeit der Gestaltprozesse.

Wie Lorenz richtig erkannt hat, gibt es nun ein der Gestaltwahrnehmung *gegenläufiges* System: die „Komplexqualität". Man versteht darunter die Bindung des Verhaltens an eine anschauliche *Vielheit* von Bedingungen, die in einen Komplex derart eingehen, daß jede Veränderung einer der Bedingungen den Gesamtkomplex stört. Der biologische Sinn der Einrichtung besteht zweifellos darin, daß an ein und dieselbe Mannigfaltigkeit von Daten, die durchschnittlich unverändert bleibt, *eine* Verhaltensfolge angeknüpft wird. In wie hohem Grade das Verhalten gerade auch höherer Tiere von den Komplexqualitäten des Umfeldes abhängt, bemerkt man an der folgenden Beobachtung von Lorenz: „Eine junge Hündin prägte bei der ersten Lektion, die ich ihr im „Ablegen" erteilte, eine Gesamtsituation als dressurauslösend, in der außer dem Reiz des Kommandoworts noch eine ganz unübersehbare Zahl von Reizdaten qualitätsbestimmend eingewoben sind, die zunächst nicht entbehrt werden können, ohne daß die auslösende Qualität der Dressursituation zerfällt. Die erste Lektion fand in einem geraden, bergan führenden Hohlweg und in Gesellschaft einer Bekannten statt, die zufällig bei dem ersten Versuchen hinter dem abgelegten Hund stehenblieb. Die Leine ließ ich am Halsband des Hundes hängen. Die in der beschriebenen Situation bereits gut funktionierende Dressur versagte zunächst bei einer Abänderung jeder einzelnen der erwähnten Einzelheiten, d. h. der abgelegte Hund sprang auf und kam heran, sowie ich 1. mich selbst aus dem Hohlweg entfernte, 2. sowie der Weg eine scharfe Biegung machte, so daß die Nase des liegenden Hundes nicht mehr in der Richtung auf meine Person zeigte, 3. sowie die Bekannte nicht hinter dem Hunde stand, 4. sowie ich die Leine entfernt hatte und 5. als wir umkehrten und den Versuch bergabgehend wiederholten" (Die angeb. Formen, p. 315).

Schon aus diesem Beispiel geht hervor, daß die Bindung des Verhaltens an Komplexqualitäten *erworben* ist, und daß wir sie von einer Gewohnheitsbildung nicht mehr unterscheiden können. Im Freileben, außerhalb von Dressuren, hat eine solche Einrichtung dann Sinn, wenn es eben in der Umgebung der Organismen stationäre Gefüge von Daten gibt, an deren Gesamtheit eine Verhaltensfolge angeschlossen wird. Es ist dies also eine Bindung an das Gleichbleibende oder regelmäßig Wiederkehrende, an das *Wahrscheinliche*. Lorenz betont mit Recht, wie das ungemein empfindliche Ansprechen vieler Tiere auf geringfügige Veränderungen an gewohnten Plätzen das feinsinnige Vermeiden von Fallen erklärt, das die Menschen meist als Klugheit deuten. Komplexqualitäten sind nicht transponierbar, sondern streng individuell, während die Gestaltwahrnehmung, wie wir sahen, eine anschauliche Verallgemeinerung eben wegen der Transponierbarkeit der Gestalt zuläßt.

Damit sind aber die Leistungen des Wahrnehmungssektors auch bei Tieren nicht erschöpft. Für alles Lernen, für Dressur und die ungleich wichtigere Selbstdressur ist es nun entscheidend, daß aus dem komplexqualitativen Insgesamt gewisse Bestandteile als *Gestalten* herausgegliedert werden, denen gegenüber dann das erstere als *Hintergrund* zurücktritt. Die Dressur des Hundes z. B. schreitet so fort, daß von allen Merkmalen der Gesamtsituation, die zuerst im Insgesamt zur Geltung kommen mußten, ein einziges prägnantes – ein Wort, eine Geste – herausgegliedert wird, nach dem sich das Tier dann allein, unter Vernachlässigung des Hintergrundes richtet: so daß nun infolge der Transponierbarkeit der Gestalt dasselbe Verhalten auch auf anderen Hintergründen, in anderen Situationen erfolgen kann. Dieser Vorgang kann spontan erfolgen. Es ist nachgewiesen worden, daß Seelöwen die Mütze des Wärters oder den Futtereimer als auslösendes Signal aus der Gesamtsituation herausgliederten.

Dieser jetzt zuletzt beschriebene Mechanismus ist offenbar als *Entlastung* zu verstehen: indem die Komplexqualität der ganzen Situation als Hintergrund zurücktritt und damit alle zufälligen Veränderungen aus der Determination des Verhaltens ausscheiden, die vorher „störend" wirkten, wird eine einzelne Gestalt als „Signal" herausgegliedert, auf das hin bereits eine zweckmäßige Reaktion demgegenüber erfolgt, was aus der Situation sich zu entwickeln pflegt: auf das Signal der Mütze des Wärters springen die Seelöwen ins Wasser, denn dann gibt es Fische. Der „Hintergrund" kann dann beliebig variieren, er fällt für das Verhalten aus. Offenbar handelt es sich hier um eine Einrichtung, die das Tier fähig macht, auf wenn-dann-Folgen in der Außenwelt trotz wechselnden Bestandes in Detailstruktur der Gesamtsituation sich einzustellen. Es ist dieser Mechanismus, den man, in außerordentlicher Überschätzung der Tragweite des Begriffs, ebenfalls als „bedingten Reflex" bezeichnet hat. Auch die bekannten Labyrinthversuche mit Ratten ergeben, daß diese Tiere nicht etwa sich durch gelernte Einzelheiten des Weges führen lassen, sondern daß sich aus der verwirrenden Gesamtsituation zuerst die allgemeine Richtung des Zieles ausgliedert, von der her dann die einzelnen Gänge sozusagen einen besonderen Vektor erhalten, während andere in die Rolle des „Hintergrundes“ rücken. Guillaume (a. a. O. p. 55, 56) hat dies aus den Versuchen von Warden, Dashiell usw. gut herausanalysiert.

Bei dieser Gelegenheit sei die Bemerkung eingeschaltet, daß die von der behavioristischen Schule, z. B. von Shaffer (The Psychology of Adjustment, 1936) gemachten Versuche, das gesamte menschliche Verhalten mit Hilfe der Theorie des „bedingten Reflexes“ zu erklären, an die ähnlich übertriebenen Ansprüche der Assoziationspsychologie zur Zeit Humes erinnern. Hier sagt Bertrand Russel (Freiheit und Organisation, 1934, dt. Übers. 1948) über die Versicherung Watsons, das Prinzip des „bedingten Reflexes“ könne alles leisten, sehr treffend: „Solange er uns jedoch nicht zu erklären vermag, warum wir bei der Erwähnung des Wortes ‚Pfeffer‘ nicht zu niesen brauchen, muß sein System noch als unvollständig gelten.“ Es deckt nicht einmal sehr handgreifliche Tatsachen: die Vorstellung, daß alle Leistungen des Zentralnervensystems sich in der Beantwortung von Außenreizen erschöpfen, ist durch den Nachweis widerlegt, daß „gestaute“ Instinktbewegungen den Organismus in Unruhe versetzen und ihn dazu „treiben“, aktiv nach der auslösenden Erfüllungssituation zu suchen. Hier werden, wie von Hormonen, innere Reize erzeugt (Vgl. Lorenz, Psychologie und Stammesgesch., p. 110 und die ebenda zitierten Arbeiten von v. Holst.)

Um zum Thema zurückzukehren, so muß man annehmen, daß bereits bei höheren Tieren die optischen Gestalten, wenn sie sich in der oben beschriebenen Weise vom Hintergrund abheben, eine „anschauliche Absolutheit“ besitzen. Damit ist nicht nur die Prägnanzauszeichnung und nicht nur die Beständigkeit oder Konstanz gegenüber wechselnden Hintergründen, gegen Verlagerungen und Drehungen gemeint, auch der sehr paradoxe, von der Gestalttheorie untersuchte Sachverhalt des anschaulichen Wegfalls der *Relativität* aller Eigenschaften. Objektiv bedacht, sind nämlich alle wahrnehmbaren Daten durchaus relativ: alle Farben relativ auf das Licht, Größe und Kleinheit relativ auf einen Maßstab, meist der eigenen Größe, und das gilt von allen anderen Eigenschaften, wie oben, unten, schnell, langsam, laut, leise usw. Anschaulich dagegen sind alle diese Eigenschaften absolut, jedes Verhältnis von Größe, Entfernung, Helligkeit usw. ist anschaulich nur die Folge der Größe, Entfernung, Helligkeit, die jeder der Gegenstände *für sich* besitzt. Die Farbe eines Dinges kommt ihm anschaulich *selbst* zu, sie wird nicht als relativ erlebt auf das, worauf sie es in der Tat ist: auf das Licht. Das *Bezugssystem* selbst: der Hintergrund einer Gestalt, das Tageslicht für die Farben usw. ist vielmehr für die Anschauung unauffällig, die doch in Wirklichkeit relativen Eigenschaften sind eigenständig und „absolut". (Vgl. Metzger, Psychologie, Kap. 5, Das Problem des Bezugssystems.)

Die Tendenz, zum Nullniveau des Bezugssystems zu werden, hat nun der Durchschnitt, die Mittellage, und damit wieder das Wahrscheinliche. Eine mittlere Helligkeit des Tageslichts ist es, von der sich helle und geringe Beleuchtungen abheben, ein mittlerer Grad von Fleiß oder Anstand ist der Nullpunkt, von dem aus Abweichungen nach beiden Seiten als absolut auffallen, und wenn man sich an ein monotones Geräusch gewöhnt hat, so wird es zum Nullniveau der Außengeräusche, so daß gerade die eintretende Stille als „absolut" imponiert. So ist es auch der gleichgültig-variable Hintergrund, aus dem die Gestalt nicht nur als konstant und prägnant, sondern auch mit dieser paradoxen Absolutheit sich abhebt. Der „Hintergrund" ist ein Spezialfall des Bezugssystems.

Es gibt endlich bei Tieren eine noch höhere Leistung: das Verhalten gegenüber *individuellen* Organismen oder einzelnen, gewohnten Gegenständen. Wenn die junge Stockente angeborenermaßen auf den Lockruf der Mutter antwortet, so ist dies eine Instinktreaktion auf eine akustische Auslösergestalt. Wenn sie innerhalb eines Tages lernt, sie „persönlich" unter anderen lockenden Enten wiederzuerkennen, so ist dies die individualisierte Erfassung einer Komplexqualität *im Ding*, die von der Gestalt integriert wird. Man kann z. B. das Schema eines menschlichen Gesichtes mit Wilhelm Busch in wenigen Strichen wiedergeben. Der Porträtist muß dagegen sehen, von welchen Schatten, Farbvaleurs, Mikromodellierungen und Lichtern in ihrem komplexqualitativen Zusammenhang der mit Worten unbeschreibbare individuelle Gesamteindruck abhängt. Wenn sehr viele gefangene Tiere ihren Wärter „kennen", so muß man annehmen, daß sie gegenüber *einigen* Lebewesen oder Sachen die hier beschriebene Fähigkeit entwickeln. Die anschauliche *individuelle Objektivität*, die *alle* Erfahrungsdinge des Menschen besitzen, kommt dagegen den Umweltgehalten auch der höchsten Tiere nicht zu, wie sich schon oben aus den Fehlleistungen der Schimpansen gegenüber Dingen ergab, die sie schon kannten, aber nicht wiedererkannten. Zur generellen Objektivität gehören noch mehrere andere Bedingungen, denen wir uns jetzt zuwenden.

Die bisherigen Ausführungen sagten über die ganz besondere Struktur der *menschlichen* Wahrnehmungswelt noch so gut wie nichts, außer der Tatsache, daß auch schon die Sehwelt des kleinen Kindes nicht lange „chaotisch" sein kann, sondern sehr bald irgendwelche Gliederungszentren aufweisen muß. Jede Betrachtung der eigentümlich menschlichen Sachverhalte in der Wahrnehmung hat von den besonderen Bedingungen und Aufgaben auszugehen, unter denen die erste Lebenszeit des Menschen steht. Der Grundgedanke der nun folgenden Untersuchungen ist, zu zeigen, wie *allein* beim Menschen die Wahrnehmungswelt, die wir alle gemein haben, eine selbständig erarbeitete ist. Man kann aus dem Bestand unserer Sehwelt, wenn wir die Augen aufschlagen, die Reste und Spuren früherer Eigentätigkeit überhaupt nicht fortdenken. Das ist ein besonderes und höchst wichtiges Problem: die Handlungseinschüsse im Aufbau der menschlichen Wahrnehmung sind zu untersuchen, und zwar im Zusammenhang mit dem, was wir über die Struktur menschlicher Handlungen schon wissen und noch weiterhin ermitteln werden. Man bedenke, daß viele höhere Tiere, z. B. Hühner oder Pferde, sich *ohne* Blick, d. h. ohne Abtasten der Dinge mit konvergierenden Augen und ohne Tastleistungen der Glieder, sehr gut orientieren, auch in noch nicht erfahrenen Räumen (s. M. Hertz, Beob. an gefangenen Rabenvögeln, Psychol. Forschg. Bd. 8). Es zeigte sich, daß es den Tieren sehr leicht fiel, sich von Beschränkungen ihrer Bewegungsfreiheit bereits durch bloße optische Wahrnehmung zu überzeugen, und als eine Krähe erstmalig in einen benachbarten Käfig gebracht wurde, zeigte sie sich darin durch frühere bloße Wahrnehmung völlig orientiert und raumzahm. Dagegen antwortete sie auf alle Störung des gewohnten, komplex-qualitativen Gesamteindrucks mit Furcht oder Flucht.

Bekanntlich muß der kleine Mensch, so gut wie hilflos, sich selbst erst bewegen lernen, er muß lernen, seine Glieder in die Gewalt zu bekommen und sich mit den dabei auftretenden Erfahrungen auseinanderzusetzen. Wie wir sahen und noch genauer sehen werden, ist sein Bewegungsleben kommunikativ und nicht von vornherein angepaßt montiert. Er soll seine eigenen Erfahrungen machen, diese als Bewegungsintelligenz aufspeichern, soll komplizierte Führungs- und Unterordnungsleistungen ausbilden, um der Fülle künftiger, menschlicher Aufgaben gewachsen zu sein: daher bedarf es der angeborenen, unfertigen Plastizität und der langen Übungszeit. Dazu kommt nun aber, daß die außerordentliche sinnliche Offenheit und Reizempfindlichkeit des Kindes von Anfang an mit einer Flut von Eindrücken überschwemmt wird, die selbst erst, einspielend in diese Bewegungsausbildung, bewältigt werden müssen. Der Mensch muß daher nicht nur die Überschwemmung mit Empfindungsreizen durchordnen, sondern auch darin seine motorische Plastizität entwickeln, mit Gliedern, deren sinnliche Empfindsamkeit bei jeder Bewegung die Masse der zunächst ungedeuteten Empfindungen vermehrt!

Diese Aufgabe zerfällt, wie man gleich sieht, in zwei Teile: er muß die Welt in ihrer ungemeinen, durch Instinkte *nicht* vorgeordneten Fülle entdecken, sich aneignen und durcharbeiten, weil er eben „weltoffen" ist. Und er muß in dieser Aufgabe eine zweite lösen: sich selbst fertig machen, da er unfertig ist, sich selbst aneignen und eine Reihe beherrschter Leistungen ausbilden. *Beide Aufgaben werden nur durcheinander gelöst.*

Die im ersten Teil untersuchte morphologische Primitivität des Menschen ist, wie wir sahen, von der damit verbundenen, mangelnden Angepaßtheit an eine spezifische, natürliche Umwelt her zu sehen. Als solche enthält sie den Zwang zu einer tätigen und geplanten Umarbeitung der Realitäten ins Lebensdienliche – das heißt die hauptsächliche Aufgabe der Handlung. Die menschlichen Bewegungsfiguren müssen daher in ungemeinem Maße unangepaßt, aber anpassungsfähig sein, also sowohl unspezialisiert wie plastisch. Diese Notwendigkeit begegnet uns so in ihrer *Plastizität.* Plastizität bedeutet aber: aus einem noch nicht funktionierenden Fächer von Möglichkeiten ist durch Selbsttätigkeit, im Umgang mit den Dingen, eine Auswahl herauszuheben und eine variable Führungsordnung aufzubauen. Auch wo wir später diese Plastizität finden, z. B. im Antriebsleben des Menschen, bedeutet sie immer diesen Zusammenhang von selbstvermittelter Auswahl, Architektonik (d. h. variablen Führungs- und Unterordnungsverhältnissen) und Anpaßbarkeit an fast beliebige Situationen, im Gegensatz zu schon montierter Angepaßtheit. Immer, und bis in die höchsten Leistungen hinein, ist die Aneignung der Welt auch zugleich eine Aneignung seiner selbst, ist die Stellungnahme nach außen eine solche nach innen, und die dem Menschen mit seiner Konstitution gestellte Aufgabe ist stets ebenso eine sachliche, nach außen zu bewältigende, wie auch eine Aufgabe gegenüber sich selbst. Der Mensch lebt nicht, sondern er *führt* sein Leben. Wir treffen diesen Sachverhalt also hier auf unterster Stufe in dem Zusammenhang der Bewegungs- und Wahrnehmungsleistungen, die der Mensch in sich selbst auseinanderzusetzen hat, und womit er sich selbst in der Welt orientiert. Er wird uns aber immer wieder begleiten: bis zur Sprache, in der Weltdeutung und Selbstbewußtsein sich stets nur aneinander entwickeln, und wir werden ihn zur Klärung der sonst rätselhaften Struktur des Antriebslebens einführen: da sich dann zeigen wird, wie ein tätiger Antrieb nach außen immer zugleich eine Stellungnahme und Herrschaftsleistung nach innen ist. Nur in dieser Form geht er in die *Institutionen* ein, in denen sich unsere individuellen Bedürfnisse mit den allgemeinen, sachlichen Notwendigkeiten verschränken, die das Dasein der Gesellschaft entwickelt.

Die Grundthese, ohne welche die menschliche Erfahrung überhaupt unverständlich bleibt, ist die vom *kommunikativen Charakter* dieser Erfahrung. In erster Annäherung verstehen wir darunter dies, daß die sinnliche Erfahrung der Außenweltdinge aus einem *praktischen* Umgang mit ihnen herauswächst, der, von unmittelbar instinktiven Einschüssen und Vorausanpassungen *entlastet,* nur als eine Art sensomotorischer „Unterhaltung“

mit den Dingen verstanden werden kann, deren Niederschlag, wie wir sehen werden, ihre symbolgesättigte *Objektivität* ist, wie man sie an jedem beliebigen Sehding als *Resultat* vor sich hat. Diese Grundthese, daß alle seelischen (wir würden sagen: vitalseelischen) Vorgänge Kommunikationscharakter zeigen, hat besonders Dewey das Verdienst, betont zu haben (s. Baumgarten, Der Pragmatismus, 1938, S. 232, 236 f.): das Besondere menschlichen Handelns ist das Handeln zu zweien, auch vorsprachlich; in seelischen Vorgängen findet stets Rede statt. Die Erfahrung ist kein „einsamer" Vorgang, indem „Handeln auf ein Du hin" die Grundstruktur alles Seelischen ist. In die Rolle dieses Du rückt jedes beliebige Ding, so können wir sagen, dann ein, wenn wir es „in Erfahrung ziehen".

Es sind nun insbesondere zwei Gesetze, welche hier einspielen, aber in der Analyse gesondert werden müssen. Das erste besteht darin, daß unsere Eigenbewegungen, unsere Tast- und Spracherlebnisse *zurückempfunden* sind, daß sie einen Doppelwert haben, der ihre Auslegung nach dem passiven wie dem aktiven, aber auch nach dem subjektiven oder objektiven Pol ermöglicht. Wir haben oben im Abschnitt 4 auf die hohe Sachempfindlichkeit, aber auch Selbstempfindlichkeit der menschlichen Handlungsbewegungen schon vorgedeutet, sowie (Abschnitt 13 u. 14) auf unsere Fähigkeit, geradezu ein entfremdetes Datum der eigenen Körperempfindung reproduzieren zu wollen, wie Guernseys Kind, das die Stirn aufschlug. Es war daher ein großer Fund Schopenhauers, als er den Leib als „Subjekt-Objekt" beschrieb, als ein gleichursprünglich von innen wie von außen gegebenes Etwas, das sich einmal als handelnd in bezug auf die Außenwelt und wieder als Teilinhalt dieser Außenwelt auffassen kann, auf sich selbst wie auf Außendinge reagierend.

Das zweite Gesetz besagt, daß alle „Feststellung" von Wirklichkeit sich im Schnittpunkt zweier ganz heterogener Sinne abwickelt. Man kann es grob so formulieren, daß auf nahe Distanzen der Tastsinn und der Sehsinn, auf weite der Sehsinn und die Sprache kooperieren, in deren Schnittpunkt die eigenartige *entfremdete Intimität* sich herstellt, welche die Objektivität unserer Weltdinge ausmacht. Was als Wirklichkeit gültig sein soll, muß zwei Bedingungen genügen: es muß auf zwei heterogenen Wegen festgestellt und es muß, sei es auch nur sprachlich, in unserer Selbstempfindbarkeit zurückgespiegelt sein. Ist dies richtig, so folgt, daß Tiere, welche sich allein optisch orientieren, keine „objektiven" Dinge in ihrer Umwelt haben können, obwohl diese Dinge prägnant gestaltet und sogar individualisiert sein können.

Dieses Gesetz ist als erkenntnistheoretisches Prinzep von N. Hartmann (Metaph. d. Erkenntnis, 1925, Kap. 56) gefunden und so formuliert worden: „Ein einziges Zeugnis vom Gegenstande kann für sich genommen wohl wahr oder unwahr *sein*, aber es kann als solches kein Kennzeichen seiner Wahrheit oder Unwahrheit an sich haben. Ein solches tritt erst in den Kreis des Möglichen, wo zwei Zeugnisse auf verschiedenen Wegen vom selben Gegenstande vorliegen und in *einem* Bewußtsein miteinander *vergleichbar* werden." Dieses „Zwei-Wege-Prinzip", wie man es nennen könnte, ist offenbar von allgemeiner anthropologischer Geltung und hat sogar innerhalb jedes der beiden „dynamischen Sinne", des Tastsinns und der Sprache, Geltung, wo Bewegungserlebnis und Empfindungserlebnis die heterogenen Wege hergeben: die in sich stimmige Folge der Tastempfindungen (oder der selbstgehörten Wortklänge) wird auf die in sich stimmige Folge der Tastbewegungen (oder Lautbewegungen) bezogen, und diese beiden Folgen sind die zwei Zeugnisse, die sich gegenseitig bestätigen, wie in der Welt der Blinden.

Es ist das große Verdienst Palagyis, in seinen Naturphilosophischen Vorlesungen (1909, 1924) die Unvergleichbarkeit des Bewegungserlebnisses und des Empfindungserlebnisses, zumal des Tastsinns, betont zu haben. Man kann das aktive Bewegungserlebnis der eigenen Bewegung nicht, wie das die alte Psychologie versuchte, in passive Empfindungen auflösen, und die Haut-, Muskel- und Tastempfindungen, die in einem bewegten Glied auftreten, sind *nicht* die von innen erlebte Bewegung selbst. Allerdings hat Schopenhauer denselben Gedanken bereits eindeutig ausgesprochen: er unterschied an zentraler Stelle seiner Erkentnislehre ganz streng das Erlebnis der Umsetzung eines Willensentschlusses in eine Bewegung von der Wahrnehmung („Vorstellung") derselben Bewegung von außen, und er sagte (W. a. W. I, § 18): „Jeder wahre Akt des Willens ist sofort und unausbleiblich auch eine Bewegung des Leibes ... der Willensakt und die Aktion des Leibes sind Eines und Dasselbe, nur auf *zwei gänzlich verschiedene Weisen* gegeben."

Den kommunikativen Charakter schon der bloßen Tasterlebnisse hat nun Palagyi mit dem Ausdruck „passiv-aktive Doppelempfindungen" wiedergegeben.

Berühre ich mit der Hand die eigene Körperoberfläche, so ist in dieser Hand zunächst das Bewegungserlebnis gegeben, und im Zug der Bewegung treten nun Tastempfindungen auf, und zwar sowohl in dem berührten Glied B als auch in dem berührenden Gliede A. Zuerst ist es so, daß die Empfindung B im passiven Glied die Aufmerksamkeit an sich reißt, während die Empfindung A im aktiven Glied sozusagen übertönt wird. Da jedoch auch das berührte Glied B beweglich ist, so kann dieses Verhältnis sofort vertauscht werden: die Empfindung in A wird zur Geltung kommen, wenn dieses Glied sich passiv verhält und durch das Glied B in aktiver Weise berührt wird. Indem A und B sich abwechselnd tätig verhalten, gliedert sich die Doppelempfindung aus, es übertönt jeweils die in dem passiven Glied auftretende die andere. Damit ist jedoch die Reihe der Erlebnisse noch nicht erschöpft. Indem also das tastende Glied in seiner Bewegung auf ein anderes trifft und nunmehr dieses in Gegenbewegung übergeht, treten nicht nur im Wechsel des Spiels der Bewegungen in beiden Gliedern aktive und passive Empfindungen auf, sondern auch Gefühle des Drucks und Gegendrucks, des Widerstandes und Nachgebens, der Richtung, Gegenrichtung und der Richtungsänderung. Dabei ist jede Bewegung immerfort im Übergang von der Aktion in die Reaktion und zurück, also in dauernder Reproduktion, die zugleich sukzessiv und simultan (Mitbewegung) ist.

Palagyi führt bei der Beschreibung dieser Umgangserlebnisse ebenfalls den Ausdruck „Selbstentfremdung" ein (p. 116). Die Strukturähnlichkeit dieser Erlebnisse mit den oben (Abschnitt 14) beschriebenen des „Lebens des Lautes" ist auffallend. In beiden Fällen achte man auf den *„Rollenwechsel"*, in dem sich das Erleben in den sinnlichen, rückempfundenen Erfolg hineinversetzt und dann von ihm aus den Kreis in umgekehrter Richtung durchläuft. Das berührte Glied ist ja seinerseits beweglich, und so ist es einmal Gegenstand der Tasterfahrung, und dann, als selbstvollzogene Bewegung, auch wieder Gegenbewegung, in der die Empfindungsketten ihre Rolle wechseln; so wie auch Lautbewegungen, akustisch zurückempfunden, den gehörten fremden Laut als Reiz aufgreifen und in das selbstempfundene sensomotorische Geschehen hineinziehen.

Eine von außen an unserem Leibe verursachte Berührungsempfindung unterscheidet sich als solche gar nicht von der, die man selbst hervorgebracht hat – nur daß die der letzteren vorhergehenden Bewegungserlebnisse des eigenen Gliedes, das zu jener Stelle hinführte, fehlen; ganz wie der vom anderen wiederholte Laut genau wie der eigene ins Ohr fällt, aber keine Rückempfindung der eigenen Lautbewegung ist. Eine an unserem Leibe gesetzte Berührungsempfindung ist also sozusagen nur eine halbe, sie ist nicht ein kommunikatives Erlebnis, in dem Eigenbewegungen stecken, sondern einfach ein passiver Einfall einer Empfindung. Die Erfahrung, daß es bewegte Außendinge gibt, die uns berühren können, macht daher das blinde Kind so, daß es nach der berührten Stelle hingreift, und die nun entstehende, selbstbeweglich geleistete Berührung mit der ersten zur Deckung bringt. Es ergänzt sozusagen aus sich selbst den Weg, die Bewegung, welche ein Etwas zurücklegen mußte, um an derselben Stelle anzukommen und dort eine Empfindung zu setzen. Damit versetzt sich das eigene Verhalten in das Verhalten jenes Außendinges hinein, oder es „übernimmt die Rolle des anderen", genau wie das Kind, das den gehörten Laut nachspricht. G. H. Mead (Mind, Self und Society, 6. Aufl. 1947) hat in seiner Sprachphilosophie die fundamentale Bedeutung dieses „to take the role of the other" hervorgehoben;

sie trifft schon für Tasterfahrungen zu. Dieser „Rollenwechsel" liegt in allen kommunikativen Erfahrungen.

In der isolierten Tasterfahrung oder im bloßen „Leben des Lautes" haben wir das Zwei-Wege-Prinzip in der Form der wechselseitigen Bestätigung, mit der Bewegungen als Empfindungen reflektiert werden, Empfindungen wieder Bewegungen auslösen. Wenn wir aber, im einfachsten Normalfall, ein gesehenes Ding mit der Hand abtasten oder in der Hand bewegen, dann entwickeln sich komplizierte Umgangsprozesse. Die drehende Bewegung ist, als motorisches Erlebnis, gestaltgleich mit der gesehenen Rotation des Dinges; die dabei abwechselnd verdeckten Finger gehören solange mit zur „Rückseite" des Objekts. Die über den Gegenstand sich bewegenden Fingerspitzen erleben Wahrnehmungen, die qualitativ völlig anders sind, als die, die bei der Selbstbetastung auftreten können, eben die ganze Fülle der tastbaren Dingeigenschaften, die Rauhigkeit, Wolligkeit, Kälte, Elastizität der Dinge, die wieder das Auge an derselben Stelle in unvergleichbar anderen Daten wahrnimmt. Man kann eine gesehene Stelle A durch eine kleine Bewegung mit den Fingern verdecken, und sieht dann an derselben Stelle sich selbst, hat aber eine Tastempfindung der Sache. Wenn sie mir aus der Hand fällt, so sieht das nachfolgende Auge sie auf dem Boden landen, und man kann streiten, ob meine Bewegung des Bückens die „Rolle" des fallenden Dinges nachzeichnet, oder die Bewegung des Auges nach unten wiederholt. Jede Bewegung der Finger erzeugt Serien stets neuer Tastqualitäten des Dinges, die den Serien ineinander übergehender sichtbarer „Abschattungen" entsprechen, welche ihrerseits wieder Reize zu Antwortbewegungen sind, in denen beide Sinne kontinuierlich neue Schnittpunkte erhalten, wobei der Reiz zur Fortsetzung des Verhaltens abwechselnd von der Sache her oder von der weiterlaufenden Bewegung her erfolgt usw. Der in der optischen Wahrnehmung sehr drastische Gegensatz beweglicher und unbeweglicher Außenweltdinge redupliziert sich ebenfalls in der Tasterfahrung. Ausweichende Gegenstände entziehen sich der Tasterfahrung, indem sie sie im Leeren enden lassen, so daß erst eine wirkliche oder eingebildete Verlängerung unserer Greifbewegung sie wieder einholt, indem sie in sich selbst den Raum der Eigenbewegung des Dinges abmißt. Bei der Betastung unbeweglicher Massen kann dagegen der Prozeß der Kommunikation nicht zum Umschlagen gebracht werden, er ist abgeschnitten, und insofern entsteht ein Vermissungserlebnis wie dann, wenn das Leben des Lautes abgeschnitten und der hervorgebrachte Laut nicht zurückgegeben wird. Dann gibt es nur den Wechsel des unnachgiebigen Widerstandes, der dem stärksten Druck nicht nachgibt, und der fließenden Tastqualitäten, welche die leicht darübergleitende Hand abnimmt.

Auf dem hier beschriebenen Wege sammeln wir einen Schatz stummer Erfahrungen über erreichbare und unerreichbare Veränderungen, über die Dosierung des Krafteinsatzes, über die Koordinationen der „ausgiebigen" Bewegungen bei den verschiedensten Dingen, während auf der anderen Seite die Sehdinge schon im bloßen Hinblick die „Umgangsqualitäten" zeigen, die sie beweisen würden, wenn wir mit ihnen hantierten: ihr Eigengewicht, ihre Schwere, Härte, Weichheit, Materialstruktur, Nässe, Trockenheit usw.

Bei der Wahrnehmung größerer oder entfernterer Dingmassen wird die Tastbewegung in gewisser Weise durch die Gesamtbewegung des Körpers ersetzt, oder durch solche des Kopfes. Unsere optischen Eindrücke wechseln im Zuge solcher nicht tastenden Bewegungen außerordentlich drastisch, eine Kopfwendung oder gar das Schließen der Augen bringt das eben Gesehene außer Sicht. Auch diese Prozesse sind ihrer Struktur nach kommunikativ, denn es handelt sich, genau wie bei dem Beispiel des in der Hand gedrehten Dinges, um die Unterscheidung zwischen dem Wechsel des Wahrnehmungsbestandes, der auf unsere Eigenbewegungen *antwortet* oder der ihnen *folgt* von demjenigen, *auf den* unsere Eigenbewegungen antworten, oder der diese zur Folge *veranlaßt.* In die erste Reihe gehört etwa die Vergrößerung und Verdeutlichung der Sehdinge im Zuge unserer Annäherung, in welchem die fernen, kleinen, undeutlichen und unbewegten Dinge allmählich größer, ausgiebiger und vorübergehend werden; oder die zwischen ihnen vorgehenden Überschneidungen, Verdeckungen und kontinuierlichen Hergaben immer neuer Anblicke, die an ihnen parallel unserer Bewegungen sichtbar werden. Diese genau zusammenhängenden Ansichten, wie die Dinge sich voreinanderschieben, wobei jedes immer neue Sichtbarkeiten hergibt, sich teilweise verdekken und wieder loslassen, müssen erst gesehen und „angewöhnt", dann aber *übersehen* werden. Wir lassen uns gewöhnlich darauf nicht ein. Es ist dabei der durchaus verschiedene Grad zu bemerken, in dem die Sehdinge von unserer Bewegung abhängig variieren, und die *eigene* Systematik, die in diesem Wechsel sichtbar wird. Helmholtz bringt das folgende Beispiel: wenn wir uns um einen Tisch herum bewegen, so ist der Wechsel der aufeinander folgenden Ansichten oder „Abschattungen" eindeutig auf unseren Bewegungsvollzug um ihn herum bezogen; aber das Bild, das jeweils *einer* unserer sich folgenden augenblicklichen Stellungen entspricht, ist in seinem Sosein von uns unabhängig und „gegeben", und daraus folgt, daß auch das *Gesetz* des Zusammenhangs aller dieser Ansichten *in sich*, die Art *wie* sie sich, unserem Bewegungsverlauf entsprechend, in sich zusammenschließen, daß auch dieses Gesetz als von uns unabhängig erscheint, obschon es erst durch unsere Bewegung in Erscheinung tritt. Duret, der diese wichtigen Prozesse am besten untersuchte (Les facteurs pratiques de la croyance dans la perception, 1929, p. 134), bringt folgendes Beispiel: wenn ich mich einer Person, die in der Mitte zwischen mir und einem Gebäude steht, nähere und um sie herumgehe, so wird das Bild jener Person sich im Zuge meiner Bewegung derart verändern, daß je immer neue Profile, Ansichten und Überschneidungen an ihr hervortreten, während andere verschwinden. Die Beziehungen zwischen den wahrgenommenen Ansichten wechseln in einer regelmäßigen Gesetzlichkeit eigener und dabei „offensichtlicher" Art. Dieser Wechsel ist optisch total verschieden von den gleichzeitig sichtbaren plötzlichen Verdekkungen und Veränderungen im Erscheinungsbild des hinter der Person befindlichen Hauses, dessen Teile im Laufe meiner Bewegungen sehr brüsk durch die dazwischentretende Person verdeckt und wieder freigegeben werden.

Von diesen sehr mannigfachen Veränderungen innerhalb der optischen Welt unterscheiden sich nun diejenigen, die auf Bewegungen der Sachen selbst zurückgehen, und also die unseren zur Folge veranlassen. So, wenn aus jener Gesetzlichkeit der kontinuierlich sich ineinander überleitenden Ansichten, die meiner Bewegung folgen, eine Veränderung sehr drastisch herausfällt, wie z. B. die Eigenbewegung eines Vogels in einer Landschaft, die ich durchwandere, und dem man nachsieht. Oder wenn ein ferner Gegenstand, den ich erreichen will, sich verkleinert, so ist er schneller bewegt, und ich muß laufen.

Es ist klar, daß wir es in diesen Fällen ebenfalls mit Kommunikationserlebnissen zu tun haben: mit *Antwortbewegungen*, die wir gegenüber den optischen Veränderungen entwickeln, oder mit *Antwortveränderungen* der Sehdinge auf unsere Bewegungen, die hier die Stelle der Tastbewegungen vertreten.

Unsere letzte These in diesem Abschnitt ist nun die, daß die Struktur unseres Sehfeldes durchaus *symbolisch* ist, weil und sofern sie sich aus solchen Kommunikationsprozessen aufbaut. Dieses braune Parallelogramm „bedeutet" ein Buch, weil es sich bei weiterem Umgang in eine Serie von Gewohnheiten hineinziehen läßt, nämlich zu blättern und zu lesen. Jenes ferne Rechteck zeigt ein Haus an, weil ich bei Annäherung alle Verhaltensreihen und Eindrucksfolgen erlebe, die eben ein Haus ausmachen: man kann hineingehen usw.

Die durch und durch symbolische Struktur der menschlichen Wahrnehmungswelt ist zwar nach allem Dargelegten schon weitgehend physiologisch-optisch vorbereitet, und sie kommt nicht erst durch „Abstrahieren" oder ähnliche Zutaten zustande. Es gibt im optischen System einen gewissen „Automatismus", den Brunswik (Wahrnehmung und Gegenstandswelt, 1934, p. 115, 125) mit dem Instinkt vergleicht, indem auch die Wahrnehmung starren, stereotypen Eigengesetzlichkeiten nachgeht, wie der Instinkt in oberflächlicher Weise Anzeichen für die Sache selbst nimmt, und indem auch sie, z. B. bei optischen Täuschungen, „unbelehrbar" bleibt. Man darf aber darüber nicht diejenigen symbolischen Werte übersehen, die infolge unserer Umgangsbewegungen sich im phänomenologischen Bestand der Dinge niederschlagen, und ich glaube, daß die Gestalttheorie mit Hilfe ihrer „virtuosen Figürchen" (Ausdrück Pötzls) den optischen Sektor isoliert und mit Leistungszumutungen überlastet hat.

Wir orientieren uns also in der Sinneswelt an gewissen optischen oder akustischen, taktilen usw. Symbolen, an Minimumcharakteren. Dies ist biologisch eindeutig zweckmäßig: es erspart, sich auf die mögliche volle Ausgiebigkeit der Dinge einzulassen, und eine möglichst vielseitige und empfindliche Reizbarkeit des Organismus ist nicht der Zweck der Wahrnehmung. Gerade dann dürfte sie nicht bloß symbolisch sein. Sondern unsere führende Wahrnehmung, die optische, ist ein Mittel, uns „Symbole" für Erfolgserwartungen, Widerstände, Dingreaktionen und „Erreichbarkeiten" im Zusammenhang unseres praktischen Eingriffes anzugeben, damit wir mit Hilfe dieser Symbole die Bewegungen ansetzen und schon *vor* Erfolg oder Mißerfolg zielhaft dosieren können. Hier begegnet uns wieder die ganz wesentliche Kategorie der *Entlastung*, die für die Anthropologie eine Kategorie erster Ordnung ist. Es ist leicht verständlich, daß die beim Menschen, der ja weltoffen ist, vorhandene Überflutung mit Reizen besondere Entlastungsvorgänge nötig macht. Es ist sehr merkwürdig, wie wenig diese biologisch wichtigste Seite aller Symbolik bemerkt wurde, und dies liegt an intellektualistischen Vorurteilen, welche die Symbolik nur von der Seite des „Meinens" oder der „Bedeutung" aus verstanden. Allein bei Dewey (Quest for Certainty, 1929, p. 158) fand ich einmal eine unausgenützte Ahnung dieser Tatsache: „Ability to frame hypotheses is the means by which man is liberated from submergence(!) in the existences that surround him and that play upon him physically and sensibly."

Unsere Sinnenwelt ist also symbolisch, was heißt: Andeutungen, Verkürzungen, Vorderseiten und Überschneidungen, Schatten, Glanzlichter, auffallende Farb- oder Gestalteigenschaften *genügen* zur Andeutung der realen Gegenstandsmassen. Die biologische Zweckmäßigkeit dieser Tatsache liegt, wie gesagt, einmal in der „Entlastung" und Beschleunigung der Reaktionen, die damit möglich sind, weiter aber vor allem darin, daß nur in symbolischen Feldern *Übersicht* möglich ist; die Unnötigkeit, sich auf die mögliche sinnliche Ausgiebigkeit und Fülle der Dinge einzulassen, diese Entlastung gestattet Übersicht über ganze *Felder von Andeutungen*. Erst dann gibt es eine Gesamtüberschau über größere Flächen, die von den Einzelmassen entlastete Wahrnehmung wird frei für höhere, überschauende Leistungen. Das

Wort Übersicht enthält einen tiefen Doppelsinn: erst durch das Übersehen zahlloser möglicher Wahrnehmungen gibt es Übersicht. Es kommt biologisch durchaus erst in zweiter Linie auf die Wahrnehmung von Einzeldingen und Einzelheiten an, in erster Linie gibt die Wahrnehmung *Situationen*, Gesamtfelder von Umweltandeutungen, und erst die Sprache ist eigentlich das endgültige Auflösungsorgan für Situationen in Einzelheiten. Sie macht sich dann übrigens, in entwickelter Rede, den Sachverhalt symbolischer Felder selbst zu eigen: „Sätze" sind Zusammenhangsfelder von akustischen Symbolen: der Hörende entnimmt dem Satz Hörproben und vermag erst in dieser Entlastung einen Zusammenhang der „Hörproben" unter sich zum Satze aufzubauen.

Ist die Sprache gelernt und beherrscht, so sind ihre Worte, nimmt man sie als Klangfiguren, ebenfalls nur akustische „Proben", die uns zum Wiedererkennen genügen müssen, denn kein Mensch artikuliert das Wort völlig aus oder erwartet dies. Nur *einige* von den Elementen des Wortes tragen die Last der Bedeutung, sie sind sozusagen die „Vorderseite" des Wortganzen. K. Bühler (Sprachtheorie, 1934, S. 44ff.) spricht in diesem Sinne von der „diakritischen Relevanz", d. h. an jedem Wortklang ist eine Anzahl von Lautmalen belangvoll für die Unterscheidung und Auffassung der Worte. Bühler nennt diese Symbole „Phoneme" – „die natürlichen Male, woran im Lautstrom der Rede die semantisch entscheidenden Einzelheiten dieses Lautstromes erkannt und auseinandergehalten werden." (Die Axiomatik der Sprachwissenschaften, Kantstudien, 38, 1933.) Das Sinnending Wort geht ebensowenig wie das Sehding mit der ganzen Fülle seiner konkreten Eigenschaften uns an, sondern gewisse herausgehobene Akzente genügen zur Unterscheidung der Wörter und damit der Bedeutungen. Es kann eine sehr feine Lautdifferenz große Bedeutungsunterschiede anzeigen, während andere Laute sehr bedeutende Gradunterschiede der Prägnanz ertragen. Im Englischen gibt es z. B. viele Wortpaare, wo der einzige Unterschied in der Stimmhaftigkeit bzw. Stimmlosigkeit des Endkonsonanten liegt, weshalb p und b, t und d, k und g sehr genau unterschieden werden müssen. Dem entspricht in der Sprach*motorik* die Unmöglichkeit, *alle* Elemente der Worte artikulierend herauszuheben: wir unterdrücken, vernachlässigen oder verschleifen gewisse Elemente, um uns auf die saubere Artikulation der bedeutungswichtigen zu beschränken. Dieser parallele Vorgang „motorischer Symbolik" liegt, wie sich zeigen wird, bereits in der Natur „gekonnter" motorischer Prozesse. Um zur optischen Wahrnehmung zurückzukehren, so fanden wir eben bei Untersuchung der Struktur der wahrgenommenen Dinge, daß diese mit Bewegungsniederschlägen und -andeutungen sichtbar geladen sind. Sie enthalten schon in der Wahrnehmung Andeutungen ihrer Umgangswerte, also ihres Gewichts, ihrer Statik, Konsistenz und Oberflächenbeschaffenheit, sie zeigen auch Suggestionen der zweckmäßigen und fruchtbaren Handtierungsansätze an ihnen und stehen so in vorhandener oder mangelnder Übereinstimmung mit den Erwartungen unserer Umgangsphantasie, welche Änderungen an ihnen sich als Folge bestimmter Änderungen unseres Verhaltens ergeben würden.

Man verwundert sich, wenn man die Reihe der Bedingungen übersieht, die bis hierher führen. Solange das Auge die Bilder der eigenen Bewegungen nicht übersehen kann, ist natürlich eine Unterscheidung des selbstverursachten Bilderwechsels von dem eigengesetzlichen Äußeren nicht möglich: solange ist aber die Bewegung selbst nicht zielsicher und erst recht nicht exakt variabel. Noch schwieriger ist es vielleicht, die mehrfach sich überdeckenden Bildveränderungen der Außenwelt, die unsere Bewegungen begleiten, zu unterscheiden und übersehen zu lernen oder herauszubekommen, welche sichtbaren äußeren Veränderungen – etwa am Verhältnis Hintergrund-Vordergrund – den Eigenbewegungen der Dinge zuzuordnen sind. Dann muß die Tastwahrnehmung mit ihren eigenen Erfahrungen der Selbst- und Fremdbetastung fertig geworden sein und sich mit diesen Vorgängen geeinigt haben: es gibt genau so ein „Übersehen" der subjektiven Seite der Tastempfindungen im objektiven Tasten. Ohne dies alles gibt es keine sichere Steuerung der Handlung vom erwarteten Erfolg her (Willenshandlung). Ununterbrochen laufen dazwischen Hemmungen, Akte des Übernehmens und Einsetzens, des Variierens von Erfolgen, der langsam sich anreichernden Bewegungsphantasie usw.

Wir richten jetzt unsere Aufmerksamkeit auf die Hauptseite der dabei unvermerkt sich einstellenden und plötzlich sichtbar werdenden Erfolge: auf die eigentätig aufgebaute und verdichtete Symbolik der Dinge. Man muß dies durchaus unter dem Entlastungsgedanken würdigen: die mit der Reizüberflutung gesetzte Aufgabe wird so gelöst, daß der Mensch in sensomotorischen Prozessen des „Umgangs" die Dinge zugleich in Erfahrung zieht und in die Hand bekommt, wobei er sie auch wieder dahinstellt und „erledigt". Erledigt sind sie dann, wenn der bloße Hinblick genügt, uns anzuzeigen, was sie sind und was zu tun wäre, wenn wir uns auf sie einließen: eben das leistet schließlich das Auge allein. So wird das Überraschungsfeld der Welt *reduziert* auf Reihen „übersehener" Zentren, die Dinge, deren jedes eine höchst verdichtete, mühelos und mit leichter Probe des Hinblicks zu entnehmende Fülle von Andeutungen von möglicher Sacherfahrung, möglichen „Antworten" der Dinge enthält – in „dahingestellter Verfügbarkeit". Nur bei einem Wesen, welches *nicht auf typische Umweltvorgänge eingestellt* und daran angepaßt ist, hat dies Sinn, und der Vorgang ist wohl zu merken, weil er durch die Sprache großartig weitergeführt wird. Er ist der Abschluß, das Ende der ganzen Leistungen der *unmittelbaren*, sensomotorischen Weltorientierung und -erfahrung.

Wie dabei das Übersehen von Erscheinungen im Sinne des Sich-nicht-Einlassens die Übersicht, d. h. das Weiterwandern des Blickes über Gesamtfelder ermöglicht, sehe man an folgendem Beispiel. Die Schatten, Glanzlichter und farbigen Reflexe auf den Dingen werden in der Regel nicht bemerkt, sonst hätte die Malerei der Impressionisten, welche sie herausholte, nicht solches Erstaunen hervorgerufen. Der Blick verfängt sich im allgemeinen nicht in ihnen, läßt sich vielmehr an ihnen herüberleiten zur Auffassung der Raumgestaltungen und damit der Umfänge, Tiefen und relativen Entfernungen. Die fein abgestuften Schatten auf der Oberfläche der Dinge verbergen selbst bei farbiger Beleuchtung, oder wenn sie selbst farbig sind, nicht die Eigenfarbe derselben, sie deuten vielmehr die Reliefs, Gestalten und Entfernungen mit an. Dies alles aber nur bei einem von vornherein gegebenen biologischen Interesse gerade an der Konstanz und nicht nur, wie bei vielen Tieren, an der Beweglichkeit der Dinge.

Die bis jetzt beschriebene Struktur unseres Wahrnehmungs- und Bewegungslebens ist schon vor aller Behandlung höherer Intelligenzleistungen eine rein menschliche. Kein Tier hat die menschliche Bewegungsplastizität, die Sinnesempfindlichkeit unserer Bewegungen, keines die Kooperation von Hand und Auge, keines die unbeschränkte Weltoffenheit der menschlichen Sinne. Das Tier hat eine bornierte Indifferenz gegenüber allen den möglichen Wahrnehmungen, die für es nicht lebenswichtig oder triebinteressant sind, es hat „Umwelt", nicht Welt (s. o. Teil I).

Für das Tier entfällt daher die Notwendigkeit dieser Leistungen. *Es leistet weder wahrnehmend noch handelnd das, was der Mensch leistet: nämlich seine Bewegungen in Auseinandersetzung mit den Dingen selbst aufzubauen und zu entwickeln, diese dabei in seine Tätigkeiten zu verwickeln, und zu einer durchgearbeiteten und „erledigenden" Bekanntschaft mit ihnen fortzuschreiten.* Und dies alles geschieht beim Menschen unabhängig und nicht im Dienste der Befriedigung unmittelbar physischer Bedürfnisse, sondern in entlasteten, kommunikativen und in sich selbst erlebten Kreisprozessen: eben die *Struktur* des Verhaltens, in der es allererst *objektive* Erfahrung gibt, ist schlechterdings übertierisch; so wenig es „denkendes" Verhalten ist, so wesentlich ist es „intelligent". Die so schwer zu fassende „innere Intelligenz" schon der Wahrnehmungs- und Bewegungsleistungen des Menschen ist hier dargestellt worden.

Wir erfahren die Wirklichkeiten nur, indem wir uns praktisch mit ihnen auseinandersetzen, und dadurch, daß wir sie durch die Vielheit unserer

Sinne hindurchziehen: die gesehenen betasten, befühlen, oder endlich indem wir sie ansprechen und so eine dritte Art rein menschlicher Aktivität gegen sie setzen. Wenn wir ihnen so eine selbsterschaffene Gestalt (ein Wort) entgegenwerfen oder eine andere Art des Bewältigens, indem wir sie aus einer Sphäre in die andere ziehen, behandeln, ansprechen, „im Auge behalten", „begreifen", mit einem Wort: ihre Vieldeutigkeit entwickeln und Bekanntschaft mit ihnen schließen, dann erfaßt sich das menschliche Können selber in seinen eigenen Möglichkeiten in der Erfassung der Sache, dann erschließt es sich aus seinem dunklen Hintergrunde in immer neuen belebten Eindrücken und Impulsen, in der ganzen Fülle des vitalen Bereichs: der Phantasmen und Bewegungsentwürfe, Empfindungen, Gefühlsvorgriffe und „Ansprüche". Wir „haben" eben die Dinge nicht selbst, sondern nur als assimilierte und angeeignete eingeschmolzen in die Vielfalt unserer Tätigkeiten, mit der wir das Gesehene betasten, das Erwartete aussprechen, das Erinnerte „begreifen" und das Bewegliche behandeln (s. meinen Aufsatz „Vom Wesen der Erfahrung", Bl. f. dt. Phil. X, 3). *Eben damit werden sie für uns zu dem, was sie selbst sind, ihre sachliche Objektivität ist ihr „Dahingestelltsein"*, in dem sie andeuten, was an möglichen Umgangsfolgen und entwikkelbaren Eigenschaften in ihnen steckt. Deshalb haben auch die höchsten Tiere *nachweislich keine „objektiven" Dinge um sich – weil ihnen die ganze Struktur des menschlichen Sinnes- und Bewegungslebens fehlt.*

Diese Objektivität ist kurz näher zu betrachten. Genau gesehen, steht nämlich der Mensch am Ende der jetzt betrachteten Entwicklung in einer bekannten, aber „dahingestellten" Welt. Die Dinge sind bekannt, sie sind erfahren worden, sie sind jetzt bereits optisch in ihren Umgangseigenschaften und in den Bewegungsvorschriften sichtbar, die sie andeuten und mit denen sie unser Umgang aufgeladen hat. Aber sie sind „zur Disposition" gestellt, d. h. wenn unsere Handlung sich von ihnen zurückzieht, so bleiben sie stehen als „potentiell" verwendbare, und unsere Auge allein, über sie hinweggleitend, beherrscht sie. Die Weltdinge in unbeschränktem Umkreis haben damit den entscheidend menschlichen Charakter der *erworbenen Neutralität:* es ist dies nicht die Gleichgültigkeit alles nicht triebhaft Beachteten, die die meisten Inhalte der Umwelt höherer Tiere haben. Die Dinge um uns dagegen sind durchaus bekannt und „durchgegangen", aber sie sind zum größten Teil dauernd dahingestellt, dem jederzeitigen Umgang verfügbar. Es ist dies die Art, wie der Mensch die Überschwemmung mit Eindrücken bewältigt, wie er sich davon entlastet: *eine Mattsetzung ihrer Eindringlichkeit ist tätig geschehen, und diese ist übergeleitet in eine jederzeit mögliche Verfügbarkeit,* die nur noch unter der Kontrolle und Aufsicht des müheloseśten Sinnes, des Sehsinns, steht: ihm zeigen sie ihre *möglichen* Umgangswerte und Einsetzbarkeiten. Hier geht der Weg von der Wirklichkeit zur Möglichkeit. Und ebenso subjektiv gesehen, in Hinsicht der Bewegungsleistungen: ein sicheres *Können* des Umgangs und der Bewältigungen, der erfolgsgewissen Bewegungen hat sich in uns niedergeschlagen, es ist potentiell jederzeit verfügbar, eine mögliche Herrschaft als Folge der geleisteten Arbeit. Es ist eine zeitweilige völlige Stillegung des Organismus inmitten einer bekannten Welt möglich. Der Mensch kann ruhen, das Tier ist aktuell beschäftigt oder es schläft. Sitzt der Mensch ruhig da – in einer seiner typischen Ruhestellungen, in denen er die Aufrichtung doch beibehält – so ist ihm doch eine Welt sichtbar, in der er völlig zu Hause ist, in die hinein er jederzeit und an jedem Punkte handeln kann, und zwar in Aktionen, die als selbstaufgebaute jetzt gekonnt sind, gelassen und sicher des Erfolges warten können. Das ist der Charakter der *Intimität* der Welt, in dem also die drei Seiten der Bekanntheit, der Neutralisiertheit der Dinge und der Entlastung des Menschen zu unterscheiden sind. Das *alles* bezeichne ich künftig mit dem Ausdruck: „Verfügbarkeit" der Dinge, und wir werden gleich sehen, wie die *Sprache* in genau dieser Richtung weiterarbeitet; dasselbe macht eben die wahrnehmbare *Objektivität* der Dinge aus.

Die geschehene Entlastung erscheint ja einfach darin, daß die Leistung *eines* Sinnes genügen wird, um die breiten Seh-, Tast- und Bewegungserfahrungen abzulösen; wenn also mühsam und unter Einsatz der ganzen Person Erfahrungen gemacht sind, so genügt künftig der bloße optische „Hinblick", um sie verfügbar zu machen, einzusetzen oder ruhen zu lassen. Das Sehen symbolisiert uns einen ganzen Erfahrungskontext, erledigt ihn, d. h. es erspart die Wiederholung desselben, und macht ihn verfügbar: wir müssen mit der Entdeckung der Dingeigenschaften zu Ende kommen, um zu ihrer Verwendung überzugehen. Ich bitte, dies genau festzuhalten: jede Symbolleistung, vor allem die Sprache, hat diese Qualität der Entlastung, d. h. also: der Erledigung mühsamerer und vorausgehender Leistungen durch bloß „antippende", und der „Verfügbarmachung" (sit venia verbo) der ersteren für indirektere und freiere Zusammenhänge. Das Hinsehen erspart das Betasten, das Wort sogar schon das Hinsehen – aber es ersetzt jeweils jenes auch, vertritt oder „repräsentiert" es.

Diese Objektivität der anschaulichen Dingwelt ist also, wie wir sahen, das Resultat außerordentlich zahlreicher Faktoren, unter denen außer den systemeigenen Gesetzen des optischen Sektors die tätigen Umgangsprozesse samt den darin sich aufbauenden Entlastungsleistungen eine besondere Bedeutung haben. Dabei entwickelt sich die „Selbstentfremdung" unserer Bewegungen und Empfindungen streng parallel mit jener Ausgliederung „dahingestellter" und symbolbesetzter Dinge, so daß wir im entfremdeten Selbstgefühl schließlich ein anschauliches Körperschema unser selbst in unserer veränderlichen Relation zu den anschaulichen Orten der Dinge haben. So sagt Scheler (D. Stellg. d. Menschen im Kosmos, 1928, p. 57f.) sehr richtig: „Ein Hund mag jahrlang in einem Garten leben und an jeder Stelle des Gartens schon häufig gewesen sein – er wird sich niemals ein Gesamtbild des Gartens und der von seiner Körperlage unabhängigen Anordnung seiner Bäume, Sträucher usw. machen können, wie klein und groß der Garten auch sei. Er hat nur mit seinen Bewegungen wechselnde Umwelträume, die er nicht auf den ganzen, von seiner Körperstellung unabhängigen Gartenraum zu koordinieren vermag. Der Grund ist, daß er seinen eigenen Leib und dessen Bewegungen nicht zum *Gegenstande* zu machen imstande ist, so daß er seine eigene Körperlage als veränderliches Moment in seine Raumanschauung einbeziehen könnte und mit dem Zufalle seiner Stellung gleichsam instinktiv rechnen lernte."

Der anschließend von Scheler geäußerten Auffassung jedoch, daß die Objektivität in letzter Instanz ein Produkt des Geistes sei, können wir nicht beitreten. „Dieses Zentrum aber", sagt er, „von dem aus der Mensch die Akte vollzieht, durch die er die Welt, seinen Leib und seine Psyche ‚vergegenständlicht', kann nicht selbst ein ‚Teil' eben dieser Welt sein" (p. 67). Man kann nach unserer Auffassung das Bewußtsein, in dem die Dinge und wir selbst als Objekte erscheinen, nicht von dem gesamten Unterbau trennen, der in diese Spiegelung eingeht, also nicht von der sehr besonderen Empfindungs- und Bewegungsstruktur des Menschen, nicht vom „Zwei-Wege-Prinzip" und der gegenseitigen Kontrolle und Entlastung der Sinne, nicht von der Antriebsentlastung im kommunikativen Umgang und schließlich von der morphologischen Sonderstellung des Menschen, seiner Aufrichtung usw. Man kann nicht dieses Bewußtsein, es in der Reflexion abhebend, einer bloß noch gedachten Welt als Geist entgegenstellen. Wenn man nach einem Begriffe sucht, als dessen Korrelat der Begriff des Objektes dienen kann, so führt uns allenfalls der Begriff des *Willens* weiter. Einmal deswegen, weil sich beim Willen der Unterschied des wirklichen und des gedachten Willens nicht derartig verwischen kann wie beim Bewußtsein, das man ohne inneren Widerspruch gleich als gedachtes Bewußtsein, d. h. als Selbstbewußtsein auffassen kann, wie Descartes dies tat. Zwischen einem wirklichen und einem gedachten Willen besteht dagegen die enorme Differenz der Realität, des Entschlusses. Der Satz: cogito me volentem ergo volo wäre völlig absurd. Die wirkliche *Objektivität* wirklicher Dinge ist ein Korrelat des wirklichen Handelns oder Willens, die anschauliche Objektivität derselben Dinge im Bewußtsein ist ein Korrelat des möglichen Handelns oder Willens und keineswegs des bloßen Denkens oder Anschauens selbst. Die *Subjektivität* von Utopien und Wunschträumen ist wiederum ein Korrelat des nicht möglichen Handelns oder Willens.

Weiterhin sahen wir oben (Abschnitt 14), daß der Wille genannte Antrieb seine Erfüllung in der Reaktion wirklicher Dinge auf die Intentionen des aktiven Handelns *selbst* findet, so daß sich ein Sacherfolg und eine Folge von Handlungsakten gegenseitig bestätigen, gleichgültig, ob dies noch für einen vitalnäheren Antrieb von Interesse ist oder nicht. Der Wille ist der generell auf die Entwickelbarkeit von Sacherfolgen in der veränderlichen Objektswelt selbst, in eigener Ebene, bezogene Antrieb, der sich eben darin erfüllen kann, ohne daß notwendig diese Erfolge auch *begehrte* Erfolge sein müssen. Gleichursprünglich geht er dann auf die Verlagerung und Umsteuerung der eigenen Bewegungen und Bewegungsimpulse, sofern diese von jenen Sacherfolgen oder -mißerfolgen reflektiert werden.

Wir erhalten damit eine sehr wesentliche weitere Ergänzung unseres Begriffs der Objektivität der Dinge (und gegebenenfalls unserer eigenen Verhaltensweisen in Relation zu ihnen), nämlich diese: Alle objektiven Gegebenheiten sind anschaulich und im Phänomen nicht nur „da", und nicht nur intim und dahingestellt, sie sind ebenso auch *potentielle Motive* eines *an ihnen selbst* entwickelbaren Erfolges. Ja noch mehr: sie sind als solche und eben damit zugleich auch potentielle Motive anderer, noch latenter Bedürfnisse, weil ja, nach der oben gegebenen Erklärung, der Wille auch in den Dienst anderer Antriebe treten kann, und dies in der Regel tut. In dieser letzteren Beziehung haben die objektiven Dinge anschaulich *Daseinswert*, nämlich die anschauliche Eigenschaft, möglicherweise Erfüllungswert für ein noch nicht aktuelles Bedürfnis zu haben. Wer z. B. auf ein Ding so reagiert, daß er denkt: das nehme ich mit, das kann ich vielleicht einmal brauchen, der reagiert auf den virtuellen Daseinswert des anschaulichen Dinges. Es ist sehr bedeutsam, daß ein objektives Ding uns stets in dieser „Zwischenstellung" gegeben ist: als etwas, das in *eigener* Ebene verändert werden kann, also Motiv eines an ihm selbst entwickelbaren Handelns und Erfolges ist, so wenn man z. B. eine Sache repariert. Und als etwas, das Erfüllungswert für ein anderes Bedürfnis haben kann, indem es in irgendeiner Beziehung „konsumiert" wird, mag auch dieses Bedürfnis noch gar nicht aktuell sein. Insofern haben alle objektiven Dinge auch einen aktuellen oder potentiellen Daseinswert, und mit dem Erwachen eines entsprechenden Bedürfnisses treten sie sofort aus ihrer Vergleichgültigung heraus. Tiefer psychologisch gesehen, entspricht somit der Objektivität eine *„Tension stabilisée"*. Diesen Ausdruck verwendet Przyluski (L' Evolution humaine, 1942) einmal in anderem Zusammenhang, er bezeichnet aber eine *Kategorie* der menschlichen Antriebsstruktur. Diese Tension stabilisée zwischen sich ausschließenden, manchmal latent ambivalenten Tendenzen ist von großer Bedeutung, sie beschreibt z. B. unser „inneres Gleichgewicht" angesichts des Eigentums anderer. Hier, gegenüber der objektiven Dingwelt, wird das Gleichgewicht der inneren Spannung zwischen einem Verhalten gemeint, das an den Dingen objektiv, um ihrer eigenen Eigenschaften willen angreift, wie z. B. niemand ein Glas mit Wucht auf den Tisch haut, und einem Verhalten, das an ihnen um anderer Interessen willen angreift, so wie man eben aus dem Glas trinkt. Immerfort geht im Alltag unser wirkliches Verhalten zwischen beiden Wegen hin und her, und darunter liegt noch die andere Tension stabilisée zwischen Gleichgültigkeit (Dahingestelltsein) und Dingaktualität (Handlung) überhaupt. Es ist dieses System stabilisierter Spannungen, das anschaulich in die Objektivität des Dinges eingeht, genau so wie, um eine letzte Bestimmung hinzuzufügen, ihr Dasein nicht nur für mich allein. So daß sie also nicht nur gesehene Dinge sind, wie die Idealisten sagten, sondern *objektiv sichtbare,* und als solche im Phänomen gegeben, schon dadurch, daß ihr Gesehensein *nicht* im unmittelbaren Bewußtsein liegt, in dem sie einfach „da sind".

Um also zusammenzufassen, so ist ein beliebiges gesehenes Ding nicht nur gestaltet, konstant und individuell da, es ist nicht nur in „dahingestellter Verfügbarkeit" intim, es hat darüber hinaus eine Art fruchtbarer Passivität, eine fallweise sehr verschiedene Reaktionsbereitschaft auf Eingriffe, die „man" vollziehen kann, und endlich einen potentiellen Daseinswert für „mögliche Bedürfnisse überhaupt", also für „jemand" - und dies alles in einer Konkretion, die den symbolischen Gehalt der Andeutungen seiner Sichtbarkeit ausmacht. Die *Intellektualität der Wahrnehmung,* kraft deren wir sehen, nicht denken, daß dies eine Tasse und dies ein Buch ist, besteht also nicht bloß in der „Sprachmäßigkeit" der Anschauung, auf die wir noch zurückkommen. Sie setzt schon viel tiefer an und bedeutet die Entwickelbarkeit der in diesem Abschnitt beschriebenen Gehalte aus dem Wahrgenommenen heraus.

17. Bewegungs- und Empfindungsphantasie

Die bisherigen Untersuchungen haben noch das negative Resultat der Widerlegung aller von Kant herkommenden Irrtümer, als ob nämlich die Gliederung und Gestaltung unserer Wahrnehmung ein Werk des „Verstandes" wäre. In der Erkenntnislehre Kants steckt viel Zeitgebundenes, besonders ein Mangel tieferer Kenntnisse der Sinnesphysiologie, Tierpsychologie und Sprachtheorie, ja völlige Abwesenheit dieser Wissenschaften. Daher die folgenreiche Überlastung des Verstandes mit Leistungszumutungen, die ganze falsche Intellektualisierung des Sinneslebens und endlich, zuhöchst, die Nichtbeachtung der Handlung in der gesamten Lehre von der Erkenntnis.

Es handelt sich bei unserer Darstellung immer um die Handlungseinschüsse im Aufbau der Wahrnehmungswelt und um den Nachweis der mit der Weltorientierung immer umgängig verknüpften tätigen Selbstbestimmung und Selbstaneignung des eigenen Könnens. Hier ist nun eine höchst bedeutende, von Palagyi gemachte Entdeckung gesondert zu behandeln, nämlich die der Bewegungsphantasie.

Erst nach der richtigen Unterscheidung von Empfindung und Bewegung wurden auch zwei Arten der Phantasie in ursprünglicher Verschiedenheit deutlich. Diese Ergebnisse auf dem Gebiete des Phantasielebens sind für uns wichtig, weil wir daran den Aufbau kommunikativer Handlungen tiefer verstehen lernen. Da die Phantasie des Sehenden durchaus vorwiegend optisch ist, macht die Vergegenwärtigung rein motorischer Phantasmen zunächst gewisse Schwierigkeiten. Wir nähern uns ihnen zunächst von Ausfallserscheinungen her.

Janet beschrieb schon 1898 (Névroses et Idées fixes) einen Fall einer weiblichen Person. „Ich bemerke wohl, sagte sie, meinen rechten Arm, der sich die ganze Zeit bewegt und nur aufhört, wenn ich ihn betrachte. Aber das war tatsächlich falsch, ihr rechter Arm bewegte sich nicht, aber sie stellte sich vor, daß er sich bewege – elle se figurait qu'il remuait."

Die Handlungen eines von Goldstein (Monatsschr. f. Psych. u. Neur. 54, 1923) beschriebenen Kranken zerfielen augenfällig in zwei Klassen: in gestörte Willkürbewegungen und relativ ungestörte Gewohnheitsbewegungen. Er konnte sich waschen und rasieren, einen Wasserhahn aufdrehen, Türen öffnen und schließen, klingeln usw. Alle diese Tätigkeiten gelangen nur am wirklichen Objekt im praktischen Vollzug. Er konnte an die Tür klopfen, wenn er unmittelbar davorstand – zog man ihn einen Schritt zurück, so blieb der schon erhobene Arm in die Luft gebannt, die Bewegung – schon eingeleitet – zerfiel, es war dem Kranken unmöglich, die Klopfbewegung in freiem Entwurf anzudeuten. Ebenso konnte er zwar einen Nagel mit dem Hammer einschlagen, war aber unfähig, das Einschlagen des Nagels nur anzudeuten. Versuchte man, ihn eine Willkürbewegung nur nachmachen zu lassen, die man vormachte, so zerbrach ihm die Bewegung in aneinandergestückelte Teilbewegungen: indem er abwechselnd auf den Arzt und auf seine eigene Hand sah, setzte er unter dauernder Kontrolle der Augen jeden Teilakt von neuem an.

Es ist natürlich schwer zu sagen, worauf diese Störungen zurückzuführen wären; aber es ist eine bloße Beschreibung des Sachverhalts, und insofern unbestreitbar, wenn man sagt: diesem Kranken fehlte der frei verfügbare, eingebildete „Spielraum“ on Handlungsentwürfen, es wären also Leistungen der Vorstellungs- und Bewegungsphantasie gestört. Die Bewegungsgestalt vorzuentwerfen, gelang nicht. In einem ganz ähnlichen Fall wird dies wieder deutlich: Ein Hirnverletzter. Er soll einen Kreis in einer waagerechten Ebene beschreiben. Diesen ihm unvollziehbaren Bewegungsentwurf baut er nun mit intellektuellen und Tasthilfen auf, also sozusagen von oben und unten her. Er drückt die Oberarme fest an den Körper, probiert dann mühsam und stückweise eine dazu rechtwinklige Lage der Unterarme heraus und macht dann pendelartige Bewegungen des Rumpfes, so daß seine Unterarme jetzt in einer waagerechten Ebene schwingen. In der so „erfühlten“ Ebene beschreibt er in Stücken einen Kreis. Hier ist es ein Zusammenhang von intellektuellen und tastmäßig sowie optisch kontrollierten, stückweisen Bewegungen, der die Mängel der Phantasieleistung zu ersetzen sucht.

Ein von Jaensch erwähnter blinder Geometer konstruierte geometrische Gebilde so, daß er die Linie der Figur in wirklichen Bewegungen ansetzte und nun in seiner Bewegungsphantasie vorentwarf, wo sich die Fortsetzungen dieser Linien treffen und in welchen Verhältnissen sie sich schneiden würden: ein nur durch Bewegungsphantasie erklärlicher Vorgang. Wenn wir vor einem breiten Graben einen Sprung erwägen, so ist die Ausführung oder Unterlassung vom Resultat eines „eingebildeten“ Sprunges abhängig. Wir können alle unsere Glieder phantasiemäßig in andere Lagen, Bewegungen oder Bewegungskombinationen versetzen, ohne dies „wirklich“ auszuführen. Sportliche Fähigkeit scheint in hohem Grade in der guten Leistung der Bewegungsphantasie zu bestehen, die die bei jedem Sport beanspruchten neuen Kombinationen vorentwirft. Wir können uns mit ihr in eine Bewegung einleben – nicht eindenken – ohne sie zu vollziehen. Buytendijk läßt in seinem Buche „Das Spiel von Mensch und Tier“ (Berlin 1933) die „virtuellen Bewegungen“ eine große Rolle spielen: „Bei den Gesellschaftsspielen der Kinder und den Sportspielen der Erwachsenen sind die virtuellen Bewegungen ein wesentlicher Bestandteil des Spielablaufs. Ohne diese wäre das sog. Mitfühlen und Mitleben der Spielgenossen unter sich nicht möglich. Virtuell werden die Bewegungen des Spielgegenstandes mitvollzogen, wie jeder Billard- oder Fußballspieler weiß.“

Obschon beide Arten der Phantasie fast nur verschmolzen vorzukommen scheinen, muß man die sensorischen, bildhaften Phantasmen von den motorischen unterscheiden. Es ist die Verwobenheit von Bewegung und Wahrnehmung, also letzten Endes die kommunikative Struktur des menschlichen Verhaltens, die sich in der innigen Verbindung beider Arten von Phantasmen ausweist. Im Bereiche der sensorischen Phantasmen ist auf die einzigartige Entwicklung der Tastphantasie beim Menschen hinzuweisen, also derjenigen, welche an *bewegliche* Organe gekoppelt ist. Schon Aristoteles (De anima III) hat sie gesehen. Er redet da von „unvollkommenen" Tieren, die nur den Tastsinn haben: „Aber wie ist es möglich, daß sie Einbildungskraft besitzen? Ich denke, wie sie sich, wenn auch in unbestimmter Weise, bewegen, so kommt ihnen auch die Einbildungskraft zu, aber in unbestimmtem Grade." Dazu fand er, daß der Tastsinn beim Menschen am schärfsten ausgebildet ist: „während er in bezug auf alle anderen Sinne hinter vielen Tieren zurücksteht, übertrifft er sie weit in der Feinheit des Tastsinns. Darum (!) ist er auch das klügste unter allen lebenden Wesen."

Die außerordentliche Höhe der Tastphantasie beim Menschen erscheint gerade dann, wenn es sich um Feinbewegungen handelt, in die minimale virtuelle Ausschläge der Bewegungsphantasie mit eingehen. Wenn der geschickte Arzt in Körperhöhlen operieren kann, ohne zu sehen, so tastet er mit der Spitze der Sonde oder des Skalpells. Hierbei geht es nicht nur um das an sich schon merkwürdige Phänomen, daß wir, mit toten Gegenständen tastend, die entsprechenden Empfindungen an der Spitze des Instruments zu haben glauben. Es geht darum, daß die virtuellen Tastempfindungen vorentworfen werden, die auf virtuelle Feinbewegungen folgen *würden*. Wenn man z. B. einen spitzen Gegenstand – ein Messer – mit geschlossenen Augen der Stirnhaut nur nähert, so verspüt man sehr deutlich die eingebildete Empfindung, die auf die eingebildete Fortsetzung der Bewegung schon antwortet. Tast- und Bewegungsphantasmen sind beim Blinden sehr hoch entwikkelt, der ja aus wenigen Tastproben durch „Bewegungsentwürfe" und durch die Vorstellung der dabei zu erwartenden Empfindungen sich die Gestalt und Oberflächenstruktur der umgebenden Dinge rekonstruiert. Eine solche Vorwegnahme zu erwartender Empfindungen im Zuge der eigenen Bewegungen scheint sehr früh vorzukommen. Preyer bemerkt in seinem klassischen Buch „Die Seele des Kindes" (zuerst 1882) anläßlich des in der 18. und 19. Woche festgestellten „Greifbegehrens", daß bei Greifbewegungen, wenn sie mißlingen, die eigenen Finger aufmerksam betrachtet werden. „Wahrscheinlich hat das Kind die Berührung erwartet und, wenn sie nicht stattfand, sich über das Ausbleiben des Tastgefühls verwundert."

Bewegungs- und Empfindungsphantasie sind, wie gesagt, meist aufs engste verschmolzen. Es gehört zu unseren alltäglichen Erfahrungen, sagt Palagyi, daß eine jede Bewegung, die wir in der Einbildung vollziehen, die mannigfachsten Empfindungen zu erwecken vermag. „Bedecke ich mit der Handfläche die kreisförmige Öffnung eines Bechers, so nehme ich die Kreisform der Öffnung nicht vermittels der Empfindung wahr, die der Glasrand erweckt, sondern diese Empfindungen müssen erst meine Einbildung erregen und zu einer eingebildeten Bewegung rund um den Glasrand herum veranlassen, damit ich dessen Kreisform aus den punktuellen wirklichen Empfindungen zur Empfindung der ganzen Form ergänzen kann. Oder führt man etwa in der Einbildung eine Zitronenscheibe in den Mund, was gewöhnlich dann geschieht, wenn irgend jemand das vor unseren Augen tut, dann kann diese eingebildete Bewegung eine so lebhafte Geschmacksempfindung von Zitronensäure hervorrufen, daß die induzierte Empfindung beinahe der wirklichen gleichzukommen scheint."

Diese Beispiele sollen genügen. Unsere Bewegungen müssen aus der Unbestimmtheit und Ungesteuertheit an den Sachen selbst Richtung und Prägnanz erhalten haben, also einsetzbare und geführte geworden sein, um „gekonnte" zu sein. Gleich ursprünglich damit haben sie sich mit Empfindungs- und Erfolgserwartungen geladen, mit einer Breite gleichmöglicher Varianten des virtuellen Einsatzes, die sich nun als „Spielraum" um sie legen. Das Produkt des Übungsvorganges ist ein doppeltes: die zügig geführte Bewegung selbst und der Spielraum virtueller, gleichmöglicher, eingebildeter Bewegungen. Jede gekonnte Bewegung erfolgt dann, wenn sie nicht wieder automatisiert wird, in einem „Hof" von Vollzugs- und Umgangserwartungen, sie ist eingehüllt in Bilder des Verlaufs und des dabei zu erwartenden Sacherfolges. Diese Phantasmen ihres Verlaufs und der umgebenden Veränderungen an den Sachen sind dann unter Umständen der führende und zuerst aktivierte Teil des ganzen Vorgangs. Wenn man sich einer hochempfindlichen Waage mit der Hand nur nähert, so „sieht" man schon den Ausschlag der erst künftig zu belastenden Waagschale. Daraufhin kann die Bewegung dann durchgeführt oder abgebrochen werden.

Dieses *vorweggenommene Antwortverhalten* der Umgangsdinge ist zweifellos der Nerv aller finalen, zweckgerichteten Tätigkeit. Es trifft zunächst nicht zu, wie Hume behauptete und wie seither oft wiederholt wird, daß uns die Wahrnehmung nur die Folge, das post hoc geben könne, und nicht das „weil", das propter hoc. Die bloße Wahrnehmung kann nämlich schon bis zur echten Kausalität gehen, besonders wenn Unstetigkeiten zweier Identitätsverläufe raumzeitlich zusammenfallen (eine Tür knallt zu, und gleichzeitig geht eine Lampe aus), und noch besser, wenn dabei eine Eigenschaft glatt durchläuft: man gießt Tinte in Wasser, das sich dunkel färbt.

Aber die Kausalität ist sicher nicht mehr, als die Bedingung der Finalität: es läßt sich nachweisen, wie es durch Nic. Hartmann (D. Aufbau d. realen Welt p. 569) geschehen ist, daß in einer nicht kausal determinierten Welt die Fähigkeit des Menschen, sich Zwecke zu setzen, eine Unmöglichkeit wäre. Noch so viele Kausalerfahrungen würden uns ohne die *Vorwegnahme* des Erfolges, d. h. ohne die Vorwegnahme eingebildeter Antwortbewegungen der Dinge auf eingebildete Handlungen von uns niemals zu einer absichtlichen Veränderung der Umstände veranlassen. Diese Beziehung der entwikkelbaren, potentiellen Eigenschaften auf die *virtuellen* Intentionen unseres Verhaltens erscheint in ihnen selbst anschaulich als ihre „Eignung", wenn einmal Zwecke gegeben sind und Mittel gesucht werden, also „etwas" zum Wasserschöpfen, Nägeleinschlagen usw.

Die Entdeckung der virtuellen Bewegungen oder einer besonderen Klasse motorischer Phantasmen durch Palagyi ist von großer theoretischer Bedeutung. Sie führt zuerst zu der allgemeinen Definition der Phantasie als eines nicht weiter auflösbaren Urphänomens im Sinne der Fähigkeit, sich resp. sich und die Dinge, mit denen man ein „kommunikatives System" bildet, in andere Lagen zu versetzen, als wir selbst und diese Dinge in Wirklichkeit haben. Wir können sozusagen unser real gegenwärtiges Verhalten in einer Art inneren Stellungswechsels in ein nächstmögliches Verhalten hinein fortsetzen. „Es ist ein Wunder ohnegleichen, sagt Palagyi (Wahrnehmungslehre, hsg. v. L. Klages, 1925, p. 94), daß das Leben, ohne von der Stelle zu weichen, wo es sich befindet, sich trotzdem so verhalten kann, als ob es an eine andere Stelle des Raumes oder an eine andere Stelle der Zeit entwichen wäre." Ich wüßte nicht, welchen Sinn diese Fähigkeit haben sollte, als den, ein Glied in den Existenzbedingungen des weltoffenen, auf die *Veränderung* des Vorfindbaren angewiesenen Menschen zu sein.

Die ungemeine Bedeutung der Phantasie muß jetzt anfangen, sich zu verdeutlichen. Sie ist die eigentlich kommunikative Macht, die die Einheit unseres Bewegungs- und Empfindungslebens herstellt, und wir werden sie von nun an, zumal auch in ihren Leistungen innerhalb des Sprachlebens, immer am Werke sehen. Vor allem schließt die Phantasie unsere verschiedenen Sinne zusammen: die Bewegungen unserer Glieder, die beim Blinden nur von Tasterwartungen umgeben sind, sind beim Sehenden zugleich von den Bildern ihres Erfolges begleitet, und da optische Dinge zunächst in Bewegungen und Handgriffen entwickelte Dinge sind, so fließen in die Sehwahrnehmung auch unsere Tasterwartungen hinein. Die „Aufladung" der Sehdinge mit Tastsymbolen muß zuletzt eine Phantasieleistung sein. Dies ist auch die Meinung von Mead (Mind, Self and Society, 1934, p. 340), der unter „Imagery" in erster Linie das „Ausfüllen" (filling out) der Wahrnehmungsdinge mit den contents from past experience versteht. Wenn der Begriff der „reproductiven Synthesis der Einbildungskraft" aus der ersten Auflage der Kritik d. reinen Vernunft einen Tatsacheninhalt hatte, so muß es dieser gewesen sein.

Die Entdeckung autonomer Bewegungsphantasmen ist noch von dem Standpunkt aus zu würdigen, daß sie der Auflösung des Bewegungserlebnisses in „kinästhetische Empfindungen" widerstreitet. Von den außerordentlichen Vorgängen des sensomotorischen Lebens konnte man sich solange keine Vorstellung machen, als man nicht grundsätzlich den Standpunkt verließ, der Wahrnehmung in erster Linie „Erkenntnisaufgaben“ zuzuschreiben, so als ob sie allein den Sinn hätte, eine Art Vorschule der Wissenschaft zu sein. Eng damit zusammen hing das Bestreben, alle Bewegung auf „kinästhetische Empfindungen“ zurückzuführen, sie also in den bestenfalls begleitenden Empfindungen untergehen zu lassen, in denen man reflexiv von ihr Kenntnis nimmt. Dieser Irrtum hat noch Sartre (L' Imaginaire. Paris 1940) um den Ertrag eines Teils seiner vorzüglichen Analysen gebracht. Man verdirbt sich so nicht nur die Einsicht in die praktische Bedeutung der Wahrnehmung, in ihre Funktion als Steuerung der Handlung, sondern auch die in den kommunikativen, sich verselbständigenden Sinn der Handlungs- und Wahrnehmungsumgänge. Erst in ihnen entspringt das elementar *schöpferische* Verhalten des Menschen, ob es nun im Ausbau und in der Verwertung der Sacherfahrungen besteht, in der eigentlich praktischen Auswertung der Wirklichkeit, oder ob es mehr denkend in der Entwickelung neuer Fragen an die Dinge und in der Erprobung solcher Hypothesen besteht, die geschieht, indem wir diese Dinge unter wechselnde Umstände setzen, bei denen wir nur gewisse Hinsichten beachten, und indem wir ihr Verhalten unter diesen Hinsichten ausdeuten. Die bloße Wahrnehmung – ohne Umgang – etwa des Mondes verschafft uns schlechterdings bloß Bekanntschaft, aber keine Erkenntnis. Was wir über den Mond wissen, wissen wir aus Experimenten mit *anderen* Dingen, deren Resultate, auf den Mond übertragen, sich nicht widersprachen. Das bloße handlungslose Zusammenwirken von Sinnesdaten und unbewußt „angewendeten“ Kantischen Kategorien würde uns ebenfalls nur Bekanntschaft, aber keine Erkenntnis vermitteln, die immer in einem Wechsel der Fragestellung, in einer Hypothese und deren *Verifizierung* besteht, d. h. der Prüfung, ob die dann entstehenden Erwartungen von den Dingen erfüllt werden.

Die Einsicht in den kommunikativen Charakter der menschlichen Bewegungen, überhaupt des menschlichen Verhaltens bis zum Sprechen und Denken hinauf ist vor allem in Hinsicht des Nachweises wichtig, daß alle Phänomene des Bewußtseins von der Handlung her und im Zusammenspiel mit ihr zu verstehen sind. Es war Schopenhauer, der in seiner These vom Bewußtsein als „Medium der Motive“ zuerst und ganz grundsätzlich die Verhaltensbezogenheit des Bewußtseins erkannt hat. Erkenntnis kann Phase der Handlung sein, sie kann vorgängig Motiv oder nachträglich Resultat der Handlung sein, sie kann sogar als eigene, funktionalisierte und selbstgenügsam gewordene Lebensform Ersatz der Handlung sein: bezogen auf diese bleibt sie immer. Dies gilt auch für die höchsten Synthesen des Bewußtseins, deren Träger nicht so sehr Einzelne, als ganze Gesellschaften sind: auch religiöse oder philosophische Überzeugungen sind zuletzt *Motive*, die sich im konkreten Verhalten wirklicher Personen ausdrücken müssen oder, wenn sie dies nicht mehr tun, nicht gehalten werden können.

Schopenhauer hat weiter zuerst die Handlung in das Zentrum der Philosophie gestellt, indem er sie als den „Weltknoten" erklärte. „Jeder wahre Akt des Willens ist sofort und unausbleiblich auch eine Bewegung des Leibes . . . der Willensakt und die Aktion des Leibes sind Eines und Dasselbe, nur auf zwei gänzlich verschiedene Weisen gegeben". Es ist vollkommen richtig, daß in actu des realen Handlungsvollzuges der Handelnde selbst eine Unterscheidung des Seelischen und des Leiblichen zu treffen nicht imstande ist. Dies ist der Grund, weshalb wir bei der Beschreibung unmittelbarer kommunikativer Handlungen, so wie sie hier erfolgt, genötigt sind, die inneren und die äußeren Bestandstücke fortdauernd aufeinander abzubilden, und wir bedienen uns dabei „psycho-physisch neutraler" Begriffe, wie Scheler dies nannte. Innerhalb der hier untersuchten Schichten des Funktionskreises von Hand, Auge und Sprache, in dem alle Geistesentwicklung entspringt und in den sie auch wieder zurückzulaufen bestimmt ist, wird die Deskription an der Unterscheidung des Physischen und Psychischen vorbeigeführt, wenn wir die Intelligenz und Plastizität, die „Sprachmäßigkeit" der Bewegungen selbst ansehen: wie sie sich buchstäblich mit den Sachen unterhalten, wobei jede freigelegte Eigenschaft aufgegriffen und in neuen Leistungen beantwortet wird, sich auch der Umgang im Bild- und Bewegungsgedächtnis niederschlägt, in einem Gedächtnis, das an sich gar nicht faßbar wird, sondern nur in der Verbesserung des wiederholten Erfolges. Das Subjekt dieser Vorgänge ist eigentlich weniger die Person, als die *Situation*, das zwischen Person und Sache sich entwickelnde Geschehen. V. v. Weizsäcker (Der Gestaltkreis) hat die sinnesphysiologische Problematik dieses Subjekt und Objekt, Organismus und Umwelt übergreifenden Systems entwickelt. Auf das Subjekt hin thematisiert, ist es daher eine Grunderkenntnis des Pragmatismus, besonders Deweys, daß in seelischen, d. h. menschlichen Vorgängen stets „Rede" ist, und daß der Vorblick auf Mittel und Zwekke, der den Nerv der Handlung bildet, kein „einsamer" Vorgang ist, indem „Handeln auf ein Du hin" die Grundstruktur alles menschlichen Verhaltens ausmacht.

18. Bewegungssymbolik

Das wichtigste Resultat der höchst verwickelten Kooperation der Tast- und Sehwahrnehmung ist zunächst dies, daß die Sehwahrnehmung – und beim Menschen allein – die Erfahrungen der Tastwahrnehmung mit *übernimmt*. Die entscheidende Folge ist die doppelte: unsere Hand wird von Erfahrungsleistungen *entlastet*, also frei zu eigentlichen Arbeitsleistungen und zum Verwerten der entwickelten Erfahrungen. Und die gesamte Kontrolle der Welt und unserer Handlungen wird in erster Linie von der Sehwahrnehmung übernommen oder abgelöst.

Es ist dies ein sehr erstaunlicher Sachverhalt, der sicherlich, wie sich bald zeigen wird, seinerseits wieder tief mit den Sprachleistungen zusammenhängt. Denn eine bestimmte Sprachwurzel (des Wiedererkennens) verläuft durchaus in dieser Linie der Entlastung der Greif- und Körperbewegungen durch bloße Lautbewegungen, die unter optischer Führung erfolgen.

Beim Kinde gleitet manchmal, während die Hand in Aktion tritt, der Blick von dem Gegenstand, den die Hand ergreifen wollte, ab und geht auf das auffallende Bild der bewegten Hand über, so daß es das Greifziel aus den Augen verliert und die Hand in der Luft zum Stillstand kommt. Es kann noch nicht das jetzt unwesentliche Bild der Eigenbewegung übersehen, um das Ziel festzuhalten. Bevor dies nicht geleistet ist, ist keine flüssige Bewegung des kürzesten Weges möglich, und keine zügige Bewegungsphantasie ausgebildet.

Die eben erwähnte außerordentliche Eigenschaft des selbst entlasteten, durch Nebenreize nicht mehr befangenen Sehsinnes, in die optische Phantasie ebenfalls die Gehalte der Tast- und Bewegungserfahrungen aufzunehmen, hat also als Korrelat den glatten Verlauf gekonnter Bewegungen. Wir sehen, wie gesagt, den Dingen ihre doch ursprünglich nur taktil erfaßbaren Eigenschaften an, ob sie glatt, rauh, faserig, spröde, schwer oder leicht sind: natürlich nur nach langen Erfahrungen, aber doch so, daß zuletzt die bloße „Hinsicht" genügt. Wir sehen auch ein Werkzeug als „handlich", und wer sich für einen Vogel hält (ein Kranker Wernickes), erfaßt einen dünnen Baumzweig als „tragbar". Das müssen Phantasieleistungen einer hochgeschulten optischen Phantasie sein, die sich nur im Zuge langen, eigentätigen Umgangs niederschlagen, und deren Korrelat die beherrschte, jederzeit richtig einsetzende Handlung ist. Jedes Ding enthält dann rein optisch „Bewegungsvorschriften": es deutet an, welche Handgriffe ansetzbar sind, auf welche Aktionen es sich weiter hergeben würde, und in welchem Sinne.

Otto Storch (Die Sonderstellung des Menschen in Lebensabspiel und Vererbung, Wien 1948. Erbmotorik u. Erwerbmotorik, Anz. Österr. Akad. Wiss. 1949/1) hat in eigenen, unabhängig von diesem Buch betriebenen Untersuchungen dieselben Grundphänomene in glücklicher Bestätigung getroffen. Er betont sehr nachdrücklich, wie die Sinnesorgane der Tiere, im Banne ihrer Funktionskreise und im scharf eingeschränkten Dienst der Aufgaben, die die spezifischen Umweltbereiche stellen, nur auf die charakteristischen Merkmale ansprechen, die in die besonderen Funktionskreise eingebaut sind. Beim Menschen dagegen entfällt diese Bindung, der Funktionskreis zerbricht, die Sinnesorgane werden frei zu anderer, eigenwilliger Betätigung. Storch hat weiter gesehen, daß dieser besonderen Rezeptorik auch eine besondere Motorik entspricht, die er im Gegensatz zu der festgelegten Erbmotorik als „Erwerbmotorik" bezeichnet. „Das", sagt Storch in der genannten Abhandlung, „womit der Mensch täglich von früh bis abends umzugehen hat, sind Gegenstände seiner Erzeugung, und die Manipulationen, die sie erfordern, sind von einer ungeheuren Vielfalt, und nichts davon ist ‚angeboren', sondern alles erlernt, durch Selbsterwerb angeeignet". Ausdrücklich das, was hier „kommunikative Bewegungen" genannt wird, bezeichnet Storch als Erwerbmotorik, und er stimmt der hier vertretenen Ansicht voll zu, daß „die Erwerbmotorik hoch hinaufreicht in den anthropischen Sektor, daß sie Voraussetzung und Fundament einer der auszeichnendsten Fähigkeiten darstellt, des Sprechvermögens". Die Endstruktur unserer Sehwelt sowie die unserer „Erwerbmotorik" haben einen offensichtlichen inneren Zusammenhang mit der aufrechten Körper- und Kopfhaltung des Menschen und seiner so vorhandenen vertikalen Grundorientierung, denn die höchsten Affen, die als Baumtiere einer dauernden Verlagerung der Wahrnehmungsachsen ausgesetzt sind, zeigen eine völlige Unfähigkeit, die Sehdinge mit Tastwerten zu laden und die Eigenstatik der Dinge zu erfassen. Zu der ersten Tatsache gab ich oben schon das Beispiel Buytendijks, das an einer Apfelsinenattrappe den Zwangs- und Suggestionswert optischer Wahrnehmung und die Ignorierung der Taststrukturen durch Affen zeigte. Weiter geht aus Köhlers Versuchen klar die Unfähigkeit der Affen hervor, mit der Statik der Dinge zu rechnen. Um hochgelegene Ziele zu erreichen, wollten sie Kisten mitten an die Wand kleben, sie zogen auch etwa zur Erhöhung des Kistenaufbaus eine schon verwendete seitlich wieder heraus, und statisch sichere Bauten von nur drei Kisten zu errichten, gelang ihnen nie. Ohne Bedenken versuchten sie, solche Kisten auf einer Ecke stehen zu lassen. Der Sehraum dieser Tiere ist auffällig arm an Tastsymbolen, die Schwere, Eigenstatik und Konsistenz der Dinge anzeigen, sonst würden sie nicht versuchen, einen langen Lappen als Stock zu benutzen. Daß dies nicht nur an ihrer Sinnesausstattung, etwa auch nur am Mangel genügender Tastempfindlichkeit der Hände liegt, sondern auch am Mangel entsprechender *Bewegungs*strukturen, ist wohl nun gezeigt.

Die Entlastungsbedeutung dieser Leistung beim Menschen ist klar. Wir bewegen uns mit voller Sicherheit inmitten *übersehener* Kollisionschancen, sind über die einzusetzenden Kräfte schon optisch selten im Zweifel, und die Sehdinge tragen einen außerordentlichen Symbolreichtum zur Steuerung unseres Verhaltens. Sowie das kleine Kind aufrecht gehen kann, sind seine Hände von der Aufgabe der Körperbewegung entlastet – schon diese Phase erreicht der Anthropoide nie – und können sich nun mit Tastbekanntschaften beschäftigen. Wenn eine genügende Erfahrung der Zuordnung von Seh- und Tastqualitäten, Schwerewerten usw. gemacht ist, sind die Hände auch von dieser Aufgabe der Eroberung der Wahrnehmungswelt frei. Es genügen die angereicherten optischen Andeutungen, und der Einsatz der erworbenen manuellen Geschicklichkeit zur *Arbeit* ist möglich. *Unsere* Wahrnehmung ist daher in ihrem Gesamtaufbau und in der Logik der dabei zusammenspielenden Funktionen durchaus die eines Wesens, das mit der Entdeckung der Dinge einmal zu Ende kommen muß, um zu deren kontrollierter, nämlich in erster Linie optisch und gedanklich kontrollierter Verwendung überzugehen.

Man sieht nun, wie nur in einem motorisch selbstentdeckten Raum sich die Ausbildung hochstufiger und selbstgeleisteter Wahrnehmungssymbole vollzieht, wobei also die Erarbeitung gekonnter und flüssiger Bewegungen aus dem Durcheinander sich kreuzender Impulse in den ersten Monaten des Kindes eine Leistung ist, die in enger Wechselwirkung mit der beschriebenen Durcharbeitung der Wahrnehmungswelt steht. Ich lenke die Aufmerksamkeit auf eine neue Seite der Sache:

Eine „gekonnte" Bewegung ist durch gewisse Merkmale bestimmt, die das Resultat des Übungsvorgangs ausmachen. Sie ist zunächst zusammengezogen auf die Ausbildung der fruchtbaren *Hauptphasen*, während sich die weiteren Phasen, von diesen her, abkürzen und automatisieren. Eine komplizierte Bewegungsfolge – und anfangs ist jede mühsam – wird zuerst in ihrer ganzen Ausdehnung von der Aufmerksamkeit begleitet, weil sie überall aus Störungs- und Hemmungsstellen besteht. Solange ist sie unsicher und aus dem Durcheinander sich kreuzender Bewegungsimpulse noch nicht herausgeholt. Sie ist erst dann wirklich gekonnt und beliebig einsetzbar, wenn sie gewisse Angelpunkte herausgearbeitet hat, von wo aus sie im ganzen verfügbar ist, und auf die sich das Bewußtsein der Bewegung zusammenzieht. Der „fruchtbare Moment" der Bewegung trägt und repräsentiert die ganze Bewegungsfolge, ihn zu vollziehen, heißt die ganze Bewegung ablaufen lassen. Insofern kann man ganz gut von einer *symbolischen Struktur der Bewegung* reden, die der der Wahrnehmung parallel geht: so wie sich die Breite der dinglichen Ansichten auf wenige ausgiebige, sozusagen fruchtbare Ansichten zusammenzieht, zieht sich eine gekonnte Bewegung auf die Ausbildung fruchtbarer Haupt- und Gelenkphasen zusammen. Man kann, was ich meine, an der Einübung komplizierter Bewegungen, etwa beim Sport, sehr gut beobachten: zunächst hat der Anfänger beim Skilauf oder Reiten die große Schwierigkeit, ungewohnte Bewegungskompositionen, die jederzeit auseinanderfahren, mit seiner Aufmerksamkeit zusammenzuhalten, sie werden stückweise aneinandergesetzt und mühsam unter dauernder Kontrolle koordiniert, wobei immer die nicht beachteten Glieder in ihre jetzt unzweckmäßigen Gewohnheiten zurückfallen. Die gekonnte Bewegung holt nur noch die „Knotenpunkte" der Folge heraus und läßt die Zwischenphasen, von daher geführt, automatisch abgleiten. Eine richtig aufgebaute, schwierige Bewegungskombination ist in ihrem Gesamtgelingen davon abhängig, daß genau die richtigen Knotenpunkte herausgearbeitet werden, von denen die harmonischen Nebenerfolge und Zusammenstimmungen automatisch abhängen, die also motorisch das Ganze repräsentieren. Auch im motorischen Bereich gibt es erst unter dieser Voraussetzung *Bewegungsübersicht*, wenn sehr hoch synthetische Bewegungen – Stabhochsprung z. B. – in Koordinationen solcher fruchtbaren Momente bestehen. Eine „ausgeschriebene" Handschrift unterscheidet sich von einer pedantischen darin, daß eben die Motorik der schreibenden Hand bloß noch gewisse Angelpunkte der Bewegung herausholt. Dasselbe gilt für die Sprachmotorik und deren Verflüssigung, d. h. Beschränkung auf gewisse Laute, die das Ganze der Worte repräsentieren, und auf deren Artikulation sich die Sprachbewegung zusammenzieht.

Gekonnte Bewegungen sind also solche symbolische Bewegungen, die von gewissen fruchtbaren Momenten her verfügbar und einsetzbar sind, die die ganze Bewegungsfolge repräsentieren*), indem die Zwischenphasen automatisiert oder verschliffen sind. Diese, wie mir scheint, außerordentlich wichtige Tatsache geht nun parallel einer anderen: der Ausbildung der *Bewegungsphantasie*. Diese ist sozusagen das Produkt des Abkürzungsprozesses, den eine Bewegung durchmacht, ehe sie gekonnt ist, ehe sie aus den eleganten Minimumbetonungen der beherrschten Bewegung besteht. Die ungesteuerten, sich reibenden und ausfahrenden, jeweils wieder problematischen Bewegungen des Säuglings verdecken einen Reichtum von Bewegungsmöglichkeiten, der erst frei wird, wenn die Bewegungen ihre Erfahrungen durchlaufen haben und sich auf das fruchtbare Minimum verkürzt haben. Die Bewegungsphantasie ist der „Hof" solcher entlasteter und gekonnter Vollzüge, in ihr ist dann ein Vorgriff auf die kommenden Phasen und auf die gleichmöglichen Variationen

* „Une phase très petite du mouvement (par exemple une très légère contraction musculaire) peut suffire à *représenter* le mouvement entier." Sartre, L'Imaginaire (1940, p. 107).

gegeben, die von den Angelpunkten aus offen stehen. Die Breite unserer Bewegungsphantasie ist also durchaus von dem schon Geleisteten abhängig, von dem Reichtum der Bewegungserinnerungen und den gemachten Erfahrungen, in denen sich die gekonnte Bewegung emporgeübt hat. Ein gewisser Bereich des „Mitgekonnten", ein Hof unbestimmter weiterer Ergiebigkeit ist damit freigelegt. Die eingeübte Bewegung durchlief eine gewisse Variationsbreite, umgrenzt oder „umahnt" aber darüber hinaus noch weitere Möglichkeiten, die als Bewegungsphantasie virtuell vorentworfen werden können. Natürlich ist zu erinnern, daß die Bewegungsphantasie auch stets Empfindungsphantasie ist, in Erfolgsbildern, Veränderungserwartungen und Folgephantasmen der umgänglichen Dingwelt lebt. Für das sehr bald anzuschneidende Problem der *Variation* der Bewegung und des *Wechsels des Angriffspunkts* ist diese symbolische Struktur der Bewegung selbst und der Bewegungsphantasie von höchster Wichtigkeit.

Die ausgezeichnete Studie von P. Christian, Die Willkürbewegung im Umgang mit beweglichen Mechanismen (Sitzungsber. Heidelb. Akademie d. Wiss. 1948), untersucht die innere Bewegungsintelligenz experimentell am Antreiben und Inganghalten schwingender Systeme und gelangt zu Formulierungen, die sich z. T. wörtlich mit unseren treffen. Von der ungeheueren Kompliziertheit und Vollkommenheit gerade der höheren Bewegungsleistungen, wird gesagt, haben wir wesentlich keine Vorstellung, und Nietzsche habe hier richtig gesehen, daß alles Vollkommene gerade unbewußt und nicht gewollt ist. Indem nämlich das Pendel um einen geringen Betrag rascher betrieben wird, als es für sich allein schwingen würde, wird der Grenzfall vermieden, in dem sich das System von der Hand ablöst und eine sinnvolle Betätigung aufhört. Der Vorgang wird gestört, um ihn beobachten und in der Hand behalten zu können, der zusätzliche Kraftaufwand ist aber nur so groß, daß eben die Beobachtbarkeit und Beherrschbarkeit sichergestellt ist. Im konkreten motorischen Vollzug ermittelt der Organismus diejenige minimale Kraft, welche die geringste Antriebskraft darstellt, aber auch zugleich die Ebenmerklichkeit des zu empfindenden Widerstandes einschließt, wobei die überschüssige Kraft zeitlich so gegen das System versetzt wird, daß der Mehraufwand möglichst von den passiven Kräften des Systems übernommen wird, so daß es beherrschbar bleibt. Alle Bedingungen werden zu einem haarscharf getroffenen Minimum variiert. Dabei wird (bei Änderung der Versuchsbedingungen) jeweils an der Stelle der maximalen Wirksamkeit zugegriffen. „Es werden so fruchtbare Angelpunkte herausgearbeitet, von denen aus das Ganze des Vorgangs abgekürzt verfügbar ist" (p. 20). Der stetige Vorgang der Schwingung „steht von Anfang bis Ende unter dem gleichen Gesetz und wird so in jedem Zeitmoment beherrschbar. Damit ist er gegenüber anderen Möglichkeiten festgelegt, wiederholbar und darstellungsfähig geworden. Dieser positiv erledigende Faktor schafft die Sachlichkeit als regelhafte Objektivität, d. h. die Darstellbarkeit in objektiver Invarianz ... Auf dieser Stufe ist die Motorik selbst Intelligenz, d. h. keiner Erklärung bedürftig oder fähig, sondern selbst Bedingung möglicher Erfahrung und objektiver Erklärung" (p. 20). „Die am Ergebnis jeweils aufzeigbare großartige Zweckmäßigkeit organischer Vollzüge läßt ahnen, daß mit der bloßen Existenz einer gekonnten Bewegung je schon ein „Problem" gelöst wird in einer Vollkommenheit, die jeder bewußtseinsmäßigen Erkenntnis vorauseilt oder sie gar übersteigt" (p. 22 f).

Die mathematisch genau darstellbare optimale Lösung wird von einer organischen Exaktheit der Bewegung getroffen, die des „planenden" Bewußtseins gar nicht bedarf, und nur die Spannung, ob der Vollzug glückt und „ins Schwarze trifft", gibt eine Evidenz der Aktrichtigkeit, die hinterher die Berechnung in ihrer mathematischen Komplikation als elegante Lösung verifiziert. Diese Spannung selbst ist Knotenpunkt des Vollzuges und es wird nicht sichtbar, worauf dieses Richtig und Falsch sich gründet, sie bleibt ungegenständlich.

Die in diesem Abschnitt vertretenen Ansichten hätten eine getreuere Wiederholung in einem verifizierenden Experiment und seiner Formulierung nicht finden können.

19. Zwei Sprachwurzeln

Ein tieferes Verständnis der Sprachanfänge ergibt sich nur, wenn man die Sprache genau im Zusammenhang der hier abgehandelten Leistungen betrachtet, also kurz gesagt, innerhalb des Systems Auge–Hand. Bis heute ist alle Sprachphilosophie, vielleicht die von Noiré ausgenommen, insofern einseitig intellektualistisch, als sie die Sprache vom Erkennen, Ausdeuten, Symbolisieren her anzugehen pflegt. Auch wo man das nicht mehr tut, sondern mit K. Bühler die „Darstellung" nur als *eine* ihrer Leistungen neben Kundgabe und Mitteilung ansieht, erweitert man zwar richtig den Standpunkt ins Soziologische, aber man pflegt doch noch die *motorische* Seite zu übersehen, die die Sprache nun einmal hat. Von daher gesehen, sind Sprachäußerungen in erster Linie Bewegungen wie alle anderen, und sie sind durchaus in andere Bewegungsarten transformierbar, wovon die Taubstummenerziehung Gebrauch macht.

Wir erwähnten schon oben die erste Sprachwurzel, das „Leben des Lautes". Das war ein rein kommunikativer Vorgang in selbstempfundener Tätigkeit, der zurückgegebene Laut ist zugleich die Anregung des Selbstgefühls der eigenen Tätigkeit, ihn zu wiederholen, und diese Tätigkeit endet in einem wieder gehörten Laut, der so ein neuer Reiz ist. „Der articulierte Laut, sagt Humboldt, reißt sich aus der Brust los, um in einem anderen Individuum einen zum Ohr zurückkehrenden Anklang zu finden" (Einl. z. Kawi-Werk, p. 30). Die später von der Sprache fast allein übernommene Leistung der Mitteilung geht also zurück auf diese elementare Kommunikation, an der aber, wie wir sahen, das Lautleben keineswegs allein teilnimmt. Dieser Charakter elementarer, noch „gedankenloser" Kommunikation erscheint nun in einer zweiten Sprachwurzel, die ich jetzt behandele, und die mit dem Ausdruck „Offenheit" zu bezeichnen ist. Geiger (Zur Entwicklungsgeschichte der Menschheit, S. 24) hat diesen Sachverhalt in den folgenden Worten bezeichnet: „Und einen solchen Ausdruck, ohne jeden Zweck, als den Drang, sich auszusprechen, das freudige Interesse am Gesehenen laut werden zu lassen, müssen wir wohl auch in dem Urlaute, dem Keimpunkt aller Sprachen, voraussetzen."

Hier meine ich auch nichts weiter als dies. Ein solches „freudiges Interesse am Gesehenen" beobachtet man bei jedem lebhaften Kind in dem „Anplappern" auffallender Eindrücke. Das besagt zunächst nur, daß diese Wurzel der Sprache (wie auch die dritte) im Zusammenhang der Weltbegegnung und der Weltbewältigung im kommunikativen Umgang, also im Zusammenhang der Arbeit von Hand und Auge entspringt.

Die „Offenheit" ist dabei eine sehr typisch menschliche Erscheinung. Das Tier ist verschlossen. Es wird niemals den Druck der Umstände los, und es zieht in jede Gegenwart die ganze Last seiner Bedürfnisse und Instinkte mit hinein. Es ist ebensowenig von der Welt, wie von sich selbst entlastet. Der Mensch dagegen ist ausgesetzt dem Überschuß der Reize, denen gegenüber er weltoffen ist. Das Einströmen aller Empfindungen und Anregungen in das Innere des Menschen läßt ahnen, daß es auch mit diesem eine besondere Bewandtnis hat. Ich kann an dieser Stelle darauf noch nicht eingehen, das ist Gegenstand dann folgender Untersuchungen, besondes des Dritten Teils. Aber hier schon muß gesagt werden: die *Selbsterschließung* oder Öffnung nach außen ist Grundlage aller seelischen Regungen. Alles, was die Psychologie, Charakterkunde usw. als „Äußerung" bezeichnete, wurzelt in dieser Tatsache, die wir nach ihren Hauptrichtungen hin später untersuchen werden. Ein frei verfügbares Vorstellungsleben wird die erste Hauptgruppe der Erscheinungen der *inneren Offenheit* ausmachen, die ganz einzigartige weltoffene Struktur unseres Antriebslebens die andere. Diese Dinge machen den Inbegriff dessen aus, was man „Seele" nennt.

Diese Selbsterschließung ist biologisch einsichtig verbunden nur mit einer Entlastung vom Umweltdruck, also mit der beschriebenen morphologischen

Verfassung eines unspezialisierten Wesens. Was Geiger das „freudige Interesse am Gesehenen" nannte, ist die sich selbst genießende gewissermaßen überschüssige Subjektivität, die einem Wesen eigen ist, das einen freien, nicht spezialisierten und umweltgeöffneten Antriebsüberschuß hat. Es fehlt ihm die organische Spezialisiertheit, die einseitige Instinkte an wenige, herausgeschnittene Umweltreize fesselt.

Das Grundphänomen allen Ausdrucks ist daher die Offenheit, die Selbsterlebtheit des Innern, das sich nur dann selbst faßt, wenn es sich *zugleich* als Bewegung faßt. „Ausdruck" ist eine rein menschliche Tatsache, und man muß darin vor allem zwei wesentliche Seiten unterscheiden: eine weltoffene, bedürfnisentlastete Antriebsstruktur überschüssiger, kommunikativer Lebendigkeit; und daraus fließende Bewegungen *ohne Erfolgswert*, Bewegungen zurückempfundener und sich darin potenzierender Art, die selbst wieder kommunikativ sind. Das Antriebsleben des Menschen ist, wie wir sehen werden, so gebaut, daß es mit Erfahrungen, Bildern, Erinnerungen seiner Erfüllungen besetzt werden kann: es ist weltoffen, wie überhaupt der Ausdruck des Novalis „innere Außenwelt" diesen Aspekt gemeint haben wird. Wir wissen, daß auch Tiere Intentionen haben, nämlich jenes „Sich-richten" auf Etwas; die Intentionen des Menschen sind weltoffen, sie enthalten „Bilder" der Welt, sie sind ihm also selbst gegeben, d. h. Vorstellungen. Die Offenheit unseres Inneren nach außen ist uns „an sich" ein völliges Geheimnis. Sie kann nur darin angeschaut werden, daß die Welt in uns hineinwächst, so daß wir sie in uns als Vorstellung, als Wunsch, als gedeutetes Bedürfnis finden; sie ist wieder darin zu fassen, daß alle Ansätze zur Handlung: Wunsch und Intention, uns selbst gegeben sind, weil sie eben mit Bildern ihrer Ziele und Inhalte erfüllt sind. *Damit* sind sie dann von der Handlung abhebbar, können in sich selbst Kommunikationen herstellen und es entsteht das Bild des „freien", von der Notdurft der Handlung abgelösten Innenlebens. In einer dritten Annäherung fassen wir dieses Urphänomen im „Antriebsüberschuß" – in der Erscheinung der freien, nicht instinktgebundenen, nicht an die äußeren Reize angeleimten Überschüssigkeit von Lebendigkeit, die sich selbst erfährt.

Was dieser großartigen Erscheinung zuletzt zugrunde liegt, ist dies: das Antriebsleben des Menschen ist von der Handlung abgehängt, es besteht ein „Hiatus" zwischen den Antrieben und der Handlung. Das Antriebsleben des Menschen ist weltoffen, es ist orientierbar an den Sachverhalten und Inhalten der Außenwelt, weil es eben *nicht* instinktiv und blind-zielsicher ist. Damit ist es dem Menschen *selbst* gegeben, er verhält sich zu sich selbst kommunikativ. Die rätselhafte Zwischenphase, in der sich beim Tier die Reize der Umwelt zu seinen zielsicheren Aktionen in ihm selbst umsetzen, ist beim

Menschen zum großen Teil noch weltoffen, also bildbesetzt, und ihm selbst damit gegeben. Gewisse Phasen dieses Umsetzungsprozesses verlaufen bereits geöffnet zur Welt hin, unter dem Einfluß des Äußeren, und sie sind damit „bewußt", „innere Außenwelt", und also weitgehend *plastisch*. Wenn die Natur das Innenleben eines Wesens weltoffen machte, also bewußt, besetzt mit Zielbildern und Phantasmen, so nahm sie damit ein sehr großes Risiko in Kauf: die Störbarkeit dieser Umsetzungsprozesse. Sie tat dies nur unter dem Zwang der Notwendigkeit. Denn gerade diese Struktur des Innern ist biologisch notwendig für ein handelndes Wesen, dessen Bedürfnisse und Antriebe den *Bedingungen der Erfüllung*, d. h. den Umständen der Handlung und den äußeren Eindeutigkeiten der Sachverhalte nachwachsen müssen, also *orientierbar* sein müssen. Die Ausdruckslehre greift immer nur sehr vorläufige Sachverhalte. Das *wirkliche* Innere, nämlich das, das sich in sich selbst verarbeitet, äußert sich nämlich nicht mehr. Was sich „äußert", ist die „innere Oberfläche", eben jene weltoffenen Phasen eines *nicht* festgelegten, nicht spezialisierten, nicht eindeutig auslaufenden Umsetzungsprozesses, der in einer überschüssigen, sich selbst genießenden Lebendigkeit beim Kinde anzusehen ist, ehe er unter festgelegten Gewohnheiten, einem unstörbaren Haltungsgefüge größtenteils wieder verschwindet.

Wir werden auf diese höchst wichtigen Dinge der Reihe nach noch zurückkommen. Hier handelt es sich zunächst allerdings noch um die lautliche Ausdruckslebendigkeit des Kindes gegenüber einströmenden Eindrücken. Sie ist nur als Ausdrucksbewegung zu bewerten. Wer Kinder dabei beobachtet, zweifelt nicht daran, daß ihr Geplapper und „Begrüßen" durchaus nur eine Bewegungsform unter anderen ist, unter dem Strampeln und Armfuchteln und Augenaufreißen. Immerhin ist sie wichtig genug. Eine lautmotorische Kommunikation mit Seheindrücken bahnt sich darin an. Da das Kind seine Laute selbst hört und darin ohnehin in bevorzugten Kommunikationserlebnissen lebt, da es sogar im Lallen den sensorischen Reichtum der Welt konkret vermehrt, erhält diese Aktion einen selbstverständlichen Vorzugswert gegenüber anderen Aktionen zu den Eindrücken hin. Ich möchte sagen: mit Selbstverständlichkeit strömt das Sichäußern des Kindes gegenüber den Reizen in die lautliche Bahn. Es erlebt *sich*, genießt seine Lebendigkeit, sein freies und unbestimmtes Sichrichten und Entgegenleben, also die Entfaltung seines Inneren nach außen gerade vorzüglich im Lautausdruck. Ich werde zeigen, wie die Sonderstellung der Sprache zusammenwächst, „konkret" wird aus mehreren Quellen, die sich alle gerade in der Lautfunktion zusammenfinden. Es besteht da ein Leistungs- und Erfolgsüberschuß, der die Dominanz gerade dieses Systems geradezu selbstverständlich macht. Umgekehrt: solange man die Sprache vom Denken her als *einheitliche* Leistung ansah, stand man vor so verblüffendem Reichtum ihrer Wirkung, daß man sie wie ein Wunderwerk nur als Geschenk aus Gottes Hand betrachten konnte: wie Hamann.

20. Wiedererkennen. Dritte Sprachwurzel

Unmittelbar und ohne Möglichkeit genauer Trennung wächst aus dieser zweiten Sprachwurzel eine dritte, nämlich aus dem ausdruckslebendigen „Anplappern" der Dinge die Lautbewegung, die das *Wiedererkennen* anzeigt.

Daß Tiere wiedererkennen, unterliegt keinem Zweifel, wenn wir dies auch nur aus ihrem Verhalten erschließen können. Werden nämlich in analogen, von uns übersehbaren Situationen die Reaktionen der Tiere zweckmäßiger, „glatter", schlagen sie den kürzesten Weg ein, vereindeutigen sie sich also in dem Sinne, daß den Wiederholungen „desselben" Eindrucks dasselbe Verhalten entspricht, so werden wir dem Tier Erfahrungen zuschreiben, also ein Wiedererkennen derselben Situation und derselben Bestandstücke der Situation. Wenn wir also das Wiedererkennen den Tieren unterstellen können, so werden wir es grundsätzlich nur da annehmen, wo ihr gesamtmotorisches Verhalten uns auf wiederholte Erfahrungen sicher schließen läßt, es ist also bei ihnen dieses Wiedererkennen eine *Phase* im Bewegungs- und Erfolgsablauf.

Eine solche Phase in die Gesamtmotorik eingebauten Wiedererkennens findet man bei sehr kleinen Kindern noch durchaus. Preyer erzählt, das von ihm beobachtete Kind habe Flaschen und Kindermehlbüchsen sprachlos fixiert und mit aufgerissenen Augen und ausgestreckten Armen verlangt. Ein Kind von 1,5 Jahren war sechs Wochen von Hause abwesend gewesen. Als die Mutter das Kind bald nach der Ankunft auf die Wickelkommode legte, griff es sofort, wie es stets vor der Reise getan, nach einem Kinderbildchen an der Wand, um damit zu spielen. Hier sind es die Gesamtsituationen, die in den alten Bahnen beherrscht werden, so daß Wiedererkennen und Aktion, wie beim Tier, ununterscheidbar werden. Es ist also der Sachverhalt dieser, daß auf je bestimmte Eindrücke sich je bestimmte Antwortbewegungen herausbilden. Dem Ansatz dieser Bewegungen drängt dann die ganze Fülle von Erinnerungen nach und legt sich als Erwartung vor sie; denn es ist dies ein Grundsatz des Phantasielebens, daß Erinnerungen den motorischen Ansätzen nachströmen, sich in ihren Bahnen öffnen und als Erwartung der Handlung vorgreifen. Das Wiedererkennen hat eine erste, sehr kurze mechanische Phase: eine automatisiert gewordene, einschnappende Zuordnung eines auftretenden Eindrucks mit einem Bewegungsansatz, die selber Niederschlag und Resultat früherer Erfahrungen und Kommunikationen ist, und eine reichere, lebendigere Phase: die Erinnerungen erfüllen den Eindruck, die Handlung beschäftigt sich durchführend mit dem Wiedererkannten, das in irgendeiner Weise in unsere Tätigkeit verwickelt und dabei „erledigt" wird. Es ist dieser *ganze* Prozeß, wohlgemerkt, der erst das Wiedererkennen ausmacht: bis zur durchgeführten, gewohnten Bewältigung in zuerst, wie wir eben sahen, gesamtmotorischen Handlungen, bis zur Erledigung.

Auch beim Menschen bleibt das Wiedererkennen grundsätzlich in solchen motorischen Bahnen. Aber man bemerkt sehr bald: die Reaktion ist nicht mehr eine solche des *ganzen* Leibes, sondern sie tritt unter Führung der *Lautbewegungen.* Das ist ein sehr folgenreiches und rein menschliches, wieder typisches *Entlastungserlebnis*, das genau zu betrachten ist.

Wir sprachen eben von der entlasteten Aktivität des Kindes gegenüber den Sinneseindrücken, die es in Affektbewegungen und Ausdrucksbewegungen, darunter auch lautlichen, beantwortet. Auch der Sprachforscher Jespersen bestreitet, daß des Kindes erste Äußerungen nur Ausdrücke von Wünschen und Forderungen seien. Es könne vielmehr ganz offenkundig seine Freude zu erkennen geben beim Erblicken eines Hutes, Spielzeuges usw. (Die Sprache, ihre Natur, Entwicklung und Entstehung, 1925, S. 114). Es ist dies eben jenes „freudige Interesse am Gesehenen" einer sich selbst nach der Welt hin genießenden und entwickelnden Offenheit.

Unter diesen Bewegungen sind die Lautbewegungen ganz offensichtlich bevorzugt. Sie haben einen Erfolgsüberschuß. Einmal besteht in ihnen schon ein hoher Grad von Kommunikationsleistung, den wir im „Leben des Lautes" beobachten. Sodann zieht dieses System deswegen die Lebendigkeit vorwiegend an sich, weil es diese *potenziert*: die Lautbewegungen werden wiedergehört, sie vermehren den Empfindungsreichtum der Welt durch Eigentätigkeit, sie vermitteln wie nichts anderes das Kommunikationserlebnis sich selbst genießender Lebendigkeit oder des entfremdeten Selbstgefühls. Weiter gibt es allein in dieser Aktion schon eindeutige Erfolgserlebnisse: die bald zu besprechende Aktion des Rufes oder des Alarmschreies, auf die hin sofort für Abhilfe gesorgt wird. Die Lautbewegungen sind also die erfolgreichsten und befriedigendsten überhaupt, und es ist erwiesen, daß das Kind im Nachsprechen eines gehörten Lauts früher als in jeder anderen Leistung zum Abschluß, zum Gelingen einer Bemühung kommt. Die Lautbewegungen sind daher die intelligentesten, reichsten, befriedigendsten oder erfolgreichsten: eine ganze Reihe von Leistungen läuft in ihnen zusammen. Und dieses so hervorgehobenen Systems bedient sich nun das Wiedererkennen: es ist nicht mehr die Reaktionen des ganzen Leibes, die auf Eindrücke antwortet, sondern zunehmend *diese* Erfolgsbewegung. Das Gesetz, nach dem das zu entwikkelnde Wiedererkennen eines motorischen Vehikels bedarf, bleibt durchaus erhalten, aber diese Leistung fällt immer mehr in diejenige Bewegung, die an kommunikativer Fähigkeit, an Selbstgefühl, an Affektbefreiung alle anderen überwiegt. Von eigentlichen Denkvorgängen kann hier noch keine Rede sein. Vielmehr handelt es sich nur um Lautäußerungen gegenüber dem Wiedererkannten, die sich in gewissen, zunächst sehr engen Grenzen besondern, etwa indem gewissen typischen Situationen oder Vorfällen in einer festgehaltenen Weise mit Lautäußerungen begegnet wird. Solche „Lallworte" gegenüber freudigen oder peinlichen Ereignissen sind keineswegs bloß Affektlaute, auch nicht „Namen", sondern *spezifische* Reaktionen des Wiedererkennens.

Man beachte die Folgen. Wird dies festgehalten, so werden mit der Zeit alle anderen Arten, einen Eindruck zu bewältigen, ihn in unsere Bewegungsgewohnheiten aufzunehmen, unsere Erwartungen daran zu entfalten und ihn endlich abzustellen, *überflüssig*. In all unserem Sprachleben hat sich aus diesen Wurzeln eine höchst merkwürdige Eigenheit erhalten: die Entlastung, die darin liegt, daß im bloßen Benennen schon ein Erledigen steckt. Es ist das Minimum an Beanspruchung, wenn wir etwas bezeichnen, um es abzustellen. Diese höchst interessante Entlastungsleistung der Sprache beginnt hier, wenn das Wiedererkennen nicht mehr den gesamtmotorischen Stromkreis schließt, nicht mehr notwendig im „besseren" Verlauf einer Gesamthandlung erscheint, sondern wenn es einfach in den Bahnen der Lautbewegung erfolgt. Alles theoretische Verhalten, das später an die Sprache anwächst, wurzelt doch in dieser Entlastung: es ist eben nicht eigentlich praktisches Verhalten, was aber undenkbar wäre, wenn nicht einmal eine mit der Sprache verbundene Bewegungsaktivität jene buchstäbliche abgelöst hätte. *In der Sprache ist eine Aktivität möglich, die in der faktischen Dingwelt nichts verändert.* Das ist die Bedingung aller „Theorie".

Ich halte diese Auffassung für sehr wichtig, wenn sie auch durchaus ungewöhnlich ist. Nur einmal, in einer Abhandlung von A. A. Grünbaum-Utrecht habe ich dieselbe Anschauung gefunden (Aphasie und Motorik, Ztschr. f. d. ges. Neur. u. Psychiat. Bd. 130): Grünbaum stellt da eine „Erledigungsfunktion" oder „Entledigungsfunktion" (!) der Sprachmotorik fest. „In der individuellen Entwicklung übernimmt die Sprache sehr früh die Rolle der primitiven explosiven ‚Gemeinschaftsbewegungen' des Körpers, die beim kleinen Kinde deutlich die Funktion der unmittelbaren motorischen Entladungen spielen: erst spielen in der Entwicklung des Kindes die motorischen Eruptionen die Hauptrolle – später entsteht der unwiderstehliche Drang zum mehr oder minder artikulierten Sprechen und parallel damit vermindern sich die explosiven amorphen Äußerungen der groben Körpermotorik." Wenn Grünbaum auch hier mehr an die Abfuhr von Erlebnisenergie durch Sprachmotorik denkt, so sieht er doch genau, daß die Sprache den Wert einer gesamtmotorisch entlastenden Reaktion hat: durch den Laut hat man bereits auf die Dinge geantwortet, die Handlung selbst behält man zurück: entscheidend wichtig für alles höhere Verhalten, in dem die Handlung erst gesteuert und gezielt eingesetzt wird, wenn das vorgeschickte Denken einen Sachverhalt festgestellt hat. Die Entlastung von der Unmittelbarkeit der Situation, im rein sprachlichen Bewältigen derselben und im Zurückbehalten der Handlung, macht es dann möglich, auf Grund bloß „vorgestellter", in der Sprache situationsfrei „vergegenwärtigter" Lagen Handlungen anzusetzen.

Übrigens verliert diese Tatsache ihre Fremdheit, wenn man daran denkt, daß die Sprache überhaupt eine solche ablösende und führende Funktion erreicht. Auch das Phantasieleben des Menschen ist zunächst *gesamtmotorisch* beansprucht. Die Kinder führen ihre Phantasiespiele durchaus „mit ganzem Leibe" durch. Vom Ausdrucksleben und auch vom Mitteilungsleben gilt dasselbe: immer handelt es sich zunächst um ein *Gesamtverhalten* höchster Aktivität, und immer wird dieses zunehmend von der Sprache abgelöst, die schließlich Ausdruck und Mitteilung fast allein trägt. Das Rätsel der Sprache besteht in erster Linie in der Fülle der in ihr enthaltenen und möglichen Integrationen. Allen diesen Fäden gehen wir einzeln nach.

Ich sage also: eine schon vorhandene, im Lautleben wie in anderen Ausdrucksbewegungen verlaufende offene Aktivität zur Erscheinungsfülle der Welt hin wird von den Antwortbewegungen auf Wiedererkanntes mitbenutzt, das Wiedererkennen spezialisiert sich im sprachmotorischen Leben. Eindrücke werden angesprochen, kurz gesagt.

Wir gehen jetzt einen kleinen Schritt weiter und stehen vor der Geburt des Namens.

Zieht sich die Reaktion auf Eindrücke der Wahrnehmung auf das bloße lautmotorische System zurück, so haben wir hier nicht nur ein Beispiel dafür, wie die Lautreaktion die Antwortbewegungen des ganzen Menschen ablösen kann; wir richten jetzt unsere Aufmerksamkeit besonders auf eine Grundeigenschaft der Sprachbewegung: ihre Doppelseitigkeit. In ihr ist die motorische und die sensorische Seite untrennbar zusammengeschoben, d. h. die Bewegung erzeugt einen Eindruck, eine hörbare Empfindung. Darin liegt es zutiefst, daß es möglich ist, auf Seheindrücke mit Sprachbewegungen zu antworten: sensorische und motorische Seite fallen überhaupt in dasselbe System. Der „weite Weg", der sonst vom Auge durch die Innervation der Glieder zur Handlung auf das Ding hin führt, wird hier „abgekürzt": auf den Eindruck antwortet eine *unmittelbar* sinnlich *produktive* Bewegung. Damit wird aber nun eine „Assoziation" von Seheindruck und Laut, die in *derselben* Ebene des Empfundenenen liegen, hergestellt.

Ich habe wenig Raum für Polemik. Aber daß die Psychologie den Assoziationsbegriff, nachdem er durch Mißbrauch kompromittiert war, völlig verwarf, zeigt nur, wie wenig methodensicherer Fortschritt in ihr ist. Natürlich „bilden sich" Assoziationen nicht. Ebenso natürlich gibt es welche. Assoziationen sind grundsätzlich selbst hergestellt, sie sind motorisch vermittelt. In diesem Sinne entspricht der Begriff durchaus den Tatsachen, und die Assoziation von Seheindruck und Laut wird durch die Bewegung, auf der das Wiedererkennen verläuft, aktiv geleistet. Hier entsteht also das Wort durch sprachmotorische Verbindung der Sinnesorgane, also von Auge und Ohr.

Denn dies ist klar: Intention nennen wir jedes Sichrichten auf äußere Eindrücke. Verläuft diese Intention in den Sprachbewegungen, wie es eben hier der Fall ist, so haben wir damit die vitale Basis des Gedankens. Denken ist ursprünglich von Sprechen gar nicht trennbar und bedeutet die im *Sprachlaut* auf ein Ding verlaufende Intention. Jede Intention, auch die der Tiere, verläuft durch Anzeichen auf ein darin angezeigtes Etwas. Die Besonderheit der in der Sprache verlaufenden Intention besteht allein darin, daß hier das Symbol – der Laut – ein *selbstgeschaffenes* ist, und darin, daß diese Bewegung andere Bewegungen ablöst, also *genügt:* Intention und Erledigung fallen hier zusammen. Habe ich ein Ding vor mir benannt, so bin ich in der Tat in vielen Fällen damit fertig.

Aber eine solche Intention gibt es nur in der Gemeinschaft. Es ist Kommunikation im Laut vorausgesetzt: wenn das Kind das Gesehene bloß wiedererkennend anspricht und so beantwortet, so vollzieht es zwar unbewußt damit eine Assoziation, aber diese wird nicht fruchtbar, weil die ganze Aktion in sich selbst geschlossen ist. Erst wenn das Kind von außen denselben Laut hört und ihn nachspricht, so wird auf dieser Bewegung die Erinnerung aktiviert als Erwartung vorgreifen, und es kommt nun dazu, daß sich im bloß gehörten und nachgesprochenen Laut die gleiche Intention auf das Ding richtet, ohne es aber vor sich zu finden. In diesem höchst bedeutsamen *Vermissungserlebnis* faßt sich erst die Intention, die im Sprachlaut vorgreifende Erwartung, *selbst.* Erst dies ist eigentlich die Geburt des Gedankens: eine Enttäuschung.

Ich komme jetzt wieder auf die Tatsache selbst zurück. Die im frei beweglichen, prägnanten Laut verlaufende Intention auf bestimmte Wahrnehmungen entsteht mit den anderen, noch zu nennenden oder schon behandelten Sprachleistungen gleichzeitig, frühestens anscheinend im Alter von etwa 10 Monaten, jedoch erst in Einzelfällen. Die im Laufe des 2. Jahres eintretende schon häufige Bezeichnung einzelner Dinge muß, wenn sie erweitert und fortgesetzt wird, diese Folgen haben:

1. einen großen Fortschritt auf dem Wege der „Intimisierung" der Welt. Man denke dabei an das, was unter diesem Begriff oben verstanden

war: Bekanntschaft und Erledigung, Neutralisierung der Dinge. Dabei eigene Entlastung: sie geht in der Richtung des Abbaus der unmittelbaren, nicht in Eigenbewegungen verfügten Kontaktstellen mit der Welt, wie er für ein wesentlich planendes und handelndes Wesen notwendig ist. Diese praktische Mattsetzung ist die Bedingung jeder künftigen rein gedanklichen Intention, d. h. des Denkens.

2. Diese „Intimisierung" verläuft näher angesehen so: die sich selbst ausbauenden und steigernden Vorgänge des „entfremdeten Selbstgefühls" waren schon besprochen worden. Die Folge: gehörter Laut – nachgesprochener – zurückempfangener Laut war ein solcher kommunikativer Prozeß des Selbstgenusses eigenen Tuns im Vermehren der Eindrucksfülle und im Verdichten der Tätigkeit. Wenn nun die *Sehdinge* durch das Ansprechen in diese Eigentätigkeit hineingezogen werden, so treten sie ein in den Bereich des eigenen Daseinsgefühls, sie werden in den Selbstgenuß der eigenen Lebendigkeit verwickelt, eingewoben in unser Selbstgefühl und in die Leistungsbefriedigung. Es gibt jetzt eine Kommunikation mit ihnen, die rein sprachlebendig ist, und die Offenheit des Menschen ihnen gegenüber erlebt sich selbst, indem sie den Reichtum der Erscheinung „feststellt".

3. Die Kommunikation mit anderen, die bisher in bloßer, inhaltloser Lebendigkeit verlief, wird *objektiv*, d. h. sie wird möglicherweise gleichgerichtet auf *dasselbe* Ding. Die Kommunikation mit anderen erhält einen Schnittpunkt, der ins Äußere fällt. Damit wird jedes künftige Interesse zunächst einmal öffentlich. Daß Menschen auf ein Äußeres hin in Beziehung treten, im Hinblick darauf sich miteinander in Verbindung setzen können, daß man sich in den anderen im Vorblick auf einen solchen Bezugspunkt einleben oder hineinversetzen kann, d. h. alle tieferen Vorgänge der Rede und Mitteilung werden von da aus angebahnt.

4. Es ist Gegenstand einer folgenden besonderen Untersuchung, wie jetzt in den Bahnen der Sprache ganz vorwiegend die Ausgliederung unserer Antriebe und Interessen erfolgt, die besonders darin die zielbewußte Orientierung nach außen erfahren. Unsere Interessen und Bedürfnisse werden sich so selbst deutlich, sie werden „intentional", können sich, dem Wiedererkannten folgend, in der Welt ausbreiten und selbst wiedererkennen, wenn sie den bekannten Eindrücken gegenüber erwachen. Es ist von der allergrößten Bedeutung, daß mit der beginnenden Sprache das Antriebsleben des Menschen in *demselben* System sich äußert und selbst faßlich wird, das auch die Bewältigung der objektiven Welt führend an sich nimmt. Es ist dies der Weg, auf dem, wie Herder sagt, „alle Zustände der Seele sprachmäßig werden" (nicht: sind).

Die in diesem Paragraphen nachgezeichneten Prozesse bilden die vitale Grundlage des Gedankens. Die besondere Qualität „Denken“ ist nicht ableitbar, aber sie ist zunächst identisch mit der im Sprachlaut verlaufenden Intention auf die Sache. Der hier beschriebene Vorgang ist, wie man sieht, sehr voraussetzungsreich und sehr hochgetrieben: das Ansprechen eines Wirklichen als solchen oder der geistige Akt, der sich durch ein selbstgeschaffenes Symbol auf die Sache richtet, ist das, was in genialer Intuition Herder als den Ursprung der Sprache begriff – nur im Unrecht darin, daß er diese Wurzel für die einzige hielt. Auch Herder knüpfte die Geburt des Namens an das Wiedererkennen, dieses war es, was er nannte „eine Welle des Ozeans der Empfindungen absondern, sie anhalten ... aus dem schwebenden Traum der Bilder sich in ein Moment des Wachens sammeln, auf einem Bilde freiwillig verweilen und sich ein Merkmal absondern, daß dies der Gegenstand und kein anderer sei“. Nur war es ein Irrtum von Herder, zu glauben, daß das erste Wort der Sprache eine Wiederholung von Naturlauten sei. Dafür gibt es keine Beweise, vielmehr ist der Übergang unserer Laute zur Dingwelt durch den *allgemeinen* kommunikativen Charakter aller zurückempfundenen Bewegungen schon vorgezeichnet, in deren Rahmen er auf mehreren Wegen erfolgt; die sich besondernde Antwortbewegung auf Wiedererkanntes bezeichnet einen davon. Die Sprache im Zusammenhang des Wiedererkennens, ja sogar (wie ich Herder verstehe) im Zusammenhang des menschlichen, entlasteten Wiedererkennens entstehen zu lassen, war ein sehr großer Fund.

Beim Thema der Sprache erweist sich nun eine Schwierigkeit als bedeutsam, die in dem Aufbau unserer ganzen Betrachtung liegt und liegen muß. Der Gegenstand Mensch ist der komplexeste, den es überhaupt gibt. Es ist unmöglich, alle seine Seiten im Zusammenhang auf einmal zu behandeln, und so haben wir sehr weitgehend von so fundamentalen Tatsachen abstrahieren müssen, wie sie in der *Geschichtlichkeit* des Menschen und in seiner nie fehlenden Eingebundenheit in bestimmte, geschichtliche *Gemeinschaften* liegen, um ebenso fundamentale *andere* Tatsachen deutlich herauszuarbeiten. Die biologische Bindung an die Gemeinschaft erschien an einigen Punkten sehr deutlich, so beim Thema der langen Kindheitsentwicklung; sie ist aber als dauernder „Hintergrund“ unserer Überlegungen ganz allgemein vorauszusetzen, und so wichtige und für unsere Theorie entscheidende Kategorien wie die der „Handlung“ und der „Kommunikation“ müssen auch dann in diesen Hintergrund gesetzt werden, wenn dies nicht jedesmal Erwähnung finden kann.

Bei der Untersuchung der Sprachwurzeln habe ich dieselbe – relative – Abstraktion vorgenommen. Einmal in dem Sinne, daß nur in abstracto von „der Sprache“ die Rede ist, und dann insofern, als die (im weiteren Sinne) biologischen „Mechanismen" aufgezeigt werden sollten, aus denen die Sprache aufwächst. Ich weiß natürlich, daß diese immer von außen angeregt werden, so wie das Kind eben von seiner Umgebung her sprechen lernt; trotzdem haben sie ihre Funktionen im Aufbau der Gesamtleistung des ganzen menschlichen Organismus und jeweils darin ihren bestimmten Ort, worauf es hier in erster Linie ankommt. Das Schwergewicht der Darstellung verschiebt sich daher von selbst auf die „erfinderischen" im Unterschied von den imitativen Leistungen. Daher ist hier der Ort, der Ergänzungen Rechnung zu tragen, die Herm. Ammann („Die Sprachtheorie Arnold Gehlens", Die Tatwelt XVII, 1/2, 1941) zu dieser Theorie gemacht hat. Es ist zweifellos richtig, daß es in zahllosen Fällen auf einem sehr leichten, assoziativen Wege zum Namen kommt, wenn nämlich der Name vom Erwachsenen im *Zeigezusammenhang* übernommen wird: zeigt man dem Kinde eine Uhr und sagt dazu tik-tak, so erhält der Laut unmittelbar im Nachsprechen, in der Kommunikation die Intention auf die Sache. Aber alle Umgangsbewegungen des Kindes sind kommunikative, sensomotorische Prozesse, und wenn die elementaren Sprachwurzeln in deren Zusammenhang betrachtet werden, erscheinen sie als spezielle Akte, in denen der Mensch auch von sich aus, nur unendlich mühsam und „zufällig" dem Einzelfall nach zum Wort finden müßte. Diese „Spontaneität" erscheint deutlich gerade in solchen von Ammann erwähnten Fällen, in denen das Lautvorbild gar nicht vom Menschen stammt, sondern ein beliebiges Umweltgeräusch ist, das erst in der Wiederholung, im „Leben des Lautes" *Sinn erhält.* Ammann zitiert eine Erzählung von Schmeïng, der berichtet, wie ein kleiner Junge Sprengschüsse aus dem Steinbruch hört und jeden Knall mit „Romps! Romps!" wiederholt. Dann wendet er sich bittend nach der Seite des verstummten Geräusches und sagt: „Bitte, lieber Romps, komm doch wieder" – und seither ist Romps in seiner Einbildungswelt eine Gestalt, die im Kleiderschrank wohnt, bei Tisch mitißt usw.

Aus diesem Beispiel geht übrigens hervor, daß das Wort nicht durchaus erst kraft seiner Geltung in der Gemeinschaft eine konstante Größe wird. Diese Geltung ist nur einer der Gründe jener einzigartigen Konstanz, die aber ebensosehr von der Seite des Individuums her gehalten wird. Schon das einzelne Wort ist, in dieser Richtung gesehen, dasselbe, als das sich später eine „Wahrheit", ein geltender Satz herausstellen wird: eine Invariante, ein Stützpunkt wiederholbaren Verhaltens in die Zukunft hinein, ein „festgestellter" Punkt in der Ungewißheit und Unstabilität des Daseins, ein „Certum", an dem sich die Interessen und Denkakte festhalten und orientieren können: das alles natürlich um so mehr, wenn es in der Gemeinschaft feststeht.

Ich gehe jetzt weiter zu einer anderen Seite der von uns untersuchten kommunikativen Bewegungen. Es handelt sich um die Entwicklung des Inneren an ihnen, also um die Rückwirkung des Umgangs mit den Dingen auf die daran anschließenden Interessen und Bedürfnisse. Wir verlassen zunächst wieder die Sprache und betrachten bloße, sich selbst entwickelnde Umgangsbewegungen.

21. Theorie des Spiels. Vierte Sprachwurzel

Wenn man die Ausschließlichkeit beobachtet, mit der Kinder spielen: wie sie täglich bis zur Ermüdung im Spiel aufgehen, wie jahrelang dies der wesentliche Inhalt ihres Lebens ist, so steht man vor einem sehr merkwürdigen Tatbestand. Spiel ist zunächst nicht Ernst. Nur ein Wesen, das in gesicherter und müheloser Lage lebt, dessen Lebensbedürfnisse von außen gedeckt werden, kann in dieser Ausschließlichkeit so leben. Man bemerkte ferner schon lange im Spiel einen gewissen Sinn biologischer Art: daß darin Übung, Bewegungsschulung usw. vor sich gehen, daß darin ein geheimer Ernst lebt, wurde gesehen. So erdachte Spencer seine Theorie vom „Kraftüberschuß", der sich im Spiel entlade, und traf darin sicher etwas Richtiges. Aber daß das Spiel nur „kindischer Ernst" ist, wird man nicht glauben. Der Sachverhalt ist vielmehr sehr komplex und aufschlußreich. Wenn er im Mittelpunkt des ganzen frühmenschlichen Daseins steht, muß ihm ein hoher Wert zukommen.

Zwei Leistungen, die im Spiel aufgebaut werden, sind schon immer bemerkt worden. Die erste ist die Bewegungsschulung, also das Bewegungsspiel. Darin wird die Mannigfaltigkeit und Plastizität des eigenen Bewegungskönnens entdeckt und herausgearbeitet. Preyer beobachtete in der 40. und 41. Woche, wie das Kind kurze Augenblicke ohne Unterstützung zu sitzen versuchte, also „offenbar zu seiner eigenen Erheiterung" das Gleichgewicht zu behalten strebte. Groos (Die Spiele des Menschen, 1899) wies mit Recht darauf hin, wie die Kinder alle Arten der Fortbewegung: hinkend, mit Fußverdrehung, auf den Hacken gehend usw. mit sichtlicher Lust durchprobieren. Natürlich werden ebenso alle Geschicklichkeiten der Hände und Finger in dieser Zeit entwickelt, und stets mit größter Passion und Lebhaftigkeit.

Um dies zu verstehen, brauchen wir nur die schon bekannten Voraussetzungen: die unfertige menschliche Bewegungsapparatur mit ihrem hohen potentiellen Reichtum, die Selbstempfundenheit, die Sinnlichkeit unserer Bewegungen und die Bewegungs*phantasie*. Es ist eine Kommunikation mit sich selbst, die hier erscheint, also das alte Problem der Leistungen des Menschen, die seine eigene Aufgabe sind: es ist wichtig, daß gerade die Schwierigkeiten einen Reiz haben, und daß meist nur solange die Spielfreude dauert: es muß also die eigene Bewegung eine *Aufgabe* stellen, es müssen Hemmungen im Menschen selbst empfindbar sein, wenn das Vergnügen am Können, an der Überwindung von Widerständen entstehen soll. Jede Leistung, die sich durchsetzt, und nun gekonnt ist, also Bewegungsphantasie freilegte, eröffnet dann neue Aussichten.

Das Zweite ist die Seite der Bekanntschaft mit den Dingen. In der Kommunikation nach außen werden wahllos begegnende Dinge in die eigenen Bewegungen hineingezogen und die Entdeckungen an ihnen übernommen; eine Beobachtung: das Kind schlug mehrmals mit einem Löffel auf einen Teller. Dabei geschah es zufällig, daß es mit der freien Hand den Teller berührte; der Schall wurde gedämpft und dieser Unterschied frappierte das Kind. Es nahm nun den Löffel in die andere Hand, schlug damit auf den Teller, dämpfte wieder usw. (11 Monate). Auf den ganzen Reichtum der spielenden Sachbekanntschaften brauche ich in diesem Zusammenhang nicht einzugehen, dies eine Beispiel genüge. Was wir somit festgestellt hätten, wäre das sehr typisch menschliche und untierische Geschehen, das wir schon kennen: die in breitester Wechselwirkung vor sich gehende kommunikative Weltbewältigung und Selbsterschließung des eigenen Könnens.

Das wäre soweit der Ernst im Spiel. Ich behaupte nun, daß der eigentliche *Spielcharakter* durchaus auf der Seite der Phantasie und der *entlasteten Phantasieinteressen* zu suchen ist. Natürlich ist die Phantasie der eigentliche Nerv des Spieles – aber noch tiefer gesehen ist das Entstehen, dazu der Selbstgenuß „oberflächlicher“, entlasteter, ganz beliebig wechselnder Interessen des Menschen dieser Nerv.

Auch das Spiel des Erwachsenen zeigt genau noch diese Seite. Es gelingt selten ohne erotische oder finanzielle oder Kampfinteressen mit zu verwikkeln. Aber die Pointe ist doch gerade die, daß diese Interessen sich nur im Mantel von, sagen wir, phantastischen und durchaus „unpraktischen“ Interessen zeigen dürfen: das Verhalten springender Bälle, die Zufallsverteilung bunter Karten oder ähnliches machen den eigentlich erholenden oder belebenden Teil des Spiels aus, sie ziehen höchste Teilnahme an objektiv durchaus bedeutungslosen Zufällen an sich, und das einfache Auswürfeln von Geldsummen ist kein befriedigendes Spiel: dazu gehört Zeremoniell, Phantastik, Zufall, mit Regeln gemischt, bunte oder aufregende Dinge, oft sogar eine besondere Kleidung – alles das bedingt den Reiz des Spiels ganz tief mit, und hier haben wir die entlasteten Interessen, die eigentlich „Spiel“ sind.

Bedürfnislose, phantasierende Interessen – das ist näher zu erörtern. Buytendijk (Das Spiel von Mensch und Tier) hält es für unmöglich, die Spiele auf besondere Triebe zurückzuführen oder als Übungen für ernste Lebensaufgaben zu betrachten (88). Die Annahme eines „Spieltriebes“ ist natürlich eine bloße Worterklärung, die nichts sagt. Bei Tieren allerdings sieht man deutlich, wie sich die besonderen Instinkte im sog. Spiel der Jungen schon betätigen; da sind es in erster Linie Raubtiere, bei denen Fangen, Schnappen, Greifen, Lauern usw. im „Spiel" sich anzeigen: hier sind es also diese Instinkte, die sich im Jugendstadium spielerisch, d. h. hier: in uneigentlicher Weise anmelden.

Beim Menschen dagegen bedeutet Spiel etwas ganz anderes, den Aufbau, das Aufbrechen und lustvolle Erleben von Phantasieinteressen, also Prozessen der Kommunikationsphantasie, und vor allem: das Bewußtwerden solcher Interessen, die wesentlich unstabil und wechselnd sind. Diese Unstabilität ist überhaupt eine Jugendform von Bewegungen, insofern feste und automatisierte Strukturen Spätresultate sind: daher stammt die Ähnlichkeit des „Spiels" der Tiere mit dem menschlichen. Hier aber ist die Unstabilität ein ganz anderer, viel tieferer Sachverhalt: das „nicht festgestellte Wesen" mit seiner plastischen, weltoffenen und variablen Antriebsstruktur erlebt sich im Spiel selbst, oder die „Unstabilität" ist wesentlicher *Inhalt* des Spiels. In momentan entstehenden, eine Weile und solange der Umgang dauert, angeregten Interessen besteht der Reiz des Spiels, und es ist durchaus falsch, als Motiv des Spiels allein die „ernsthaften", oben erwähnten mitvollzogenen Erfolge der Bewegungsschulung usw. anzusehen. Vielmehr gibt es beim Menschen, und nur bei ihm, flüchtige, phantasierende Umgangsinteressen unstabiler Art. Das scharfe Geräusch der Klapper des Kindes macht den Weg jeder selbst noch empfundenen Bewegung doppelt fühlbar: ein Antrieb, Bedürfnis oder wie man es nennen will, nach diesem Zusammenhang wird wach und greift vor als Erwartung und Impuls, wenn das Ding gesehen wird, und in diesem Impuls liegen genaueste Bewegungs- und Empfindungsphantasmen, und so erlebt er sich selbst. Die Bewegung muß, wie Buytendijk richtig sieht, zum Spieler zurückkehren. Was also die Hauptsache ist, ist dies, daß sich *an einem solchen Umgangsprozeß ein bestimmtes Interesse entwickelt hat und sich selbst faßlich geworden ist.* Und damit ist wieder eine entscheidende Eigenschaft des Antriebslebens gesehen: es ist weltoffen, und die Lust am Spiel ist die Lust am Sichentfalten variabler Antriebe von durchaus wechselnder Inhaltlichkeit und Bestimmtheit: ohne Bedürfnisse!

Im Spiel treffen wir daher die einzigartige menschliche, weltoffene Antriebsstruktur, die sich nach diesen oder jenen Inhalten hin orientiert, oder umgekehrt: die von diesen oder jenen Inhalten „besetzt" wird. Es war eine großartige Einsicht, die ich noch öfter anführen will, mit der Kant (Kr. d. r. V. 2. Aufl. 67 f.) sagte, „daß die Vorstellungen der äußeren Sinne den eigentlichen Stoff ausmachen, womit wir unser Gemüt besetzen". Dieses „Besetzen" geschieht tätig, und das Spiel ist die Form, wie sich ein weltoffenes, noch – wegen der langen Entwicklung – aufgabenloses und überschüssiges Antriebsleben zur Welt hin selbst erschließt und in kommunikativer Lebendigkeit erlebt, wie in ihm selbst eine Fülle teilnehmender und wechselnder Bedürfnisse erwachsen. Spencer tat also, wie immer, einen tiefen und doch zu engen Blick, als er von dem „Überschußcharakter" des Spiels sprach. Es ist nicht, wie er meinte, die bloße Funktionslust der Bewegungen, die das Spiel ausmacht, sondern zuletzt das Sicherfahren der Grundeigenschaften der menschlichen Antriebsstruktur, die überschüssig, plastisch, weltoffen und kommunikativ ist, übrigens aus denselben Gründen dann der *Zucht* bedarf, wenn ernste Aufgaben herantreten. Aus diesen Gründen sind „polyphone" Spiele die schönsten: solche zu mehreren, in denen Angriff, Flucht, Verfolgung, Überraschung, Vertrauen, Zufälle usw. eine Rolle spielen und die gerade als „Vorübung" des Kampfes recht unzweckmäßig wären, weil sie ausnahmslos nur innerhalb willkürlicher Spielregeln Vergnügen machen. Wenn die Pädagogik den Übergang vom Spiel zur Arbeit methodisiert („spielend lernen"), so liegt dieser Übergang in der *Einengung* des Spielinteresses auf bestimmte Endziele, in der *Festlegung* des Verhaltens im Sinne der Regelmäßigkeit und des Dabeibleibens und in dem *Sachgehorsam,* in dem Übergewicht, das die Gesetze der Sache selbst erhalten, so daß endlich sie es sind, die das regelmäßige Verhalten bestimmen.

George H. Mead (Mind, Self and Society, Chicago 1934) hat in überzeugender Weise gezeigt, wie das Sichversetzen in andere (to take the role of the other), nämlich das Hineinnehmen der Antwort des anderen schon in das eigene, an ihn gerichtete Verhalten die fundamentale Funktion ist, in der das Selbst sich von sich unterscheidet und in sich gegenübertritt, also Selbstbewußtsein sich entwickelt: „Es ist für rationales Verhalten notwendig, daß das Individuum eine objektive und unpersönliche Haltung zu sich selbst gewinnt, daß es ein Objekt für sich selbst wird . . . Es gewinnt Erfahrung von sich selbst als einem Selbst oder Individuum nicht direkt oder unmittelbar, nicht indem es ein Subjekt für sich selbst wird, sondern allein insofern, als es zuerst ein Objekt für sich selbst wird, gerade wie andere Individuen Objekte seiner Erfahrung sind. Und es wird ein Objekt für sich selbst allein dadurch, daß es die Haltung anderer Individuen gegenüber sich selbst innerhalb einer sozialen Umwelt annimmt" (p. 138).

Auf die große Bedeutung dieser These einzugehen, ist hier nicht der Ort, sie gehört in sozialanthropologische Zusammenhänge. Hier interessiert aber die Anwendung auf das Gruppenspiel (game) und die Spielregeln. „Das game ist eine Serie von Antworten anderer so organisiert, daß die Haltung des einen die entsprechenden Haltungen des anderen hervorruft. Diese Organisation wird in die Form von Spielregeln gebracht. Kinder haben ein großes Interesse an Spielregeln und es ist ein Teil des Spielvergnügens, solche Regeln zu haben; diese Regeln sind die Serie von Antworten, die eine bestimmte Haltung (attitude) auslöst. Man kann bestimmte Antworten von anderen verlangen, wenn man eine bestimmte Haltung einnimmt" (p. 151). Die Handlungen der anderen Spieler, die jeder jeweils in sein eigenes Verhalten übernimmt und einrechnet, werden zu einem gegenseitigen System, einer Einheit organisiert, und es ist diese Organisation, als Spielregel abgehoben, die die Antwort des Individuums führt. Die organisierte Gemeinschaft oder soziale Gruppe, die dem Individuum eine solche sozusagen verschiebbare Einheit seines Selbst gibt, kann „der verallgemeinerte Andere" (the generalized other, p. 154) genannt werden.

Man kann daher so interpretieren: indem der eine sich in das bevorstehende Verhalten des anderen hineinversetzt und dieses schon in seinem eigenen Verhalten vorwegnimmt, und indem jeder zu jedem in der Spielgruppe in diesem Verhältnis steht, entsteht eine Struktur ineinander gespiegelter „Rollen", die, abgehoben und als Spielregel formuliert, dann das Verhalten jedes einzelnen in jeder der dauernd wechselnden Situationen doch so führt, daß diese Struktur gegenseitiger Rollen mit sich identisch bleibt. Sicher hat Mead mit der Behauptung recht, daß hier eines der fundamentalen Modelle vorliegt, nach denen Gemeinschaftshandeln entsteht.

Man kann daher das Spiel weder als verkappten Ernst ansehen, noch es auf einen besonderen „Spieltrieb" zurückführen, sondern man muß die besonderen menschlichen Strukturen suchen, die sich darin ausleben: die Entwicklung entlasteter Interessen an Umgangsprozessen, die Entfaltung der kommunikativen Phantasie an unstabilen Inhalten, das Hineinwachsen dieser Inhalte in vorübergehende Interessenstrukturen und endlich die allmähliche Eingrenzung und Versachlichung, die im game, im sozialen Spiel zu einer „Regel" gerinnt, in der das Spiel sich weniger in die Ebene des Ernstes, als in die der gegenseitigen Verpflichtungen transformiert.

Einen ganz ähnlichen, unter denselben Gesichtspunkten zu verstehenden Vorgang zeigt uns die vierte Sprachwurzel, der *Ruf*.

Die Bedürfnisse und Nöte des Kindes – wegen seiner Unentwickeltheit und Unfertigkeit von ihm selbst noch nicht gedeutet und angeeignet – drükken sich in einer allgemeinen motorischen Unruhe aus, darunter wieder in unartikuliertem Lallen und Tönebilden. Da nun das Kind die Erfüllung seiner so sich meldenden Bedürfnisse durchaus von außen erhält, da es anderseits in seinen Lauten das Selbstgefühl der stärksten, zurückempfundenen und daran sich noch steigernden Aktivität hat, so müssen diese Laute, die zunächst der Erfüllung nur vorhergehen, den Sinn des Rufes bekommen, wenn nicht mehr der bloße dumpfe Trieb laut wird, sondern wenn die Intention auf die Erfüllung im Laut *der Erfüllung vorgreift*. Daß die Erfolge einer bestimmten Aktivität übernommen werden, und diese Aktivität dann nach dem Erfolg hin eingesetzt wird, war ja eine durchaus schon bei höheren Tieren zu beobachtende Sache. So gruben, wie erwähnt, Köhlers Schimpansen mit Stöcken bei Zufallserfolgen, in denen sie Wurzeln fanden, in der *Intention* nach diesen Erfolgen weiter. Das Kind von drei Monaten verwendet schon den Alarmschrei, auf den die Erfüllung folgte, in der Intention auf Abhilfe.

Hier bemerkt man wieder den Wert der Doppelseitigkeit des Lautes: als selbst zurückempfundener gehört er zum Bestande derselben Welt, aus der auch die Erfüllungen der Bedürfnisse kommen. Diese werden daher im Laut in das Selbstgefühl der Tätigkeit einbezogen – nur in seiner gewaltigen Stimme erlebt das Kind von drei Monaten das Gefühl der Aktivität und der Steigerbarkeit des Einsatzes. Daher wird die Unlust- und Bedürfnissituation von dieser Seite her bewältigt, und das Kind hat im Laute einen Umgang, eine Kommunikation mit der Außenwelt an der vital wichtigsten Stelle hergestellt. Wenn sich aus der Unlust die Intention auf Abhilfe im Laut durchsetzt, so haben wir den Ruf.

Auch der Ruf zeigt die Struktur einer Willenshandlung: zum Erfolg hin wird die Leistung eingesetzt. Die ursprünglich bloß affektive, aber erfolgreiche Schreierei wird dann absichtlich, und man muß dem Kinde schon in den ersten Lebenswochen eine zu weitgehende Ausnutzung dieses Erfolges abdressieren. Aber die uns hier in erster Linie wichtige Seite dieses Vorganges ist die Rückwirkung nach innen. Das Antriebsleben des Menschen muß orientiert werden, denn es ist weltoffen. Man darf wohl annehmen, daß die Bedürfnisse physiologischer Art des Kindes sich zunächst als ein Chaos von inneren und äußeren Unlustreizen melden. Mit dem „Ruf" geschieht nun ein wichtiger Schritt zur Präzisierung dieser Bedürfnisse: im Laut faßt sich ein bestimmter Erlebniszusammenhang, etwa der von Hunger, Ruf und Sättigung. In der Erwartung der Erfüllung wird er in irgendeinem Grade bewußt, im Ruf durchsetzungsmächtig, und der Laut wird führende Mitte eines bestimmten und gerichteten Erlebens.

Wir werden später ausführlich untersuchen, wie unser Antriebsleben sich zur Handlung verhält. Hier nur die Andeutung, daß es sich in der Aktion (auch der sprachlichen) zur Welt hin ganz buchstäblich bestimmt: inhaltliche Richtung gewinnt und nun bestimmte, orientierte, kraftvolle Lebendigkeit wird. Eine solche „bahnbrechende Aktion", in dem ein Bedürfnis sich faßlich wird, kann der Ruf sein.

Ein Beispiel: Mit 1, 2 Jahren will das Kind einen Kleiderbügel, den es sieht. „Papa!" (Ruf). – Pause –, da der Vater nicht reagiert. Dann förmlich herausarbeitend, mit allen unterstützenden Gesten des Hinweises: „das!"

Hier ist das Kind schon im Besitz eines Zeigewortes gewesen, und es handelt sich um eines der eben besprochenen spielerischen, unstabilen Interessen. Aber man bemerkt doch, wie im Wort ein Begehren sich Bahn bricht, artikuliert und nun, falls dem Kinde der Name des Gegenstandes zur Verfügung stünde, sogar ein völlig gedeutetes und bewußtes Interesse wäre. Auf diesem Wege werden alle Zustände unseres Inneren „sprachmäßig", und unsere Antriebe leben zunächst einmal, wenn nicht weitere Verarbeitung, Führung, Verbindung usw. unter ihnen hergestellt wird, immer in den Bildern und Intentionen *ihrer Aufbruchssituation* weiter: sie hängen an den alten Namen, in denen sie sich zuerst faßlich wurden. Im sehr elementaren Fall des Rufes also handelt es sich um die Ausgliederung und Präzisierung eines Bedürfniszuges in seiner Orientierung an einer äußeren Erfüllung unter Führung des Rufes, in dem das Bedürfnis sich als Aktion durchsetzt und somit selbst erfaßt. In irgendwelchen Graden von Deutlichkeit ist eine Erinnerung an die Erfüllung, nach deren mehrmaligem Stattfinden, vorauszusetzen; aber jede Erinnerung wird nur dann Erwartungsvorgriff, wenn ihr eine motorische Bewegung Bahn bricht, und wenn dies hier im Rufe geschieht, so ist ein Zusammenhang von Bedürfnis, Ruf und Erfüllung hergestellt. Es ist nicht mehr so, daß die Unruhe des Bedürfnisses den Laut bloß hervortreibt, sondern daß sie im Laut die Erfüllung erwartet, also sich selbst gefaßt hat.

Wir haben hier an ersten Beispielen ein höchst wichtiges Thema angeschnitten, das uns noch beschäftigen muß. Die *Orientierung des Begehrungslebens* ist eine allein menschliche Aufgabe, die aus dem Fehlen „auf Schienen gelegter" Instinkte folgt. Sie ist eine durchaus nur mit Hilfe der Sprache mögliche biologisch-anthropologische Notwendigkeit: unser Antriebsleben muß orientiert werden, d. h. mit Situations- und Erfolgsbildern besetzt werden. Was man Seelenleben nennt, besteht im Aufbau 1. einer inneren Welt und 2. im Aufbau einer *verfügbaren* inneren Welt. D. h. der Antriebsüberschuß des Menschen muß in Richtungen, Gliederungen, Unterordnungen und Ausschließungen organisiert werden, was eben nur an der Erfahrung und Deutung von Erlebnissituationen möglich wird, in denen sich unsere Antriebe erinnern und faßlich werden können. Die Bewältigung der äußeren Welt ist zugleich Ausgliederung und Charakterisierung einer inneren, und das menschliche Innenleben hat die zwei außerordentlichen Voraussetzungen eines Antriebsüberschusses bei gelockerter Instinktbindung und einer ungedeuteten, offenen, erst zu bewältigenden Weltsphäre, aus *deren gegenseitiger Auseinandersetzung es sich herausbildet.* Das ist der Grundgedanke unserer späteren Theorie, auf die ich schon vorverweisen mußte, weil in der Funktion des *Rufes* dieser Zusammenhang schon erscheint: wenn der Ruf die

Erfüllung intendiert, so hat sich ein Bedürfnis in eine bestimmte Erwartung „hineingebildet“: es ist jetzt *als solches* charakterisiert.

Von dieser vierten Wurzel der Sprache her bleibt in ihr für immer etwas von „Durchsetzung“ erhalten, von Ansteckung oder Befehl, selbst in späteren reinen Mitteilungen. Die rein theoretische, in Form des Urteils sich befestigende Sprachverwendung ist eine sehr späte und Ausnahmeerscheinung. Die Musikalität des Tonfalles, Rhythmik, Tempo, Modulation sind solche mitgeführten Ausdruckselemente, und sie verschwinden auch dann nicht, wenn sie in hochentwickelten Sprachen syntaktischen oder bezeichnenden Wert bekommen, so wie eine bestimmte Modulation die „Frage“ bedeutet, oder, wie in der chinesischen Sprache, die Tonhöhe geradezu Bezeichnungssinn bekommt.

Endlich ist in seltenen, aber doch zu findenden Fällen der Ruf eine Brücke zum Namen. Es gibt also den Übergang von der bahnbrechenden Aktion, d. h. von der im Laut verdichteten Antriebserwartung zur bloßen Intention auf die Sache selbst. Jeder Laut kann sich wegen seiner beliebigen, wiederholbaren Verfügbarkeit von der Situation ablösen, in die er ursprünglich gehörte, also auch von dem entsprechenden Bedürfnis. Er trägt dann nur die Intention auf die Sache selbst, ist also echtes Wort. Auch hier wieder wird man Kommunikation im Laut dabei voraussetzen müssen. Damit er auf diesem Wege Name wird, muß er ein gewisses Eigenleben gewonnen haben, was im Zusammenhang des „Lebens des Lautes“ geschieht, muß er also von der ausdrucksvollen Bedürfnisbindung schon gelegentlich entbunden sein. Ein gutes Beispiel für diesen anscheinend nicht häufigen Fall ist die Art und Weise, wie ein Kind zu dem Wort „butte“ gelangte, das jetzt Semmel oder Kuchen bedeutete, ein echter Name war und aus dem zunächst bloßen Ruf oder Bedürfniswort „bitte“ entstand.

Diese Möglichkeit ist allerdings später in umgekehrter Richtung von Wichtigkeit, wenn nämlich auf „theoretischem“ Wege übernommene Namen im Interesse von Bedürfnissen eingesetzt werden. Wir können dann an allen uns begegnenden und denkbaren Inhalten Interessen und Bedürfnisse entwickeln. Ein Kind sagt mit 2, 3 Jahren häufig entschieden: „Mama, ich will . . .“ und suchte dann in langer Pause, was es wollen könnte – um eben daran ein Bedürfnis zu entwickeln.

22. Erweiterung der Erfahrung

Die uns beschäftigenden Zusammenhänge von Wahrnehmung, Bewegung und Sprache treten jetzt in ein neues Stadium ein, wenn wir die immer noch einfachsten höheren Prozesse behandeln.

Unsere Wahrnehmung hat bereits in ihrem physiologischen Bereich die Neigung, ihre Inhalte zu umschriebenen Ganzheiten zusammenzufassen, jedoch auch da schon eine gewisse gegenläufige Tendenz, sie innerhalb dieser wieder zu dekomponieren. So harmonieren z. B. schon die Konstanzgesetze optisch nicht ganz, so daß etwa die Größenkonstanz auch unter nicht ganz einfachen Bedingungen oft Idealwerte erreicht, während das am gleichen Ding mit der Farb- und Gestaltkonstanz nicht der Fall zu sein braucht (Brunswik, Wahrnehmung und Gegenstandswelt, 1934, p. 207). Auf eine andere Art der optischen Aufspaltbarkeit von Dingeindrücken weist auch E. Jaensch (Ztschr. f. Psych. 88, p. 144) hin, wo er die Raumverlagerung untersucht, d. h. die Erscheinung einer optischen Drehung der Sehdinge um 180 Grad, so daß also rechts und links, oben und unten vertauscht erscheinen. Er sagt da, die Bedeutung der Raumverlagerung liege darin, daß sie der phantasiemäßigen und denkenden *Zerlegung* der gegebenen Komplexe vorarbeite. Auch Köhler hat in seiner Schimpansenarbeit (²1921) die Begriffe der „optischen Festigkeit" und der „Auftrennbarkeit optischer Verbände" einführen müssen, um die Tatsache zu erklären, daß seine Tiere ihnen bekannte Dinge dann nicht wiedererkannten, wenn diese, wie ein Tisch in der Zimmerecke, anderen Dingen optimal angegliedert waren. In der neuesten, sonst ausgezeichneten Gestalttheorie (W. Metzger, Psychologie, ²1954) kommt dieser Gesichtspunkt der (relativen) Aufspaltbarkeit der Wahrnehmungsdaten wenig zur Geltung, aber doch in der Bemerkung, daß „Aussonderung von abgesetzten Teilen" nicht mit Zerfall verwechselt werden dürfe.

Die im Abschnitt 16 besprochene Dekomposition von Wahrnehmungsfeldern auf einzelne führende Merkmale hin, die wir am Beispiel der dressierten Hündin besprachen, die Transponierbarkeit solcher ausgegliederter Gestalten auf andere Hintergründe, die Gestaltkonstanzregeln, welche das Wiedererkennen derselben Gestalt unter wechselnden Perspektiven und also die Auffassung verschiedener Varianten als solcher „desselben Modells" gestatten, und endlich die umgekehrte Komplexfunktion, in der Gestalten individualisiert und mit einer „Mischung" von Daten „ausgefüllt" werden – diese Leistungen genügen wohl im allgemeinen zur Erklärung der tierischen Lernfähigkeit im Sinne der Festlegung des Verhaltens auf bestimmte Signale. Ein *Symbol* dagegen ist das Produkt kommunikativen Verhaltens, und es liegt im strengsten Sinne sogar nur da vor, wo es von dem Bezeichneten abhebbar wird und also etwas anderes bedeutet, als es selbst ist. So konnten wir die ausführlich untersuchten Anreicherungen und Vorzugsmerkmale, die die umgehende Tätigkeit der Hand und des Auges in unserer Wahrnehmung hervorbringt, schon symbolisch nennen, weil auch hier z. B. der Schatten eine Rundung, die Glanzstelle Nässe bedeuten. Damit gibt es auch erst, wie ich schon sagte, eine Übersicht über ganze Reihen solcher Symbole in *Symbolfeldern,* worin nicht nur eine schnelle und „umsichtige" Orientierung gewährleistet, sondern auch diejenige *Entlastung* möglich ist, die darin liegt, sich nicht auf die mögliche ungemeine Ausgiebigkeit der Dinge einlassen zu müssen. Diese Neutralisierung oder Abdeckung des zu Übersehenden ist beim Menschen in sehr hohem Grade eigentätig vermittelt.

Erst in solchen Übersichtsfeldern gibt es Beziehungserfassung zwischen solchen Symbolen. Sie sind selbst immer durch Bewegungen vermittelt: durch solche der Augen, des Kopfes, der Tastorgane, oder durch Gesamtbewegungen. Beziehungserfassung in diesem Sinne gibt es durchaus natürlich bei Tieren, welche die wahrgenommenen Beziehungen des „neben", „hinter" usw. mit Sicherheit motorisch auswerten. Da uns wahrnehmend weniger Einzeldinge als Gesamtsituationen gegeben sind, aber solche eben in gegliederter Form, wobei die Gliederungspunkte jeweils solche Symbole sind, so entsteht Beziehungserfassung grundsätzlich durch Dekomposition, Auflösung von Situationen in einzelne sensorische Akzente und deren Beziehungen, niemals durch Addition von etwa zuerst und der Reihe nach aufgefaßten Einzelheiten.

Wenn unsere Handlung sonst sehr verschiedene Dinge unter einer gemeinsamen Hinsicht nimmt, so setzt dies voraus, daß eine solche symbolische Struktur der Wahrnehmung vorliegt. Das hervorgehobene Symbol – Gestalt, Farbe usw. –, das ein Anzeichen einer ganzen Dingmasse ist, ist ganz eigentlich „abstrakt", nämlich „weggezogen" durch die Vernachlässigung benachbarter, gleichmöglicher Eindrücke, und wenn wir ein ganz anderes Ding, das nur das gleiche Merkmal enthält, in derselben Weise behandeln, so abstrahieren wir wiederum, diesmal von der Gesamtverschiedenheit beider Dinge, die wir in derselben Weise behandeln. Diese Abstraktion ist kein Akt, sondern kann nur eine zentrale *Hemmung* anderer Hinsichten sein, wenn einmal die Symbolhinsicht feststeht. Wenn unsere Handlungen sich so verhalten, daß sie bloß noch bestimmte und besondere Akzente oder Symbole *unter sonst sehr veränderten, aber neutralisierten* Umständen beachten, so „breiten sie sich aus", indem dasselbe Symbol, in ganz anderem Kontext, allein herausgehoben wird, und nun Wahrnehmung und Handlung sonst sehr verschiedene Dinge unter einer *Hinsicht* nehmen. Die Pointe ist hier die, daß diese Hinsicht erst durch die Handlungsfolge definiert wird, in die das Ding eingeht, und daß erst die Gleichheit des Verhaltens eine unerwartete Vergleichbarkeit zwischen sonst sehr verschiedenen Situationen freilegt. Für diesen bedeutenden Vorgang lieferten sogar schon die Affen Köhlers Beispiele. Wenn sie ein besonderes, durch die Versuche gesteigertes Interesse an „langen und beweglichen Dingen" hatten, so nahmen sie u. U. auch ein Handtuch als Stock wahr und behandelten es entsprechend. Sie hatten also die optischen Akzente „länglich, beweglich" erworben und bezogen nun in ihr Verhalten und ihre Aktion alle Dinge dieses Akzents ein, wobei die übrigen Eigenschaften neutralisiert und „übersehen" waren.

Wir haben also schon beim Tier eine Art praktischer, sensomotorischer Begriffsbildung, denn hier handelt es sich durchaus um „Abstraktion", um ein Absehen, und um Verallgemeinerung. Ein Symbol, das ein Anzeichen einer ganzen Dingmasse ist, ist ganz eigentlich „abstrakt", nämlich herausgehoben durch Neutralisierung benachbarter, möglicher Eindrücke, die übersehen werden, und es gestattet damit die *Allgemeinheit* unserer Handlungen, nämlich sich auszubreiten und nun auch dasselbe Symbol in ganz anderen, ebenfalls vergleichgültigten Zusammenhängen in derselben Weise auszuwerten. Es ist dies ein für alle Erweiterung der Erfahrung natürlich entscheidender Sachverhalt. Ich stelle den bisher betrachteten Zusammenhang in folgendem Schema dar: aus einer Gruppe von Eindrücken c d E f g wird ein führender, symbolischer Eindruck E gewonnen. Dies geschieht auf sehr verschiedene Weise: durch einfache optische, taktile usw. Eindringlichkeit, durch gewisse physiologische Gesetze des „Übersehens" (Farbkonstanz), durch gelerntes „Absehen" von den begleitenden Eindrücken c d f g, durch triebhafte oder gewohnheitsmäßige Bevorzugung von E usw. Jetzt wird jeder Zusammenhang h i E k l, in dem der Akzent wieder erscheint, in derselben Weise, geradezu *als* derselbe gesehen und entsprechend in den Handlungsvollzug hineingenommen. Wir folgern noch mehr: so wie man von einer sensomotorischen Begriffsbildung sprechen muß, ist auch die Rede von einer solchen *Deutung* erlaubt. Die Affen Köhlers deuteten die Tücher als Stöcke, nur war dies eine Fehldeutung. Als sie aber Drahtstücke, bei denen sie wieder nur die Merkmale „länglich, beweglich" wahrnahmen, in der genannten Aktion einsetzten, und diesmal mit Erfolg, hatten sie in echtem Sinne ihre Umwelterfahrung erweitert. Dieser Prozeß besteht also, ganz abstrakt gesagt, darin: *daß mit Erfolg A für B gesetzt, A als B genommen wird.*

Die Gliederung des Wahrnehmungsfeldes in symbolische Akzente innerhalb neutralisierter Zwischenfelder gestattet „Übersicht" und sensomotorische Beziehungserfassung. Die „Abstraktheit" des Symbols gestattet auch Erweiterung unserer Handlungen, echte Erfahrung, indem A für B genommen wird, sofern die Gleichheit der symbolischen Akzente es gestattet. Wenn einer z. B. eine Tasse braucht, aber keine findet, so kann er zur Not auch eine Vase oder Schüssel benutzen: nur der Charakter „rund und hohl" ist ihm wichtig, die anderen Eigenschaften dieser Dinge vergleichgültigt er, nimmt einfach A für B am Übergang eines sensorischen Akzents, einer bestimmten herausgehobenen Eigenschaft. Man sieht gleich, daß solche Sachverhalte von zwei Seiten her zu beschreiben sind. Man kann sagen, daß die Wahrnehmungsdinge zu gewissen Zusammenhängen oder Beziehungen sich vereinen, kann also von der Neigung der „Reize" reden, sich an andere anzuschließen und in deren Handlungsbahnen einzugehen. Man kann aber auch von einer Neigung der letzteren reden, sich auszubreiten und auch andere „Reize" oder Situationsstücke in sich hineinzuziehen. Das ist dasselbe, auf verschiedene Weise gesagt. Das Schema wäre dieses:

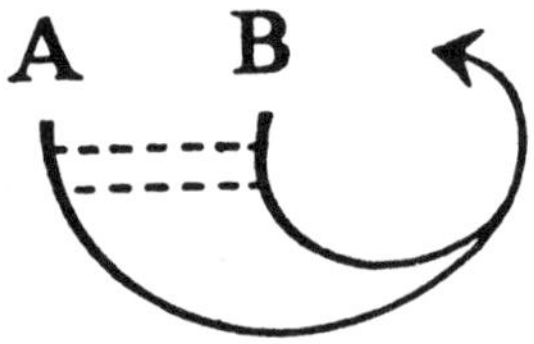

Ein sensorischer Eindruck A ist „assoziiert" mit einem anderen B, wenn er in die auf B gerichtete Handlung mit eingeht; oder anders gesagt: diese Handlung hat sich von B her auch auf A ausgebreitet.

Ist z. B. durch gewisse Erfahrungen bei uns mit dem Namen Peter ein besonders unangenehmer Eindruck „assoziiert", so heißt das: unsere ablehnende Reaktion hat sich von der Klasse „unangenehme Menschen" auf die Klasse „Menschen namens Peter" ausgebreitet. Man würde auch sagen können, die mehrfach genannten Köhlerschen Affen hätten „Stock" und „Tuch" assoziiert, und würde dasselbe meinen.

Damit ist jedoch der ganze Vorgang noch nicht vollständig beschrieben. Erfahrung besteht nicht nur in der Identifikation von sonst verschiedenen Tatsachen unter einer Hinsicht, oder in der Ausbreitung unseres Verhaltens auf verschiedene Dinge unter derselben Hinsicht. Es fehlt in unserer Beschreibung noch ein sehr wichtiges Moment: die Erwartung.

Nämlich B für A nehmen heißt: an B dieselben *Folgen* erwarten, die die Handlung bei A in Rechnung stellt. Ohne Zweifel „erwarteten", antizipierten die Schimpansen Köhlers von ihrem Umgang mit Tüchern dieselben Erfolge, wie sie solche von dem mit Stöcken gewohnt waren. Wenn sie in Tüchern Stöcke sahen und dieselben so verwendeten, so war in irgendeinem dumpfen Grade von Erwartung in ihnen das da, was man mit Worten so ausdrücken würde: mit diesen langen, beweglichen Dingen werden wir die Bananen erwischen. – Nun haben, wie ich zeigte, unsere fertigen Bewegungen in sehr hohem Grade Umgangs- und Erfolgsphantasmen. Wenn wir daher rein praktische Erfahrungen dieser Art: A für B zu nehmen, machen, so tun wir dies im Vorgriff auf denselben Erfolg. Diese Erwartung kann enttäuscht oder befriedigt werden. Nur im letzteren Falle handelt es sich um eine einfache Erweiterung unserer Erfahrung. Diese kann also jetzt vollständiger so definiert werden: „Erfahrungen machen (nämlich im allerelementarsten Sinn) heißt, unter bestimmten, ausschließlichen Hinsichten A für B nehmen, und von A dasselbe erwarten, was für den Umgang mit B galt."

Jetzt sind zwei Fälle möglich: A erfüllt diese Erwartung. Dann haben wir unsere Erfahrung erweitert. Oder A erfüllt diese Erwartung nicht: dann gibt dies eine *neue*, zunächst enttäuschende Erfahrung, die ein *Problem* stellt.

Z. B. gelang den Köhlerschen Affen das Operieren mit Tüchern *nicht*. Diese erwiesen sich natürlich als ungeeignet, weil unstarr, formlos. Es ist höchst wichtig, daß jetzt für den Affen kein *Problem* entsteht, sondern daß sie diese Erfahrung liegenlassen. Warum?

Die einfachste Antwort wäre gerade die, daß sie nicht nach dem Warum? fragen, also „keine Kategorie der Kausalität haben". Die bei uns angesichts solcher neuer, problematischer Erfahrungen resp. Enttäuschungen auftretende Frage nach dem Warum? ist aber nur eine Zwischenphase: Sie leitet nämlich nur eine *Bearbeitung* dieses Problems ein: diese Bearbeitung besteht allein darin, der *störenden* Erfahrung gegenüber eine *Hinsicht* zu entwickeln, die es gestattet, sie unter bereits gemachten Erfahrungen anderer Art unterzubringen, also B für C zu setzen. Folgendes Beispiel: ein Primitiver erlebe an einem anderen die Enttäuschung seiner gewohnten Erwartung von dessen Verhalten: dieser wird z. B. krank. Dieses Ereignis ist eine enttäuschende Erfahrung, ein Problem. Das Faktum dieser konkreten Krankheit wird so bewältigt, daß es unter bereits bekannte Erfahrungen gebracht wird: die der Zauberei oder böser Geister usw. Aus dieser Identifizierung: Krankheit gehört zu den Erscheinungen dämonischen Zaubers folgt ihrerseits wieder allerhand: die Erwartung, daß die bekannten Gegenmittel gegen Zauber helfen werden; auch diese kann enttäuscht werden. Dann gibt es wieder ein Problem mit Hinsichtwechsel: der Medizinmann ist kraftlos. Daraus folgt wieder, daß er gegessen werden muß usw.

Was also der sog. Kausalität, der Warumfrage zugrunde liegt, ist folgendes: die Enttäuschung einer Erwartung, diese sich praktisch neu einstellende Erfahrung ist ein Problem. Dieses Problem wird so bewältigt, daß nach einer Hinsicht gesucht werden muß, unter der es unter schon gemachte Erfahrungen eingeht; in dieser Hinsicht selber kann eine mehr oder weniger große Leistung von Abstraktion stecken: vielleicht ist der Gesichtspunkt, ein störendes Problem A unter eine schon bekannte Erfahrung B zu fassen, ein sehr abstrakter.

Unter dem Begriff Kausalität verstecken sich also zwei sehr verschiedene Erfahrungen: die einen wären auf die Formel „wenn-dann-Erfahrungen" zu bringen; Hume hat sie untersucht. Ursprünglich nichts damit zu tun haben die eben besprochenen „störenden" Erfahrungen, die glatte Abläufe oder Erfüllungserlebnisse „kreuzen" und dann gesonderte Untersuchung und Beziehung verlangen. Von ihnen spricht Fichte (W. I, 424): „nur bei einem als zufällig Beurteilten fragt man nach dem Grunde." Daher leistet das „Kausalgesetz" in der abstrakten Form zweierlei: Aufhebung aller Zufälligkeit und Formulierung aller Ereignisse in wenn-dann-Verläufen.

Wenn nun Affen solche Erfahrungen liegenlassen, so liegt dies eindeutig an ihrer *Unfähigkeit, die Hinsicht zu wechseln.* Sie haben also keine variablen Hinsichten, was bedeutet: bei dem Tücherversuch stehen sie unter so starkem Druck der triebhaften Aufgabe als *ihrer* Hinsicht, daß sie eine ganz andere, nämlich das auftretende Problem zu bewältigen, nicht fertigbringen. Wirklich vollendet wird nämlich diese Fähigkeit nur durch den Besitz der Sprache.

Es heißt auch nur schon Gesagtes wiederholen, wenn ich jetzt darauf hinweise, daß mit dieser hier beschriebenen Ausbreitung der Erfahrung auch eine zunehmende Situationsfreiheit gesetzt ist, und zwar um so entschiedener, je reicher der Bestand der Wahrnehmungen an Symbolen ist. Die Abstraktion von den neuen Zusammenhängen h i k l, in denen E auftritt, bedeutet diese Entlastung von deren sonst so etwa möglichen Ansprüchen und Einwirkungen. Für den Betrachter, der den Affen die sonst zum Einhüllen benutzten Tücher nun als Werkzeuge nach dem Ziele zu schieben sieht, macht dies den Eindruck eines durchaus „erfinderischen" Tuns: das Tier scheint der Situation frei und selbständig überlegend gegenüberzustehen, wenn man die sehr begrenzten Bedingungen dieser Leistung nicht kennt. Die menschliche Wahrnehmung ist nun gegenüber der tierischen nicht nur unermeßlich symbolreicher (was durch die Sprache noch potenziert wird), sondern seine Handlungen und Bewegungen sind auch, als selbstaufgebaute, strukturell völlig anders: in sich „erwartungsvoll" und variabel. Die Entlastung ist eine totale: der Mensch bewegt sich in gekonnten, variabel einsetzbaren, nichtgetriebenen Bewegungen innerhalb eines Andeutungsraumes intimer, dahingestellter Dinge, dazu unter prinzipieller Unabhängigkeit seines Wahrnehmungs- und Bewegungslebens von seinen Antrieben (s. u. Teil III). Seine Chance, Erfahrungen in dem bisher besprochenen Sinne zu machen, wäre schon dann unvergleichlich größer, wenn sie nicht noch durch die *untierische* Fähigkeit des Wechsels der Hinsichten sich ganz dem Vergleich entzöge.

Wir wollen eben noch, zur größeren Klarheit, die bisher besprochenen „Figuren" der Erfahrung in Übersicht darstellen:

1. Typus: bedingter Reflex und Lernen am zufälligen Erfolg und Irrtum. Übernehmen von Zufallserfolgen und gerichtetes Einsetzen der Handlung nach ihnen.

2. „A für B nehmen": die Wahrnehmung beachtet nur gewisse ausgezeichnete Merkmale oder Symbole, sieht A als B. Die Handlung breitet sich aus, indem sie A wie B behandelt.

3. Dabei mögliche Mißerfolge sind unerwartete Neuerfahrungen. Sie werden nun Problem. Ein Wechsel der Hinsicht an ihnen ist nötig, um sie an *andere* Erfahrungen anzuschließen.

4. Eine weitere Form solcher Erfahrungen ist diese: verschiedene Gegenstände unter *einer festgehaltenen* Hinsicht durchgehen (Auswahl des Geeigneten). Sie war schon in dem Stadium der Menschheit notwendig, als es sich um die Auswahl von Holz- oder Knochenwerkzeugen handelte – also „vorsteinzeitlich". Sofern es sich um abstrakte Hinsichten (etwa: brennbare Dinge) handelt und dieses Festhalten *beliebig wiederholbar* sein soll, also unabhängig von einer jetzt gegebenen Bedürfnisnot oder Reizsituation in die Zukunft hinein erfolgt, setzt es *Sprache* voraus.

5. Ein sehr viel höherer und seltenerer Fall von Erfahrung ergibt sich dann, wenn, kurz gesagt, die *Erfahrung selber Motiv* wird. Es handelt sich dabei darum, das Verhalten der Dinge unter bestimmten, festgehaltenen Hinsichten, besonders ihr wechselndes Verhalten unter wechselnden Bedingungen *selbst* zum Gegenstand geordneter Erfahrung zu machen. Das ist das *Experiment*. Es besteht darin, irgendwelche Dinge unter bestimmten, ausgelesenen Gesichtspunkten unter wechselnde Umstände zu setzen, und die dabei erscheinenden Gesetzmäßigkeiten zu untersuchen. Die Abhängigkeiten der Veränderungen jeder Art von den systematisch durchvariierten Umständen bilden dabei den Gegenstand der „reinen" Erfahrung. Ohne bestimmte, aus den schon vorhandenen Kenntnissen sich ergebende Erwartungen wird man ein Experiment gar nicht anstellen können. Aber erfahrungsgemäß trifft man dabei nicht nur auf die Bestätigung oder Widerlegung solcher Erwartungen (Hypothesen), die deshalb selbst variabel gehalten werden müssen, sondern oft auf neue und unerwartete Erscheinungen, die dann ohne theoretische Vorannahme einfach in sich selbst und nach den Gesetzen der Umstände ihres Auftretens erforscht werden. Das Experiment ist also *„reine theoretische Praxis"*, nämlich das Anstellen von Annahmen, Hinsichten und Handlungen, um das Verhalten der Dinge zu den Umständen, die selbst wieder ausgelesene und hergestellte sind, zu erforschen. Die moderne Naturwissenschaft experimentiert in der Absicht auf Vollständigkeit alle auf einem bestimmten Gebiet anzutreffenden Vorgänge durch, sie verfährt also *systematisch* und *betriebsförmig*.

Die hier vorwiegend beschriebene Erfahrungsfigur, A für B unter einer gewissen Hinsicht zu setzen, ist ein sehr wichtiges Modell von Erfahrung. Es steckt noch in jedem rationalen Schluß – A ist M, M ist B, also ist A B –, ist aber bereits, wie wir sahen, ein sensomotorisches Vollzugsverfahren bei Tieren. Wir werden es bei Besprechungen der Phantasiegehalte der Sprache wiederfinden, denn schon das Nehmen des Wortes für die Sache ist ein solches Gleichsetzen, erst recht die Deutung einer Erscheinung durch eine andere (Metapher).

Je nachdem, von welcher Seite man denselben Vorgang beschreibt, erscheint er als Deutung, Gleichsetzung, Assoziation oder Ausbreitung der Handlung. Er ist zuletzt ein *Phantasievorgang*, d. h. ein Vorgang des „Sichversetzens" von einem ins andere und des Mitversetzens der entsprechenden Erwartungen. In der „Assoziation" des Wortes mit der Sache ist dies der eigentliche Nerv: die Hinsicht, in der beide gleichgesetzt werden, ist hier die *derselben* Intention, also eine motorische.

Man versteht hieraus, wie unsere wissenschaftliche Erfahrung notwendig überall unsere Kenntnis auf der einen Seite vereinfacht, auf der anderen unendlich bereichert. Setze ich A für B, so vereinfache ich die Mannigfaltigkeit der Erfahrung, aber die infolge dieser Vereinfachung erst provozierten *Folgen* sind gerade, wenn sie der Erwartung *nicht* entsprechen, *neues* Material der Erfahrung. Dieses wird dann wieder vereinfacht, an schon Bekanntes angeschlossen, mit neuen Folgen usw. In der Physik wird ein ganz ungeheuerer Vorrat von Tatsachen in wenigen Gesetzen gedeckt.

Die Fähigkeit der Tiere, Erfahrungen zu machen, ist sehr beschränkt, und zwar ebenso wegen der geringen Ergiebigkeit ihrer Wahrnehmungen, wie wegen ihrer monotonen, unplastischen Bewegungen. Ich zeigte oben, daß ihnen das Vermögen des Selbstausbaus sensomotorischer Prozesse ebenso fehlt wie die *Verselbständigung* solcher kommunikativer Sach- und Bewegungsumgänge, die sich „vom Anlaß entfernen", selbst ausbauen und produktiv werden; die dabei erscheinenden Hinsichten können sich dann in der Welt ausbreiten und solche Erfahrungen in der geschilderten Weise übertragen werden. Natürlich geht das nur, wenn diese Umgänge nicht unter Triebdruck erfolgen, also „entlastet" sind: nunmehr entlastet auch vom inneren Triebzug zu vorliegenden und „kurzen" Resultaten. Manche Tiere lernen daher sehr schön etwa Hindernisse zu entfernen, die zwischen ihnen und dem Triebziel liegen, so wie Mc. Dougalls Ratten die komplizierten Klinken ihrer Futterkisten öffnen lernten, aber sie „lassen liegen", was an unerwarteten Erfahrungen sich etwa abseits dieses Triebweges auftut. Nehmen wir an, ein Kind vollzöge den beschriebenen Übergang von A auf B, es versuche also ein Drahtstück als Stock zu benutzen: wegen der kommunikativen Struktur seines Umgehens wird es auch den Mißerfolg fruchtbar machen, wird sich auf die erscheinenden, je besonderen Eigenschaften des Drahtes, seine Biegsamkeit, Unzerbrechlichkeit, Gestaltgleichgültigkeit usw. einlassen, wird daran neue Hinsichten entwickeln und schließlich Zwecke, in denen Holz *und* Draht gebraucht werden können, von den je besonderen unterscheiden. Die Erfahrung des Tieres dagegen bleibt in den Grenzen des unmittelbaren Drucks von Reiz oder Abschreckung, sie kann ungemein verfeinert werden, aber nur sehr begrenzt erweitert.

Genau derselbe Vorgang, A für B zu nehmen, oder neue Gegenstände an herausgehobenen Symbolen in die alten Handlungsweisen einzubeziehen, den wir vorhin beschrieben, läßt sich auf dem Gebiet der Sprache nachweisen. Unsere Antwortbewegungen werden dann abstrakt, wenn sie sich nur noch auf gewisse Seiten der Dinge einlassen. Genau so verfährt die sprachmotorische Antwort, deren Entstehung wir oben im Zusammenhang des Wiedererkennens beobachteten. Hier war ja das Ereignis dies, daß die Antwortbewegung des Lautes auf den erscheinenden Eindruck die ganze Reaktion ablöste und schon enthielt. Das Ansprechen gleicher Symbole in gleichen Lauten war selbst die Bewegung, in die das Wiedererkennen und Erinnern einfloß, und zugleich Erledigen und „Abschieben" des Reizes. Wenn jetzt dasselbe Sehsymbol in anderen Zusammenhängen auftaucht, die übersehen werden, so wird sich dieselbe Bewegung, also dieselbe Lautreaktion ausbreiten.

Damit haben wir die kindlichen Universalworte. Das Kind benennt etwa mit dem Ausdruck „pipip" alles Fliegende: Fliegen, Bienen, Vögel unter der bloßen Hinsicht des abstrakten Symbols, das man ausdrücken würde: ein fliegendes Etwas, unter Gleichgültigkeit gegen sonstige Unterschiede. Damit geschieht eine sehr zufällige Klassenbildung oder Ausdehnung des Umfangs des „Wortes". Keinesfalls handelt es sich dabei, wohlgemerkt, um echte Allgemeinworte, wozu ja erst Einzeldinge und mehrere, viele Einzeldinge als solche unterschieden sein müßten. Das Kind hat aber etwa im 22. Monat noch *kein* Verständnis für den Plural. Lindner zeigte einem Kind einen Band, und dann noch einen. Die (gelernte) Antwort war immer: „Band". Ein anderes Kind fragte, auf eine Tür zeigend: Das? Antwort: Tür. Es läuft zur zweiten und dritten Tür, die Frage wiederholend, und macht es ebenso mit den 7 Stühlen im Zimmer. Diese Kinder sind also dabei, sich den Unterschied von Singular und Plural, von Individualwort und Allgemeinwort erst zu erarbeiten.

Echte Universalworte, d. h. „abstrakt" verschobene und erweiterte Lautantworten unter einer Hinsicht, die führt, haben wir dagegen im folgenen Fall. Ein von Jespersen erwähntes Kind teilte das Tierreich in zwei Gruppen, nämlich „he“, d. h. Pferde, Schildkröten und alle laufenden, vierfüßigen Wesen, und „iz“, d. h. Fische, Vögel, Fliegen und alles, was sich ohne Füße bewegt. Das ist also eine wiedererkennende Bewältigung und Reaktion auf Grund irgendeines herausgehobenen, den Übergang vermittelnden Gestalteindrucks.

Es ist klar, daß eine genauere Wahrnehmung einer Ente, die laufen, schwimmen und fliegen kann, diese Klassifikation erschüttern würde. Hier würde der Mißerfolg oder Sachwiderstand ein Problem aufwerfen. Das Handlungsschema würde veranlaßt werden, sich zu spezialisieren, indem etwa die Klasse „he“ auf Tiere beschränkt würde, die nur laufen; dann müßten entenähnliche Wesen besonders bezeichnet werden, eine *Leerstelle* für eine neue und spezialisierte Antwort würde entstehen. Die unvermeidlichen Enttäuschungen und Vermissungserlebnisse bilden also den Anlaß und die Quelle neuer Erfahrungen, die wieder verarbeitet und in neuen Handlungen verwendet werden müssen.

Die bisher betrachteten Vorgänge, also wesentlich die in der Formel „A für B nehmen“ bezeichneten, sind die der unmittelbaren praktischen Gleichsetzung, Verallgemeinerung und Schlußfolgerung. Weitere wichtige Einsichten eröffnen sich, wenn wir jetzt in derselben Ebene des menschlichen, nur von elementaren Leistungen der Sprache in der ersten Begrifflichkeit begleiteten Umgangs den *Wechsel von Hinsichten* untersuchen. Dabei bildet das kommunizierende Verhalten nur den Übergang zu einem anders orientierten.

23. Höhere Bewegungserfahrung

Die jetzt zu besprechenden Wahrnehmungs- und Bewegungsprozesse sind in so reinem Sinne menschlich, daß ihre Behandlung ohne tieferes Eindringen in die Sprachleistungen nur einen vorläufigen Wert hat, besonders weil mit Sicherheit anzunehmen ist, daß sie sich nur in Wechselwirkung mit der sich entwickelnden Sprachfähigkeit aufbauen. Dann aber werden die Erscheinungen so integral, daß sie sich der Analyse entziehen. Ich muß daher versuchen, die Aufgabe zu verteilen, zunächst gewisse höhere Handlungsformen allein darzustellen, und die entsprechenden gleichursprünglichen und bei der Gestaltung der ersteren *mitwirkenden* Sprachprozesse dann nachzuholen.

Wenn der Mensch in der geschilderten Weise seine Bewegungen und Wahrnehmungen aneinander aufbaut, so kann man das entstehende Resultat auch so bezeichnen: es ist eine wirkliche *Welterweiterung* über das aktuell Gegebene hinaus. Indem nämlich die uns umgebenden Dinge hochkomplexe Symbole anschaulich enthalten, so scheinen sie das, was sie uns nicht offensichtlich zeigen, doch zu verraten: über ihre Gesamtgestalt jenseits der perspektivischen Andeutungen, die sie geben, sind wir selten im Zweifel; ebensowenig über die zu erwartenden Eindrücke, wenn wir uns um sie herum bewegen würden, über die Rückseiten usw. So andeutungsreich wie sie dastehen, fordern sie uns zu bestimmten Handlungen auf, und unsere eingebildete Bewegung an ihnen ist eingehüllt in vage Bilderfolgen, die wir erwarten und sich bestätigen sehen würden, wenn wir wirklich mit ihnen umgingen. So lehrt uns eigentlich schon die Wahrnehmung, uns mehr auf „Vorstellungen" als auf sie selbst einzulassen. Je tiefer und gekonnter ein Bezirk von Situationen von uns beherrscht ist, um so mehr treten die Wahrnehmungen zugunsten ganz bestimmter Erwartungsfolgen zurück, die in unseren Bewegungen ebenso niedergeschlagen sind wie in dem symbolischen, abgekürzten Anblick der Dinge. Unsere Handlungen, in denen wir leben, haben ihre Bewegungs- und Erwartungsphantasie, die Dinge sind geladen mit Umgangsvorschriften und Gebrauchsandeutungen – durch die bloße Konsequenz dieser Entwicklung lösen wir den direkten Kontakt mit der Welt so sehr, daß es endlich zur vollkommenen Automatisierung kommen kann: die Wahrnehmungen, bloße „Proben", enthalten sozusagen nur „Dingaugenblicke", die Bewegungen erfolgen bewußtlos sicher aus sich selbst. Nur unter dieser Voraussetzung ist nun das möglich, wovon jetzt gesprochen werden soll: die Variabilität und Umsetzbarkeit, *der Wechsel der Angriffsrichtung* von Bewegungen und Handlungen.

So etwas kann es zunächst nur dann geben, wenn die Bewegungen selbsttätig herausentwickelte sind, wenn sie also gekonnt geworden sind und auf einer breiten Basis von Bewegungsphantasie ruhen, also nur bei menschlichen. Unvariable und angeborene Bewegungsmontierungen sind dazu außerstande: ist ein Pferd durch den hängenden Zügel getreten, so bringt es die einfache Bewegung des Zurücktretens niemals fertig.

Eine „gekonnte" Bewegung hat, wie ich darlegte, ihre „Knotenpunkte", d. h. gewisse fruchtbare Phasen, von denen aus ihr Einsatz gesteuert wird, man bekommt eine Erfahrung darüber, wie Veränderungen des ganzen Bewegungserfolges von leichten Änderungen in der Betonung dieser Knotenpunkte abhängen, und zwar im Umgang mit den Sachen selbst. Gewisse von der Bewegungsphantasie vorgezeichnete Änderungen der Zugriffsrichtung usw. führen zu eindeutig anderem Verhalten der Gegenstände und somit zu einer Bereicherung der Bewegungserfahrung.

Diese Leistungen sind natürlich nur denkbar bei der gezeigten Mannigfaltigkeit der Bewegungsphantasie und bei der Entlastung, d. h. der situationsfreien Umgangsbereitschaft unseres motorischen Bereichs, in erster Linie der Hände in ihrer Kooperation mit dem Auge. Aber damit sind die Bedingungen gegeben zu dem nächsthöheren Schritt, der nur begrifflich zu unterscheiden ist und auf den es uns ankommt. Die Erscheinungen sind mannigfaltig, und ich erläutere sie z. T. an Parallelen aus dem Sinnbereich des Denkens:

1. Wir sind imstande, Bewegungen an Einzelphasen des Ganzen aufzunehmen, unter Umständen sofort in der Endphase. Wir können sie umgekehrt in jeder Phase abbrechen.

   Die Parallele ist diese: wir können Akte des Zählens an jeder Stelle der Zahlenreihe ansetzen lassen, ohne die ganze Reihe durchlaufen zu müssen, und können an beliebiger Stelle aufhören.

   Wenn wir z. B. stolpern, so muß sofort die Gehbewegung unterbrochen, der Fall abgestützt und in die *letzte* Phase einer Bewegung des Aufstehens übergeleitet werden: eine schon sehr „geistreiche" Kombination, die dem Kinde meistens mißlingt.

2. Wir können im Bewegungsentwurf jede Anfangsphase einer Bewegung mit der Endphase einer anderen kombinieren – dies nur als ein Fall unendlicher Möglichkeiten. Man kann ohne weiteres „Paßgang" gehen, d. h. die sonst gewohnten Zuordnungen von Arm- und Beinbewegungen umstellen, so daß nicht mehr rechter Fuß und linker Arm „ansetzen", sondern die Glieder einer Seite. Solche Umkehrung sonst gewohnter Zuordnungen hat alltägliche Parallelen in Denkprozessen.

3. Jede Bewegung kann an irgendeiner Stelle des Gesamtvorgriffs angehalten werden und an dieser Stelle der Ansatz einer neuartigen, anderen Bewegungsfolge unternommen werden.

   Dieser Fall ist sehr wichtig. Ihm entspricht beim Zählakt die Möglichkeit, an einer Stelle – etwa 7 – die Zahlfolge zu unterbrechen und von da an in eine andere Zählweise überzugehen: 1 2 3 4 5 6 7 14 21 28 35. Ein Beispiel: Kinder pflegen Gehbewegungen gerne in solche des Hüpfens, diese in solche des Hüpfens auf einem Fuß usw. zu transponieren. Die Bewegung des Zugriffs kann (beim zufälligen Fall des Gegenstandes) sofort in die des Auffangens umgeschaltet werden.

4. Jede Bewegung kann an irgendeiner Phase, wie oben, angehalten und diese Phase als Ansatzpunkt derselben Bewegung eingesetzt werden.

   Parallele: ich zähle bis 7, nehme oder setze dann die 7 als 1 und zähle weiter bis 7 usw.

   Ein Beispiel ist der einfache Wechsel des Rhythmus beim Gehen in 3-Takt, 4-Takt usw., in bloßer Bewegungsphantasie durchvariiert. Kein Tier kann das alles.

5. Jede Bewegung ist erst vorgängig im bloßen Bewegungsentwurf darstellbar. Für solche Bewegungsentwürfe gilt wieder alles schon Gesagte, sie können ineinander transponiert werden usw. Eng damit zusam-

men hängt unsere Fähigkeit, Bewegungen bloß anzudeuten, also die „Geste“ des Schlagens, Werfens usw. zu machen.

6. Weiter: der Ausgangspunkt der Bewegung, der Nullpunkt im Koordinatensystem des Bewegungsraums, in dem sie erfolgt, kann beliebig transponiert werden. Eine Kreisbewegung der rechten Hand kann von der des linken Fußes weitergeführt werden; eine Rechtsbewegung der rechten Hand ist von einer der linken Hand ablösbar, oder es gibt beliebige Möglichkeiten, Gegenrichtungen zu entwickeln. Solche Verlagerungen der Ausgangspunkte der Bewegungen werden an Maschinen notwendig, z. B. beim Autofahren.

Das soll genügen. Die beschriebenen, uns sehr selbstverständlichen Erscheinungen weisen auf eine schlechterdings übertierische Struktur unseres Bewegungslebens hin. Wenn man sie in Worte fassen will, so kann man nur von *reflektierten* Bewegungen reden. Es handelt sich zunächst darum, daß unsere Bewegungsphantasie uns die Chance gibt, reale Bewegung *symbolisch* anzudeuten oder virtuell darzustellen; weiter aber vor allem um die Möglichkeit, solche Symbole oder „Hinsichten“ reeller oder virtueller Bewegungen ineinander zu transponieren, die Hinsicht etwa festzuhalten, aber durch eine andere überlagern zu lassen. Die Folge ist ein symbolischer Bewegungsraum, in dem beliebige Bewegungsfiguren sich überdecken, ineinander verwandeln und den Anfangspunkt, ja jede beliebige Phase miteinander vertauschen können. Solche Bewegungsleistungen sind nicht früher und nicht später als die symbolische Entwicklung der Sprache und des Bewußtseins, sondern beide entwickeln sich aneinander: der tiefste Beweis für die biologische Gleichheit des *Zwecks* dieser Entwicklung, der natürlich darin besteht, den unzähligen Sachverhalten, die in das Bewußtsein übersetzt werden, ebenso unzählige Handlungsfiguren gegenüberzustellen, die vom Bewußtsein her gesteuert, also geplant werden können.

Die so beschriebenen Bewegungen sind nicht bildlich, sondern buchstäblich *reflektierte* Bewegungen: wie intelligent und geistreich unsere Bewegungsstruktur ist, wird erst deutlich, wenn man, um sie zu beschreiben, zu Ausdrücken aus dem Bereich des Denkens selbst greifen muß. Es ist, wie gesagt, nicht nur die Reflektiertheit der Bewegung selbst von Wichtigkeit: die Tatsache, daß sie in der Bewegungs- und Umgangsphantasie ihr eigenes Entwurfsfeld hat; davon zu unterscheiden, ist die *Bewegungsintention:* das Sichrichten auf eine kommende Bewegungsphase in einer vorhergehenden, symbolischen Phase ist genau in dem Sinne eine *Hinsicht*, wie der der Sache gegenüber entwickelte Name. Eine vorentworfene oder angedeutete Bewegung „meint“ die reelle, durchgeführte. Und weil nun das Bewegungsverhalten aus sich selbst heraus auf ein anderes gehen kann, so gibt es nicht nur „Hinsichten" in ihm, sondern „Wechsel der Hinsichten". Der Ausgangspunkt der Bewegung jedes Gliedes kann verlagert werden, der Nullpunkt im Bewegungsraum ist transponierbar: das eine Glied kann die Bewegung des anderen aufnehmen, und es gibt in beliebigsten Hinsichten zueinander bewegliche Kombinationen, auch jeden schnellen Wechsel der Hinsicht während des Verlaufs. Diese hohen Leistungen gibt es nicht ohne Sprache; aber dies beweist nur, daß die Sprache in die Bewegungsleistungen des Menschen hineinkomponiert ist, weil eben diese Bewegungsleistungen an die Unendlichkeit der Sachumstände angepaßt werden können und sollen, und zwar nicht nur der natürlichen, sondern erst recht der vom Menschen selbst geschaffenen.

Da nun Bewegungen nicht im leeren Raum erfolgen, sondern an den Sachen und im Umgang mit ihnen und in Gesamtsituationen, in denen irgendwelche Tätigkeiten sich ausbreiten oder ablaufen, so wird jeder Wechsel der Stellungnahmen und jede Variation des Bewegungseinsatzes vom Verhalten der Dinge wiedergegeben. Damit erhalten die Dinge selbst sehr verschiedene, in ihnen *gleichmögliche Bedeutungswerte*, je nach den verschiedenen Zwecken oder Figuren, in denen sie verwendet wurden: je nach der Situation und der Art des Vorhabens kann ein Stock zum Zeigen oder zum Stützen oder zum Schlagen gebraucht werden, und er wird jeweils in dieser Hinsicht auffallen. Brauche ich „etwas zum Nägeleinschlagen", ohne einen Hammer zu finden, so dient auch ein Briefbeschwerer. Was hier *vorgegeben* ist, ist der Zweck und der Bewegungsentwurf: in ihn hineingezogen werden dann die Dinge je nach den Hinsichten (Handlichkeit, Härte), die sie unter diesem Vorhaben erst gewinnen. Beim Spaziergang erscheint ein Zaun unter der Hinsicht, die Bewegungsrichtung einzuschränken; gegenüber einer anderen Bewegungsart aber zeigt er einen anderen Wert, und so kann es mir gerade einfallen, ihn als Hindernis einzusetzen und darüberzuspringen. Es ist bekannt, wie die Kinder in ihren Phantasiespielen, in den Gesamt-Darstellungsentwürfen, die sie durchführen, den Sachen ganz beliebige Rollen zuteilen, wobei jedes Ding ganz wechselnde Funktionen übernehmen kann. Die Bedeutung dieser Leistung liegt nicht nur in der Illusionskraft, mit der das Kind einem Stück Holz jede denkbare Rolle zuteilt, und nicht nur in der Kommunikationsleistung, in dem Sichversetzen in ein anderes, und Von-daher-Handeln, sondern sie liegt vor allem daran: daß dem möglichen *Wechsel der Hinsichten* in unserem Verhalten ein anschaulicher *Bedeutungswech*sel der Gegenstände entsprechen kann, während andererseits die Dinge, in je mehr Rollen sie hineingezogen werden *können, um so gleichgültiger gegen je besondere, also um so objektiver* erscheinen. Am Ende also „enthält" jedes Erfahrungsding sowohl Andeutungen seiner *Eigenschaften*, als auch Andeutungen seiner *Verwendbarkeit* in einer Erfahrung.

Als letzten Punkt erwähne ich noch dies: wenn nämlich zu diesen Leistungen ein *Wechsel* der *Hinsichten* hinzukommt, dann erreichen die Erscheinungen bereits eine Kompliziertheit und Fülle, die jeder Analyse spotten. Bleiben wir daher bei ganz einfachen Beispielen. Wenn wir mit zwei Dingen manipulieren und Schwierigkeiten finden, so ist der einfache Vorgang, sie in der Hand zu wechseln, bereits ein solcher, von dem ich vermute, daß er über das Können der Schimpansen hinausgeht. Denn hier muß ein Wechsel der Hinsicht eintreten, unter der jedes Ding in das Ganze der Aktion eingehen soll. Es ist ein charakteristisches Versagen, das hierher gehört, wenn die Schimpansen Köhlers versuchten, eine durch einen Stein versperrte Tür mit vereinten Kräften über den Stein zu heben. Ich glaube, daß der Reiz der Baukastenspiele bei Kindern in der Vieldeutigkeit der Hinsichten liegt, unter denen dieselben Elemente in immer neue Kombinationen eingefügt werden können; wir erwähnen wieder, daß jede dieser Hinsichten bereits im Entwurf, im Vollzugsansatz variabel ist.

Ich möchte mit Beispielen und auch mit weiteren Analysen nicht noch fortfahren. Der Sinn einer philosophischen – auch einer psychologischen – Untersuchung kann niemals sein, die ganze Fülle der lebendigen Erscheinungen nachzuzeichnen oder erschöpfen zu wollen. Eine gewisse Ausführlichkeit in der Darstellung *elementarer Bewegungs- und Kommunikationsfiguren* war indessen notwendig, um zu zeigen, wie im System des menschlichen Wahrnehmungs- und Bewegungslebens die Sprache darin liegt. Dazu mußte ich zeigen, wie in sensomotorischen Kommunikationshandlungen einerseits die Welt durchgegangen, durchgearbeitet und „intim" gemacht wird; wie andererseits jede Bewegung in diesem Prozeß sich selbst findet, sich selbst ausnützt und aus sich selbst Möglichkeiten herausholt, die nun wieder in den Dingen untergebracht, deren Bedeutung, ja deren Aussehen verändern. *Im Zusammenhang dieser Leistungen entspringt nun die Sprache.* Es ist hier schon leicht einzusehen, welche unendliche Entwicklung möglich wird, wenn die Sprache solche kommunikativ entwickelten Hinsichten *festhält*, oder wenn sie gar dazu übergeht, *aus sich selbst* den Wechsel der Hinsichten an den Dingen auszuprobieren. Die hier gestellte Aufgabe war ohnehin so kompliziert, daß die einfachsten Schemata und die bescheidensten Beispiele sie allein möglich machten: haben wir doch sogar *eine* Seite des ganzen Vorgangs bisher nur gestreift: die in alles hineinverflochtene Entwicklung des Antriebslebens. Erst im III. Teil wird diese Seite nachgeholt.

24. Lautgesten. Fünfte Sprachwurzel

Es war schon betont worden, daß die besprochenen höheren Bewegungssynthesen mit Wechsel der Hinsicht sich in Wechselarbeit mit bedeutungshaften Lauten und mit der eigentlichen Sprachentwicklung vollziehen. Es ist jedoch noch an dieser Stelle eine weitere Sprachwurzel zu besprechen, ehe wir später die Sprachleistungen in ihrem Zusammenhang betrachten. Hier handelt es sich um die Rolle des Lautes als Glied in Gesamtvollzügen von Bewegungs- und Kommunikationserlebnissen. Ich will dabei den von Stenzel eingeführten Ausdruck „Lautgeste" übernehmen (s. Sprachphilos. 1934, S. 26), ihm aber eine etwas veränderte Bedeutung beilegen. Stenzel versteht unter Lautgesten nur „Exclamationen", wie Stöhnen, Seufzen, also vorsprachliche Interjektionen, die ein akustisches Analogon zu ausdruckserfüllten Gesten darstellen. Man kennt dies bereits bei sehr kleinen Kindern: mit 7 Monaten wird „ada" in Verbindung mit Lachen verwendet, „dada" als Trotz- und Abwehrexpression – natürlich unter anderen Erregungs- und Abwehrbewegungen. Sofern später alle Bewegungsübungen, Hantierungen usw. mit Bemühung und expressiver Anteilnahme vor sich gehen, gibt es auch eine lautmotorische Begleitung oder Begleitmusik, die also wesentlich expressivmotorischer Art ist, und von vornherein im Ganzen zu bewältigender Situationen auftritt, also stets nur einen *Gesamtwert* haben kann.

Wenn bestimmte Bewegungszusammenhänge eine expressiv-motorische „Begleitmusik" haben, so scheint es ein rein sinnesphysiologisches Gestaltgesetz zu sein, daß der Präzisierung von Handlungs- und Wahrnehmungserfolgen eine ebensolche Präzisierung der lautmotorischen „Begleitmusik" zugeordnet ist. Wenn man so annimmt, daß bestimmte Tätigkeiten eine zunächst affektive Lautbegleitung mitbestimmen, so haben wir einen Schlüssel für die selbsterfundenen „Worte", mit denen Kinder ihre Aktionen begleiten. So berichtet z. B. Jespersen (a. O. 113) von einem amerikanischen Kind, das gern einen Stock über den Teppich hin und her schob und dazu „jazing" sagte – ein „erfundenes" Wort – also einfach eine mitpräzisierte Lautbegleitung zu einer Aktionsgestalt. In *diesem* Sinne verwende ich hier das Wort „Lautgeste".

Wenn wir uns nun an oben Dargestelltes erinnern, so werden wir verstehen, wie aus dieser Lautgeste ein *Wort*, aber ein Wort von *Situationswert* werden kann. Wir sehen nämlich, wie ganze komplexe Vollzüge sensomotorischer Art so beweglich sind, daß sie von irgendeiner ihrer Phasen her eingesetzt werden können: eine jede Phase kann den Ansatz zum Vollzug des Ganzen bilden und die Intention auf das Ganze der Bewegungsfolge tragen. Das

Kind kann also auch von der „Begleitmusik" her sich auf eine bestimmte Umgangsfolge richten und sie von daher aufbauen. Ja, es wird dies sehr bald bevorzugt tun, und zwar wegen des damit verbundenen Erfolgsüberschusses: der Grund, weshalb die Intention auf den ganzen Handlungskreis sich gerade bevorzugt des Lautsymbols bedient, liegt natürlich darin, daß diese Phase des Gesamtvollzugs jederzeit, willkürlich und mühelos zur Verfügung steht; und daß in ihr sofort Kommunikation mit anderen Menschen und Gleichrichtung dieser anderen auf dieselbe Aktion möglich ist. Die Intention auf eine solche Handlungsfolge wird zugleich frei verfügbar, expressiv und öffentlich. Diese Entstehungweise des„Wortes" hat bisher hauptsächlich Noiré in seiner Schrift „Der Ursprung der Sprache" (1877) erkannt – dies ist neben Herders bekannter Schrift und Ph. Wegeners „Untersuchungen über die Grundfragen des Sprachlebens" (1885) eines der wichtigsten Bücher zur Sprachentstehung. Ammann hat in der erwähnten Rezension des vorliegenden Buches darauf hingewiesen, daß der Begriff „imitations d'efforts" von H. J. Chavet in seiner Lexicologie indoeuropéenne (1849) ziemlich genau dem hier verwendeten Begriff der „Lautgeste" entspricht. Noiré machte zwar denselben Fehler wie Herder, nämlich alle Leistungen der Sprache aus einer einzigen Wurzel erklären zu wollen: wie Herder alles auf die Tatsache des Wiedererkennens abstellte, so er alles auf den Aktionslaut, und damit werden diese Theorien überbelastet und unglaubhaft. Aber die Lehre Noirés enthält eine nicht entfernt genügend gewürdigte Teilwahrheit. Er leitet die Sprache ab aus expressiven Lauten, die menschliche gemeinsame (also kommunikative) Tätigkeiten begleiteten und die dadurch einen bestimmten Aktionssinn bekamen: „Der Sprachlaut ist also in seiner Entstehung der die gemeinsame Tätigkeit begleitende Ausdruck des erhöhten Gemeingefühls." Alle gemeinsame Tätigkeit, so lehrt er, sei eigentlich mit Gesang und Rufen begleitet, und aus dem gemeinsam erklingenden, gemeinsam hervorgebrachten und gemeinsam verstandenen Laut habe sich das Wort entwickelt – „die wesentliche Eigentümlichkeit dieses Lautes war, daß er an eine bestimmte Tätigkeit erinnerte und verstanden wurde" (332 f.). Noiré stellt sich die Sache nun so vor, daß die „Urmenschen" zu gemeinsamen Tätigkeiten zusammentraten, die auf deutliche Zwecke gerichtet waren, wie graben, scharren, flechten. Die dabei begleitenden Laute erhielten so einen bestimmten Aktionssinn, indem das Gemeinverständnis an solche gemeinsame Tätigkeit anknüpfte, und Noiré glaubt, daß dann sekundär die Bedeutungen solcher Aktionsworte sich nach den Produkten dieser Tätigkeit hin verschoben, also statt der Tätigkeiten dann die Resultate derselben: Grube, Höhle, Geflecht usw. benannt wurden. Die Sprachen zeigen in der Tat Fälle, in denen die Bezeichnung der Handlung auf das Objekt übergegangen ist: Saat,

Durchschlag, Strich, Zuwachs, Vertiefung, Vereinigung, Druck, Bruch, Sprache, Gang (Durchgang) usw. (s. Paul, Prinz. d. Sprachgesch. § 70).

Noirés Theorie hat ebenso durchsichtige Fehler wie tiefe Einsichten. Er weiß nichts vom Aufbau des Bewegungs- und Wahrnehmungslebens, von der schon symbolischen Struktur der Wahrnehmung und von den schon in Bewegungen entwickelten Hinsichten. Er wäre in Verlegenheit zu erklären, wie sich seine Urmenschen verhalten, bevor sie erwachsen sind und sinnvolle Arbeit zusammen betreiben. Aber er hat eine Vorstellung von praktischen und kommunikativ-motorischen Sprachwurzeln und er ahnt die große Wichtigkeit der Zusammenarbeit von Hand, Wahrnehmung und Sprache: „Das vernünftige Sehen oder die Anschauung ist das Fundament aller menschlichen Erkenntnis. Diese Fähigkeit ist erworben worden durch das Zusammenarbeiten der gestaltenden Hand und der Sprache“ (356). Und da er sehr richtige Ahnungen hatte, so berührt er sogar einmal die Situationsentlastung des Menschen: „Die Hand, die greifende Hand, das Werkzeug der Werkzeuge, welche selbst Bewegung ist, aber Wirkungen schafft, die ist es, welche die Schöpfung uns aufgetan hat, unsere persönliche Tätigkeit hinausverpflanzte in die Welt der Dinge und so diese als Gebilde unserer eigenen Phantasie, als Gestalten und Objekte wieder in unser eigenes Geistesleben, in unser Inneres zurückschlug. Diese Kraft der Erinnerung, das Vermögen der inneren Anschauung, befreit den Menschen gleichzeitig vom Banne der unmittelbaren Gegenwart (!) und verleiht ihm einen Standpunkt außerhalb der Dinge“ (341 f.).

Dieser letzte Satz ist sehr vorzüglich. Er konnte in seiner kaum übersehbaren Verdichtung nicht in der Sprachphilosophie zur Geltung kommen, er enthält aber eine richtige Grundposition. Erst später, bei Besprechung der Rückwirkungen der Sprache auf das menschliche Innere, werden wir ermessen können, wie wahr er ist.

Jeder, der Kinder beobachtet, wird finden, daß sie irgendwelche nie ihnen vorgesagte „Worte“ für ganz bestimmte Aktionszusammenhänge haben, für Spiele, Bedürfnisse usw. Ich fasse solche „Begleitmusik“ zunächst als reine Ausdrucks- und Bewegungsphasen innerhalb des Gesamtgeschehens auf; die Rolle dieser Laute als Worte kommt so zustande, daß gerade von dieser Phase her das Ganze der Situation und der Handlungsfolge angesetzt werden kann, und zwar mit besonderem und herausgehobenem Erfolg: der Laut ist selbstverfügbar mit besonderer Leichtigkeit, er ist öffentlich, kommunizierend (s. o. Leben des Lautes) und schon als Ruf, Durchsetzung bewährt.

Es ist kein Zweifel: diese Sprachwurzel trägt in erster Linie die Anfänge der Spracherlernung. Ich vermag kein Problem darin zu sehen, warum das Kind, wenn man ihm sein Spielzeug gibt und dazu „Ball“ sagt, sofort dieses Wort übernimmt. Nicht dieser Ball, wohl aber jener in die ganze Spielbewegung eingeflochtene Laut ist *jederzeit* zur Hand und verfügbar, so daß die Intention auf „Spielen", auf jene ganze Erlebnis- und Handlungsfolge sich in dem Laut entlädt, in dem sofort auch Ruf, Hilfe, Teilnahme und Gemeinschaft mitgegeben sind.

Nun beachte man eines: diese Worte sind nicht jene „theoretischen" und auf einzelne Dinge gehenden, das Wiedererkennen tragenden Laute, die das Kind im gleichen Alter *auch* entwickelt. Sondern sie sind von durchaus vager Bedeutung: „dada" kann Klapperspielen intendieren, oder vielleicht Spielen überhaupt, oder Bewegung überhaupt – oder die Klapper selbst. Sie haben einen nicht unbestimmten, aber flüssigen Situationswert, und sie werden in Bewegungszusammenhängen entwickelt oder übernommen. Ein Kind habe die ganze Folge von Aktionen und Wahrnehmungen, die zur Situation des Spazierengehens gehören, oftmals erlebt. Jetzt wird, nach uns schon bekannten Gesetzen, irgendeines der Elemente dieser Situation das „Signal" sein können, um die ganze Handlungsfolge in Gang zu bringen: man zeigt ihm die Straße oder bringt ein Kleidungsstück, oder es sieht den Erwachsenen angezogen: von jedem dieser Daten aus wird die „zugespitzte" Aktionsbereitschaft der ganzen Folge samt der dazu gehörigen Erwartungen einsetzen, natürlich aber auch von einem *Wort* aus, das die Erwachsenen in dieser Situation zu sagen pflegen. Dieses Wort ist allein immer verfügbar. Es kann dazu dienen, nun auch selbst diese ganze Folge in Gang zu bringen, und es hat insofern einen Situations- und Aktionswert, wenn es auch leicht auf irgendeinen Teil des Ganzen übergeht und dann Sachbezeichnung wird.

Ein von Jespersen (93) gegebenes Beispiel ist sehr schön: Für einen kleinen Jungen war ein Schwein gezeichnet worden, was er „öff" hieß; d. h. der Ausdruck „öff" war ein Symbol: 1. für den ganzen Vorgang des Zeichnens eines Schweins, 2. für ein Schwein, 3. für Zeichnen und Schreiben im allgemeinen. Umgekehrt: auf den Laut „öff" hin würde das Kind zum Schreiben oder Zeichnen angeregt werden, oder zum Zeichnen eines Schweines, oder es würde das Bild eines solchen erwarten.

Es ist doch klar, daß diese Leistung eine uns schon aus den Bewegungsleistungen bekannte ist. Die Übersicht über ganze Vollzüge und Kommunikationsgeschehnisse sensomotorischer Art von irgendwelchen Einzelelementen her liegt hier ebenso zweifellos vor wie die Fähigkeit, solche ganzen Aktionsfolgen von irgendwelchen Einzelphasen (z. B. dem Laut „öff") her zu intendieren, sowie endlich die Chance, von diesem oder jenem Symbol her gleichsinnig zu handeln resp. zu „erwarten", so daß damit diese Symbole, z. B. das Bild des Schweins und der Laut „öff" assoziiert erscheinen. Solche Assoziationen werden, wie schon bemerkt, immer *vollzogen*: sie setzen das *Können* des *Wechsels* der Einsatzstellen voraus. Ein Kind hatte mit 1,8 Jahren den Ausdruck „bing" 1. für die Tür, 2. für Bausteine, 3. für das Bauen mit solchen. Es war der ähnliche Krach der Tür und der zusammenfallenden Bausteine, der hier die Verbindung der Bedeutungen schuf. Das heißt: an dem herausgehobenen Symbol des Krachs, an dieser einen festgehaltenen Hinsicht, gelang die Übertragung des Wortes von A auf B, wie in dem obenerwähnten Beispiel, da das Kind alle fliegenden Tiere mit demselben Ausdruck bezeichnete. Dabei ist aber das Wort zwischen Sachbezeichnung (Tür) und Aktionswert noch durchaus flüssig und es wird, vermute ich, auch noch den anderen Situationssinn „Türe–Herausgehen–Zuwerfen" gehabt haben, oder hätte ihn leicht erreichen können. Man kann sagen: das Wort schwankt hier noch zwischen verbaler und substantivischer Bedeutung. Es dient sowohl zur reinen Intention auf eine Sache, wie auch als Ansatz oder Erwartung einer Handlung. Daß es einen Situationswert des Lautes gibt, ist ganz außerordentlich wichtig. Die Sprache würde *nie zum Satz*, als einem Kompositum von Einzelbezeichnungen zur Gesamtheit einer Situationsbezeichnung kommen, wenn nicht an der Wurzel der Sprache schon Situations- und Aktionsbewältigungen lägen.

Ich gebe noch ein Beispiel: ein Kind lernt, auf die Worte „nun komm doch" sich aufzurichten und der Mutter entgegenzustreben, weil diese Worte stets an die so ausdrucksvolle Gebärde der weit geöffneten Arme geknüpft waren.

Diese „Worte" hatten natürlich für das Kind nur einen Bewegungssinn oder einen Situationswert als „Lautgeste". Indem es die sehr eindrückliche Bewegung der geöffneten Arme nachzuvollziehen suchte, also mit der Mutter in eine reine Bewegungskommunikation trat, lernt es, schon an den bloßen begleitenden Lauten einzusetzen, um dieselbe Situation durchzuspielen. Der Vorgang sieht fast aus wie eine Dressur, bei der auch akustische Signale den Einsatz einer Bewegungsfolge anbefehlen. Der Unterschied dieser Dressur, die schon zum Leistungsbereich des Tieres gehört, von diesem Vorgang ist jedoch sehr klar: dem Tier wird die Gewohnheit aufgenötigt, sich auf ein solches imperatives Signal irgendwie zu verhalten, und es muß an dieser Aktion stets durch Mittel interessiert werden, die *außerhalb der Leistung selbst* liegen: durch Belohnungen oder Strafen. Dagegen lebt das Kind in kommunikativen Situationen, und es nimmt *selbst* die kommunikativen Bewegungen von einer beliebigen Seite – hier von der Lautphase – her auf. Es zieht diese Lautbegleitung in den Bereich seines Selbstgefühls, es „übernimmt" sie und richtet sich in diesem Symbol auf das Ganze der Situation. Wenn gesagt wird, daß das Kind die Sprache eher verstehe als verwende, so meint man damit nicht, daß es eher zuhört als spricht, sondern es lernt sehr früh, aus präzisen Situationen gerade die Lautseite zu berücksichtigen und sich in ihr intentional auf das Ganze der Situation gehend zu verhalten.

Mit der jetzt behandelten Wurzel der Sprache haben wir vor allem die Entstehung des Wortes im Umkreis der Handlung und der *praktischen* Kommunikation gezeigt, d. h. die *Verengung* von Erfahrungs- und Leistungszusammenhängen zum Wort. Es gibt einen Weg zum Einzelwort, der in der Dekomposition von Situationen, die zu bewältigen sind, besteht. So nannte das erwähnte Kind „öff" die ganze Tatsache des Zeichnens eines Schweines, aber auch „Schwein" überhaupt oder „Schreiben" überhaupt: natürlich liegt hierin ein Fortschrittsgesetz. Hat sich so die Bedeutung einmal verengt, so enthalten die anderen Bestandstücke des Ganzen Leerstellen für Intentionen, die ausgefüllt werden müssen. Soll „öff" Schwein heißen, so muß „Zeichnen" irgendwie anders genannt werden. Die Intention durch ein Aktionswort auf eine ganze Handlungs- und Wahrnehmungsfolge kann sich auf motorische wie auf wahrnehmungsmäßige Teile verengen, was rätselhaft wäre, wenn das Wort nicht selbst eine sensomotorische Tatsache wäre.

25. Geplante Handlungen

Es wird passend sein, die Erörterungen der letzten Abschnitte einmal kurz zu überblicken.

Wenn sich die menschlichen empfindlichen und sensiblen Bewegungen im Umgang mit den Sachen entfalten, in einem triebentlasteten und nicht notdürftigen Ausbau, so entwickeln sie ihre Bewegungsphantasie; es gibt in ihnen Abkürzungen, Wechsel der Hinsichten, Vorgriff im Sichrichten, frei wechselnde Zuordnung usw. – also Symbolik im Bewegungsvollzug. Damit ist ein variables Verhalten innerhalb derselben Umstände möglich, so gut wie dasselbe Verhalten innerhalb verschiedener Umstände, und die Bewegungen steuern oder verlagern sich ebensogut an gesehenen Daten wie an ihren eigenen Phasen: eine Vielheit von in sich transponierbaren Bewegungsräumen mit je eigenen Erwartungen durchdringt sich mit der Vieldeutigkeit des Wahrnehmungsraumes, in dem die Dinge stets auch Aktionsanweisungen enthalten, in einer Symbolik, die selbsttätig aufgebaut wurde. *In diese Vorgänge ist das Sprachleben eingebettet.* Es ist selbst ebensosehr motorisches Geschehen im Zusammenhang der Bewegungen, wie Empfindungsbestand der Umstände und Situationen. Ein gesehenes Ding kann ebenso der Ansatz zu einem kommunizierenden Bewegungsumgang sein wie ein gehörter Laut, und wieder ein Laut ebensogut eine Aktion wie ein Handgriff, eine Einsatzstelle oder Übergangsbrücke von Handlungen, oder Symbol eines sichtbaren Dinges. Der Laut trägt die Intention auf Bewegungsvollzüge mit gleicher Vollkommenheit wie die auf Wahrnehmungsdinge.

An dieser Stelle ist es notwendig, eine allen Sprachwurzeln eigene gemeinsame Besonderheit zu beachten, die eben mit dem dunklen Wort „Bewußtsein" gefaßt wird.

Wir definieren den „Gedanken" als *eine im Sprachlaut verlaufende Intention* auf etwas. Der Sachverhalt der Intention selbst, des Sichrichtens eines Organismus durch ein „Anzeichen" auf ein darin angedeutetes Ganzes ist nicht weiter auflösbar. Er gehört durchaus zu den vitalen Leistungen der Tiere.

Nun ist, wie wir sahen, die zentrale Eigenschaft des Lautes die, daß er sowohl Empfindung, also grob gesagt: Außenwelt ist, als auch Bewegung und Selbstvollzug. Das Symbol, durch das hindurch die Intention und das Sichrichten auf die Sache geht, ist daher zweiseitig: es ist einerseits wie die Sache selbst wahrgenommener Stoff, andererseits selbstverfügt und hervorgebracht. Man kann daher auch sagen: sofern die Intention durch Sprachlaute hindurch erfolgt, erfolgt sie durch selbstproduzierte Symbole hindurch, und dieses Sichrichten auf etwas durch ein solches selbstverfügbares Symbol heißt Denken, wobei Sprechen und Denken zunächst völlig identisch sind. Die besondere Qualität des bewußten Gedankens „abzuleiten" ist natürlich eine unsinnige Forderung. Wir werden aber sagen dürfen: Bewußtsein im Sinne des „Sichrichtens auf etwas" in Wahrnehmungen, Erwartungen, Phantasmen kann man allen Tieren zuschreiben; dem Menschen allein jedoch Denken im Sinne des Sichrichtens durch ein *selbstverfügbares, weil im Laufe der Umgangsbewegungen selbst gesetztes* Symbol hindurch. Um die Tragweite dieser Tatsache zu ermessen, bedenke man folgendes:

Die menschlichen Bewegungen überhaupt sind sprachähnlich, indem sie ebenfalls zurückempfundene (gesehene, gefühlte, getastete) Bewegungen sind, indem sie weiter auch kommunikativ und drittens symbolisch und variabel sind. Der Sprachlaut kann daher, innerhalb ihrer entstehend, für sie eintreten. Seine Rolle beschränkt sich also keineswegs darauf, Wahrgenommenes „festzunageln" und die Intention auf ein solches zu tragen; sondern gleich wichtig kann der Sprachlaut für eine Bewegung eintreten, eine solche ablösen oder ansetzen: wir haben dies oben schon gesehen, als wir beobachteten, wie der Laut das Wiedererkennen trug, indem er die wiedererkennende Bewegung übernahm. Überhaupt kann also gesagt werden: weil im Sprachlaut Empfindung und Bewegung zusammenfließen, kann die Intention in ihm *vollgültige und genügende Umgangsaktivität sein!* In dem Alter, in dem das Kind seine Sprachfähigkeit entwickelt, beobachtet man diese Eigenaktivität im Sprechen sehr schön: eine ganz typische *entlastete Selbsttätigkeit* von sich selbst tragendem Reichtum.

Man braucht diese Ansicht der Sache bloß festzuhalten für weitere Ergebnisse. Wir haben jedes symbolische Verhalten, jedes Sichrichten auf Etwas durch Etwas, unter den Begriff der *Hinsicht* gefaßt. Nun hat jeder Laut jeder Sprachwurzel, unter so verschiedenen (von uns bemerkten, typischen) Umständen er erscheinen mag, die Eigenschaft, eine Intention, eine Hinsicht zu sein. Weil nun jeder Laut wesensmäßig beliebig reproduzierbar ist – aus dem Grunde der Selbstkommunikation im Laut – so gestattet er *Hinsichten festzuhalten.* Das ist von äußersten Folgen: das Festhalten von Hinsichten ist genau nichts anderes als die Fähigkeit, eine jede *unabhängig von der Situation und den gegenwärtigen Umständen zu wiederholen.*

Weil die Sprache im Bewegungsleben liegt, so gestattet sie also auch das *Festhalten* der labilen und flüssigen *Bewegungsintentionen.* Ich komme jetzt auf den oben gemachten Vorbehalt zurück. Ich sagte, man könne das höhere Bewegungsleben nur im Zusammenhang mit der Sprache betrachten, und nur aus Darstellungsgründen nahmen wir es vorerst aus diesem Zusammenhang heraus. Jetzt aber sehen wir, daß wirklich gesteuerte Bewegungen, nämlich solche mit *festgehaltenen Hinsichten der Zuordnung* ohne Sprache unmöglich wären. Unsere höheren Bewegungsleistungen sind durch und durch intellektuell: sie erfolgen in geplanten und festgehaltenen Figuren, unabhängig vom Druck und den Umständen der Situation, so wie es sein muß, wenn sie in sachgemäßen, den Eigenschaften der Dinge angemessenen Handlungen voraussehenden Planens bestehen sollen.

Wir fassen hier die für menschliches Leben schlechthin wichtigste Tatsache: die kontrollierte und gesteuerte Handlung. Ihre Bedingungen sind, wie wir gesehen haben, außerordentlich mannigfaltig, und daher hier das erstemal erforscht. Man kann aber bestimmte klare Typen solcher Bedingungen übersehen: dazu gehören der Reihe nach

1. Bewegungskommunikation. Zurückempfundene Bewegungen und in Wechselwirkung damit Aktionssymbolik im Wahrgenommenen; nicht nur Seh- und Tast-Kooperation, sondern darin sich ausbildende Umgangserwartungen in den Bewegungen selbst, und Aufladen der Dinge mit Umgangsvorschriften. Das Wahrgenommene ist ebenso Impuls, wie die Bewegungsempfindungen und -erwartungen versachlicht sind.
2. Variabilität der Bewegungen, Wechsel der Hinsichten in ihnen, Verlagerung der Hinsichten: darin sich entwickelnde „Vieldeutigkeit" und anschauliche Vielheit der Chancen ihrer Einsetzbarkeit und Verfügbarkeit.
3. Sprachliche Bezeichnung des Objektiven, der Dinge, der Eigenschaften derselben; Fixierung der ursprünglich nur im Umgang erfahrenen Materialwerte und Eigenschaften; Bezeichnung der objektiven Folgen im Zusammen, im Wenn-Dann usw.

Dazu aber: Festhalten der Bewegungshinsichten in der Sprache, beliebige Wiederholbarkeit derselben.

Dazu ist zu bemerken: das Verbum bezeichnet in erster Linie eine Bewegungshinsicht: wenden, drehen, biegen, halten, lassen, stützen und tausend andere Worte sind nicht Sachnamen wie Mond oder Baum, sind auch nicht Bezeichnungen von objektiven, möglichen abstrakten Hinsichten, wie rot oder heiß, sondern sind Bezeichnungen von Bewegungshinsichten: sie werden nicht erfüllt durch Wahrnehmung, sondern durch *Nachvollzug*, entweder realer oder phantasiemäßiger Art (Bewegungsphantasie). Dieser Unterschied ist erkenntnistheoretisch höchst wichtig und verbietet jede Philosophie, die von der bloßen reflektierten Dingwahrnehmung (Descartes bis Lotze) ausgeht. Endlich, später zu betrachten:

4. *Innerhalb* der Sprache und auf ihrem eigenen Niveau wird erreicht:
   freie und beliebig verfügbare Kombination von Sachzusammenhängen (A ist B, A ist Mittel zu B, unter der Hinsicht a ist A = B, unter der Hinsicht a folgt A auf B, A enthält die Hinsichten abc usw.) –
   und:
   beliebig und frei verfügbarer Wechsel vorentworfener Bewegungshinsichten, im Zusammenhang mit dem ersteren: unternimmt a im Hinblick auf b; vollziehe erst c und dann d; kombiniere e und f, wenn a erscheint, usw. usw.

Das ist dann ein „einfacher Plan". Auf Grund rein symbolischer, sprachlicher Antizipation kann eine neue Kombination motorischer Operationen so entstehen, daß diese zusammengesetzte Operation beim Eintritt eines antizipierten Sachverhalts im Hinblick auf eine ebenfalls vorentworfene Sachfolge zur Verfügung steht.

Wie hier in diesen vier Punkten die jeweils höheren Leistungen auf den vorhergehenden sich folgerichtig aufbauen, ist einleuchtend. Ebenfalls, wie die Aufgaben der Deutung der Welt und der geplanten Tätigkeit in ihr im Medium der Sprache erst volle Freiheit, d. h. *völlige Entlastung vom Jetzt und beliebigen Wechsel der Hinsichten gewinnen.*

26. Wiederholung der Sprachgrundlagen

Jetzt haben wir alle Voraussetzungen für eine umfassende Theorie der *Sprache*, die darzustellen die Aufgabe der folgenden Abschnitte ist. Wir gehen von einer leitenden Anschauung aus, die uns die Sprache als eingegliedert in *einen* spezifisch menschlichen Leistungsaufbau erscheinen läßt. Ihn wiederholend an dieser Stelle darzustellen, heißt zugleich, das Fundament der dann anschließenden Erörterungen nochmals sichern (Vgl. zum folgenden m. Abhandlung „Das Problem des Sprachursprungs“ in „Forschungen und Fortschritte“, 1938, 26/27).

Das menschliche Kind ist in hohem Grade reizoffen, weil die Wahrnehmungswelt des Menschen nicht wie die tierische auf wenige ausgelesene, triebwichtige Inhalte eingeengt ist. Haben wir also eine solche biologisch-zweckmäßig nicht eingegrenzte Eindrucksüberflutung, wie sie einem nichtspezialisierten Wesen entspricht, so haben wir auch die darauf folgende *Aufgabe* einer Bewältigung derselben, d. h. einer aktiven Tätigkeit gegenüber der sinnlich andringenden Welt. Diese besteht in kommunikativen und erledigenden Tätigkeiten *ohne* unmittelbaren Triebbefriedigungswert, deren Resultat „Erfahrung“ genannt werden muß. Es gibt einen von uns nachgezeichneten Aufbau sensomotorischer Aktionen, in denen dies geschieht; in selbstempfundenen, bedürfnislosen Bewegungen erfolgt eine lebendig umgehende, über alle Sinne des Menschen sich erstreckende Auseinandersetzung mit den Inhalten der unbegrenzt offenen Weltsphäre. Wenn diese Aktionen „kommunikativ“ genannt werden, so bedeutet dies vor allem: nicht der vitale Nutzen, sondern die Lebendigkeit des Umgangs, die Fruchtbarkeit stets neu bereicherten Könnens und Verfügenkönnens, die „Entlastung“ vom inneren und äußeren Reizdruck erscheinen darin ebenso, wie das in jeder Kommunikation steckende „Sichversetzen“ in ein anderes erst die Welt der Tatsachen und die Fülle der Dinge aufschließt; aufschließt auch noch in Handlungen, die diese Fülle immerfort vermehren, entwickeln und erscheinen lassen. *Objektivität* ist diese Seite, die Dinge im bedürfnislosen Umgang zur Geltung kommen zu lassen.

Eine weitere, darin eingreifende Reihe von Aufgaben ist mit der Unfertigkeit des kindlichen Bewegungsapparates gegeben. Sie ist, wie wir sahen, die Plastizität eines unvergleichlich mannigfaltigen, einen nicht erschöpfbaren Kombinationsreichtum enthaltenden Bewegungsvollzugs, der in Eigenbemühung, selbsttätig und zurückempfunden, im „Innesein“ aller Phasen entwikkelt werden muß. Dies geschieht wieder nur im Umgang an den Sachen selbst. Die „Unfertigkeit“ hat daher eine doppelte Seite: die der Plastizität im Gegensatz gegen die monotonen und montierten tierischen Bewegungen; und die der selbstempfundenen an den Dingen herausgeübten und endlich *geführten* Beherrschung. Die menschlichen Bewegungen sind auf Selbststeuerung und unbegrenzt variable Zuordnungen angelegt, sie entwickeln darin höchste Bewegungsempfindlichkeit an zurückempfundenen Folgen und endlich hohes potentielles Können an Phantasiekombinationen. Die Richtung dieser oben genau aufgezeigten Prozesse führt dahin: in übersehenen, in allen Einzelheiten aus früheren Erfahrungen intim gewordenen Situationen, die um symbolreiche Erwartungszentren der Wahrnehmung (die Dinge) angeordnet sind, sich in verfügbaren, variablen, ebenfalls erwartungserfüllten Bewegungen verhalten zu können. Es ist zugleich ein *Entlastungs- und Führungszusammenhang*: Entlastung von unmittelbaren Wahrnehmungssuggestionen und Sofortreaktionen durch Erfahrungsbewegungen, deren Resultat eine hochsymbolische Verdichtung der Wahrnehmung ist; und beliebige Unterordnung, Zuordnung und Führung von Handlungen in empfindlichen, plastischen Bewegungen, die mit Erfolgs- und Erwartungsphantasmen geladen sind.

Einen tiefen Einblick tut man jedoch in menschliche Bewegungsleistungen bei der Untersuchung ihrer höheren Variationen. Wir haben auch da nur elementare Schichten besprochen und dabei vor allem die Begriffe der „Hinsicht", der „Transposition" und des „Wechsels der Einsatzstellen" eingeführt. Im Innesein der Bewegungen (ihrer Zurückempfindbarkeit), im Spiel der Bewegungsphantasie und vor allem immer wieder im kommunikativen Charakter derselben liegen die Bedingungen für solche höheren Bewegungssynthesen. *Alles kommunikative Verhalten ist nur, indem es über sich hinaus ist und auf ein anderes geht, indem es sich von daher bestimmt.* In solche Umgangsvollzüge gehen die Dinge mit je anderen Werten ein, sie unterliegen einem *Bedeutungswechsel* je nach der Hinsicht der mit ihnen umgehenden Aktion. Sie geben, in diesen Umgang verwickelt, erst eine *sachliche* Leistung und Eigenschaft her und deren so viele, als wechselnde Hinsichten des Umgangs an ihnen stattfinden mögen. Wir haben also die menschlichen Handlungsstrukturen verfolgt bis zu den folgenden Merkmalen:

1. Bewegungen kommunikativer, selbstempfundener Art, welche
2. Wechsel der Einsatzstellen, Transposition der Hinsichten gestatten; die
3. symbolisch sind, insofern eine Bewegungsphase die folgende oder beliebige folgende intendieren kann. Diese Bewegungen sind
4. solche entlasteter Kommunikation, die sich selbst potenziert und den Anreiz zur Weiterentwicklung aus sich selbst zieht. Sie gehen
5. vor sich in einem „Hof" von Bewegungs- und Umgangsphantasmen, und die in sie verwickelten Gegenstände kommen
6. darin überhaupt erst mit einer Fülle je freizulegender eindeutiger, d. h. objektiver Hinsichten zur Geltung.

Innerhalb dieser Vorgänge und an der Richtung ihres Aufbaues teilnehmend entsteht *Sprache*, ja die höheren Bewegungsfiguren sind nur in Wechselwirkung mit der Sprache möglich. Es gibt *mehrere* Wurzeln der Sprache, oder die Lautfähigkeit arbeitet zunächst in mehreren, je unterscheidbaren Richtungen. Deren jede ist aber in ihrer Struktur spezifisch menschlich, was hier aber nicht etwa bedeuten soll: geistig. Vielmehr sind diese Wurzeln der Sprache nicht eigentlich intellektuelle, sondern vitale sensomotorische Aktionen von je besonderer Leistung und unverwechselbar menschlicher Gestalt. Aber das ist entscheidend für eine anthropologische Sprachtheorie, daß *weder Kommunikationen noch Symbolleistungen*, weder reflektierte, selbstempfundene *Aktivität* noch auch *Intentionen, Hinsichten, Wechsel von Hinsichten* usw. der Sprache *allein* zugehören; dies alles sind vielmehr Charaktere der *gesamten* spezifisch menschlichen Wahrnehmungs- und Bewegungsleistungen.

Diese Wurzeln waren die folgenden:

1. „Leben des Lautes." Die Laute sind zugleich motorischer Vollzug und gehörter, selbstempfundener Eindruck. Wie bei der Tastbewegung wird auch hier jede Bewegung sinnlich zurückgegeben, und in diesem „Innesein" ist sie Reiz zur Fortsetzung ihrer selbst. Das Kind erlebt sich in entäußerter Lebendigkeit, geht mit sich selbst um, indem seine innere Tätigkeit ins Äußere versetzt wird, ohne der Subjektivität entzogen zu werden. Die niemals fehlende menschliche Umgebung nimmt diese Laute auf und gibt sie zurück; es gibt eine rein sinnliche, sensomotorische Kommunikation im Lautleben: Erwartung des Erfolges, des Wiederhörens, Erfüllung oder Enttäuschung dieser Erwartung usw.

2. Lautausdruck auf Seheindrücke. Die Weltoffenheit und Empfänglichkeit des menschlichen Kindes zeigt sich darin, daß es Seheindrücke in unspezifischen Ausdrucksbewegungen beantwortet, unter denen sich auch lautmotorische befinden. „Ausdruck" ist ein rein menschliches Phänomen und die Weise, wie ein Wesen mit weltoffener, eindrucksempfänglicher und bedürfnisüberlegener Antriebsstruktur sich in Bewegungen *ohne Erfolgswert* verhält, in „entlasteten" Bewegungen offener Kommunikation. Unter diesen Bewegungen gibt es auch lautmotorische und somit Bewegungen und Laute weltzugewandter, bedürfnisloser, sozusagen überschüssiger Lebendigkeit, ein „Ansprechen" des Gesehenen in der bloßen „Freude" daran. Damit knüpft sich ein festes Band zwischen der gesehenen Welt und dem Laut.

3. Ruf. Die Bewegungsunruhe der Bedürfnisse und ungedeuteten Nöte des Kindes ist allgemeine Unruhebewegung, in die auch Schreie eingehen. Den kindlichen Bedürfnissen und Unlustlagen wird immer von außen abgeholfen, und die auf den Schrei *folgende* Befriedigung wird schließlich im *Ruf erwartet*, d. h. die Schreie erfolgen in der Intention auf Abhilfe. Dieses Übernehmen und Einsetzen von Aktionserfolgen wäre noch nichts eigentlich Menschliches, sondern ist eine Fähigkeit schon höherer Tiere. Die Bedeutsamkeit des kindlichen Alarmrufes für das Sprachliche, also seine menschliche Seite, liegt nun darin, daß unter

Führung des Lautes sich ein Zusammenhang von Bedürfnis, Laut und Erfüllung herstellt, d. h. Antriebe und Bedürfnisse, die im Laut wegen der kindlichen Hilflosigkeit erst durchsetzungsmächtig werden können, fassen sich in ihm. *Alle* Bedürfnisse und Antriebe des Menschen müssen sich an der Welt orientieren und „sprachmäßig“ (Herder) werden, sie müssen gedeutet, zielbewußt und sich selbst faßlich werden. Dies geschieht erstmalig im Ruf.

4. Lautgeste; Laut als motorische Vorzugsphase. Zu den Bewegungsübungen und Affektäußerungen des Kindes gibt es eine zunächst bloß lautmotorische „Begleitmusik“. Diese vereindeutigt sich und gewinnt Gestaltpräzision mit der Herausarbeitung *bestimmter* Bewegungsfiguren. Da nun die menschlichen Bewegungsfiguren durchweg den Wechsel der Einsatzstellen erlauben, so kann jede Handlungsfolge auch von der begleitenden Lautphase aus eingesetzt werden: bestimmte kindliche Laute haben den Wert, daß in ihnen eine präzise Aktionsfolge intendiert und eingesetzt wird. Noiré (1877) hat diese Sprachwurzel gesehen.
5. Der wiedererkennende Laut. Diese Wurzel ist von Herder beschrieben worden. Man kann sie so fassen: wiederholte Eindrücke werden in kommunizierenden Bewegungen beantwortet, unter denen Lautbewegungen einen Vorzugswert erhalten, weil sie gestatten, auch bloß gesehene *Fernereize* in das Selbstgefühl aktiver Teilnahme hineinzuziehen und sie in bestimmten Aktionen, an welche sich Erinnerungsmassen anschließen, zu beantworten. Es präzisieren sich bestimmte Lautantworten gegenüber wiederholten Eindrucksfolgen mit „Entlastungserfolg“.

27. Element der Sprache selbst

Diese Wurzeln sind, wie man sieht, noch durchaus *„vorintellektuell“*. Doch liegen sie alle innerhalb der Aufbauordnung der besonderen menschlichen Leistungen als des Systems der produktiven Entlastungen, in dem der Mensch auf der einen Seite eine variable, doch griffsichere motorische Beweglichkeit gewinnt, während auf der anderen Seite die Welt den Charakter der „erworbenen Neutralität“ erhält: sie ist bekannt und intim, aber ebenso dahingestellt und übersehen. Dies ist das System, in dem die Sprache ihren Platz hat, und innerhalb desselben ist sie allein zu verstehen. Als Vehikel des abstrakten, d. h. bildlosen und völlig situationsentlasteten Bewußtseins wäre sie unverständlich ohne Kenntnis ihrer Voraussetzungen. Denn schon hier muß einleuchten: Kommunikation innerhalb einer unbeschränkt offenen

Weltsphäre, Orientierung und Bekanntschaft in der Welt, freie beliebige Verfügbarkeit über die Dinge an Symbolen, Entlastung vom Einfluß und Druck der unmittelbaren Gegenwart – alle diese Resultate des menschlichen, vitalen und in seiner eigenen Vollzugsform intelligenten Lebens überhaupt *scheint die Sprache nur noch einmal in sich, konzentriert und in höchster Vollendung* zu erreichen. So wächst sie wahrhaft organisch aus dem Unterbau *menschlichen* Sinnes- und Bewegungslebens heraus, in denselben Strukturen, mit denselben Worten beschreibbar, so daß sie zuletzt im Denken, im Bewußtsein die gesamte Entwicklung der menschlichen Leistungen zusammenschließt und führt. In ihr vollendet sich die Entlastung vom Hier und Jetzt und von der Reaktion auf das zufällig Gegebene, in ihr gipfeln die Prozesse der Erfahrung und des Umgangs, in ihr wird die Weltoffenheit produktiv bewältigt und eine Unendlichkeit von Handlungsentwürfen und Plänen möglich. In ihr endlich vollendet sich alle Verständigung zwischen Menschen in der Gleichrichtung auf gemeinsame Tätigkeit, gemeinsame Welt und gemeinsame Zukunft.

Wo ist nun aber der Stamm, in den alle jene Wurzeln zusammenwachsen, oder, da sie ja alle vorgedankliche, vitale Leistungen, obzwar von immanenter Intelligenz waren, wo ist der Keimpunkt des Gedankens? Gibt es nicht sozusagen ein Wachstumszentrum des ganzen Organismus der auszubildenden Sprache?

Um diese Frage zu beantworten, erinnern wir uns, daß der Laut zwei außerordentliche Eigenschaften hat: er ist beliebig wiederholbar, und er ist zugleich Bewegung wie, als gehörter, Bestandteil der Wahrnehmungswelt. Wenn nun, wie wir schon sahen, die „Intention" die nicht weiter auflösbare Fähigkeit beweglicher Lebewesen ist, sich durch ein Signal oder Symbol hindurch auf ein darin erscheinendes Ganzes zu richten, und wenn die Sprache die eigentätige Setzung der Symbolik, die Auge und Hand schon leisten, in gerader Richtung fortsetzt – dann haben wir alle Momente zur Beantwortung unserer Frage zusammen. Der Keimpunkt des Gedankens liegt da, wo wir in einer entlasteten und notdurftslosen Bewegung uns zugleich auf eine Sache richten und in *derselben* Umgangsbewegung sie „vernehmen". In allen untersuchten Umgangsbewegungen war der Mensch ebensowohl tätig, wie er sich in die Sache versetzte: er erlebt sich und wird seiner inne im Handeln auf die Sache hin und von der Sache her. Wo wir nun in der Aktion des Lautes uns auf Dinge richten, und wieder dieses Sichrichten sich sinnlich zurückempfängt, die Sache darin erlebend und vernehmend, dort ist der Blitz des Gedankens aufgegangen: es ist dies die am meisten „entmaterialisierte", die am meisten entlastete und müheloseste Weise, wie wir die Welt durch selbstgesetzte Symbole uns intim und verfügbar machen.

Jetzt ist ein *aktives* Verhalten möglich, das *nicht* praktisch veränderndes ist, sondern auf unbegrenzt Wahrnehmbares gehend „reine" Kommunikation, die dazu den sinnlichen Reichtum der Welt wirklich vermehrt, also Anlaß findet, in sich selbst weiterzulaufen.

Vom Laut als Wort kann also gesagt werden, daß er die realen Wahrnehmungen zugleich ersetzt, erledigt und vertritt, d. h. beliebig reproduzierbar, verfügbar macht; uns also völlig von der unmittelbaren Gegenwart der Dinge entlastet, aber eine unendlich freie, virtuelle Gegenwart ermöglicht, innerhalb deren die reale nur noch als kleiner Ausschnitt erscheint, über die man hinweg handeln und planen kann: das Endglied der Ausstattung eines nicht angepaßten, handelnden Wesens. Diese „Vergegenwärtigung" ist nun selbst schon Handlung: es kann bei ihr bleiben. Dies ist die Basis alles – stets sekundären – theoretischen Verhaltens. Zudem ist das ganze motorische Bewegungssystem durch die Sprache von Erkenntnisaufgaben (Tasten), von Orientierungsaufgaben, Suchbewegungen usw. entlastet: das ist die Bedingung der *Arbeit*, denn der Mensch benutzt seine Bewegungsmotorik zu „künstlichen", selbstentworfenen Bewegungen auf „vergegenwärtigte" Pläne hin. Damit, daß der Mensch die Dinge benennt, hat er bereits gehandelt – er kann die Handlung zurückbehalten und über sie selbst verfügen.

Es sind also im Wort, in diesem Nerv der Sprache, die folgenden Seiten eins, aber unterscheidbar:

1. eine Intention durch ein selbstgesetzes, empfindbaren Symbol auf eine Sache,
2. kommunikatives Sicherleben im Erleben und Vernehmen der Sache;
3. dieses Verhalten ist selbst schon Aktion, es ist keine Umsetzung in Handlung daran geschlossen.

Diese sehr besondere und voraussetzungsvolle, die ganze menschliche Sinnes- und Bewegungsstruktur enthaltende Tat ist das Wort, und die darin erreichte Form des Bewußtseins heißt Gedanke, der zunächst, wie allgemein zugestanden, vom Wort untrennbar, eben das Wort selbst ist. Bewußtsein des Gesehenen, Gehörten usw. müssen wir allen Tieren zusprechen, aber ihnen fehlt, kurz gesagt, *eine echte Aktion* – (Sichrichten und Handeln) – *die in der bloßen sinnlichen Wahrnehmbarkeit endet.* Diese Seite einer faktisch nichts verändernden Aktion ist sehr wichtig, und ich fand sie allein bei Humboldt (Einl. 51) berührt: „Der Laut verdrängt aber keinen der anderen Eindrücke, welche die Gegenstände auf den äußeren oder inneren Sinn hervorzubringen fähig sind (!), sondern wird ihr Träger, und fügt in seiner individuellen Beschaffenheit einen neuen bezeichnenden Eindruck hinzu."

Hermann Ammann (Innsbruck) macht in der ausgezeichneten Abhandlung „Sprache und Wirklichkeit" (Blätter für dt. Philos. XII, 3) den Unterschied von Darstellung und Feststellung. Ich gehe darauf hier nicht näher ein, und referiere nur, was er zum Thema „Darstellung“ ausführt: Im Zeitwortsatz wird zeithafte Wirklichkeit dargestellt, und zwar so, daß „ein Seiendes sich im Satze darstellt, im Satze durch den Mund des Sprechers selbst „zu Worte kommt“. . . . In einer Folge von Sätzchen wie: ‚Die Sonne scheint, die Vögel singen, die Blumen blühen‘ haben in Wirklichkeit Sonne, Vögel und Blumen das Wort . . ., indem wir sie zu Worte kommen lassen, stimmen wir ein in die Weise ihrer Daseinskundgabe und heißen den Hörer einstimmen“.

Ammann erläutert das so: „Das Wesentliche des darstellenden Aktes liegt in der Subjektivierung des Objektiven, in einer Art von Ineinssetzung des denkenden und sprechenden Menschen mit dem Träger des Vorgangs.“ In dieser „Ineinssetzung“ würden wir auch dann unseren Begriff der Kommunikation wiedererkennen, wenn A. nicht selbst von „Rollenwechsel“ spräche – eben jenes Sichversetzen in ein anderes und Sicherleben von daher, das in der Kommunikation vorgeht.

Weiter geht auch Stenzel (Phil. der Sprache, 1934, S. 35, 56) auf dieselbe Erscheinung ein und auch er erkennt die Doppelseitigkeit derselben: in der sprachlichen Darstellung handelt es sich gleichzeitig um eine Verlebendigung der Welt, die zum Tönen kommt, und um eine Verweltlichung, Objektivierung des Bewußtseins. Man vergleiche damit Humboldt (Einl. 52/3): „Denn indem in der Sprache das geistige Streben sich Bahn durch die Lippen bricht, kehrt das Erzeugnis desselben zum eigenen Ohr zurück. Die Vorstellung wird also in wirkliche Objektivität hinüberversetzt, ohne darum der Subjektivität entzogen zu werden. Dies vermag nur die Sprache; und ohne diese, wo Sprache mitwirkt, auch stillschweigend immer vorgehende Versetzung (!) in zum Subjekt zurückkehrende Objektivität ist die Bildung des Begriffs, mithin alles wahre Denken, unmöglich.“

Der Kommunikationsgehalt der Sprache ist also immer gesehen worden. Doch bleibt der Gedanke isoliert ohne Kenntnis des sensomotorischen Unterbaus der Sprache und die daraus erst sich ergebende Einsicht in ihre Leistungen.

Genug damit der Formulierungen, die alle um den einen Punkt kreisen, in der Beschreibung der Intention, die sich selbst erlebt und gegenübertritt, indem sie sich in die Sache versetzt und von daher zurückempfängt. Damit „hat“ sie ihren Gegenstand an einem neugeschaffenen Symbol, damit ist sie aber auch zugleich selbst tätig geworden und mit ihm fertig – hineingezogen in das Selbstgefühl des Erlebens sind die Dinge damit intim und bekannt geworden.

Ich will, um innerhalb der erläuternden Zitate, die ja stets dieselbe Sache aus einem anderen Gesichtspunkte betrachten, die Orientierung wiederherzustellen, die Umschreibung dessen, was nachvollzogen werden soll, neu ansetzen.

Denken wir einmal nicht an Sprache, sondern an eine beliebige, mit einem Gegenstand kommunikativ beschäftigte Handlung. Da kann man nicht nur sagen: eine jede Phase der Bewegung empfindet sich in der entsprechenden Veränderung des Gegenstandes selbst – man muß weitergehen und sagen: die Phantasie der Bewegung versetzt sich in den Gegenstand, und wir erleben unsere eigenen Bewegungen mit *vom Gegenstand her*, so daß es nicht nur ein Ansetzen von Bewegungen auf noch nicht wahrgenommene (nur erwartete) Phasen des Dings hin gibt, sondern auch, im Zuge des Bewegens, werden die verschiedenen „Abschattierungen" des Dings *aufeinander* hinweisend und treten zu bestimmten *Folgen* zusammen, welche Eigenschaftsfolgen, immer wiederholbar, zugleich Bewegungsanweisungen sind. Das bedeutet: die *Objektivität,* d. h. die im Ding beschlossene eigensinnige Folge von Daten stellt sich gerade im Kommunikationsprozeß, im sichversetzenden Umgang heraus!

Der Satz ist erkenntnistheoretisch entscheidend wichtig. Angewendet auf die Sprache: der Laut ist selbst eine Umgangsbewegung, in der wir uns in die Sache versetzen und dieses Sichversetzen von der Sache her zurückempfangen, sie darin vernehmend. Fassen wir nun, einen Schritt weiter, die von der Sache ausgehende Wirkung oder deren Eindruck (z. B. „leuchten") in ein *anderes* Wort (z. B. „Sonne"), so werden wir von der Sache her eine objektive Folge, im Zuge unserer Kommunikation, erfahren, genau wie oben. „Die Sonne leuchtet" ist dann zugleich eine Aussage-(Handlungs-)folge wie auch ein objektives Erlebnis und ein *Verhalten der Sache selbst.* Auch wieder im Zusammenhang der Kommunikation gibt es Objektivität. Ammann (Forschg. und Fortschr. 14, Nr. 25) sagt dasselbe sehr klar: „Die Verbindung des nennenden Subjekwortes mit der aussagenden Verbalform dient der Darstellung zeithaften Geschehens in dem Sinne, daß sie das Subjekt der Handlung selbst zu Worte kommen läßt, ihm die das Tun versinnbildlichende Lautung in den Mund legt. Agens und Actio bezeichnen in diesem Sinne Rollenträger und Rollentext des Satzdramas. In diesem Sinne ist das Prädikat des Verbalsatzes letztlich ‚Aussage' oder Rede des Satzsubjekts; der Verbalsatz beruht auf einer Umsetzung der Handlung in Rede, er bedeutet also eine Subjektivierung des Objektiven."

Das Verbum – ein aus der menschlichen Handlungswelt in Vollzugsphantasmen allein erfüllbares Wort – ist im höchsten Sinne „subjektiv" – und es hat gerade darin die größte Kraft der Objektivität: „Der Gedanke (sagt Humboldt) verläßt durch das Verbum seine innere Wohnstätte und tritt in die Wirklichkeit über." Das ist kein allein sprachliches Phänomen – es liegt zuletzt in der menschlichen Gabe kommunikativer Bewegungen. Wenn in diesen der Mensch mit den Dingen in eine Beziehung der gegenseitigen Anreicherung tritt, werden die Bewegungen objektiviert (entfremdetes Selbstgefühl), zugleich die darin erschlossenen Folgen zu objektiven, nacherlebten Vorgängen. Diese für unser gesamtes Verhalten entscheidende Tatsache faßt auf dem Gebiete der Sprache das Verbum oder der prädikative Satz nochmals in sich zusammen.

Die im Wort, im bloßen Akt des Benennens liegende „Dramatik" bleibt sozusagen noch im Inneren verschlossen und subjektiv. Daß im Umgang mit dem Ding, im Sich-richten auf dasselbe das Wort von der Sache selbst herzukommen scheint und so die Sache „zu Worte kommt“, ist als Erlebnis zwar eben das Grunderlebnis der Sprache, ist aber verschlossen im Sprechenden und innere Geburt des Begriffs. Daher ist diese Aktion an das sichtbare Dasein der Sache selbst gebunden, sie erhebt sich nicht über die Gegenwart des Aktuellen, und so ist das einzelne gebrauchte Wort im Kinde nur das Zeichen, daß es eine Sache bemerkt habe, oder Ruf und Ausdruck des Wunsches – es bleibt im Subjektiven wirksam.

Im einfachsten Verbalsatz dagegen: „Der Blitz fährt nieder“ erreicht das Denken eine höhere Potenz und erfüllt eigentlich erst die Möglichkeit, die im Wort angelegt ist: die Welt lebendig zu machen. Die Dramatik wird gegenständlich, *das Wort versetzt sich in ein anderes* und beginnt, sich mit ihm auseinanderzusetzen. Oder, was dasselbe ist, die Sache gewinnt zu einer anderen eine sehr bestimmte, kommunikative, ineinsgesetzte Hinsicht. Für den Blitz und für den Gestaltvorgang des Niedergehens mögen die Einzelworte längst feststehen. Werden sie „synthetisiert“ (Humboldt), so verbindet sich das Denken nur so mit sich selbst, daß der Wechsel der Hinsichten über die Sache läuft, und als die eigene Dramatik und Lebendigkeit der Sache erlebt wird, die sich selbst in einer zweiten Hinsicht ausspricht.

Hierzu hat wieder Humboldt das Wort: „Dadurch liegt in der Sprache eine ursprüngliche, und sich von da aus weiter verbreitende Prosopopoee, indem ein ideales Wesen, das Wort, als Subjekt gedacht, handelnd oder leidend dargestellt, und eine im Inneren der Seele vorgehende Handlung, die Aussage im Urteil über einen Gegenstand, diesem Gegenstand äußerlich, als Eigenschaft beigelegt wird. Dieser gleichsam imaginative (!) Teil der Sprachen befindet sich notwendig und unabänderlich in allem Sprechen.“

An anderer Stelle sagt er zum gleichen Thema: „Durch einen und eben denselben synthetischen Act knüpft es (das Verbum) ... das Prädicat mit dem Subject zusammen, allein so, daß das Sein, welches mit einem energischen Prädicate in ein Handeln übergeht, dem Subjecte selbst beigelegt, also das bloß als verknüpfte Gedachte *zum Zustande oder Vorgange in der Wirklichkeit wird.* Man denkt nicht bloß den einschlagenden Blitz, sondern der Blitz ist es selbst, der herniederfährt“ (Einl. z. Kawiwerk, p. 251 f.).

So ist es der im lautenden Worte liegende Rollenwechsel zwischen Zustand und Gegenstand, zwischen Subjekt und Objekt, der beim Wechsel der Hinsichten die Dinge ihre eigenen Zusammenhänge sich aussprechen läßt, oder, wie oben formuliert, dieser Wechsel läuft über die Sache und schlägt sich als deren eigene Dramatik und Lebendigkeit nieder. Fichte hat dies in der Schrift „Über den Ursprung der Sprache“ (Vorl. über Logik u. Metaphysik, 1797. Nachl. II, 1937, p. 173 f.) mit der schlagenden Prägnanz ausgesprochen, die er so oft hat: „Das Bedürfnis unterschiedener Wörter für Subject und Prädicat trat erst da ein, nachdem die Gegenstände so mancherlei Beziehungen erhielten, daß man aus der Nennung des Subjects das Prädicat gar nicht sogleich verstand. Das Mittel zur Unterscheidung war sehr bald gefunden, es lag in der Natur selbst. Man setzte zwei Töne zusammen: der erste bezeichnete das Subject, und *der Begriff der eigentümlichen Beziehung des Subjects auf den Menschen fiel weg, weil eine besondere Beziehung dazu gesetzt wurde.*" Diese letzten Worte sind außerordentlich. Der noch subjektive Gebrauch des Wortes innerhalb vorliegender Erlebnissituationen, der bloß hinzeigende oder expressive Gebrauch wird im Satze völlig überwunden. Der Satz genügte sich ebenso selbst, wie der bezeichnete Sachverhalt von jeder nicht im Satze ausgesagten Beziehung zur aktuellen Situation befreit ist.

Anmerkung: Die schwierige sprachtheoretische Frage, was ein Satz ist, ist von der Grammatik nicht zu lösen, da oft einzelne Wörter Satzbedeutung haben können, desgleichen verballose Fügungen. Aus dem Fichtezitat könnte man die Definition ableiten: „Der Satz ist eine zur Verständigung genügende vollständige Sinneinheit, in der ein Sachverhalt allein aus den Mitteln der Sprache als wirklich gesetzt wird." Er unterscheidet sich dann von den Wörtern mit Satzbedeutung, die stets durch Situationshilfen ergänzt werden müssen („Regen!"), und von den „Urteilen" der mathematischen Logik (Satzfunktionen), in denen grundsätzlich keine Beziehungen zur Realität mitdefiniert werden. Zum Problem Wort und Satz findet man eine belehrende Diskussion bei Kainz, Sprachpsychologie I, 1941, p. 109f.

28. Ursprüngliche Fortschrittsmotive der Sprache

Wenn ein Ding im Wort intendiert wird, so wird es in sich selbst gemeint, herausgehoben aus der Welt und festgenagelt, und damit allerdings erst für unser Bewußtsein zu einem gegenstehenden „es selbst". Es wird „gebannt" – wie denn die Grundbedeutung von „bannen" war: bezeichnen, ein Zeichen geben (Grimm, DWB. 1, 1115). Überall, wo die Philosophie das „Wesen" der Dinge zu ergründen suchte, abstrakt vom Ding herdenkend (Herbart, Lotze), konnte sie als dieses „Wesen" nur den Begriff, die Bedeutung des Wortes finden, und so ist die ursprüngliche und naiv-abstrakte Philosophie immer platonisch. Aber wenn so das Wort die Sache für unser Bewußtsein erst heraushebt und in sich selbst faßt, so erscheint eben darin dann auch die stumme eigenschaftliche Fremdheit der Sache, der Inbegriff gar nicht intendierter Fülle. Hat das Ding eine bestimmte Hinsicht erst gewonnen, so gibt gerade dies die nicht gemeinten Hinsichten frei: genau wie der praktische Umgang unter einer bestimmten Hinsicht erst das freilegt, was an ihm darin *nicht* eingeht. Über das, *als was* sie im Denken oder Handeln genommen wird, geht die Wirklichkeit wesentlich hinaus. Dies ist der *Sachwiderstand,* eine auch theoretische Kategorie, die zum *Wechsel* der Hinsichten nötigt: schon von der Sache her erfordert das gesagte Wort das nächste, so daß ein Ding in Worte zu fassen eine unendliche Aufgabe wird.

Hier liegt bereits eines der Motive, weshalb in *einem* Worte, wie oft bemerkt, potentiell die ganze Sprache liegt, weshalb das Wort wesentlich über sich hinausdrängt. Ein zweites liegt gleich in der Flüchtigkeit, in der „Materialdünne" des Worts: verklingend, vermag es die Intention nicht festzuhalten, die sich sofort in der Wiederholung desselben wieder fassen oder mit ihm verflüchtigen und, dem Fluß des Lebens folgend, an einer anderen Stelle wieder erzeugen muß.

Eine sich allmählich entwickelnde geistige Lebendigkeit ist nicht weiter aufzulösen; aber ihr muß eine Beschaffenheit des Lautlebens selbst entgegenkommen. „Das Gehörte tut mehr, als bloß sich mitzuteilen; es schickt die Seele an, auch das noch nicht Gehörte leichter zu verstehen, macht längst Gehörtes, aber damals halb oder gar nicht Verstandenes, indem die Gleichartigkeit mit dem eben Vernommenen der seitdem schärfer gewordenen Kraft plötzlich einleuchtet, klar, und schärft den Drang und das Vermögen, aus dem Gehörten immer mehr und schneller in das Gedächtnis hinüberzuziehen, immer weniger davon als bloßen Klang vorüberrauschen zu lassen" (Humboldt, Einl. 56).

Das bloße „Leben des Lautes", die zurückempfundene und sich selbst belebende und weitertreibende Tätigkeit, die in sich zurückläuft, hat etwas Überschüssiges und Blühendes; es macht, daß der einzelne Laut als Teil eines größeren Ganzen sich von selbst darstellt, und kommt so dem erwachenden und um sich greifenden Bewußtsein großartig entgegen.

Haben wir so den Sachwiderstand, die Flüchtigkeit des Wortes und die sinnliche Lebendigkeit der Lautphantasie selbst als Motive des Fortgangs der Sprache bemerkt, ihrer Energie, die eben dasselbe ist, wie die Entwicklung des Bewußtseins, so sind diese damit doch nicht erschöpft. Es kommt noch, sobald Verständigung versucht wird, die produktive und weitertreibende Wirkung des Mißverstehens hinzu, indem jeder wahrgenommene Mangel an Deckung der gegenseitigen Intentionen zu einer Neufassung der Bemühungen führen muß. Weiter haben die meisten Worte zunächst etwas Flüssiges und Unpräzises und sobald sie auf eine bestimmte Bedeutung eingeschränkt werden, lassen sie Leerstellen, die nun durch neue Ausdrücke erfüllt werden müssen.

Weitere Ausbaugesetze der Sprache liegen endlich in der Tatsache des „Sinndrucks". Ich gebrauche dieses von Stenzel eingeführte Wort hier in sehr anderer Bedeutung und verstehe darunter die Schwierigkeit, die aus dem „Andrängen" des gesamten Komplexes der vorschwebenden Aussage gegen die bloß eindimensionale Wortfolge entsteht. Da sich erst in der Zeit auseinandergelegt in der Aussage das enthüllt, was ich sagen wollte, so nötigt das Gefühl einer beginnenden Unstimmigkeit, nach neuen Worten und Wendungen zu suchen. Dazu kommt, daß in jeder Sprache eine nur geringe Zahl von Formmodellen eine Unendlichkeit von Gedankenverbindungen aufnehmen muß – eine andere Art des „Sinndrucks", die nötigt, den Doppelsinn sprach- und formschöpferisch zu überwinden.

Aber kehren wir zurück zum Verhältnis des Wortes zur Sache und zum „Sachwiderstand". Indem das Wort die Sache meint und auch trifft, aber wieder verhallt, während diese unerschütterlich dasteht, gerade erst vom Worte herausgehoben, in ihrer objektiven Fülle zum Wechsel der Hinsicht auffordernd, und doch unerreichbar: – wird das Wort seiner selbst als bloßen Wortes gewiß. Die Sprache ist eine „Zwischenwelt", die zwischen dem Bewußtsein und der Welt liegt, sie zugleich verbindend und trennend. Sofern das Wort das Ding selbst zu fassen meinte, wird es auf sich zurückgeworfen – reflektiert –. Die Intention, ins Wort gefaßt, wird enttäuscht – sie übergreift es und sucht um sich, sich unterscheidend vom Wort und doch nicht eher verschieden, als sie nicht ein neues Wort gefunden hat. „Als sprachliches Zeichen (sagt Stenzel) hält das Wort den Gedanken aber nicht fest, sondern gibt ihn, sofort wieder verklingend, frei zu neuer Verknüpfung. In diesem Weitergehen bemächtigt sich der Geist eines „Stückes" der Wirklichkeit nach dem anderen; denn die gliedernde Artikulation überträgt sich in fortschreitender Wechselwirkung auf die nun ebenfalls sich gliedernde Gegenständlichkeit."

Die Wortbedeutung, der Begriff liegt allein in der Ebene der Sprache, nicht über oder hinter der Welt. Der Gedanke ist die im Wort verlaufende Intention auf die Sache, aber indem der Wortgedanke an der Sache Widerstand findet, fällt er auf sich selbst zurück (Reflexion) und erfaßt, daß das verklingende Wort ihn nicht ausschöpfte; so schlägt er zurück, um sich in einem anderen Worte wiederzuerzeugen. Es muß aber gesagt werden, daß im unmittelbaren Gebrauch, im Fluß der Rede oder im unmittelbaren Verhältnis der Bezeichnung Wort und Begriff nicht unterscheidbar sind. Allein in der *Reflexion* setzt sich der Gedanke als unerschöpft vom Worte ab und ist bloßer „Sinndruck", bis er sich wieder im Worte faßt. Die Frage nach dem Unterschied von Wort und Begriff ist also in Kürze so zu beantworten, daß dieser Unterschied ein notwendiger der Reflexion, aber keiner der unmittelbaren Intention ist. Unter dieser Voraussetzung halte ich die Beschreibung *Weisgerbers* (Die Bedeutungslehre – ein Irrweg der Sprachwissenschaft? Germ.-Röm. Monatsch. XV, 1927. Vgl. auch von demselben „Sprachwissenschaft und Philosophie zum Bedeutungsproblem", Blätter f. dt. Philos. IV) für richtig: „Bedeutung gibt es nur im Worte, und zwar als Funktion des lautlichen Teils . . . Wort ist untrennbare Verbindung eines lautlichen und eines inhaltlichen Teils, aufgebaut auf der Funktion eines Symbols."

Das „untrennbare" Wort zerfällt also nach Weisgerber in eine lautliche Seite, die als *solche* „Name" genannt wird, und in eine inhaltliche, den „Begriff".

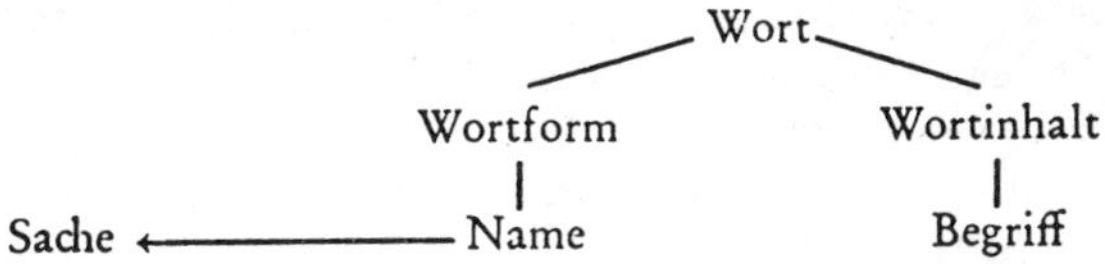

Das Verhältnis von Wort zu Sache nennt Weisgerber Benennung, von der Sache her gedacht, Sachgehalt des Wortes. „Bedeutung" geht vom Namen aus und meint den Begriff, sofern er in den lautlichen Teil eingeht; das umgekehrte Verhältnis heißt „Bezeichnung" eines Begriffs durch einen Namen.

Sofern Weisgerber eine Unterscheidung (innerhalb des Wortes) macht, die zu machen er in der These von der Unteilbarkeit des Wortes verbietet, wäre es paradox. Aber das Verhältnis wird sofort richtig, wenn man bedenkt, daß dieser Unterschied ja nur in der *Reflexion* auftritt, in der eben beide Seiten auseinandertreten, deren Einheit (im unmittelbaren Gebrauch) er ebenfalls mit Recht betont.

Das eben erörterte Verhältnis von Begriff und Wort ist bedeutsam, weil darin eine der Kräfte deutlich wird, die die Entwicklung der Sprache weitertreiben. Das Wort strebt über sich selbst hinaus, und man muß einsehen, daß die Rolle der Sprache gegenüber dem Gedanken nicht ist, ein materielles „Zeichen" zur Übertragung des schon fertigen Begriffs zu schaffen, sondern daß Gedanke und artikuliertes Wort sich gegenseitig herausarbeiten – die einzige Möglichkeit, ihr Verhältnis in der *Reflexion* zu beschreiben. Es gehört zu den guten Einsichten Saussures, zu sagen, die Sprache (langue) sei „die Vermittlung zwischen Gedanke und Laut (son), unter solchen Umständen, daß deren Einswerden notwendig in der gegenseitigen Abgrenzung von Einheiten endet". „Der Gedanke, von Ursprung chaotisch, ist gezwungen, sich zu präzisieren, indem er sich auseinanderlegt. Es gibt also weder Materialisation von Gedanken, noch Vergeistigung von Tönen, sondern es handelt sich um die in gewissem Sinne mysteriöse Tatsache, daß der Lautgedanke (pensée-son) mögliche Teilungen enthält und daß die Sprache Einheiten herausarbeitet, indem sie sich zwischen zwei amorphen Massen aufbaut" (Cours de linguistique générale, 1931, S. 156). Auf der einen Seite, denkt Saussure, haben wir die amorphe Masse unpräziser Gedankenkeime, auf der anderen die Masse schon beweglicher Lautphantasmen, und die Sprache arbeitet sich heraus, indem diese Massen aneinander zerlegt werden. In ganz ähnlichem Sinne sagte Humboldt: „Das sich im Laute äußernde Gefühl enthält alles im Keime, im Laute selbst ist nicht alles zugleich sichtbar. Nur wie das Gefühl sich klarer entwickelt, die Artikulation Freiheit und Bestimmtheit gewinnt, und das mit Glück versuchte gegenseitige Verständnis den Mut erhöht, werden die erst dunkel eingeschlossenen Teile nach und nach sichtbar und treten in einzelnen Lauten hervor."

Wenn der einzelne Denkschritt sich als Artikulation gefaßt hat, hält das Wort den Gedanken nicht fest, sondern wie er, in der Reflexion, sich vom Worte trennt, so gibt ihn das verklingende Wort selbst frei. So kommt dem Gedanken die Materialdünne und Flüchtigkeit des Lautes unvergleichlich entgegen, aber auch die Rhythmik der Laute, die Möglichkeit fortfließender Zusammenhänge, zerlegbarer Klangmassen sind, als „Schwungrad des Gedankens", von einzigartiger Zweckmäßigkeit.

Nach allem Gesagten kann ich in der Rede von einer „außer-" oder „übersprachlichen" Bedeutung, von „reinen Bedeutungen" usw. keinen Sinn finden. Eine Wortbedeutung, sagt Weisgerber sehr richtig, hat Geltung zweifellos unabhängig davon, ob sie mir gegenübergetreten war, aber dieses Sein, diese Geltung ist deshalb noch nicht allgemein, ist nicht „für mich und für jeden", sondern zunächst nur für den Bereich einer Sprachgemeinschaft. (Sprachw. u. Philos. z. Bedeutungsproblem, Bl. f. Dt. Philos. IV.)

Das Wort ist also vor allem wirkliche *Aktion*, und man darf diese Seite der tatsächlichen Motorik niemals übersehen. Daß diese Aktion sich selbst sinnlich zurückempfängt – hört, in diesem Falle – teilt sie mit anderen entlasteten kommunikativen Aktionen, z. B. mit den Tastbewegungen. Die oft gemerkte Analogie von Sprache und Hand tritt hier ein, und genau wie die Tasterfolge der Handbewegungen Anreiz zur Fortsetzung derselben sind, sind die Lautmassen „Schwungrad" neuer Artikulationen. Daher ist es wohl denkbar, daß in sehr alten Schichten der Sprache ein Zusammenhang von Lauten mit – stets kommunikativen – Bewegungen bestanden hat, seien es hinweisende oder nachmachende gewesen. Bekannt genug ist die Verwandtschaft der Verba des Sagens mit denen des Zeigens (dicere – δείκνυμι) oder des Erscheinen-machens (φαίνω, φῶς – φημί).

Diesen Charakter als Aktion behält die Sprache aber auch da, wo sie sich von der Gebärde trennt, und dies geschieht im Laufe ihrer Entwicklung immer. Man könnte sie geradezu als eine Ersatz-Handlung bezeichnen. Ich will mit diesem Ausdruck zunächst ihre „Selbstgenügsamkeit" treffen, denn die Intention auf die Sache kann im Wort erfüllt und befriedigt werden, ja wir nennen gerade diejenigen Intentionen „geistig", die im Wort als abgeschlossene Handlung erscheinen und vollendet sind. Nimmt ein Tier einen Reiz wahr, richtet es sich auf ihn und das darin Erscheinende, so werden wir diese Intention sich umsetzen sehen in Gesamtbewegungen des Zuspringens, Flüchtens usw. Wenn diese „Umsetzung" in der Sprache entfällt, in ihr vielmehr Intention und Handlung unmittelbar „ineinandergeschoben" sind, so erscheint darin vor allem der Grundsachverhalt der menschlichen „Entlastung". Entlastung bedeutet hier zweierlei: vom suggestiven Druck des Wahrgenommenen und, auf der inneren Seite, vom triebhaften, begierigen Interesse daran. Es ist ein ferngerückter, neutralisierter Bestand von Weltinhalten, in dem der Mensch lebt und zu dem er sich befreit hat, und dem entspricht, von innen gesehen, der *Mangel* vitaler Begierden und Triebinteressen im Sprachleben. Daher erscheint alles intelligente Verhalten des Menschen oft von seinen biologischen Bedürfnissen abgeschnürt, wenigstens dem flachen Blick, der die besonderen biologischen Umstände des Menschen nicht durchschaut. Es sind also begierdelose *Fernintentionen*, die in der Sprache erscheinen und in sehr einmaligen kommunikativen Bewegungen verlaufen: alles kommunikative Verhalten ist selbst schon ein menschliches, entlastetes Lebendigwerden an einer zuerst erlebten, darin irgendwie „verwendeten" Welt. Diese Entlastung fortzusetzen macht dann gerade das innere Entwicklungsgesetz der Sprache selbst aus: wenn sie immer mehr an anschaulichem Gehalt, der aus ihr herausverweist, einbüßt und sich zunehmend in symbolischen Beziehungen innerhalb ihrer selbst ausbreitet.

Bei der Besprechung der Struktur der menschlichen Wahrnehmungswelt haben wir längst bemerkt, wie die darin angelegte Tendenz auf selbsttätige Entlastung von ihrer verwirrenden und überwältigenden Eindrucksfülle geht. Es ist der kommunikative Umgang mit ihren Inhalten, der sie schließlich zu einer symbolisch angedeuteten Bekanntschaft entläßt: als Erfolg dieser Erfahrungsbewegungen haben wir endlich eine Welt voll hochstufiger Symbolik, innerhalb deren wir uns in gekonnten und geführten, erfolgsicheren Bewegungen und Handlungen verhalten; wir leben dann in einem Andeutungsraum wahrnehmbarer, aber selbst aufgebauter Symbole. Auch hier baut die Sprache einfach weiter, und sie folgt derselben Tendenz. Nur die Kommunikation, das Sichversetzen in die Dinge in dieser besonderen Intention und Aktion bringt es fertig, daß der gehörte Laut vom Ding selbst herzukommen und es auszusprechen scheint; er wird das *führende Symbol* desselben.

Da er aber auf der anderen Seite immer wesentlich Aktion bleibt, so ist es möglich – und entscheidend schlechthin –, daß der Mensch in frei verfügbaren Lauten eine Welt symbolischer Gegenwart der Dinge um sich spinnt, auch *ohne* deren reale Anwesenheit, in voller und freiester Unabhängigkeit und Enthobenheit von der jeweiligen „objektiven" Gegenwart. Die immer schon angelegte Entlastung vom Druck der gerade so beschaffenenen Gegenwart wird durch die Sprache zur Sprengung der Gegenwart überhaupt. Der Mensch wird vorstellendes Wesen in beliebig „vergegenwärtigten" Welten, und Zeit und Raum, Zukunft und Ferne tun sich um ihn auf.

29. Rückwirkungen: Die Vorstellung

Die so mit der Sprache erreichte vollkommene Befreiung des Menschen vom zufälligen, jetzt gegebenen Gehalt der anschaulichen Situation hat selbst wieder mehrere Seiten. Wir betrachten in diesem Paragraphen zunächst eine davon, nämlich eine bestimmte Rückwirkung des errungenen Wortes auf die *Phantasie* des Menschen: ich meine die beliebig nun zur Verfügung stehenden bildhaften *Vorstellungen.*

Vorstellungen im eigentlichen Sinne sind Produkte der Sprache, welche aus dem Rohmaterial unserer unmittelbaren Erinnerungsphantasmen die freie bewegliche und verfügbare Vorstellung macht, d. h. ein *selbst intentionales Phantasma.* Ich habe schon gelegentlich darauf hingewiesen, daß die rein passiv in uns eingebildeten Erinnerungen durch unsere motorischen Ansätze mobil gemacht und ausgelesen werden, so daß sie in der Richtung unserer Aktionen als Erwartungsphantasmen erscheinen.

Ein jedes vitale Geschehen, sei es sensorischer oder motorischer Natur, ja vegetativer Art, wird durch seine vergangenen Zustände mitbestimmt und hat eine „historische Reaktionsbasis". Es muß sich also jeder gegenwärtige Zustand dem Organismus in einer stillen und bewußtlosen Weise, die ich passiv nenne, einprägen, und diese wörtlich so zu nennende Einbildungskraft ist vor allem deutlich im Felde des Motorischen, wo vollzogene Aktionen sich als Handlungsbereitschaften gleichen Sinnes niederschlagen. Ebenso bildet ein Tier seine Wahrnehmungen, besonders die häufig wiederholten, in sich hinein und man kann nicht sagen, wie tief die unsrigen in uns hineinwachsen, deren „Historischwerden" wir als Nachbilder oder Nachklänge noch deutlich fassen. Manche Träume enthüllen erstaunliche Beweise der Macht dieser passiven Einbildungskraft.

Es ist nun eine wichtige Tatsache, daß diese so in uns aufgesammelten Gedächtnisbilder aktiviert werden können, und zwar durch unsere in die Zukunft hineinstoßenden Handlungen. Der Bewegungseinsatz in einer bestimmten Richtung und angesichts gegebener Umstände läßt alle zugehörigen Erinnerungsmassen nachströmen, öffnet ihnen eine auswählende Bahn, so daß sie nun als aktive Phantasmen und Erwartungen in der Richtung der Zukunft erscheinen. Diejenigen Erinnerungen werden jeweils aktualisiert, die in der Richtung des Handelns liegen, und die bestimmte Zuspitzung unserer Tätigkeit belebt das dazu „Passende" zu einer neuen, nun in der Zukunft erscheinenden Gegenwart. Diese aktive Phantasie ist zunächst Gesamtphantasie, d. h. sie entwirft Gesamtversetzungen des ganzen Organismus, motorische Phantasmen und sensorische Erwartungsbilder eingeschlossen, voraus.

Die biologische Funktion der passiven Einbildungskraft wird darin sehr deutlich: der Organismus scheint deshalb die schon durchlaufenen Zustände in sich aufzuheben, um ähnlichen Lagen bereits angepaßt und sozusagen vorbereitet begegnen zu können. Ist dies übrigens so, dann müßte man erwarten, daß die Erinnerungsfähigkeit um so vollkommener sein wird, je größer die Chance ist, von unerwarteten und überraschenden Situationen betroffen zu werden, je weltoffener und welt-ausgesetzter also ein Wesen ist. So ist es beim Menschen. Nun hat aber die aktive Erwartungsphantasie, die in die Zukunft stößt, als ihr Material nur den Inbegriff des schon Erfahrenen, und daher geschieht die Führung unserer Existenz in die Zukunft immer mit unzureichenden Mitteln, weil diese Zukunft, anstatt bloße Wiederholung der Vergangenheit zu sein, vielmehr voll ist von einer Unendlichkeit nicht zu erwartender Ereignisse und nicht zu ermessender Sachverhalte: sie ist „dunkel", und das um so mehr, je weiter weltoffen ein Wesen ist. Beim Menschen kann man den nun notwendigen Prozeß gegenseitiger Abstimmung von Erinnerung, Neuerfahrung und Erwartung „Erfahrung sensu eminenti" nennen, und es ist jeder Schritt nach vorne auch eine Aktion gegen uns selbst, indem die Ereignisse unsere Erwartungen zerstören und wir die konsolidierten Erinnerungen und Gewohnheiten fortdauernd aufzulösen und zu zerbrechen haben, die uns nicht nur an die Vergangenheit fesseln, sondern auch der unberechenbaren Zukunft gegenüber wehrlos machen würden.

Aus diesen Voraussetzungen ist bereits abzusehen, welche außerordentlichen Vorteile in der Lebenschance für den Menschen gegeben sind, wenn er Erinnerungen in freier Beliebigkeit aktualisieren und miteinander „voraussehend" kombinieren kann. Diese die unmittelbaren Erinnerungsphantasmen „mobilisierende" und aufrufende Leistung kommt nämlich nun auch der Sprache zu, *weil* sie eine motorische Seite hat. Das Material der Vorstellungen sind durchaus Erinnerungen, aber durch das Wort beweglich und verfügbar gemachte; die Sprache schafft aus diesem Material entlastete, bewegliche Bilder, die mit ihr beliebig wiederholbar und situationsfrei auftreten und sogar an der Intentionalität des Wortes teilnehmen. Sofern diese Vorstellungen ebenso wie die Worte in jedem beliebigen Zeitpunkt produziert werden können, scheinen beide keinem bestimmten Zeitpunkt zugeordnet zu sein; die angebliche „Zeitlosigkeit" des Begriffs ist nur die beliebige Wiederholbarkeit seiner Setzung, die von jeder konkreten Gegenwart unabhängig ist, die Indifferenz einer sprachlich-gedanklichen Intention gegen den Zeitpunkt und die „Hintergründe" ihres Vollzuges; ebenso „zeitlos" ist das vorgestellte Bild eines Baumes usw.

Mit der *Sprache* also werden Erinnerungen zu Vorstellungen, und zwar in allererster Linie die *sensorischen* Phantasmen, nicht die motorischen, die sprachlos bleiben, daher immer übersehen und erst von Palagyi wieder entdeckt wurden. Die Sprache ermöglicht nun die *willkürliche Verfügbarkeit von Erinnerungsphantasmen, die damit an der Intention des Gedankens teilnehmen:* Vorstellungen sind entlastete, ent-aktualisierte und intentional gewordene Erinnerungsphantasmen. Oben war gezeigt worden, wie durch das Wort der Gedanke erschlossen wird, wie die Artikulation eines Gedankens die Intention durch den bestimmten Laut auf die bestimmte Sache ist, wie die Wiederholbarkeit des Lautes die der Intention trägt. Damit ist zunächst einmal das wirkliche Ding entmachtet und ferngerückt: hat sich der Gedanke befreit, so bildet das Wort eine „Zwischenwelt", liegt uns näher als das Ding und bricht die suggestive Kraft des optischen Eindrucks. Soweit nun die Sprache *Aktion* ist, hat sie die erlösende und aufrufende Kraft, die unsere Bewegungen überhaupt gegenüber den Erinnerungen haben, sie folgen unseren Worten, nehmen teil an ihren Intentionen und sind dann Vorstellungen. Wenn ich „Baum" sage, so wird damit ein Erinnerungsphantasma erweckt, das nun, wie das Wort, den wirklichen Baum „intendiert".

Durch die Sprache werden also unsere Intentionen völlig willkürlich, das heißt: unabhängig von dem tatsächlich Vorhandenen und Gegebenen. Die durch die Sprache aktivierten Bilder nehmen nun teil an der Intentionalität der Sprache: wir richten uns in einem Vorstellungsbild einer Person auf die Person selbst. In der *Reflexion* kann man den Gedanken und das Vorstellungsbild sehr wohl unterscheiden, und das letztere erscheint dann als das erfüllende Bild eines Denkaktes: der Wortgedanke „Eiche" scheint sich in der Vorstellung einer solchen ebenso erfüllen zu können, wie in einer gesehenen Eiche.

Eine gute Studie von Segal über das Vorstellen von Objekten und Situationen (1916) weist nach, daß das Vorstellen von Situationen primär ein Prozeß der Gesamtversetzung ist, in den durchaus Handlungs- und Bewegungsphantasmen mit eingehen, wobei die motorischen Versetzungen den visuellen vorauszugehen pflegen. Es gibt einen „Vorstellungsraum" – natürlich ein sehr spätes Resultat, in dem sich der Vorstellende mit virtuellen Bewegungen bewegt, mit demselben Wechsel der Vorstellungsdinge, der den Veränderungen der eigenen virtuellen Bewegungen entspricht, wie ihn der Wahrnehmungsraum zeigt. Der *Abbau* solcher Gesamtversetzungen führt erst zum Auftauchen isolierter Bilder, die dann als „gegenwartslos" erscheinen (407 f). In diesen Vorgang gehört die Ablösung der Gesamtbewegungen durch die Sprache wesentlich hinein.

Die Vorstellung kann nun sowohl Akt als Gegenstand sein: im unmittelbaren Vollzug ist die Sprache in schwebende Vorstellungsbilder eingehüllt, und sie ist unmittelbar, auch da, wo sie nicht metaphorisch ist, bildhaft und sinnlich. In der Reflexion kann die Vorstellung als *Gegenstand* des Begriffes erscheinen. Überall, wo in der Philosophie die Reflexion festgehalten wird – bei Descartes so gut wie bei Fichte – erscheinen daher Begriffe oder Vorstellungen als *Gegenstand* des Denkens, während doch *wesentlich* das Denken Instrument ist, nämlich Intention auf Dinge und Mittel zum symbolischen, gegenwartsfreien Umgang mit ihnen. Es gibt daher nur drei Grundlösungen philosophischer Art für das Problem des Denkens. Nämlich:

1. die platonische Lösung: der reflektierte, vom Wort getrennte Begriff wird seiner *anscheinenden* Zeitlosigkeit wegen als besondere, höhere Wirklichkeit erhoben.
2. die idealistische Lösung: das Denken, Vorstellen ist zugleich Akt und Gegenstand, es ist seine eigene Welt, und die Wirklichkeit verschwindet darin.
3. die instrumentale Lösung: das Denken ist Mittel zum entlasteten, symbolischen Umgang und wesentlich auf die Handlung bezogen. Es ist Methode des „Nehmens-als", des Wechsels der Hinsichten, des Planens und Neukombinierens in *Abwesenheit* der realen Situationen. Unbeschadet der wichtigen Tatsache, daß es sich selbst zum Thema machen, sich in sich selbst methodisch und nach Gesetzen in festgehaltenen Konstruktionsschritten aufbauen kann, wenn es nämlich eine zweite Symbolisierung fertig bringt. Das gibt die Mathematik. Sie ist erst in neuer Zeit etwas anderes als Scheinontologie, seit sie gelernt hat, auf jeden Inhalt zu verzichten, den bloßen Denkakt festzuhalten und nichts anderes enthält, als Symbole schon geschehener, gesetzmäßig definierter Denkschritte, um neue solche Symbole festlegen zu können.

Diese wichtige Tatsache, daß unsere Aktionen, unsere gerichteten Bewegungen die Erinnerung aktualisieren, daß überhaupt schlechthin Erinnerungsvermögen nur in bewegten Wesen, die auf immer neue Umstände stoßen können, sinnvoll ist, hat anscheinend auch Noiré schon bemerkt. „Nur für wollende Wesen ist die Reproduktion einer Vorstellung möglich", „ohne an das Bewußtsein der eigenen, willkürlichen Tätigkeit geknüpft zu werden, ist keine Erinnerung der Außenwelt möglich" (a. a. O. 366, 345). Dies sind, trotz der primitiven Mittel der damaligen Psychologie, sehr gute Einsichten. Ich fand auch bei Noiré die treffende Bemerkung von der „unausgesetzten Wechselwirkung der äußeren Objekte, welche in uns dies Wort, und der Worte, welche die Vorstellung der äußeren Objekte wachrufen" (306). Auch die Theorie des Sprachursprungs von Herder scheint mir in diesem Problem der „Wortvorstellungen" zu wurzeln. Wo Herder die bekannte Sache mit dem Schaf, das angesprochen wird, durchführt, sagt er: „Die besonnen sich übende Seele sucht ein Merkmal ... dieses Blöken, das ihr den tiefsten Eindruck macht, das sich von allen anderen Eigenschaften des Beschauens und Betastens losriß, hervorsprang, am tiefsten eindrang – bleibt ihr. Sie hat es menschlich erkannt, da sie es deutlich, mit einem Merkmal erkannte und nannte. Mit einem Merkmal also, und was war dies anders, als ein innerliches Merkwort? Ohne Merkmal kann kein sinnliches Geschöpf außer sich empfinden, da es immer andere Gefühle unterdrücken, gleichsam vernichten muß." Dieses „Merkwort" kann nach Herder nur ein Wort sein, welches eine akustische Gehörsvorstellung enthielt oder wiedergab: eine wiederholbare, in sich faßliche Intention durch das Wort auf den Gegenstand, in welchem Wort eine Erinnerungsleistung, ein Lebendigwerden des einmal Gehörten mitschwingt. Ich weise übrigens noch darauf hin, daß die letzten Worte des Zitats die Entlastungstatsache enthalten, das Übersehen, „Unterdrücken" dessen, was um das ausgelesene Symbol herum empfindbar wäre.

Mit dieser Theorie der Vorstellungen sind diese also begriffen als Erinnerungsphantasmen, die durch die Aktivität der Sprache beliebig verfügbar, wiederholbar und intentional gemacht werden, die also nun an der Unabhängigkeit vom faktisch Gegebenen teilnehmen, die die Sprache errungen hat. Dies ist der wichtigste Punkt zu dem in diesem Abschnitt erörterten Thema der vollständigen Befreiung des Menschen von der unmittelbaren Gegenwart zu seiner „voraussehenden" Existenz. Zugleich aber haben wir hier schon die Frage der „Verweltlichung" des Inneren angeschnitten, der auch wieder durch die Sprache gleichgesetzten Innen- und Außenwelt. Dieses wichtige Thema zerfällt in zwei besondere Seiten: das Problem der weltoffenen Antriebsstruktur (Teil III) und das des „gleichen Niveaus" von Vorstellung und Wirklichkeit (der folgende Abschnitt).

30. Rückwirkungen: Angleichung der inneren und äußeren Welt

Die Sprache bringt Inneres und Äußeres auf *eine* Ebene, nämlich ihre eigene. Als wir eben die Mobilisierung unserer Vorstellungen durch die Sprache verfolgten, sahen wir, daß sie den Intentionen des Denkens gestattet, sich auch in Vorstellungen zu erfüllen. So macht sie zwischen *vorgestellten* und *wirklichen* Dingen keinen Unterschied, und eben damit verwischt sie für unser Bewußtsein immer wieder den Unterschied zwischen Wirklichkeit und Vorstellung. Man braucht nicht auf die zahlreichen Beispiele in der Geschichte der Philosophie hinzuweisen, die zeigen, wie der Reflexionsstandpunkt diesen praktisch so eminenten Unterschied sofort aufhebt, aber man kann sagen: jene Systeme waren nur so lange möglich und sogar notwendig, als man in unbewußter Bindung an die Sprache philosophierte. Daß Inneres und Äußeres, zunächst Vorstellung und Wahrnehmung ineinander verwandelt werden, ist also mit der Entstehung der Vorstellung an der Sprache gesetzt. Betrachten wir jetzt die Vorstellungen in ihrer Leistung, also nach vorwärts, so sehen wir eine sehr unspekulative, dafür um so lebenswichtigere Funktion: denkendes Vorstellen gestattet es uns, in absentia irgendwelcher Realitäten dieselben doch zu vergegenwärtigen, also die Fortsetzung ihrer Abläufe in die Zukunft *vorauszusehen* und die Verlängerung des sichtbaren Jetzt in die unsichtbare Ferne in die Auffassung des Jetzt hineinzuaddieren. Die beliebige Verfügbarkeit von Vorstellungen und die Fähigkeit, sie zu kombinieren, kommt hinzu, so daß wir mögliche Neuverteilungen der Geschehnisse „in Aussicht nehmen" können. Dies ist die anthropologische Leistung jener Projektion von Wahrnehmungen und Vorstellungen auf dieselbe Ebene; sie gehört zu den Daseinsbedingungen des Wesens Mensch. Für ein in die Zukunft handelndes Wesen muß der Unterschied zwischen vorgestellten und wirklichen Situationen sozusagen vorübergehend aufhebbar sein, und die gesamte Struktur unserer Erfahrung wirkt schon dahin, die Realität zunehmend mit Vorstellungen und bewährten Phantasmen zu überlagern. Dies ist, von der anderen Seite gesehen, derselbe Sachverhalt, den wir innerhalb der Entlastungsprozesse als Herabsetzung des unmittelbaren Kontaktes mit der faktischen Gegenwartswelt beschrieben.

Das hier Gesagte wird noch deutlicher, wenn wir als eine wesentliche Leistung der Sprache das *Festhalten von Hinsichten* erkennen. Wenn wir die Hinsicht, die in der roten Färbung eines Dinges liegt, in das Wort „rot" fassen, so ist diese Hinsicht herausgehoben und nimmt an allen Vorteilen der Sprache teil. Gebe ich einem anderen das Ding und sage dazu „rot", so ist die Weise festgelegt, wie er sich dazu einstellt. Vor allem aber kann die Sprache, eben wegen ihrer Neutralität gegenüber der Realität, diese in Worte gefaßte Hinsicht festhalten und über die *Veränderungen der Situation, aber auch des eigenen Inneren hinaus* retten. Unabhängig vom eigenen Inneren der Person, vom Spiegel der Erlebnisse und Emotionen, aber auch unabhängig vom Jetztbestand des Gegebenen ist ein Inhalt *festgerückt*, ja sogar der Wechsel und die Transposition solcher Hinsichten möglich. Indem wir mit einem Vorsatz in die Zukunft hinein handeln, wird uns dieser Vorsatz zur Wirklichkeit, in der wir uns selbst voraus sind, und der zufällige Jetztbestand des Seelischen, die innere Befindlichkeit in ihrer augenblicklichen Qualität rückt genau so ins „Unwirkliche", wie die zufällige äußere Konstellation der Lage. Um wieder am Gegenbeispiel des Tieres abzuheben: wenn Köhlers Schimpansen einen *hinter* ihnen liegenden Stock trotz Suchbewegungen nicht als solchen erkannten, so kann man dies in dreifacher Weise ausdrükken: daß sie die herausgehobene „Hinsicht" Stock als sprachlose Wesen nicht hatten, daß sie vom inneren dumpfen Bedürfnisdruck nicht loskamen, dem nach dem Ziel da draußen, das sie so oft mit dem Stock geholt hatten, *wenn* er gerade vor ihnen lag, – und daß dieses Ziel, die Frucht, als Reiz „durchschlug", sie festhielt und eine wirkliche Freiheit des Suchens, trotz einiger Suchbewegungen, nicht erfolgte, weil die Jetztsituation ihre Aufdringlichkeit nicht verlieren konnte.

Offenbar konnten diese Tiere nicht festhalten, was sie suchten: sie hatten keine konkrete Vorstellung des nicht Vorhandenen, weil sie kein Wort hatten, *und umgekehrt*. Die in der Sprache vollendete Aufschließung des Inneren, die Herauswendung desselben nach außen, ist im Kern derselbe Vorgang, wie die Besetzung dieses Inneren mit äußeren Eindrücken – Erinnerung. Es war uns dies in einem ersten Fall klar geworden, da die still gesammelten Erinnerungen sich als nach außen gewendete Vorstellungen wieder über die Welt zu legen genötigt wurden. Der Ausdruck „Inneres", Innenleben ist überhaupt ein rein anthropologischer und bezeichnet *dasselbe, wie den Tatbestand der Weltoffenheit, wie dieser nämlich von einem weltoffenen Wesen selbst erlebt wird.* Man kann den Ausdruck „Seele" durch den Ausdruck „innere Welt" ersetzen, und der noch zugespitztere Ausdruck „innere Außenwelt" soll bezeichnen, daß gewisse Vorgänge im Menschen sich unter dem unmittelbaren Einflußbereich der Außenwelt abspielen, daß sie „besetzt" werden mit Eindrücken der Außenwelt und so als Phasen der Auseinandersetzung mit der Welt zu verstehen sind, wie sie ein handelndes und weltoffenes Wesen zu leisten hat. „Bewußtsein" ist dagegen kein anthropologischer Begriff, sondern von weiterer Geltung, und bedeutet einen Umsetzungsvorgang (uns übrigens undurchsichtiger Art) an den Kontaktstellen eines Organismus mit der Welt, ist daher bei niederen Tieren in erster Linie in die Wahrnehmungsakte gelegt. Beim Menschen, als dem weltoffenen Wesen, reicht diese Kontaktzone unvergleichlich viel tiefer in den Organismus hinein, und so laufen sogar die Antriebsvorgänge mit den Bildern der Außenwelt besetzt in uns ab. Jede Betrachtung des Psychischen schneidet einige Phasen aus einem Umgangs- und Kreisprozeß heraus, der durch die Person und die Weltumstände hindurchläuft, mit denen sie sich auseinandersetzt. Der Ausdruck „Innere Außenwelt" bezeichnet dabei einen bestimmten Ausschnitt oder Aspekt besser, als das Schema „subjektiver psychischer Prozesse". Es war Novalis, der – wohl unter Fichtes Einfluß – zuerst sagte, „daß es auch eine Außenwelt in uns gibt, die mit unserem Inneren in einer analogen Verbindung steht, wie die Außenwelt außer uns mit unserem Äußeren" (II, 181). Dieses Hineinwachsen der Welt in uns ist nun in erster Linie ein Werk der Sprache. Als wir oben vom „Ruf" handelten, bemerkten wir zuerst, wie unter Führung des Lautes sich der Zusammenhang eines Bedürfnisses mit der Erwartung bestimmter Befriedigungen herstellte, wie also ein Bedürfnis gedeutet und in sich selbst faßlich wurde. Der obenerwähnte Zusammenhang der „Äußerung", der expressiven Aufschließung des Inneren nach außen, mit der Besetzung desselben Inneren durch Bilder der Außenwelt liegt hier, im Ruf, wie im Experiment isoliert vor. Diese Orientierung der Antriebe gehört zu den bedeutendsten Ereignissen der Weltbemächtigung eines instinktentbundenen Wesens, und den allgemeinen Sachverhalt, wie die Welt in das Innere des Menschen durch die Sprache hineinwächst und umgekehrt die Sprache das Innere nach außen wendet, ihn hat *Herder* zuerst beschrieben: „Konnte der erste Zustand der Besinnung des Menschen nicht ohne Wort der Seele wirklich werden, so wurden alle Zustände der Besonnenheit in ihm sprachmäßig ... Da der Faden seiner Gedanken von Besonnenheit gewebt ist, da sich in ihm kein Zustand findet, der im ganzen genommen, nicht selbst Besinnung sei, da bei ihm das Gefühl nicht herrscht, sondern die ganze Mitte seiner Natur auf feinere Sinne, das Gesicht und Gehör fällt, so folgt, daß auch *kein Zustand in der menschlichen Seele sei, der nicht wortfähig sei* oder wirklich durch Worte der Seele bestimmt werde. In der menschlichen Seele ist, wie wir selbst in Träumen und bei Verrückten sehen, kein Zustand ohne Denken in Worten möglich." Diese Sätze gehören zu den zeitlosen Einsichten, die sich in Herders Preisschrift aufzeigen lassen.

Ist daher das Innere ein sich sprachmäßig Ausdrückendes, so ist es umgekehrt „innere Außenwelt", d. h. beschreibbar überhaupt nur uneigentlich, mit Bildern, die wir von außen auf es übertragen: hochherzig, tiefsinnig, verschlossen, überströmend, hingebend, ablenkbar, gespannt, bedrückt, erschüttert, zerfahren, aufgeräumt, erbittert, herabgestimmt, anziehend, entbrannt, entflammt, wankelmütig usw. sind nur wenige Beispiele, von denen Klages (Vom Wesen des Bewußtseins, 1921, p. 33) lange Listen aufführt – alles Wendungen, die das Innere mit Bildern des Äußeren beschreiben und beschreiben müssen, da es sich ja selbst in Bildern der Außenwelt auskristallisiert und so Wunsch, Sehnsucht, Interesse und Antrieb wird.

Angleichung der inneren und äußeren Welt bedeutet daher, daß wir durch und durch die innere Welt nach der äußeren und die äußere nach der inneren interpretieren, weil wir beide nur in gegenseitiger Interpolation erleben. Dabei ist die Sprache die Mitte, der Nerv dieses Zusammenhangs von Ausdruck und Eindruck. Die innere Außenwelt geht in die äußere Innenwelt über, denn es ist natürlich, es ist anthropologisch kategorial, daß wir primär wie Kinder das äußere Belebte, ja Unbelebte als „ausdrucksvoll" und alter ego auffassen, denn in einer nicht durchrationalisierten Erlebniswelt sind alle Dinge Partner im Vernehmen und Gegenspieler unseres Ansprechens.

Dieser Punkt liegt in der Anthropologie so zentral, daß ich ihn noch durch Referate von Autoren belegen will, die zu ihm ausführlich Stellung genommen haben.

H. Plessner hat in dem Buch „Die Stufen des Organischen und der Mensch", 1928, eine philosophische Untersuchung über das Wesen der Pflanze, des Tieres und des Menschen vorgelegt. Ich referiere hier, wie unser Thema aus seinem anthropologischen Ansatz entsteht. Das Tier lebt aus seiner Mitte heraus, aber es lebt nicht als Mitte, es bildet ein auf sich selbst rückbezügliches System, aber es erlebt nicht sich. Der Gesamtkörper ist noch nicht vollkommen reflexiv geworden. Im Menschen gewinnt das Zentrum der *Positionalität*, auf dessen Distanz zum eigenen Leibe die Möglichkeit aller Gegebenheit beruht, zu sich selber Distanz. Damit weiß er um sich selbst, ist sich selber bemerkbar und darin „Ich", der „hinter sich" liegende Fluchtpunkt der eigenen Innerlichkeit, der jedem möglichen Vollzug des Lebens aus der eigenen Mitte entzogen den Zuschauer gegenüber dem Szenarium dieses Innenfeldes bildet. Damit ist die Spaltung in Außenfeld, Innenfeld und Bewußtsein vollzogen. Der Mensch vermag zwischen sich und seine Erlebnisse eine Kluft zu setzen, ist diesseits und jenseits der Kluft, gebunden in Körper, gebunden in der Seele, und zugleich nirgends, ortlos außer aller Bindung in Raum und Zeit, und so ist er Mensch. Das Leben des Menschen ist, ohne die Zentrierung durchbrechen zu können, zugleich aus ihr heraus *exzentrisch*. Zwischen dem Tier und dem Umfeld besteht eine durch es selbst vermittelte Beziehung, diese Beziehung kann ihm nicht anders als direkt, als unmittelbar erscheinen, weil es „sich selber" noch verborgen ist. Es steht im Zentrum der Vermittlung und bildet sie. Um von ihr etwas zu merken, müßte es daneben stehen, ohne doch seine vermittelnde Zentralität zu verlieren. Diese exzentrische Position ist im Menschen verwirklicht, der im Zentrum seines Stehens steht. Das Ich steht hinter sich selbst, ortlos, im Nichts, und hat zugleich das Erlebnis seiner Orts- und Zeitlosigkeit als des außerhalb seiner selbst Stehens. Das Ich sieht dem Wollen, Denken, Treiben und Empfinden zu und lebt wieder unmittelbar in diesen, ein unaufhebbarer Doppelaspekt, es lebt diesseits dieses Bruches als Seele und Körper und jenseits als psychophysisch neutrale Einheit dieser Sphären. Die Einheit ist aber kein Drittes, sondern sie selbst ist der Bruch, der Hiatus, das leere Hindurch der Vermittlung.

Physische Merkmale der menschlichen Natur haben daher nur einen empirischen Wert, Mensch sein ist an keine bestimmte Gestalt gebunden und könnte daher auch entsprechend der geistreichen Mutmaßung Dacqués unter mancherlei Gestalt stattfinden. Der Mensch befindet sich in einer *Welt*, die entsprechend der dreifachen Charakteristik seiner Position als Körper, Seele und Ich nun auch Außenwelt, Innenwelt und Mitwelt ist. So wie der exzentrische Organismus nichtraumhaft, nichtzeithaft, nirgends gestellt, auf Nichts gestellt ist, so steht das Außenweltding in der „Leere" relativer Örter und Zeiten. So auch der eigene Körper, während andererseits der Leib die Mitte absoluter Richtungen (oben, unten, vorne, hinten usw.) und Organismus im Umfeld ist. Beide Aspekte stehen nebeneinander, lediglich vermittelt im Punkt der Exzentrizität, im unobjektivierbaren Ich. Aber sogar im Vollzug des Gedankens, Gefühls, des Willens steht der Mensch außerhalb seiner selbst, kann sich von sich selbst abspalten und am Erlebnischarakter seines Erlebens zweifeln. Die Innenwelt ist das, was man *ist*, und das, welches man in sich spürt, erleidet, durchmacht und bemerkt. Wirkliche Innenwelt: das ist Zerfallenheit mit sich selbst, aus der es keinen Ausweg, für die es keinen Ausgleich gibt. Das ist der radikale Doppelaspekt zwischen der Seele und dem Vollzug im Erlebnis. Damit das eigene Sein sich selbst als einer Wirklichkeit sui generis begegnet, muß es zu seinem Wesen gehören, außerhalb seiner selbst zu stehen.

Auf dem Hintergrund dieser Exposition des anthropologischen Entwurfes Plessners wird jetzt das, was oben als „Verkehrung" von Innenwelt und Außenwelt beschrieben wurde, in ganz anderen Kategorien deutlich: Das Ich, Mitte und Besitzer des Leibes und der Seele, kann diese Ort- und Zeitlosigkeit der eigenen Stellung für sich selbst wie für jedes andere Wesen in Anspruch nehmen. So sagt es zu sich und anderen Du, Er, Wir. Mitwelt ist die vom Menschen als Sphäre anderer Menschen erfaßte Form der eigenen Position. Umgekehrt ist die Existenz der Mitwelt die Bedingung der Möglichkeit, daß ein Lebewesen sich in seiner Stellung erfassen kann, nämlich als ein Glied dieser Mitwelt. Der geistige Charakter der Person besteht in der Wir-Form des eigenen Ichs, zwischen mir und mir, zwischen mir und ihm liegt die Sphäre dieser Welt des *Geistes*. Die mit wir bezeichnete Sphäre als solche ist das, was allein in Strenge Geist heißen kann. Der Mensch hat nicht in derselben Weise Geist, wie er Körper und Seele hat, Geist ist die Sphäre, kraft deren wir als Personen leben, in der wir stehen, gerade weil unsere Positionsform sie erhält. Ein Bild für die sphärische Struktur der Mitwelt bestünde darin, daß durch sie die raumzeitliche Verschiedenheit der Standorte der Menschen entwertet wird. Als Glied der Mitwelt steht der Mensch da, wo der andere steht, auf den Geist als Sphäre sind die Begriffe Subjekt und Objekt nicht anwendbar, diese Sphäre ist neutral, indifferent gegen die Unterscheidung von Subjekt und Objekt.

In der in diesem Abschnitt behandelten Frage geht es um einen der Schwerpunkte der gesamten Anthropologie. Wir fassen das Lebendige als beseelt, als äußere Innenwelt auf, weil wir uns selbst nach außen, uns ausdrückend, öffnen, und so entäußern wir uns im Innenverhältnis selber, wir sozialisieren uns. In dieser Sphäre realisiert sich Geist. G. H. Mead (Mind, Self and Society, Chicago 1934) hat dies von der Fragestellung des Behaviorismus aus in einer sehr überzeugenden Weise beschrieben. Ein kurzes Referat soll hier noch folgen.

Er beschreibt zunächst soziale Akte (gestures) oder Verhaltensweisen (attitudes), die als Stimulus auf einen anderen wirken und dessen attitudes als Antworten hervorrufen, wie z. B. bei einem Boxkampf oder Fechtkampf. Auf der Lautebene entspricht dies ziemlich genau dem, was wir oben „Leben des Lautes" oder Lautkommunikation nannten.

Der entscheidende Übergang des bloß kommunikativen Lautes zum Symbol (significant symbol) ist stets sozial bedingt, und er liegt darin, *daß ein Individuum in seine Geste die Antwort hineinnimmt,* die diese Geste beim anderen hervorruft. In diesem Augenblick hat die Geste virtuell eine Bedeutung. „Das Bedeutungssymbol ruft in dem Individuum, das es äußert, dieselbe Haltung hervor, die es in den anderen Individuen hervorruft, welche an dem gegebenen Sozialkontakt teilnehmen. So macht es dem ersteren Individuum die Haltung der anderen gegenüber dieser Geste bewußt." D. h. das Individuum, welches eine bestimmte Lautgeste äußert, kann in dieser die beginnende Einstellung vorwegnehmen, die diese Geste im andern hervorruft: „Gesten werden zu Bedeutungssymbolen, wenn sie implizit in dem hervorbringenden Individuum dieselben Antworten hervorbringen, die sie explizit in diesen Individuen hervorbringen, an die sie gerichtet sind. Und in allem Verkehr mit Gesten hängt das Bewußtsein des Individuums von dem Inhalt und der Tendenz der darin enthaltenen Bedeutung davon ab, *daß es so die Haltung der anderen gegenüber seinen eigenen Gesten annimmt"* (p. 47, 255 u. ö.).

Wenn man also Handlungen so ansetzt, daß sie die Form der Reaktion des anderen haben, oder wenn man die Reaktion des anderen in seiner eigenen Geste vorwegnimmt, so schafft man eine gemeinsame Basis als neuen Startpunkt und kann nun auf das *Verhältnis* der Reaktion des anderen auf die eigene erste Geste reagieren. Die *Bedeutung* der ersten Geste ist dann in beiden dieselbe. Das in einem Individuum entstehende Bewußtsein von der Bedeutung einer Geste, die es macht, ist davon abhängig, daß es sich in die Reaktion des anderen „hineinversetzt" hat, oder das Innere hat als erste Form das Sichversetzen in den anderen auf gemeinsamer Basis. Erst damit wird eine Geste symbolisch oder bedeutungsvoll. Indem z. B. das Kind im „Leben des Lautes" auf seine eigene Lautgeste selbst wie ein anderer antwortet, „versetzt" es sich in den anderen und hat eine erste, sozusagen unentwickelte Bedeutung seiner Lautgeste. Die so oft überschätzte *Nachahmung* ist daher nur ein Teilglied eines komplexeren Vorganges. Es ist richtig, wenn Guillaume (a. a. O. p. 85) sagt: „Die Nachahmung kann keine einfache Struktur sein, sonst wäre sie von biologisch sehr weiter Geltung, während sie kaum anders als beim Menschen vorkommt."

Mead nennt die von ihm beschriebene Figur „to take the role of the other", die Rolle des anderen spielen. Diese Struktur ist einmal die Basis des bedeutungsvollen Symbols, denn eine Geste wird dann symbolisch, wenn sie in beiden wechselseitig das Verhalten des anderen in sich hineinzieht. Und so ist dieselbe Struktur die Basis des *Selbstbewußtseins.* „Es ist evident, daß Selbstbewußtsein entsteht, wenn man sich an einen anderen wendet und mit der Antwort des anderen antwortet. Während dieser Periode der Kindheit erschafft das Kind ein Forum, innerhalb dessen es verschiedene Rollen spielt" (p. 366). „Man nimmt teil an demselben Prozeß, den die andere Person vollzieht, und kontrolliert sein Handeln in Hinsicht auf diese Teilnahme" (p. 73). Sichhineinversetzen in einen anderen bedeutet Sichobjektivieren, Sichentfremden, Sichselbsthaben. Die kindlichen Rollenspiele und „Nachahmungen" bedeuten daher die Entwicklung des Selbstbewußtseins auf dem Umweg über das Bewußtsein vom anderen in sich! „Es ist für rationales Verhalten notwendig, daß das Individuuum eine objektive und unpersönliche Haltung zu sich selbst gewinnt, daß es ein Objekt für sich selbst wird. Es gewinnt aber Erfahrung von sich selbst als einem Selbst nicht unmittelbar, sondern sofern es zuerst ein Objekt für sich selbst wird, und es wird ein Objekt für sich selbst allein dadurch, daß es die Haltung anderer Individuen gegenüber sich selbst innerhalb einer sozialen Umwelt annimmt" (p. 138/9).

Indem das Selbstbewußtsein sich so aus den verschiedenen Prozessen der „Versetzung in andere" und der „Selbstentfremdung in dieser Versetzung" sozusagen ausfällt, gewinnt es das spezifisch menschliche Verhältnis zum eigenen Leib: „Durch das Selbstbewußtsein tritt der individuelle Organismus in gewisser Weise in sein eigenes Umfeld (environmental field), sein eigener Organismus wird ein Teil des Satzes von Umweltreizen, auf die das Selbst antwortet" (p. 172). So unterscheidet Mead auch terminologisch das I und das Me. „Das Ich reagiert auf das Selbst, das durch das Übernehmen des Verhaltens der anderen entsteht. Indem wir diese Attitüden einnehmen, haben wir das „Mich" eingeführt (das Selbst in der Objektrolle für sich selbst), und wir reagieren darauf als ein „Ich". Das Mich ist also durchaus sozialisiert: The „me" is the organized set of attitudes of others which one himself assumes" (p. 175). Das Ich reagiert daher gegenüber der Sozialsituation, die in sein eigenes Verhalten einging, es ist das unkalkulable, individuelle Ich gegenüber dem sozialisierten Ich, oder das Ich ist die Antwort des Individuums auf das Verhalten der Gesellschaft, so wie dieses in seiner eigenen Erfahrung erscheint, in sein eigenes Verhalten eingeht.

Damit haben wir von mehreren, konvergierenden Richtungen aus dasselbe Urphänomen getroffen, dessen eminente Bedeutung, insbesondere auch für alles Verständnis primitiver Kulturen, wohl ohne weiteres einleuchtet.

31. Lautloses Denken

Wir haben bisher absichtlich Sprache und Denken identifiziert und im gleichen Umfang der Bedeutung gebraucht. Bis zur erreichten Stelle der Darstellung konnte dies auch keine Mißverständnisse hervorrufen, denn ein Gedanke ist in erster Linie die im Sprachlaut verlaufende Intention auf etwas. Daß nun Denken im engeren Sinne „inneres Sprechen" ist, ein „subvocal talking" (Watson), erscheint nicht zweifelhaft, denn es bleibt an die Sprache gebunden, so wie man in deutscher, französischer usw. Sprache denkt.

Bekanntlich braucht man aber das Gedachte nicht auszudrücken, man muß es nicht kundgeben, und in dieser anderen Bedeutung treten Sprechen und Denken auseinander. Es sind daher zwei verschiedene Probleme zu unterscheiden: die Tatsache des inneren Sprechens im Gegensatz zum äußeren, also das „lautlose Denken", und dann die Frage, ob Denken wirklich im Sinne Watsons mit innerem Sprechen zusammenfällt, die Frage des sprachlosen Denkens.

Was das erste Problem betrifft, so ist das innere, unausgedrückte Sprechen sehr rätselhaft. Es bedeutet zunächst, ganz allgemein, eine Steigerung des *indirekten* Verhaltens zur Welt, also eine *Hemmung* des unmittelbaren motorischen oder lautmotorischen Umgangs mit den Dingen. Diese „Reflexio" scheint nicht nur im Bewußtsein zu liegen, sondern in die Vitalschicht der Person herabzureichen, denn diese Hemmung ist ja zugleich Ausdruckshemmung aller sensomotorischen Prozesse. Wer still dasitzt, nichts zu sehen und zu hören scheint, denkt wahrscheinlich. Eine Art Rückwendung oder Stauung der Antriebsschicht scheint also die Voraussetzung jener „Verinnerlichung" zu sein, und ich möchte doch den hier noch nicht ganz einsehbaren

Gedanken andeuten, daß diese Rückwendung eine der Erscheinungsweisen des menschlichen Antriebsüberschusses, einer in direkten Aktionen wesentlich nicht zu befriedigenden Antriebsüberlastung sein könnte. Insofern wäre dieses „Nachinnenschlagen" sich nicht mehr unmittelbar faktisch durchsetzender Intentionen eine ganz wesentlich menschliche Eigenschaft. Rein beschreibend genommen ist das Denken natürlich in erster Linie „Entsinnlichung", d. h. es verhält sich zur Sprache wie diese zur wahrnehmbaren Weltfülle. Im Denken wird der Gang der Intentionen weitgehend entbunden von dem anschaulichen Vorstellungs- und Erinnerungsmaterial sowie von dem Klangmaterial der Wortvorstellungen. Der Gang der Intentionen erhält anscheinend erst dadurch vollkommene Freiheit ineinander zu verlaufen, also „Gedankengang" zu werden, daß er an den bloßen „Kernen" der Wortvorstellungen entlanggeführt wird, ohne daß diese anschaulich werden. „Denken" ist dann beschreibbar als der höchste Grad entsinnlichten, bloß andeutenden und „abgekürzten" Verhaltens – der „Entlastung".

Die anthropologische Leistung dieser höheren Indirektheit liegt darin, daß ein Mehr an Intentionen sich im Denken auseinandersetzen kann, wenn keine mehr „zu Worte kommt". Unser reales Probierverhalten in Wahrnehmung, Sachkontrolle und variabler Bewegung wird durch das Denken vollständig transponiert und auf eine innere Bühne verlegt bei einstweiliger Suspendierung alles realen, auch sprachlichen Handelns. „Wir beginnen kurz und bündig mit der Behauptung", sagt Dewey (Human Nature and Conduct, Übers. 1931, p. 195), „daß Überlegung eine dramatische Probe in der Phantasie für die verschiedenen konkurrierenden möglichen Handlungsrichtungen ist." Dieselbe Dramatik, die unsere Sprache und unsere Handlungen im Verkehr mit der Außenwelt entwickeln, wird nach innen gezogen, nur daß die Labilität, Unstabilität und Veränderlichkeit dieser *inneren Situationen* einer „inneren Außenwelt" der widerständigen Eindeutigkeit der einen realen Situationen, in der man sich jeweils befindet, unendlich überlegen ist, wenn es eben auf ein „Probehandeln" ankommt.

Jedoch wäre der Sachverhalt mit dem Ausdruck „innere Außenwelt" und mit der Vorstellung eines inneren Probehandelns mit weiterem Bereich der inneren Freiheit noch nicht ganz getroffen. In Denkvorgängen liegt auch immer eine Auseinandersetzung der Person mit sich, mit ihren eigenen Interessen, Wünschen usw. vor, also eine Aktion der Stellungnahme zu sich selbst. Daher ist alles Denken eine Art von Kommunikation mit sich selbst, ein Sichabhören bis in die Antriebsschichten hinein und sozusagen eine innere Sozialisierung.

In den ausgezeichneten Untersuchungen, die Selz (Zur Psych. des produkt. Denkens u. d. Irrtums, 1922) vorgelegt hat, erscheint sehr deutlich die innere Dramatik des Denkens an einfachen Problemen, nämlich die Zusammenarbeit desselben mit mobilisierten Vorstellungen und Bildern, die als Stützpunkte weiterer Vorgriffe dienen, und die virtuellen motorischen Versetzungen in „andere" Situationen werden deutlich, also die Prozesse, die die Konstruktion einer „inneren Bühne" ausmachen. Selz sagt sehr richtig: „Dieselbe Rolle, die einer Bewegungskoordination gegenüber das wechselnde gegenständliche Material spielt, an dem sie zur Ausführung gelangt, spielt gegenüber einer Koordination von intellektuellen Operationen das wechselnde Material von Bewußtseinsvorgängen und Reproduktionsgrundlagen, an dem sie sich betätigen." Das Denken an konkreten Aufgaben hat nachweislich dieselben Gestalten wie eigentliche Handlungen, die sich stützen, herausheben, festhalten, die festgehaltene Hinsicht transponieren, die einen Wechsel der Richtung und des Angriffspunktes einschlagen usw. Andererseits ist der Denkprozeß nicht nur Operation, sondern in sich selbst Resultat, aber auch dazu liegt die Bedingung im Wesen der Sprache, in der Intention und Bewegung zusammenfallen, so daß der gehörte Laut schon der Erfolg der Bewegung selbst ist und diese Tätigkeit *faktisch nichts verändert.* Diese Bewegung, in einer Intention besonderer motorischer Art die Welt zum Erklingen zu bringen und sie in das Selbstgefühl des Umgangs hineinzuziehen, ist von der menschlichen Intelligenz untrennbar, so daß sich diese in sich selbst schließen kann. Von daher trägt alles sprachlose Denken die Fähigkeit zur Selbstgenügsamkeit zum Lehen.

Das andere oben aufgeworfene Problem betrifft die Frage, ob man ein „reines", sprachlich ungestütztes Denken annehmen soll. Diese Frage liegt sozusagen quer zu der eben erörterten, des lautlosen Denkens gegenüber dem sprachlich geäußerten, und ist auf beiden Ebenen die gleiche. Man kann mit James sagen, daß jedes Wort bzw. jede Wortvorstellung ein „halting-place" des Denkens ist, während die „transitional parts" in der Regel weder sprachlich noch überhaupt bewußt sind. Von diesen unbewußt genetischen Prozessen dringt manchmal ein „Bedeutungsgefühl" ins Bewußtsein, vor allem vor Entdeckungen oder Neueinfällen, aber eine wirkliche Bedeutung ist erst vorhanden, wenn ein Wort oder wenigstens ein vorgestelltes Schema da ist, an dem man dieses Bedeutungsgefühl „festmachen" kann. Eine Vorstellung oder ein schematisches Phantasma kann manchmal an Stelle des Wortes treten, um als Vehikel, als Entlastung des Gedankens vom inneren „Sinndruck" zu dienen, als ein „dehors fugitif de la pensée", das ihm nur seine Richtung vorzeichnet (Sartre, L'Imaginaire, p. 149 f.). Doch gibt es anscheinend kein „reines Denken" als *Vollzugsfolge.* Man muß daher Kainz (Psych. d. Sprache I, 169) zustimmen, wenn er sagt, daß es ein sprachloses, dafür anschauungsgestütztes Denken gibt, und andererseits ein anschauungsloses, jedoch durch Sprachhilfen getragenes.

Zu der Ansicht, daß die Denkvorgänge an sich qualitätslos und unbewußt sind, und daß sie ihre Fähigkeit, bewußt zu werden, nur durch die Verknüpfung mit den Resten der Wortwahrnehmung erlangen, kam auch Freud in der „Traumdeutung" (1900). Dies bedeutet, daß das System „Handlung" der Intelligenz *näher* steht als das System „Wahrnehmung", und daß die Sprache, als ein wesenhaft in sich wahrnehmbares Handlungsorgan, eine Art „Verstärkerwirkung" für die per se unbewußten Denkakte hätte. Diesen kühnen Gedanken hat Freud an einer Stelle (Ges. kl. Schriften z. Neurosenlehre, Bd. IV, 1922, p. 335) angedeutet: „Die Wortvorstellungen entstammen ihrerseits der Sinneswahrnehmung in gleicher Weise wie die Sachvorstellungen, so daß man die Frage aufwerfen könnte, warum die Objektvorstellungen nicht mittels ihrer eigenen Wahrnehmungsreste bewußt werden können. Aber wahrscheinlich geht das Denken in Systemen vor sich, die von den ursprünglichen Wahrnehmungsresten so weit entfernt sind, daß sie von deren Qualitäten nichts mehr erhalten haben und zum Bewußtwerden einer Verstärkung durch neue Qualitäten bedürfen. Außerdem können durch die Verknüpfung mit Worten auch solche Besetzungen mit Qualität versehen werden, die aus den Wahrnehmungen selbst keine Qualität mitbringen konnten, weil sie bloß Relationen zwischen den Objektvorstellungen entsprechen."

Die überlieferte Auffassung von der „Unräumlichkeit" des Seelischen bedarf einmal der Revision, denn es kann gefragt werden, ob nicht die psychisch genannten Erlebnisse ihre spezifische Ausgedehntheit haben. Dann müßten die Begriffe „ausgedehnt" und „materiell" nicht zusammenfallen. In einem späten Aphorismus näherte sich Freud dem Standpunkt Kants: „Räumlichkeit mag die Projektion der Ausdehnung des psychischen Apparats sein ... Psyche ist ausgedehnt, weiß nichts davon" (Bd. 17, Schriften aus dem Nachlaß, p. 152).

Höchst verdienstlich hat W. Metzger das „Raumproblem in der Psychologie" behandelt (Stud. Generale Bd. 10, 1957). Nach ihm gibt es Grade psychischer Räumlichkeit, die Gedankenkonstruktionen und Strukturmodelle, mit denen heute alle Wissenschaften arbeiten, stehen an Ausgeprägtheit des Räumlichen kaum hinter dem Wahrnehmungsraum zurück. Wenn die Psychologie von der „Tiefe" von Gefühlen, von seelischen Schichten spricht, so ist es gerade nicht sicher, daß sie nur „Bilder" für etwas Unräumliches verwendet – die räumliche Veranschaulichung wird vielmehr vom Erlebnisbefund selbst erzwungen. Außerdem finden alle Erlebnisse „in uns" statt, selbst innerhalb des Ich kann man ein „weiteres Ich" von einem punktförmigen Ich-Zentrum unterscheiden, das letztere ist nur durch seinen Ort im Raum definierbar und unterscheidet sich insofern nicht von jedem dinglichen Schwerpunkt. Auch „Räumlichkeit" ist psychophysisch-neutral.

32. Ursprungsprobleme der Sprache

Im letzten Teil unserer sprachphilosophischen Untersuchungen ist nun der Ort für Überlegungen über die Anfangszustände der Sprache sowie für die Skizzierung einer allgemeinen Entwicklungstendenz, die man wohl allen Sprachen zuschreiben muß; das Gesetz selbst ist seit Humboldt längst gesehen, und kann allgemein als Gesetz des „Abstraktwerdens" der Sprache bezeichnet werden. Es ist aber nur aus unseren Voraussetzungen einsichtig und bezeichnet dann die Ordnung, wie sich die *Entlastung* von der Unmittelbarkeit der Gegenwartssituation, die aller Sprache zugrunde liegt, oder positiv ausgedrückt: wie sich die Freiheit des Menschen im Sinne variabler, abgekürzter und indirekt werdender Stellungnahmen, wie sich dies *in der Sprache selbst fortsetzt.* Dies geschieht durch einen Verlust der unmittelbar anzeigenden, aus der Sprache herausverweisenden Werte, ihres anschaulichen demonstrativen Gehalts, durch einen Vorgang des „Abblassens", wodurch auf der anderen Seite die außerordentliche Möglichkeit freigelegt wird, daß die Worte aufeinander hinweisend werden, sich gegeneinander erfüllen und diese Funktion nun selbst ausdrücken, daß also das Denken *bei sich selbst bleibt.* Dies ist eigentlich in allen fertigen Satzbildungen, am höchsten aber in der *Flexionsstufe* der Sprachen erreicht. Dieser Prozeß des Abblassens geht dann von da aus weiter und schleift schließlich noch die Flexion ab, so daß endlich die Spätstadien hochintellektueller, wieder flexionsarm gewordener Sprachen erreicht werden (Englisch; Chinesisch). In der Darstellung dieses Gesetzes selber kann ich mich kurz fassen, aber sie ist notwendig, um unseren bisher dargelegten philosophischen Anschauungen eine neue Bewährungsmöglichkeit zu geben.

Die Frage nach dem Ursprung der Sprache darf natürlich nicht so gestellt werden, daß man frägt, wie etwa die „Urmenschen" es gemacht hätten, Sprache zu erfinden. Denn gehört die Sprache in den Zusammenhang eigentlich menschlicher Leistungen, so ist sie ebenso alt wie der Mensch und das Problem fällt mit der Frage nach dem Ursprung des Menschen zusammen. Solange wir aber über die Entstehung des Menschen aus irgendeiner tertiären Primatenspezies so gut wie nichts wissen, können wir natürlich über den Zusammenhang der dabei entstandenen Funktionsänderungen des Gesamtwesens nichts aussagen – können also diese Frage nur an ein noch größeres Geheimnis anschließen.

Hier haben wir eine positive Aussage gemacht: daß die Sprache zu den Wesensmerkmalen des Menschen gehöre. Das ist die Behauptung der *Ursprünglichkeit* der Sprache, und in eine konkrete Behauptung gefaßt würde sie besagen: auch *ohne* die gewöhnliche Tradierung der Sprache durch

Erwachsene würden Kinder, die wir sprachlos aufgezogen dächten, aus sich selbst Sprache entwickeln. Schon der Pharao Psammetich soll dieses Experiment versucht und der Hohenstaufer Friedrich II. es wiederholt haben (Kainz a. a. O. II/77). Von neueren Sprachforschern und Psychologen stehen Mc. Dougall, H. Paul, Wundt und Kainz auf dem gleichen Standpunkt, der letztere z. B. in der Annahme, daß eine Gruppe von Kleinkindern ohne Sprachbeeinflussung seitens der Umgebung zu einer „gebildemäßig rudimentären Annäherungsform an die Vollsprache" gelangen würde (II, 80). Der hervorragende dänische Sprachforscher Jespersen kommt zu derselben Überzeugung: „Kinder in einer unbewohnten Gegend, wo sie nicht gleich dem Hunger- und Erfrierungstode anheimfallen, haben die Fähigkeit, eine Sprache zur gegenseitigen Verständigung zu entwickeln, und diese kann von der ihrer Eltern so verschieden sein, daß sie wirklich als Ausgangspunkt eines neuen Sprachstammes dienen kann" (Die Sprache, 1925, p. 169). Jespersen äußert diese Meinung anläßlich der Frage, wie die erstaunliche Buntheit amerikanischer Sprachen wohl zu erklären sei. In Kalifornien fand man eine große Zahl verschiedener einheimischer Sprachen, die man auf nicht weniger als 19 gesonderte Sprachstämme aufteilen konnte, ähnlich in Oregon (30 Sprachfamilien!) und in Brasilien. In Brasilien erscheint eine Sprache oft auf wenige durch Verwandtschaft verbundene Individuen beschränkt, ein wahres Familieninstitut, so daß von den zwanzig Köpfen einer Bootsbesatzung nur drei oder vier in einer Sprache zusammenkamen, während die übrigen stumm und teilnahmslos nebeneinandersaßen (v. Martius aus d. J. 1867, zit. Jespersen). Schon 1886 hat der amerikanische Forscher Hale die Anschauung vertreten, daß das milde Klima und die freigebige Natur der genannten Gegenden es hier Kindern, denen die Zufälle des Jägerlebens die Eltern nahmen, ermöglichten, auch ohne die Hilfe Erwachsener durchzukommen, wobei sie dann genötigt waren, untereinander eine Sprache zu entwickeln. Jespersen diskutiert einen sehr interessanten Fall aus dem 20. Jahrhundert, da sehr vernachlässigte dänische Zwillinge, bei einer fast tauben alten Frau aufwachsend, eine für alle anderen unverständliche Binnensprache entwickelten – also ein Kaspar-Hauser-Versuch der Natur. Als Jespersen sie 5½jährig sah, hatten sie in einem Kinderheim schon etwas dänisch gelernt, aber allein gelassen, unterhielten sie sich ungezwungen in einem durchaus unverständlichen Kauderwelsch. Sie hatten Laute, die im Dänischen nicht vorkommen, eine völlig verschiedene Wortstellung und mehrfache Verneinung im Satz, wie in Bantusprachen. Lhalh (= Wasser, dän. vand?) bedeutete Wasser, aber auch naßmachen und naß, erinnernd an ähnliche Erscheinungen im Englischen. Die meisten Wörter, deren Bedeutung Jespersen verstand, konnte er als verstümmelte dänische nachweisen („lop" = sort, schwarz?), aber sie redeten eine Menge, was *niemand verstand.* Wenn so etwas in einem zivilisierten Lande des 20. Jahrhunderts vorkommt, kann man schon mit Hale annehmen, daß Kinder in einer unbewohnten Gegend, wo ihnen die Natur entgegenkommt, untereinander eine Sprache entwickeln würden. Denn was das Kind vom Erwachsenen lernt, das sind ja keineswegs die Intentionen durch Symbole auf Dinge – die lehrt die Natur selbst, und diese besondere Intention durch Laute auf Dinge würde es also wahrscheinlich auch von diesem größeren Lehrmeister übernehmen. Aber es ist natürlich ein ungemein verkürzter und vereinfachter Weg, wenn ihm der Erwachsene eine Uhr zeigt und dazu „glock" oder etwas Ähnliches sagt: da das Kind Gehörtes ohnehin nachspricht (Leben des Lautes) und durch die Situation des Zeigens die Intention auf die Uhr erzwungen wird, so kommt ohne jede Umwege eine direkte Assoziation von Gesichts- und Gehörseindruck zustande: der nachgesprochene Laut erhält ebenso mühelos wie zwangsläufig die Richtung auf die Sache. Das Kind von ein bis zwei Jahren lernt das leicht, weil dies eben bloß ein begünstigter Kurzschluß zwischen Prozessen ist, die das Kind auf zahllosen Umwegen mühsam und in schwieriger Überwindung von Selbststörungen auch ohne jede Führung aufbauen würde. Um ein Wort, das die Erwachsenen ihm vorsprechen, zu übernehmen, sind nämlich Voraussetzungen nötig, die schon sehr menschlich und sehr leistungsfähig sind.

Ich stelle diese Bedingungen einmal kurz zusammen:

1. Die schon vorhandene hochsymbolische Struktur der Wahrnehmungswelt, dazu das bereits ausgebildete Können, in artikulierten Minimumbewegungen an diesen Symbolen anzugreifen und kommunikative Umgänge zu vollziehen.
2. Gesamtübersicht über Situationen, durch eben diese symbolische Wahrnehmung geschaffen.
3. Intentionen, d. h. die Fähigkeit des Sichrichtens durch Symbole auf ein Ganzes.
4. Sehr weitgehende Stillegung des Gesamtorganismus, bedingt durch die lange Verzögerung der Antriebsentwicklung und gefördert durch die eigentätige Bewältigung der Überflutung mit Wahrnehmungen, also:
5. Der Charakter der „Intimität" der Welt, ihrer Bekanntheit und „Dahingestelltheit" im einzelnen.
6. Offenheit, d. h. unstabile und weltoffene, überschüssige Antriebe und Bewegungen, die sich kommunikativ, „umgehend" ausleben: „Ausdruck".
7. Die Fähigkeit des Übernehmens und Einsetzens der *Erfolge* solcher kommunikativer Bewegungen jeder Art, dazu der Vorgriff auf diese Erfolge als „Motive" und das Einsetzen der Bewegungen vom Motiv her.

8. Leben des Lautes. Artikulationsreichtum und akustische Gestaltempfindlichkeit, Kommunikation in der Lautebene.
9. Wiedererkennen auf lautmotorischer Bahn in „Minimumbewegungen".
10. Lautgesten, Präzisierung von Lautbegleitungen zu Aktionen resp. Intention auf Handlungsfolgen von der Lautbasis her.
11. Laut als Ruf und bahnbrechende Aktion.

Dies wäre also, in kurzen Stichworten, der Inbegriff der Leistungen, die vorliegen müssen, wenn die Führung der Sprache durch Erwachsene einsetzen soll. Wenn man sie überblickt und durchdenkt, so wird die auch sonst gestützte Vermutung bestätigt, daß Kinder auch ohne diese Führung, allerdings nur in Kommunikation miteinander, zur Sprache finden würden, also die Vermutung der Ursprünglichkeit der Sprache, die mit dem Wesen des Menschen mitgegeben ist.

Nun gibt es aber noch eine weitere Seite des Ursprungsproblems. Die uns literarisch überlieferten alten Sprachen haben zwar einen außerordentlichen Wort- und Formenreichtum, in dem sie die lebenden Sprachen weit übertreffen, doch ist dieser Reichtum ohne Zweifel in sehr langen Fristen aus primitiven Anfängen erst entstanden, in Zeiträumen, die wir beliebig lange ansetzen können, wenn man das Alter des Sinanthropus auf mindesten 400 000 Jahre schätzt. Parallel mit der „Menschwerdung" wird also die „Entwicklung" der Sprache und des Geistes gelaufen sein, wobei wir allerdings, wie schon in der Einführung gezeigt wurde, uns bereits über den biologischen Mechanismus der Bauplanänderung kaum Vorstellungen machen können, geschweige über die „Entstehung" des kategorialen Novums, das in Sprache und Denken vorliegt. Aber innerhalb dieses rätselhaften Prozesses werden wahrscheinlich unsere Sprachwurzeln eine wichtige Rolle gespielt haben, und es entsteht die Frage, ob es nicht anthropologische „Schlüsselsituationen" gibt, in der einige oder alle zusammenwirken mußten. Eine solche Situation würde außerdem eine eigentlich menschliche, d. h. kollektiv handelnde sein müssen. In der Tat kann man bei vier sehr verschiedenen, unter sich unabhängigen, sehr hervorragenden Sprachforschern, nämlich bei Noiré, Ammann Jespersen und Karl Voßler eine übereinstimmende Anschauung dieser Art finden, welche genau den Bedingungen entspricht, die wir selbst zu stellen hätten. Die Hypothese Noirés war ja schon dargestellt worden. „Der Sprachlaut", sagt er (Der Ursprung der Sprache, 1877), „ist also in seiner Entstehung der die gemeinsame Tätigkeit begleitende Ausdruck des erhöhten Gemeingefühls." Alle gemeinsame Tätigkeit sei eigentlich mit Gesang oder Rufen begleitet, und aus dem gemeinsam erklingenden, gemeinsam hervorgebrachten und gemeinsam verstandenen Laut habe sich das Wort entwikkelt: „Die wesentliche Eigentümlichkeit dieses Lautes war, daß er an eine bestimmte Tätigkeit erinnerte und verstanden wurde.“ Also die die Aktionen *begleitenden* Laute erhielten aus der gemeinsamen Teilnahme an diesen Handlungen einen bestimmten Aktionssinn, sie „erinnerten“ an diese Handlungen, oder auch: Man konnte sich in einem gemeinsamen Laut auf eine bestimmte Aktionsfolge richten. Ganz ähnlich Voßler (Ges. Aufs. z. Sprachphilosophie 1923, S. 214): „Nehmen wir an, irgendein Laut, zum Beispiel mar, habe in Urzeiten die Handlung des Reibens oder Steineschleifens begleitet (!), ohne besonderen Sinn, nur als natürlicher Reflex- und Gewohnheitslaut. Dies war noch keine Sprache. Wenn nun aber einer dieser mar-Heuler, der an das Steinreiben gehen wollte, noch bevor er es tat, mar rief, um damit anzudeuten, daß er es tun wollte, oder die anderen es tun sollten, so war das Sprache: denn jetzt stellte er das Reibenwollen oder -sollen, das noch kein Reiben war, durch den Natur- und Gewohnheitslaut dieses Reibens dar. Er übertrug und beging das, was man eine Metapher oder Permutation oder ein Symbol nennt, und was das Wesen alles sprachlichen Denkens ausmacht. Zugleich mag dieser erste Sprecher mit einer Gebärde oder einem Akzent, die etwas Aufforderndes, Einladendes oder Befehlerisches hatten, sein mar begleitet und unterstrichen haben, woran man sehen und hören konnte, daß er das Bewußtsein, das logische Bewußtsein hatte, daß das mar-Sagen etwas anderes ist als das mar-Machen.“

Ammann (Sprache und Wirklichkeit, Bl. f. Dt. Philos., XII, 239) bedient sich des Voßlerschen Beispiels, um daran sehr viel weitergehende Überlegungen zu knüpfen, von denen ich hier absehe, weil sie bereits sprachtheoretisch sind. Er hebt dabei den Hauptpunkt klar heraus: „Die ursprünglich naturhaft der Handlung verschwisterte Lautgebärde (!) dient einerseits dazu, die Handlung selbst ins Leben zu rufen und andererseits die vergangene Handlung darstellend zu vergegenwärtigen.“ Der Laut hätte also etwa einerseits die Bedeutung des Imperativs (Ruf!), andererseits die einer ersten Person des Indikativs der Vergangenheit. Man könnte sich, fährt er fort, auch noch vorstellen, daß die anderen ihre Teilnahme durch „Einstimmen in den Ruf“ anfeuernd kundgetan hätten. Endlich Jespersen: „Sind eine bestimmte Zahl Leute miteinander zu Zeugen eines Ereignisses geworden und haben sie dieses mit einer Art Stegreiflied oder Kehrreim begleitet, so sind die beiden Vorstellungen in Verbindung getreten, und späterhin wird der nämliche Gesang dazu dienen, in dem Gedächtnis der damals Anwesenden die Vorstellung des ganzen Vorfalles auszulösen.“ „Hat einer unserer Vorfahren bei einem bestimmten Anlaß zufällig eine Lautfolge geäußert und hat er gesehen (oder gehört), wie seine Umgebung verständnisvoll darauf einging, so wird er danach streben, bei derselben Lautreihe zu bleiben und sie bei ähnlichen Gelegenheiten zu wiederholen; dadurch wird sie allmählich traditionell überliefert werden als Symbol dessen, was damals in erster Linie seinen und ihren Geist beschäftigte."

Es ist leicht zu sehen, wie diese vier Autoren in der Konstruktion eines ganz ähnlichen „Elementarfalles" übereinkommen. Ich glaube nun allerdings nicht, daß hiermit wirklich etwas über die historisch *erste* Sprachverwendung gesagt ist, wie es wohl im Sinne dieser Autoren liegt, wenn sie mit dem „Urmenschen" argumentieren. Trotzdem ist mit diesem Beispiel wohl etwas sehr Richtiges getroffen, denn es umreißt vielleicht nicht den einzigen, aber sicher einen sehr wesentlichen Punkt: es ist eine sehr menschliche und elementare, immer wiederholte Situation getroffen, in der mehrere Sprachwurzeln mit einem solchen Erfolg zusammenwirken, daß damit sehr wohl eine der elementaren Entwickelungslinien *der* Sprache, wohl die wesentlichste, ergriffen sein kann. Denn konstruieren wir jetzt aus diesen vier ähnlichen Beispielen ein einziges, und sehen wir an, was darin alles zusammenläuft.

Da ist also eine Gruppe oder Gemeinschaft von Menschen, befaßt mit irgendwelchen Aktionen. Diese können durchaus noch mühsam herausgearbeitete sein, aber „begleitet" von affektiven Lauten, die sich mit der Handlungsgestalt mitpräzisierten und einen Situationswert erhalten. Also „Lautgesten", in denen nun, wie oben gesagt, kraft der Fähigkeit des Wechsels der Einsatzbewegungen die Intention auf das Ganze der Handlung erfolgen kann. Eine Kommunikation in der Lautebene, also „Leben des Lautes" ist ebenfalls schon vorauszusetzen. Dann ist allerdings in diesem gemeinsamen Laut eine Handlung einsetzbar, zunächst rein sensomotorisch; aber gleichzeitig muß, wie Voßler sehr gut sieht, diese Lautphase von der Aktion selbst als *unterscheidbar* auffallen, also eine rein gedankliche Intention durch den Laut auf die Sache, die Handlung selbst vollzogen werden: der Laut meint damit diese Handlung, und um so mehr, als die häufige Wiederholung die akustischen und sichtbaren Mittel des Wiedererkennens bietet. So fehlt auch nicht die weitere Seite, daß der bei gleicher Gelegenheit erklingende Laut die Erinnerung an das Ganze des Vorgangs nach sich zieht; endlich braucht bloß die Lautphase „unterstrichen" und affektiv zu erfolgen, um vermöge der Leistung des Rufes in allen Beteiligten eine Erwartung des Erfolges und der kommenden Phasen des Ganzen zu erregen: wir haben hier also eine hochgradige Verdichtung aller Sprachwurzeln, einen sicherlich bedeutsamen Ort ihres Zusammenwachsens in *eine* Leistung: die Verständigung über eine gemeinsam zu verrichtende Tätigkeit. Gerade solche Lautgesten oder Situationsworte müssen relativ gleichgültig gegen den Unterschied von Aktion und Gegenstand gewesen sein, oder besser beides geleistet haben: das Sichrichten auf einen Vorgang und den Ansatz zur Teilnahme daran, also sozusagen noch vor der Unterscheidung von Nomen und Verbum liegend, und außerdem von geringer Selbständigkeit, d. h. durch das Ganze der Situaton erst bestimmt und noch bedeutungsabhängig von sehr anschaulichen Zusammenhängen: alles dies fordert, von sich her, die Sprachwissenschaft selbst.

Und außerdem muß hinter das sehr punktuell gefaßte Beispiel der Autoren die ganze offene, menschliche Welt gezogen werden, die kommunikativ und in Umgangserlebnissen bewältigt wird. Allenthalben müssen da noch andere Spracherlebnisse zuwachsen, sowie vor allem entdeckt ist, daß wiedererkannte Dinge im Laut „abgeschoben", in einer Minimumaktion bewältigt und damit zugleich in die Lebendigkeit des Umgangserlebnisses verwickelt werden können – ja daß diese im Worte sich fassende Intention sich jetzt ausbreiten und „dasselbe" überall wiedererkennen kann – in einem durch Kommunikation immer neu belebten Zugriff. Auf dem Hintergrund dieses Gesamtfeldes menschlicher entlasteter Umgangserlebnisse werden sich einzelne Zentren gleichsam verdichteten Sprach- und Handlungslebens bilden, von denen die weitere Entwicklung der Sprache in erster Linie ausgeht, und deren eines und besonders bedeutsames in dem durchdachten Beispiel dargestellt wurde.

33. Höhere Sprachentwicklung

Kann so kein Zweifel bestehen, daß über sehr lange Zeiten hinweg der Sprachgebrauch sich kaum über die unmittelbare Verständigung innerhalb konkreter Situationen erhoben haben wird, so liegen doch Wort und Satz gleich ursprünglich in der Sprache darin. In einem Satz wird aber zunächst einmal ein Vorgang dargestellt bzw. ein Sachverhalt festgestellt, wozu eine jede Sprache imstande ist. Man bemerkt bei Kindern das Stadium des flexionslosen Mehrwortsatzes; um eins der zahlreichen Beispiele herauszugreifen, so sagte Lindners Kind „fallen tul bein anna ans" – was einen Vorgang wiedergeben sollte, daß nämlich Hans an das Bein des Stuhls gefallen sei, auf dem Anna saß. Auch hier bleibt die Sprache noch im Umkreis der Darstellung erlebter Situationen, wie es dem naiven Erzählen entspricht, und man kann sehr wohl annehmen, daß die uns nirgends überlieferten wirklich primitiven Anfänge der Sprachen dieselbe Struktur gehabt haben.

Die schon hier erscheinende geistige Leistung besteht nicht nur darin, eine ganze Situation übersehen und einige ihrer wesentlichen Brennpunkte herausgreifen zu können, sondern sie besteht darüber hinaus noch in der Fähigkeit, die Humboldt synthetisch nennt, eine Folge von Worten, deren jedes ein solches Bestandstück des ganzen Vorgangs meint, *in ihrer eigenen Ebene* zum Ganzen eines Gesamtsinnes zusammenzuhalten, der dem Ganzen der Situation entspricht: die eine Intention verläuft durch die Worte hindurch in der Richtung auf die Sachen, die andere durch die Worte hindurch in der Richtung auf andere Worte, eine Unmöglichkeit, wenn nicht die Reflexion Wort und Sache im Beziehen aufeinander auch zugleich unterschieden hätte. Das Kind von 1,3 Jahren, das Soldaten mit Musik gesehen hatte, konnte dieses Ereignis in dem „Zweiwortsatz" „Daten lalala" auf diese Weise bereits darstellen. So wie also die Übersicht und Zusammenschau, die Synthesis der Wahrnehmung, Vorgänge und Situationen gibt, so bezeichnet die Synthesis der Worte solche Vorgänge, stellt sie dar in *ihrer* Ebene und teilt sie mit. Mit dem Satz geschieht also ein entscheidender und aus dem Wesen der Sprache notwendiger Fortschritt, daß es nämlich der Sprache jetzt möglich ist, *bei sich selbst zu bleiben.*

Die von der Sprachwissenschaft wohl jetzt allgemein angenommene Wahrheit, daß Wort und Satz gleichursprünglich sind, darf allerdings nicht zur Verkennung des Unterschiedes führen. Die kindliche Sprachentwicklung zeigt Worte, die Wunsch- oder Affektworte sind, wie im Ruf, und andere, wie im oben gegebenen Beispiel „öff", die eine mehrfache und noch flüssige Bedeutung haben. Solche Worte also können, genau wie Lautgesten, als Worte von *Situationswert*, als „Satzkeime" bezeichnet werden. Das hindert nicht, daß besonders im Zusammenhang des Wiedererkennens zu gleicher Zeit ganz spezifische Einzelnamen sehr zufällig und peripher sich einstellen, bei denen es u. U. unverändert immer bleibt. Überall nun, wo es sich um Mitteilung, um einfache Erzählung handelt, muß das Kind zum Mehrwortsatz übergehen, also überall da, wo eine Affekt- und Wunschentlastung eingetreten ist oder wo nicht die aktuelle Situation selbst schon die Mitteilung übernimmt. In den letzten Fällen kann es noch lange bei einfachen „Signalen" bleiben, für die Erzählung aber braucht man für die Brennpunkte der Situation wenigstens einige Einzel- und Sachworte vorher. Der darstellende Satz („der Blitz fährt nieder") bildet eine qualitativ neue Stufe über dem affektiven oder bloß mit Situationshilfe hinweisenden Sprachverkehr. In ihm bleibt „das Denken bei sich selbst".

Die Bedeutung dieser These ist groß. Im Sprechen setzt sich notwendig eine gewisse Entlastung der Worte von ihrem „Bildnisgehalt" durch: würden wir von den einzelnen Worten, wie dies ihnen in anderer Hinsicht auch entspräche, unmittelbar zu den Sachen hinverwiesen, auf die sie sich beziehen; würde also jedes einzelne der Worte vorstellend erfüllt und vergegenwärtigt, so wäre eben ihre Kraft, aufeinander zu verweisen und miteinander in Beziehung zu treten, aufgehoben. Es ist diese letztere Leistung, die das Denken erst befreit und bei sich selbst bleiben läßt. H. v. Kleist sah dasselbe, wenn er das Wort einem „Schwungrad an der Achse der Gedanken" verglich.

Wenn die Sprache die volle anschauliche Erfüllung ihrer Zeichen erspart, indem sie diese scharfen Lautzeichen aufeinander verweisen läßt, so halten nicht die Dinge, sondern die Laute, die jene vertreten, den sprachlichen Prozeß in Gang. Das Wort hat, anders gesagt, nur eine vorläufige Bedeutung und ist gerade deswegen fähig, sich in anderen Worten zu ergänzen und die Intention auf sie hinzuleiten. Nur so ist es möglich, in schnellem Fluge eine amorphe Gedankenmasse, unter deren „Sinndruck" man steht, in einer Folge abgekürzter Symbole zu entwickeln, indem jede Artikulation die Gedankenmassen aufgliedert und an diesen Artikulationen weiterlaufen läßt.

Durchdenken wir den Sachverhalt noch nach einer anderen Richtung. Unter die frühesten Schichten der Sprache gehört zweifellos der rein hinweisende Verkehr. Es kann heute noch lebensnotwendig sein, daß jemand ein Mehr an Wahrnehmung den anderen durch entsprechende Zeichen aufschließt. Manche Kategorien von Worten, vor allem die Demonstrativa, halten an dieser unmittelbar auf die Situation gehenden Leistung des Hinweisens fest. Hier wird das Denken unmittelbar vom Worte selbst zur Sache geschickt, also aus der Sprache herausgeschoben zur Wahrnehmung hin.

Ähnlich liegt es bei der bloßen Erzählung, die wesentlich eine *Vergegenwärtigung* ist und den größten Teil des sprachlichen Alltagsverkehs trägt. Da wird zwar nicht eine aktuelle, wohl aber eine aktuell gewesene und neu vergegenwärtigte Situation geschildert, und man muß eine Erzählung stets vorstellend erfüllen, indem der Zuhörer sich aus der realen Gegenwart in eine vorgestellte versetzt: die Bindung der Sprache an unmittelbare Situationen bleibt auch hier erhalten, nur daß allerdings die hier in Frage kommende darstellende Leistung des *Satzes* auch nicht ohne jene andere Richtung des Denkens in der Ebene der Worte auskäme.

Nehmen wir dagegen eine *Feststellung* oder eine echte Erkenntnis im allgemeinen, auch vorwissenschaftlichen Sinne, also z. B. den Satz „der Regen kühlt ab". Dieser Satz will *nicht* sagen, daß ich oder wir einmal oder öfters bemerkt haben, daß nach dem Regen Abkühlung eintritt, er will auch nicht sagen: so oft es bisher regnete, wurde es kühl; das wäre eine Erzählung. Sondern dieser Satz, obzwar er aus der Wahrnehmung stammt, hat in sich die Beziehung zur Wahrnehmung abgebrochen. Er ist eine „Synthesis aus Begriffen", stellt zwar einen Sachverhalt fest, aber *für das Denken*, hat also nicht den Sinn, auf Situationen hinzuweisen, nicht den, mit Vorstellungen erfüllt zu werden, und er ist nicht wesentlich Mitteilung – obzwar das alles *auch* in ihm liegen kann. In den Mitteln der Sprache liegt die Möglichkeit, einen wahrnehmbaren Sachverhalt darzustellen, zu erzählen, auf ihn hinzuweisen – also zu ihm anschaulich oder vergegenwärtigend hinzuschicken;

liegt aber auch die andere Möglichkeit, von dieser unmittelbaren Richtung auf die Sache *abzusehen* und in der Ebene des Denkens zu bleiben, die anderen entwickelbaren Intentionen – zur Sache hin – in der Schwebe lassend. Ein solches *bestimmtes Beisichbleiben von Gedanken wird in der Erkenntnis festgehalten*, diese ist eine Bestimmung eines je sehr besonderen Beisichbleibens. Eine Erkenntnis ist wesentlich *gedacht*, so sehr sie von der Wahrnehmung herkommen mag. Weil nun in der Sprache nicht nur die unmittelbare Richtung durch das Symbol auf die Sache liegt, sondern weil sie auch fähig ist, diese Richtung in der Schwebe zu lassen und die andere in ihr gleichfalls angelegte festzuhalten, nämlich die Unmittelbarkeit der Wortbedeutungen zu entlasten und die Bedeutungen der Worte sich ineinander erfüllen zu lassen, also „unseren Gedanken selbst zu helfen" (Leibniz) – deswegen kann die Sprache diese Richtung bevorzugt einschlagen und das Beisichselbstbleiben des Denkens durchführen. Dieses ist Erkenntnis: *ein je sehr bestimmtes Beisichselbstbleiben festlegen.* Das geschieht immer „im Hinblick" auf einen Sachverhalt, ist aber *in sich* eine Aktion des Denkens, die nicht mehr die Intention auf den Sachverhalt lenkt, sondern sie in sich selbst festhält.

Ich erwähnte schon das Beispiel Fichtes (Vorlesg. über Logik und Metaph. 1797). Er sagte: „Das Bedürfnis unterschiedener Wörter zum Subjekt und Prädicat trat erst da ein, nachdem die Gegenstände so mancherlei Beziehungen erhielten, daß man aus der Nennung des Subjekts das Prädicat gar nicht sogleich verstand." Das kann nur heißen: im anschaulichen, situationsgebundenen und „hinzeigenden" Sprachgebrauch genügte die Nennung, Bezeichnung einer Einzelheit, um den Sinn dieses Satzembryos aus dem Zusammenhang dieses Anschaulichen zu entnehmen. Bei wechselnden und vieldeutigen Situationen ist daher diese bloß hinweisende Leistung ungenügend: „Das Mittel zur Unterscheidung war sehr bald gefunden, es lag in der Natur selbst. Man setzte zwei Töne zusammen; der erste bezeichnete das Subjekt und der Begriff der eigentümlichen Beziehung des Subjekts auf den Menschen (ich würde sagen: die jeweilige Beziehung auf gegebene Umstände und Interessen) fiel weg, weil eine besondere Beziehung dazu gesetzt wurde."

Damit ist der Vorgang völlig erkannt. Indem die Gedanken zu sich selbst zusammentreten, müssen sie die Hinsicht auf das unmittelbare Äußere sowie den Kontakt mit den Jetztaffekten und nach außen hingewendeten Interessen in zweiter Linie lassen: „aufheben", um mit Hegel zu reden. Innerhalb des Denkens also vollzieht sich ein sehr entscheidender Entlastungsschritt aus der Unmittelbarkeit. Wenn im Satz ein Sachverhalt – Regen bringt Abkühlung – eine *anscheinend* „zeitlose" Gültigkeit erlangt, so liegt dies allein daran, daß das bei sich bleibende Denken die immer *mög-*

liche hinweisende Funktion in der Schwebe hält, davon absieht und damit auch die Beziehung zu Gegenwartsinteressen suspendiert.

Es ist daher, um einen Schritt weiter zu gehen, völlig einsichtig, wenn die Sprache nun für die Beziehungen der Wortbegriffe zueinander, sie in eigener Ebene ausdrückend und mitformulierend, mit Vorliebe „abgeblaßte" Worte umarbeitet, die den konkreten anschaulichen oder hinweisenden Gehalt verlieren. Die *Flexionsmethode* nimmt nach Humboldt (Einl. 188) jedes Element der Rede in einer zweifachen Geltung, seiner objektiven Bedeutung und seiner subjektiven Beziehung auf den Gedanken und die Sprache. Das heißt, in einem flektierten Satz werden die Beziehungen der Worte zueinander *in ihrer eigenen Ebene mitformuliert,* neben der festgehaltenen sachlichen Bedeutung der Worte. Der Satz: Caesar urbem expugnatam destruxit ruht in sich, weil das Beisichbleiben des Denkens in ihm auch in den Beziehungen der Worte zueinander ausgedrückt und dargestellt ist, im Gegensatz zum kindlichen flexionslosen Mehrwortsatz, der sofort zur Situation weiterschickt.

Die Entlastung, die das Bewußtsein erfährt, indem es von dem anschaulichen und emotionalen Eigenschwergewicht der Worte absehend in den eigenen flüchtigen Zeichen der Sprache zu verweilen lernt, macht ihm selbst erst seine Leistung möglich, im Flusse der Zeit die Momente eines gegliederten Themas zu entfalten und in Verweisungen der Worte aufeinander dasselbe auszuformulieren. Wir haben den hier vorliegenden Sachverhalt des *Übersehens im Absehen* schon mehrfach kennengelernt: so wie die Symbolfelder der Wahrnehmung nur deshalb übersehen werden können, weil die Symbole Andeutungen möglicher Ergiebigkeit sind, von der abgesehen wird: so ist die in sich selbst sich bewegende Sprache ein Symbolfeld, das durch das „Abblassen" des Eigenschwergewichts, des Situationswertes und direkten Interessengehalts der Worte erst übersehbar wird. Das von der Situation absehende Wort ist unerfüllt, es drängt die Intention über das Wort hinaus und nur durch Bildung syntaktischer Ganzer ist dieser Zug ablösbar.

Die syntaktische und flektierende Reifung der Sprache ist ein einwandfreier Beweis dafür, daß das Denken ursprünglich unmittelbar in der Sprache arbeitet: eine *formulierte* Hinsicht des Gedankens ist in reichen Sprachen eben diese Hinsicht selbst. Jede Wendung des Gedankens wird im Material des Wortes durchgeführt, die Beziehungen der Worte an ihnen selbst artikuliert, so daß jedes Wort einen *ausgedrückten* Hinweis auf die anderen in der Bedeutung des Ganzen erhält. Natürlich erreicht die Sprache damit rückwirkend nun wieder eine erhöhte Kraft, die Hinsichten der Sachverhalte in sich hineinzuziehen: je mehr wirkliches Denken, um so mehr wirkliche Sachnähe und Angemessenheit. In der reichen Sprache mit syntaktischem und flektierendem Können hat der Gedanke sich in sich selbst vollendet gerade dadurch, daß er keine Hinsicht unartikuliert ließ, und sie vermochte dies einsichtig nur dadurch, daß das Denken nicht aus dem Wort unmittelbar zur Sache hinausstrebte, sondern daß es „bei sich selbst blieb". Bedingung dieser „theoretischen" Leistung ist also ebenso eine gewisse Herabstimmung des Affekts (schon mit der unbeschränkten Wiederholbarkeit jedes Wortes in der Lautphantasie gegeben), wie die unmittelbaren Leistungen des Hinweisens, Zeigens, Festnagelns zurücktreten müssen: eine hohe Situationsentlastung muß schon erreicht sein, die im gesamten menschlichen sensomotorischen Leben vorliegt, und sie wird in der Sprache vollendet.

Es ist also zu erwarten, daß der Verlust an unmittelbarem Sachgewicht der Worte sie gerade geeignet macht, in „abgeblaßter" Form Verweisungsleistungen innerhalb der Sprache zu übernehmen: materiale Sprachelemente werden sehr weitgehend unter Verlust ihrer anschaulichen oder hinweisenden Bedeutung zu unselbständigen, „formalen" Wortelementen und damit zu Trägern rein innersprachlicher, „absehender" (abstrakter) Bedeutungsbeziehungen, welche sie doch noch formulieren. Ich gebe nur wenige Beispiele.

Das skandinavische Passivum ist zusammengewachsen aus dem Verbum aktivum + sik, einem Pronomen: altnord. finna sik finden sich, dann finnask, finast, schw. de finnas, sie werden gefunden. Ähnlich das romanische Futurum: finirai aus finire habeo, ich habe zu vollenden. Auf demselben Wege wird das unmittelbar situationsgebundene Demonstrativpronomen abgeblaßt zum Artikel: mann, land + dem. pron. en, ntr. et wird zu mannen der Mann, landet das Land (altnord.). Es war schon Humboldt bekannt, daß gewisse Sprachen Schwierigkeiten darin finden, die dritte Person in ihrem reinen Begriff aufzufassen und vom Demonstrativpron. zu trennen; dies ist ein entschiedener Mangel, weil die erste und zweite Person – ich, du – stets situationsgebunden bleiben, die dritte dagegen erst die reine gedankliche Gegenständlichkeit ermöglicht. Sehr oft werden persönliche Pronomina zu Personalendungen der Verba: gr. esmi = es + me, esti = es + to, das urindogerm. Demonstrativum, bei dem der von Humboldt bemerkte Übergang voll geglückt ist.

Eine andere Reihe ähnlicher Erscheinungen des Abblassens liegt vor, wenn ursprünglich selbständige Worte zu abstrakten Anhängseln werden und zu bloß modifizierenden Nebenelementen absinken, zu einem Zeichenrest, der jetzt den Hauptbegriff abwandelt. Nach Paul (Prinzipien d. Sprachgeschichte § 240) hat sich aus lîka, Leib, auf der einen Seite konkret das Wort „Leiche" entwickelt, während wir auf der anderen Seite die Abblassung zum abstrakten Suffix – lich haben: wîbo–lîkes, Weibsgestalt wird zu der Hinsicht, die sich in dem Adjektiv „weiblich" faßt. Die Silbe -keit stammt aus derselben Wurzel wie -heit aus got. haidus, Stand, Würde. In „heute" und

„heuer“ standen einst an Stelle der verkümmerten Endsilben die Vollwörter Tag und Jahr (hiu - taju, hiu - jaru). Das griechische Verbum vom Typus lyein ist aus zwei Verbalstämmen kombiniert, ly + ein, der letztere ist ein Rest aus dem Vollverbum einai = sein. In dem hoch abstrakten Wort „Unbestimmbarkeit“ ist Un- die alte Negation ne, bar steht im Zusammenhang mit beran, tragen (eng. bear, fruchtbar, was Frucht trägt) und -keit ist gleich -heit ,haidus (s. o.). Ähnlich das frz. Adverbialsuffix -ment aus lat. mens: fera mente = fièrement.

Von außerordentlicher Bedeutung für die Entwicklung eines situationsfreien Denkens ist endlich die reife periodenbauende, Satzteile in Abhängigkeit voneinander setzende Gedankenfügung im Gegensatz zu dem bloßen Nebeneinanderstellen von Sätzen. Dabei spielt, wie schon Humboldt sah, das Relativpronomen eine Hauptrolle. Die melanesischen und ural-altaischen Sprachen dulden ursprünglich keine Nebensätze und abhängigen Satzgefüge, dagegen entwickeln die finnisch-ugrischen wie manche indogermanischen das Relativpronomen aus dem Interrogativum, also ein höchst situationsgebundenes Fragewort wird abgeblaßt zu einem Beziehungsausdruck zwischen Satzeinheiten (qui aus quis?). Die echten syntaktischen Konjunktionen wie weil, indem, obgleich sind auch im Indogermanischen späte Erwerbungen. Sehr schön zeigt sich die Wirkung des „Abblassens“ auf der Affektseite in den Fällen, in denen Affekt- und Aussagemischungen zu neuen, nunmehr syntaktischen Konstruktionen werden. Wegener bringt in seinem hochwichtigen Buch „Untersuchungen über die Grundfragen des Sprachlebens“, 1885, dazu Beispiele: „Timeo! Ne moriatur! = timeo ne moriatur. Eἴ μοί τι πίθοιο! Tό κεν πολὺ κέρδιον εἴη! O möchtest du gehorchen! Das wäre viel besser. Daraus: εἰ in der Bedeutung wenn: wenn du gehorchen würdest, wäre es viel besser.

Diese Seite des Verlustes an Interessenspannung ist ebenso wichtig, wie die andere des Abblassens oder „Herabsinkens“ (Brugmann) materialer Inhalte, wenn das Denken bei sich bleiben soll und es sich jetzt um ausgedrückte Beziehungen innerhalb des Gedankens handelt. Die Affektrede: Censeo! Dann in neuem Ausholen: Carthaginem esse delendam! ist die altertümliche und ursprüngliche Mischung von erzählender und direkter Rede: „Ich meinte: Kämpfe entstehen! Nicht glaubte ich: Ich lebe nach ihnen!“ (altägypt.). Daraus wird bei Affektschwund die rein logische Konstruktion des acc. c. inf., also censeo Carthaginem esse delandam. Daß endlich die rein logische Copula „ist“ in „Natrium ist ein Metall“ ursprünglich echtes Verbum mit anschaulicher Bedeutung = existieren war, bevor es bloßes Formwort einer gedanklichen Synthesis wurde, soll diese wenigen Beispiele beschließen. Ich darf mich auf sie beschränken, weil der Sachverhalt selbst schon lange feststeht. Grimm (Über den Ursprung der Sprache, 1858) hat ihn bereits in Allgemeinheit erkannt:

„Anfangs war der Eindruck der Wörter rein und ungesucht, doch zu voll und überladen, so daß Licht und Schatten sich nicht recht verteilen konnten. Allmählich aber läßt ein unbewußt waltender Sprachgeist auf die Nebenbegriffe schwächeres Licht fallen und sie verdünnt und gekürzt der Hauptvorstellung als mitbestimmende Teile sich anfügen. Die Flexion entspringt aus dem Einwuchs lenkender und bewegender Bestimmwörter, die nun wie halb und fast ganz verdeckte Triebräder von dem Hauptwort, das sie anregten, mitgeschleppt werden, und aus ihrer ursprünglich auch sinnlichen Bedeutung in eine abgezogene übergegangen sind, durch die jene nur zuweilen noch schimmert . . ."

Die vollkommene Fähigkeit hochflektierter Sprachen, also in erster Linie der indogermanischen, besonders der Verbalsprachen, jede Wendung und Beziehung, jede Hinsicht innerhalb des bei sich bleibenden Denkens auch zu artikulieren, war für Humboldt ein Grund, ihnen die Vollkommenheit zuzusprechen. Ich finde, mit Recht. Die „einverleibenden" Sprachen (viele amerikanische), welche den Aussagesinn in ein Satz-Wort zusammendrängen, indem sie ganze Worte und Partikeln zur näheren Bestimmung in den Satzkern aufnehmen, bleiben wesentlich am Situationellen hängen; sie können die konkrete Situation in allen Einzelheiten erschöpfend als ganze darstellen, aber erheben sich nicht zur wirklichen gedanklichen Allgemeinheit.

Nun besteht aber in allen reich entwickelten Sprachen eine Tendenz, mit der „Abblassung" noch weiter zu gehen und abstrakter, vereinfachter und flexionsärmer zu werden. Es ist dies eine Entwicklung des menschlichen Geistes zu einer gewissen mechanischen Abstraktheit. Humboldt bemerkte dies schon: „Gerade seinem Fortschreiten entspricht es, in der steigenden Zuversicht auf die Festigkeit seiner inneren Ansicht zu sorgfältige Modifizierung der Laute für überflüssig zu erachten . . . je gereifter der Geist sich fühlt, desto kühner wirkt er in eigenen Verbindungen, und desto zuversichtlicher wirft er die Brücken ab, welche die Sprache dem Verständnis baut" (Einl. 283).

Es besteht anscheinend in allen Sprachen dieser Hang zur abstrakter werdenden Vernachlässigung des ehemaligen Formreichtums, ohne Zweifel ein Nachlassen der schöpferischen Kraft, aus der allerdings wieder gewisse neue Möglichkeiten gewonnen werden können. Jespersen sagt: „Das Alltagsirisch und -gaelisch weisen in vieler Hinsicht einen einfacheren grammatischen Bau auf, als das älteste Irisch. Das Russische hat sich von einigen verwickelten Fügungen des Altslawischen losgemacht . . . so hat das Bulgarische seine Nominal-, das Serbische seine Verbalflexion bedeutend vereinfacht. Die

Grammatik des gesprochenen Neugriechisch ist bei weitem nicht so schwierig, wie die der Sprache Homers oder Demosthenes'. Der Bau des Neupersischen ist fast so einfach wie das Englische, obwohl das Altpersische höchst verwickelt war . . . von einer Bantusprache besitzen wir eine zweihundert Jahre alte Grammatik des Brusciotto à Vetrella. Ein Vergleich seiner Beschreibung mit der in demselben Landstrich Mpongwe jetzt gesprochenen Sprache zeigt, daß die Klassenkennzeichen beträchtlich abgenommen haben und die Zahl der Klassen von sechzehn auf zehn herabgesetzt worden ist" usw.

Einen Begriff dieses „Fortschritts" gibt das Beispiel desselben Autors. Für die gotischen Formen habaida habaides habaidedu habaideduts habaidedum habaideduth habaidedun habeidedjan habeidedeis habeidedi habeidedeiwa habaidedeits habaidedeima habaidedeith habeidedeina – sagt das heutige Englisch einfach: had, verbunden mit einem persönlichen Pronomen. Wo das Altenglische god godne gode godum godes godre godra goda godan godena hatte, genügt heute = good. Das Wort „water" ist dasselbe für alle Kasusformen, dient als Verbum (bewässern) und als Quasiadjektiv (a water melon).

Das bedeutet: das Wort hat bloß noch eine unbestimmte Bedeutung, etwa „Wasser – wäßrig", seine konkrete ist nur noch aus dem Zusammenhang *im Satze* zu ergänzen, während ein flektiertes Wort, wie „cantavissent" sechs Bedeutungshinsichten formuliert enthält: Singen, Vorvergangenheit, die mit Konjunktiv gemeinte Einschränkung, Aktivum, dritte Person, Plural.

In dieser Stufe muß die *feste Wortstellung* sehr betont werden, und darüber hinaus muß der Hörende aus dem Sinnzusammenhang das Gesagte richtig aufnehmen. Von der chinesischen flexionslosen Sprache sagt Humboldt, das Ohr erhalte nur die materiellen bedeutsamen Laute, der Ausdruck der formellen Beziehung hänge an den Lauten nur als Verhältnis gegeneinander, in Wortstellung und Unterordnung. Die Schärfe des Sinnes, den formalen Zusammenhang der Rede zu erkennen, müsse dadurch im Geiste der Nation sehr erhöht sein.

Der Verlust an Flexionsreichtum läßt also die Sprachen „abstrakt" werden. Diejenigen Bedeutungen, welche in den Beziehungen der Worte zueinander liegen und früher formuliert wurden, werden jetzt nämlich zu sprachlosen Beziehungen von Denkakten! In dem Satz: puer amat puellam trägt die Akkusativendung die Bedeutung des Objekts des ausgesagten Vorgangs. In dem Satz the boy loves the girl ist durch die Festigkeit der Wortstellung kein Mißverständnis möglich, also liegt die Bedeutung des Objekts unformuliert nur in der *Richtung* des denkenden Beziehens, die eindeutig und einsinnig vorgeschrieben ist. Dieses kleine Beispiel genügt, um sofort die höchst interessante Einsicht zu haben, daß bei Abbau des Flexionsreichtums die Sprache aus sich selbst heraus *mathematisiert* wird. Die Sätze flexionsarm gewordener Sprachen werden topographische, ortsbedeutsame Schemata, man kann mit vollem Recht sagen, daß ein Wort durch seinen Stellenwert erst seine volle Bedeutung erhält und daß alle nicht materialen Bedeutungen in gesetzmäßigen Beziehungsbewegungen des Denkens selbst bestehen.

Den Schritt zur Mathematik tut das Denken dann, wenn es den bloßen Denkakt ohne jeden Inhalt faßt und ihn durch irgendein bloß noch restweise sprachliches Zeichen festhält. Das ist die durch den Denkakt als solchen gesetzte Einheit, und in willkürlichen, willenshaften, aber gesetzmäßigen und durchgehaltenen Beziehungen solcher Denkakte besteht die mathematische Bewegung. Sie wählt Zeichen für die Symbolisierung solcher Beziehungen. Ein jedes Symbol ist eine Anweisung zu jeweils gesetzten Beziehungen von bloßen Denkakten resp. zu anderen ebenso rein symbolischen, die durch Symbole ermöglichten Operationen werden ausschließlich vollzogen, um andere ebenso symbolische gesetzmäßig festzulegen.

Also ist die „Bedeutung" eines mathematischen Symbols, z. B. der Zahl 3, nur die in ihr vorgeschriebene inhaltlose Denkbewegung selbst: Akt, Akt, Akt, zusammengezogen. Es ist *dieselbe* schon vom Sprachlichen sich lösende Denkbewegung, die in flexionslos-hochabstrakten Sprachen notwendig wird, wenn der Stellenwert des Wortes den nichtmaterialen Teil seiner Bedeutung, etwa die Objektrolle, ausmacht, so daß diese Bedeutung nicht anders mehr erreichbar ist, als durch eine bestimmte, gesetzmäßige Richtung der Beziehungen, ohne Sprachausdruck. Daher, genau wie bei der Mathematik, die Mechanisierbarkeit dieser Sprachen, ihre Leichtigkeit und Unmißverständlichkeit. Es gibt im Englischen Erscheinungen, welche deutlich an mechanisierte Mathematik erinnern, z. B. der Gruppengenetiv: all good old men's works = (all good old men) works.

Zu der Erscheinung der „Entlastung" vom unmittelbaren Verhalten, welche ein menschliches Urphänomen ist, gehört immer dieses Sichzurückziehen von eben diesen unmittelbaren Kontaktstellen, also ein „Selbstausbau" der Funktionen: von den einfachsten motorischen angefangen, bis zur Sprache, zum Denken, vor allem zum Antriebsleben hin müssen die menschlichen Funktionen sich aneinander ausbauen, und ein unentbehrliches Mittel dazu ist immer die Mechanisierung, Gewohnheitsbildung, d. h. die Schaffung einer mühelos gewordenen Basis für weitere Leistungsverfeinerung. Man braucht bloß an den Handwerker zu denken, der in Tausenden von Übungsstunden eine bewußtlose Bewegungssicherheit auch feinster Vollzüge aufbaut, so daß das, was darüber hinaus ihm noch Mühe macht, für jeden anderen überhaupt unerreichbar wäre. Ich habe in diesem Sprachkapitel zeigen wollen, wie gerade hier in der Mitte des menschlichen Wesens diese Gesetzlichkeit staunenswert ist. Das Kraftfeld der Sprache ist ursprünglich ohne Zweifel das Jetzt der vorliegenden Situation. Aber erst in der Entlastung davon lernt die Sprache, sich in sich selbst zu bewegen, und damit dringt der Mechanismus der Assoziationen, der äußerlichen Angleichungen und Analogiebildungen, des bloßen Verständnisses von Formeln in dem Grade in sie ein, wie sie an hinweisender Suggestion, an Affektwert und an Bild- und Gefühlsgehalt verliert. Aber gerade dies ist der Boden für die Entwicklung reicheren, beziehenden, sich in sich selbst verfeinernden Denkens, die Bedingung der Denkbarkeit nuancierter Unterordnungen und des ganzen gedanklichen Reichtums, den die Flexion und die Syntax ausdrücken. Bis auch hier der Weg der Vollendung der Weg hinab wird, die Stereotypie überwuchert, ein verarmter Schematismus einsetzt und der allgemeine Problemschwund der „fürchterlichen Vereinfachung" erfolgt.

34. Spracheigene Phantasmen

Deswegen ist heute das Studium der Etymologie so faszinierend. Die in der Sprache einstmals lebendig gewesenen Bildelemente und originellen Gedanken kann man aus den längst funktionalisierten Formeln wiedererwecken und sich in die Zeiten versetzen, da eine anschauliche Phantasie in Wortbildern Gedanken erzeugte.

Im Philebos des Plato (23. Kap.) wird gesagt, ein Bildermacher und ein Logosschreiber seien in uns am Werke, wenn wir Wirkliches erkennen, und Aristoteles sagt (Üb. d. Seele): „Was nun Begriffe anbetrifft, so bildet sie die Denkkraft auf Grund der inneren Anschauungsbilder." Man muß dem durchaus zustimmen: was man in einer Sprache, die man studiert, empfindet und wiederbelebt, ist die ursprüngliche, in ihr arbeitende Richtung der Phantasie eines Volkes, ihrer Deutungsphantasie.

Die Lautbewegung des Gedankens ist eine Weise der Kommunikation, die zugleich tätig, weltaufschließend und schöpferisch ist, indem sie den Reichtum der Welt ebenso vermehrt wie „konzentriert": so wird in den Phantasmen der Sprache die Welt anschaulicher und verdichteter Symbole selbst noch einmal symbolisch verfügbar. Natürlich muß die Sprache dann einen großen Teil des menschlichen Phantasielebens an sich ziehen, denn sie ist ja ohnehin am Ende das führende und integrierende System, das auch das Ausdrucks- und Mitteilungsleben weitgehend „monopolisiert". Die Phantasie der Versetzungen strömt dann ein in eine entlastete Ferntätigkeit und sie wird, weil die Intentionen der Sprache sich ineinander erfüllen, zur Fähigkeit, *die gemeinten Inhalte phantasiemäßig ineinander zu transponieren.* Von dieser Leistung ist hier die Rede, nicht von der durch die Sprache ebenfalls erst freigelegten Fähigkeit, sich rein „vorstellend" in andere Situationen zu versetzen.

Sieht man hiervon ab, so kann man zwei Richtungen der Phantasiearbeit in der Sprache unterscheiden: die eine in der Bildebene des Wortes selbst, die andere in der „inneren Form" der Sprache, d. h. in der phantasiehaften Auswahl der Hinsichten, unter denen sie deutet und an denen sie festhält. Ich bespreche kurz beide Seiten.

Schon in jedem Wort als solchem liegt eine elementare Leistung der Phantasie in der einfachen Symbolik, also darin, daß die Sprache die Gegenstände „bildlich" in Worten faßt. Insofern ist die bloße Zuordnung eines Lautes zu einer Sache, in der eins für das andere genommen wird, eine Phantasietat, und man kann davon die eigentlich intellektuelle Seite unterscheiden, die in der Intention besteht, in dem Sichrichten durch das Wort auf den Gegenstand: dieser Akt bleibt auch in mehreren Sprachen derselbe. Wenn dagegen die Phantasieleistung der Zuordnung, der so tief vitalen Leistung, A für B zu nehmen, sich selbst faßt und nun, wie im Spiel, die Phantasie selbständig arbeitet, so haben wir die sehr interessanten Phantasiesprachen der Kinder. Ich halte es für sehr wahrscheinlich, daß die Ausbildung eines Teils des Wortvorrats auf diesem Wege zustande kam. Bei der Entstehung der Sprache muß ja, wie wir sahen, besonders die Lautgeste (Aktionslaut) und die Lautreaktion (auf Wiedererkanntes) zum Worte führen, aber daneben spielt ohne Zweifel auch das Phantasiewort eine Rolle: ist einmal durch geglückte Verständigung dieser Wert des Lautphantasmas, ein Ding zu vertreten, als schöpferisches Ereignis deutlich geworden, so muß diese Leistung sich auch selbst ergreifen können und nun das „Spiel des Benennens" losgehen. Darin liegt eine elementare Willkürlichkeit, die aber zu bestätigen ist: das Kind faßt die Worte, die es *lernt,* als bloße Sollbeziehungen auf. Ein Kind stellte sich mitten im Zimmer auf, zeigte auf die einzelnen Gegenstände und sagte: das Lampe, das Srank, das Kob. Diese „Willkürlichkeit der Regeln" gehört zu jedem Phantasiespiel, sie ist eine notwendige Formierung der Phantasie, die ohne solche gestaltlos auslaufen würde. Das Benennen kann daher neben den anderen Quellen des Wortes durchaus auch ein gewisses „Setzungsspiel" der Phantasie sein, und ich verdanke Jespersen einen sehr schönen Beleg, den er aus einer Schrift des Südamerikaforschers Martius übernimmt. Bei den Botokuden beobachtete man spontane Worterfindungen: „einer von ihnen rief das Wort mit lauter Stimme aus, als käme ihm plötzlich ein Gedanke, die anderen wiederholten es mit Gelächter und aufgeregtem Schreien, und dann wurde es allgemein von ihnen allen angenommen, auch für wohlvertraute Gegenstände." So wurde das Pferd „Kopfzähne", der Ochse „Spaltfuß" genannt. Es gilt allgemein, daß die Sprachen der Naturvölker ein gewisses Ausmaß spontaner Wortschöpfung zulassen. Kainz (a. a. O. II, p. 152) berichtet, wie ein Ful-Neger, nach dem Wort Lunge gefragt, sofort ein höchst anschauliches erfindet. Von fofa, blasen, bildete er das Intensivum fofta und dann mit dem Klassensuffix der Instrumentenklasse – ki das Wort foftoki, also sozusagen „nachdrückliches Blasinstrument".

In dieser ersten Betrachtung erscheint also das Wort, rein als Lautphantasma und „Bild" der Sache, bereits metaphorischen Gehalt zu haben. In der Tat ist die Sprache durch und durch Metapher, einfach deswegen, weil sie eben nicht die Gegenstände selbst enthält, sondern sie „im Widerscheine ausdrückt" (Goethe). Die Metapher im engeren Sinne, der eigentlich phantasievolle Sprachgebrauch, entwickelt nur diese Möglichkeit, A für B zu nehmen.

Innerhalb der einzelnen Wortbedeutungen und Worte gewahrt man nun ein Phantasma der *Grundbedeutung*, in den meisten Fällen ein sinnliches und anschauliches Bewegungsphantasma von eindeutiger *Gestalt*, welches eine Tendenz zur Wanderung, zur Ausweitung der Geltung des Wortes für ähnliche Gegenstände zeigt. Das ist uns nach dem oben Gesagten kein Geheimnis: man kann sagen, daß verschiedene, irgendwie in Hinsicht dieses Grundphantasmas ähnliche Gegenstände „assoziiert" werden, oder man kann sagen, daß unsere Handlung (des Bennennes) sich in der Welt ausbreitet. Diese Vorgänge sind es, welche das Studium der Etymologie so anregend machen.

Im Altägyptischen bezeichnet das Wort Kod die verschiedensten Begriffe: Töpfe machen, ein Töpfer sein, bilden, schaffen, bauen, arbeiten, zeichnen, Bild, Kreis, Ring usw. Allen diesen Bildern liegt ein Urphantasma „umdrehen, im Kreis herumdrehen" zugrunde. Das Herumdrehen der Töpferscheibe und die Vorstellung der bildnerischen Tätigkeit des Töpfers waren es, woraus allgemein der Sinn von „bilden, arbeiten, schaffen, bauen" entstand (Brugsch, Rel. u. Mythol. d. alten Ägypter).

In den uralaltaischen Sprachen steckt ein Urlement tob mit dem Vorstellungskreis fliegen, Feder, Flügel, Schmetterling usw. Das gestaltet sich auf der einen Seite zu tev ten den siw sub lob leb röp rb jep . . ., auf der anderen zu tagv tog däk len lij. Also finnisch: fliegen, flattern, schweben: lobal lobog lebeg leg röpül repül usw. Blatt: lipet luopta lopa level. Schmetterling: lependek libindi lapoch lablok. Fliege: legy. Feder: togol taul toll tolke. Tungusisch: doguatten er fliegt, däge Vogel, däktilä Feder, lopara Flügel, jepura Flügel. Lappisch: rapok flüchtig usw. usw. (Winkler, Der uralaltaische Sprachstamm).

Stenzel (Philos. d. Sprache, 86f.) gibt ein schönes Beispiel: griech. cheo heißt gießen, aber in sehr bestimmtem Bewegungsphantasma als Fallenlassen (vom Schnee), Entziehung der Unterlage durch Umwendung des Gefäßes, das Abgleiten des Fleisches vom Bratspieß, die Pfeile gleiten aus dem Köcher. Die Bedeutung des Flüssigseins, die im Deutschen nicht fehlen darf, ist also nicht wesentlich, wohl aber die Bewegungsgestalt des Fallenlassens, Herausgleitens, Herabrinnens. Dagegen gibt lat. fundo, gießen die Bewegungsgestalt des aktiven Schleuderns – es heißt gießen, aber auch schießen, Orakel und Worte in die Ferne werfen, jemanden zu Boden werfen. Dem Wort cheo entspräche die ein Gefäß umwendende Drehung der Hand, dem Wort fundo der gewaltsam treibende Stoß.

Endlich „hoffen" – hope, schw. hoppas hat eine ältere Bedeutungsschicht to-hopa Zuflucht, hopan to seine Zuflucht nehmen. Dahinter steckt eine älteste Urbedeutung hop = hüpfen, altnord. hopa, sich zurückbewegen. Also war das ursprüngliche Gestaltphantasma sich krümmen, sich niederbücken, um fortzuspringen oder hinzuspringen zu etwas Gutem (Jespersen).

Diese Beispiele müssen genügen, um die Schicht der Urbedeutungen aufzuzeigen, nämlich der in den Worten liegenden prägnanten Phantasmen, die ebenso Bild- wie Bewegungsphantasmen sind und also, wie auch Stenzel richtig sah, *vor* der Unterscheidung von Nomen und Verbum liegen. Sie sind durchaus schöpferische Leistungen, denn offensichtlich ist der Akt der Benennung eines Vorgangs oder eines Dinges zugleich die Auswahl einer *Hinsicht*, welche von der Phantasie als wesentlich im Worte festgehalten wird, und eben diese „Abstraktheit" des Phantasmas gestattet nun, dasselbe an andere Vorgänge heranzutragen und diese unter der gleichen Hinsicht aufzufassen. Das ist der eigentlich metaphorische Vorgang engeren Sinnes.

Dieses anschauliche metaphorische Deuten bemerkt man bei Kindern sehr häufig: wenn das Kind eine Suppe mit Klößen „Ballsuppe" nennt, wenn es sagt, daß der Schmetterling „Strümpfe strickt" (Bewegungen mit Beinen und Fühlern), so ist das ein solches metaphorisches Übertragen von Gestaltphantasmen. Es kommt dabei oft zu Wortschöpfungen: I pailed him out – nämlich eine Schildkröte mit dem Eimer (pail) herausholen. K. Bühler gibt in seinem Buch „Die geistige Entwickelung des Kindes" (1924) eine lange Liste solcher kindlicher Metaphern: ein englisches Kind nannte eine Wetterfahne tell-wind, Windsager. Trepperei ist ein Bergabhang, Lichterde ein sonnenbeleuchteter Fußboden.

Natürlich ist ein breites Feld notwendig metaphorischen Deutens auf allen den Gebieten der Wirklichkeit gegeben, die überhaupt keine sinnliche Realität haben: wie z. B. die Zeitdimensionen. Diese sind überhaupt nur metaphorisch zu bezeichnen, und zwar mit Raummetaphern: vor, nach, lange, kurze Zeit, Zeitraum, die Zeit erstreckt sich, verläuft, kommt usw. Dasselbe gilt für abstrakte Raumrichtungen: Süden, ahd. sund, ist natürlich dasselbe Wort wie Sonne, got. sunno, altslaw. slunice. Vor allem aber sind alle Innenzustände des Seelischen, Affekte, Antriebe, Stimmungen überhaupt nur durch Metaphern benennbar und also vom sinnlichen Phantasma her nachzuvollziehen: fassen, begreifen, auf oder an etwas verfallen, sein Herz hängen, treiben, drängen, rühren, regen, empfinden, einfallen. Es geht im Kopf herum, es fällt aus dem Sinn –, sanft, heiter, niedrig, finster –, verzehrt vor Neid usw. usw. in unendlichem Reichtum aller Sprachen (s. Paul, Prinzip der Sprachgesch. § 69). Zu diesem Reichtum der metaphorischen Sprachphantasie gehört es auch, wenn wir alle echten Tätigkeitsworte auch auf Vorgänge an unbelebten Dingen übertragen: der Fall „gehorcht" dem Fallgesetz, die Sonne zieht Wasser, es verspricht zu regnen, der Wald steht still und schweiget. In der Verwendung des Verbums in den idg. Sprachen liegt überhaupt eine grundsätzliche „Personifikation" aller Sachverhalte, die mit Tätigkeitsworten beschriebenen werden, eine Auffassung der Vorgänge als Handlungen.

Damit sind wir zu dem zweiten großen Gebiet der Sprachphantasie gekommen, nämlich zu den grundlegenden „Hinsichten", welche eine jede Sprache durchführt und welche ihre innere Form ausmachen. Auch hierzu nur wenige Beispiele, die Sache selbst ist ein Hauptthema der Sprachforschung, trotzdem sie fast nie unter dem allein richtigen Gesichtspunkt der Phantasie durchgeführt wird.

Wenn z. B. die indogermanischen Sprachen im Verbum echte Tätigkeitsvorstellungenn enthalten und nun auch, was nicht selbstverständlich ist, einen bloßen äußeren Vorgang unter dem Phantasma der Tätigkeit auffassen, sofern sie ihn eben verbal beschreiben; wenn dagegen andere Sprachen auf all das überhaupt verzichten und umgekehrt nicht in Aktionsphantasmen, sondern von „erscheinenden Vorgängen" aus denken, so daß sie nicht sagen: „ich töte ihn", sondern etwa: „er stirbt mir" – und nicht: „ich werfe es fort", sondern „es fliegt mir fort", so liegt in diesem Verfahren (des Grönländischen, auch der uralaltaischen Sprachen) eine so schlechthin andere Weise der Auffassung vor, daß man sagen muß: die Grundkategorien der Phantasie sind verschieden. Denn die Übersetzungen („er stirbt mir") sind ja durchaus nur Umschreibungen in einem anderen Sprachgeist, welche nur denselben *Sachverhalt* betreffen, jedoch nicht die spontane Weise, wie er aufgefaßt wird. Wenn die grönländische Sprache gar nicht das Grundphantasma „ich höre" vollzieht, sondern ein völlig anderes, das wir mit den Mitteln unserer Sprache (und also deren Voraussetzungen mitziehend) mit „mein Ertönen" wiedergeben – so gibt es hier schon eigentlich keine wirkliche „Übersetzung", d. h. keinen wirklichen Nachvollzug dieser Anschauung als einer *geltenden* und ursprünglichen, sondern nur eine Transponierung desselben Sachverhalts in ein ganz anderes „Sprachgefühl" oder -phantasma. Jede Sprache ist nur insofern in jede andere übersetzbar, als sie das „Was", von dem die Rede ist, übertragen kann, aber nicht in der ursprünglichen Weise, *wie* sich die Sprachphantasie dieses Sachverhalts bemächtigt.

Bedenken wir einmal folgendes: in indogermanischen Sprachen ist Substantiv und Verbum wohl unterschieden, was aber heißt: die Zuerkennung einer Eigenschaft an einen Gegenstand und die Schilderung eines Vorgangs sind ganz grundlegende und unterschiedene Kategorien des Denkens und der Wahrnehmung, also der Deutungsphantasie. In uralaltaischen Sprachen gibt es zunächst diesen Unterschied von Nomen und Verbum gar nicht: die Ausdrücke „Mann-ich", „groß-ich", „dort-ich", „gehen-ich" liegen innerhalb *derselben* Grundanschauung. Im Türkischen heißt min padishamyn = ich Herr ich = ich bin Herr, män äkkälgän min = ich gebrachthaben ich = ich habe gebracht. Dieses indifferente „Verbalnomen" ist zwar in unserer Sprache durch substantivierte Infinitive, Partizipien usw. umschreibbar, aber wir können uns nicht in die *Anschauung* versetzen, welche dem zugrund liegt. Das Phantasma, welches einem Ding eine Eigenschaft zuordnet, ist hier *dasselbe* wie jenes, welches einen Vorgang schildert oder eine eigene Handlung. Deshalb können an ein Substantiv-Adjektiv-Verhältnis einfach Tempuszeichen anwachsen: sawa-dam: gut ich, sawa + dam + s: gut ich gewesen (jurakisch). (Ich entnehme die Beispiele dem ausgezeichneten Buch von Winkler: Der uralaltaische Sprachstamm.) Diese „prädikative Konjugation" (!) ist vorwiegend die der intransitiven „Verben", wie „Gehen-ich" usw. Natürlich kennen diese Sprachen auch transitive, und hier muß man die Kraft der Phantasie bewundern, mit der sie es fertig bringen, die Beziehung auf einen Gegenstand und die Bestimmung der handelnden Person (*wir* nahmen *ihn*) doch wieder in das Phantasma eines *Sachverhalts* zu ziehen: man nimmt dazu das Possessivpronomen. Kuäl-on, kuäl-än, kuäl-änel (wogulisch) heißt: Haus unser, euer, ihr. Us-l-on, us-l-än, us-l-änel heißt mit völliger Identität des Vorstellungsschemas: nahmen-ihn-unser, nahmen-ihn-euer, nahmen-ihn-ihr, oder: unser, euer, ihr (possessiv) Ihn-Genommenhaben, wobei der Stamm us eben „Verbalnomen" ist, an den eine Objektsandeutung und ein Possessivpronomen anwächst. Man kann daher auch von einer Deklination des Verbums reden: z. B. türkisch ist die Silbe -lar/ler das Pluralsuffix. Severler heißt: sie lieben. Im Japanischen, in dem diese Eigentümlichkeit aufs schärfste ausgeprägt ist, gehen diese substantivartigen Bildungen sogar bis in die Partikel und Adverbien des Ortes: ko-no koma = „dieses Pferd hier" heißt wörtlich „der Hierheit Pferd", mit ausdrücklich genetivischem no.

Diese Erscheinungen zeigen ursprüngliche Auffassungsweisen, welche sich von den unseren sehr stark unterscheiden, und die verschiedenen Sprachfamilien zeigen so grundsätzliche Unterschiede der elementaren Sprachphantasie, daß man oft an der Nachvollziehbarkeit irre wird. Finck sagt mit Recht, die türkische Personalendung -im, die zugleich Possessivsuffix ist, vermische eben „ich, mein, mich" zu einer „unvorstellbaren Einheit". Ein Verbalnomen mit „das Gehen" wiederzugeben, ist schon logisch deswegen unstimmig, weil unsere substantivierten Verbalformen nur in sehr spezieller Verwendung den Grundunterschied von Nomen und Verbum einmal überbrücken, den sie durchaus voraussetzen. Das Verbalnomen liegt aber vor oder besser jenseits dieser Unterscheidung, und man versuche einmal, das Phantasma „gehend" oder „gehend-ich" wirklich genetivisch zu vollziehen: „Gehends Nichtsein" – es ist mir fraglich, ob dies wirklich gelingt. Daher gibt es reine Fälle verständnisloser Unvollziehbarkeit. In der hamitischen Fulbe-Sprache (vgl. Meinhof, Die Sprache der Hamiten. Westermann, Handbuch der Ful-Sprache) gibt es eine grammatische Erscheinung der „Polarität", ebenso im Somali (Reinisch, Die Somalisprache). Wenn im Somali ein Substantiv im Singular Maskulinum ist, wird es im Plural Femininum und umgekehrt. Meinhof kann zur Erklärung auch nur auf die Erscheinung verweisen, daß bei den Hamiten die Söhne oft zur Familie der Mutter, die Töchter zur Familie des Vaters gehören und daß (bei den Nandi) die Jünglinge vor der Mannbarkeitsfeier Mädchenkleider, die Mädchen Männerkleider tragen. Das scheint auf sehr merkwürdige und tiefe Polaritäts-Phantasmen zu deuten, die bis in die Sprache durchgeführt werden. Im Ful wieder lautet die Personenklasse im Sing. ebenso an, wie die Sachklasse im Plural. Weshalb im Ful – unter 21 klassebildenden Suffixen – das fünfte (-al, -gal) „Vögel, Werkzeuge, Infinitive" bezeichnet, geht wenigstens über meine Phantasie hinaus. Dabei ist diese Sprache keineswegs „primitiv", die darin möglichen Suffixkombinationen am Verbum sogar außerordentlich geistreich.

Unsere Erörterung über die spracheigenen Phantasmen kann damit abgeschlossen werden, ohne daß wir, im Elementaren bleibend, auf die höheren Vorgänge sprachschöpferischer Phantasieleistung eingehen wollen. Ich bemerke, daß die Sprachwissenschaft das Thema „Phantasie" meist umgeht, wohl weil keine bestimmten Anschauungen darüber es verhindern, ins „Unbestimmte" zu geraten. Eben deshalb bleibt der Begriff der inneren Sprachform recht dunkel, der nur von der Phantasie aus definiert werden kann. Erst wenn man die entscheidende Rolle der Phantasie in unserem Sinnes- und Bewegungsleben erkannt hat, und weiter die Sprache mit diesem in einem notwendigen Zusammenhang sieht, kann man auch in den tiefsten Schichten der Sprache die Phantasie in ihrem Sichversetzen und Gleichsetzen, Ausdeuten fassen. Das ist die Metapher, und auch die innere Sprachform mit ihrem Gleichsetzen der „Vorgänge" mit „Handlungen" oder der Handlungen mit „Erscheinungen" usw. ist zuletzt Metapher.

35. Erkenntnis und Wahrheit

Die Fähigkeit des Denkens „bei sich selbst zu bleiben", die schon in seiner Basis, der Sprache, vorgebildet ist, gibt uns die Möglichkeit, einen Zusammenhang von Bedeutungen in sich zu schließen und darin einen Sachverhalt „festzustellen". Damit erhebt sich die Pilatusfrage: was ist Wahrheit, der wir einige Schritte nachgehen wollen.

Die bloße Wahrnehmung, so sahen wir schon, verschafft uns keine Erkenntnis, sondern höchstens Bekanntschaft, so wie ein Kind den Mond kennt und sonst nichts über ihn weiß. Wir müssen also erst eine Aussage über den Mond machen, ehe das Problem der Wahrheit auftauchen kann, indem wir z. B. mit Xenophanes sagen: „Der Mond ist eine verdichtete Wolkenmasse." Es soll uns hier nicht kümmern, daß dieser Satz falsch ist – aber was ist geschehen? Dieser Satz schwimmt im sozialen Medium, wie alles Sprachliche, er ist aus Worten gebildet, die alle kennen, und er enthält eine Mitteilung, er ist adressiert, nämlich an alle die, die ihn noch nicht kennen. Abgesehen von dem uns noch dunklen Anspruch, wahr zu sein, hat er noch den anderen, für beliebig viele andere Menschen zu gelten, die ihn verstehen und für wahr befinden sollen. „Die Wahrheit", sagt F. C. S. Schiller (Studies in Humanism), „ist eines von den seltenen Dingen, nach deren Alleinbesitz niemand strebt."

Der Satz ist interessant gewesen, weil er etwas Neues sagte, und ein jeder wahre Satz war einmal interessant, bevor er selbstverständlich wurde. Der Gewinn, nicht der Besitz der Wahrheit ist reizvoll. Und dieses Interesse hat er deswegen, weil er eine Beziehung herstellt zwischen einer unbekannten und einer bekannten Größe, dem Mond und den Wolken. Der Adressat denkt an die Wolken, dann stellt er sich vor, wie sich die Wolken zusammendrehen und ballen, wie Wolle. Das Resultat ist der Mond. Vielleicht fragt er weiter: was sind eigentlich Wolken? Xenophanes weiß das auch: „wenn nämlich aus dem Meere die Feuchtigkeit durch die Sonne emporgezogen würde, dann würden deren süße Bestandteile infolge ihrer Feinteiligkeit ausgeschieden und bildeten, indem sie sich wie Nebel verdichteten, Wolken und ließen infolge von Verdichtung Regenschauer niedergehen."

Das ist ein ganzes System von Erkenntnissen. Die Sonne zieht, wie man jederzeit sieht, den Nebel hoch aus dem Meer. So bleiben die salzigen schweren Bestandteile zurück, der Nebel verdichtet sich zu Wolken, die wie ein ausgepreßter Schwamm das süße Wasser abgeben. Und eine solche verdichtete Wolkenmasse, das ist der Mond.

Wir können jetzt sagen, wie man zu Erkenntnissen kommt: dadurch, daß wir ein Unbekanntes aus schon Bekanntem hervorgehen lassen, es in der Vorstellung nacherzeugen oder durch irgendeine gedankliche Operation etwas Bekanntes so verändern, daß das Unbekannte entsteht. Das ist eine *Umkonstruktion.* Die Entdeckung des Xenophanes bestand darin, vom aufsteigenden Nebel auszugehen, und nun den irgendwoher geholten Begriff der Verdichtung hinzuzufügen: dann entstehen in seiner umkonstruierenden Phantasie der Reihe nach die Wolken, der Regen und der Mond.

Von einer anderen Seite gesehen, wird das Unbekannte damit in ein größeres, schon festgestelltes „System" eingefügt, in einen Zusammenhang schon bekannter Tatsachen: daß die Sonne den Nebel zieht, daß der Regen süß ist, das Meer salzig, daß es „Verdichtung" gibt und daß ein Schwamm „regnet", wenn man ihn ausdrückt und „verdichtet" – das alles sind bekannte Größen, in die nun die unbekannte eingeht und durch deren Vermittelung sie selbst erkannt wird.

Schließlich ist noch eine dritte Seite zu erwähnen: der Satz selbst, von dem wir ausgingen („Der Mond ist eine verdichtete Wolkenmasse"). Dieser Satz ist das Resultat, das abhebbare, in sich geschlossene Gebilde, das in diesem ganzen Prozeß der „Umkonstruktion" zustande kommt. Dieser abhebbare Satz kann kursieren wie eine Münze, und so kommt er an einen anderen, der sich über ihn wundert und fragt: ist das wahr? Was macht nun jener andere?

Er „verifiziert" ihn, er *macht* ihn wahr oder unwahr, und zwar ebenfalls in einem konstruierenden Prozeß, nämlich dem der Erwartung und „Vorauskonstruktion" der Folgen, die eintreten und beobachtbar sein müßten, wenn der Satz wahr ist. Wenn der Mond eine verdichtete Wolkenmasse ist, warum regnet er sich nicht ab, wie jede andere Wolke, und warum verändert er nicht seine Bahn am Himmel mit der Windrichtung, wie es sonst die Wolken tun? Und da keine dieser Erwartungen, die eintreffen müßten, wenn der Satz wahr wäre, durch die Erfahrung bestätigt ist, so wird jener zweite antike Physiker den Satz verwerfen – er ist nicht wahr.

Zu einer Erkenntnis gehören daher einige wichtige und wohl zu merkende Umstände. Erstens ist der Prozeß ihrer Gewinnung ebenso konstruktiv wie der ihrer Verifizierung, denn in beiden Fällen lassen wir Neues aus schon Gegebenem *hervorgehen*, d. h. wir definieren und verifizieren grundsätzlich konstruktiv und genetisch. Die Produktivität einer Erkenntnis besteht logisch in diesem Prozeß eines zwingenden Entstehenlassens, und psychologisch in der geistigen Freiheit, mit der ein Sachverhalt aus dem gewohnten Umfeld dumpfer Bekanntschaft herausgehoben und auf einen unerwarteten anderen bezogen wird, aus dem er sich selbst erklärt, indem er daraus entsteht.

Ein zweiter Umstand ist der, daß ein Sachverhalt, sobald er erkannt ist, in ein *System* schon erkannter Tatsachen eingeht und dort in Zusammenhänge eintritt. Dieser Zusammenhang kann mit Sachverhalten zustandekommen, die mit der Unbekannten, von der wir ausgegangen waren, anschaulich und in unmittelbarer Erfahrung gar nichts zu tun haben. Der wahre Satz erhält so einen „Stellenwert" in einem System anderer wahrer Sätze, und hier ist nun höchst bedeutsam, daß dieser Zusammenhang im *Wissen* besteht, *nicht* jedoch in der anschaulichen Welt der Wahrnehmungssituationen, wohl aber wieder in der *realen Wirklichkeit*. Der fallende Stein und die Planetenbewegung haben ihren systematischen Zusammenhang im Kopfe Newtons und in der realen Welt der Naturgesetze, aber nicht in der unmittelbaren Erfahrung der Wahrnehmung. Hier setzen die eigentlich gnoseologischen Probleme der Erkenntnistheorie ein.

Der dritte wichtige Punkt ist der der *Verifizierung*. Der Anspruch des Satzes auf Wahrheit und der Erweis der Wahrheit ist zweierlei. Eine gute Wahrheit stellt uns sicher, nicht durch die bloße suggestive Überzeugung, daß es so ist, sondern dadurch, daß sie gewisse *Folgen* prognostiziert, die rückwirkend die Wahrheit bestätigen. Eine Wahrheit ist fruchtbar, man kann etwas aus ihr ableiten, und eine sichergestellte Erwartung ist so tief befriedigend wie ein Erfolg.

Endlich viertens der Satz selbst: abhebbares Produkt und in sich ruhendes Gebilde, in dem die Wahrheit transportabel wird, losgelöst aus dem einsamen Geist des Erfinders, und Umlaufsgeltung erhaltend. So gibt sie die unschätzbare Möglichkeit, daß jedermann nicht nur kraft eigener Einsicht, sondern *aus der Einsicht anderer* sich verhalten und handeln kann. In einer Erkenntnis wird ein bestimmter Inhalt des Denkens, bezogen auf einen objektiven Sachverhalt, festgelegt und ein Beisichbleiben bestimmter Bedeutungen geschlossen. So wird im Meer der Erlebnisse eine *Invariante* geschaffen, ein Stützpunkt des Verhaltens in die Zukunft hinein, ein Ausgangspunkt und lenkender Hebel für irgendwelche nächsten Schritte.

Auch dieser vierte Punkt des „geschlossenen Satzes" ist anthropologisch beweisend. In der Freiheit des Denkens, in sich selbst weiter zu laufen und eine Vorstellung in der anderen zu intendieren und zurückzubeziehen, setzt es sich vorübergehend von der Welt ab, bewegt sich in sich selbst und trifft dann irgendwo wieder die Tatsachen. Das Beisichbleiben des Denkens ist dann selbst die höhere Indirektheit und Umwegigkeit des Verhaltens, in der wir uns in Schlußreihen und Hypothesen von der Realität absetzen und wieder zu ihr hinbewegen. Der höchste Grad der Entlastung besteht darin, daß das entlastete Verhalten sich einige Zeit in sich selbst weitertreibt und sich selbst erfüllt. Dewey hat dies in einer Stelle seines Buches The Quest for Certainty (p. 146) sehr gut gesehen. Er spricht da von Symbolen oder Worten und sagt: „Even more important was the fact that instead of being adapted to local and directly presented situations, they were framed in detachment from direct overt use (Entlastung!) and *with respect to one another.*"

Eine formulierte Wahrheit ist eine „innere Invariante", die es uns ermöglicht, mit einem Sachverhalt, den in den meisten Fällen gar nicht wir selber festgestellt haben, in absentia zu verkehren. Die Motive unseres Verhaltens werden grundsätzlich nicht mehr aktuelle Eindrücke, und wir verhalten uns in einer Welt, die durch und durch umstrukturiert ist und den Charakter der „wirksamen Nichtgegenwart" dessen erhält, was uns am meisten interessiert und wozu wir dauernd Stellung nehmen. Der Wirklichkeit gegenüber eine Freiheit der Stellungnahme zu gewinnen, sich vorübergehend von ihr zurückzuziehen, um sich dann wieder auf sie einzulassen: dazu ist die Sprache die zentrale Bedingung. Sie hilft mit ihrer großartigen Andeutungsleistung, sich von der Unmittelbarkeit abzulösen, sie arbeitet der Artikulation der Bewegungen in die Hände, sie legt das Vorstellungsfeld frei und erweitert so die Gegenwart in Raum und Zeit, sie trägt die Intention des Gedankens und vermittelt die Chance, sich vom Wissen anderer her zu verhalten. Und endlich gibt sie das „Schwungrad an der Achse des Gedankens" her, mit dem das Denken in sich selbst weiterläuft und sich in einer Satzgestaltung schließt. So wird, in der Abhebbarkeit des gedachten Satzes, die Beziehung des Denkens zum Sein eine bloß *mögliche*. Diese virtuelle Verifizierbarkeit ist der „Anspruch auf Wahrheit", den man dem Satz selbst zuschreibt, anstatt dem, der ihn aussagt. Die angebliche Zeitlosigkeit einer Wahrheit, eines wahren Satzes besteht keineswegs in seiner Verwurzelung in einer höheren Sphäre „reiner Geltungen", wenigstens soweit es sich um Sätze mit Tatsacheninhalt handelt und nicht um rein formale Konstruktionen, wie die mathematischen Sätze. Das Denken allein versichert uns nicht einer anderen Welt. Diese Zeitlosigkeit ist nur das *Dahingestelltseinlassen des Hinweises* auf einmalige und zeitverbundene Situationen, die wir aufsuchen müssen, um den Satz zu verifizieren. Diesen Hinweis kann das Denken *auch* leisten, eine *mögliche* Beziehung der „Feststellung" zur Wirklichkeit muß immer da sein und sie steckt in jeder Erkenntnis als ihr Anspruch auf Wahrheit darin, als der Zug des in der Schwebe gehaltenen Denkens, wieder zur Wirklichkeit zurückzuführen.

Das hier dargelegte Modell der Erkenntnis ist überall da nachweisbar, wo überhaupt mit Sachproblemen der Realität gearbeitet wird, sei es im vorwissenschaftlichen oder wissenschaftlichen Gebrauch, angefangen von der Fachkunde des Handwerkers, der über sein Material urteilt, bis hin zu der abgezogensten, am meisten in bloßen Vorstellungen bestehenden Wissenschaft die es gibt, der Geschichtswissenschaft. Aus lückenhaften Überresten und Dokumenten muß der Historiker das geschichtliche Geschehen in seiner Vorstellung nacherzeugen, und in seiner Arbeit besteht vielleicht der größte Abstand zwischen Realität und Theorie, der überhaupt vorkommt.

Der hier vorgetragene genetische Erkenntnisbegriff ist keineswegs neu. Wie ich schon vor vielen Jahren in der Abhandlung „Wirklichkeitsbegriff des Idealismus" zeigte (Bl. f. dt. Philos. VII), findet man bei den verschiedensten Denkern Hinweise auf diese Auffassung, daß das Erkennen seinen Gegenstand konstruiert oder genetisch entstehen läßt. Bei Aristoteles, Hobbes und Vico findet man sie, bis Kant zum Grundsatze seiner Lehre die These machte, „daß die Vernunft nur das einsieht, was sie selbst nach ihrem Entwurfe hervorbringt" (Kr. d. r. V., 2. Aufl. Vorrede). Noch deutlicher heißt es an einer anderen Stelle: „Wir verstehen aber nichts recht als das, was wir zugleich machen können, wenn uns der Stoff dazu gegeben würde" (Reflexion Nr. 395). „Diejenigen Dinge", sagt F. H. Jacobi (IV, 153), „wovon wir das Vermittelnde einsehen, d. h. deren Mechanismus wir entdeckt haben, die können wir, wenn jene Mittel in unseren Händen sind, auch hervorbringen. Was wir auf diese Weise, wenigstens in der Vorstellung konstruieren können, das begreifen wir, und was wir nicht konstruieren können, das begreifen wir nicht." So auch Novalis: „Was ich begreife, muß ich machen können, was ich begreifen will, machen lernen" (III, 230), denn „wir wissen etwas nur, insofern wir es ausdrücken, i. e. machen können" (II, 187). Auch Nietzsche betont in der „Morgenröte" (Taschenausg. V, 126), „daß wir nur begreifen können, was wir tun können, wenn es überhaupt ein Begreifen gibt". Ganz deutlich ist dieser pragmatische Erkenntnisbegriff bei Fichte ausgesprochen (II, 169): „Ich habe die verschiedenen Erfahrungen untereinander verglichen, und nur nachdem ich ihren genauen Zusammenhang einsah, nachdem ich eine aus der anderen erklären und ableiten und den Erfolg im voraus berechnen konnte (!), die Wahrnehmung meines Erfolges meiner Berechnung entsprach, habe ich mich beruhigt."

Diese Ansätze sind jedoch in der idealistischen Philosophie selbst bei diesen Autoren nicht durchgedrungen, und erst der Pragmatismus unter Führung von Peirce, W. James und Dewey hat diesen Erkenntnisbegriff voll entwickelt. James legte in seinen „Pragmatismus" betitelten Vorträgen dar, das Wesentliche der Übereinstimmung einer Erkenntnis mit ihrem Sachverhalt bestehe in dem Vorgang des „Geführtwerdens", eine Theorie müsse vor allem zu etwas hinführen, weg von Exzentrizität und Vereinzelung, von verfehltem und unfruchtbarem Denken, hin zu etwas Wichtigem und Fruchtbarem. In der Schrift „Der Wille zum Glauben" hat James die unmittelbare Unsicherheit der Zukunft schlagend der Sicherstellung der Erwartung entgegengesetzt, welche die rationale Erkenntnis leistet. Dewey hat dieses Thema in vielen Schriften, in die er erkenntnistheoretische Erörterungen eingearbeitet hat, insbesondere in „The Quest for Certainty" (1930) breit durchgeführt. Er hat hier die sehr treffende These behandelt, daß das Ziel des Denkens in der rationalen Sacherkenntnis nicht die Annäherung an eine *schon bestehende* Realität ist; das Denken will vielmehr die Merkmale, die es nicht den ruhenden Qualitäten der Dinge, sondern ihren dynamischen Beziehungen entnimmt, als *Möglichkeiten* von dem ansehen, was diese Dinge durch angebbare Operationen *werden* können. Immer handelt es sich beim Erkennen um „Experimentations", durch welche der Übergang von einer problematischen Situation in eine behobene oder gelöste (resolved one) gelingt. „Die wahrgenommenen Daten haben eine Bedeutung für die Erkenntnis, weil sie die *Folgen* von bestimmten, gerichtet durchgeführten Handlungen sind. Allein in Verbindung mit der Absicht oder der Idee dieser Operationen schlagen sie zu Buche, indem sie irgendein Faktum enthüllen, oder Probe und Beweis für eine Theorie sind" (p. 110).

Da der Pragmatismus die einzige bisher erschienene Philosophie ist, welche grundsätzlich den Menschen als handelndes Wesen ansieht, so ist seine Auffassung zunächst einmal jeder anderen vorzuziehen. Ich freue mich, daß auch W. Burkamp in seinem außerordentlich gelehrten und durchdachten Buch „Wirklichkeit und Sinn" (1938) diese Auffassung teilt: „Ich gebe dem Pragmatismus in seinem fundamentalsten Prinzip völlig recht" (Bd. II § 452). Dabei erfordert es übrigens die Gerechtigkeit festzustellen, daß unabhängig von der mit Peirce 1878 beginnenden amerikanischen Bewegung der Pragmatismus mehrfach selbständig entworfen wurde, so von G. Sorel 1899, wie er in „De l'Utilité du Pragmatisme" selber angibt, von E. Mach und in allen grundsätzlichen Gedanken von Bergson. Philosophisch ist weiter zu sagen, daß der Pragmatismus das Erkenntnisproblem weniger zu Ende löst, als in einer neuen Form stellt. Er tut dies insbesondere dadurch, daß er seine Erkenntnislehre am Modell der leistungsfähigsten Wissenschaften orientiert, und das sind die experimentellen Naturwissenschaften. Wenn eine Philosophie so verfährt, so bekommt sie eine pragmatische Note, wie das Georges Sorel bei Kant sehr richtig gesehen hat: „Die Pragmatisten nehmen wie er dasjenige als erstes Datum der Intelligenz, was die Gesellschaft als wissenschaftliche Höchstleistung erreicht hat (a produit de plus scientifique)." In der Tat sagte Kant im § 68 der Kritik der Urteilskraft, die Naturwissenschaft müsse das Studium der Natur nach ihrem Mechanismus an demjenigen festhalten, „was wir unserer Beobachtung oder Experimenten so unterwerfen können, daß wir es gleich der Natur, wenigstens der Ähnlichkeit der Gesetze nach, selbst hervorbringen könnten; denn nur so viel sieht man vollständig ein, als man nach Begriffen selbst machen und hervorbringen kann". In diesem Satz steckt der ganze, im Grunde pragmatische Kerngedanke der Kantischen Lehre, und was Kant zur Behauptung einer rein intellektuellen Handlungskraft der Vernunft in der Erfahrung veranlaßte, also zum Übersehen der wirklichen Handlungen des Leibes im Aufbau derselben, war wohl der übermächtige Eindruck der Newtonischen Astronomie: hier wurde ja nicht experimentiert, sondern ein angeblich apriorisches Gesetz aus der bloßen Wahrnehmung und Berechnung zurückgewonnen.

Aus dem bisher Dargelegten kann man nun eine bestimmte Auffassung über die Wahrheit irgendwelcher Erkenntnisse ableiten, die in Form eines Satzes auftreten. Ist, wie allgemein anerkannt wird, die Wahrheit eines Satzes nicht an ihm selbst abzulesen („das durchschnittliche Lebensalter des Europäers ist 52 Jahre" –?–), so liegt sie notwendig in einer *herstellbaren Beziehung*. Diese Beziehung kann, wie man sofort sieht, eine dreifache sein:

Sie kann erstens in der Beziehung des Satzes zu den Tatsachen bestehen, die er feststellt.

Sie kann weiter in der Beziehung des Satzes zu anderen Sätzen bestehen. Und da drittens Sätze als „innere Invarianten" grundsätzlich auch Stützpunkte unseres Handelns sind, so kann sie als Leistungsfähigkeit in *dieser* Hinsicht erscheinen, d. h. sie besteht dann in der Fruchtbarkeit an praktischen und theoretischen Folgen in dieser Richtung nach der Zukunft hin.

Wahrheit kommt einem Satze also nie „an sich" zu, sondern sie ist das Merkmal einer Funktion oder Leistung des Satzes. Der Satz als solcher ist für die Reflexion, vom Bewußtsein her, immer hypothetisch und „dahingestellt": dabei kann es grundsätzlich bleiben, indem ich mich auf seine mögliche Bestätigung verlasse, ohne sie durchzuführen, oder indem ich ihn nicht in die Reflexion des Zweifels hineinziehe: ich gebe ihm Kredit. Wir tun dies praktisch in zahllosen Fällen. Andererseits können wir die Wahrheit eines Satzes nachweisen, und wie man aus den drei Möglichkeiten sieht, geschieht dies immer so, daß wir ihn in Bewegung bringen: ihn an seinen Ursprung der Erfahrung wieder heranführen, ihn einer zukünftigen Probe aussetzen resp. seine Leistungsfähigkeit im „Gebrauch nach vorwärts" ermitteln, oder daß wir ihn mit anderen Sätzen verbinden um zu sehen, welche Figur er dabei macht. Immer aber muß der festgelegte Satz wieder in Bewegung gebracht werden, und seine Wahrheit ist eine Funktion des *Ausfalls* dieses Versuches. Ein isolierter Satz, als bloßer Gegenstand der Reflexion, ist der Frage „wahr oder falsch" überhaupt nicht zu unterwerfen.

Die erste Bedeutung dieser von uns zu leistenden Funktion, welche als im Satze beschlossen gedacht, Wahrheit heißt, ist also die Beziehung des Satzes zu den Tatsachen, die er feststellt. Dies ist wesentlich eine Beziehung nach rückwärts, eine Herkunftsprobe. Ich nehme es auf Kredit, daß der Brocken 1142 m hoch ist, aber wenn ich mich da schlechterdings nicht irren will, muß ich nachmessen. Jeder legitime wissenschaftliche Begriff muß sich in derselben Weise belegen lassen und der Nachprüfung offenstehen. Diese Bewegung der Zurückführung nach den Quellen der Erfahrung hin, aus denen der Satz stammte, ist eine manchmal notwendige, grundsätzlich aber unfruchtbare Weise des Sichversicherns, ob eine bestimmte Erkenntnis auch stehen bleiben darf. Sie ist eigentlich nur dann fruchtbar, wenn eine Erkenntnis mit anderen in Kollision gerät und nun fraglich wird; die Nachprüfung kann dann im System des Wissens weitreichende Veränderungen mit sich bringen. Wo aber die Philosophie, besonders der Sensualismus, diese Funktion der Wahrheit allein sah, weil sie von der Herkunft der Begriffe und Urteile aus der Erfahrung benommen war, hat sie immer den Erkenntnisprozeß als ein Kombinieren und Vergleichen von Urteilen beschrieben, welche zuletzt zur Erfahrung *zurückführen* müssen. Die Erkenntnis ist dann eine sterile Funktion, die uns nur auf Umwegen zum schon Bekannten zurückschickt.

Wir kommen jetzt zu der zweiten Bedeutung von Wahrheit, die von der ersten und der dann folgenden dritten gar nicht abtrennbar, nur unterscheidbar ist. Jetzt handelt es sich um die Beziehung des Satzes zu anderen Sätzen.

Es liegt zunächst im Wesen der Sprache bereits eine gewisse Unbestimmtheit der Wortbedeutungen, die nur im Kontext des Satzes sich gegenseitig feststellen. Ein Zusammenhang von Worten zu einem Satz wird ja nur so möglich, daß jedes einzelne Wort zunächst eine bloß vorläufige, anschwebende Bedeutung hat, wodurch es erst hinweisend werden kann auf die folgenden; so erhält es dann von dem Gesamtsinn seine Bedeutung in diesem Zusammenhang zurück. Die Fähigkeit der Sprache, den Hinweis auf gegenwärtig Vorhandenes und Erfüllendes in der Schwebe zu lassen, welcher Hinweis das Wort jeweils eindeutig machen würde, diese Fähigkeit ermöglicht ja erst den Fortgang des Denkens in sich selbst, und damit geht in jedes Wort eine gewisse vorläufige Variable ein, die erst durch die folgenden Worte und den Gesamtsinn, in dem sie sich schließen, erfüllt wird

Es war Saussure, der in seinem Cours de linguistique générale (3. ed. 1931) dies zuerst grundsätzlich aussprach: „la langue est un système dont tous les termes sont solidaires et où la valeur de l'un ne résulte que de la présence simultanée des autres" (p. 159).

Dieser Unbestimmtheit entgeht man durch Definition, d. h. durch eine *willensmäßige* Festlegung der Inhalte, die einer Bedeutung zukommen *sollen.* Eine Definition ist ein Vertrag, eine Abmachung des Denkens mit sich selbst, bloß bestimmte und einzeln formulierte Hinsichten in einem Begriff denken zu wollen und sich daran gebunden zu halten. Sie entstand daher in den echt konstruktiven Denkgebieten, in der Logik, Mathematik und Jurisprudenz. Sehen wir aber von der Definition ab, so liegt im Denkgebrauch diese Unbestimmtheit der Wortbedeutungen, welche sie erst fähig macht, in die Einheit eines Satzes einzugehen und von ihr Bestimmtheit zurückzuempfangen, auch wenn keine Situationshilfen zur Verfügung stehen.

Dasselbe hier dargelegte Verhältnis gibt es nun auch eine Stufe höher, im Verhältnis der Sätze zueinander. Es war ein völlig richtiger Gedanke des Idealismus, daß all unser Wissen aus sich selbst heraus zu einem System, einem Ganzen strebe, wenn es Fichte oder Hegel auch nicht gelang, dieses Ganze darzustellen, was überhaupt wesentlich unmöglich ist, weil alle Erfahrung auch in eine noch offene Zukunft arbeitet. Aber es ist sehr richtig, wenn Schelling in den „Weltaltern" sagt, „daß in der wahren Wissenschaft jeder Satz nur eine bestimmte und sozusagen örtliche Bedeutung hat, und daß er der bestimmten Stelle entnommen und als unbedingter – dogmatischer – hingestellt, entweder Sinn und Bedeutung verliert oder in Widersprüche verwickelt."

Die Bedeutung eines Satzes, von der aus ja seine Wahrheit erst diskutabel wird, ist, wie Schelling richtig gesehen hat, wesentlich bezogen auf einen Zusammenhang von Sätzen, in denen er steht, seine Wahrheit ist also zweitens eine Funktion in *diese*r Hinsicht: der Satz hat einen „Stellenwert", und es ist für seine Wahrheit belangvoll, daß er ihn hat. Dieser Stellenwert eines Satzes, einer Erkenntnis kann sehr verschieden sein, er ist gering in unserem nur lose kohärenten Alltagswissen, in dem es allenfalls Inseln von Systematik gibt, und u. U. sehr groß in hoch organisierten Wissenschaften. In diesem Sinne wechselt auch die *Tragweite* der Veränderung, die entsteht, wenn wir einen für wahr gehaltenen Satz zurückziehen und durch einen anderen ersetzen. Die Tragweite eines Satzes gehört zweifellos zu seiner Bedeutung, und diese wird damit zu einer Funktion des theoretischen Zusammenhangs, in dem der Satz steht. In bloß beschreibenden oder klassifizierenden Wissenschaften kann eine Neuentdeckung oder ein Fehler weitgehend isoliert bleiben, wo aber eine hohe Stufe der Systematik erreicht ist, wie in der Physik, wird die Tragweite eines Satzes sehr groß werden. Die Sätze der Quantenmechanik haben die früheren Vorstellungen vom atomaren Geschehen widerlegt, sie haben darüber hinaus zu einer Neuinterpretation auch der klassischen Physik und ihrer Modelle genötigt, aber es sieht so aus, als ob diese Bewegung unaufhaltsam sogar die Grenzen der Physik überschreitet. Die Probleme der Anschaulichkeit, der Kausalität überhaupt werden aufgeworfen, das schwierige erkenntnistheoretische Problem der „Objektivierbarkeit“ von Begriffen und der „Wahl“, die in die Begriffsbildung eingeht, erscheint, die elementaren Voraussetzungen der Logik werden fraglich, wenn man eine „mehrwertige Logik“ brauchen sollte, um den Sachverhalt zu beschreiben, und es scheint Fälle zu geben, in denen der Satz vom ausgeschlossenen Dritten nicht mehr gilt (v. Weizsäcker, „Das Verhältnis der Quantenmechanik zur Philosophie Kants“, Die Tatwelt 3, 1941). Es ist dies nur ein besonders interessantes Beispiel zu dem Sachverhalt, daß überall da, wo unsere Erfahrung einen Kontext bietet, unsere Erkenntnisse in einer Wechselbeziehung derart stehen, daß Veränderungen an einer Stelle solche an anderer nach sich ziehen.

Das dritte „Sinnmoment“ von Wahrheit liegt in der Fruchtbarkeit oder Leistungsfähigkeit derselben in Hinsicht auf die Zukunft. Haben von den vier großen Richtungen der Philosophie, die es bisher gab, die Rationalisten (Platoniker und Logiker) den Wahrheitsbegriff überhaupt nicht getroffen, weil sie an ein Dasein an sich von Begriffs- und Satzinhalten glaubten, also die Wahrheit dem Satz „selbst“ zuschrieben, anstatt sie in einer Bewegung des Satzes zu sehen; so haben die Sensualisten den ersten, die Idealisten den zweiten und die Pragmatisten diesen dritten Begriff von Wahrheit als den einzigen behauptet. Man darf natürlich den Pragmatismus nicht nach den handgreiflichen Formeln beurteilen, die er bisweilen liebte, so wie James sagte, die Wahrheit eines Satzes bestünde in ihrem „Kassenwert“, offenbar pour épater le bourgeois. Gemeint ist die *Leistungsfähigkeit* in Richtung auf die Zukunft, und diese Leistungsfähigkeit kann eine rein theoretische, aber durchaus auch eine praktische oder moralische sein. In erster Hinsicht wäre etwa zu fragen, welche neuen und fruchtbaren Gesichtspunkte aus einer Erkenntnis ableitbar sind, was an bisher Unbekanntem sie beleuchtet und was an Bekanntem sie in eine neue Sicht rückt. In praktischer Beziehung könnte Fruchtbarkeit heißen: wie sind Anwendungen aus einer Erkenntnis zu ziehen, welche Neuorientierung des Handelns könnte folgen oder welche bisher beziehungslosen Sachverhalte können jetzt zusammen*gebracht* werden? Es gibt auch die von dem „Vor-Pragmatiker“ Kant gesehene Möglichkeit, daß einer Überzeugung, deren Wahrheitsgehalt nicht unmittelbar zu belegen ist, eine „innere Wahrheit“ dadurch zuwachsen kann, daß sie eine bessere und in der Lebensführung sich bewährende Zusammenstimmung unserer moralischen Antriebe mit uns selbst herbeiführt. So hielt Kant die Gottesidee zwar empirisch für leer, aber er schrieb ihr die größte konzentrierende Wirksamkeit im moralischen Leben zu. Als James in dem bewundernswerten

Buch „Der Wille zum Glauben“ diesen Kantianismus in die Begriffswelt des Pragmatismus übersetzte, führte er diesen letzteren über die Grenze einer Wissenschaftstheorie hinaus. Alles das heißt Fruchtbarkeit. Sie liegt, wie man gleich sieht, in der Möglichkeit einer Erkenntnis als „innerer Invariante“, als Stützpunkt, von dem aus irgendeine weitere Lebenstätigkeit neu einsetzen kann, denn eine Einsicht *ist* nicht fruchtbar, sie wird fruchtbar *gemacht*, wozu sie aber Startpunkt eines mit ihr einsetzenden neuen Handelns werden muß. „The test of ideas“, sagt Dewey, „is found in the consequences of the act to which the ideas lead, that is, in new arrangements of things (zu eng) which are brought into existence“ (Quest for Certainty p. 131). Die Pragmatisten, besonders Dewey, haben diesen Sinn von Wahrheit ausgezeichnet herausgehoben. „Das Geschäft des Denkens ist es nicht, die schon den Dingen zukommenden Merkmale in Übereinstimmung zu bringen oder zu wiederholen“, heißt es bei Dewey, „sondern sie als Möglichkeit von dem anzusehen, was sie durch eine festgestellte Operation werden können.“ Darin arbeiten die wahrgenommenen Daten und die, welche als prospektive Hinsichten dienen, dauernd zusammen und kontrollieren sich, jeder Schritt in der einen Hinsicht bringt eine entsprechende Verbesserung in der anderen mit sich, und der Effekt ist eine Neuordnung des ursprünglichen Erfahrungsmaterials in der Konstruktion eines neuen, welches damit die Eigenschaften hat, die es zu einem verstandenen oder erkannten machen.

Es ist leicht zu sehen, daß diese dritte Richtung der Wahrheit die beiden ersteren mit umfaßt, weil in eine produktive Problemlösung immer das jeweils schon Bekannte mit eingeht, das nun nicht mehr direkt nachgeprüft zu werden braucht, sondern durch den Zusammenhang mit dem Neuentdeckten, in den es eintritt, rückwärts legitimiert wird und einen höheren Stellenwert erhält. Aber wir müssen endlich noch auf die Frage eingehen, warum es gerade diese drei, in der dritten zusammengefaßten Bedeutungen von Wahrheit gibt. Man kann dies zunächst aus dem Wesen der Erkenntnis selbst begreifen, sobald sie in einen sprachlichen Satz eingegangen ist. Dann, und nur dann hat sie die Fähigkeit, einen Sachverhalt zu treffen, in sich bleibend mit anderen Sätzen vereinbar zu sein und endlich einen Stützpunkt nächster Schritte für eine lebendige Weiterbewegung in die Zukunft zu bilden. Wir brauchen diesen Gedanken bloß noch etwas näher zu entwickeln und ihn in die Situation des Menschen hineinzustellen.

Im Bewußtsein des Menschen ist die Welt vergegenwärtigt. Nicht auf den engen Jetztbereich des Wahrnehmbaren ist sie eingeengt, sondern wir leben vom Bewußtsein her in einer unbestimmt ausgedehnten, geordneten Raumzeitwelt, in der das bloß Gewußte gleichwertig mit dem gerade Erlebten ist. Dieses Urphänomen war es, von dem Kant ausging. Das Vergangene und

Entfernte, die Tatsächlichkeit des Irgendwo und Irgendwann ist, sofern es als Erkenntnis fixiert ist, jederzeit zu vergegenwärtigen, ist einsetzbar in irgendeine Stelle des Jetzt. In der Erkenntnis ist der Sachverhalt des Irgendwo symbolisch im Moment des Jetzt und Hier verfügbar. Hier setzt der erste Wahrheitsbegriff an: er bemerkt richtig die Entferntheit einer Erkenntnis von ihren Ursprüngen, da sie einmal anschauliche Gegenwart war, und er verlangt, daß diese uneigentliche Vergegenwärtigung, Vorstellung oder „Vor-Augen-Stellung" sich ihrer Uneigentlichkeit bewußt bleiben soll, daß wir uns nicht auf die Wahrheit einer Erkenntnis, die gerade einmal verfügbar wird, blind verlassen dürfen, daß sie also in längerer oder kürzerer Bewegung auch *selbst* Inhalt der Gegenwart, augenscheinlicher Sachverhalt müsse werden können.

Aber mit dieser Fähigkeit, sich in frei verfügbaren Intentionen auf irgendwelche Raum-Zeit-Tatsachen richten zu können und sie damit in die Gegenwart einzusetzen, ist es nicht getan. Unser Denken soll, in sich bleibend, am Faden seiner Gedanken fortlaufen, in sich selbst Umwege machen, zu anderen Hinsichten übergehen und auf seiner eigenen Ebene Kurzschlüsse zwischen erlebnismäßig entferntesten Tatsachen herstellen. Wir müssen nämlich tätig sein in Ereignisfolgen, die in keiner möglichen Erlebnislage aufgehen können, wie Anfang und Ende eines langen zeitlichen Prozesses. Unser Denken ist daher fähig, die Raumzeitwelt in annähernder Vollständigkeit abzubilden und zwischen beliebigen Punkten dieses Systems Verbindungen herzustellen, fähig dazu, weil es in sich selbst Energie ist, sich ausbaut und ausweitet, von unendlicher Mannigfaltigkeit. Daher ist es die Welt noch einmal, und von Erkenntnis zu Erkenntnis in sich selbst übergehend, prüft es die Wahrheit seiner Erkenntnisse aneinander, was eben der zweite Sinn von Wahrheit aussagt.

Nun ist es eine Grundtatsache, die in ihrer Paradoxie eigentlich noch nie genug betont wurde: der Mensch kann nicht in der Gegenwart leben, er lebt in der Zukunft, oder was dasselbe ist, handelnd. Aber das Material seiner Tätigkeit ist auf die Gegenwart beschränkt, ist ein beschränktes der Gegenwart. Könnte er daher nicht in dieses unmittelbar Vorliegende hineinziehen und hineinversammeln, was er früher und anderswo erfahren, was er denkend angeschlossen und bedeutungsvoll in seinem Erkennen diesem beschränkten Gegenwärtigen genähert hat, so würde er diesem Material keine Möglichkeiten für morgen entlocken, um dann morgen wieder in einer erwarteten, d. h. erträglichen Welt zu stehen. Das ist die dritte Leistung, in die die anderen eingehen, und die entscheidende der Tat, der Fruchtbarkeit, der Wahrheit des Erkannten. So ist das erkennende Bewußtsein das „Medium der Motive", wie Schopenhauer sagte, in dem unsere *geführte* Existenz, unsere Tat lebt, von der wir ganz buchstäblich als Wesen abhängen, die ihr Leben *führen* müssen, weil sie herausgenommen sind, entlastet von dem Zwang der instinktnahen, tierischen ewigen Gegenwart angepaßter Umwelten.

Wo das Erkennen darin besteht, Probleme und Störungen ins Fruchtbare zu wenden, indem es unsere entferntesten Erfahrungen kombiniert und einströmen läßt ins Einzelne, dieses beziehungsvoll und bedeutungsreich machend und hinweisend auf Zukünftiges und Mögliches, damit unsere Handlung umsichtig und bahnbrechend werde – wo dies der Fall ist, hat es das letzte Wort. Aber bisher haben wir nur die rationalen Seiten der Erfahrung betrachtet, sowohl der breiten, unmittelbaren, als auch der filtrierten, wissenschaftlichen Erfahrung. Jetzt wenden wir uns der Gewißheit zu, der Wahrheit des Irrationalen, die in der breiten Erfahrung eine ungemeine Bedeutung hat.

36. Irrationale Erfahrungsgewißheit

Es kann nicht zweifelhaft sein, daß der Pragmatismus den alten Streit der Rationalisten und Empiristen über sich hinausgeführt hat. Reflektiert man eine isolierte Erkenntnis, wie den Satz „Regen bringt Abkühlung", unter dem Gesichtspunkt, daß sie in der Tat kein *besonderes* Ereignis dieser Art meint, reflektiert man nur auf die Allgemeinheit des Satzes, der einen Zusammenhang von Begriffen in sich abschließt, so sieht es aus, als ob es ewige Wahrheiten gebe, ein Reich reiner Geltungen und den Begriffshimmel Platos. Dagegen operieren die Empiristen billig und erfolgreich mit dem Gewicht des Tatsächlichen, wie jener griechische Philosoph, der die „Erkenntnis" der Eleaten, daß es keine Bewegung gibt, durch stummes Hinundhergehen widerlegte. Aber wie es bei Plato zuviel Wahrheit gab, so gibt es hier zu wenig. Die Bedeutung einer Erkenntnis braucht keineswegs die zu sein, uns auf abstrakten Umwegen zu den konkreten Wahrnehmungen hinzuschicken, obgleich dies eine ihrer Leistungen sein kann. Die Rationalisten übersehen den Hinblick auf die Tatsachenwelt, der in einer Erkenntnis steckt, obgleich sie ihn dahingestellt sein lassen kann, ohne ihn direkt zu thematisieren; dies ist Sache der erzählenden oder mitteilenden Feststellung. Sondern eben von diesem Hinblick absehend, kann sie einen *bestimmten* Inhalt des Denkens festmachen wollen, um zu einem System fortzuschreiten. Die Empiriker umgekehrt übersehen dies wieder, wollen die Gedanken bei den Fakten an die Leine hängen und dem Denken untersagen, sich auf sich selbst zu beziehen.

Demgegenüber bedeutet der Pragmatismus einen großen Fortschritt. Aber er scheint in anderer Weise die Neigung zu haben, seiner instrumentellen Auffassung der Erkenntnis zuviel zuzutrauen. In einer Art Überoptimismus wirft Dewey das Problem einer planmäßigen, experimentellen Rekonstruktion (directed reconstruction) der ökonomischen, politischen und religiösen Institutionen auf, einer „Konstruktion von Werten durch experimentelles Verhalten": Operational thinking needs so be applied in conceptions of physical objects (Quest. f. Cert. p. 246). Das ist pragmatistischer Rationalismus. Dem Rationalismus liegt nämlich eine interessante optische Täuschung zugrunde. Überblickt man, wie wir es tun, die Vielfalt der von der Sprache übernommenen Leistungen, die Mannigfaltigkeit der Interessen und Impulse, denen sie dienen kann, dazu die nicht geringere, die schon in ihr steckt, so ergibt sich folgendes Bild: weil die Sprache, und mit ihr das Denken, in den Dienst der allerverschiedensten Interessen treten kann, erscheinen Sprache und Denken *eben deshalb* als unabhängig von jedem angebbaren, besonderen: also als selbstgenügsam, autark und endlich als bloßes Organ „reiner Wahrheit" oberhalb der inneren und äußeren Wirklichkeit. Dies ist der gewöhnliche Rationalismus, den der Pragmatismus nicht so bekämpfen sollte, daß er an seine Stelle den pragmatischen Rationalismus setzt: die Alleingeltung der reinen Handlung und die Autarkie des „operational thinking".

Sieht man auf die Lebensbedingung des modernen Menschen, das Industriesystem, ein Kind der Wissenschaft, und erwägt man seine überwältigende Bedeutung, so kann man allerdings das Gewicht der Erkenntnis und der rational gesteuerten Handlung kaum überschätzen. Der Mensch lebt wesentlich in einer „zweiten Natur", einer von ihm selbst umgeschaffenen und ins Lebensdienliche *seiner* Bedürfnisse umgewendeten Welt, in einer „nature artificielle", wie dies G. Sorel nennt (De l'Utilité du Pragmatisme, Paris 1928). Wir leben übrigens nicht bloß in einer künstlichen, sondern in einer „gezüchteten" Natur, indem wir aus ihr Möglichkeiten herausholen, zu denen sie, sich selbst überlassen und urwüchsig geblieben, nicht käme. In der unmittelbaren, ersten Natur gibt es weder Nutztiere noch Sprengstoffe.

Aber der Pragmatismus übersieht die breiten Wachstumsschichten des menschlichen Lebens, die stillen Prozesse bewußtloser Entwicklung im sozialen Beieinander, er übersieht zwar nicht grundsätzlich, aber in der Ausdeutung seines Standpunktes, daß *Erfahrung* reicher und weiter ist, als daß sie immer in „kontrolliertes Verhalten" übersetzt werden könnte, und daß man nicht alle Störungen des Lebens in Experimente wenden kann, trotzdem es Möglichkeiten gibt, mit ihnen fertig zu werden. Schon Kant hat den vom Standpunkt aller Rationalisten aus paradoxen Sachverhalt gesehen, den man so ausdrücken kann, daß die Notwendigkeit zu handeln *weiter reicht, als die Möglichkeit zu erkennen.* Die grundsätzlich irrationale, nicht wissenschaftsfähige und nicht direkt kontrollierbare „breite" Erfahrung hat *ihre* Wahrheit: es ist die Gewißheit. Und sie hat *ihre* Form des Handelns: das nichtexperimentelle aus Tradition, Instinkt, Gewohnheit oder Überzeugung. Auch die durch die Zeit, den Einfluß der Gruppe, durch unsere Wesensart uns anwachsenden Orientierungen brauchen eine Art des Bewußtseins, um handlungsmächtig zu werden: aber hier wird das *Bild*, das Phantasma Schwungrad der Handlungen, und die Wahrheit geht in den Zustand einer nichtrationalen, aber erfahrungsgesättigten Gewißheit über: „Phantasia certissima facultas", sagt Vico. Wie daher die rationale Metaphysik lehrt „homo intelligendo fit omnia", so lehrt die phantasieentsprungene Metaphysik „homo non intelligendo fit omnia". „Und vielleicht liegt in diesem Wort mehr Wahrheit, als in jenem, denn durch das Verstehen klärt der Mensch seinen Geist auf, durch das Nichtverstehen macht er die Dinge aus sich selbst, verwandelt sich in sie und wird selbst zum Ding" (Vico, zit. Witzenmann, Pol. Akt. u. soz. Mythos).

Nur die experimentelle Erkenntnis hat die Bedeutung einer Hypothese, mit der man operiert. Umgekehrt leben wir unabänderlich mit vielen Gewißheiten, die sich im Denken als Wahrheiten manifestieren, und die gerade den Sinn haben, nicht instrumentell „zu etwas hinzuführen", sondern unser Verhalten an Bildern des *Soseins* oder des *Sollens* zu orientieren, nicht an Techniken des Anderswerdens. Diese Gewißheiten sind daher ihrer Natur nach „krisenfest", durch Mißerfolge sehr lange nicht enttäuschbar, und ihre Veränderung vollzieht sich jenseits der Horizonte des Einzellebens. Experimentell gesehen sind sie unlogisch. „Zu den Dingen", sagt Nietzsche, „welche einen Denker zur Verzweiflung bringen können, gehört die Erkenntnis, daß das Unlogische für den Menschen nötig ist" (Menschliches, Allzum. I,1). Bei einer sehr praktischen Gruppe dieser Gewißheiten, den ethischen, zeigt sich dieses Unlogische gerade darin, daß sie auf Begründung überhaupt verzichten, d. h. als Sollregeln auftreten. Der Widerstand dagegen, den ethischen Normen eine empirische und damit sofort diskutable Begründung nachzureichen, etwa eine utilitarische, oder sie aus massenseelischen Mechanismen zu „erklären", ja überhaupt nur dagegen, sie ins Bewußtsein und damit in das Feld möglicher Verlagerungen und Umkombinationen zu heben, dieser Widerstand ist *eigenen* Rechts. „Hohe Kultur", sagt Nietzsche, „verlangt, manche Dinge ruhig unerklärt stehenzulassen" (XI,23) – aber dieses verlangt schon der Anstand oder die innere Gesundheit oder wie man jenes Organ nennen will, das Gewißheiten hat, die zu experimentieren es sich weigert. Die geistvolle Tendenz von James, den typischen modernen Zustand des „Willens zum Glauben" selbst zum Ansatzpunkt einer pragmatischen Religionslehre zu machen, die Annahme, daß „der Glaube die Bedeutung einer Hypothese hat, mit der man operiert" – sie erwiesen sich zuletzt doch nur als literarisch.

Unser Verhalten an Seinsannahmen und Sollregeln zu orientieren, die *nicht* in Frage gestellt werden, gehört anscheinend zu den Bedingungen der Willensbildung, und ebenso die Fähigkeit des *Abschlusses*, d. h. der Verzicht darauf, die Kettenreaktion des Problematisierens weiterlaufen zu lassen. Es gibt eine experimentelle Denkhaltung, bei der, umgekehrt wie in Goethes Ausspruch, der Betrachtende und nicht der Handelnde gewissenlos wird. Die menschlichen Antriebe kristallisieren sich in langfristigen Schicksalen aus, werden mit Zielbildern besetzt, stellen sich gegeneinander fest und machen daher *selbst Erfahrungen*, und so müssen sie bei aller notwendigen Beweglichkeit und Verschiebbarkeit, also Anpassungskraft an die unabhängig von ihnen wechselnden Bedingungen, doch festhalten, aber auch ausscheiden können. Wer nicht ablehnen und abschließen kann, verglimmt in sich, wie Hegel sagt, denn jede festgehaltene Richtung eines Dauerantriebes kommt nur durch Verzicht auf Schwankungen zustande. Dieses Abschließen und Abschieben ist oft ein bewußtes und motiviertes, in wichtigen Fällen aber ein instinktives „Abfühlen" von eigener dunkler Gewißheit. Was man findet, wenn man „in sich hinein hört", kann man kaum als „Hypothese" aussagen, wohl aber in Überzeugungen leben, welche die sachliche Kontrolle experimentellen Denkens kaum aushalten würden. So müssen wir im Leben als handelnde Wesen und mit der Antriebsstruktur eines solchen, also mit einem Überschuß plastischer, weltoffener und der Handlung nachwachsender Antriebe, die zu Dauerantrieben in die Zukunft hinein sich entwickeln müssen, fortwährend erledigen, abtun, aber auch unter steten Opfern festhalten; das wenigste davon geschieht kontrolliert und das meiste mit einer nichtexperimentellen Erfahrungsgewißheit. In einer sehr persönlichen Schwankungsbreite gehört eine Ordnung des Abstellens und Verzichtens selbst zu den Bedingungen von Lebensresultaten, und nun bedenke man, wie wenig man von der Geschichte seines erworbenen Charakters eigentlich weiß, wie diese Formierungsprozesse schon im erinnerungslosen Alter eingreifen, wie sie hinter dem Rücken unseres Bewußtseins uns umbilden, und es ist, mit Hobbes zu reden, leichter eingesehen als gesagt, daß hier Prozesse nichtrationaler, breiter, sozusagen wachstumshafter Erfahrung vorliegen, die von innen her auswählen und vorbedingen, was vor dem Bewußtsein überhaupt als wachsende Problematik erscheinen und der kontrollierten Prüfung ausgesetzt werden kann. Vilfredo Pareto hat in den 2612 Paragraphen seines Hauptwerkes (frz. Übers.: Cours de sociol. géner.) eine überwältigende Fülle von Tatsachen aus sechs Sprachen und den Quellen aller Jahrhunderte zusammengetragen, um zu zeigen, daß die Menschen ganz überwiegend sich in „Actions non-logiques" verhalten, daß es eine „Logique du sentiment" (§§ 480, 1416) gibt, daß man sehr oft etwas glaubt, *weil* man entsprechend handelt (on croit cela parce qu'on agit ainsi, § 166), und dann auch formulierbare Gewißheiten findet, die dieses Verhältnis decken; er nennt sie „Derivationen". Die westeuropäische Kultur rationalen Stils ist nicht maßgeblich für die Betrachtung „des Menschen", dessen Geschichte aller Jahrhunderte und Kontinente beherrscht wird von Erfahrungen der Art, wie „dein Vieh würde nicht sterben, wenn du nicht einen bösen Nachbar hättest" (Hesiod! zit. Pareto §§ 185, 956).

Urteile dieser Art – und es gibt sie in den „aufgeklärten" Zeiten pseudorationaler Kultur ebenso häufig – zeigen das, was wir eine *Vergewisserung ohne Problemstadium* nennen können. Die normale Verarbeitung von Störungen besteht keineswegs in einer Untersuchung der Störungsquelle, sondern in einem Schock. Das Feuer zu vermeiden, wenn man sich verbrannt hat, kann ebenso zweckmäßig sein, wie in einem anderen Falle das Experiment, wie man mit ihm hantieren kann, ohne sich zu verbrennen. Schocks derart gibt es unzählige, und sie werden sehr oft „rationalisiert", d. h. auf eine Gewißheit bezogen, die sie erklärt. Auch die „Wahrheit" Hesiods ist eine solche Rationalisierung, die am einfachsten so gelingt, daß man einen Schuldigen findet, oder besser gesagt schon weiß und sich einfallen läßt. So ist auch das Opfer eine klassische Bewältigung von Schocks auf dem Wege der Phantasiegewißheit und viele ethnologische Befunde sprechen dafür, daß es sehr abstrakt und sozusagen bloß noch rituell oder andeutungsweise als Beruhigungs- oder Verarbeitungszeremonie stattfinden kann, als Erledigungsritual.

Nun kann man sagen: solche nichtlogische Aktionen sind ja gerade deswegen großenteils verschwunden, weil sie durch erfolgreichere, rationalere Methoden ersetzt sind. Das ist zweifellos richtig, sagt aber nur aus, daß die Grenze zwischen außerlogischen und kontrollierten Erfahrungen verschiebbar ist und gegenwärtig ziemlich tief liegt – sie ist übrigens wieder im Steigen. Verschwinden können die ersteren nie, und zwar aus dem folgenden allgemeinen Grund: der menschliche Prozeß der Erfahrung ist immer zugleich ein Prozeß der Charakterformierung. Da aber die Umstände der äußeren Lagen unabhängig von unserer Geschichte variieren, stets aber aktiven Eingriff verlangen, so muß der Mensch sehr grundsätzlich von seinen erfahrungsgesättigten Gewißheiten und Bedürfnissen her, die ein gewisses Dauersystem bilden, auch die wechselnden Umstände deuten und behandeln, so daß sich für einen dritten Beobachter das Bild einer irrationalen, unsachlichen und voreingenommenen Einstellung ergibt. Der Betreffende „glaubt" dann, vor bekannten Sachverhalten zu stehen, und in diesem Sinne ist Glauben, wie Novalis (III, 97) sehr gut sagt, „Wirkung des Willens auf den Intellekt". Hinter dieser Erscheinung steht das Lebensgesetz, nach dem Erfahrungen in den Antriebsaufbau eingehen, und das andere, nach dem eine Hauptleistung der Sprache und der Erkenntnis gerade darin besteht, gemachte Erfahrungen für die *Zukunft* verfügbar zu machen, sie also *nicht* wieder jedesmal zu revidieren und zurückzubegründen. Wir nehmen also zu den Ereignissen immerfort von unserer „historischen Reaktionsbasis" her Stellung, ohne daß die Begegnungen ein Problemstadium durchlaufen müssen, und mit einer grundsätzlichen Unsachlichkeitschance. Verändert sich die Wirklichkeit in sehr durchgreifender Weise, während die Wertungen, Gewißheiten und Gewohnheiten der Menschen, die ja frühere Erfahrungen einer anderen Welt enthalten, noch lange durchhalten, so entsteht der Anschein eines notwendigen und chronischen Unterschiedes von Innen und Außen, und damit die Ausgangsbasis für „idealistische" Philosophie. Oder, noch schlimmer, dieser Unterschied verteilt sich auf zwei Klassen, und es kommt eine traditionalistische, romantische oder konservative Klasse außer Fühlung mit der, die sich in der Welt der neuen Tatsachen abmüht und ihre Überzeugung allein aus dieser nehmen muß, geistig verraten.

Wenn daher der Prozeß der Erfahrung zugleich ein Prozeß der Charakterformierung ist, weil einen „die Handlungen, die man in einer bestimmten Richtung ausübt, zu einem solchen machen, wie man ist" (Aristoteles, Eth. Nik. 1114a), so sind umgekehrt auch unsere Gewißheiten sehr weitgehend Reflexe unserer Triebschicksale, und man erreicht sehr leicht den Punkt, wo eine Diskussion der Überzeugungen eines anderen zu einer Diskussion seiner Wesensart werden müßte und daher abzubrechen ist. So geht in sehr viele Wahrheiten, von denen wir leben, eine Charakterbestimmung, ein rein irrationales bloßes „Daß" ein, und hier kommt mit der einzelnen Person ein „accident absolu" zu Worte, wie es der französische Existenzialist Lequier (1814–1862) nannte. Jeder Psychologe muß zugeben: in den Problemen, mit denen ein Mensch umgeht, in seiner Denkart wie in seinen Gewißheiten liegt ein solches einfaches „Daß" – eine irrationale Konstante. Überzeugungen auch theoretischen Inhalts sind, um das Novaliswort zu erweitern, oft Wirkungen des Willens auf den Intellekt. So wird es im allgemeinen unmöglich, den Gesichtspunkt der experimentellen Wahrheit in diesem Gebiete der Certitudo und des elementaren Daß überhaupt geltend zu machen, und wenn in großen Verhältnissen die Überzeugungen gegeneinanderstehen und in Kampf geraten, so entscheidet schließlich bloß die Geschichte, wo die Wahrheit war, und überläßt es dem Historiker, ihr Urteil zu verkünden.

Eine weitere, ebenso prinzipielle Irrationalität liegt in der *sozialen* Ebene, in der Mitteilung, Ansteckung und Nachahmung. Auf Grund zahlloser Mitteilungen und Suggestionen handeln wir von den Einstellungen und Erfahrungen *anderer* her, und selten aus dem Zusammenhang der eigenen. Wir können daher nur in dem echt wissenschaftlichen, experimentellen Denken die Abstraktion von der sozialen Mitwelt einigermaßen sinnvoll vollziehen, nicht mehr dagegen bei den Themen der breiten Erfahrung und der öffentlichen Meinung, denn diese Erfahrung ist in uns größtenteils diejenige anderer. In diesem Sinne sagt Karl Voßler (Geist und Kultur in der Sprache, 1925) sehr richtig, daß die seelische Konstellation, unter der ein Begriff oder Satz am Horizont auftaucht, gekennzeichnet und weitergegeben wird, nicht so sehr der Begriff selbst. Man muß sagen: neben die Bedeutung, die eine Aussage – etwa die Sätze der Bergpredigt – im Munde des Aussagenden gehabt hat, tritt die u. U. sehr andere, unter der sie aufgenommen und verstanden und weitergegeben wurde, und die historische Bedeutung ist mehr die dynamische Wirksamkeit in dieser letzteren Hinsicht, als der einmalig gemeinte Sinn. Die Suggestionen, Ansteckungen, die wortlosen Einverständnisse und Gefühlsentwicklungen, die damit zusammenhängenden Gesinnungen und Gesinnungsfolgen und nicht zuletzt die entbundenen Handlungen gehören also durchaus zur *Bedeutung* von Aussagen, wenn man darauf achtet, daß diese in der sozialen Sphäre leben, aber natürlich zu einer begrifflich gar nicht faßbaren Bedeutung. Sie gehören so sicher zur Bedeutung, als diese doch zumindest in dem besteht, „was darunter verstanden wird". Die Mitteilung ist eine Handlung, und so will sie fast immer andere beeindrucken, überreden, sie ist Appell, Befehl, Anregung, Überzeugung, Tendenz. Fragt man nach einer Straße, so erfährt man nicht, wo sie liegt, sondern wie man gehen soll. Da der Mensch von Motiven, von Einsichten her neue Handlungen einsetzt, und nie anders – im gewohnten Verhalten braucht er nicht zu denken –, so ist die einzige Möglichkeit, andere Menschen zu einer *Änderung* ihres Verhaltens zu bestimmen, die Mitteilung – die Einwirkung durch ihr Bewußtsein hindurch auf ihr Verhalten, und daher die Mitteilung auch von Tatsachen fast nie tendenzlos.

Man sollte daher die Certitudo, die Gewißheit aus der Umlaufsgeltung von Aussagen, von der Wahrheit theoretisch gemeinter Erkenntnisse mit ihrem dreifachen Bewährungsverfahren unterscheiden. Der Prozeß der Vergewisserung auf Grund zahlloser, sich ergänzender, oft unbewußt bleibender Erfahrungen ohne Problemstadium, in denen noch unsere Antriebe sich orientieren und weiterwachsen und ihrerseits zu neuen Vergewisserungen führen, ist völlig irrational, und in dem Versuch zu erklären, worin er besteht und wie er vor sich geht, würde ich mir selbst widersprechen. Aber es soll einmal an einem interessanten Beispiel gezeigt werden, wie tief diese Irrationalität der breiten Erfahrung reicht, und zwar an dem Satze „Alle Menschen sind sterblich". Warum eigentlich ist dies wahr?

Betrachten wir den Satz theoretisch, so bedarf er eines Beweises. Zunächst ist er ein Erfahrungssatz, und als solcher nach dem Urteil aller Erkenntnistheoretiker hätte er nur statistische Gültigkeit, er wäre nur ganz außerordentlich wahrscheinlich. Natürlich hat die wissenschaftliche Biologie viele Gründe für ihn, aber er stand schon fest, bevor es noch Wissenschaft gab, nämlich zu allen Zeiten und bei allen Völkern. Drittens ist er im direkten Beweisverfahren gar nicht nachprüfbar, da wir nicht annähernd „alle Menschen" erfassen können. Wir können nicht einmal von allen, von denen wir annehmen, daß sie gelebt *haben*, dies nachweisen, und zwar gerade deswegen, weil sie nicht mehr nachweisbar, nämlich gestorben sind. Gerade wenn der Satz wahr ist, wäre er niemals zu beweisen. Viertens schließt die Klasse „alle Menschen" auch jedes Ich ein, und gerade hier entsteht eine neue Schwierigkeit: das Ich kann diesen Satz nur abstrakt für wahr halten, aber sich nicht *vorstellen*, daß das Ich aufhören werde, zu sein. Es gibt keine Möglichkeit für das denkende Ich, in der *Einsicht:* ich werde aufhören, zu sein, sich selbst denkend wegzudenken, d. h. diese Einsicht wirklich anschaulich zu vollziehen. Hier ist ein blinder Fleck im Bewußtsein, denn es gibt keine versuchsweise Aufhebung des Ichbewußtseins in der lebenden Reflexion.

Also ist die absolute Geltung des Satzes, die man doch anerkennen muß, nur seine *Gewißheit.* Diese Gewißheit ist keineswegs eine bloße Verallgemeinerung aus der Tatsache, daß seit unbestimmter Zeit alle Menschen, die wir kannten, und die diese wieder kannten usw. gestorben sind, in ununterbrochener Tradition dieser doch nur partiellen Erfahrungen. Vielmehr ist diese Gewißheit „irrational", d. h. nicht ergründbar. Sie liegt im Kontext der menschlichen Gesamterfahrung, und keine gehäuften Aussagen würden genügen, den Satz so gewiß zu machen, wie er ist – aber die Allgegenwärtigkeit des Todes setzt ihn außer Zweifel. Diese nämlich durchdringt unsere tägliche Existenz, sie sitzt mit uns am Tisch, wenn wir essen, sie lebt in den Kindern, die uns überleben sollen, sie liegt in der Unsicherheit jedes Planes und Gedankens an nächstes Jahr, sie begleitet unsere Schritte auf unseren Wegen als Gefahr und sie steckt als Vergänglichkeit in jeder verfließenden Sekunde. Wäre der Satz falsch, so wäre der Kontext unserer Gesamterfahrung sinnlos, er hat Teil an der Gewißheit des Lebens selbst. Er ist also ein Certum, trotzdem er für die klare Reflexion nicht einmal vorstellbar ist.

Dies ist ein Beispiel dafür, daß eine Certitudo unbegründbar sein kann, ohne deswegen außer Deckung mit der Wirklichkeit zu stehen. Sofern, in anderen Fällen, eine solche Gewißheit praktisch wird, d. h. als Glaube an einen nicht sichergestellten Erfolg auftritt, ist dieser Glaube oft das einzige, was diesen Erfolg wirklich eintreten läßt. Der Geist des Glaubens ist insofern dem Geist der Wissenschaft gerade entgegengesetzt, als er wünscht, daß die Ereignisse einen *anderen* Verlauf nehmen, als sie es tun. Dies kann man nicht wirklich wollen, ohne Gewißheiten zu haben, die statisch, als Seinsaussagen auftreten: daß nämlich die Wirklichkeit im Grunde anders *ist,* als sie erscheint. Überzeugungen dieser Art sind so wenig Fremdkörper in dieser Welt, daß sie sogar lebenswichtig sind: wenn der Mensch wesentlich in die Zukunft handelt, die Zukunft aber gerade nicht erkennbar ist – wie sollte er anders handeln als aus Überzeugungen an einen möglichen Zustand, der nur dann möglich ist, wenn er im Grunde schon wirklich ist? Phantasia certissima facultas.

Die großenteils – um mit Pareto zu sprechen – nichtlogischen Verhaltensweisen der täglichen „breiten" Erfahrung, in der quasiinstinktive Gewißheiten, Gewohnheiten und ungefilterte Überzeugungen eine so große Rolle spielen, schließen ihrer Natur nach die sachlich-experimentelle Einstellung gegenüber demselben Objekt aus. Oder umgekehrt: die exakt sachliche theoretische Denktechnik der Beobachtung, probierenden Verlagerung und Schlußfolgerung, welche immer etwas von dem Verfahren hat, „künstliche Erfahrungen zu erfinden, die Eigenschaften der Dinge auszuholen" (Hamann), sie bedingt bei methodischem Betrieb auf die Dauer eine Veränderung im Menschen. Nicht nur der ökonomische Lebensbereich, wie Schumpeter glaubt, auch der militärische und der politische sind seit alters der „Nährboden der Logik", und hier entstand immer schon rationale Fachkunde oder Wissenschaft. Das spezifisch moderne europäische, erst dreihundert Jahre alte Denken, das die Lebensbedingungen der Menschheit umgeschaffen hat, ist nur um den Preis eines großartigen, mühevollen und zur Zucht gewordenen *Verzichtsprozesses* erreicht worden.

Da war zuerst der Verzicht darauf, religiöse Interessen in der wissenschaftlichen Erkenntnis direkt zu befriedigen. Wenn Newton den Raum als „Sensorium Dei" bezeichnete, so ist dies eine für diese Zeit fast noch selbstverständliche Denkweise. Die Anziehungskraft durch den leeren Raum hielt Bentley unter ausdrücklicher Billigung Newtons für einen „direkten und positiven Beweis, daß ein immaterieller, lebender Geist die tote Materie lenkt und beeinflußt und das Weltgebäude erhält" (Laßwitz). Aber noch 1763 will Kant in der Schrift „Der einzig mögliche Beweisgrund zu einer Demonstration des Daseins Gottes" aus gewissen Ordnungsgesetzen der Natur, z. B. aus dem des Maupertius von der „Sparsamkeit der Natureffekte" auf eine „Vereinbarung in der Möglichkeit der Dinge" schließen, und von daher auf Gott. Schon dies war sehr „asketisch", daß er nicht mehr in *einzelnen* Naturereignissen unmittelbare göttliche Fügung sah, wie seine Zeit sonst noch durchaus. Lambert, ein Zeitgenosse Kants, behauptete, die Vergrößerung des Dunstkreises um die Kometen bei Annäherung an die Sonne solle den Kometenmenschen zum Schutz gegen die allzugroße Hitze dienen, und Kant hält es noch für notwendig zu bestreiten, daß die Gebirge Verwüstungen zur Strafe unserer Sünden seien, oder das Nordlicht eine Veranstaltung zum Vorteil der Grönländer und Lappen. Dieses naive Zweckdenken in der Naturwissenschaft hat überhaupt erst 1787 seine Kritik der Urteilskraft überwunden; naiv aber heißt hier: die unmittelbare Natürlichkeit, mit welcher menschliche Interessen sich der Erkenntnisse bemächtigten, sie ausdeuten und sich darin bestätigen. Solange nicht durch einen methodischen Verzicht diese Interessen von der Erkenntnis abgedrängt wurden, gab es natürlich niemals rein objektive, sachgemäße Einsichten in *eigener* Systematik.

Eine weitere Notwendigkeit des Verzichts betrifft unsere unmittelbaren Wünsche an die Tatsachen, bis zum Wunsch einer magischen Beeinflussung hin. In diesem Punkte scheint es, wenn irgendwo, Zeitlosigkeit zu geben. Nach Herodot (VII) glaubten die Athener, daß der Windgott Boreas ihnen gegen die Perser zu Hilfe gekommen sei, nach dem „Matin" vom 5. 8. 1923 ordnete der Bischof von Montpellier Gebete an, damit es regne. Man wird daraus ermessen, daß der Optimismus, man könne die Ereignisse irgendwie dahin bringen, daß sie unseren Wünschen und Bedürfnissen folgen, die natürliche Einstellung ist, dagegen das Interesse an dem rein sachlichen „eigensinnigen" Verhalten der Dinge selbst eine sehr späte und schwierige Erwerbung. Man braucht dabei nicht nur an so massive Interessen, wie das nach Goldmacherei zu denken, das erst verschwinden mußte, wenn aus der Alchimie die Chemie werden sollte. Worauf viel schwerer zu verzichten war, das waren die „instinktiven" Vorstellungs- und Gefühlsassoziationen, die Wahr*schein*lichkeiten und Scheinevidenzen. „Eine Sache, welche äußerlich warm, feucht und weich ist, ist in ihrem Innern kalt, trocken und hart, und zwar deshalb, weil das Äußere einer Sache stets das Gegenteil von seinem verborgenen Inneren ist (Leib–Seele!). So existiert in jeder Sache eine Macht, selbst wenn man sie darin nicht vermutet ... Das Blei ist nach seinem Äußeren kalt und trocken und besitzt in seinem Innern die entgegengesetzten Eigenschaften" (Der Arzt und Alchimist Rasès, zit. nach Bousquet, Grdr. d. Soz. 1926). Hier habe ich angemerkt, was an Vorstellungsverbindungen in einer solchen „Wissenschaft" steckt, und sie von wirklichen Erkenntnissen über das Blei trennt. Gibt es nicht zahllose solche Evidenzen? Ist nicht Quecksilber offensichtlich ein „Mittleres" zwischen Flüssigkeiten und Metallen, und nicht 10 eine „vollkommene" Zahl? Natürlich ist 4 die „Dynamis" der 10, denn 1, 2, 3, 4 gibt 10. Und so haben wir die unerschöpflichen Zahlenspekulationen der Antike und des Mittelalters. Noch Comte gehörte zu den Verehrern der Zahl 7.

Wenn zahlreiche Völker den Kranken für ein besessenes Wesen halten, dem man keine Nahrung und Hilfe reichen darf, um den Dämon nicht auf sich zu ziehen, so gibt es keine guten Bedingungen für eine medizinische Wissenschaft, aber gute für Zauberei, und solange man Prozesse mit Zeugen, Verteidigern und Prokuratoren gegen Tiere führte (noch 1741 in Poitou gegen eine Kuh), war keine Chance für Zoologie.

Zu den Askesen oder Verzichtsnotwendigkeiten, welche die allergrößten Schwierigkeiten machen, gehört auch der Verzicht auf den Augenschein und auf unser durchaus instinktives Sichverlassen auf die Denkweisen, die der Augenschein aufnötigt. Diese Leistung hat die Namen des Columbus und Copernicus unsterblich gemacht. Man könnte ein Buch mit den Irrgängen der Wissenschaft füllen, die sie machte, bevor sich der Verzicht auf den Augenschein durchgesetzt hat (nichteuklidische Geometrien), und gegenwärtig mutet uns die Physik zu, auf sehr gewohnte Denkanschauungen zu verzichten: wenn sie im Bereich des Subatomaren von „verwischten" und objektiv unbestimmten (nicht unbestimmbaren) Vorgängen redet, wenn sie die Kausalregel durch bloße Wahrscheinlichkeitsverteilungen ersetzt und das Geschehen „undeterminiert" sein läßt. Da diese Vorgänge berechnet werden können und Voraussagen möglich sind, sollen wir hier für die Formeln die zähesten Anschauungsinstinkte hergeben, und der Widerstand ist groß.

Diese wenigen Beispiele müssen genügen, um zu zeigen: erst d*er Abbau* gewisser menschlicher und sehr natürlicher Gemütsbedürfnisse, Denkgewohnheiten und Ansprüche an die Dinge, jahrhundertelang festgehaltener Erwartungen und Selbstverständlichkeiten in großen Verzichtsprozessen war nötig, um das wunderbare und in der Welt einzigartige Werkzeug echtrationalen Denkens, das in der europäischen Wissenschaft arbeitet, freizulegen. Die vollendete Sachlichkeit dieses Denkens bis zur schwer zu lernenden Kunst des Absehens von den nicht rational ergiebigen, selbst faktischen Eigenschaften der Dinge (eine Kunst, die sich in der Art zeigt, wie man Probleme stellt) ist ein dauernder, immer noch weiter laufender Kampf des Denkens um seine vollkommene Befreiung *zur Sache*. Dieses Denken, das die buchstäblich „selbstlosen" Resultate ganzer Generationen hingebender Forschung verwaltet, einen namenlosen Schatz geduldiger Sichhingabe und sich selbst immerfort trainierenden, verfeinernden Könnens, das bei jedem Schritt genau weiß, wovon es absieht und was es wirklich meint, das die Hilfsmittel der höchsten mathematischen Phantasie einsetzt, immer fähig bleibend, seine elementarsten Voraussetzungen umzustoßen, wenn es die Tatsachen fordern, und von dessen Resultaten die ganze moderne Kultur physisch existiert – dieses Denken, das so endlich gelernt hat, sich der Wirklichkeit und dem Eigensinn der Natur völlig anzuschmiegen und deren erstaunliche Kräfte in leichter Hand zu halten – es ist bezahlt worden. Bezahlt mit Verzichten, die in die Natur des Menschen tief eingreifen, die „unmenschlich" und gefährlich sind. Denn von den irrationalen Antrieben und Überzeugungen, von denen es sich wegentwickelte, lebt die menschliche Natur in der „breiten" Erfahrung immer noch, und aus eigener Notwendigkeit, die so zwangsläufig immer weniger mit der „gefilterten", höchst künstlichen der Wissenschaften übereinstimmt.

Da nun die Wissenschaft Erkenntnis nur um der Erkenntnis willen sucht

– und gerade darin besteht ihre Ehre –, und weil ihre Resultate, wenn sie eine experimentelle Wissenschaft ist, immer als erkannte auch beherrschte Resultate sind, die man „in der Hand hat", so ergibt sich die wesentliche Folge, daß die Wissenschaft selbst keinerlei sie übergreifende Verpflichtungen zu begründen oder auch nur anzugeben vermag, und daß sie keine Ziele kennt, außer ihrem eigenen Fortschritt. Ihr Ethos ist asketisch, negativ, und sie setzt aus sich selbst heraus und mit eigenen Mitteln nichts darüber Hinausgehendes. Das Dilemma Nobels ist repräsentativ: wer das Dynamit erfunden hat, kann nur hoffen, daß *andere* seine Anwendung verhindern werden, und einen Friedenspreis stiften. Das Pathos des Selbstzweckes, das die Wissenschaft aus ihrem eigenen Wesen heraus entwickeln muß, ist die Kehrseite ihres negativen Ethos. Solche Gewißheiten aber, auf denen unser moralisches, soziales oder religiöses Leben wächst, vertragen keine Verzichtsprozesse, sie leben aus der Unmittelbarkeit der breiten Erfahrung.

Der Bund nun, den die Naturwissenschaft mit der Technik und Industrie geschlossen hat, trifft unglücklicherweise auf Partner, von denen dasselbe gilt: die Technik, am Anorganischen ansetzend, kennt wesensmäßig nicht die Vorstellung einer *Beschränkung der erlaubten Mittel,* die, ökonomisch gesehen, dem mit dem Lebendigen wirtschaftenden agrarischen Zeitalter entsprach. Daneben entwickelt, wie Max Weber schon sah, ein wirtschaftlicher Betrieb eine sachliche Sonderlogik und rationale Eigengesetzlichkeit, die ethisch nicht kommensurabel ist, und um so reiner heraustritt, je unabhängiger der Betrieb von den irrationalen Einflüssen des Atmosphärischen und Vegetativen wird, also je technisierter er ist. Der Zusammenhang dieser drei Gebiete, der Wissenschaft, der technischen Anwendung und der industriellen Auswertung ist längst selbst eine Superstruktur, selbst automatisiert und derart versachlicht, daß ethische Motive in die Rolle der sachfremden Einwände abgleiten. Hierin, in der Hoffnungslosigkeit einer ethischen Kontrolle über die moderne Zivilisation, die wie das antike Fatum über der Erde schwebt, um mit Marx zu reden, liegt einer der Gründe für die weit verbreitete Entmutigung und Resignation. Die früheren, vortechnischen Kulturen setzten doch trotz aller maßlosen inneren Reibung auf Schritt und Tritt Zusammenhänge von *Verpflichtungen* gerade an den Stellen, wo ihre nichtrationalen Erfahrungen Lücken und Diskrepanzen zeigten, und systematisierten diese Erfahrungen weniger theoretisch als moralisch.

Aus dem Gesagten folgt, daß die Wissenschaft, die ihrem Wesen nach „Aufklärung" ist, die fehlenden Führungssysteme oder „idées directrices" einer Gesellschaft nicht ersetzen kann. Sie kann keine zureichenden Gründe für eine Gesamtorientierung zur Welt, für einen handelnden Glauben*)

* „To think that unrealistic blueprinting, propaganda, or artificial morale techniques can

schaffen und keine echte Motivationskraft für elementare Entscheidungen bieten, so wenig wie zwingende, allgemeingültige Gewißheiten. Die Rückschläge der Massenenttäuschung darüber, daß die popularisierten Wissenschaften keine Stabilisierung der Weltanschauung zustandebrachten, können ernsthaft werden, gerade wegen der „Künstlichkeit" der wissenschaftlichen Einstellung, deren Niveau an „Wissenkönnen", von dem die gesamte moderne Kultur geschaffen und getragen ist, zudem nur so gehalten werden kann, daß es gesteigert wird. Ebenso folgt aus dem Gesagten, daß die wissenschaftliche Welt in der Einseitigkeit ihres Ethos nur eine geringe institutionsbildende Kraft hat. Schwer realisierbar erscheint die schöne Idee wissenschaftlicher Korporationen, welche die humane Kontrolle der Anwendung der Forschungsergebnisse selbst festhielten, z. B. der Atomenergie.

Die ersten Schritte eines emotionalen Gegenschlages gegen den Geist der Wissenschaft wurden schon vor 200 Jahren getan. Rousseau sagte 1755 im „Discours sur l'origine": „Wenn die Natur uns dazu bestimmt hat, gesund zu sein, möchte ich beinahe behaupten, daß der Zustand der Reflexion widernatürlich ist (un état contre nature) und daß der Mensch, der meditiert, ein verkommes Tier ist" (un animal déparavé). Diderot hat in „Rêve de d'Alembert" diesen extremen Gedanken aufgenommen: „Nichts widerspricht der Natur mehr, als die gewohnheitsmäßige Meditation oder der Zustand des Gelehrten. Der natürliche Mensch ist gemacht, wenig zu denken und viel zu handeln. Die Wissenschaft dagegen denkt viel und bewegt sich wenig." So nennt er den Gelehrten ein „système agissant à rebours", ein verkehrtlaufendes System.

Dieses gefährliche Präludium eines massenemotionalen Gegenschlages blieb noch vereinzelt. Die wissenschaftliche, besonders auch die philosophische und literarische Kultur erreichen in der Tat leicht einen Grad von Verselbständigung, der die nie harmlose radikale Sinnfrage herausfordert. Da es sich hierbei um eine fundamentale Erscheinung handelt, die mit der „riskanten" Organisation des Menschen wesentlich zusammenhängt, und um einen Fall unter vielen ähnlichen von *Entlastungsgefahren*, so soll hier kurz darauf eingegangen werden, trotzdem alles Nähere in eine Kulturanthropologie gehören würde.

Der Mensch ist in seinen Funktionen von der Notwendigkeit eines blinden, instinkthaften Reagierens im unmittelbar Gegenwärtigen entlastet, und dies schon in seiner physischen Konstitution. Positiv ausgedrückt: seine motorischen und sensorischen Funktionen, seine Antriebe, die Sprache usw. haben das Merkmal der „Verfügbarkeit". Nicht eingespannt in das Drangfeld der unmittelbaren Gegenwart sind sie ablösbar von dieser, oder anders gesagt: sie sind als selbst empfundene und kommunikative Funktionen in sich selbst belebt und damit fähig, sich gegenseitig aneinander zu beleben. Diese Leistungen zeigen einen sich lockernden Kontakt mit den direkt gegebenen Situationsbeständen, sie sind zurücknehmbar und entfernen sich zunehmend vom Anlaß und können dies, weil sie ebenso selbstempfunden wie selbstentfremdet, in sich zugleich Erlebnis und Gegenstand sind. Sie werden also zunehmend „indirekter". Sie erreichen zwar ihr Ziel in einer umsichtigen, sacherfahrenen, geplanten Hand-

construct new myths and fictions to support a social order of extraneous imposition in an individuated age similar to the organic folk buttressing of a simple people is something like mistaking a house of cards for a granite monolith." James W. Woodard in Gurvitch, Twentieth Century Sociology, New York 1945, p. 234.

lung, sollen sich also wieder zur Welt hinwenden, aber so, daß die Gegenwartslage übergriffen wird und nur Startpunkt einer in die Zeit und den Raum hinausgreifenden Veränderung ist. Sie verlieren aber notwendig, indem sie den Kontakt mit der Unmittelbarkeit zurückbilden und sich *aneinander* potenzieren, sehr weitgehend den Bezug auf das Aktuelle und haben ja gerade darin ihren Sinn für ein voraussehendes und auf Neukombination der Erfahrung angewiesenes Wesen.

Darin liegt nun eine große Gefahr. Denn auf diese Zweckmäßigkeit hin ist auch das menschliche Antriebsleben angelegt, das eine sehr große Plastizität, Überschüssigkeit und Verschiebbarkeit hat. Diese immer indirekter werdenden Aktionen werden also *selbst zu Bedürfnissen,* und zwar zu zunehmend indirekteren und verfeinerten. Dies folgt aus der Tatsache, daß unsere Antriebe mit den Handlungen mitgehen, sich mit ihnen spezialisieren und ihre immer bedingter werdenden Gegenstände mit umfassen. Die verfeinerten Appetite, die funktionalisierten, sich abgliedernden und hoch bedingten Interessen, wie Herrschsucht und Geiz, und die Süchte zeigen, wie Antriebskomplexe gleichsam die freie Selbstmacht erlangen. Es besteht also die *konstitutionelle* Gefahr, die stets in neuer Zucht bewältigt werden muß, daß die menschlichen Handlungen und Antriebe *nicht mehr zur Welt zurückfinden,* sondern sich ins Unendliche raffinieren und in sich selbst weiterlaufen. Diese Gefahr besteht genau so für die entlasteten höheren geistigen Funktionen und läßt sie leicht die feine innere Grenze überschreiten, jenseits deren sie als Intellektualismus oder Artistik empfunden werden. In allen diesen Fällen wachsen also Vorteil und Schaden aus derselben Wurzel einer „riskanten" Organisation, denn ohne die Gabe, in sehr mittelbaren Verhaltensweisen selbst noch Antriebsbefriedigung zu finden, gäbe es keine Tätigkeit für ferne Zwecke. Doch funktionalisieren sich alle Antriebe, auch hoch bedingte, leicht, d. h. sie treten außer Zusammenhang, verselbständigen sich, gehen in den Zustand der „Betriebsförmigkeit" über, des repetierenden Automatismus, und erhalten darin Eigenwertsättigung.

Das Korrektiv für diese Gefahren liegt allein im offenen Sozialkontakt, den die soziale Verfassung gewährleisten und sogar erzwingen muß. Zucht als Erziehung und Selbstzucht, Unterordnung und Führung, nach außen gehende Tätigkeit und Arbeit sind die Skelette, die das Antriebsleben in Form halten, und sie sind lebensnotwendige Bedürfnisse der Antriebe *selbst* in einem aus seiner biologischen Struktur heraus versehrbaren Wesen, dessen Leistungen aus derselben Wurzel wachsen wie die Gefährdungen. Die breite Ebene der offenen und geordneten Taten einer Gemeinschaft ist daher der Ort, an dem auch die Wissenschaften immer wieder in die Handlungen einmünden und zur Welt zurückfinden müssen.

Dieses Risiko haben wohl die genannten „Naturalisten" der Aufklärungszeit im Auge gehabt, wenn sie die gelehrte Bildung, die so leicht zu einem „feinen geistigen Egoismus" (Gervinus) wird, als „widernatürlich" bezeichneten. Der große Gervinus selber hat sich in einem ähnlichen Sinne ausgesprochen, wenn er vom Geist der Romantik redet, von ihrer Flucht des Gegenwärtigen, Wirklichen, Tätigen, und der „groß geworden sei in Sprache und Naturkunde, in Kunst und Altertum, in all den Fächern, welche nichts mit dem großen, wirklichen Leben zu tun haben". „In den Zeiten", sagt er in der Geschichte der deutschen Dichtung, „da Goethe Chinesisch trieb, oder früher, da er sich mit der Natur und plastischen Kunst beschäftigte, um mit dem öffentlichen Leben nichts zu tun haben zu dürfen, kehrte Jean Paul in einer langen Schriftstellerei diesen öffentlichen Verhältnissen den Rücken, trieb Fouqué seinen Verkehr mit dem Rittertume, Hoffmann mit der Geisterwelt, floh die zarte Seele eines Tiedge vor Geschichte und Zeit in die Einsamkeit und Natur, sympathisierten Seume und Chamisso mit den Naturzuständen der Wilden. Die Geschichtsforschung wandte der neueren Zeit den Rücken und grub sich in die Urgeschichte, wohin sie die mythologische Forschung der Philologen wies".

37. Zur Theorie der Phantasie

Hier ist nun gegen Ende dieses Teiles die Gelegenheit für eine Erörterung, die an die zahlreichen Hinweise auf die menschliche *Phantasie* anknüpfen kann, welche in den bisherigen Untersuchungen schon vorkamen. Keines der menschlichen „Vermögen" ist weniger gut bekannt. Palagyis Wahrnehmungslehre (1925) enthält eine Theorie der Phantasie, die ausgezeichnete Studie von Segal (Über d. Vorstellen v. Objekten u. Situationen, 1916) ist heute noch ebenso unentbehrlich wie die von Lacroze (La function de l'imagination, 1938), die im selben Jahr erschien wie Sartres „Structure intentionelle de l'image" (Revue de Métaph. et de Morale). Dieser war vom selben Autor die Schrift „L'Imagination" (1936) vorausgegangen, und 1940 folgte die große Arbeit „L'Imaginaire" – eine höchst sorgfältige und umfassende phänomenologische Beschreibung. Klages und Scheler trugen in ihrer Lehre von den „Bildern" einiges bei, Bergson entwickelte in den „Zwei Quellen" eine großzügige biologisch-soziologische Theorie der „fabulatorischen Funktion", und zuletzt hat Hans Kunz (Die anthropologische Bedeutung der Phantasie, 2 Bde., Basel 1946) eine sehr vielseitige, umfassende Darstellung und Kritik der psychologischen Forschung auf diesen wie auf verwandten Gebieten vorgelegt und eine eigene, existenzphilosophisch eingestellte Theorie vorgestellt. Trotzdem kann man sagen, daß die Forschung erst in den Anfängen und der Satz Herders (zit. Kunz I, 131) noch gültig ist: „Überhaupt ist die Phantasie noch die unerforschteste und vielleicht die unerforschlichste aller menschlichen Seelenkräfte." Nun mag wohl eine Anthropologie, die den Menschen von der Handlung aus begreift, dazu beitragen, die Leistung und Bedeutung der Phantasie sichtbar werden zu lassen. Denn vor allem kann so der Fehler vermieden werden, von vornherein zu hoch anzusetzen. Man denkt gerne in erster Linie an die dichterische oder künstlerische „Verklärung", jedenfalls an die in der Sprache lebende oder die hochgezüchtete optische, musikalische Phantasie, also an Funktionen individueller und entlasteter Sublimierung, vielleicht auch noch an das Traumleben, aber selten daran, daß sie doch zuerst ein sehr reelles und vitales Geschehen ist.

Unter Einbildungskraft im allgemeinen versteht man die Fähigkeit eines Organismus, die von ihm durchlaufenen Zustände sich einzuverleiben, in sich hineinzubilden, mit dem Zweck, sich *künftig* auf Grund vorheriger Erfahrungen oder Zustände verhalten zu können. Die erstere Leistung, allein angesehen, kann in allgemeiner Bedeutung Gedächtnis heißen, und es ist dieses unmittelbare Gedächtnis passiven Aufnehmens und Festhaltens eine vitale Fähigkeit nicht weiter erklärbarer Art, vielleicht schon alles Lebendigen, sicher aber aller Tiere. „Über das Gedächtnis als eine allgemeine Funktion der organisierten Materie“ hielt 1870 Ewald Hering einen noch heute lesenswerten Vortrag, und auch Nietzsche hielt die Fähigkeit des Organismus, Erfahrungen „aufzusammeln“ für den wesentlichen Unterschied vom Anorganischen: „es gibt im organischen Reiche kein Vergessen, wohl aber eine Art Verdauen des Erlebten.“ Wenn also im Gedächtnis eine Belastung des Organismus mit seinen früheren Reaktionen und Eindrücken, eine gewisse Fesselung an die Vergangenheit vorliegt, so hat dies eben den Sinn einer Leistung: diese Vergangenheit verfügbar zu machen für die günstige Bewältigung einer jetzt auftretenden und sich „nach vorn“ erstreckenden Situation. In dieser anderen Richtung, nach der Zukunft hin betrachtet, heißt die Einbildungskraft Erwartung, Entwurf oder aktive Phantasie im engeren Sinne.

Palagyi hat daher in guter Einsicht die Einbildungskraft umschrieben als eine *vitale* Fähigkeit, mit der das Lebendige sich aus dem Orts- und Zeitpunkt, den es gerade innehat, weg- und außer sich versetzt, ohne tatsächlich von der Stelle zu weichen. Es ist ein Wunder ohnegleichen, sagt er, daß das Leben, ohne von der Stelle zu rücken, wo es sich befindet, sich trotzdem so verhalten kann, als ob es an eine andere Stelle des Raumes oder an eine andere Stelle der Zeit entwichen wäre. „Dieses Entrücktwerden des Lebensprozesses von dem räumlich-zeitlichen Standort, wo es in Wirklichkeit verharrt, nennt man Phantasie“ (a. a. O. 94). Bei einem Wesen, dessen bloße Erhaltung im Dasein darauf gestellt ist, sich aus den Klammern der unmittelbaren Raum- und Zeitgegenwart zu befreien, das daher in diesem Sichversetzen die Bedingungen seiner Existenz überhaupt erst erreichen kann, muß natürlich die Phantasie eine ganz überragende Bedeutung gewinnen. In der Tat wäre der Mensch *als Phantasiewesen so richtig bezeichnet, wie als Vernunftwesen.* Von Handlungen im eigentlichen Sinne kann daher nur gesprochen werden bei einem Wesen, das von der unmittelbaren Einwirkung und dem Druck der Umgebung so weit entlastet ist, daß es eben daraus die Kraft seines Sichversetzens, und zwar eines methodischen und variablen Sichversetzens zieht. Man beobachtet schon bei sehr kleinen Kindern vor jeder Ausbildung höherer symbolischer Phantasmen und feinerer Bewegungsleistungen die Fähigkeit, sich in *Gesamtversetzungen* den sehr engen Bereich von Erfahrungen, den sie haben, verfügbar zu halten und sich in „andere“ Situationen einzuleben. Das am Anfang dieses Teiles herangezogene Beispiel von Guernsey bezeugt schon die Gabe, die Gesamtgestalt einer Bewegung als Entwurfsgestalt für ihren freien Vollzug aufzunehmen: es handelt sich um jenes Kind, das mit der Stirn aufschlug und diese Bewegung übernahm. Mit elf Monaten spielt ein Kind „schlafen“, indem es sich im Bett herumwirft und „baba“ sagt, und ich selbst sah, wie ein Kind von eineinhalb Jahren, mit noch unvollkommener Fähigkeit zu laufen, beim Klang von Kirchenglocken spontan zu tanzen begann, d. h. in rhythmische Bewegungen „anderer Art“ überging. Diese Beispiele belegen schon ausreichend eine frühe Fähigkeit des gesamtmotorischen Sichversetzens, oft in Unabhängigkeit vom Istbestand des gerade situationsmäßig Gegebenen.

Wenn nun, wie in der kinderpsychologischen Literatur berichtet wird, ein Kind von etwa einem Jahr einen Stuhl mit einem Stück Papier „abstaubt“ oder wenn mit 1,3 Jahren „Rauchen“ gespielt wird, so handelt es sich hierbei um den fundamentalen Vorgang, den wir oben aus der Beschreibung G. H. Meads referierten: to take the role of the other. Dieser Vorgang ist als „Nachahmung“ schlecht bezeichnet, geht es doch um die Realisierung eines Verhältnisses zu sich selbst auf dem Wege über das Verhalten anderer. Das sich in den anderen versetzende Kind objektiviert sich vor sich, es entdeckt sich über das „entfremdete“ Verhalten hinweg. Oder es versetzt sich in den anderen und erfährt gerade darin sich selbst. Daraus folgt offenbar, daß es ein *direktes* Verhalten zu sich selbst primär gar nicht gibt, sondern daß die *Identifikation mit einem anderen* die Voraussetzung des Selbsterlebnisses ist. Auch Mead hat die enormen Konsequenzen dieser genialen Einsicht nicht erschöpft. Zu diesen gehört zunächst, daß, sowenig wie der einzelne, auch eine Gruppe kein direktes Verhältnis zu sich selbst hat. Das Gruppenbewußtsein kommt indirekt zustande, nämlich so, daß sich alle einzelnen mit *demselben* anderen, einem X, identifizieren und von daher verhalten, so daß ihr Selbstbewußtsein einen gemeinsamen Schnittpunkt hat, der in der Gleichheit des Verhaltens seine objektive Stütze findet. Dies ist entscheidend zum Verständnis aller primitiven Gesellschaften und des Totemismus. Alle Mitglieder des Bären-Clans mögen symbiotisch schon eine Gruppe sein. Geistig werden sie ein „Wir, diese Gruppe“ nur insofern, als jeder „die Rolle eines anderen übernimmt“, und zwar jeder dieselbe: des Bären. Ursprünglich begnügt sich nämlich das Bewußtsein der Gruppenzugehörigkeit keineswegs, wie bei uns, mit einem abstrakten Wissen oder sogar einer abstrakten Zwangsvorstellung, sondern das Wir-Erlebnis wird *realisiert,* nämlich durch konkretes Verhalten mit dem Thema „Wir, die Gruppe“ persönlich neu erzeugt in realen Gesamtversetzungen, sagen wir dem Bärentanz. Die Gruppe wird nur erlebt, sofern sie zugleich etwas anderes ist, d. h. sie muß *dargestellt* werden durch Sichversetzen in ein gemeinsames Anderes und Handeln von daher. So erleben sie sich als die Bärengruppe in der Darstellung des Bären. Die weltweite Verbreitung des Totemismus muß etwas Prinzipielles bedeuten, und selbst in den Fundamenten der griechischen, der menschlichen Religion findet der Archäologe, wenn er nachgräbt, die „Tiergötter", die uralten Gruppensymbole. Hera ist noch bei Homer die kuhgesichtige, so wie noch im späteren Rom Isis die Kuhhörner der Hathor trägt. Erinys, ursprünglich in der Einzahl, war eine als Pferd gesehene Lokalgöttin in Thelpusa in Arkadien, und Artemis Brauronia ein Bär, gefeiert im kultischen Bärentanz! Daß das ganze, noch so undeutliche und doch als erstrangig angesehene Problem der Identifikation hier wurzelt, ist sicher. Daß die modernen unübersehbaren Quasigemeinschaften keine stabile Identifikation erlauben, dürfte klar sein: für angebbare psychovitale Bedürfnisse des Menschen hat unsere Zivilisation keine Erfüllungen zu bieten. Der abstrakte Zusammenhang des Volkes ist dafür zu groß, die Familie zu klein. Die Soziologie entdeckt gerade erst das „secret of porportion" (G. Heard, Social Substance of Religion, 1931).

Der Forscher v. d. Steinen war verblüfft, in Brasilien die Bakairi-Indianer sehr ernsthaft versichern zu hören, sie seien Araras (Papageien). Wenn eine Gruppe, ein Stamm oder Clan einen mythischen Ahnherrn „hat", ihn kultisch verehrt und sich nach ihm nennt, so ist dieser schon ins helle Licht der Geschichte gerückte Vorgang im Prinzip identisch: das Selbstbewußtsein wird indirekt durch Identifikation mit einem anderen gewonnen.

Man kann daher die Folgerung nicht vermeiden, daß die Phantasie ganz eigentlich *das elementare Sozialorgan* ist. Dabei denke man nicht an die späte Erscheinung individueller, im Phänomen als unwirklich gegebener Phantasievorstellungen, die übrigens ziemlich selten sind, wenn man darunter anschauliche Phantasmen versteht, sondern an eine aus den frühkindlichen Gesamtversetzungen und Nachahmungsspielen sich niederschlagende *chronische Zuständlichkeit der Halbentfremdung*, welche den bewußtlosen Hintergrund unseres Zusammenlebens mit anderen und unseres darin eingefaßten Selbstgefühls bildet. Man nähert sich diesem Phänomen vielleicht am besten schrittweise. Sartre (L'Imaginaire, p. 175 f.) beschreibt z. B. das „emotionale Abstraktum": wenn manche Personen bei Erzählung eines Unglücksfalls „ach, wie schrecklich!" ausrufen und den Schrecken durch eine Art schematischer Geste abbilden, dann verleihen sie den vorgestellten Bildern mittels eines einfachen affektiven Schemas den Charakter „schrecklich". Dieser Vorgang aktualisiert für einen Augenblick, so glaube ich, eine der Möglichkeiten eines chronischen affektiven Hintergrundes, der einen Teilbestand des eigenen Selbstgefühls bildet, und der die pausenlose Resonanz der durchschnittlichen Gruppenaffektlage ist. Eben dieses Selbstgefühl *ist schon* ein état imaginaire. Blondel hat in seiner wertvollen „Einführung in die Kollektivpsychologie" gezeigt, daß selbst diejenigen Affekte, die wir für unseres Herzens Eigentum halten, eine „Modellform" an sich tragen, die der sozialen Sitte unserer Zeit und Lebenssphäre entspricht. Die Befriedigung, ein überkommenes Gefühl nach dem Stichwort der Situation darstellen zu können, ist kaum unterscheidbar von der Befriedigung, seine Individualität auszuleben. Der Wortschatz und die Syntax der Gefühle sind so verpflichtend wie die der Sprache. Damit ist nicht nur gemeint, daß man Leidenschaften à la Werther oder à la Kierkegaard trägt – vielmehr ist das, was man die Grundbefindlichkeit nennen könnte, selbst ein état imaginaire: das, *was* man ist, ist ein Verhältnis zu sich und damit durch und durch intim sozialisiert, ist im persönlichsten doch chronischer Zustand der Halbentfremdung und in der bewußtlosen Selbstverständlichkeit eine von der Einbildungskraft gegossene dichte Glocke.

Wenn die moderne Kollektivpsychologie feststellt, daß die Gefühle und Emotionen eine Art sozialbedingter Sollqualität haben, und daß wir nicht nur den Ausdruck unserer Gefühle, sondern diese selbst regeln, so greift dies noch nicht tief genug. Man sollte daraus nicht den Schluß André Gides ziehen: „Die psychologische Analyse hat an dem Tage jedes Interesse für mich verloren, als ich gewahr wurde, daß der Mensch empfindet, was zu empfinden er sich einbildet." Man kann auch den Standpunkt vertreten, daß dann erst das tiefer psychologisch Interessante beginnt, denn unter dieser Schicht erst beginnt das Imaginäre seine Willkürlichkeit zu verlieren, zwingend zu werden und in das Konstitutionelle unseres sozialen Daseins sich einzulagern.

Wie Gruhle (Verstehende Psychologie, 1949, p. 493) richtig erkannt hat, sind Vaterlandsgefühl, Familiengefühl, Standesgefühl soziale Gebilde. Nicht das Rechtsgefühl hat das Recht erzeugt, sondern das Recht das Rechtsgefühl (Jhering). Diese Begriffe sind alle hoch abstrakt, und wenn man sie der Realität nähert, gehen sie in Begriffe mittlerer Allgemeinheit über, die dann zuständliche Haltungen bezeichnen, wie sie die Alten in den Worten pietas, maestas, auctoritas, dignitas, gravitas, constantia, mos maiorum, potestas, disciplina usw. meinten. Solche „Ideen" sind, wie Rothacker (Tatkräfte und Wachstumskräfte, Bl. f. dt. Philosophie XVII) erkannte, nicht Handlungsweisen, sondern „Leitsterne", sie gehören der wachstümlichen Seite des Lebens an, sind also Niederschläge sozialer Erfahrungen in der eigenen, zum Zustand gewordenen Entwicklung. Sie sind daher sowohl bezeichnend für persönliche Haltungen, als auch dafür, wie soziale Situationen beispielhaft und normativ bewältigt werden, und sie wurden zum Teil als Götter verehrt. Ihr Medium ist durchaus die Phantasie, man kann diese Ideen nur „haben", indem man sie darstellt, einverleibt und einverseelt und sich mit diesen vorbildlichen Situationen identifiziert, um darin sich selbst anzueignen. Man kann sagen: nur im Nachvollzug eines greifbaren sozialen Vorbildes werden solche konkret moralische Ideen gelebt und „verzuständlicht", bis dann der andere in uns selbst hineinrückt und die Haltung ein dauerndes, habitualisiertes Verhältnis zu sich selbst in der Darstellung dieses Verhältnisses wird. Die Phantasie als das Vermögen der Gesamtversetzungen ist geradezu das tragende innere Gefüge der Gesellschaften.

Wir müssen endlich noch eine letzte und vielleicht tiefste Schicht der Phantasie erörtern, für die ich den Namen „Urphantasie" wähle. Diese Untersuchung ist schwierig, weil es sich um Dinge handelt, die sozusagen an der Grenze der Denkbarkeit stehen, und nur die gemeinsame Richtung mehrerer sehr verschiedener Gedankenreihen nach einem Zielpunkt hin kann ihr eine gewisse Wahrscheinlichkeit geben.

Wenn, wie im ersten Teil besprochen, die Auffassung möglich ist, daß der Mensch durch einen Prozeß der „Entwicklungsverzögerung" oder Verjugendlichung mitdefiniert ist, so muß im letzten Kerne seines vegetativen Wesens ein Unausgegebenes stecken, eine unerschöpfte Potenz. Denn wenn anscheinend in die Entwicklung des Menschen gewisse hemmende, vielleicht endokrine Faktoren eingeschaltet sind, so ist die Vorstellung unterdrückter Potenzen nicht vermeidbar. Zudem brauchte das gerade erreichte Verhältnis der retardierenden Kräfte zu den gehemmten ja kein stabiles zu sein, und es wäre sehr wohl denkbar, daß eine Verschiebung des gegenwärtigen Gleichgewichtszustandes bereits läuft: in diesem Sinne erwartet Naef eine progressive Entwicklung der stärkeren runden Stirnwölbung als Zukunftsform. Auf jeden Fall kommt man von der These Bolks aus zu der Annahme einer sehr tief in der Konstitution des Menschen liegenden „Disharmonie" gegenüber der vollkommenen Ausgeglichenheit des Tieres. Diese Disharmonie schlösse aber einen positiven Tatbestand ein, nämlich einen „Entwicklungsdruck". Aber auch wenn man in einer zweiten Überlegung die Theorie Bolks einklammert und in der Vorstellung Darwins denkt, kommt man auf dieselbe Anschauung. Denn wenn eine Entwicklung über Hunderttausende von Jahren hin von niederen zu höheren Formen gegeben ist, und zwar im Sinne eines schöpferischen, sich anreichernden Prozesses, so müßte ja diese Tendenz im Menschen als der Endphase der ganzen Reihe auch noch zu erwarten sein. Vor allem aber müßte eine solche Potenz des Lebens zu „mehr Leben" sich beim Menschen in der Tiefe seiner Antriebsschicht irgendwie „rückmelden". Das uns in seiner näheren Beschaffenheit noch ganz dunkle Gesetz der Phylogenie muß ja bei allen Tieren nicht nur in Formumbildungen, sondern vor allem auch in der Organisation der Instinkte gearbeitet haben, denn diese Instinkte sichern ja die Arterhaltung, in deren Rahmen die progressive Entwicklung erfolgt.

Nehmen wir also eine wie immer bestimmte Gesetzlichkeit des Lebensprozesses „nach aufwärts“ an: wie muß sich dann diese Tendenz im Menschen ankündigen, bei dem wesentliche Wachstumsvorgänge in seine Stellungnahme zu sich selbst hineinkomponiert sind, der kaum echte Instinkte hat, und bei dem die Erhaltung und Fortpflanzung des Lebens – damit aber der Rahmen etwa weitergehender organischer Entwicklung – durch das Medium eines außerordentlich störbaren Bewußtseins hindurchgehen?

Da hätten wir auch unter sehr anderen Vorstellungen als denen Bolks die Vermutung, daß der Mensch unter einem potentiellen Formierungsdruck stehen müßte, dies aber mit einer ganz besonderen, aus seiner Konstitution folgenden Belastung: dieser „Entwicklungsdruck“ wäre geradezu in den Umkreis des Selbstvollzugs gerückt oder diesem doch nahe, denn die Antriebskräfte des Menschen sind ja bis in durchaus unbestimmbare Tiefen hinein „bloßgelegt“, bildbesetzt und damit direkt oder indirekt Gegenstand der Stellungnahme. Diese im Leben liegende Tendenz auf „mehr Leben“ müßte daher im Menschen den Bereich seines Selbstvollzuges treffen, und zwar gerade deswegen, weil sie nicht in Richtung der Instinkte arbeiten kann.

Nun ist aber, wohlgemerkt, das Bewußtsein ja primär „Oberfläche“, d. h. es ist ihm sowohl die Beschaffenheit „an sich“ der Außenwelt, als auch das „Wie“ der inneren vitalen Vollzüge selbst *entzogen*, in denen man lebt, ohne zu wissen, wie. Die innere und äußere Welt sind durch und durch Erscheinung. Der Begriff erreicht hier durchaus nicht, was das Begreifenwollen ihm zutraut. Darauf hat Nietzsche mit Recht solches Gewicht gelegt: „Das, was wir unser ‚Bewußtsein‘ nennen, ist an allen wesentlichen Vorgängen unserer Erhaltung und unseres Wachstums unschuldig“ (W. z. M. Aph. 646). „Das Auszeichnende an dem gewöhnlich als einzig gedachten Bewußtsein“, sagt er in einem sehr wichtigen Aphorismus (XIII, 230), „am Intellekt, ist gerade, daß er von dem unzählig Vielfachen in den Erlebnissen der lebendigen Wesen, welche unseren Leib constituieren, geschützt und abgeschlossen bleibt, und als ein Bewußtsein höheren Ranges, als eine regierende Aristokratie, nur eine Auswahl von Erlebnissen vorgelegt bekommt – dazu noch lauter vereinfachte, übersichtlich und faßlich gemachte, also gefälschte Erlebnisse–, damit er seinerseits in diesem Vereinfachen und Übersichtlichmachen, also Fälschen, fortfahre und das vorbereite, was man gemeinhin einen Willen nennt . . . Und gerade dieselbe Art von Operationen, welche sich hier abspielt, muß sich auf allen tieferen Stufen, im Verhalten aller dieser höheren und niederen Wesen zueinander, fortwährend abspielen: dieses selbe Auswählen und Vorlegen von Erlebnissen, dieses Abstrahieren und Zusammendenken, dieses Wollen und Zurückübersetzen des unbestimmten Wollens in bestimmte Tätigkeit. Es sind Kräfte da in uns, welche stärker sind als alles, was formuliert werden kann am Menschen. Am Leitfaden des Leibes lernen wir, daß unser Leben durch ein Zusammenspiel vieler sehr ungleichwertiger Intelligenzen und also nur durch ein beständiges tausendfältiges Gehorchen und Befehlen, durch unausgesetzte Übung vieler Tugenden – physiologischer Tugenden – möglich ist.“

Nimmt man nun im Menschen, wie wir oben sagten, eine am Werk befindliche Gesetzlichkeit in der Richtung auf „mehr Leben“ an, so müßte diese seine Antriebsschicht und, wegen der Bloßgelegtheit derselben und ihrer Beziehung zur Handlung, auch die Grenze seines Bewußtseins erreichen, aber so, daß eine *entsprechende* Vorstellung dessen, *was* da geschieht, niemals erreichbar sein kann, weil das Bewußtsein grundsätzlich nach außen gewendet, in diesem Sinne Oberfläche ist. Der Mensch würde dann das Gefühl einer letzten, an Ernst nicht zu überbietenden Verantwortung, zugleich aber keine Möglichkeit haben, den eigentlichen Inhalt der „Aufgabe“ zu wissen, gerade weil er in sie verwickelt wäre. Ist uns schon unbekannt, wie unsere Handlungen und Vollzüge vor sich gehen, dann erst recht, wie sich durch sie hindurch irgendein metabiologisches Problem, vielleicht über Jahrtausende verteilt, aufbaut und auflöst. Aber eine „Ahnung“ unbestimmt tiefer Verwickelung in das, worauf es im Lebensprozeß ankommt, könnten wir durchaus haben, und an dieser Stelle würde die *Urphantasie* erscheinen.

Diese Ansicht ist nicht bloß konstruiert. Es läßt sich zeigen, daß primitive Gesellschaften ohne die Kategorie der „unbestimmten Verpflichtung“ nicht verstanden werden können – eine unbestimmte Verpflichtung, die in einer verwirrenden Mannigfaltigkeit höchst anschaulicher und plastischer, durchaus phantasmatischer Auslegungen festgemacht wird, deren System geradezu das Skelett der betreffenden Kulturen bildet. Eine Theorie der Magie läßt sich nur mit dieser Leitidee der nichtrational-anschaulichen, also phantasmatischen Festlegung der unbestimmten Verpflichtung in der Richtung auf „mehr an Leben“ (mehr an Macht, mehr an Lebensdauer, mehr an Fruchtbarkeit usw.) aufstellen. Wenn Rothacker (a. a. O.) die Vermutung aufstellt, die Phantasie sei eine Hilfsfunktion vegetativer Wachstumsprozesse, und wenn Kunz (D. anthrop. Bed. d. Phantas. I, 133) die Möglichkeit zuläßt, daß die Phantasie die verinnerlichte organische Bildungskraft darstelle, vielleicht im Sinne eines gemeinsamen Ursprungs beider, so erweitere ich diese Hypothesen nur in Hinsicht der phylogenetischen Dimension und in der anderen, daß dieser Prozeß im Menschen beginnt, zu sich selbst in ein Verhältnis zu treten: an seiner Kontaktstelle mit dem Bewußtsein würde uns die Phantasie inadäquate, aber anschauliche, hinreißende Bilder eines „Mehr an Leben“ vorzeichnen.

Nietzsches Symbole vom Übermenschen und vom Willen zur Macht waren abstrakte, theoretisierende Interpolationen an dieser Stelle. Im Symbol des

Übermenschen steckt zunächst die tiefe Einsicht darin, daß der Mensch sich selbst noch Aufgabe ist: „Ein höheres Wesen, als wir selber sind, zu schaffen, ist unser Wesen. Über uns hinaus schaffen! Das ist der Trieb der Zeugung, das ist der Trieb der Tat und des Werks." Aber dieses Symbol gibt doch noch einen „Zweck" des Lebens an, denn der obige Satz fährt fort: „Wie alles Wollen einen Zweck voraussetzt, so setzt der Mensch ein Wesen voraus, das nicht ist, das aber den Zweck seines Daseins abgibt." Ich möchte nun glauben, daß Nietzsche das Fragwürdige einer solchen Parole eingesehen hat, und daß die Formel vom Willen zur Macht die verbesserte Formel vom Übermenschen sein sollte. Und diese Formel bedeutet nun folgendes: Wenn das Bewußtsein Mittel und „nach außen gewendet" ist, so können wir fragen, „ob nicht alles bewußte Wollen, alle bewußten Zwecke, alle Wertschätzungen vielleicht nur Mittel sind, mit denen etwas wesentlich Verschiedenes erreicht werden soll, als es innerhalb des Bewußtseins scheint. Wir meinen: es handele sich um unsere Lust und Unlust – aber Lust und Unlust könnten Mittel sein, vermöge deren wir etwas zu leisten hätten, was außerhalb unseres Bewußtseins liegt" (Aph. 676). Um nun für diesen schwierigen Gedanken noch einen Ausdruck zu finden, hat Nietzsche dieses X, das hinter der bewußten Zweckmäßigkeit, „unter dem Tische" (Nietzsche) vollzogen wird, rein formal als Steigerung, Ausbreitung der Macht, als Prozesse von Kraftfeststellungen, als Einverleiben, Überwältigen, als Schöpferisches – als abstraktes biologisches Mehr bezeichnet und auf jede inhaltliche Angabe der Richtung, des Sinnes des Geschehens verzichtet, wie sie noch im Schema des Übermenschen gewollt war. Das Symbol bleibt aber analog: es gibt im Menschen und in allem Lebendigen einen dem Vordergrund des Bewußtseins entzogenen, aber in den Handlungen des Lebens, ja im bloßen vegetativen Dasein vollzogenen Sinn (Übermensch) oder Sinn der Sinnlosigkeit (Wille zur Macht), jedenfalls aber eine leitende Thematik des Lebens schlechthin, an der wir mitschaffen und die der Inhalt einer unbestimmten Verpflichtung ist, die er, Nietzsche, zu bestimmen sich unterfängt. Diese Symbole sind verunglückt, weil sie abstrakte Übertreibungen des Darwinismus oder der Schopenhauerschen Metaphysik sind, weil sie nicht die unbeschreibliche attraktive Kraft bildhafter Phantasmen eines Mehr an Leben, also nicht die furchterweckende Schönheit haben. Noch ärmer an Gehalt ist das Symbol der ewigen Wiederkehr, das wörtlich genommen so fragwürdig ist, daß man zweifeln kann, ob hier ein raffinierter logischer Kalkül vorliegt (Becker in: Bl. f. dt. Philos. IX, 4) oder „das erste deutliche Zeichen des begonnenen Irrsinns" (Hofmiller in Südd. Monatsh. 29, 1931).

Wenn man die bisher vorgetragenen Hilfslinien bis dahin verlängert, wo sie sich schneiden, so kommt man auf den angedeuteten Gedanken einer „Urphantasie": nämlich auf dem Grunde der Geschiebe des Traumes oder der Zeiten verdichteten vegetativen Lebens – in der Kindheit oder im Kontakt der Geschlechter, gerade da, wo die Kräfte werdenden Lebens sich anzeigen, gibt es wohl, unter sehr wechselnden Bildern, gewisse Urphantasien eines Vorentwurfs des Lebens, das in sich die Tendenz zu einem Mehr an Formhöhe, an „Stromstärke" spürt: diese aber als Anzeichen einer unmittelbaren *vitalen Idealität*, d. h. einer in der substantia vegetans liegenden Richtung nach einer höheren Qualität oder Quantität hin – wobei selbst das Recht zu dieser Unterscheidung fraglich bleibt. Und wenn die schöpferische Phantasie die Welt „idealisiert", so zeichnet sie sich die Entwicklungsziele dieses inneren Anspruchs vor – eine „Biologie der Poesie" ist kein unmöglicher und gerade ein von tiefen Denkern wie Schelling, Novalis und Nietzsche entworfener Gedanke.

Wir stehen hier an einer der mehreren Quellen der Kunst. Über die Impulse, die in ihr leben, habe ich immer die naiven antiken Andeutungen, selbst eine vom Typus der Pygmalion-Sage, am aufschlußreichsten gefunden. Phidias, sagt Cicero (De orat. II, 9) habe, als er das Bild des Jupiter oder der Minerva verfertigte, nicht eine menschliche Gestalt zum Vorbild genommen, sondern in seinem Geist sei eine erhabene Idee der Schönheit lebendig gewesen, die habe er unverwandt betrachtet und auf ihre Nachbildung seine Kunst und Arbeit verwandt. Das ist, in unscheinbarer Einfachheit, auch wirklich alles, was über diese Wurzel der Kunst zu sagen ist. Das ist die Urphantasie, und die Weise, sich in ein tätiges Verhältnis dazu zu setzen, die Kunst. Nur die sichtbare Kunst, vor allem die Plastik, kann eine wirkliche Anschauung davon vermitteln, welchen Rang von vitaler Vollendung unsere Urphantasie noch als möglich in sich fühlt. Es ist nicht zu bezweifeln, daß die bildenden Künste tief formzüchtende Wirkungen auf die sehr versehrbare Urphantasie des Menschen ausüben können, und schon Lessing sagte, daß der Staat der Alten schönen Bildsäulen schöne Menschen mit zu verdanken hatte (Laokoon). Hohe Kunst hat eine unersetzbare Autorität. Die Baukunst ist es schließlich, in der diese Autorität selbst thematisch wird, so wie Vitruv von den Bauten des Augustus sagt: „Verum etiam majestas imperii publicorum aedificiorum egregias habet auctoritates".

Diese Anschauung der Kunst als eines Vorentwurfs der vitalen Idealität stimmt überein mit den Leitgedanken der idealistischen Ästhetik seit Kant. Immer handelt es sich in ihr darum, die Identität der kunstschaffenden Kräfte im Menschen mit den organischen, formbildenden zu zeigen, so wie es Schelling in der Schrift „Über das Verhältnis der bildenden Künste zur Natur" erklärt: „Diese ganze Abhandlung weist die Basis der Kunst und also auch der Schönheit in der Lebendigkeit der Natur nach" (1807).

Nach unserer Auffassung wird die Wirksamkeit des Kunstwerkes auf den Betrachtenden nach doppelter Richtung hin zu kennzeichnen sein: einmal spricht es ganz zur Einbildungskraft, d. h. es leitet einen Vorgang der „Versetzung" bis in die unbestimmte Tiefe der Urphantasie ein, die im Bilde deutlich und faßlich wird. Und indem das Bild unsere Phantasie belebt und erfüllt, auch immer an sich zieht und verdichtet, so entsteht eine Kommunikation sonst ausdrucksloser und sprachloser Schichten im Menschen mit einer vor Augen stehenden Wirklichkeit. Aber gerade das Bewußtsein des „Bildes", der Unwirklichkeit gestattet es, in dieser Bewegung zu *bleiben*, ohne sie ungenügend zu finden, wie es die bloße Bewegung der Einbildungskraft der *Wirklichkeit* gegenüber allerdings wäre.

An dieser Stelle hat auch die *Religion* eine ihrer Wurzeln, und zwar diejenige, die sie mit der Kunst gemeinsam hat. „Die Welt der Götter, sagt Schelling, ist kein Objekt weder des bloßen Verstandes, noch der Vernunft, sondern einzig mit der Phantasie aufzufassen." (Phil. d. Kunst, Nachl. 1802–5, § 31.) Ich muß diesen Gedanken hier in einer gewissen unbefriedigenden Allgemeinheit stehen lassen, weil er abgelöst vom geschichtlichen und ethnologischen Material abstrakt bleiben muß; aber wo die Religion lebende Wesen, vollkommener als der Mensch, darstellt, dort lebt sie von der Urphantasie. Und hierher gehört, was paradox aussieht, schon der Tierkult, der in verschiedenen Gestalten wohl überall nachweisbar ist. Ipsen deutete mir diese sehr allgemeine Erscheinung überzeugend: im Tier bewundert der Mensch eine ihm *nicht* gegebene Weise des ungestörten, unbeeinflußbaren Daseins, also der „Macht" – eine nicht menschliche und von seiner Phantasie als übermenschlich ausgelegte Vollkommenheit. Mit anderen Worten: die ganze konstitutionelle Disharmonie und Belastung der menschlichen Existenz – den Antriebsüberschuß, den Zwang zur Selbstführung, die Not der Arbeit, die Sorge der Voraussicht und das ewige Sterbensehen – alle diese vitalen, riskanten Komplikationen sieht man in der mühelosen, sicheren, stillen Lebendigkeit des Tieres gerade nicht, und darin unterscheidet sich der Mensch selbst vom Tiere, das „göttlich" ist im Hinblick auf die gelassene, geheime Mächtigkeit seines Daseins. Hier ist die Religion noch „vegetativ", eine Aussage des Lebendigen über sich, indem es sich in anderes Lebendige versetzt.

III. Teil

Antriebsgesetze. Charakter. Das Geistproblem

38. Ablehnung der Trieblehren

Die letzte uns noch obliegende Aufgabe besteht in der Darstellung des Charakteraufbaus, bei der zu zeigen ist, wie von unserer Gesamtansicht des Menschen als eines handelnden Wesens her sich auch hier eine tiefere Ordnung der Tatsachen ergibt. Veranlaßt durch zahlreiche, zum Teil von mir nicht unverschuldete, zum Teil aber auch tendenziöse Mißverständnisse soll dann am Schluß noch eine Exposition des Problems „Geist" gegeben werden. In den Mittelpunkt aller folgenden Untersuchungen stellen wir also wieder die Handlung und es ist unsere allgemeine Frage diese: wie muß die Antriebslage eines weltoffenen, auf die eigentätige Durcharbeitung der Welt angewiesenen Wesens eingerichtet sein, eines Wesens, dem man spezifische Instinkte im organunmittelbaren Sinne eben wegen seiner mangelnden Organspezialisierung und Umweltanpassung nur wenige zuschreiben kann? Eines Wesens überdies, das im Umkreis der Situation, des zufälligen Jetztbestandes nicht aufgehen darf, das also voraussehend den Bedürfnissen der Zukunft heute schon vorbereitend abhelfen soll, dessen Antriebslage also selbst in irgendeinem Sinne auf die Zukunft gerichtet sein muß, das „der künftige Hunger hungrig macht".

Aus dieser Aufgabenstellung wird verständlich, daß wir uns von dem Verfahren der eigentlichen Psychologie weitgehend entfernen müssen, weil diese notwendig an das folgende Abstraktionsverfahren gebunden ist. Man muß nämlich einen bestimmten Menschen von dem aus beschreiben, was er tut und an welchen Inhalten er seine Neigungen ausweist. Im Denken, das abstrakt und festnagelnd ist, kommt man dann notwendig auf eine Reihe allgemeiner „Eigenschaften" wie Festigkeit, Schlauheit, Gewandtheit, Genußfreudigkeit usw., aus denen jedoch sowohl die Handlung als die konkreten Inhalte weggedacht sind, weil man eben von den welthaften Verhaltensweisen auf die „darin erscheinenden Anlagen" zurückschloß. Es wird dann der zweite Schritt nötig, dieses abstrakte eigenschaftliche Innere, das man mit Worten auf -heit und -keit beschreibt, durch Einführung der „Umwelt", des „Milieus" usw. wieder zu vervollständigen. Wir stehen damit vor dem allgewaltigen Begriffspaar Anlage-Umwelt, haben aber, vermittelst des gezeigten Ansatzes, die ganze Wirklichkeit der Handlungen aus den Augen verloren und denken nur noch an ein vereigenschaftetes Inneres, das sich einer Außenwelt gegenüber befindet. Dieses Verfahren ist für approximativ beschreibende Zwecke nicht weiter schädlich, deckt aber gewisse darunterliegende Gesetze der menschlichen Antriebsstruktur ab, wenn diese nur aus ihrer Beziehung zur Handlung verständlich sein sollten.

Es gibt von dem eben beschriebenen Ansatz aus noch eine andere Möglichkeit, nämlich in dem angewendeten Verfahren des „Zurückführens" noch weiterzugehen. Kann man nicht die vielen -heiten und -keiten noch auf eine kleinere Zahl zurückführen, z. B. die Eitelkeit, den Ehrgeiz und den Unternehmungsgeist als Varianten des „Machtstrebens" auffassen? Wir kämen damit zu einer Lehre von den „Grundtrieben" und wären bei einer Richtung der Psychologie angelangt, der Trieblehre, die mit Schopenhauer begann und über Freud und Klages hin eine sehr große Ausdehnung gewonnen hat. Diese Versuche scheitern ausnahmslos und aus denselben Gründen wie die Typenlehren, nämlich an der Beliebigkeit der Setzungen. Man hat Macht, Egoismus, Sexualität, Nachahmungstrieb, Wiederholungstrieb, Entäußerungstrieb, Behauptungstrieb, Geltungstrieb, Durchsetzungstrieb, Bewegungstrieb, Formtrieb, Zerstörungstrieb und vieles andere in allen denkbaren Verbindungen für das „Eigentliche" im Menschen erklärt. Mc. Dougall kennt jetzt achtzehn Grundtriebe, darunter Neugier, Behaglichkeit, Wandertrieb und Geselligkeitstrieb, während es Watson schon auf etwa fünfzig bringt. Shaffer (The Psychology of Adjustment) behauptet, daß Bernard (1924) bei mehreren hundert Autoren 14 046 human activities festgestellt habe, die als „instinktiv" bezeichnet wurden!

Nun bleibt es natürlich dem tieferen Blick nicht verschlossen, daß der Mensch, auch wenn man ihn als ein „Ganzes" von Anlagen, Eigenschaften, Grundtrieben usw. beschreibt, dieses Ganze doch niemals allseitig darstellt. Vielmehr muß man sich, wenn man im Begriffsschema bleiben und sich doch der Wirklichkeit etwas annähern will, dieses Eigenschafts- und Triebgefüge sozusagen verschiebbar vorstellen. Der Mensch entwickelt je verschiedenen Situationen gegenüber sehr verschiedene Eigenschaften, die sich außerdem geschichtlich, im Zeitfluß ablösen können. So geht Hoffmann (Das Problem d. Charakteraufbaus, 1926) sehr gut darauf ein, wie Friedrich Wilhelm I., der Soldatenkönig, in wechselnden, je bestimmten Lagen ein sehr verschiedenes Verhalten zeigte: als Herrscher war er ernst und pflichtbewußt, aber auch brutal und gewalttätig, im Familienkreis ebenso. Im Freundeskreis dagegen jovial, gesellig und humorig, von gerader Gemütlichkeit. In seinen außenpolitischen Stellungnahmen war er ängstlich, verzagt und tatenscheu und galt bei anderen Monarchen als unzuverlässig. Bismarck, als junger Mann recht lenksam, höflich und wohlgesittet, „feiner Knabe von weichem, bildsamem Gemüt", war etwas später, mit fünfundzwanzig Jahren, von wildester Ungebundenheit, gefürchteter Schläger, etwas verwildert und tonangebender „Junker". Solche Beispiele sind deshalb außerordentlich wichtig, weil sie die Notwendigkeit zeigen, die aus der Begriffsbildung ausgeklammerte Welt doch wieder heranzurücken, so daß wir am Schluß bei der Biographie enden, bei der Beschreibung eines einzelnen Lebenslaufes. Man muß daher den Schluß ziehen, daß das Herausanalysieren von Eigenschaften, Anlagen oder Grundtrieben eine innere logische Problematik hat. Entweder erhält man für „den Menschen" eine beliebig lange Liste inhaltlich ausgeleerter Begriffe, oder, wenn man konkretisieren will, fällt man notwendig ins Beschreibend-Biographische zurück. Die Typologie versucht zwar, sich in der Mitte, in einer Sphäre mittlerer Allgemeinheit zu halten, aber sie würde sich dort zu einer Pseudowissenschaft verfestigen. Man sollte nicht vergessen, daß der Typus logisch ganz richtig zuerst von Dilthey als *Annäherung* an die Beschreibung des individuell Persönlichen gemeint war.

Für unsere Zwecke ist in erster Linie eine nähere Widerlegung der „Triebpsychologie" notwendig, und sie ist besonders belehrend, weil an den dort auftretenden Verwirrungen die unklare Vieldeutigkeit der Begriffe Trieb bzw. Instinkt die Schuld trägt.

Beim Menschen gibt es instinktives Verhalten überall da, wo die Organe arbeiten „wie es sich gehört", also beim Saugen des kleinen Kindes, seinen Greifübungen, vielleicht bei der Umarmungsbewegung. Natürlich ist eine instinktive Wurzel des Geschlechtslebens sicher.

Über diese und wenige andere, allenfalls noch diskutable Beispiele hinaus aber gilt, daß wir Menschen nur als Kulturmenschen kennen, also als tätig in unbeschreiblich vielseitigen, sozial vermittelten Handlungen, d. h. solchen, die ohne andere Handlungen anderer Menschen gar nicht zu verstehen sind, und die man gelernt hat. Hier hat es keinen Sinn, von vererbten Bewegungsfiguren zu sprechen, die auf Schlüsselsituationen einspringen, also von echten Instinkthandlungen. Nun können aber alle diese Verhaltensweisen, subjektiv gesehen, *getrieben* ablaufen, so voraussetzungsvoll sie sein mögen, und sie können eine Stabilität, Unablenkbarkeit und Automatisierung erreichen, die immer wieder dazu versucht, sie als Emanationen dahinter wirkender Triebe oder Instinkte aufzufassen. Diese *potentielle An-*

triebsbesetzung schlechterdings aller menschlichen Tätigkeitsarten, von der Philosophie bis zur Kopfjägerei, die doch jeweils gelernte sind und deren Variationen stets ebenso denkbar bleiben, wie ihr gänzlicher Wegfall, ist von großer Bedeutung. Sie muß aus derselben *Instinktreduktion* erklärt werden, die offenbar das Zurücktreten des echt instinktiven Verhaltens einschließt. Der Abbau echter Instinkthandlungen vollzieht sich anscheinend im komplementären Verhältnis zur morphologischen Foetalisierung und zur Großhirnentwicklung, bedeutet aber umgekehrt eine *Entdifferenzierung* der Antriebsstruktur derart, daß nun umgekehrt alle noch so hoch vermittelten und zufälligen Verhaltensweisen, von jeglichem Inhalt der Arbeit oder des Spiels, *drangbesetzt* und mit *Sättigungswert* auftreten können. Aus dieser inneren Plastizität der Antriebsstruktur heraus entsteht erst die Notwendigkeit, der jede Kultur auf ihre Weise folgt, eine bestimmte Hierarchie und Verteilungsregel der geforderten, tolerierten und verpönten Handlungen und eben damit auch der Bedürfnisse auszubilden und sie den jungen Menschen zu oktroyieren. Wir handeln nicht so oder so, weil wir bestimmte Bedürfnisse haben, sondern wir haben diese, weil wir selbst und die Menschen um uns so oder so handeln.

Diese Entdifferenzierung ergreift offenbar bis zu einem gewissen Grade sogar das Antriebssystem, das hormonal gesteuert ist: das sexuelle. Es gibt kaum eine Tätigkeit, bis zu den spirituellsten, die nicht von daher einen Teil ihrer dynamischen Besetzung gewinnen *könnte*, während umgekehrt das sexuelle stets noch *anderen* Determinanten Raum gibt: sozialen, ästhetischen, rituellen usw. In ähnlicher Weise liegt es überall, wo man eine instinktive Wurzel, ein *Instinktresiduum* anzunehmen geneigt sein muß: so scheint die bloße Tatsache des Zusammenseins, die Gruppensituation eine Auslöserwirkung auf ein Auszeichnungs- oder Dominanzbedürfnis von instinktresidualem Charakter zu haben. Aber auch hier zeigt ein vergleichender Blick über die kulturelle Mannigfaltigkeit, daß so gut wie jede sonst schon determinierte Tätigkeit einen Prestigewert haben kann, von der Kunst des Bootsbaus bei den Polynesiern bis zur Trancekunst des Schamanen irgendwelcher Mongolen, einschließlich wieder des „sexuellen Charisma", das u. U. auch Macht bedeutet. Wegen dieser sehr verschiedenartigen *Überdeterminationen* jedes einzelnen menschlichen Verhaltens ist die Aufstellung von Instinktkatalogen eine hoffnungslose Mühe. Jedes konkrete Verhalten X ist sozial bedingt, Systemglied in einem kulturellen Zusammenhang, gelernt und grundsätzlich auch anders möglich, und doch der Möglichkeit nach drangbesetzt, in sich selbst bis zu einem Sättigungspunkt erfüllungsfähig (nicht etwa bloß ermüdbar) und sehr oft von einer deutlichen instinktresidualen Qualität oder Färbung. Die Begriffe Instinktreduktion, Instinktresiduum und

Instinktentdifferenzierung sind echte und unentbehrliche anthropologische Kategorien.

Wir müssen diese Ansicht noch von einer anderen Seite stützen. In populärer Sprache werden nämlich als „triebhaft" diejenigen Handlungen bezeichnet, die in einer auffallenden Weise enthemmt ablaufen. Es hat einen Sinn, den Mundraub des Hungernden oder die sexuellen Exzesse des Gefangenen triebhaft zu nennen. Hier handelt es sich um unterste Existenzgrenzen, um Handlungen elementarer Abhilfe unter Abbau aller höheren Kontrollen. Dagegen sind Handlungen, in denen z. B. Menschen der Jagd oder Feldbestellung nachgehen, keine Triebhandlungen, obgleich in letzter Linie der Hunger ihre treibende Kraft ist. Der Ausdruck „triebhaft" meint in den obengenannten Beispielen die ausbrechende Befriedigung von physischen Minimumbedürfnissen, die bis zur Grenze der Erträglichkeit versagt sind. Unter normalen Umständen „treibt" es aber den Menschen über diese unteren Existenzgrenzen gerade hinaus, denn er hat das vielfach überdeterminierte Bedürfnis, sein Nahrungs- und Geschlechtsleben *nicht* in „triebhafter" Weise zu befriedigen, sondern in irgendwie geordneter und „eingefaßter". Man könnte geradezu von einem Bedürfnis nach Bedürfnissen reden, die über diese Existenzminima überhaupt hinausgehen – so wie es den „Trieb" gibt, Auto zu fahren, zu tanzen oder Kunstwerke zu sammeln. So haben wir wieder die obenerwähnte Tatsache erreicht, daß hochbedingte und abgeleitete Verhaltensweisen eine sehr starke Antriebsbesetzung erfahren können.

In einer zweiten Bedeutung nennt die Sprache solche Handlungen oder Affekte triebhaft, welche nicht durch intelligente, sachgemäße Überlegung hindurchgegangen und nicht unter Kontrolle gehalten sind. In diesem Sinne hat etwa ein Mensch einen triebhaften Hang zur Großsprecherei, trotzdem er weiß, daß dies von der Umgebung durchschaut wird, oder einen Trieb zum Luxus trotz Einsicht in seine begrenzten Mittel und Verhältnisse. Wir werden dann umgekehrt einen im richtigen Moment erfolgenden, sozusagen wohladressierten Wutausbruch nicht triebhaft nennen. In solchen Fällen handelt es sich im Grunde darum, daß der Einbau eines Affekts, einer Neigung in ein Haltungsgefüge nicht gelingt, also um einen Mangel in der inneren Durchführung der Stellungnahme des Menschen zu sich selbst.

Endlich heißen Handlungen triebhaft, die „Jetztbewältigungen" sind, im Unterschied von solchen, welche auf Dauerinteressen stehen. Triebhaft in diesem Sinne ist also die Neigung des Kindes, Gegenstände zu zerstören, die Rücksichtslosigkeit, die Angstreaktion wie überhaupt alles kurzschlüssige Affektverhalten gegenüber dem bloß Gegenwärtigen und Unmittelbaren, bis zu dem Verhalten des Paschas, der den Überbringer einer Hiobsbotschaft köpfen läßt.

Die Sprache nennt daher Handlungen, Neigungen usw. triebhaft im *Gegensatz* gegen nichtminimale, gegen bewußt, willensmäßig angeeignete, gegen kontrollierte und geführte und gegen dauerbestimmte. Es ist entscheidend, daß *nur diese Gegenbegriffe unter sich zusammenhängen*. Wir nennen nämlich ein Gefüge von Interessen, Bedürfnissen, Neigungen und Gewohnheiten (in Summa: Antrieben), welche anspruchsvoll, angeeignet, geführt, gegeneinander stellungnehmend ausgelesen und welche auf Dauer gestellt sind – einen *Charakter*.

Die Aufstellung von Instinktkatalogen oder Listen von Grundtrieben halten wir dagegen für wenig aussichtsreich. Wir bekommen vielmehr einen gemeinsamen Bezugspunkt dieser Probleme dann, wenn wir, von der Instinktreduktion ausgehend, die eben damit möglich werdende, u. U. hoch komplexe Antriebsbesetzung *alles* intelligenten Verhaltens verstehen, und einsehen, daß daraus wieder die Notwendigkeit der Charakterformierung folgt.

39. Zwei Antriebsgesetze. Der Hiatus

Bei grundsätzlich geändertem Ansatz lassen sich einige Einsichten gewinnen, die weder auf dem Wege der Abstraktion von Eigenschaften, noch auf dem der Zurückführung auf Triebe möglich sind. Und man muß so verfahren, denn die Anthropologie, d. h. das wissenschaftlich erreichbare Selbstverständnis des Menschen, darf nicht in die methodische Unsicherheit der Charakterlehren, Typologien usw. hineingezogen werden. Der Ansatz kann für uns natürlich nur der schon entworfene philosophische sein, er muß von der erreichten Gesamtanschauung des Menschen ausgehen und die Handlung als Mitte enthalten. Dazu ist jedoch eine vorläufige kurze Besinnung auf einige Tatsachen des Handlungsmechanismus (oder wenn man will – vitalismus) notwendig.

Willkürlich beweglich sind beim Menschen in erster Linie die Bewegungs- und Wahrnehmungsorgane, also diejenigen, welche die sensomotorischen Kreisprozesse der Wahrnehmung und Bewegung vermitteln. Wir haben im zweiten Teil ausführlich untersucht, wie unsere Wahrnehmungen mit unseren variabel gewordenen Bewegungen zusammenarbeiten, wie die Sprache und endlich das Denken aus dieser Zusammenarbeit herauswachsen und wieder in sie zurückführen. Wenn wir irgendeinen Gegenstand sehen, so haben wir nicht nur eine gedeutete und begriffene Wahrnehmung, sondern auch ein längst erworbenes Können in der Behandlung desselben und schließlich die Fähigkeit, auf jetzt erscheinende Erfahrungen, Erfolge oder Überraschungen uns denkend, überlegend, probierend und ausnutzend einzulassen. Daraus erhellt, daß der „Handlungkreis“ (Hand, Auge, Sprache) sehr weitgehend in sich selbst geschlossen werden kann und die Anlässe seiner Betätigung, Weiterbetätigung oder Veränderung aus sich selbst zieht. Diese Organe sind von denen, die der Ernährung, dem Kreislauf, der Atmung usw. dienen, eben dadurch unterschieden, daß sie nicht in einer unmittelbaren und zwangsläufigen Abhängigkeit voneinander stehen, während die letzteren „unwillkürlich“ arbeiten, und durch ihre Ermüdbarkeit. Sie sind in ihren Leistungen ruhebedürftig und können unabhängig gegeneinander funktionieren, während etwa Herz, Lunge, Blutkreislauf unermüdbar, unmittelbar abhängig voneinander und eben damit unwillkürlich wirken. Dagegen können wir gehen ohne zu sprechen, sehen ohne zu arbeiten, hören ohne zu sehen, arbeiten ohne zu denken, uns bewegen ohne wahrzunehmen usw. – aber wir können auch das alles miteinander verbinden und den *Anlaß zur Betätigung jeder dieser Leistungen aus der anderen ziehen.*

Wenn die Funktionen unabhängig voneinander einsetzbar, aber fähig sind, sich gegenseitig aufeinander zu beziehen, so bedeutet dies die Chance des *Führungswechsels:* sie können einander beliebig untergeordnet werden, was eben den Tatbestand der wechselnden Führungsleistung ausmacht. So kann, um in einfachen Beispielen zu bleiben, die Sehleistung die Greifbewegungen führen, wenn wir uns sehend orientieren, um zu handeln; es kann aber auch umgekehrt sein, wenn wir nämlich eine Sache behandeln oder zerstören, um zu sehen, was daran oder darin ist. Wir können auch gehen, um zu hören, nämlich ins Konzert, und hören um zu gehen, wenn wir uns verirrt haben und lauschen, ob nicht ein Signal unsere Bewegungen steuern kann. Unser Handlungsvermögen im Ganzen genommen ist also sehr weitgehend in sich selbst verwendbar, oder es findet die Anlässe seiner Betätigung teils in begegnenden Sachverhalten, teils in seinen eigenen Gewohnheiten, teils in praktischen „Einfällen“ oder Zielphantasmen – auf jeden Fall sehr weitgehend im Umfang des Handlungskreises selbst. Dieser ist also in sich wenigstens zeitweise unabhängig – wovon?

Unabhängig von den Antrieben. Ich verwende im folgenden zunächst die Ausdrücke, Antriebe, Bedürfnisse, Interessen gleichbedeutend, übrigens immer in der Mehrzahl. Da der Mensch ein unspezialisiertes und auf sich selbst (auch im Gegeneinander-zu-sich) gestelltes Wesen ist, den keine natürlich angepaßte Umwelt trägt, so ist ihm die unmittelbare, sozusagen tierisch-natürliche Befriedigung seiner Lebensbedürfnisse versagt, denn ihm fehlt der „kurze Weg“, auf dem die Instinkte des Tieres durch die reizverwandten Sinne hindurch ihre durch die höhere Weisheit der Natur schon bereitliegenden Ziele finden. Er muß die Welt, ursprünglich ein Überraschungsfeld, sich erst handlich und erkennbar, intim und verwendbar machen, um in geplanter und sachgemäßer Arbeit sich das zu beschaffen, was er braucht und was niemals schon zur Verfügung steht. Eben deswegen ist der Handlungsbereich des Menschen niemals die Situation allein, das bloße ungefähre und angepaßte Jetzt, sondern voraussehend muß er diesem Jetzt die Bedingungen abgewinnen, die in der Zukunft seine Existenz tragen helfen sollen. Auf diese Tatsachen hin nun ist sein Antriebsleben angelegt, daraufhin orientiert und nur so verstehbar. Von der Unspezialisiertheit und organischen Mittellosigkeit, von der Weltoffenheit und Intelligenz des Menschen blicke man hin auf seine handelnde Weise, sich im Dasein zu halten, und frage sich: wie muß das Antriebsleben eines solchen Wesens beschaffen sein?

Wir geben darauf eine Reihe von Antworten, die sich gegenseitig beleuchten, und beginnen an irgendeinem Punkte. Zunächst müssen die Antriebe in ihrer Beziehung zur Handlung und zu den Aufgaben der Handlung verstanden werden. Da ist es einmal für den Menschen als Handelnden lebensnotwendig, die Befriedigung der Bedürfnisse *aufschieben* zu können, denn die vorbereitenden Tätigkeiten, die aus den Sachumständen erst das Brauchbare erkennen und bearbeitend herausholen müssen, haben ihre eigene, den Tatsachen ausgelieferte Gesetzlichkeit, und es ist von größter Wichtigkeit, die Erfahrung und die Bearbeitung der Erfahrung sachlich-logisch zu betreiben, nicht aber den Störungen affektiven oder begierigen Verhaltens auszuliefern, gerade weil vom Sacherfolg die Befriedigung der Bedürfnisse abhängt. Dafür sorgt nun die Natur durch zwei Mittel: einmal, indem sie den Handlungskreis, wie eben gezeigt worden, in sich selbst beweglich, einsetzbar und steuerbar macht; sodann dadurch, daß sie die Hemmbarkeit der Antriebe zu einem *eigenen Bedürfnis dieser selbst macht*, und zugleich die Mittel dazu zur Verfügung stellt. Diese liegen in einer Tatsache, auf deren große Bedeutung ich schon hingewiesen habe, nämlich in der Tatsache des *Antriebsüberschusses*, der selbst irgendeine Art der Bearbeitung erzwingt, welche nicht wohl anders geschehen kann als so, daß ein Teil der Antriebe zur Hemmung anderer aufgewendet wird. Die Hemmbarkeit sämtlicher Antriebe, auch der organischen, ist eine Tatsache erster Ordnung, und man versteht sie nur von den Bedingungen der Handlung her, die von den Bedürfnissen sozusagen „abgehängt" werden muß, um sich in die Sachgesetze der Erfahrung einzulassen und dadurch ihr eigenes, nicht begrenzbares notwendiges Können zu entwickeln. Dieses Aufschieben schafft also einen Leerraum, einen *Hiatus* zwischen den Bedürfnissen und den Erfüllungen, und in diesem Leerraum liegt nicht nur die Handlung, sondern auch alles sachgemäße Denken, das ebensowenig antriebsgestört sein darf wie die Handlung, wenn es richtig und fruchtbar sein soll. Dieser Hiatus, hier als vollzogene Erlebniswirklichkeit beschrieben, ist ebenso physiologisch in der

Verschiedenheit und relativen Unabhängigkeit des organischen und animalischen Bereichs seine objektive Tatsache.

Wenn wir also einen Antrieb, ein Bedürfnis fühlen, so liegt, es zu fühlen, nicht in unserer Macht. Aber es zu befriedigen oder nicht, das liegt in unserer Macht – ein Sachverhalt, den übrigens Fichte (W. 4, 126) schon mit Recht hervorhob. Ob oder wann, unter welchen herbeizuführenden Umständen wir also die Handlungen einsetzen müssen, um die näheren und ferneren Mittel herzustellen, die endlich diesem Bedürfnis dienen – darüber darf das Bedürfnis gerade dann nicht entscheiden, wenn es befriedigt werden soll. Die Handlungen müssen also „abhängbar" sein von den Antrieben, es muß ein *Hiatus* geschaffen werden, denn die ersteren brauchen *ihre* Zeiten und Gelegenheiten, um sachgemäß, überlegt, verbesserbar und wiederholbar sein zu können. Dieser Prozeß der Vermittelung, in dem die Handlungen sich natürlich auch gegenseitig verflechten, ist unbegrenzbar und kann sich ins Unübersehbare ausbreiten und vermannigfaltigen: welche der täglichen Handlungen eines Monteurs oder Buchhalters dient eigentlich noch der unmittelbaren Beschaffung von Dingen, die zur Befriedigung der Lebensbedürfnisse dienen? Die Indirektheit der Lebensfristung ist im modernen Kultursystem zu einer ungeheuren Apparatur ausgewachsen, in der doch alle ihr Leben finden und in der jeder kleinste Baustein eine Tat der sachlich-disziplinierten Arbeit ist, so daß ein jedes Attentat auf die Grundlagen dieses Systems verhindert werden muß, und bestände es nur in der Senkung des Niveaus an sachhingegebenem Wissen und Forschen, von dem es lebt, durch romantisches Gerede.

Daß also Kultur nicht nur tragbar, sondern lebensnotwendig ist, ist angelegt im Menschen und zuletzt in diesem *Hiatus*, der Abtrennbarkeit der Handlung von den Antrieben, als der Bedingung der Existenz für ein so beschaffenes Wesen. Das Auge, der Verstand, die Hand sind nach außen gewendet, gegeneinander und miteinander an der Wirklichkeit tätig, in sich selbst verfügbar. Unabhängig – nicht absolut, versteht sich, aber unter selbst zu erfahrenden Bedingungen – von den rhythmischen Bedürfnissen des Organismus, welche am Grunde des Antriebslebens liegen.

Damit wäre jedoch nur *eine* Seite des vielgestaltigen Problems ergriffen, und wir entwickeln gleich eine andere, die sich zu dieser ersten sozusagen gegenläufig verhält.

Bei einem planenden und handelnden Wesen, welches die Mittel seiner Lebensführung der Welt erst abzugewinnen hat, und sich damit unvorhersehbar in die Gesetze der Tatsachen verwickelt, ist natürlich eine scharfe Grenze und ein bestimmter Unterschied von biologisch unmittelbar zweckmäßigen und vermittelten, in immer höherem Grade entfernter-zweckmäßigen

Handlungen gar nicht denkbar und möglich. Man muß daher wieder fragen –: wie muß das Antriebsleben eines Wesens beschaffen sein, für welches es *lebensgefährlich wäre, den Unterschied zwischen unmittelbar biologisch zweckmäßigen Handlungen und solchen zu machen, die es entfernter und vermittelter sind*? Und die Antwort ist diese: die menschlichen Antriebe sind entwicklungsfähig und formbar, *sind imstande, den Handlungen nachzuwachsen, die damit selber zu Bedürfnissen werden.* Diese ungemeine Tatsache gehört genau so zu den menschlichen Bedingungen wie die vorhin auseinandergesetzte, sozusagen umgekehrte der „Abhängbarkeit" der Antriebe von Handlungen. Man kann daher auch sagen, es besteht gar keine objektive Grenze zwischen Antrieben und Gewohnheiten, zwischen primären und sekundären Bedürfnissen, sondern dieser Unterschied, wo er je auftritt, wird vom Menschen *selbst gemacht,* oder umgekehrt: er gestattet es, daß bestimmte Bedürfnisse in ihm sich umsetzen und sich durch ihn in der Welt ausbreiten, bis sie Interessen an ganz speziellen, auf einzelne Tatsachen gehende Handlungen sind. Es ist, anders gesagt, für ein handelndes und damit der grenzenlosen Zufälligkeit der Wirklichkeit ausgesetztes Wesen lebenswichtig, daß auch noch die speziellsten Fähigkeiten zu Bedürfnissen werden können und deshalb „mit Interesse" getan werden. Dazu gehört nicht nur eine Art peripherer oder äußerer Wille im Aufgreifen, Durchhalten, Nachgehen gegenüber den erschienenden Störungen und Problemen der im Handeln immerfort begegnenden Tatsachen, sondern vor allem, ganz grundsätzlich, die Fähigkeit, auch in den entferntesten und speziellsten Aufgaben und Tätigkeiten noch Befriedigung zu finden, so daß sie Bedürfnis werden *können.* Es ist also entscheidend, daß „soviel möglich, die Mittel auch einigermaßen zum Endzweck werden, das ist, daß man sie nicht allein wegen ihrer Wirkung, sondern auch wegen ihrer eigenen Natur wünschet und verlanget" (Leibniz, Theod. § 208). Die menschlichen Antriebe sind also angelegt auf eine „Herauszüchtung", auf eine *Entwicklung zur Verteilung an die Welttatsachen hin,* und sie folgen den Handlungen: es ist einsichtig, daß sie dies nur deswegen können, weil sie *auch* hemmbar sind und ablösbar von der Handlung. So entstehen nicht nur Interessen an Tatsachen und am sachgemäßen Umgang mit Tatsachen, sondern diese Handlungen werden zu Gewohnheiten, d. h. zu Bedürfnissen, und man kann nicht einmal sagen: *sekundär* triebhaft. Dies kann aber nur verstanden werden, wenn es aus der Gesamtverfassung des Menschen als notwendig begriffen wird: dieses Wesen soll nicht „triebhaft" handeln, weil seine Existenz vom Eindringen in die Tatsachen abhängt, und vom Beherrschen derselben: eben deshalb müssen auch noch die *besondersten* Weisen dieses Eindringens und Beherrschens zu Bedürfnissen werden können. Das ist der Grund,weshalb die Gewohnheiten und Interessen auch der Oberfläche etwas über den Menschen aussagen, d. h. über die Richtungen zur Welt hin, in denen er seine Antriebe festgelegt hat. Wenn man ohne „wissenschaftliche" Vorurteile, d. h. in der einfachen Anschauung einen Menschen ansieht, so erfährt man dessen Persönlichkeit, dessen „Selbst" nirgends anders, als in seinem Verlangen nach bestimmten Tätigkeiten, in der Herrschaftsordnung der in ihm lebenden und von ihm betriebenen Interessen, keineswegs aber in „Eigenschaften". Die Denkmethode der bisherigen Psychologie besteht oft darin, den Charakter des Menschen von der Handlung loszulösen und ihn in das „Innere" zu schieben, während man ihn doch tatsächlich an seinen „Äußerungen" abliest, an seinen Taten, Erfolgen, Mißerfolgen, Gewohnheiten und Interessen. Alle diese aber sind durch *Stellungnahmen* hindurchgegangen, die teils der einzelne dauernd zu sich selbst einnimmt, und die andererseits seine Umgebung von frühester Jugend an gegen ihn geltend machte – erziehend und beeinflussend. Der Charakter eines Menschen enthält also immer das, was er *geworden* ist, und zwar *selbst* geworden ist, während in dem Begriffspaar von Anlage und Umwelt das Selbst überhaupt nicht erscheint. Dieses Begriffspaar beherrscht die moderne Psychologie leider immer noch, es ist aber aus zwei Gründen durchaus unbrauchbar: erstens deswegen, weil die „Anlagen" aus dem Verhalten bloß erschlossen sind, und zwar unter Preisgabe gerade des Handlungsmoments: denn jede sich tätig ausdrückende Neigung hat eine Stellungnahme bereits passiert oder ist doch wenigstens grundsätzlich möglicher Gegenstand einer solchen. Und zweitens bleibt der Ausdruck „Umwelt" in völliger Unbestimmtheit: er kann ja nicht wohl im Sinne der biologischen Umwelt gemeint sein, denn dies ist, wie gezeigt wurde, ein Begriff der Tierpsychologie. Im Bereich des Menschen kann der Ausdruck nur bedeuten „Kulturumwelt", und was ist diese anders als ein höchst kompliziertes und durchaus geschichtliches Feld von echten *Tatsachen*, d. h. von Niederschlägen der Handlungen langdauernder Gemeinschaften? Einen Charakter erkennt man nun daran, wie und an welchen Stellen er in dieses Aktionsfeld der Kultur eingreift, wie er sich in aktiven Begegnungen verhält, und wie er in diesen Tatsachen und Begegnungen und durch sie hindurch *verändernd* tätig ist, d. h. sich eine Umwelt erzeugt, die er haben will. Die „Umwelt" enthält nichts anderes, grob gesagt, als Menschen und Sachen: die ersteren wirken tätig aufeinander ein, und die letzteren sind geradezu vorgeformte Handlungen, vorgetane Taten: das einfachste Werkzeug belegt dies. In dem Schema von Anlage und Umwelt fehlt also, in dem gewöhnlichen undurchdachten Sinn genommen, gerade die Hauptsache, es fehlt das Selbst und die Einsicht, daß die *Handlung* das Selbst enthält und die Umwelt schafft. Dieses Schema gehört also zu den schlechten biologischen

Denkhilfen, die eine biologische Auffassung des *Menschen* gerade verhindern und abschneiden. Bei einem Wesen wie dem Menschen ist es eine wesentliche Sache, daß er seine Antriebe und Bedürfnisse an der Welt auseinandersetzt und orientiert, weil er sich selbst zugleich mit der Welt in den Griff bekommen muß, so daß der Charakter, als Zuchtresultat, an der Handlung und ihren Rückwirkungen (auch der Handlungen anderer) erst „festgestellt" wird.

40. Weltoffenheit der Antriebe

Wir haben unsere Überlegungen über die Probleme der menschlichen Innenwelt so angesetzt, daß wir von der gewonnenen Gesamtanschauung des menschlichen Wesens aus fragten: wie muß das Antriebsleben eines solchen Wesens beschaffen sein, das von der Natur auf die Handlung verwiesen wurde? Und wir gewannen unter dieser Frage bereits zwei entscheidende Aufschlüsse: das Antriebsleben des Menschen zeigt als Grundmerkmal zwei sozusagen gegenläufige Richtungen. Einmal steht die Erfüllung aller menschlichen Bedürfnisse, auch der elementaren, unter der Bedingung, daß die Sachverhalte und Umstände der Welt bis ins einzelne erkannt und bewältigt sind, wie denn Erkennen und Bewältigen beim Menschen in *denselben* umgehenden Tätigkeiten erreicht werden. Aus diesem Grunde sind alle menschlichen Bedürfnisse zugleich „höhere" Bedürfnisse, nämlich Interessen an den Umständen ihrer Erfüllung, an den Hindernissen und Erfolgslagen, an den Tätigkeiten und ihren Veränderungen selbst, in denen die Welt ins Lebensdienliche umgearbeitet wird. Die Antriebe müssen daher „von Natur" plastisch sein, sachlich, umstandsentsprechend, sie müssen dem Wechsel der Situationen und dem daran gebundenen der Handlungen „nachwachsen" können: nicht situations*bedingt*, sondern situations*entsprechend* sein und zwar müssen sie dies *wesentlich* sein, als menschliche. Auf der anderen Seite aber müssen die Antriebe in gewissen Grenzen – und zwar möglichst weitgehend – auch wieder hemmungsfähig sein, d. h. unabhängig oder besser „abhängbar" sein von den Handlungs- und Erfahrungsprozessen. Denn diese sind ja von vornherein nicht an irgendwelche bestimmte Situationssachverhalte angepaßt, und sofern die Unendlichkeit möglicher Sachverhalte es notwendig macht, sich „sachlich", d. h. erkennend, probierend, erfahrend, experimentierend in sie einzulassen, müssen die Bedürfnisse und Interessen zurückgehalten werden können, und zwar gerade, weil ihre künftige Befriedigung davon abhängt, daß die Umstände selbst allein zu Worte kommen. Dieser „Hiatus" zwischen den Bedürfnissen und Antrieben auf der einen Seite und ihren Erfüllungen und den darin tätigen Handlungen auf der anderen ist der entscheidende Umstand, der ein *„Inneres" überhaupt erst freilegt.*

An dieser Stelle kommen wir zu sehr wichtigen Einsichten, die ich ausführlich entwickeln muß. Denn die eben abgehandelten beiden Grundzüge der menschlichen Antriebsverfassung weisen auf noch tiefere Eigentümlichkeiten hin, nämlich auf die *Bewußtheit* und die *„Welthaftigkeit"* des menschlichen Inneren, also auf die Merkmale, die der Begriff „Seele" zu meinen pflegt.

Lassen wir einmal jetzt alle Vorstellungen, die an diesem Begriff hängen, ganz fallen, vor allem jede Vorstellung eines Dualismus Seele – Leib, und halten wir nur fest, was wir vom Menschen schon wissen. Ein weltoffenes, d. h. unspezialisiertes Wesen, das auf seine eigene Tätigkeit und Intelligenz gestellt ist, um leben zu können, das, der Welt in jedem Sinne ausgesetzt, sich in ihr halten muß, indem es sie aneignet, durcharbeitet, erkennt und in die Hand bekommt; ein solches Wesen wäre, wenn es, wie ein Tier, nur über ein paar eingleisige, festgelegte Instinkte verfügte, verloren, auch wenn diese Instinkte noch korrigierbar an Erfahrungen wären. Denn nichts gewährleistet, daß die Situationen überhaupt eintreten, auf die jene Instinkte ansprechen müßten, wenn der Mensch sie nicht selbst herbeiführte. Aber gerade um sie herbeizuführen, bedarf es einer grundsätzlich *anderen* Antriebslage, als sie ein Instinktwesen haben kann, nämlich, um es mit einem Worte anzudeuten, einer *weltoffenen.* Diese hier angedeuteten Merkmale der „Welthaftigkeit", Weltoffenheit und Bewußtheit des menschlichen Antriebslebens werden also dann verstehbar, wenn man sie unter unseren anthropologischen Grundanschauungen ansieht und nicht auf anderem Wege. Um eine kurze Bezeichnung dieses sehr vielseitigen Sachverhalts zu haben, fasse ich ihn – also die zuletzt genannten Merkmale – unter dem Ausdruck „Orientierbarkeit" der Antriebe zusammen, wobei schon die Wahl des Wortes andeuten soll, daß wir es mit einer selbst zu vollziehenden *Leistung* des Menschen zu tun haben.

Um nun über das „Innere" des Menschen sich zutreffende Vorstellungen zu machen, müssen wir vor allem das *Denken* dahin rücken, wohin es gehört: es ist ursprünglich gerade nicht „Inneres", sondern von der *Sprache* aus abzuleiten, ist es ein System, das ganz im sensomotorischen Kreise liegt, als ein nach außen gewendetes System von Deutungen und Bezeichnungen, ein Organ des Planens und Übersehens, Führungsorgan des Handelns. Als ein *Entlastungssystem* hat es, wie wir oben sahen, die Richtung auf „Abbau" der unmittelbaren, bildhaften Gehalte, auf „Entsinnlichung", und vor allem die Fähigkeit, seine Intentionen in sich fortlaufen und sich erfüllen zu lassen: so wird es, bloß noch an den „Kernen" der Vorstellungskomplexe entlanggleitend, sprachloses inneres Denken, aber es verliert nie seine Aufgabe, in die es endlich übergehen muß, nämlich die Steuerung des Verhaltens. Es findet schließlich in sich selbst Motive des gerichteten Aufbaus, in sich selbst Aufgaben, an denen es eine großartige Entwicklung seines Könnens vollziehen kann, sozusagen eine reine denktechnische Thematik bis zur Mathematik hin – dies jedoch nur nach Erfindung der Schrift, in der es sich selbst gegenübertreten und seine einzelnen Schritte zu Vollzugsanweisungen festhalten kann. Aber alles das ändert nichts daran, daß es ein „nach außen gewendetes System" ist, für die Weltbewältigung des handelnden Menschen entstanden und dazu da, dem Handeln die volle Freiheit zu geben, wenn es in sich selbst von einem Begriff zum anderen übergeht, A für B nimmt, neue Erwartungen anknüpft, das Abwesende in das Anwesende flicht und das Feld der Gesichtspunkte unendlich erweitert, unter denen angegriffen werden kann. Stockt die Handlung zwischen zwei Möglichkeiten, so folgt sie den herbeigedachten Motiven, die eine dieser Möglichkeiten ins Aussichtsreiche verlängernd. Die von Schopenhauer gefundene Wahrheit ist durchaus festzuhalten: Das Denken ist „Vorstellen des Vorstellens", Erweiterung des Vorhandenen in das Zukünftige und Abwesende, durchaus handlungsbezogen: „Medium der Motive", wie Schopenhauer sagt, Mittel der bewegenden Anregungen.

Dies muß erst einmal festgehalten sein und das richtige Bild des Denkens als eines sensomotorischen Vorgangs gewonnen, ehe wir überhaupt die Frage stellen können, wie und warum das Antriebsleben bewußt wird. Wenn wir nun unser eigenes Innenleben in seiner Wirklichkeit betrachten, in der Abstraktionen, -heiten und -keiten nicht vorkommen, so werden wir in erster Linie finden, daß uns das eigene Innere überhaupt nur im Zustande des Stillgelegtseins, der Handlungslosigkeit gegeben ist, also „abgehängt" von den Handlungen, als „Hiatus". In Zuständen der höchsten, gesammelten Tätigkeit, etwa in Momenten der Gefahrabwendung, gibt es kein „Inneres", sondern blitzschnelle Aktionen, höchste, nach außen gewendete Geistesgegenwart, allerschärfste Eindringlichkeit der wechselnden Bilder, keine Gefühle, das der Energie ausgenommen. Aber wenn wir nicht handeln, sondern untätig ruhen, oder wenn wir in mechanisierten Gewohnheiten glatten Verlaufs nur oberflächlich beschäftigt sind – das gilt hier gleichviel –, dann erleben wir den inneren Druck der Antriebe, den Überschuß. Wir finden dann in uns in erster Linie Wünsche oder Interessen, nämlich andrängende Phantasmen von Aufgaben, Vorhaben oder Hoffnungen, innere Ansätze zur Tätigkeit nach ganz bestimmten Zielen, die uns bewußt sind, bebildert und gedacht. Dann bemächtigen sich die Antriebe auch des Denkens, die Hindernisse und Umstände, Befürchtungen und Pläne bewegen sich in Erinnerungen und Erwartungen, eine bewegt erwogene *Welt* entwickelt sich in uns, die eigentlich gar nicht den Charakter der „Subjektivität" hat, des Ich-haften, sondern den welthaften Wert möglicher Situationen, in denen „es drängt", sich zu verhalten. Darin spielen bunte und wechselnde, doch je eindeutige Umstände ebenso ihre Rolle wie „vorgestellte", bestimmte Personen.

Jetzt können wir wieder fragen: wann wird die Natur das Antriebsleben eines Wesens bewußt machen und es damit den großen Gefahren der *Störbarkeit* ausliefern? Natürlich dann, wenn dieses Wesen in der unmittelbaren Umgebung, soweit sie seinen Sinnen erreichbar ist, die Erfüllungen seiner Bedürfnisse nicht „von selbst" vorfindet, also wenn es, etwas paradox ausgedrückt, *sie in sich sehen muß, weil es sie außer sich nicht sieht.* Das menschliche Innere ist *weltoffen*; das heißt einmal: beeindruckt durch unbestimmt mannigfaltige Erfahrungen, Eindrücke, Anschauungen, an deren jede ein Streben anwachsen kann. Und es bedeutet weiter: das menschliche Bedürfnis- und Antriebsleben enthält *Fernewerte,* Bilder des Vergangenen, Strebungen nach dem Abwesenden, Sehnsüchte nach zukünftigen Situationen und Umständen. Dies ist aber, wie man sofort sieht, genau die notwendige Verfassung für ein handelndes Wesen, das sich innerhalb der offenen Fülle der Welt verhalten muß, und zwar so, daß grundsätzlich das jetzt Vorliegende übergriffen und von den Erwartungen her, die die Erfahrungen ergeben haben, behandelt werden muß.

So erklären sich alle Urphänomene gegenseitig. Der Mensch orientiert seine Antriebe und Bedürfnisse, er gibt ihnen eigentätig Inhalte, denn indem er Erfahrungen macht, ja nur indem er spricht und die Welt ausdeutet, nimmt er sie in sich hinein, d. h. er vermittelt selbst die inhaltliche, konkrete Bestimmung seiner Antriebe, die in der Richtung seines Handelns und an diesen Gegenständen erwachen und sich an die Bilder der Erfahrung heften. Darin erfährt sich der Mensch selbst, *wird sich selbst notwendig ein „Problem"*, ein Gegenstand der Auseinandersetzung und Stellungnahme. „Einverseelung" nannte dies Nietzsche, und es war ein tiefer Blick von Kant zu sagen, daß es *die Vorstellungen des äußeren Sinnes sind, mit denen wir unser Gemüt besetzen,* wie er denn auch (Widerlegung des Idealismus, 2. Aufl. Kr. d. r. V.) betont, daß innere Erfahrung überhaupt nur durch äußere Erfahrung überhaupt möglich sei.

Wenn nun weiter, wie wir sehen, das Handlungssystem in sich selbst nach den Tatsachen hin beweglich und unabhängig von der Bedürfnislage einsetzbar ist, so legt diese Hemmung, dieses Aufschieben der Antriebe, also der „Hiatus" *erst ein Inneres bloß,* aber nun ein *orientiertes:* es ist mit „Vorstellungen des äußeren Sinnes besetzt", mit Bildern der Wünsche, der Umstände, mit Vollzugshoffnungen und Gewohnheiten verschmolzen, und Triebe, Bedürfnisse, Interessen des Menschen *gibt es nur in dieser Form.* Denn dies ist die Antriebsstruktur eines Wesens, dem der direkte Weg vom Instinkt durch die angeboren erfolgsichere Bewegung zum ausgelesenen Reiz hin fehlt, in das also die Außenwelt hineinwachsen muß, so daß, wie Herder sah, alle Zustände des Inneren „sprachmäßig" werden – gemacht werden.

Wir gehen jetzt einen Schritt weiter, werden aber immer das Gesagte wiederholen, damit es gegenwärtig bleibt und neben die neuen Resultate treten kann. Wenn ich jetzt frage: wie orientiert sich ein Bedürfnis, wie wird es „sprachmäßig", d. h. bewußt und überhaupt erst *inhaltlich,* so können wir unsere früheren Untersuchungen wieder heranziehen.

Ich greife auf eine der Sprachwurzeln zurück, den Ruf. Ein ungedeutetes, drängendes Unbehagen drückt sich beim kleinen Kinde in Bewegungen der Unruhe aus, auch sprachmotorischer Unruhe – in Lauten oder Schreien. Dem Unbehagen wird abgeholfen, das dem Kinde *selbst noch nicht faßliche* Bedürfnis wird erfüllt, die Erfüllung wahrgenommen, geschmeckt, gefühlt, gesehen: dieser Zusammenhang, oft wiederholt, wird tätig übernommen, die auf den Schrei *folgende* Befriedigung schließlich erwartet, d. h. gerufen: die Schreie erfolgen in der Intention auf Abhilfe. Das Übernehmen und Einsetzen zufälliger Aktionserfolge ist im übrigen ja bereits eine Fähigkeit mindestens der höheren Tiere. Wird nun der Ruf „tendenziös" gezielt, mit Erwartungsphantasmen geladen, so hat sich ein *Zusammenhang von Bedürfnis, Laut und Erfüllung hergestellt,* und zwar unter Führung des Lautes: Antriebe und Bedürfnisse werden im Laut durchsetzungsmächtig und fassen sich in ihm; wenn das Bedürfnis erwacht, wird es im Ruf und in Phantasmen sich vorgreifen und damit als *bestimmtes,* inhaltliches Bedürfnis leben, d. h. bewußt sein. *Es ist also immer irgendeine Art von Handlung, an der unsere Bedürfnisse sich entwickeln und in den Aggregatzustand der Faßlichkeit, Orientiertheit und Zielbewußtheit übergehen;* diese Handlung war, in dem eben gedachten Beispiel, ein Ruf, in dem, samt den daran hängenden Erfolgs- und Erfüllungsphantasmen, das nun zielbewußte Bedürfnis *als solches* zu sich kommt. Wenn man sagt: im Säugling „assoziieren" sich Hungergefühl, Ruf und Bild der Nahrung, so glaubt man wohl, denselben Tatbestand beschrieben zu haben, hat aber das Wesentliche verfehlt, denn in den Ausdruck „Hungergefühl", „Nahrungstrieb" usw. hat man das Bild der Erfüllung, das Ziel schon hineingedacht, und jetzt hat man die Handlung nicht mehr nötig. Aber an je bestimmten, aktiv *durchgeführen* Erfahrungssituationen werden die Qualitäten unserer Antriebe uns erst faßlich und deutlich, das Antriebsleben des kleinen Kindes ist ihm selbst ein noch nicht angeeignetes, ungedeutetes und unerlöstes blindes Ganzes, das erst dadurch *charakterisiert* wird, daß es sich seine Ziele vorstellen und einbilden kann:

dieses aber geschieht durch irgendeine *vermittelnde Tätigkeit.* Man erfährt sich also tätig oder, anders ausgedrückt, *das Antriebsleben des Menschen fällt unter den Bereich der menschlichen Aneignungs- und Deutungsleistungen, in den seiner Aufgaben,* und dies nicht zusätzlich, sondern elementar und wesentlich. In eindeutigen und tätigen Lagen brechen unsere Interessen und Bedürfnisse auf, sie erhalten darin die Phantasmen ihrer Ziele, und jetzt sind sie bewegliche, zu sich gekommene Antriebe, denen Augen eingesetzt sind. Das Kind, das mit etwas über zwei Jahren immer sagte: Mama, ich will . . . und dann herumblickend suchte, was es wollen könnte, muß dieses Erlebnis selbst erlebt und übernommen haben: das „Auskrystallisieren" des gestaltlosen Antriebsdrucks in ausschließende Bilder, in orientierte und wirkliche Bedürfnisse.

Wir sagen oben: Das menschliche Innenleben sei „welthaft". Dieser Ausdruck erhält hier eine weitere Bedeutung, denn jenes ist genau so ein Gegenstand tätiger Erfahrung, Aneignung und Deutung, wie die äußere Welt, und beide werden nur durcheinander erfahren und bewältigt. Novalis nannte es „die fruchtbarste aller Indikationen", wenn der Idealismus die Innenwelt mit Bildern der Außenwelt beschreibe und umgekehrt; dieses Verfahren ist nur deswegen das fruchtbarste, weil es das sachgemäße und richtige ist. Daß nun der Sprache dabei eine überragende Rolle zufällt, ist leicht einzusehen: einmal begleitet sie auch alle Handlungen und Bewegungen, z. B. des Spiels, in denen Antriebserfahrungen gemacht werden, so daß sie also *dieselben von der faktischen Tätigkeit ablösen* kann und auf ihrer eigenen Ebene weiterbewegen: wir kombinieren dann Interessen und Bedürfnisse an bloß *gedachten* Zielen und Situationen. Vor allem ist aber die Sprache gleichgültig gegen den Unterschied wirklicher und bloß vorgestellter Inhalte: mit anderen Worten, sie macht selber die „fruchtbarste aller Indikationen", indem sie in erster Linie die Außenwelt in uns hineinwachsen läßt. So also besetzen wir unser Gemüt mit Vorstellungen des äußeren Sinnes, so orientieren wir unser Antriebsleben, das menschlich ist, weltoffen, bewußt, orientierbar – das eines handelnden Wesens, das sich auch von innen her gegenüber der Welt festzustellen hat.

Wenn so ein faßlicher, bestimmter und lebender Antrieb festgestellt ist, so ist er eine Macht im Inneren und ein Kraftzentrum weiterer Vorgänge. Unsere Handlung, in sich selbst beweglich und geführt, kann ihn nun durchsetzen – oder auch nicht. Genau dieselbe Tatsache, andes ausgedrückt, heißt: ein charakterisiertes Interesse ist unmittelbar *Gegenstand* einer möglichen Stellungnahme, es kann zugelassen und befriedigt oder verworfen werden, indem andere Interessen die Handlung hemmen. Es ist von ungemeiner Bedeutung, daß der Mensch imstande ist, zu sich selbst Stellung zu nehmen, und dieser Sachverhalt hat wieder mehrere Seiten. Hier beachten wir zunächst nur den möglichen „Hiatus", zwischen Antrieb und Handlung und die Bewußtheit und Faßlichkeit eines jeden festgelegten Antriebs: denn nur, wenn ein solcher von der Handlung abgehängt und sich selbst freigelegt und faßlich ist, kann ein anderer dagegen gesetzt werden. Es gehört zu den einfachen Erfahrungen, über die gar nicht gestritten werden kann, daß *jedes* Bedürfnis ein möglicher Gegenstand der Stellungnahme sein kann, und daß andererseits jeder zugelassene Antrieb die Neigung hat, *triebhaft zu werden,* d. h. sich auszubreiten, die Kräfte anderer Antriebe in sich aufzunehmen und einzuverleiben, bis er endlich, zur festen Gewohnheit geworden, in den Rhythmus des Organischen übergeht und nicht mehr ohne weiteres angreifbar ist. Die Grenze zwischen Antrieb, Trieb und Gewohnheit ist also gar keine objektive, sondern sie wird selbst gezogen, bzw. der Übergang „zugelassen". Dies hat schon Aristoteles in der Nikomach. Ethik genau gesehen: er sagt da (p. 1114a): es stand den Ungerechten und Zügellosen ursprünglich zwar frei, es nicht zu werden, nachdem sie es aber geworden sind, steht es ihnen nicht mehr frei, es nicht zu sein; so wenig wie ein Kranker, wenn er nur will, gesund werden wird, während seine Krankheit unter Umständen freiwillig ist, wenn er nämlich zügellos gelebt hat und den Ärzten nicht gefolgt ist. Einmal gewiß stand es ihm frei, nicht krank zu werden, jetzt aber, wo er sich hat gehen lassen, nicht mehr.

Die Stellungnahmen gegen die eigenen Bedürfnisse und Interessen sind einerseits *möglich,* sobald dieselben „auskrystallisiert" und faßlich, bewußt geworden sind, und sobald sie durch den „Hiatus" freigelegt sind; sie tauchen als innere Neigungen auf, wenn die Handlung gehemmt oder auch bloß mit anderen Dingen befaßt ist, also unvermeidlich. Diese Stellungnahmen sind *notwendig,* weil der Überschuß der Antriebe sie selbst erzwingt, und weil die lebensnötige Vielseitigkeit der menschlichen Handlungs- und Interessenentwicklung die Ausweitung des Triebraumes einzelner Bedürfnisse nicht gestattet; nur in entlasteten und luxuriösen Verhältnissen, im Dasein auf Kosten anderer, können Unmäßigkeiten sich durchsetzen. Notwendig sind die Stellungnahmen aber noch aus anderen Gründen: nur in ihnen bildet sich eine *Haltung,* d. h. ein System von ausschließenden, gegeneinander festgestellten, in bestimmten Herrschaftsverhältnissen herausgezüchteten Richtungen des Strebens. Eine solche Haltung ist, wie ich bald zeigen werde, nun sehr tief eine *Bedingung* des vitalen Ordo im Menschen, also organisch notwendig, was nicht wundern kann, wenn man den Menschen biologisch als handelndes Wesen ansieht und also erwarten kann, daß auch die rein vegetativen Abläufe hiermit in Beziehung stehen. Das „Auskrystallisieren" der Antriebe an bestimmten Situationen, ihre tätige, durchgesetzte Besetzung mit Zielbildern ist ihr Sichfaßlichwerden, ihre Entstehung zu wirklichen Kräften des Inneren; aber damit werden sie zugleich der Stellungnahme ausgesetzt und Material der *Zucht*, der Erziehung und Selbstzucht. Daß der Mensch sich selbst Aufgabe ist, geht bis zur Verantwortung für die Qualität der Physis.

Die allgemeinere philosophische Frage ist also nicht die, wie unsere „Vorstellungen" zur Außenwelt finden, die sog. erkenntnistheoretische. Sondern es ist umgekehrt die, wie die Außenwelt in uns hineinwächst, und sie ist jetzt beantwortet. Die „innere Außenwelt" (Novalis) entsteht so, daß wir an irgendwelchen erlebten und aktiv erfahrenen Situationen unsere Bedürfnisse und Neigungen „aufbrechen" fühlen; im Zuge unseres Verhaltens, anwachsend an unsere Tätigkeiten werden sie zu *bestimmten*, charakterisierten und inhaltsbesetzten Antrieben. Daher kommt es, daß unsere Bedürfnisse und Interessen in der Entdeckungssituation weiterleben und an den alten Namen hängen, und also nicht ohne weiteres umzutaufen, d. h. neu anzupassen sind. Diese realen Erfahrungen, die der Mensch mit sich macht, sind durch keinen Bewußtseins- oder Denkvorgang ersetzbar, außer in Selbsttäuschung, und vor allem beginnen sie in einem Alter, das jeden Rückgriff auf ihre „Elemente" ausschließt: mit den ersten Lebenstagen. Daher besteht unsere innere Welt aus einem System von bedeutenden, zielbewußten Interessen, Bedürfnissen und Abneigungen, die ebenso echte Strebungen, Tatansätze und Handlungsgewohnheiten, wie Welt- und Situationsbilder sind, Niederschläge früherer Handlungen und Erfahrungen, von völliger Sprachfähigkeit und Ausdrucksfähigkeit, weitertreibend nach sehr bestimmten Inhalten der Zukunft hin. Eben deshalb ist der Mensch charakterologisch allein durch das beschreibbar, *was* er will oder nicht will, im politischen, beruflichen, kulturellen und alltäglichen Bereich, durch das, was er getan hat und was nun als „Reaktionsbasis" seinen weiteren Stellungnahmen vorausliegt, auch vor allem durch das, was er niemals tun wird.

Im Besitze der Sprache und der unendlichen Beweglichkeit der Intentionen wird unser Phantasieleben ganz von der Sprache, dem Gedanken durchdrungen, und alle Antriebe durchwachsen von Gedanken und Bildern. Ein Kind, das sagt: ich will den Ball, erlebt nicht eine „Äußerung des Besitztriebes", sondern den klaren, gedeuteten Wunsch nach diesem bekannten Ding, zuzüglich der Erlebnisse, Bewegungen und Phantasmen, die im Spiel mit ihm auftraten und auftreten werden. Weil die Sprache und die Phantasie eine durchdringende Einheit bilden – zeigte ich doch, wie die Sprache die Vorstellungen „erlöst" und beweglich macht –, deshalb können wir nun rein „vorstellend" eine Fülle möglicher Begegnungen, Ereignisse und Vollzugsphantasmen in uns hinein komponieren, und daran Proben unserer Neigungen, Abneigungen, Antriebe und Gefühle spielen lassen. Wir lassen unsere Hoffnungen und Erwartungen sich entfalten an frei vorgestellten Phantasielagen, und eine eigentliche *Dramatisierung* unseres Denk- und Vorstellungslebens greift um sich. Wenn man sich so in andere und wieder andere Lagen versetzt und daran seine Interessen und Neigungen abhört, so kann man im Zusammenhang seiner Antriebe planen: ein dramatisches Sichdurchprobieren, Sichzulassen und Sichablehnen, das immer auf vorgestellte „innere Welten" geht, Handlungsphantasmen, Situationen und Aufgaben enthält. Wäre der Mensch an einige „Grundtriebe" gebunden, so wäre dies nicht nur überflüssig, sondern unmöglich – so unmöglich, wie sich in andere Sinne zu versetzen, als man hat.

Es gibt sehr wenige Denker, die das bemerken, wovon hier die Rede ist. Nietzsche gehört zu ihnen, der einmal (Okt.-Ausg. 18, Nachlaß 1869–72, S. 180/81) sagt: „Der Charakter scheint also eine über das Triebleben ausgegossene Vorstellung zu sein, unter der alle Äußerungen des Trieblebens ans Licht treten", und im selben Zusammenhang findet man die aphoristische Bemerkung „hier sehen wir, wie die Vorstellung im Stande ist, die Willensäußerungen zu differenzieren."

Wenn ich sage: angesichts konkreter tätiger Erfahrungen brechen im Menschen Interessen, Neigungen, Antriebe auf, und durch irgendein Verhalten in diesen Situationen, sei es auch eine bloße Benennung, legt sich ein Antrieb fest und versteht sich selbst, schießt an und wird bewußt – so ist dies eine selbst sehr abstrakte und außerdem absichtsvolle Beschreibung. Eine solche Darstellung arbeitet einmal mit *Bildern*, und wenn wir davon reden, daß ein Antrieb sich „auskrystallisiert" (das Bild ist von Stendhal), daß ihm Augen eingesetzt werden, oder daß er durch die Handlung, die ihn aufschließt, in einen anderen „Aggregatzustand" übergeht, so sind wir auf diese Bilder deswegen angewiesen, weil unsere Sprache für dieses einzigartige Verhältnis keine Worte hat. In der griechischen Philosophie lag das anders, dort würde man ohne Schwierigkeit solche Verhältnisse durch die Begriffe Dynamis und Energeia wiedergeben können, und hätte außerdem für ein Vermögen, das in die Aktualität übergeht und nur am Produkt dieser Aktualität faßbar wird, den Begriff „Entelechie". Ich bin daher genötigt, ausführlich zu beschreiben, damit das Gemeinte im Nachvollzug deutlich wird. Weiter hat natürlich die eben gegebene Beschreibung den Sinn, polemisch deutlich zu sein: sie wendet sich gegen die Meinung, als ob es inhaltlich bestimmte, angeborene teleokline „Grundtriebe", welche auf bestimmte Weltinhalte zugeschnitten sind, im Menschen überhaupt gebe. Selbst mit dem Hunger und dem Geschlechtstrieb, die organrepräsentiert sind und dieser Vorstellung am nächsten kommen, hat es seine sehr besondere Bewandtnis. Sie nehmen an der Plastizität und Entdifferenzierung des Trieblebens sozusagen malgré eux teil, sie müssen „von oben her“ gesehen werden, von der Angelegtheit des menschlichen Antriebslebens auf intelligente Handlungsinteressen und Sachbedürfnisse aus: in *deren* System sind sie bestimmt, aufgenommen und eingearbeitet zu werden, und die Haltung des Menschen ist an nichts mehr erkennbar, als an der Art, wie er sich diese Triebe aneignet, die eine deutlich instinktive Wurzel haben, aber insofern „Triebe“ sind, als sie als chronischer Hintergrund und dauerndes, latentes Drangpotential wirken. Dies ist offenbar die Kehrseite ihrer sehr hohen zusätzlichen Überdeterminierbarkeit durch Erfahrung, und erst die *Folge* beider Gesetzlichkeiten ist die erreichbare hochselektive Sensibilisierung, die völlig wesensverschieden von der primären hohen Reizschwelle analoger tierischer Instinkte ist, resp. der Exklusivität der zugeordneten Auslöser. Auch Buytendijk bestreitet, daß Hunger und Durst „auf etwas“ gerichtete Triebe sind (Wesen u. Sinn d. Spiels, 1933), und ich stimme völlig mit ihm überein in dem Satz: „Es ist eine unrichtige Meinung, daß die Triebe wie bereitliegende Kräfte angeboren sind“ (106).

Aber noch nach einer anderen, wesentlichen Seite hin bedarf unser Schema der Erläuterung. Wenn wir sagen, daß die Antriebe sich im Zuge unserer Handlungen „auskrystallisieren“ oder darin erst zu sich kommen und bestimmte werden, so ist hierbei in erster Linie gemeint: das menschliche Antriebsleben ist wesentlich auf *Kommunikation* hin angelegt. Seine Schicksale beginnen in frühester Jugend und entwickeln sich jahrelang innerhalb des Lebens des Spiels. Da beobachtet man die Entwicklung der weltoffenen, unstabilen, in die Lebendigkeit der Sinne und die Empfindlichkeit der Bewegungen eingewobenen Kontaktbedürfnisse, die so überschüssig und flüssig sind, daß man auf ihre Benennung verzichten muß. In ihnen bilden sich Verdichtungen von mehr haltbarer Form, bei denen aber, wenn sie Vorzugsspiele und echte kindliche Bedürfnisse sind, die intellektuelle, motorische, phantasiemäßige und antriebshafte Befriedigung schlechterdings nicht unterscheidbar sind. Gibt man nun die große Bedeutung dieser Jahre für die inhaltliche Festlegung und das Zusammenwachsen dauernder Antriebszüge zu, so hat man viel zugestanden. Vor allem dies: alle Antriebe auch des reifen Menschen sind kommunikativ, also ebenso intellektualisiert wie handlungsnah. D. h. in letzter Instanz erscheinen selbst die physischen Bedürfnisse eingekleidet in Kostüme der Zeit und Gesellschaft und ihre Strahlung ist uns gar nicht anders bekannt als durch Prismen gebrochen, die die Gewohnheit, die Gesellschaft und der accident absolu des eigenen Charakters geschliffen haben. So wie der Mensch in die Welt, so dringt die Welt in den Menschen ein, und man kann genau so sagen, daß die erfahrenen, bewältigten, erstrebten, aber auch die verfehlten *Sachverhalte* im Menschen treiben. Von daher ist das vorher gewählte Bild des „Aufbrechens" von Antrieben sogar richtig zu stellen, weil es den Irrtum schon vorhandener Kräfte nahelegt, die plötzlich ihren Gegenstand finden. Wenn man manchmal von einem Aufbrechen reden kann, so handelt es sich um plötzlich zustandekommende, schon lange vorbereitete Synthesen von Bedürfnissen, die ihre Vereinbarkeit in *einem* Gegenstand auf Grund langer Erfahrung ahnen, um innere Dammbrüche.

Angesichts dieser Einsichten wird es verständlich, wenn wir weder mit einem „Triebkatalog" noch mit dem Schema Anlage–Umwelt arbeiten, weil auch die Rede von Einflüssen des Milieus das Wesentliche des Sachverhalts unberücksichtigt läßt. Alle diese Formeln – auch die typologischen – begreifen nicht den Menschen und damit sein Antriebsleben durch die Handlung. Tut man dies aber, so bekommen alle menschlichen Erscheinungen erst den ihnen eigentümlichen Gehalt, den der zweiten Natur. Die Welt, in der der Mensch lebt, ist eine zweite Natur, die er sich schafft – aber in dieser Leistung wird er notwendig sein eigenes Thema, und er ist so beschaffen, daß er immerfort an sich selbst Aufgaben findet, deren Lösung zugleich ein Fortschritt in seiner Welt ist. Bei der Wahrnehmung, der Sprache, der Bewegung haben wir dieses einzigartige Geschehen aufgezeigt, in dem es immer nur reflektierte Vorgänge gibt, indem jedes Verhalten nach außen nur durch ein Verhalten zu sich selbst geht, und umgekehrt: das ist die Grundsituation des Menschen als eines „nicht festgestellten" Wesens. Das Antriebsleben macht davon keine Ausnahme, es ist schließlich *selbst ein Organ von Erfahrungen* über die Welt und die anderen, und damit reflexiv über sich selbst, und auch hier gibt es keine erste, nur eine zweite Natur. Aus dem, was man Seele nennt, kann man den Hiatus nicht wegdenken, die durch die Abtrennbarkeit von der Handlung erst bloßgelegte Schicht der orientierten, bebilderten Antriebe, deren Inhalte immer von früheren Erfahrungen und Handlungen abhängen, und deren Drang zu bestimmten Situationen nur so lange als innerer Drang erlebt wird, als wir nicht *wirklich* handeln. In diesem Verhältnis liegt zugleich die Möglichkeit zur „Unmoral", allgemein gesagt des Gewohnheit gewordenen Widerspruchs zwischen den Antrieben und dem Tun. Sie dürfte wesentlich Feigheit sein – das einzige nicht zu verbergende Laster, so wie der Mut die einzige Tugend ist, die man nicht heucheln kann.

41. Weitere Antriebsgesetze

Wir gehen weiter, indem wir noch einmal auf das Tier blicken. Das Tier lebt immer in der Gegenwart, in der Bewältigung des Jetzt: sicher, aber unschöpferisch. Derselbe Sachverhalt heißt auch, daß es triebhaft bleibt und seine Instinkte ihm in jedem Jetzt die Reize zeigen, die es seinem Bau und seinen Organen nach beantworten kann. Der unterste Grad der Leistung des Menschen ist dagegen, seine Bedürfnisse an seiner Tätigkeit zu entwikkeln und sich zu den Interessen seiner Aufgaben zu sammeln. Das Mittel, mit dem die Natur dieses Kunststück erreicht, ist zunächst der „Hiatus", die Besetzung des Antriebslebens mit Zielbildern, die Hineinnahme der Außenwelt und damit die Freilegung des Inneren. Damit ist aber die Aufgabe nicht gelöst. Sie ist erst dann erreicht, wenn die *Sacherfordernisse des Handelns selbst zu Bedürfnissen* werden, so daß die Handlung, selbst wenn sie sich immer tiefer in die Gesetze der Tatsachen verwickelt, den Hiatus nicht überspannt, sondern den Kontakt, so mittelbar er auch sei, mit allen, auch den organischen Bedürfnissen beibehält. Es gibt da übrigens eine feine Grenze, wo derjenige, der zu sehr introvertiert und zu viel an Handlung abbaut, ein einsamer Makrobiotiker und Künstler der Langlebigkeit wird, der sich weigert, sich vom tätigen Leben konsumieren zu lassen, wie es doch wohl sein soll. Im allgemeinen müssen die inneren Antriebe in die Erweiterung der Handlungswelt und in die zahllosen sich dort kreuzenden menschlichen Interessen nachwachsen. Dieser großartige Prozeß ist der der Ausbildung bedingter oder „höherer Interessen", wie wir sie im allgemeinen nennen wollen. Es ist von höchster Bedeutung, daß dabei die Hemmungsgesetzlichkeit *vorausgesetzt* wird, also die Hemmbarkeit der Antriebe überhaupt, ihre Bewußtheit, ihr Ausgesetztsein gegenüber den eigenen Stellungnahmen usw.

Die erste Tatsache ist die Hemmung der bloßen Jetztbewältigungen. Man kann alle spontanen Aktionen eines kleinen Kindes triebhaft nennen, wenn es etwa nach glänzenden Dingen greift oder in die Hand Gegebenes wegwirft – man bezeichnet damit eine bloße Jetztbewältigung. Die Hemmung derselben ist sicher die Bedingung für die Ausbildung höherer Interessen, die stets *Dauerinteressen* sind. Solange z. B. die Reaktion des Kindes, die ihm in die Hände gefallenen Gegenstände zu zerstören, nicht gehemmt ist, kann natürlich das Interesse für den Zusammenhang der Dingeigenschaften nicht entstehen. Man muß zugeben, daß kein Gebiet der Psychologie unerforschter und dunkler ist, als das der produktiven Hemmungen, aber bisweilen kann man sehen, daß sehr ursprüngliche soziale Antriebe die egozentrischen zugleich unter Hemmung setzen und zu sich heraufziehen – es gibt dann eine höhere Synthese. Kinder pflegen z. B. bunte und leuchtende Dinge bei sich zu behalten und trennen sich ungern von ihnen, weil sie der Anreiz zur *Fortsetzung* des lustvollen Spiels mit ihnen sind. Ein objektives Ding ist aber seiner Natur nach für beliebig viele andere vorhanden, und dann gibt es Streit. Dieser sehr prompte Mechanismus wird nun anscheinend durch einen anderen überlagert – eben durch die selbst ursprüngliche soziale Figur „to take the role of the other", also durch das „Sichversetzen in den anderen". Dadurch geht dieses erste Behaltenwollen in eine ganz andere Konstellation ein, indem der eine Partner auch das Interesse der anderen an demselben Ding übernimmt und ihnen dafür sein Interesse an anderen Dingen überläßt oder abgibt. Dadurch entsteht *Eigentum*, das eben nicht darin besteht, daß ich mein Interesse an einem Ding monopolisiere, sondern in einem gegenseitigen Übernehmen und Abtreten virtueller Interessen – ein Vorgang, der offenbar komplizierte Systeme von produktiven Hemmungen einschließt.

Die menschlichen Kräfte können in unmittelbaren Jetzbewältigungen überhaupt gar nicht untergebracht werden, d. h. das Bedürfnis des Antriebslebens nach höherer Formierung ist selbst organisch oder „getrieben", und auch dies eine Teleologie des Überschusses der Antriebe. Weil der Mensch auf die Handlung gestellt ist, hat er seinen Überschuß darin erst zu verarbeitender Kräfte, der jede bloße Jetztreaktion unbefriedigend macht, denn diese schließt gerade die Entwicklung von Dauerantrieben aus. Bloß reaktive Triebhandlungen pflegen eine tiefe Unbefriedigung zurückzulassen. Wir wissen von der Philosophie des Aristipp nichts genaueres; aber wenn Aelian und Diogenes Laërtius recht berichten, so erblickte er das „Glück" ausschließlich in der gegenwärtigen Lust, mit Ausschluß der Sorge um Vergangenheit und Zukunft. Er sank damit unter Epikur herab, bei dem die Lust noch einen Verpflichtungsgehalt hatte, und sein verzweifelter Standpunkt ist nur imponierend durch die antike Naivität und die Abwesenheit nihilistischer Instinkte, durch das antike gute Gewissen. Non erubuit, sagt Cicero (Epist. ad. fam. IX, 26) von ihm.

Das eben erwähnte Hemmungsgesetz erlaubt, wieder von einer anderen Seite aus Einblicke in das menschliche Innere zu tun. Alle „Strebungen" im Menschen sind durch frühere Tätigkeiten und Rückwirkungen beeinflußt, sie liegen bereit, d. h. sie werden in Handlungen übergehen, wenn es die Situation ergibt und wenn keine anderen Interessen sie hemmen; aber auch in diesem Zustande wirken sie in unterirdischer Form weiter, und gerade die Hemmung scheint sie fähig zu machen, in der Reihe der Unterordnungen aufzusteigen und sich in differenziertere Interessen zu verteilen. „Dauerinteressen" sind nun nicht bloß solche, welche festgelegt, in das Haltungsgefüge aufgenommen und gewohnheitsmäßig geworden sind; das gehört überhaupt zu den Bedingungen eines gezüchteten Antriebslebens, daß die Antriebe zwar eine einmal getroffene Wahl oder Entscheidung voraussetzen, die aber nicht jedesmal wieder aufs Spiel gesetzt werden darf. Dauerinteressen im eigentlichen Sinne sind vielmehr solche, welche das Lebensgesetz des Menschen in sich aufgenommmen haben, nämlich die ausgewählte, festgehaltene, intelligent gesteuerte und in die Zukunft hinein gerichtete Tätigkeit. Jeder Erzieher weiß, auf wieviel Hemmungen von Gegenantrieben das sachliche Arbeitsinteresse oder ein wirklich triebhaft gewordener Leistungsvorsatz erst wachsen können, oder wieviel chronische Disziplin fortwährender Entsagungen ein dauerhaftes Haltungsbild erfordert. Eine sehr häufige Fehlleitung eines echten Dauerinteresses ist der Geiz, welcher etwas ganz anderes ist, als diejenige Habgier, die eine „consomption forte" der Lebensreize mit sich bringt: vielmehr ist der Geiz eine Art Lebensangst vor der Zeit, und geht auf Durchhalten der äußeren Sicherung, bei einem Minimum „aufzuwendender" Lebensbewegungen. Er ist ein sehr starker „Trieb", aber mit einer sehr komplizierten Geschichte.

Die *Plastizität* des menschlichen Antriebslebens ist eine biologische Notwendigkeit, die der Organrückbildung oder besser dem Organmangel, der Unspezialisiertheit und Handlungsfähigkeit des Menschen entspricht. Der Ausdruck „Plastizität" ist sehr vieldeutig und hat mehrere Seiten. Er meint einmal die Abwesenheit ursprünglich festgelegter, gesonderter Instinkte, sodann die Entwicklungsfähigkeit der Antriebe, d. h. deren Fähigkeit, Verbindungen einzugehen oder abzubrechen, Neuorientierungen zu finden, nachzuwachsen, sich auf Ähnliches oder Zugehöriges zu verteilen und sogar neu zu entstehen: es tauchen auch im späteren Verlauf des Lebens neue und ursprüngliche Bedürfnisse auf. Der Ausdruck meint drittens die „Weltoffenheit" der Antriebe, viertens ihre Ausgesetztheit der Stellungnahme und die Fähigkeit, gehemmt, geführt, über- und untergeordnet zu werden. Fünftens bedeutet er die Tatsache, daß alle Antriebe einer Höherentwicklung und Sublimierung fähig sind, so daß sich, unter Voraussetzung bestimmter Hemmungen, bedingte und gezüchtete Bedürfnisse einstellen. Und endlich bedeutet Plastizität auch die Versehrbarkeit, Degenerations- und Ausartungsbereitschaft der Antriebe, ihre Fähigkeit zu „luxurieren": wenn das Haltungsgefüge erschüttert wird und die Aufgaben verschwinden oder bloß sehr bedeutend und „uneinholbar" wechseln, so kann ein „arbeitloses" oder „entfremdetes" Dasein möglich sein, wenn die Antriebe der Personen in den objektiven Umständen keine Ansatzpunkte mehr finden; dann ist nicht nur, wie Dewey sehr gut gezeigt hat (Die menschl. Nat., 55 ff.), Gelegenheit für „subjektive Moralen", sondern dann kann die Weiterbewegung des Antriebslebens nur noch von Reizen her erfolgen: Luxus, Komfort, Verfall greifen um sich und werden von Moralisten der Innerlichkeit bekämpft: die Plato-Situation.

Es muß jetzt deutlich geworden sein, wie hoffnungslos es ist, die Charaktere und Tätigkeiten auf gesonderte und angeborene, inhaltlich schon ausgerichtete Triebe, Instinkte usw. zurückführen zu wollen. Thorndike z. B. hat nicht einen, sondern sechs oder sieben besondere „Kampfinstinkte" des Menschen unterschieden. Da gibt es den Instinkt, sich einem hindernden Zwang zu entziehen, den zum Überwinden eines beweglichen Hindernisses, den zum Gegenangriff, den Instinkt zum vernunftlosen Reagieren auf Schmerz, den zum Rivalitätskampf und den der Aggression beim Liebeswerben. Man bemerkt, daß hier eine Reihe ganz bestimmter Situationen in das Triebleben hineingedacht wird, und ich begreife nicht, warum es keinen Instinkt geben soll, den Ball über das Netz zu schlagen. Oft fällt man dabei nur dem Zwang der Namen zum Opfer. Furcht vor dem Publikum ist etwas ganz anderes, als Furcht vor Strafe, vor der Einsamkeit, vor der Gesellschaft, vor Schlangen usw. Auch gibt es, wie Ernst Jünger bemerkt, Furcht vor der Furcht. Abstrakte Theoretiker nehmen dann einen Furchtinstinkt an und führen auf diesen auch die sozialen Antriebe zurück, wie Hobbes, oder die Religion oder was immer. Man denkt nicht daran, daß solche Antriebe aus komplizierten äußeren und inneren Bedingungen entstehen, daß sie stets überdeterminiert sind, und zwar auf einem Wege, der nicht zurückzuerschließen ist, weil diese Lebensantriebe bestimmt sind, nach vorne gelebt und umgesetzt, nicht aber nach rückwärts abgefragt zu werden. Daher auch die eigentümliche Sterilität solcher Theorien: angeblich die Ursachen unseres Verhaltens bloßlegend, geben sie uns doch niemals *Motive* an die Hand, und neben unser wirkliches inneres Leben tritt ein beziehungsloser gedanklicher Doppelgänger. Sehr leicht macht man den allgemeinen Fehler, die Intelligenz des Menschen in seinem Kopfe zu lokalisieren und die große Vernunft des Leibes zu übersehen, den man den Physiologen und anderen Spezialisten überläßt, im besonderen nochmal, wenn die Triebtheorie die Grundlagen unseres Innenlebens primitivisiert und die Weltläufigkeit, die tiefe Erfahrung und Intelligenz unserer Antriebe vernachlässigt.

Wir können daher an allen höheren Einstellungen und Dauerinteressen die folgenden wichtigen Merkmale unterscheiden:

a) sie sind hemmungsbedingt, der Abbau bloßer Jetztbewältigungen ist vorausgesetzt. Und diese sind selbst unbefriedigend, d. h. das organische Bedürfnis des Antriebslebens nach höherer Formierung wird fühlbar;
b) sie sind Dauerinteressen, d. h. in die Zukunft gerichtet, gewohnheits-

fest, invariant gegenüber Situationsveränderungen, also in dieser Form erst sinnvoll für ein handelndes und voraussehendes Wesen;

c) sie sind gegenstandsintim. Eben wegen ihrer Ausschließlichkeit im höchsten Grade qualitativ entwicklungsfähig, werden sie sachgewöhnt und von verfeinerter Empfindlichkeit;

d) sie werden „sekundär triebhaft". Alle inhaltlich charakterisierten Einstellungen und Richtungen der Tätigkeit werden gewohnheitsmäßig, und man erlebt in ihnen eine schließlich unmittelbare Befriedigung;

e) sie werden endlich in besonderem Maße kombinierbar und „verschiebbar". Sie sind in so hohem Grade mit Empfindungen, Tätigkeitskönnen und Erfahrungen amalgamiert, daß sie sowohl den Sach- und Handlungserfordernissen, als auch den Denk- und Vorstellungsakten folgen und sich an beiden sozusagen verschieben, damit aber auch untereinander Zusammenhang gewinnen und sich weiter ausbauen können. Nehmen wir einfache Beispiele: die Zuneigung zu einer Person geht auf deren Angehörige, deren Besitztümer, deren bloß vorgestellte frühere Umstände über und folgt sogar deren Interessen und Einstellungen. Das Interesse an Wirkungen jeder Art geht auf die Ursachen über, auf deren Ursachen usw. – seien sie nun erfahrbar oder nur denkbar.

An dieser Stelle muß einem sehr naheliegenden Mißverständnis vorgebeugt werden. Wenn man die Handlung aus den Augen verliert, sieht es oft so aus, als ob die Antriebe vom Bewußtsein her modifiziert oder umgelenkt würden, und wir wären wieder in einer der dualistischen Denkformen; besonders dann, wenn das Bewußtsein als der eigentlich unverantwortliche Bereich flüssiger „Vorstellungen" gefaßt wird. Sieht man dagegen das Bewußtsein als nach außen gewendet an, wird es richtig als Organ der Verarbeitung von Sachbeziehungen, Handlungsumständen, als Führungsorgan verstanden, so bedeutet die „Verschiebbarkeit" von Einstellungen doch immer ihre Beeinflussung vom *Handlungssystem* her, die notwendig ist, weil sie schließlich als orientierte, weltkundige Dauerantriebe das Leben zu tragen haben. Denn die Antriebsstruktur des Menschen in ihrer Plastizität, Züchtbarkeit, in ihrem vital notwendigen Formierungszwang ist von der Natur auf die Handlung bezogen. In den hier beschriebenen Sachverhalten erscheint unsere Aufgabe, die vorliegenden und angeeigneten, sehr bestimmten Einzelheiten und Aufgaben, die „Thematik" der Welt *in uns zur Geltung zu bringen*, und unsere unbestimmt mannigfaltigen Antriebe, Bedürfnisse usw. so anzuregen, auszulesen, zu vereinigen, zu hemmen, kurz: zu organisieren, daß eine gerichtete und mit den anderen Menschen abgestimmte Tätigkeit unter jedem Wechsel der Umstände, ja gerade mit Ausnutzung des Wechsels der

Umstände durchgeführt werden kann. „Die Vorstellung der Innen- und Außenwelt bilden sich parallel, fortschreitend – wie rechter und linker Fuß" – sagt Novalis (ed. Minor VII, 206).

Die Struktur des menschlichen Antriebslebens wird also erst verständlich, wenn man eine Anschauung vom Gesamtwesen Mensch und seinen elementaren Aufgaben bekommen hat: dann versteht man den Zusammenhang der besonderen, menschlichen Merkmale. Wollte die Natur „die Hervorbringung der Tauglichkeit eines vernünftigen Wesens zu beliebigen Zwecken überhaupt" (Kant, Kr. d. Urt. § 83), und muß sie es wollen, um ein „Mängelwesen" lebensfähig zu erhalten, so mußten die Antriebe desselben dieser Bestimmung entsprechen: sie müssen weltoffen sein, d. h. sich an der Erfahrung, der „Welt der Zwecke" orientieren und diese Erfahrungen sich „einverseelen" können. Ihre Hemmbarkeit oder Abhängigkeit von der Handlung, infolge deren sie erst als innere Welt erscheinen und ein eigentümliches, buntes Inneres ausmachen, gehört dann ebenso zu den Notwendigkeiten der Handlung wie die umgekehrte Fähigkeit, sich nach den mannigfaltigen Umständen und besonderen Vorhaben hin zu spezialisieren, bis zur Passion eines Handwerkers für bestimmte Qualitäten seines Materials und zur Feinfühligkeit technischer Instinkte. Auf den Hemmungen bloß zufälliger und kurzfristiger Antriebe wachsen die Dauerinteressen, die Einstellungen und Bedürfnisse nach langfristigen Tätigkeiten, wie sie den Daueraufgaben des nach der Zukunft hin lebenden Menschen entsprechen. Aber auch dieser Notwendigkeit entspricht eine gegenläufige: „Anpassung" des Antriebslebens ist in gewissen Grenzen ebenso lebenswichtig. Irgendein Bedürfnis A muß imstande sein, nach Erfordernis der Sachlage anstatt auf ein Ziel a sich auf ein anderes b umzustellen, wenn dieses „Mittel" oder „Umweg" ist, wenn es leichter oder mit Nebenerfolgen erreichbar, wenn es verwandt oder ähnlich ist. Eine jede Überlegung bietet Beispiele solcher Anpassung. Ist man im Schwanken, welchem von zwei Bedürfnissen oder Antrieben man folgen soll, so holt man keineswegs einen leeren „Willen" herbei, um ihn „frei" in irgendeine Richtung zu werfen. Sondern man überlegt, d. h. man holt irgendwelche *Zusatzmotive* heran, und wenn man bloß Knöpfe abzählt, um eins der Bedürfnisse inhaltlich reicher, aktueller und dadurch drängender zu machen, so daß eben *keine* Wahl mehr besteht, sondern der eine Antrieb ein *gegenständliches* Schwergewicht bekommt, und nunmehr ohne weiteres in Wirksamkeit tritt, während der andere verblaßt oder seine Kraft in den ersten einströmen läßt. Damit ist aber das Interesse ein anderes als vorher, nicht mehr das nach a, sondern nach a + b, es ist verschoben oder einer weiteren Sachlage angepaßt. Das ist ein häufiges Beispiel von Anpassung der Antriebe, wenn auch in vielen anderen Fällen eine solche Überlegung so entschieden werden mag, daß die eine Alternative auf ein Dauerinteresse bezogen werden kann und nun fraglos wird.

Ebenso kann man die überaus wichtigen *Vereinigungen* von Antrieben als sehr gelungene Anpassungen ansehen. Im Tanz z. B. erfüllen sich sehr verschiedene, ihrerseits je höhere Bedürfnisse, etwa das nach Musik, nach rhythmischer Bewegung, das nach Anziehung der Geschlechter, das nach Aufschub dieser Annäherung, das wieder sehr komplex ist, das nach „Festlichkeit" usw. Oder nehmen wir die Jagdpassion: da gibt es den sehr realen Zweck der Jagdbeute, aber auch den Antrieb nach Bewegung in freier Natur, nach gemeinsam gleichgerichteter Tätigkeit, nach „Spannung", den nach Töten und geistesgegenwärtiger Aktion – wer weiß, was noch. Es ist ohne weiteres sichtbar, daß diese Verschiebbarkeit und Kombinierbarkeit der Antriebe nur einem sprachfähigen Wesen zukommen kann und mit dieser Gabe harmoniert, denn durch die Sprache werden sachgerichtete und bestimmte Vorstellungen erst verfügbar, also ein Vorstellungsleben, dem die entlastete Aktivität zukommt, sich auf diese oder jene beliebigen Umstände einzustellen und sie auf derselben Ebene miteinander zu verbinden. Die Bewußtheit des Antriebslebens macht es fähig, der vollkommenen Beweglichkeit von Wirklichkeit und Vorstellung zu folgen, die durch das Sprach- und Vorstellungsleben vermittelt wird, und vor allem auch in Mitteilung und menschlichem Umgang die Einstellungen anderer Menschen in sich hineinzunehmen. Im Verkehr der Menschen miteinander entwickelt sich ein unübersehbares, stilles Spiel von Durchsetzungen, Anpassungen, Vereinigungen, Suggestionen usw. In der Fähigkeit, durch die notwendigen Verschiebungen, Umwege und Anpassungen hindurch Dauerantriebe festzuhalten, zeigt sich die Kompliziertheit der menschlichen Lebensbedingungen ebenso deutlich, wie die Kraft des Menschen, ihnen gewachsen zu sein. Wer dies erwägt, wird sich von der grundsätzlichen *Vieldeutigkeit* der sog. Eigenschaften überzeugen. Hoffmann (Das Problem des Charakteraufbaus, 1926, S. 178) bringt dafür sehr gute Beispiele. So kann Fleiß durch Unterordnungsbedürfnisse, durch Tätigkeitsantriebe, durch Ehrgeiz, Geldgier, durch zwanghafte Genauigkeit getragen sein oder alles dies enthalten, wobei jeder dieser Antriebe selbst wieder sehr komplex ist. Hiermit hängt es zusammen, daß auch unerfüllte oder unerfüllbare Bedürfnisse noch wirksame Aufbauelemente des Charakters und der Tätigkeit bleiben, und daß Enttäuschungen, Verzichte und Verluste wesentlich überwindbar sind.

Man kann natürlich durch Abstraktion des gleichen Merkmals aus verschiedenen Verhaltensweisen manchmal auf einen „Grundtrieb", z. B. des unerfüllten Ehrgeizes, schließen. Es bliebe die Frage nach der Geschichte dieses Grundtriebes selbst, eine Frage, die in den gar nicht seltenen Fällen nicht mehr zu stellen ist, in denen bestimmte, sehr entschiedene und eindeutige Dauerantriebe in frühester Jugend auftreten und durch das ganze Leben durchhalten. Der berühmte Anthropologe Klaatsch wurde mit sechs Jahren in die Liste der Stifter des Berliner Aquariums eingetragen – folgt daraus ein angeborener Grundtrieb zur Beschäftigung mit Tieren? In Pierre Lotis Leben waren zwei Dauerantriebe bestimmend: er wollte in seiner Jugend Prediger, aber auch Seefahrer werden und dachte an die Kombination als Missionar (!). Er wurde endlich auf der ersten Linie Dichter, auf der zweiten Kommandant eines Unterseebootes, und konnte diese beiden Hauptinteressen nebeneinander durchhalten. Was trägt zum Verständnis eines solchen reichen, zugleich reflektierten und handelnden Lebens die Behauptung bei, daß der Mensch acht oder achtzehn oder fünfzig Instinkte hat?

42. Antriebsüberschuß. Gesetz der Zucht

Wir hatten im siebenten Abschnitt den Begriff des Antriebsüberschusses schon erläutert und können hier, gegen Ende unserer Darlegungen, einige inzwischen durchgeführte Gedanken in eine Wiederaufnahme des Themas einfügen.

Man bleibt zunächst im Bereich bloßer Beschreibung, wenn man sagt, daß der Mensch unter einem pausenlosen Druck von Antriebskräften lebt, die selbst des Nachts die Träume beherrschen, und von denen eben diese Träume beweisen, daß ihr Umsatz oder ihre Bewältigung keine einfache Aufgabe ist. Ihr Energiequantum geht weit über das hinaus, was zur Befriedigung unmittelbarer physischer Bedürfnisse überhaupt aufgewendet werden muß. Erwägt man, daß die menschliche Tätigkeit das natürliche Gesicht der Erde völlig umgestaltet hat, das Luftmeer erobert, die Gebirge gesprengt, die Tiefen der Erde durchwühlt hat – wirft man nur einen Blick darauf, in welcher täglichen, angestrengten und mühsamen Arbeit wir leben, so wird deutlich, daß die Leistungen menschlicher Kultur zwar zur Natur des Menschen gehören, daß sie aber in keiner Weise auf den Gesichtspunkt „Erhaltung der Art" zu bringen sind. Im Gegenteil: gerade unter diesem Gesichtspunkt ist der Antriebsüberschuß stark irrational und konsumiert bisweilen sich selbst, denn die biological hardiness, mit der die schöpferischen Minoritäten die Kultur vorwärts treiben, die riskierte Künstlichkeit aller sozialen Institutionen in den Zeiten ihrer Jugendlichkeit und das Ikarusschicksal zahlloser, namenloser Pioniere und Erfinder beweisen genug, daß der Elan vital in einer dynamischen Weise unstabil ist und die „Erhaltung der Art" vielleicht nur ein Nebenprodukt.

Zum Verständnis des sehr wichtigen und dunklen Themas Antriebsüberschuß haben wir immerhin einige Hinweise. Er ist zweifellos mehrfach determiniert und zuerst offenbar von der *Instinktreduktion* nicht abtrennbar, die ihre äußere Entsprechung in der morphologischen Unspezialisiertheit des Menschen hat. Man kann sich hier eine Organentbindung und Umweltablösung von Antriebsquanten vorstellen, wobei die Reduktion keineswegs eine quantitative Schwächung, sondern eine innere Entdifferenzierung derart wäre, daß die tierische Vielzahl organbesonderter Instinktvarianten und Verhaltensspezialisierungen entweder entfallen oder gar nicht entstanden wäre. An dieser inneren Umstrukturierung nimmt sogar der Geschlechtsinstinkt teil, der noch die deutlichsten Reste einer echten Auslöserdetermination hat. Diese Entdifferenzierung bedeutet dann konkret, daß in beliebige Handlungsgewohnheiten und Interessenentwicklungen hohe Antriebsbeträge anderer Systeme eingehen können, deren instinktresiduale Färbung noch deutlich spürbar ist. Die Folge ist dann z. B., wie Portmann sehr gut sah, eine stetige, dauernde Sexualisierung aller menschlichen Antriebssysteme einerseits, aber umgekehrt auch die Durchdringung der sexuellen Aktivität mit stetig wirkenden anderen Motiven. Die sehr wenig durchforschten sozialen Instinktresiduen dürften an derselben Gesetzlichkeit teilnehmen, und solche allgegenwärtigen Residuen, denen also nach dem Gesetz der Instinktreduktion kein eindeutiges und bestimmtes Außenverhalten zugeordnet wäre, könnten besonders die Machtantriebe und die von Mead untersuchten Kommunikationsantriebe phantasiemäßiger „Versetzung in den Anderen" sein. So ist es denkbar, daß ein Mensch, der sich in einer einsamen Dingsituation probierend verhält, darin nicht nur ein rationales Sachinteresse, sondern auch einen Machtantrieb, eine Art Pseudosozialisierung des Umgangs und sogar eine libidinöse Komponente auslebt.

Eben diese Instinktreduktion und Ablösung von fest zugeordneten, artspezifischen Auslöserwerten erscheint nun, von der anderen Seite gesehen, als das *Chronische* des Dranges. Auch hier wieder gibt es eine direkte Beziehung zu konstitutionellen Daseinsbedingungen des Menschen und zu seiner chronischen Bedürftigkeit. Den Wechsel der äußeren Umstände bis hin zu den periodischen Rhythmen der Natur in den Jahreszeiten muß der Mensch durchhalten und unter allen Bedingungen, auch den günstigen, eine dauernde Energie der Handlung einsetzen. Seine Antriebe dürfen weder auf bestimmte, angepaßte Inhalte abgestimmt, noch mit den Rhythmen der Natur mitpausierend sein. Instinktrhythmik in einem dauertätigen Wesen wäre eine sehr störende Disharmonie. Der Mensch muß eine elementar feindliche und ihm nicht harmonische Welt in nicht aussetzender Tätigkeit und unter allen Umständen bewältigen, also nicht nur Dauerantriebe ausbilden und bei sich behalten, die seine Tätigkeit in die Zukunft tragen, sondern von der Zukunft her die Gegenwart auffassen und anfassen. Dazu kommt, daß seine eigenen Werke der zweiten Natur in stets steigendem Maße selbst zu Aufgaben werden und ihn potenziert beanspruchen. Alle diese Umstände schließen es aus, die unmittelbaren Lebensbedürfnisse, die Grenzbedingungen der Existenz, unmittelbar zu befriedigen, und sie sind umgekehrt einsichtig nur mit einem Antriebsüberschuß zu bewältigen.

Auch an dieser „Gesetzlichkeit des Chronischen" nimmt der Geschlechtstrieb teil, der nur noch undeutliche Reste von Periodizität zeigt und eine Art dauernder Wachheit erreicht. Hier liegt außerdem der Grund, weshalb anthropologisch die Wahl zwischen den Bezeichnungen Trieb und Instinkt ziemlich willkürlich ist. Man kann hier keinen scharfen Unterschied herausarbeiten, wie dies Lorenz tierpsychologisch gelang, der das tierische (triebhafte) Appetenzverhalten von den eigentlich instinktiven, von Auslösern enthemmten Bewegungsfiguren unterschied. Die Tierpsychologie kann bestimmte Bewegungsfiguren gut definieren und instinktiv nennen. Der Mensch dagegen erlebt seine Antriebe mit allen denkbaren qualitativen und inhaltlichen Varianten von innen und *prinzipiell als unabhängig* vom Verhalten, also in der Form verhaltensvariabler Drangzustände. Die Begriffe „Instinkt" und „instinktiv" werden daher, da sie nur im Bereich der tierischen Verhaltensforschung definierbar sind, unpräzise und willkürlich und gehen unscharf in den des Triebes, dieser wieder in den des Bedürfnisses, ja des Interesses über. Unser Lebensgefühl und Wirklichkeitsbewußtsein hängt so durchaus von diesem chronischen Drang ab, daß selbst die primitivsten Wilden bei Involutionserscheinungen, Erschöpfungszuständen, Impotenz usw. irgendwelche Stimulantien anwenden, um das Trieberlebnis selbst wiederherzustellen. Hier erstrebt nicht der Trieb die consummatory action, sondern diese den Trieb! Weiter ist zu vermuten, daß die regelmäßige hohe Überdeterminierung der Antriebserlebnisse, von der sich nicht sagen läßt, ob sie eine Ursache oder Folge des Antriebsüberschusses ist, ein dauerndes *Erfüllungsdefizit* der Objekte nahelegt. Irgendeine Komponente unserer Bedürfnisse bleibt, von der Erfüllungsseite her gesehen, stets ungedeckt – ewiges Thema aller Pessimisten, daß die Sehnsucht, von der Erfüllung enttäuscht, in verwandelter Gestalt wieder aufersteht.

Drittens dürfte der Antriebsüberschuß mit der Retardation oder der wie immer vorzustellenden Protrahierung der physischen menschlichen Entwicklung zusammenhängen. Auch Buytendijk-Plessner (Die neue Rundschau, Okt. 1938) haben den Triebüberschuß mit der sehr lange unfertigen Motorik (langes Jugendstadium) und der spät erwachenden Sexualität in Zusammenhang gebracht, durch die der nach Abfuhr drängende Überschuß nicht abgefangen werden kann. Hier würde es sich, in einem mechanischen Bild, um eine Art Stauung handeln, und der schon angedeutete Gedanke wäre heranzuziehen, daß der Mensch konstitutionell gewisse in ihm vorhandene, gehemmte Potenzen überhaupt niemals auslebt, also sozusagen nicht organisch, sondern nur chemisch altert. Denn eine ganze Reihe foetaler Jugendmerkmale bleiben ja stets persistent, wenn sie nicht in pathologischen Fällen durch den *Fortfall* endokriner Hemmungen gestört werden, wie z. B. bei übertriebener Körperbehaarung. Dann wäre der „makrobiotische Instinkt" der Menschheit, den ich für eine sehr wichtige Quelle sozialer Phänomene (Totenkult; gewisse Arten der Askese) halte, der Reflex eines sehr fundamentalen Tatbestandes, sozusagen die ins Bewußtsein gedrungene Verjugendlichung und Retardation, die jede empirische Lebenszeit als zu kurz erscheinen läßt.

Nach diesen drei Richtungen gesehen, die ich gestehe, nicht ganz zur Dekkung bringen zu können, wäre der Antriebsüberschuß jedenfalls kein beziehungsloses Datum, sondern er würde der biologischen Sonderstellung des Menschen entsprechen. Der Mensch wäre in einem Zusammenhang, den man im ganzen doch verstehen kann, zugleich organisch mittellos, instinktreduziert und umweltentlastet, eben damit aber auf einen Antriebsüberschuß angewiesen. Diese Entlastung haben wir ausführlich und von mehreren Seiten studiert. Indem der Mensch die Gefahr seines Wesens auf sich nimmt, sich selbsttätig im Leben seiner Sinne, seiner Bewegungen und seiner Sprache vom Überdruck der Reize befreit, bildet er sensorisch wie motorisch die Kontaktstellen mit der Situation auf ein Minimum zurück. Damit bekommt er die Welt in die Hand, gewinnt Umsicht und Übersicht und arbeitet dieses Feld der Überraschungen um in seine künstliche zweite Natur.

Damit haben wir aber noch eine vierte Beziehung des Antriebsüberschusses festgestellt: die zur Entlastung. Die Abgehobenheit von den unmittelbaren Zeitquerschnitten, von den je gegenwärtigen Situationen ist ja offenbar nur ein anderer Aspekt der Tatsache, daß keine spezialisierten Organe den Antriebsüberschuß aufnehmen und in der Umwelt unterbringen. Ja, man kann diese Vermutung rückwärts stützen, wenn es wahr ist, daß diese Entlastungsleistungen, die ja zu einer Neutralisierung, zum Dahingestelltsein der Weltreize führen und das Verhalten „nach oben verschieben", daß sie den Überschuß der Antriebe rückwirkend noch steigern. Die *Sublimierung* setzt nämlich den Prozeß der Instinktablösung vom Vorfindbaren in der Richtung fort, daß eine Innenverarbeitung von Antrieben im intellektuellen Bereich fortschreitet. Diese Sublimierung ist daher als „Ersatzbildung" sicher schlecht beschrieben, sie liegt durchaus in der Linie der menschlichen Entwicklung, aber man hat richtig das Unbefriedigende in ihr gesehen. Eher könnte die tristitia ingenii damit sich erklären, daß der Fortschritt der Sublimierung die realen Abfuhrmöglichkeiten von Antriebsquanten fortdauernd verschlechtert, den Überschuß also sekundär steigert. Doch haben solche Annahmen nur den Wert metapsychologischer Hypothesen.

Der „Hiatus" dagegen, die innere Distanz der Antriebe zur Handlung, ist für den Menschen konstitutiv. Er legt erst ein bildbewußtes Inneres frei, und bewußte Antriebe sind gehemmte Antriebe, gehemmt wahrscheinlich durch eine Vielzahl virtueller anderer. Es läßt sich noch einsehen, daß nur ein überschüssiges Antriebsleben die *Hemmungsleistungen* hergeben kann, welche in jedem *orientierten* Bedürfnis enthalten sein müssen. Schon sinnesphysiologisch sind in jede hochselektive Einstellung Hemmungen eingebaut, die das Ansprechen auf gröbere Reize verhindern und die man im Tierexperiment durch Schockwirkung aufheben kann. Über die allgemeine Tatsache hinaus, daß bewußte Antriebe gehemmte sind, werden offenbar selektive Antriebe, die irgendeinen exklusiven Zielinhalt haben, noch zusätzlich durch Hemmungen aufrechterhalten: der Abbau derselben durch toxische Einwirkungen oder plötzliche Affekte zeigt dann sowohl eine Schwellenerniedrigung – die Wahllosigkeit der Reaktion –, als auch den „besinnungslosen" Übergang des Antriebs in die Handlung. Ein bewußtes, innen behaltenes Antriebsleben ist aber für den Menschen lebensnotwendig, denn darin beschlossen ist eben die Orientierbarkeit der Antriebe, ihre Fähigkeit, Erfahrungen zu machen, sich zu verbinden, zu verschieben usw. Hier sieht man deutlich, wie eine plastische Antriebsstruktur zugleich eine überschüssige sein muß, wie aus der Nichtfestgelegtheit (Unspezialisiertheit) und Überschüssigkeit zugleich die Fähigkeit kommt, Antriebe festzuhalten oder zu unterdrücken, nachzusetzen, zurückzustellen, von einem „verneinten" Ziel auf ein anderes zu wenden usw. Es ist aber eindrucksvoll zu sehen, wie wenig Tiere dazu imstande sind, sich „negativ" zu verhalten: das Wegräumen von Hindernissen einwandfrei und sicher zu vollziehen, geht über die Fähigkeit der Anthropoiden hinaus, und der von de Jong dressierte Hund (s. Buytendijk, Wege zum Verständnis der Tiere, 1939, S. 126), der gelernt hatte, sich aus einem Vexierkasten zu befreien, indem er auf ein horizontal liegendes Brettchen trat und damit die Tür zum Aufspringen brachte, war hilflos, wenn dieses Brettchen *nicht* horizontal, sondern vertikal gestellt wurde. Das sind keine „Grenzen der Intelligenz", sondern ebensosehr Grenzen der Antriebsstruktur und Unfähigkeiten, einen unmittelbaren oder gelernten Impuls auszuschalten und „umzusteuern".

Wenn, wie wir oben sahen, jeder orientierte menschliche Antrieb eben damit Gegenstand einer möglichen Stellungnahme ist, also zugelassen oder abgelehnt werden kann, so ist damit im Grunde nur *eine* Aussage über die

Struktur der menschlichen Antriebe gemacht. Denn nur ein überschüssiges Antriebsleben nicht-festgelegter Struktur gibt Kräfte für Wirkungen und Gegenwirkungen her, und nur insofern, als es hemmbare Antriebe gibt, gibt es bewußte. Die tiefste Zweckmäßigkeit dieser Struktur ist an dieser Stelle sichtbar: alles *dauernde* Sicheinstellen des Menschen, das ihn befähigt, Gewohnheiten aufzubauen und über die Veränderlichkeit des Jetzt hinaus Ziele im Auge zu behalten, wächst nur auf durchgezüchteten Hemmungen, und von der anderen Seite her gesehen, ist eben dies der *Formierungszwang*, der mit der Überschußqualität der Antriebe gegeben ist. In den Problemen der Moral ist dieses Verhältnis immer schon gesehen, aber meist unter den *Deutungen* verkannt worden. Die „Moralgesetze" galten immer irgendwie als prekär: auf der einen Seite bestand die Forderung festzuhaltender und ausschließender Einstellungen, auf der anderen war es offensichtlich, daß diese immer wieder gegen *andere* Antriebe verteidigt werden mußten und oft genug von ihnen überflutet wurden. Diese Tatsache liegt aber im Wesen der menschlichen Antriebslage, ja im Wesen des Menschen überhaupt: sie bedeutet die Innenansicht eines „nicht-festgestellten Wesens", das keine montierten und angepaßten Instinkte hat, sondern sein Antriebsleben selbst zu verarbeiten, zu orientieren, auf Dauer zu stellen und in ein Haltungsgefüge umzuprägen, also in Kräften und Gegenkräften zu organisieren hat. Die Bewußtheit, Hemmbarkeit, Orientierungsfähigkeit und Verschiebbarkeit menschlicher Antriebe gehören in ebendenselben Zusammenhang, und es besteht eine vollkommene Übereinstimmung zwischen dieser inneren Verfassung des Menschen und seiner äußeren Situation: der Notwendigkeit, in ausgelesenen und belehrbaren Handlungen, die selbst zu Bedürfnissen werden müssen, über die Grenzen des Jetzt hinaus in die Zukunft zu handeln, und zwar in gemeinsamen Tätigkeiten, deren Antriebe auch noch *gegeneinander* korrigiert werden müssen.

Diese *Formierung* des Antriebslebens ist also selbsterzwungen, und zwar durch den Überschuß, der eine Verarbeitung und Festlegung aufdrängt, da er in unmittelbaren Triebbefriedigungen (Jetztbewältigungen) gar nicht untergebracht werden kann. Ist diese Formierung gelungen, so liefert der Antriebsüberschuß eine fast unerschöpfliche *gerichtete Energie*, die in Tätigkeit, in Arbeit umgesetzt wird und in erster Linie die Aufgabe trägt, dieses ausgesetzte Wesen im Dasein zu erhalten, und zwar in einer schöpferischen Weise, die aus den Veränderungen der Welttatsachen ins Unabsehbare Motive zu *neuen* Leistungen zieht, so daß die Leistungsprodukte des Menschen die ganz übertierische Fähigkeit haben, als Material in höhere Produkte einzugehen.

Der schon am Anfang des Buches berührte Satz, daß der Mensch ein *Zucht-*

wesen ist, erhält hiermit seine Bestätigung. Die mit dem Dasein des Menschen chronisch und in jeder Generation neu gesetzte Aufgabe der Formierung des Antriebslebens wird von der Erziehung, nach ihr von der Selbstzucht des Menschen unter immer neuen Bedingungen notwendig immer neu angefaßt. Der Inbegriff der Formierung heißt *Sittlichkeit*, und sie ist, wie hier nachgewiesen wurde, eine allein beim Menschen vorhandene biologische Notwendigkeit. Daß der Mensch ein Zuchtwesen ist, hat noch eine weitere Bedeutung: die Formierung und geordnete Beanspruchung der Antriebe hat eine tiefe versehrende oder züchtende Rückwirkung auf die vitalen Schichten des Menschen, so daß, mit Einschluß der Geschlechtsphantasie, *beim Menschen die Physis zur Aufgabe wird.*

An dieser Stelle ist nun allerdings eine sehr wichtige Frage im Zusammenhang zu erörtern, ehe wir weitergehen und die zuletzt berührten Tatsachen darstellen. Es wird vielleicht aufgefallen sein, daß bisher der Ausdruck „Wille" vermieden wurde, und dies ist zu begründen. Mit der gewöhnlichen These, daß es außer den „Trieben" mit dem „Verstand" auch noch den „Willen" gibt, ist nämlich nichts anzufangen. Vielmehr halte ich, so paradox dies zunächst klingen mag, aber in Übereinstimmung mit den griechischen Philosophen, ein besonderes „Willensvermögen" für gar nicht vorhanden.

Die Frage „was ist Wille" war nämlich zuerst nur so zu beantworten, daß dieses X auf ein schon bekanntes Y zurückgeführt wird. In genau diesem Sinne schwankt auch die Philosophie, den „Willen" für eine besondere Art des Denkens oder für eine besondere Art des Triebes zu erklären: eben damit ist die Frage dann aus der Welt geschafft, wenn man nicht – dritte Möglichkeit – ein besonderes „Willensvermögen" annimmt.

Um also richtig an das Problem heranzugehen, muß man vor allem den Bereich des *Unwillkürlichen* betrachten. Der Herzschlag des Menschen, seine Atmung, seine Traumgesichte, seine „Einfälle" und Reflexbewegungen, seine Affekte usw. sind sicher zunächst keine Willensvollzüge. Schon aus dieser ersten Überlegungen geht hevor, *daß sich der Bereich des Problems Wille über den ganzen Menschen erstreckt*, so daß schon aus diesem Grunde ein einzelnes seelisches „Willensvermögen" nicht anzunehmen ist. In einer ersten Annäherung reden wir also von willkürlichen, gewollten Bewegungen der Arme, Glieder, von gewolltem Denken, vom festgehaltenen und bewußten Begehren, von solchen „Einstellungen" usw.: der Bereich des „Willens" zieht sich also über den ganzen Menschen hin, es gibt im Physischen, Motorischen, im Trieb- und Affektleben, im Denken usw. überall *gewollte Vollzüge*, Willenserlebnisse.

Es liegt also gar kein Grund vor, ein besonderes Vermögen „Wille" anzusetzen, und in der Tat ist die griechische Philosophie ohne eine solche Annahme ausgekommen. Sie kennt den Nous, die Vernunft, sie kennt das Epithymetikon und Orektikon als Vollzüge des Begehrens und Strebens, sie kennt auch Hairesis und Prohairesis, Wahl und Vorziehen. Aristoteles (Eth. Nik. p. 1111 b) nennt Boulesis, das mit „Wille" übersetzt wird, den „Wunsch" ausdrücklich im Sinne des Wunsches nach Unmöglichem, z. B. nicht zu sterben, oder im Sinne des Wunsches nach dem, worüber man keine Wahl hat, z. B. daß dieser Wettkämpfer siege. Boulema heißt das Gewollte oder der Plan, und in allen Worten dieses Stammes liegt die Bedeutung des Beratschlagens, Erwägens, Überlegens darin. Eine „Substanz" Wille hat die griechische Philosophie nicht gedacht und darin einen tiefen Takt bewiesen.

Wenn nun die griechische Philosophie an der Stelle, wo wir vom Willen reden, das „überlegte Begehren" einsetzt, wie Aristoteles (z. B. Eth. Nik. p. 1139 a), so hat sie damit sehr richtig ein *Verhältnis* im Auge und einen tiefen Blick getan. Aristoteles wie Plato sehen nämlich an dieser Stelle immer die *Führungsleistung* (Hegemonikon), die sie dem „Verstand" in bezug auf die „Begierden" beilegen, und sie haben damit in der Tat die Hauptsache gesagt. Dieses *Verhältnis* kann man auch umgekehrt ansehen, und dann mit einer sehr schönen Formulierung Kants (Kr. d. Urt. § 83) sagen, daß erst die „Kultur der Zucht (Disziplin)" die „Vernunft" instande setzt, die „Leitfäden der Triebe anzuziehen oder nachzulassen, zu verlängern oder zu verkürzen" – eben das ist „Wille".

Um nun etwas näher auf die Tatsache einzugehen, daß der Wille die Fähigkeit ist, die über die ganze Breite der Person ablaufenden Bewegungen „in Führung zu nehmen", so erinnere ich an folgendes: der Mensch kann unwillkürlich an ihm ablaufende Bewegungen sich vergegenständlichen, in Entfremdung fassen und übernehmen, d. h. von einem Entwurf her einsetzen und führen. Wir beobachteten dies gleich eingangs bei jenem Kinde, das hinfiel und die Stirn aufschlug, und die so erlebte Bewegungsfolge dann in geführter Bewegung wiederholte. Zufällig ablaufende sensomotorische Vorgänge jeder Art können samt ihren Erfolgen übernommen und eingesetzt, d. h. geführt werden. Ich beschrieb oben dasselbe auch so, daß die Leistung *Motiv* wird, d. h. der Mensch kann solche Handlungen und Bewegungen so wiederholen, daß der schon erreichte Erfolg zum Ziel einer bei ihm endenden geführten Nachbewegung wird, deren Konturen die Bewegungsphantasie vorzeichnet. Ich sagte auch an gleicher Stelle schon, das Übernehmen einer Bewegung und ihre Reproduzierbarkeit vom Erfolg her sei dann eine gewollte Handlung. In diese Überlegungen muß die besondere Fähigkeit des Menschen, seine sensomotorischen Erlebnisse im „Gefühl entfremdeter Eigentätigkeit" sich zu verselbständigen, und die außerordentliche Plastizität seiner Bewegungsmöglichkeiten genau so hineingedacht werden, wie die Situationsentlastung: die *fehlende* Bindung an bestimmte Situationsgehalte durch vordringliche Triebe, so daß die Ausbildung willkürlicher Bewegungsvariationen unabhängig von den Umgebungsreizen erfolgt. Die Ausbildung eines frei komponierten, d. h. von Trieb- und Situationsanregungen unabhängigen Bewegungslebens beobachten wir daher bei Tieren nie, während Kinder sehr gerne merkwürdige Gangarten, Gesten und Körpergrimassen durchführen.

Das Sichvergegenständlichen, Einsetzen und Führen von Bewegungen ist im sensomotorischen Bereich der Übergang von unwillkürlichen zu gewollten Handlungen, von Abläufen zu Vollzügen. *Wollen* ist also Führungsleistung oder das geführte, phantasiemäßig vorentworfene Vollziehen von „Bewegungen" (im weitesten Sinne), mit anderen Worten, also *das Urphänomen Mensch selbst.* „Wollen" ist die Struktur der Handlungen eines unspezialisierten, nichtfestgestellten, entlasteten, eines *sich selbst thematischen Wesens,* eine besondere Struktur (die menschliche) des – soweit eben erörtert – sensomotorischen Bereichs. Wenn also der Mensch das Wesen ist, das sein Leben führt, so muß sich diese Qualität in der ganzen Wesensbreite aufzeigen lassen, und ein besonderes Vermögen „Wille" wäre nur ein anderes Wort für den Menschen im Menschen. Hier wird nun klar, warum wir ein solches *besonderes* Vermögen ablehnen mußten: nicht weil wir den Willen geringschätzen, sondern weil er im Gegenteil gerade die *allgemeine* Wesensqualität des Menschen ausmacht; in den schon mehrfach gebrauchten Formulierungen: der Mensch ist Zuchtwesen, nichtfestgestellt, ist sich selbst Aufgabe, der Mensch lebt nicht, er führt sein Leben – in allen diesen Formeln war mitgedacht: der Mensch ist wesentlich wollend.

Es gibt zwei besondere Bedingungen, unter denen bloß ablaufende Vorgänge so bewußt oder entfremdet werden, daß sie eingesetzt werden können: sie werden entweder durch *Hemmung* und Widerstand bewußt, oder durch Erfolg, durch in die Augen fallende, zurückempfundene Resultate. In beiden Fällen kommt es zu einer Aufmerksamkeit auf die Aktion, die übernommen, durchgesetzt, willkürlich wird. Das Kind, das nach einem Ding greift, aber dabei durch die Wahrnehmung der eigenen Bewegung abgelenkt wird, unterliegt einer Hemmung zweier Impulse, und wird jetzt einen davon durchsetzen müssen; das Kind, das den günstigen Erfolg des „Alarmschreis" bemerkt hat, wird ihn am Erfolg übernehmen und „absichtlich" schreien.

Dieselbe Anschauung läßt sich auf die Antriebe und Begierden übertragen. Wie oben gezeigt wurde, sind dieselben wesentlich bewußt: werden sie durchgesetzt, so werden sie am Erfolg faßlich, und werden sie gehemmt, so bleiben sie als bewußter, innerer „Drang" zurück. Auch ohne die immer von außen einsetzende Stellungnahme der Anderen mit oder gegen solche Antriebe würde der bloße Wechsel der Situation unvermeidlich zu einer dauernden Kontrolle der eigenen Antriebe nötigen. Dazu kommt der Überschuß der Antriebe, der ebenso bestimmte Antriebe überlastet, wie andere neu entstehen läßt, so daß allen gegenüber dieselbe Notwendigkeit der Stellungnahme erwächst wie gegenüber den Bewegungsabläufen: sie können und müssen ebenso grundsätzlich übernommen oder verworfen, unterstützt oder unterdrückt werden.

Dasselbe gilt natürlich über die Phantasmen, Sprach- und Denkvorgänge: sie sind als bewußte einsetzbar und führungsfähig. Der Unterschied „bloß ablaufender" und gerichteter, nach einem Erfolg oder Motiv hin eingesetzter Denkprozesse ist derselbe, wie der zwischen dem zufällig erfolgreichen Unlustschrei des Kindes und dem „gezielten" Alarmschrei bestehende. Man muß auch Bostroem („Störungen d. Willens", Hdb. d. Geisteskrankh. II, 1928, 15) zustimmen, wenn er in dem assoziativen, ungerichteten und sich selbst am eigenen Reiz weitertreibenden Denken eine ähnliche Erscheinung erblickt, wie sie in den „ideomotorischen" Betätigungen des Gehens, Radfahrens usw. vorliegt: beides sind halbautomatische, sich selbst weitertragende Prozesse. Dagegen machen übernommene, geführte, nach einem vorschwebenden Erfolg hin eingesetzte Denkakte eben das „Nachdenken" aus, und so wächst den sonst bloß ablaufenden Akten der Charakter von Willenstätigkeiten zu, wie ja auch schon in jeder ausdrücklichen Verneinung, als dem Ablehnen eines Gedankens, ein solcher Willensakt liegt. Daher kann man das Denken eines Menschen mit denselben Ausdrücken bezeichnen, wie seinen Charakter: es ist echt, überzeugend, phantastisch, gediegen, unverantwortlich, starr usw.

Alle Funktionen des Menschen, welche an der Welt, an Gegenständen sich verhalten und geführt, eingesetzt werden können, welche also damit sich zu sich selbst verhalten oder gegeneinander festgestellt werden, müssen als Willensakte bezeichnet werden: man meint aber dann damit nichts anderes, als die spezifisch *menschliche* Funktion des Bewegungs- und Antriebslebens, des Sprechens und Denkens. Ist der Mensch weltoffen und handelnd, so ist er ebenso in der Welt, wie die Welt in ihm: sein Verhalten zur Welt ist ebenso ein Verhalten zu sich selbst und umgekehrt, und *ebendies* ist die allgemeine Bedeutung des Ausdrucks Wille.

Ist dies also ausgemacht, hat der Mensch seine Bewegungen ausgelesen und eingeübt, ein dauerndes Können der Handlung in bestimmter Richtung erworben, seine Antriebe und Interessen auf Kosten verworfener übernommen und seine Handlungen zu Bedürfnissen gemacht, hat er seine Überzeugungen formiert und ein System von Erfahrungen und Deutungen festgelegt, so geschehen alle weiteren Lebensäußerungen in diesem Rahmen, und sind *Auswirkungen des Feststehenden* und Festgestellten. So wie unsere Gewohnheiten die Niederschläge früherer geführter Handlungen sind, aber nun selbst als festgestellte sich auswirken auf das, was unter ihrer Voraussetzung sich entwickelt; so sind auch unsere Dauerinteressen und Überzeugungen festgehaltene, nun aber alles weitere Begehren und Denken *eingrenzende* Bedingungen. Mit anderen Worten: die ganze weitere Entwicklung des Lebens, insonderheit des Antriebsüberschusses, erfolgt dann „unwillkürlich" und nahezu von selbst in dieser Richtung des Festgestellten. Dies ist *Wille* in engerer Bedeutung, als die, paradox gesagt, mühelose Verfügbarkeit der Antriebskraft in vorgezeichneten und festliegenden Bahnen, also die eigentliche „Willenskraft". Sie ist durchaus Resultat der Zucht, der Herrschaftsgeschichte der Leistungen und Antriebe im Menschen. Sie setzt voraus, daß bestimmte Dauerinteressen ausgebildet und Bedürfnis geworden sind, daß die völlige Konzentrierung des Bewußtseins auf die bestehenden Aufgaben gelungen ist, und daß eine stetige Disziplin der Tat in eindeutigen Tätigkeiten zustande gekommen ist. Dann strömt der gesamte Antriebsüberschuß des Menschen in diese Bahnen ein, und man weiß, welche außerordentlichen Leistungen solcher Willenskraft verdankt werden: erst dann ist der Mensch eigentlich fähig, von dem „Jetzt" der Umstände ganz abzusehen und die Energie seines Handelns und Vorstellens in ausschließende und *künftige* Ziele zu werfen. Das bloße Herumexperimentieren und Entlanggleiten am Gegenwärtigen ist nicht die Aufgabe des Menschen, sondern das Umschaffen der Welt von der Zukunft her.

Redet man ohne solche nähere Besonderung von der Willenskraft eines Menschen, so meint man die nach seiner Aufgabe hin verfügbare Energie, und sagt zugleich aus, daß er einen durchgezüchteten Charakter, eine mit der Aufgabe zusammenstimmende Lebensführung und bewährte Einsichten hat. Der Mensch wächst auf den Fundamenten seiner Entscheidungen, er ist nicht genötigt und darf es nicht sein, seine Grundentscheidungen immer wieder in Frage zu stellen und durch Kontrolleingriffe zu stören; er verläßt sich auf die Auswirkung des Festgestellten und auf den Zuwachs gerichteter Kräfte. Auch in dieser engeren Bedeutung ist also Wille ein Gesamtphänomen der ganzen menschlichen Person, kein „Vermögen" neben anderen.

„Die Vielheit und Disgregation der Antriebe, der Mangel an System unter ihnen, resultiert als ‚schwacher Wille'; die Coordination derselben unter der Vorherrschaft eines einzelnen resultiert als ‚starker Wille'; im ersteren Falle ist es das Oscillieren und der Mangel an Schwergewicht; im letzteren die Präzision und Klarheit der Richtung" sagt Nietzsche (W. z. M., 46). Das ist die Ordnung des „Festgestellten", und genau dann hat man Willen: der Antriebsüberschuß des Menschen verläuft in einer eingegrenzten Bahn, und man kann dann jede Handlung genau so vom Bewußtsein, vom Plan her betrachten, der sie steuert, von der Gesinnung, die sich in ihr fortsetzt, und von der eindeutigen Aufgabe, welche sie fordert. Deshalb hat die Psychologie immer geschwankt, ob sie „den Willen" vom Bewußtsein oder von den Trieben her verstehen solle, oder nicht lieber als besonderes „Vermögen". Sie hätte ihn mit noch besserem Recht vom Druck der Aufgaben her ableiten können, so wie Rodin, stets umgeben von dem Anspruch unfertiger Plastiken, am Ende alles in die Worte zusammenfaßte: il faut toujours travailler, genau wie Fichte: „ich arbeite immer".

Die Aussagen über den Willen in Nietzsches „Willen zur Macht" sind von großer Wahrheit. Der „Wille" der bisherigen Psychologie, heißt es, sei eine ungerechtfertigte Verallgemeinerung, und diesen abstrakten Willen gebe es gar nicht: „daß man den Charakter des Willens weggestrichen hat, indem man den Inhalt, das Wohin? heraussubtrahiert hat" (Aph. 692, Taschenausg.). „Wille ist nur eine vereinfachende Conception des Verstandes, wie Materie (671)." Dagegen ergibt sich die richtige Ansicht, wenn man den Menschen als ein System von Funktionen betrachtet, aus denen sich herrschaftliche, befehlende, gestaltende Kräfte herausheben, die immer wieder vereinfachen (644), so daß „Wille" ein System von gehorchenden und eingeschulten Kräften voraussetzt, welche an Stelle des Unbestimmten lauter feste Größen setzen (666). Wieder ist (84) der Wille das, was die Begierden als Herr behandelt, ihnen Weg und Maß weist. In diesen kurzen Andeutungen stekken entscheidende Einsichten über den „Unterbau" des Willens und die Tatsache, daß der Wille im engeren Sinne aus lauter Festlegungen erst hochgezüchtet wird, daß er die in diesen Festlegungen freigewordene und in ihrer Richtung vorströmende Kraft des Überschusses ist. Das hatte Aristoteles schon gesehen: ist die Gewöhnung, die Haltung, das Ethos formiert, so werden die Handlungen, die daraus fließen, in der *Richtung* dieser Formierungen erfolgen: durch Enthaltung werden wir mäßig, aber wenn wir es sind, so werden wir uns am besten auch weiterhin, mit zunehmender Festigkeit, enthalten können.

Die Entwicklung einer solchen Haltung oder Willenshaltung ist nur durch schwere vitale Disharmonie unmöglich. Sonst ist sie auch unter schweren Bedingungen zu leisten, und wird dann durch Hemmungen nur vertieft. Da findet etwa ein Mensch seine ererbte, altbekannte Trägheit vor, oder seine Dekonzentriertheit oder Ablenkbarkeit: Erbfehler der „Grundfunktionen". Da hat er nun, wenn er sich umsichtig erzieht, nicht jeden Tag von neuem dagegen zu kämpfen. Er hat etwa, aus Lebenserfahrung, gewisse eingrenzende und zusammenhaltende Gewohnheiten aufgebaut, hat eine ebenfalls etwa vorhandene Anlage der Beharrlichkeit oder Genauigkeit unterstützt, und sein Geheimnis besteht dann darin, den Willen nicht „warten zu lassen", sondern an der Stelle der Verlängerung dieser Anlagen zu entwickeln. Regelmäßige Arbeitszeit und Fernhaltung von Störungen werden jetzt denselben Erfolg gegenüber der *Aufgabe* hervorbringen, wie ein angeborener tätiger Fleiß. Das gibt eine „unterirdische", auch die Schwächen mit einsetzende und vielleicht gerade deshalb unzerstörbare Willenskraft, wenn die Kraft der Gewohnheit, die ja in gewissem Sinne selbst eine Trägheit ist, gegen die Trägheit gewendet wird, und wenn alles, was an Selbstschutzinstinkten in Frage kommt, vorgeschoben wird in die Richtung der beharrlichen Bewältigung der Dinge. So wird der Wille des vital Passiven oder Ermüdbaren oder Gedrückten eine sozusagen geräuschlose und unendliche Tätigkeit entfalten können. Wieder ein anderer, der lebhaft, aber beeinflußbar ist, mit „fließenden inneren Gehalten", wird in ganz anderer Weise seine Willenskraft entwickeln müssen, er wird von der Ratio her, mit Zweckplanungen seine Beeinflußbarkeit bremsen und sich weitgehend von daher steuern. In beiden Fällen wird es eine sehr verschiedene Physiognomie der Leistung geben, aber in beiden Fällen ist ein analoger Zuchtprozeß vorausgesetzt: die Situationen zu meiden, in denen sich Seiten unserer Bedürfnisse ausleben würden, die man zu entkräften wünscht, weil sie sich als Versehrungen der höheren Interessen herausstellen.

Zu allen schöpferischen Leistungen gehören einmal leidenschaftlich konzentrierte Antriebe, die im höchsten Grade „sachnahe" geworden sind, so daß die *Phantasie* in diesen Zielen, nach außen gewendet, alle Kräfte des Menschen bindet: sie ist Handlungsphantasie, sie ist sachliche Sinnlichkeit, sozusagen die Phantasie der Dinge selbst und sie ist, bis in dunkle Tiefen, vitale Idealität des Lebens im Menschen und seines Anspruchs an „mehr Leben". Dazu gehört die Mitgift eines souveränen, erfahrenen, leitenden Verstandes, voller Erinnerungen und Hinweise, voller Kenntnis der Sachgesetze und ihrer Geheimnisse. Endlich Können, langgeübte Kunst der Beherrschung des Materials. Wirklich schöpferische *geistige* Leistungen sind deswegen so überaus selten, weil hier alle diese Bedingungen: Idee, Planung, Können und Ausführung, in *einem* Organ zusammenfallen müssen, in dem Verstande. In schöpferischem Tun werden die verborgenen Möglichkeiten des Stoffes zu den eigenen Kräften des Menschen zugeschlagen, und es steht nun zum Staunen da, wie geistreich, aber auch wie nützlich oder belebend ein guter Begriff ist, ein isolierter Naturprozeß, ein Rad, eine Falle. In den ganz gelungenen Schöpfungen steckt nichts mehr von Abirrung oder Widerstand des Stoffs: sie stehen da mit einer sparsamen und eleganten Fertigkeit, Telos: Ziel, Abschluß und Vollkommenes. „Wären", wie Freyer sagt (Machiavelli und die Lehre vom Handeln, Ztschr. f. dt. Kulturphilos., 1938), „die

Schichten der Persönlichkeit, in denen das Handeln entspringt, und aus denen es gespeist wird, nicht gegeneinander gleichsam beweglich", wäre der Mensch nicht ein „perspektivisch, d. h. hier: frontal gebautes Wesen", das imstande ist, den verschiedenen Aufgaben und Vorhaben gegenüber, die sich ihm in der Welt entgegenstellen, je besondere Interessen, Interessenverbindungen, Haltungsfiguren – ja Intelligenzen zu entwickeln, so gäbe es auch nicht die konzentrierte Vielseitigkeit in *einer* Richtung, die schöpferisch macht.

Aristoteles sagt (Eth. Nik. p. 1138a): Τά θηρία . . . πράξεως μὴ κοινωεῖν – Tiere handeln nicht. Ihre Tätigkeiten sind zwangsläufig erfolgreich oder Probiererfolge, nicht geplant und nicht schöpferisch: dynamisch nur im Ablauf, im Erfolg statisch und „immer dasselbe". Das liegt nicht an fehlender „Intelligenz", sondern im Mangel aller menschlichen Bedingungen, die wir in den Begriffen der „Entlastung" und des „Antriebsüberschusses" zusammenfassen. Umgekehrt fehlt beim Menschen in der Regel der „Situationsdruck"; ist er aber vorhanden, so wird sein Verhalten erst recht erfinderisch, schöpferisch und unvorhersehbar. Er ist entlastet, und dies im höchsten Grade durch die Sprache und seine selbst übernommenen und selbst eingesetzten Bewegungen, durch ein „motorisches Minimum" von weitgehend bloß noch symbolischem Verhalten. Diese Entlastung ist ja nun immer im Zusammenhang der Intelligenz und der Handlung zu sehen, als einem Wesen zugehörig, das übergreifend, voraussehend und variationsbeliebig seine Bedürfnisse tätig erfüllen muß. Und diesem entspricht nun, wie ich hier zeigte, eine ganz besondere Struktur der Antriebe: die menschlichen Bedürfnisse werden tätig angeeignet, bewußt, sehend, hemmbar und weltoffen, d. h. entwicklungsfähig nach den Aufgaben hin. Es ist dieselbe überschüssige Kraft, die als Wille resultiert, die nach außen gewendet plant und handelt, und nach innen gewendet diszipliniert, aneignet oder hemmt, einsetzt oder verwirft. Die Bewältigung des Antriebsüberschusses ist erzwungen, der Mensch also zum Schöpferischen geschaffen, ja genötigt. Die Selbstbeherrschung gegenüber ablenkenden Antrieben, die planende Überlegung, welche diesen Antrieben andere Ziele vorhält, ihren Gegenstand durch Herbeigedachtes oder Herbeigeschafftes verändert und sie umlenkt, dabei mit anderen sie vereinigend; die jetzt eingesetzte Handlung und der Entwurf der Intelligenz: das alles sind aktive, selbstvollzogene, tätige Steuerungen mit schöpferischem Erfolg. Und in allen diesen Bedingungen liegt der Unterschied vom Tier, das in den Wechsel der Umwelt eingespannt bleibt, nicht aber seine Antriebsentwicklung an der Erfahrung – im weitesten Sinne – selbst überwacht, also keine Verantwortung hat.

43. Charakter

Wenn der Mensch keine organischen Mechanismen hat, die in ihrer tierisch-bornierten Angepaßtheit ihm das Handeln abnehmen, wenn er in seiner Mittellosigkeit den Überdruck der Antriebe in aktiven Kämpfen um das Lebensnotwendige verarbeiten muß, so ist es, anders gesagt, das natürliche Bedürfnis seines Antriebslebens selbst, gehemmt und ausgelesen, formiert und gezüchtet zu werden. Gesund nennen wir also das Triebleben, wenn es in feste Ordnungen beherrschter und ausgewählter Kraft umgemünzt, in Haltungsgewohnheiten gefaßt und an die objektive Welt hinverteilt ist. Wo es also keine sogenannten „Triebe" mehr gibt, dort ist das Triebleben zu der *natürlichen* Ordnung gekommen.

Das ist nun ein sehr tiefgehender Sachverhalt. Auch die Schichten im Menschen, wo seine vitalen Möglichkeiten liegen, seine Fülle oder Mattigkeit, das Tempo der Abläufe, die Wellen der Lahmheit oder Kraft, die Spannkraft oder Ermüdbarkeit, die plastische und ausheilende Kraft oder eine lautlose Verwundbarkeit – auch diese Schichten bedürfen noch einer *indirekten* Führung und Ökonomie. Gerade sie müssen durch das Skelett eines geordneten Leistungs- und Gewohnheitseinsatzes in Form gehalten werden, und unsere Verantwortung reicht bis in vegetative Tiefen hinein. Aus der Führung entlassene Triebimpulse neigen zu einer später nicht zu beherrschenden Ausweitung des Triebraumes; eine Aushöhlung, ein Prozeß von Wucherung und Verödung tritt ein, der sich bis ins Zentrale vorschiebt und das Nervensystem überlastet. Wer andererseits ohne Kenntnis und Erfahrung seiner tieferen Leistungsfähigkeit handelt, kommt notwendig in schiefe Lagen, die ihn überfordern oder leer laufen lassen, und wird fast unvermeidlich die fehlende Befriedigung in selbstzerstörenden, zusätzlichen Reizen suchen.

Ist der Mensch ein Wesen der *Zucht,* und diese ein lebensnotwendiges Bedürfnis des Leibes selbst, so sind auch die ganz zentralen, vegetativen Schichten noch in den Kreis seiner Selbsterfahrung, Selbstanschauung und damit seiner Verantwortung gerückt; sie sind nicht unmittelbar veränderlich, werden aber indirekt von dem mitbetroffen, was der Mensch tut oder nicht tut, im Handeln durchhält oder vernachlässigt, und was er an Bedürfnissen in sich großzieht und großziehen läßt. In dieser Tiefe liegt z. B. die Geschlechtsphantasie, und es hängt davon, daß sie intakt und anspruchsvoll bleibt, also von der Qualität eines Gattungsbildes, sehr unmittelbar die der nächsten Generation ab. Diese biologisch entscheidende Bewegung ist auf den Weg durch das Bewußtsein angewiesen, m. a. W. sie kann fehlgeleitet werden. Wenn der Mensch im Umgang mit der Welt seine Fähigkeiten und Kräfte erst entwickelt, ja geradezu erst charakterisiert, so muß man dieses Verhältnis in ihn hinein fortgesetzt denken: an der Innenwelt seiner Entscheidungen und deren Folgen entwickeln sich Chancen für Blüte und Verfall der Aufstiegsrichtung seiner Lebensverfassung. Im Menschen, dem „nicht festgestellten Tier", ist die Physis so beschaffen, daß sie zugleich und notwendig *Aufgabe* ist, so daß aus dem Begriff der menschlichen Natur die Merkmale der Zucht, der Führung, der Verantwortung und des Wertes nicht wegzudenken sind. Von außen nach innen ist da ein untrennbarer Zusammenhang: die konkrete Welt mit ihren Aufgaben und Werken, in der jeder lebt; die besondere Weise der Arbeit, in der der Mensch diese Aufgaben bewältigt, dann die Gewohnheiten, Einstellungen und Haltungen, die ja in erster Linie an die Leistungen der Tätigkeit anwachsen; die Ordnung der Antriebe, die nun eine bestimmte Form gefunden haben, die Konzentration des Willenslebens und endlich der vegetative Ordo des Leibes, der unter diesen Bedingungen seine menschliche Gesundheit hat – nirgends ist da ein Schnitt, und wenn an einem Glied der Kette dem Menschen die Aufgaben entzogen werden, wird er am anderen krank und verfällt.

Zur Höchstentwicklung des Menschen bedarf es einer Energieleistung aller Organsysteme. Der amerikanische Physiologe Carrel hat in einem sehr wichtigen Buch „Der Mensch, das unbekannte Wesen" (1936 übers.) unter dem Kapitel „Anpassung" die These entwickelt, daß der Mensch unter den modernen Zivilisationsbedingungen (Komfort) entartet. Der Mensch, sagt er, erreicht seinen höchsten Entwicklungsgrad, wenn er den Härten des Jahreslaufes ausgesetzt ist, wenn er manchmal ohne Schlaf auskommt und manchmal viele Stunden lang schläft, wenn seine Mahlzeiten zwischen Überfluß und Kargheit schwanken, und wenn er Nahrung und Obdach nur um den Preis unermüdlicher Anstrengungen erringt. Es wird von ihm verlangt, daß er seine Muskeln übt, daß er sich müde macht und ruht, daß er kämpft, leidet und glücklich ist, daß er liebt und haßt. Sein Willensleben braucht eine Abwechslung von Anstrengung und Entspannung. Er muß kämpfen gegen seine Mitmenschen oder gegen sich selbst; er ist für ein solches Leben geschaffen, so wie der Magen dazu geschaffen ist, daß er Speisen verdaue. Wenn diese Anpassungsvorgänge in ihm am intensivsten arbeiten, dann erreicht seine Männlichkeit ihren höchsten Grad. Mit der Zivilisation, sagt er, haben die physischen Bedingungen des täglichen Lebens ihre Vielfalt verloren, damit ist die Anstrengung und die moralische Verantwortlichkeit ausgemerzt, und alle Ausdrucksformen unserer organischen Systeme – des Muskel-, Nerven-, Kreislauf- und Drüsenapparates sind verändert. Das „Gesetz der notwendigen Anstrengung" besagt, daß nur der Umsatz der Reserveenergien des Leibes und seiner Organe die physische Gesundheit erhält. Anpassung nennt Carrel die Mobilisierung von Leistungsmöglichkeiten des Organismus, die irgendwelchen inneren oder äußeren Veränderungen begegnen: so ist jede Krankheit ein Anpassungsvorgang, Skorbut an Vitaminmangel, Basedow an eine Absonderung giftiger Stoffe durch die Schilddrüse usw. Seine These ist nun die, daß der Organismus auch im gesunden Zustand ein Bedürfnis nach Ausübung seiner Anpassungsleistungen hat, und daß nur ein angestrengtes und arbeitendes Leben diesen Forderungen genügt, während alle Komfortzivilisation stillegt, vergleichmäßigt und bloße Reizzufuhr ohne Verarbeitungsleistung ist. Indem wir die Muskelanstrengung aus dem täglichen Leben verbannen, haben wir unversehens die beständige Übung aufgehoben, die unsere Organsysteme verlangen, um die Gleichmäßigkeit des inneren Mediums aufrechterhalten zu können. Wie man weiß, verbrauchen die Muskeln bei der Arbeit Zucker und Sauerstoff, erzeugen Wärme und geben Milchsäure an das umlaufende Blut ab. Um sich den dabei geschehenden Veränderungen anzupassen, muß der Organismus eine ganze Reihe von Organen in Gang setzen: Herz, Atmungsorgane, Leber, Bauchspeicheldrüse, Nieren und Schweißdrüsen, dazu das Gehirn-Rückenmark-System und den großen Sympathikus. Ein Anfall von Zorn z. B. erzeugt bei allen organischen Apparaten eine tiefgreifende Veränderung: die Muskeln ziehen sich zusammen, die Sympathikusnerven und die Nebennieren treten in Tätigkeit, und ihr Eingreifen läßt den Blutdruck steigen, das Herz schneller schlagen und bewirkt, daß die Leber Traubenzucker abgibt, den die Muskeln als Brennstoff benutzen. Ähnlich ist es, wenn der Körper sich gegen Kälte von außen zur Wehr setzt: dann müssen Blutkreislauf, Atmungs- und Verdauungssystem, Muskel- und Nervenapparat mithelfen. Kurz, „die Anpassung des Individuums an eine physiologische, geistige und moralische Zucht bedingt ganz bestimmte Veränderungen in den endokrinen Drüsen, im Nervensystem und in den geistigen Anlagen. Für den Organismus ergibt sich daraus eine glücklichere Gesamtbildung, eine gesteigerte Kraft und eine größere Fähigkeit zum Überwinden der Mühen und Gefahren des Lebens". „Gewisse Formen des modernen Lebens führen unmittelbar zur Entartung."

„Wir machen von unseren Anpassungsfunktionen weit weniger Gebrauch als unsere Vorfahren. Besonders in den letzten fünfundzwanzig Jahren sind wir immer mehr darauf verfallen, uns der Umgebung durch von unserem Verstand ersonnene Hilfsmittel statt durch physiologische Vorgänge anzupassen. Die physischen Bedingungen des täglichen Lebens haben ihre Vielfalt verloren, Muskelanstrengung, Essen und Schlaf sind genormt, und die moderne Zivilisation hat Anstrengung und moralische Verantwortlichkeit ausgemerzt und alle Ausdrucksformen unserer organischen Systeme – des Muskel-, Nerven-, Kreislauf- und Drüsenapparats verändert."

Dazu gibt Carrel viele belehrende Beispiele, z. B. dieses, „daß die Bewohner der modernen Großstadt nicht mehr unter dem Wechsel der atmosphärischen Temperatur zu leiden haben, daß sie in ihren neuzeitlichen Häusern, in ihren Kleidern und Automobilen Schutz finden und während des Winters nicht, wie ihre Vorfahren, dem Wechsel anhaltender Kälte und wütender Hitze aus Öfen und offenen Kaminen ausgesetzt sind. Der Organismus braucht die Kälte nicht mehr dadurch zu bekämpfen, daß er die ganze Reihe von ineinander verketteten physiologischen Vorgängen in Betrieb setzt, die eine Steigerung des chemischen Austauschs bewirken und die Zirkulation in allen Geweben in Mitleidenschaft ziehen. Ein Mensch, der in ungenügender Kleidung seine Körpertemperatur durch heftige Muskelanstrengung aufrechterhalten muß, veranlaßt damit seine sämtlichen Organsysteme zu intensivster Arbeit. Diese Systeme bleiben umgekehrt im Ruhezustand, wenn die Abwehr der Kälte durch Pelze und warme Kleider, durch die Heizeinrichtung im geschlossenen Auto oder die Wände eines zentralgeheizten Zimmers erfolgt."

Die Thesen Carrels bestätigen von der Physiologie her den Satz, daß der Mensch, als handelndes Wesen, bis in die vegetativen Tiefen seiner Physis auf Arbeit und Handlung abgestimmt ist; was Carrel Anpassung nennt, ist der Umsatz von Reserveenergien, die nur von angestrengter Tätigkeit beansprucht werden, und dieser Umsatz heißt Gesundheit. Da der Mensch anstrengenden Bedingungen ausgesetzt ist (wenn er sie nicht durch Verstandeskünste ausschaltet), so holen diese Bedingungen aus ihm Zuchtleistungen heraus, auf die hin er schon durchaus organisiert ist. Wenn Carrel sagt, „wir wissen, welche physische und moralische Stärke Menschen besitzen, die von Kindesbeinen an einer vernünftigen Zucht unterworfen waren, gewisse Entbehrungen kennengelernt und sich widrigen Lebensumständen angepaßt haben" – so klingt dies wie eine Banalität, ist aber eben das alte Wahre. „Disziplin des Geistes und der physiologischen Bedürfnisse hat eine ganz bestimmte Wirkung, nicht nur auf die seelisch-geistige Haltung des Betreffenden, sondern auch auf seine Organ- und Säftestruktur." Ein aus der Führung entlassenes und nicht in Haltung formiertes Antriebsleben entartet. Von hier aus gewinnen wir endlich eine Anschauung von dem, was der Begriff „Charakter" meint.

Nennen wir „Charakter" das System inhaltreicher, an die Welt verteilter Antriebe, Dauerinteressen, Bedürfnisse, Folgebedürfnisse usw., so ist er Handlung und Stoff der Handlung in Einem, am Ende ein Haltungsgefüge aus übernommenen, angeeigneten oder abgestoßenen, aber immer verwerteten Antrieben, die man tätig aneinander und an der Welt orientiert hat, oder die sich als Nebenerfolge unserer Handlungen gegeneinander mitfolgend feststellten oder „herausstellten". Doch ist die Gründung eines Charakters – nach Kant „aus Überdruß am schwankenden Zustand des Instinks" erfolgend und selten vor dem vierzigsten Jahre vollendet (Anthropologie) – nicht eher gelungen, als nicht die physische Handlungswirklichkeit des Menschen einerseits und seine bewußte Weltorientierung andererseits sich in dieser Mitte wirklich durchdrungen haben, so daß schon die sinnlichen Äußerungen und Reaktionen eine Art Überzeugungsnähe, und wiederum die Gedanken die klare Eindeutigkeit von Handlungen haben. Um die Zuchtwelt des Charakters in den Blick zu bekommen, muß man sich vor allem von der unsinnigen modernen Überschätzung des Bewußtseinsstromes freimachen.

Eine gewisse Angleichung unseres Bewußtseins an die natürlichen vitalen Lebensprozesse gehört zu den wesentlichen Resultaten der Handlung und des handelnden Lebens. Gerade die Grundsätze und Grundentschlüsse unserer bewußten Lebensführung müssen der Beeinflußbarkeit durch die Reize der Oberfläche des Bewußtseins entzogen und in die Sicherheit desjenigen Bereichs herabgeübt werden, aus dem wir leben: des Bereichs ausgelesenen, beherrschten, sozusagen „geladenen" Könnens, so daß sie nur im Falle auftretender Widerstände herausspringen dürfen, wie unsere latente Sprungkraft, wenn ein Graben den Weg abschneidet. Auf dem Grunde des „Bewußtseinsstromes", der peripheren Reizverarbeitung innerer und äußerer Reize, muß es ein Bewußtsein, besser ein Innesein ganz anderer Art geben: eine Gegenwärtigkeit selbstverständlicher Grundentscheidungen, des Könnenshorizonts, großgezogener Instinkte der Auswahl und Vermeidung, ein gespanntes Bereitsein zu dem, was in der Richtung unserer tragenden Interessen liegt, Abfühlen vom Nichtgewollten und Dahingestellten. Was im Bewußtsein *zugelassen* und dort durchgearbeitet werden soll, muß von daher gesteuert sein. Wir verlangen weiter von einem Charakter, daß die alltäglichen Gewohnheiten noch gewissermaßen symbolisch sind, mit einem Ausdruckswert für Grundsätzliches, und unser Gefühl unterscheidet sehr genau die sozusagen geltenden Gewohnheiten, die bis in die Gleichgültigkeit des Alltags hinein unsere grundsätzlichen Stellungnahmen abbilden, von den „bloßen Gewohnheiten" im Sinne der äußerlichen und oberflächlichen Eigengesetzlichkeit, in die eine aus der Führung entlassene Vitalseele abgleitet.

Man kann also den Bereich des Charakters von zwei Seiten her ansehen, und zwar ist er von „oben" gesehen eine einverleibte Ordnung von Haltungen und Führungsregeln, von angeeigneten und, wenn sie zuverlässig arbeiten sollen, fast bewußtlos gewordenen „Instinkten", die aus den Antrieben auskrystallisierten und in Handlungen der Welt ausgesetzt, an ihr ausgelesen wurden; von „unten" her gesehen ist jedoch der Charakter eine Fortsetzung der gerichteten, rhythmischen und geschlossenen Abläufe, zu denen sich der biologische Lebensprozeß überall abstimmt, in den Umkreis des *Selbstvollzogenen.* Jede einzelne Gewohnheit kann vom Bewußtsein her gesehen etwas Zufälliges haben, was auch anders denkbar wäre; aber die Gewohnheit, Gewohnheiten anzunehmen und einzuverleiben, also eine Haltung aufzubauen, ist physisch und erzwungen, andernfalls man mit Zerrüttung des Nervensystems bezahlt. Einem gesunden Körper merkt man eine gewisse Gespanntheit an, eine Geladenheit mit zügigen Handlungs- und Bewegungsbereitschaften, und ebendasselbe liegt in der Auswahl- und Verwerfungsbereitschaft eines Charakters, und um so überzeugender, je weniger ein Bedürfnis nach Begründung, eine Ahnung auch anderer Möglichkeiten hindurchscheint. Eine in aller Erfahrung und Erziehung wirksame Tendenz der Auswahl, Zusammenordnung, Ausscheidung und Bevorzugung gibt die regierenden Gewohnheiten des Handelns und der in uns anwachsenden „erworbenen Instinkte" her, und auf eben diese Formierung, geordnete und gezüchtete Beanspruchung hin sind auch die unwillkürlichen, rein physiologischen Abläufe unseres Lebens orientiert, die erst so ihre tieferen Kräfte ausgeben, deren Aufwand und Umsatz Gesundheit heißt. Es gibt im menschlichen Inneren eine Schicht von halbbewußten Interessen, Überzeugungen und erzogenen Abneigungen, ein tragendes, unsichtbares Skelett des geistigen Lebens, das unsere Reaktionen in Form hält und wieder von ihnen in Form gehalten wird, so daß sogar unsere Physis zu Anpassungen und Ablaufsumstimmungen genötigt wird, ohne die sie in ihren eigenen unbeanspruchten Energien entarten müßte. Und wenn unsere Erfahrung bis in die Tiefen dieses Zusammenhanges reicht, dann auch unsere Verantwortung.

Aus dem Gesagten folgt wieder die Notwendigkeit der hier befolgten Methode, die deskripitiven Begriffe derart auszuwählen, daß sie gegen den Unterschied von physisch und psychisch gleichgültig sind, und man vergleiche unter diesem Gesichtspunkt Kategorien wie Entlastung, Antriebsüberschuß, Verfügbarkeit, Führung, Intention, Variation, Übernehmen, Einsetzen, Entfremdung und viele andere.

Wenn wir so den Begriff Charakter eher in Übereinstimmung mit dem Sprachgebrauch der englischen als der deutschen Psychologie im Sinne des erworbenen Charakters fassen, so müssen wir für eine andere Fragerichtung neu einsetzen: für die Frage nämlich nach den „angeboren", also als *vererblich* angesehenen „Eigenschaften". Diese Frage ist nicht von gestern. In der Odyssee (II, 271 ff.) redet Pallas Athene in der Gestalt des Mentor den Telemachos an, als er sich um die Reise nach Pylos und Sparta handelt:

„Jüngling, du mußt dich hinfort nicht feige betragen und töricht.
Hast du von deinem Vater die hohe Seele geerbet,
bist du, wie jener einst, gewaltig in Taten und Worten,
dann wird keiner die Reise dir hindern oder vereiteln.
Aber bist du nicht sein Samen und Penelopeiens,
dann verzweifl' ich, du wirst niemals dein Beginnen vollenden."

Man sieht, daß diese Anrede, die zudem eine erziehende ist, die „Erblichkeit der Eigenschaften“ sogar so weit voraussetzt, daß geradezu geschlossen wird: hast du nicht die hohe Seele des Odysseus, so kannst du nicht sein Sohn sein.

Um sich über die Schwierigkeiten, die Frage nach den vererbbaren Eigenschaften überhaupt anzusetzen, einmal klar zu werden, überlege man folgendes: streng genommen und der Sache angemessen könnte nur eine Längsschnittbetrachtung über Generationen hinweg Auskunft darüber geben, was überhaupt vererbt wird. Sie ist nicht möglich. Zweitens gibt es ohne Zweifel tiefe, ja durchgreifende Wesensveränderungen von außen her, die auf dem Wege über die Physis das Innenleben beeinflussen, so z. B. in den praktischen außerordentlich wichtigen Fällen, in denen die Verstädterung als Bedingung eines allgemeinen „Infantilismus“ eine indirekte, konstitutionsabändernde Einwirkung zeigt, deren Konsequenzen „nach innen“ gar nicht abzumessen sind. Drittens sind ja die Prozesse des Innenlebens in immerhin hohem Grade „ganzheitlich“, so daß jede Analyse auf prinzipielle Schwierigkeiten stößt: Analyse ist aber das Verfahren jeder empirischen Forschung, die mit unübersehbar komplexen und verfilzten Zusammenhängen nichts anfangen kann. In allen biologischen Bereichen erlauben die Defektzustände mit ihren deutlichen Ausfällen und umschriebenen Mißbildungen noch am meisten Analyse. Um so wichtiger ist selbst hier das Zugeständnis von Panse („Erbpathol. der Psychopathien.“ Hdb. d. Erbbiol. d. Menschen V. 2): „Verglichen mit dem, was die Erbforschung im Bereiche einfacher somatischer Merkmale oder gar in dem der experimentellen Genetik an klar überblickbaren Ergebnissen gezeitigt hat, wirkt der Forschungsstand in jenem Grenzbezirk zwischen normalen und pathologischem psychischem Geschehen geradezu entmutigend.“

Es erscheint heute als sehr fraglich, ob sich fest umschriebene Kerneigenschaften oder „Radikale“ vererblicher Art herausarbeiten lassen, wie dies Enke („Die Persönlichkeitsradikale“, Allg. Z. Psychiatr. 102, 1934), Pfahler („Vererbung als Schicksal“, 1932; „Warum Erziehung trotz Vererbung“? 1935) und andere versuchten. Dies hat mit besonders einleuchtenden Gründen Stumpfl („Die erblichen Grundlagen d. Persönlichk.“, Hdb. d. Erbbiol. V. 1) betont: daß nämlich „eine Betrachtungsweise nach dem Vorbild der exakten Genetik einer Genealogie des Charakters nicht gemäß ist, weil sich Strukturzusammenhänge höchst eleastischer und veränderlicher Art vererben“ (415). In demselben Sinne sagte schon Kroh (Ber. XIV. Kgr. Dt. Ges. f. Psych. 1935) „daß in dem Funktionsgefüge, das unserer erkennenden, erlebenden und gestaltenden Tätigkeit zugrunde liegt, das eigentliche dispositionelle Element zu suchen ist, das unmittelbar auf das Erbgut zurückgeführt werden kann. Die Fülle der kooperierenden Faktoren dieses Funktionsganzen zu schildern, ist fast unmöglich."

Dennoch ist die mit großer Energie betriebene Forschung nicht resultatlos geblieben. Wenn wir uns über diese eine Vorstellung bilden wollen, so werden wir der Erbforschung in diejenigen Bereiche folgen, in denen sie ihre Fragen mit der besten Aussicht auf Erfolge stellt. Ich bin überzeugt, daß dazu der „Charakter" in dem engeren, von uns gemeinten Sinne des Systems der *inhaltlichen* Interessen, Gesinnungen und Dauerantriebe *nicht* gehört. Nennen wir den Umkreis der sicher oder wahrscheinlich vererbten „Anlagen" des Menschen die *Wesensart*, so werden wir höchstens annehmen dürfen, daß diese den *Zugang* zu bestimmten Sach- und Wertgebieten freigibt oder abblendet, nicht aber, daß z. B. kaufmännische Neigungen oder Sammlerinteressen vererbt werden. Die konkrete Orientierung der Interessen, Dauerantriebe, Gesinnungen usw., die in einem Haltungsgefüge endet, ist sehr offensichtlich von dem abhängig, was in einer sozialen Organisation jeweils gefordert, nahegelegt oder verhindert wird, und gerade wo feste ständische Zuchtnormen gelten, sehen wir die genaueste Übereinstimmung mit den Vorurteilen und Vorlieben der darin erfaßten Menschen, worüber uns weniger der individuell psychologische Gesichtspunkt, als vielmehr die vergleichende geschichtliche Sozial- und Völkerpsychologie belehren. Unser Standpunkt ist nur insofern zu modifizieren, als allerdings geistige Begabungen – z. B. Musikalität – in besonders auffallendem Maße vererblich sind, und als damit natürlich eine bestimmte Interessenentwickelung schon präformiert ist.

Nach den bisherigen Forschungen sind bestimmte „Grundfunktionen" oder „Ablaufqualitäten" oder „Wesenszüge" – besser: Strukturen von solchen – vererbbar, und sodann „Fähigkeiten" oder Begabungen. Was damit gemeint ist, erhellt am besten aus einem orientierenden Überblick, der natürlich auf Vollständigkeit verzichtet.

Das „*Temperament*" und die damit verbundene habituelle Lebensgrundstimmung sind in auffallender und gut nachgewiesener Weise erblich bedingt, schon weil sie in engstem Zusammenhang mit der Körperkonstitution stehen. Vor allem das sanguinische und phlegmatische Temperament mit ihren Unterschieden der Gefühls- und Willenserregbarkeit sowie der Stimmung sind nach Untersuchungen vom Stumpfl (60 Sippen), Frischeisen-Köhler (über 1000 Individuen), Davenport (600 Individuen) in Übereinstimmung mit der Erfahrung als erblich anzusehen (vgl. Stumpfl a. a. O. und Peters, VIII. Kgr. exp. Psych. 1924). Ähnliche Resultate zur Temperamentserblichkeit findet man bei Hoffmann schon 1922 („Vererbung u. Seelenleben"). Stumpfl (in Schottky u. Mitarb., Die Persönlk. i. Lichte d. Erblehre, 1936) hält aus etwa 260 Sippenvergleichen das Temperament der Hyperthymiker (heiter, sanguinisch, betriebsam) für vererblich. Dasselbe gilt für das *Gesamttempo.* Es gibt Menschen mit angeboren raschem oder langsamem Tempo aller Lebensäußerungen: der Auffassungsgabe, Verarbeitung, Erregbarkeit, Entwicklungsfähigkeit, motorischen Form usw. Stumpfl (Handb. d. Erbbiologie 425) sagt dazu: „Wenn jeder bestimmte Vorgang unter sonst gleichen Bedingungen bei dem einen in der Regel rasch, gleichmäßig und schwungvoll, bei dem anderen langsam, mit Unterbrechungen und matt, bei einem dritten rasch aber ungleichmäßig, stoßweise verläuft, wenn die Vorgänge des Innenlebens bei dem einen jäh ansteigend und mit langsamem Abfall, bei dem anderen langsam ansteigend und mit jähem Abfall und bei einem dritten in sanft verlaufender Kurve ablaufen, so beruht es auf dem engen, erbbiologisch verankerten Zusammenhang zwischen Körperbau und Charakter, daß man alle diese Menschen schon an ihren Schritten, an der Art, wie sie anklopfen oder die Hand zum Gruß erheben und an vielen anderen Bewegungen erkennen kann."

Im *Gefühlsleben* erscheint eine allgemeine Steigerung im Sinne von Oberflächlichkeit und Überschwänglichkeit, rascher Gefühlsbereitschaft und Entzündlichkeit ebenso als erblich übertragbar, wie umgekehrt die Gefühlskälte, -armut oder Gefühlsverflachung (Stumpfl). Auch hier handelt es sich um ganze Komplexe; so ist mit der Gefühlsverflachung oft eine ängstliche Selbstbeobachtung und Störbarkeit verbunden oder auch eine schwerfällige, trockene, egozentrische Versteifung. Auf dem Gebiete des *Willenslebens* fand Stumpfl sowohl die Ausdauer im Festhalten an einmal gefaßten Entschlüssen, wie abnorme Willensbeeinflußbarkeit ausgesprochen familiär gehäuft. Im Verwandtenkreis von willenlosen abnormen Persönlichkeiten konnte er eine Häufung gleichartiger Psychopathen sowie eine ungewöhnliche Willensbestimmbarkeit und Knetbarkeit des gesamten Wesens auch bei sonst normalen Personen feststellen. Eine besondere Gruppe bildet hier die Koppelung der Gemütlosigkeit und abnormen Willensbestimmbarkeit, verbunden mit sanguinischem Temperament und gesteigerter Aktivität. Enke (Vortr. 56. Jahresvers. südwestdt. Psychiat. 1933) hat wohl mit Recht einen weiteren Erbkomplex in den *Perseverationen* erfaßt, die sich auf denkpsychologischem, affektivem und psychomotorischem Gebiet mit der schizothymen Konstitution verbunden finden.

Diese Ergebnisse zeigen gut, welches die Eigenschaften der Wesensart sind, denen sich die Erbpsychologie mit Aussicht auf Erfolg zuwendet. Die Methoden des Sippenvergleichs und der Zwillingsforschung stehen dabei in erster Linie zur Verfügung, und ihnen verdanken wir großenteils die bisherigen Resultate.

Die hier kurz erwähnten „Ablaufsqualitäten" oder Grundqualitäten der Vitalpsyche, deren Konstanz und Vererbbarkeit zum Teil nachgewiesen und im übrigen sehr wahrscheinlich ist, haben also zunächst mit den in den letzten Abschnitten untersuchten Fragen der *inhaltlichen* Antriebsorientierung nichts zu tun. Über die Frage, ob der Mensch umschriebene Instinkte hat, über die Antriebs- und Interessenbesetzung bestimmter Sach- und Wertgebiete usw. sagen diese Befunde unmittelbar gar nichts aus. Es ist wahrscheinlich, daß ein erblicher konstitutioneller Habitus weitere, bedingtere und ebenfalls formale „Sekundäreigenschaften" nach sich zieht oder nahelegt, wie Unselbständigkeit, Oberflächlichkeit, Unerschütterlichkeit, Gelassenheit, Pedanterie, Schüchternheit, Umständlichkeit, Sprunghaftigkeit; oder daß aus der Begegnung mit unvermeidlichen und allgemeinen Erfahrungen gewisse Weisen der „Verarbeitung" bei gegebener Anlage folgen *müssen*: man könnte da an Unsicherheit, Unternehmungslust, Vorsicht, Intrigenneigung, Anständigkeit, Bedächtigkeit usw. denken. Doch liegen hierzu genauere Untersuchungen noch nicht vor. Die sehr häufigen und stereotypen Reaktionen des Ehrgeizes und der Geltungssucht scheinen mir nur uneigentlich auf bestimmte Inhalte zu gehen, in Wirklichkeit aber Mängel der Durcharbeitung der Person zu sein.

Wenn in diesem Buch zwischen Charakter und Wesensart oder, wenn man lieber will, zwischen Inhalt und Form des „Seelenlebens" ein strenger Unterschied gemacht wird, so stützt sich dies auf mehrere Motive.Einmal ist der Charakter, als der Inbegriff der verarbeiteten und orientierten Antriebe, Dauerinteressen und Gesinnungen eine Erscheinung, aus der man weder die Handlungen einer Person, noch ihre Lebensumstände, noch ihre Geschichte oder die ihrer Gemeinschaft wegdenken kann. Sodann aber zeigt uns vor allem die vergleichende geschichtliche Betrachtung der Völkerpsychologie, daß eine genaue Übereinstimmung zwischen den sozialen Verfassungen und den konkreten Neigungen und Interessen besteht. In Ägypten z. B. fehlte, weil die Bürokratie des Fronstaates die Bedeutung der Sippenordnung früh gebrochen hatte, das ganze Interessensystem des Sippenethos, sogar der dazugehörige Ahnenkult trotz höchst entwickeltem Totenkult. Umgekehrt begünstigte zweifellos die strenge Sippenbindung des Chinesen, zusammen mit der rechtlichen Unsicherheit des einzelnen in dem patrichalischen Beamtenstaat, die Hochentwicklung des Erwerbssinns. Dem Würdegefühl feudaler Herrenschichten ist allenfalls eine kriegerische Schicksalsreligion oder auch ein persönliches Weltregiment eines Gottes erträglich, aber nicht das Gefühl eigentlicher „Sünde", oder eine nach dem Pflicht- und Lohnbegriff orientierte Moral. Sehr oft tabuieren feste ständische Ordnungen ganze „Begabungen", so wie in Rom einmal ein malender Prokonsul in Verruf geriet.

Nennen wir Charakter den Inbegriff *stabiler* Gewohnheiten und Gesinnungen, nach denen jemand bestimmte Inhalte anderen vorzieht und wieder anderen gegenüber gleichgültig ist, also seine dauernde Verhaltensformel invarianter Wertneigungen, so ist dieser Charakter ein Zuchtprodukt der Gesellschaft, in der er lebt, und *ihrer* Interessenverteilung. Jede formierende Erziehung, die die Kinder in eine stabile Sozialordnung eingewöhnt, hat Typen gewollt, und nicht Individualitäten. Eine desintegrierte Gesellschaft wie die unsere, d. h. eine solche, die hoch komplex ist und sich in schnellem Tempo verändert, baut die tradierten Zuchtformen ab, welche dem Verhältnis des einzelnen zu sich selber einen in erster Linie *sozialen* Inhalt geben. Jetzt fallen die Personen in die Unmittelbarkeit zurück, sie begegnen sich in der ganzen Breite ihrer natürlichen Stärken und Schwächen und haben die Konflikte, die sich aus der Distanzlosigkeit verzehnfachen, aus den geringen Reserven ihrer zufälligen Eigenschaften zu lösen. Daraus erklärt sich zunächst das erstaunliche psychologische Allgemeinwissen unserer Zeit. Tiefer gesehen, aber auch die noch nicht dagewesene Ausfaltung, Ausgesprochenheit, sozusagen die Hautnähe und Ungeniertheit des psychologisch Eigenschaftlichen selbst. Die nahe Welt der in der Kompliziertheit des modernen Lebens, in der Vielheit der Sonderklimata sich entwickelnden zufälligen Naturen, die sich gegenseitig reflektieren und darin ihre reizschutzlos gewordene, durch die Bastionen respektierter Gewohnheiten nicht mehr geschützte Seele sensibilisieren – sie gibt die Gehalte für die eigentlich repräsentative Kunstform der westlichen Welt: für den psychologischen Roman. Die Raffinierung des auf sich selbst zurückgefallenen Innenlebens ist hoher Verfeinerung fähig, und es gibt schon viele Menschen, bei denen ein Gedanke oder ein Gefühl ohne weiteres als Selbstreiz auftritt, auf den sie selbst wiederum reagieren. Der verwickelte Zerfall der Gesellschaft, der Ideale und Wertgefühle, wie er im Innern des einzelnen den ungeheueren Umwälzungen der neueren Zeit entspricht, hat also seine eigene Produktivität in der staunenswerten Differenzierung des Psychischen. Diese Indiskretheit des Inneren, ob man sie nun in der triebhaften Mitteilungsbedürftigkeit des Menschen, in der ungenierten Enthemmung ihres zufälligen Soseins oder in den Methoden der darauf zugeschnittenen Psychologie betrachtet, und der hohe Grad durchschnittlicher Bewußtheit machen es unmöglich, das Seelenleben vom vorgestellten Seelenleben zu unterscheiden. Eben in diesem Sinne ist der Autor des psychologischen Romans repräsentativ für eine ganze Kultur. „Tous les voiles du coeur ont été déchirés. Les anciens n'auraient jamais fait ainsi de leur âme un sujet de fiction" (Mme. de Stael, De l'Allemagne II/28).

Der Ausdruck „Sujet de fiction" ist gerade auf die Seele selber zu beziehen: die chronische Bewußtheit des Inneren ist nicht rein passiv, sondern sie gestaltet selbst mit, als diejenige Form der Produktivität, die bei der tiefen Ratlosigkeit und Unsicherheit hinsichtlich der letzten seelischen Werte übrigbleibt. Ich bin auf dieses Thema in der Schrift „Die Seele im technischen Zeitalter" ([5]1962) näher eingegangen.

Sind diese Beobachtungen richtig, so ergibt sich die Folgerung, daß es eine bestimmte Ordnung der psychologischen Disziplinen geben muß. Zuerst würde die Anthropologie die allgemeinen Strukturgesetze des Psychischen im Zusammenhang mit der menschlichen Konstitution angeben. Dann folgt die Sozial- oder Kollektivpsychologie als Teilstück der Soziologie. Deren Deskriptionen konkreter gesellschaftlicher Zustände geben erst den Rahmen für eine Individualpsychologie her. Die Erbpsychologie dagegen hat eine rein naturwissenschaftliche Methodik, sie geht von Individuen aus und versucht statistische Gruppen zu bilden, welche bestimmte soziologische Gruppen „treffen" sollen, z. B. die Kriminellen, die „classe dirigente" (Prominente) usw. Als aussichtsreiches Forschungsfeld hat sich neben den oben erwähnten *formalen* Eigenschaften der Wesensart das Gebiet der *Begabungen* herausgestellt. Deren verschiedene Klassen, wie Intelligenz und Musikalität je in mehreren Dimensionen, mathematische Begabung, Form- und Farbbegabung usw. sind schon lange Gegenstände fruchtbarer Forschung. Zur ersten Unterrichtung, auch über neuere Literatur: P. R. Hofstätter, Psychologie (1957).

44. Exposition einiger Probleme des Geistes

Wenn man die in diesem Buche verfolgte Betrachtungsweise biologisch nennen kann, so ist doch zu beachten, daß wir dem Wort „biologisch" einen weiteren Sinn gegeben haben, als es gemeinhin hat. Die Frage, wie ein physisch so mangelhaft ausgestattetes und aus dem Rahmen der tierischen Weise der Daseinsbewältigung so deutlich herausfallendes Wesen wie der Mensch sich im Dasein hält, ist einerseits durchaus eine biologische; sie führt andererseits, weil sie notwendig den handelnden Menschen betrifft, zwingend in Gebiete, die bisher einer geisteswissenschaftlichen Untersuchung vorbehalten waren wie die Sprache, die Erkenntnis, die Phantasie. Diese entziehen sich nun, wie wir gezeigt haben, durchaus nicht jenem Gesichtspunkt, und die tendenziöse Rede, daß man sie damit „auf das Biologische reduziere", nützt nur ein naheliegendes Mißverständnis aus. Drastisch dagegen läßt sich der umgekehrte Nachweis führen, in wie hohem Grade nämlich Faktoren, die man bisher als rein physische ansah, z. B. die Interferenz des Seh- und Tastsinnes, die hohe motorische Variationsbreite, die Instinktreduktion, ja die Unfertigkeit des Geburtszustandes (physiologische Frühgeburt Portmanns) auf jene höheren geistigen Leistungen hin „angelegt" scheinen müssen. Wir haben also, um in der Sprache der neuen Ontologie zu reden, einige der generellen Kategorien des Menschseins entwickelt, und zwar besonders diejenigen, die durch die gesamte Schichtung „durchlaufen", d. h. Kategorien wie Entlastung, Handlung, Verfügung, Kommunikation usw.

Auf diesem Wege nun sind methodisch die außerordentlich verwickelten Probleme, die allerdings mit dem Thema „Geist" angeschlagen werden, nicht zu erschöpfen. Und zwar in erster Linie deswegen nicht, weil unsere ganze Theorie notwendigerweise mit einer Abstraktion gearbeitet hat, nämlich mit einer Art Abstraktum des einzelnen handelnden Menschen. An diesem Modell können geisteswissenschaftliche Probleme höheren Ranges nicht abgehandelt werden, weil Religion, Kunst, Recht, Technik usw., wissenschaftlich gesehen, *gesellschaftliche* Tatsachen sind. Die großen kollektiven Phänome der geschichtlich-gesellschaftlichen Welt werden längst von eigenen hochentwickelten Wissenschaften untersucht, die sich neuerdings zunehmend soziologischer Methoden bedienen. Die so gestiftete Beziehung zwischen den gesellschaftlichen Institutionen auf der einen Seite und den geschichtlichen Gestaltungen des objektiven Geistes auf der anderen läßt sich u. U. sehr weit durchführen und kann zu Erkenntnissen führen, die in sich einleuchtend sind. So läßt sich das Fehlen jeder mythologisch oder dogmatisch ausgearbeiteten Götterlehre bei den Römern (religio, id est cultus deorum. Cic. De Natura Deorum II, 3) einsichtig damit in Zusammenhang bringen, daß dort der Adel die Entstehung eines selbständigen Priesterstandes niemals zuließ, weshalb auch die Bildung im allgemeinen sich nicht, wie in Indien oder im europäischen Mittelalter, aus dem Priestertum heraus entwickelte, sondern aus dem Ausland, aus Griechenland übernommen wurde. Derartige religionssoziologische Fragestellungen hat Max Weber bekanntlich zu einer einsam gebliebenen Höhe entwickelt, aber mit denselben Methoden wäre eine Rechts- oder Kunstsoziologie prinzipiell möglich, zu welchen Wissenschaften auch schon mehr oder weniger entwickelte Ansätze vorliegen.

Eine ernsthafte wissenschaftliche Untersuchung der „Welten" des objektiven Geistes in ihrer geschichtlichen Konkretheit muß heute eine soziologische Dimension einführen, und man kann bei einiger philosophischer Bildung den Fehler des „Soziologismus" leicht vermeiden. An dieser Stelle habe ich nun Ausführungen aus den letzten Abschnitten der ersten drei Auflagen richtig zu stellen, die unter dem Titel „Oberste Führungssysteme" den Fehler eines zu engen Ansatzes hatten. An der Bezeichnung selbst halte ich fest, sie ist auch inzwischen von anderen Autoren aufgenommen worden. Doch hat mich erst das Studium des von Carl Schmitt (Die drei Arten des rechtswissenschaftlichen Denkens) zitierten Maurice Hauriou (La Théorie de l'Institution et de la Fondation, in: La Cité moderne et les Transformations du Droit, Paris 1925) auf die entscheidende Tatsache hingewiesen, daß ein

Führungssystem („Idée directrice") stets das einer *Institution* ist, daß also mit anderen Worten ein Führungssystem (wie z. B. das puritanische Christentum oder die konfuzianische Ethik) wissenschaftlich und objektiv nur in bezug auf die gesellschaftlichen Institutionen verstanden werden kann, in denen es lebte. Die Soziologie bestätigte diese These auf Schritt und Tritt.

Dann erscheint es aber als unzulässig, eine *direkte* Beziehung dieser Führungssysteme auf die biologische Konstitution des Menschen (auch im weiteren Sinne des Wortes) herzustellen. Ich hatte dies (S. 503 ff. der 3. Aufl.) in dem Sinne unternommen, daß die *Phantasie* als die götterschaffende Kraft angesprochen wurde, und daß die *Leistung* dieser theogonischen Phantasie in ihrer Kraft gesehen wurde, den Menschen über das Bewußtsein seiner Unstabilität, Riskiertheit und Ohnmacht hinauszureißen: „Deos fecit timor ist nicht richtig gesagt: nicht die Furcht, die Drohung der Übermacht erschafft Götter, sondern die Überwindung der Furcht. Es ist *natürlich*, nicht an den Tod glauben zu wollen, und also irgendwelche Vorstellungen über das Jenseits und das Fortleben nach dem Tode auszubilden; es ist natürlich, den Raum zwischen dem, was wir in der Hand haben, und dem unlenkbaren Erfolg mit helfenden Gestalten der Phantasie zu bevölkern... Die Interessen der Ohnmacht, Äußerungen des unerschöpflichen Überschusses an Triebkraft, stehen daher im Dienste des Lebens, und die Phantasie des Menschen ist eine lebensfördernde, in die Zukunft tragende, der Resignation entgegenwirkende Gewalt". Rein historisch ist übrigens dazu zu bemerken, daß die Bestimmung der Phantasie als des Organs für die „Welt der Götter" von Schelling stammt (Philos. d. Kunst, Nachl. 1802–5, § 31).

Es wurde also hier die Leistung oder Rückwirkung religiöser Vorstellungen auf die individuelle Antriebssphäre hervorgehoben. Damit wird in einer Art „Kurzschluß" die gesamte gesellschaftliche Welt sozialer Institutionen ausgeklammert, auf die doch die Führungssysteme wesentlich bezogen sind. Dieser Kurzschluß scheint übrigens sehr nahe zu liegen und eine Anzahl anderer Autoren haben in derselben Richtung argumentiert. So sagt der Theologe Karl Beth (Religion u. Magie bei d. Naturvölkern, 1914, p. 224): „Die Religion reagiert, indem der Mensch die Wahrheit und Echtheit der Empfindung seiner endlichen Ohnmacht bejaht, zugleich aber auch seinen Lebenstrieb dadurch bejaht, daß er eine außer- oder überempirische Kraft anerkennt, die, nach seiner Art wollend gedacht, sein Leben will, so wie es ist, also daß er sich ihr demütig und vertrauensvoll hingibt." Jetzt vergleiche man hiermit die Thesen Schelers (Die Stellung d. M. im Kosmos, p. 108): „Der Mensch konnte aber auch aus dem unbezwinglichen Drang nach Bergung, nicht nur seines Einzel-Seins, sondern zuvörderst seiner ganzen Gruppe, auf Grund und mit Hilfe des ungeheueren Phantasieüberschusses, der von vornherein im Gegensatz zum Tier bei ihm angelegt ist, diese Seinssphäre mit beliebigen Gestalten bevölkern, um sich in deren Macht durch Kult und Ritus hinzubergen, um etwas von Schutz und Hilfe ‚hinter sich' zu bekommen, da er im Grundakt seiner Naturentfremdung und Naturvergegenständlichung – und dem gleichzeitigen Werden seines Selbstseins und Selbstbewußtseins – ja ins pure Nichts zu fallen schien. Die Überwindung dieses Nihilismus in der Form solcher Bergungen, Stützungen ist das, was wir Religion nennen."

Diese Auffassungen entsprechen genau der Ansicht, die auch Bergson in seinem letzten Werk entwickelte (Die zwei Quellen der Moral und der Religion). Er hat da die Religion als eine große Kompensationsbewegung aufgefaßt, welche aus der Tiefe des Vitalen heraus die Gefahren der Intelligenz ausgleicht, als eine, wie er oft sagt, Verteidigungsmaßnahme der Natur gegen biologisch schädliche Möglichkeiten, die in der Intelligenz liegen. „Wir setzen ein gewisses instinktives Handeln. Dann lassen wir die Intelligenz auftauchen und untersuchen, ob sie eine gefährliche Störung zur Folge hat. In diesem Falle wird wahrscheinlich das Gleichgewicht wiederhergestellt durch Vorstellungen, die der Instinkt mitten im Schoß der störenden Intelligenz erwecken wird: wenn solche Vorstellungen existieren, so sind es elementare religiöse Ideen" (p. 136).

Übersieht man diese Zitate, so kommt man auf ein gemeinsames Schema, das offenbar zunächst einmal denknotwendig ist. Deshalb fand ich es auch. Sobald Religion, Recht, Sitte neutral und als objektive Lebenserscheinungen *betrachtet* werden, drängt sich die teleologische Denkform auf und es entsteht die Frage nach ihrer *Leistung*. So sagt denn auch Kraft (Der Urmensch als Schöpfer, 1948, p. 62): „Bei den Naturvölkern dreht sich die Religion im wesentlichen um das Können, das dem Stamm die Überzeugung verleiht, allen Fährlichkeiten gewachsen zu sein und das Gefühl der Selbstsicherheit und Überlegenheit gibt", und er zitiert Marett, für den „das Kriterium der religiösen Wirkung auf den Bewußtseinszustand des Menschen ist, ob sie zur Erhöhung der Persönlichkeit durch die Überzeugung, allen Lebenslagen gewachsen zu sein, beiträgt, und so den Menschen glücklich und arterhaltend macht". Betrachtet man also diese Kulturwelten objektiv, vergegenständlicht (empirisch), so sieht man sie als lebendige Tatsachen unter anderen und kommt notwendig auf die fundamentale Kategorie der Zweckmäßigkeit, was schon vor langer Zeit Jhering erlebte, als er das Recht unter dem Begriff „Sicherung der Lebensbedingungen der Gesellschaft" auffaßte. Dieselbe Denkfigur ergibt sich für Sitte und Ethos: „Wenn man dem Wort Biologie den sehr weiten Sinn gibt, den es haben sollte, den es vielleicht einmal haben wird, kann man abschließend sagen: alle Ethik ist biologischer Natur" (Bergson, a. a. O. p. 98).

Untersucht man also Recht, Religion usw. analytisch, von außen und wissenschaftlich, so gibt es *zunächst* – außer dem esthetischen – rein denktechnisch keinen anderen Standpunkt als diesen: sie erscheinen dann als eine zweckmäßige Veranstaltung der Natur im Menschen, um eben diesen Menschen „besser" im Dasein zu halten, als Überwindung des subjektiven Ohnmachtsgefühls, als Schwungrad der Gegen-Resignation und in irgendeinem Sinne als ermutigende Phantasmen. Erst wenn man das klar sieht, ergibt sich das volle Gewicht der philosophischen Probleme, die hier zu entwickeln sind.

Wir haben also jetzt die folgende Situation. Auf der einen Seite stehen die geschichtlichen, soziologisch unterbauten Geisteswissenschaften, für die es ein legitimes Thema ist, die Stellung einer bestimmten Religion, eines bestimmten Rechtssystems oder einer besonderen Kunstübung im Zusammenhang mit der sozialen Struktur einer ebenso eindeutig umschriebenen Gesellschaft zu untersuchen. In dem System der Institutionen derselben ist ein Führungssystem jeweils integrierender Bestandteil. Diese Wissenschaften sind empirische Fachwissenschaften. Auf der anderen Seite stehen die oben zitierten Versuche, sich über die allgemeine Bedeutung der Religion, des Rechts usw. für den Menschen klar zu werden, und diese Versuche kommen stets darauf hinaus, die psychologische oder psychobiologische Auswirkung solcher Ideen auf das Innere des Menschen in den Begriff zu heben, und sie bedienen sich notwendig, nicht zufällig teleologischer Denkformen. Beide Aspekte stehen beziehungslos nebeneinander. Man muß daher, wenn man weiter kommen will, nach ihrer gemeinsamen Voraussetzung suchen.

Diese Voraussetzung ist das historische Bewußtsein. Sprache, Recht, Religion, Sitte, Kunst sind für dieses Bewußtsein gesellschaftliche Tatsachen, die geschichtlich aus dem Zusammenwirken der Menschen entstehen, sich ihnen gegenüber zu eigenen Welten verselbständigen und sich in langen oder kurzen Fristen in einer erkennbaren Weise verwandeln. Dieses historische Bewußtsein steckt *auch* in den Theorien Schelers und Bergsons, es hat ihnen das Material an primitiven und einfachen, übersehbaren Religionsformen geliefert, an dem sie diese theologischen Theorien entwickeln konnten. Dieses unverlierbar gewordene historische Bewußtsein ist gänzlich ein Resultat der Aufklärung, und in Montesquieus „Esprit des Lois" liegt das Forschungsfeld, das dieses historische ewußtsein erschlossen hat, und in dem soziologische und psychologische Begriffe sich gegenseitig erläutern, überall deutlich vor Augen. Indem die Aufklärung ihre versachlichte Denkweise bis in die religiöse Sphäre hinein vorschob, indem sie einerseits die rationale Psychologie entwickelte, andererseits auf dem geschichtlichen Felde die Vielzahl religiöser, rechtlicher und soziologischer Gestaltungen freilegte, machte sie aus einer gefühlsbeladenen und gewissensverdichteten spirituellen Wirklichkeit einen Kosmos von „Ideen", d. h. von Vorstellungen, die in der gleichen Ebene wie andere Begriffe des menschlichen Kopfes liegen, und die ein neutraler Dritter mit Interesse erforschen kann. Die Vorstellung, daß religiöse „Ideen" irgendwelche psychologische Auswirkungen haben, ist von der anderen nicht trennbar, daß sie mit den Zeiten, Völkern und Verfassungen variieren.

Erst mit diesem Schritt wurden die Religionen und Weltanschauungen exotischer oder primitiver Völker überhaupt zu möglichen *Gegenständen*, während sie dem von der Aufklärung unergriffenen Bewußtsein, das nicht an „religiöse Ideen glaubte", sondern in dem Medium des Wortes Gottes lebte und von daher alles Begegnende schon *vorentschieden* vorfand, als Irrlehren, heidnischer Aberglaube oder bestenfalls als kurioser Unsinn erscheinen mußten und abgewehrt wurden, ehe sie überhaupt die Grenze theoretischen Interesses erreicht hatten. In einem Bewußtsein, in dem religiöse, rechtliche, moralische Inhalte als *Realitäten* Geltung haben, d. h. das Verhalten als *Motive* determinieren (denn man reagiert nicht auf bloße, als solche bewußte „Vorstellungen" oder „Ideen" im eigenen Kopfe), treten von außen herangebrachte konkurrierende Inhalte ebenfalls als Motive auf, d. h. sie finden aus der eigenen inneren Dynamik heraus Ablehnung oder Zustimmung, aber kein objektives, versachlichtes Interesse.

Indem nun umgekehrt die Aufklärung ihre rationalisierte Denkweise so weit entwickelte, daß sie von der Rückwendung auf die eigenen, als Wirklichkeit gelebten Überzeugungen nicht mehr fernzuhalten war, wurden diese zunächst *selbst historisiert*, d. h. die Evidenz ihrer Gültigkeit knüpfte nicht mehr an die unmittelbare Realität der sozialen und naturhaften Erfahrung an, sondern suchte in dem unsicheren und undulösen Material der Geschichte eine Stütze. Diese Phase ist durch Hegel dargestellt worden. Sie wurden zweitens in demselben Prozeß entmachtet, in ihrer Motivationskraft geschwächt und auch subjektiv zu Vorstellungen verwandelt, sie wurden zu „Ideen". Diesen Schritt hatte schon Kant klar vollzogen. Hellpach (Das Megethos, 1947) sagt daher sehr richtig: „Wo das Gewissen nicht als die göttliche Stimme im Menschen, sondern die Annahme (!) der Gottheitsexistenz als die Stimme des menschlichen Gewissens erscheint, dort ist im Grunde Religion vorüber und reine Sittenlehre, exklusives Ethos, an ihre Stelle getreten, die Jenseitsmacht zu einem bloßen Epiphänomen der Diesseitspflicht geworden."

Der Unterschied zwischen einem Bewußtsein, dem religiöse, moralische oder rechtliche Inhalte in jener einzigartigen Zwischenstellung zwischen Sein und Sollen erscheinen, die sie innehalten, solange sie zugleich Kategorien der Weltauffassung und Strukturprinzipien von Institutionen sind, und einem Bewußtsein, in dem *dieselben* Inhalte zu Vorstellungen versachlicht und damit zugleich als subjektiv und zurücknehmbar erlebt werden, ist außerordentlich wichtig. Gerade dann, wenn es sich um dieselben Inhalte handelt: haeretica voce recta clamant. Solange beide Standpunkte im gleichen Bewußtsein interferieren (und auch dies entspricht einer bestimmten geschichtlichen Epoche), müssen quälende Rätselfragen entstehen, so wie sie sich nach Kant erheben, wenn die Vernunft mit sich selber in Widerstreit gerät. Denn es ist jene zweite aufgeklärte und reflexive Art des Bewußtseins, dem jetzt die eigene, noch tradierte geistige Welt in dieselbe optische Distanz rückt, in der die ganze Fülle und Masse der geschichtlich-gesellschaftlichen Ideen sichtbar wird. Diese eben wurden, wie wir oben sahen, von dem unbefangenen traditionellen Wahrheitsglauben von vornherein als Irrlehren oder Verkehrungen abgewehrt und traten gar nicht in die Nahdistanz „möglicher Wahrheiten“. Für die Interferenzzone beider Gestalten des Bewußtseins dagegen entsteht in voller Wucht die Frage, ob denn alle jene so offensichtlich heterogenen Führungssysteme Wahrheit sein können, ob denn Wahrheit im Plural vorkomme, oder ob es nicht in diesen Dingen nur Illusionen gäbe, vielleicht sehr zweckmäßige, mit einer gewissen Nützlichkeit der fabulatorischen Funktion, aber doch so, daß wir selbst mit unseren letzten Überzeugungen, wenn wir dann noch welche hätten, die Getäuschten wären. Wenn aber nichts wahr ist, ist dann nicht alles erlaubt? Das ist das Relativismusproblem, das sich seit seiner konsequenten Herausarbeitung durch Marx, Nietzsche und Freud als das Scheidewasser erwiesen hat, von dem die Philosophie zersetzt wurde. Es entsteht, genau wie Kants Antinomien, aus der Interferenz zweier verschiedener Bewußtseinsstrukturen, die wir hier in ihrer geschichtlichen Kollision, als Aufklärung und traditionelle Religion, entwickelt haben, und auf die wir gleich noch näher eingehen müssen.

Logisch möglich war zunächst noch der Versuch, den Weg Hegels zu wiederholen, ohne aber seine christlichen Überzeugungen zu haben. Also jetzt der Versuch, aus der Erforschung der geschichtlichen gesellschaftlichen Gestalten des Geistes selber erst endgültige Überzeugungen zu destillieren. Es war Dilthey, der ihn machte. Eines der Motive dieses komplizierten und dunklen Gelehrten war dieses, aus dem „Verstehen“ der geschichtlichen Welt „innere Sicherheit“, „feste Zwecke“ und die Kraft zur „Gestaltung des Lebens“ zu gewinnen. Bei ihm kann man aufs genaueste den Prozeß nachzeichnen, wie das durchgeführte reflexive Bewußtsein in ihm (der Psychologe) sich der noch tradierten, noch unmittelbaren geistigen Impulse bemächtigt, und sie in die Reflexion abdrängt, ehe sie Handlung werden können, und wo sie sich nun unter die „verstandenen" Fremdideen einreihen, die ihm (dem Historiker) von allen Seiten zuströmen. Der unvermeidliche, genau umgekehrte Prozeß war dann das Bedürfnis, aus dem Verstehen zum Glauben und Handeln zu kommen. In dem Briefwechsel mit dem Grafen Yorck findet sich folgende aufschlußreiche Stelle: „Furchtbar rasch nähern sich uns die Katastrophen; die Glaubenslosigkeit dieses Zeitalters, d. h. seine Unfähigkeit, Überzeugungen zu erhalten, welche den Menschen gegen die armselige ... gesellschaftliche Menge frei machen. Die Frage, welche Kräfte mobil gemacht werden können, diesen Einfluß zu überwinden. Nun ist mein Buch aus der Überzeugung heraus hervorgegangen, daß die Selbständigkeit der Geisteswissenschaften und der in ihnen enthaltenen geschichtlichen Wirklichkeitserkenntnis hierzu beitragen könnte."

Es ist das hier Ausgesprochene ein sehr ernsthaftes Motiv der Diltheyschen Philosophie. Er sah, daß die „Relativität jeder Art von menschlicher Auffassung des Zusammenhangs der Dinge das letzte Wort der historischen Weltanschauung" sei, „alles im Prozeß fließend, nichts bleibend. Wo sind die Mittel, die Anarchie der Überzeugungen, die hereinzubrechen droht, zu überwinden?" (W. V, 9). Um diese Frage zu lösen, suchte er diesen Relativismus wirklich zu durchmessen, getrieben von einem „unersättlichen Verstehenwollen" (V, 409) und mit dem vorschwebenden Ziel, ihn durch sich selbst zu überwinden: „Nicht die Relativität jeder Weltanschauung ist das letzte Wort des Geistes, der sie alle durchlaufen hat (d. h. wohl: alle vorgestellt), sondern die Souveränität des Geistes gegenüber jeder einzelnen von ihnen (!) und zugleich das positive Bewußtsein davon, wie in den verschiedenen Verhaltungsweisen des Geistes die eine Realität der Welt für uns da ist" (V, 406). So „über allen Typen der Weltanschauung seinen Standpunkt einnehmend", glaubte er den Dämon des geschichtlichen Bewußtseins zugleich umarmen und überwinden zu können. „Die Erweiterung des Selbst, seine Hingabe an die Objektivität gibt dem Individuum auch eine Erweiterung seiner ganzen (!) Lebendigkeit, Ruhe in dem Wechsel der Zustände, Festigkeit" (VIII, 31). Hat er sie erreicht? Er, der über die Position seines Freundes Graf Yorck sich anmerkte: „Wie groß ist doch die Macht einer großen Persönlichkeit, eine Weltanschauung glaubhaft zu machen. Ist mein eigener historischer Gesichtspunkt nicht unfruchtbare Skepsis, wenn ich an einem solchen Leben messe? Wo ist in meiner Weltanschauung die gleiche Kraft?"

Auf dem von Dilthey versuchten Wege ist eine Überwindung des Relativismus, wie wir heute wissen, nicht gelungen. Der Grund dazu liegt in der Struktur des historischen, d. h. vorstellenden Bewußtseins selbst. Man kann mit aller Hingabe die Ideenwelt z. B. des englischen Puritanismus erforschen und zu verstehen suchen, man kann die geistige Willenskraft darin bewundern, die Energie der „innerweltlichen Askese" und ihre gewaltigen Auswirkungen in der wirtschaftlichen und politischen Welt – man wird dadurch nicht jene „Sicherheit und Festigkeit" erreichen, die die Puritaner hatten, weil man eben auf dem Wege des Verstehens nicht Puritaner *werden* kann. Hier steckt einer der tiefsten und schwer aufdeckbaren Irrtümer Diltheys. Er erscheint klar ausgesprochen in dem Satz „Erleben eines eigenen Zustandes und Nachbilden eines fremden Zustandes oder einer fremden Individualität sind nun im Kern des Vorgangs einander gleich" (V, 277). Wenn das wahr wäre, dann wäre auch das Nacherleben und Vorstellen der seelischen Energie eines anderen schon die Entstehung derselben Energie in einem selbst, während es doch keine drastischere Kluft gibt, als zwischen dem vorgestellten Willen und dem wirklichen Willen.

Die staunenswerte Fähigkeit der modernen Menschen, sich in die Weltanschauung entfernter oder vergangener Völker bis in die Einzelheiten hineinzudenken, kann daher in doppelter Richtung verwendet werden. Einmal dient sie als eine Methode der rein objektiven, wissenschaftlichen Analyse kultureller Systeme. Dann erscheinen deren „idées directrices" als Teilinhalte von Kultureinheiten, und sie stehen mit den wirtschaftlichen, soziologischen und milieuhaften Tatsachen in einem sehr oft eindeutigen, logischen Zusammenhang. Es liegt in der Natur der Sache, daß solche Forschungen am leichtesten bei primitiven, wenig differenzierten und übersehbaren Kulturen gelingen, doch ist dies keine prinzipielle Grenze des Verfahrens. Die Relativität der Werte, der Sitten, der Institutionen und Leitideen wird auf dem weiten Felde der ethnologischen und sozialen Wissenschaften erst eigentlich voll entdeckt und wird dort so bewältigt, daß man auf allgemeine Aussagen fast ganz verzichtet oder sie nur als eingeständliche Hypothesen faßt und daß man in der Deskription individueller Sozialkörper oder Kulturen den Zusammenhang aufzeigt, in dem sich alle diese Züge in geschichtlich einmaliger „Integration" wechselweise bestimmt und festgelegt haben. So verfährt eines der bekanntesten Werke der deskriptiven Kulturforschung, Ruth Benedicts „Patterns of Culture", ganz bewußt.

Anders verhält sich die Geisteswissenschaft Diltheyscher Richtung gegenüber der Breite des historisch sichtbar und psychologisch verstehbar gewordenen Materials. Hier systematisiert die Analyse der Weltanschauungen den Glaubensmangel an herrschende Symbole, diese Führungssysteme und Leitideen erscheinen gerade infolge dieses Glaubensmangels, aber Glaubensbedürfnisses als „mögliche Wahrheiten", in die man sich nun intellektuell hineinversetzen und die man in einer virtuellen Aneignung nachvollziehen kann, in der Hoffnung, daß diese handlungslose Assimilation vorgestellter Lebensinhalte es ermöglicht, endlich einen Standpunkt der „Souveränität des Geistes gegenüber jeder einzelnen von ihnen" zu erreichen. Die in dieser Bewegung enthaltene, bei Dilthey ganz bewußte Suche nach Triebfedern ist hoffnungslos, weil gerade dieser Zustand es ausschließt, daß die vorgestellten und nachgefühlten Ideen auch wirklich *Motive* werden können. Dies ist eine fallacia intrinseca des Reflexionszustandes: in der modernen, überbewußten und isolierten Seele werden alle Inhalte zwar verstehbar, aber in der Sphäre des Meinens und Vorstellens, und eben damit vergegenständlicht und entmachtet, motivationsschwach. Gerade diese Einstellung legt es nahe, nun den unbedingten Vorrang des Geistes (dieses Geistes) zu behaupten, denn die hin und her gehende Reflexion kann dann, als allein übrigbleibend, als die „Souveränität des Geistes" erscheinen. Diese Souveränität des Geistes, die man erreicht, wenn man alle möglichen Weltanschauungen in der Vorstellung durchläuft, besteht einfach darin, daß man dies kann, und das überzeugt ja nicht. Es zeigt sich, daß gerade die Reflexion nur Vorstellungen reflektieren kann, ja daß das eigene Innere des Denkenden zur Vorstellung wird, die eigene Seele zum „sujet de fiction" (Mme. de Stael), so daß „Erleben eines eigenen Zustandes und Nachbilden eines fremden Zustandes im Kern des Vorganges einander gleichartig" werden. Die so noch erreichbare Überzeugung von der Souveränität des Geistes ist die bloße Hypostasierung des Reflexionszustandes selbst und würde, geistvoll und entschieden durchgeführt, zu einer allumfassenden Ironie führen, zur Haltung eines „Grandseigneur de la Pensée" und zu dem von Dilthey so gehaßten „vornehmen Lächeln d'Alemberts", dem er nur deswegen entging, weil ihm die Wissenschaft zu seiner Zeit selber noch Religionsersatz werden konnte. Mit einigem Recht, sofern hier seine eigene reelle institutionelle Bindung lag und die Institutionen der Wissenschaft damals noch eine spezifische und intakte Moral stützten.

Wenn wir das bisher Dargestellte kurz zusammenfassen, so ergibt sich folgendes: die objektiven Kultur- und Geisteswissenschaften können erfolgreich als rein empirische Disziplinen betrieben werden, seitdem die Möglichkeit zu dieser Bewußtseinsstellung gegeben ist. Diese ist dann erreicht, wenn im eigenen Bewußtsein des Denkenden die ehemals dogmatischen, d. h. als metaphysische Wirklichkeit geltenden Wahrheiten und Werte zumindest virtuell erschüttert sind. Vorher ist es streng unvollziehbar, fremde und abweichende Leitideen anders aufzufassen, denn als Irrlehren, also unmöglich, sie mit dem „interesselosen Interesse" zu untersuchen, das man am Faktischen hat. Fremde Moralen und Religionen werden dann in der Vorstellung vollziehbar, wenn die Subjektivierung der eigenen Überzeugungen zum mindesten schon angebahnt ist, wenn diese selbst schon anfangen, im Medium des Subjektiven (Psychologischen) und Historischen gewissermaßen flüssig zu werden. Solange nun die metaphysische und die empirische Bewußtseinsstruktur im eigenen

Bewußtsein interferieren, entsteht eine Aporie, eine Verlegenheit, deren Ausdruck das Relativismusproblem ist. Die mit dem empirischen Bewußtsein zweifelsfrei festgestellte Vielheit, ja Gegensätzlichkeit der verschiedenen Religionen, Moralen und Rechtssysteme kollidiert mit dem Residuum der im metaphysischen Bewußtsein noch festgehaltenen Überzeugung, daß es nur eine Wahrheit geben kann. Ein klassischer Versuch, diesem Dilemma zu entgehen, liegt in der Philosophie Diltheys vor, die darauf hinauskommt, beide Bewußtseine in einer höheren Reflexion aufzuheben. Diese höhere Reflexion bleibt inhaltslos, denn alle Inhalte liegen in den beiden Strukturen, über die sie sich erhebt, so daß aus ihr weiter nichts folgt als der Beweis, daß diese Reflexion selbst noch möglich ist.

Auf der anderen Seite kann die volle Neutralität und Bewegungsfreiheit der empirischen Wissenschaft erreicht werden, und es eröffnet sich ein weites Feld vergleichender, soziologisch unterbauter Kulturwissenschaft mit der ausdrücklichen Forderung, sich von der Blickbeschränkung und Befangenheit in die Normen der eigenen Kultur nun endlich freizumachen; denn „today, whether it is a question of imperialism, or of race prejudice, or of a comparison between Christianity and paganism (!), we are still preoccupied with the uniqueness ... of our own institutions and achievements, our own civilisation" (R. Benedict, a. a. O. p. 4).

Hat man dann eine Anzahl von Gesellschaften oder Kulturen analysiert, so entsteht das Bedürfnis nach allgemeinen Begriffen, und dann gibt es als naheliegendste Denkform die *teleologische*, wie wir schon darstellten. Man kann das aufs klarste bei Malinowski sehen, wenn dieser ausgezeichnete Feldforscher primitiver Kulturen zur Theorienbildung aufsteigt. Das „erste Axiom" seiner Theorie (A scientific Theory of Culture, 1944) lautet: „Kultur ist wesentlich ein instrumenteller Apparat, der den Menschen in die Lage versetzt, besser mit den konkreten und spezifischen Problemen fertig zu werden, die ihm in seiner Umwelt in Verfolg der Befriedigung seiner Bedürfnisse begegnen (in the course of the satisfaction of his needs)." Es ist darauf aufmerksam zu machen, daß Jhering diese Ebene des Problems schon 1877 erreicht hatte. (Zweck im Recht, I/417: „Endzweck des Staates wie des Rechtes ist die Herstellung und Sicherung der Lebensbedingungen der Gesellschaft." Jhering verwendet nicht das Bild des instrumentellen Apparats, sondern des „Rechtspolypen": „Das ganze Recht ist nichts als eine einzige Zweckschöpfung, ein gewaltiger Rechtspolyp mit unzähligen Fangarmen, Rechtssätze genannt, von denen jeder etwas will, bezweckt, erstrebt.") Man denkt völlig im Rahmen dieses Schemas, wenn man, wie Bergson, Scheler u. a., die Religion als eine zweckmäßige Veranstaltung der Natur im Menschen auffaßt, um eben diesen Menschen besser im Dasein zu halten.

Ist das bisher Gesagte richtig, so ist der Weg der weiteren Überlegung vorgezeichnet: sie hat bei jener Aporie einzusetzen, bei der Interferenz zweier vermutlich heterogener geistiger Instanzen. Und dieses Ziel müssen wir analytisch, mit Hilfe der philosophischen Untersuchung der Kategorien menschlichen Daseins und Verhaltens zu erreichen suchen. Die erste Bedingung dafür ist die, daß man die unterscheidende Linie zwischen den zwei Instanzen des Geistes richtig zieht. Sie liegt keineswegs zwischen dem instrumentell-technischen Bewußtsein und dem historisch-psychologischen, wie es uns die Scheidung von Natur- und Geisteswissenschaften nahelegt. Beide gehören auf dieselbe Seite und stehen dem *ideativen* Bewußtsein gegenüber, das in sich selbst nichtwissenschaftlich (und nicht etwa nur unwissenschaftlich) ist. Es ist der gemeinsame Wesenszug des instrumentellen und des historischen Bewußtseins, daß sie *keine Endzwecke* setzen können, und daß aus ihnen heraus keine Verhaltensweisen folgen, in denen Endzwecke *festgehalten* werden. Das historisch-psychologische Bewußtsein ist im strengen Sinne ableitbar als eine Folgeveränderung des Innenlebens, die durch den Institutionenzerfall und die soziale Desintegration verursacht worden ist, gegen die es eine Kompensationsbewegung darstellt. Diese Desintegration wieder ist durch die schrankenlose Enthemmung des instrumentellen Verhaltens heraufgeführt worden. Deswegen muß man philosophisch bei der Analyse tieferer Sozialprobleme erst einmal die zunächst sich anbietenden Denkformen ausklammern, nämlich diejenigen, die beide Bewußtseinsformen uns wie selbstverständlich anbieten. Es ist dies von entscheidender Bedeutung. So wird man zuerst versuchen, sich Institutionen wie die der Familie, des Rechts usw. als aus rationalem Zweckhandeln entstanden vorzustellen. Es war dies die Methode Malinowskis, und wir wissen, daß sie in das Schema vorausgesetzter „Instinkte" ausläuft, die durch zweckbewußtes Verhalten befriedigt werden. Diese Methode ist vollständig gescheitert, weil sie zu offensichtlich nur das erklärt, was sie vorausgesetzt hat. Als nächster Weg öffnet sich dann der oben erwähnte Bergsons, Schelers, Beths und überhaupt der meisten neueren Autoren, die solche Institutionen aus einer *primären, subjektiven Zweckmäßigkeit* „verstehen" wollten: man verfährt so, daß man z. B. die Religion auf deren *Vorstellungsgehalt* reduziert und die „ermutigende", entlastende und belebende Leistung dieser „fabulatorischen Funktion" (Bergson) auf das subjektive Innenleben des Menschen heraushebt. Diese Interpretation ist die historisch-psychologische, sie bietet sich in der Tat zwingend an, kann aber nicht an die objektiven Institutionen und die *darin verborgenen* Kategorien herankommen, wie ich selbst erst nach dem Hinweis Haurious und nach eingehender Analyse elementarer Sozialstrukturen bemerkt habe. Beide Fehlleistungen sind insofern gefährlich, als sie das teleologische Denken überhaupt zu kompromittieren scheinen, das aber, wie wir bald sehen werden, in einer dritten (ontologischen) Form unentbehrlich ist, die man erst nach Einklammerung der vorher erwähnten freilegen kann. Die Suggestion des instrumentellen Verhaltens ist in unserer heutigen Kultur so gewaltig, daß wir erst jetzt anfangen, seine inneren, auf den ersten Blick widersprechenden Konsequenzen mit ihm zusammen in dasselbe Blickfeld zu bekommen. Ich habe in dem Buche „Die Seele im technischen Zeitalter" (^{5}1962) gezeigt, daß die repräsentativen, in der Literatur tausendfach gespiegelten modernen seelischen Zustände selber die Gegenstücke desintegrierter Gesellschaften sind. Diese hochgradig bewußten, auf sich selbst reagiblen und darin sich selbst differenzierenden Gebilde, die aus der Seele selbst ein „sujet de fiction" machen, sind die ergänzenden Mechanismen des instrumentellen Bewußtseins.

Wir haben diese bekannten Dinge erwähnt, um einen Schritt weiter zu führen. Das empirische oder versachlichte Bewußtsein der Menschen, besser gesagt: die instrumentelle Seite ihres Geistes hat anscheinend durch die nicht voraussehbaren, in aller bisherigen Geschichte nicht dagewesenen und ontologisch sozusagen zufälligen Erfolge eine Art Wucherung angetreten, die der Wucherung des Besitz- und Konsumtriebes parallel geht. Daß die menschliche Intelligenz den Gesetzen der Materie in so fabelhaft hohem Grade adäquat ist, wie es die endlose Serie der verblüffendsten Erfindungen beweist, wäre aus allen Hochkulturen vor unserer nicht erratbar gewesen. Daß Kulturen einzelne Züge überspezialisieren, daß sie enorme Superstrukturen über einseitigen Themen aufbauen können und diese bis zur eigenen Gefährdung mit Energien aufladen, ist für den Kulturforscher nichts Neues und außerdem aus der „Nichtfestgestelltheit" des Menschen heraus zu erwarten. So hat die seit über 60 Jahren gut erforschte Kultur der Zuni in Neumexiko sich mit einer geradezu zwangsneurotischen Überentwicklung von Ritualen sozusagen selbst fossilisiert. Doch spezialisierte sich bisher keine Kultur mit dieser unserer ungeheueren Dynamik, mit so weltweiter Reichweite und so großem Aufwand an Katastrophen.

Nun ist aber der Bereich des menschlichen Geistes mit der Funktion des *instrumentellen* Bewußtseins nicht ausgemessen. Auch dann nicht, wenn man unsere soeben abgehandelte Hypothese annimmt, daß nämlich das moderne vorstellende, „verstehende", psychologisierend aneignende und beschreibende historische Bewußtsein der Partner des instrumentellen ist, mit ihm gleichzeitig als eine Art Rückwirkung entstanden. Der am Anfang des Jahrhunderts geführte Kampf zwischen den Natur- und Geisteswissenschaften hatte philosophisch nur eine vordergründige Bedeutung und erreichte gar nicht diejenigen geistigen Akte und antriebsbestimmten Verhaltensweisen, in denen die Menschen die Natur in sich selbst kultivieren. Wenn wir dieses Bewußtsein, das wir vorhin das metaphysische nannten, jetzt näher das *ideative* nennen, so kann gesagt werden, daß sich die Schöpferkraft desselben in der *Gründung von Institutionen* ausweist, die wesensmäßig in einer idée directrice, einer Führungsidee zentrieren. Das instrumentelle Bewußtsein dagegen ist den Kategorien der anorganischen Materie angemessen, es beutet die Natur aus, so wie das verstehende die Geschichte. Aber beide Instanzen des Geistes, das instrumentelle (mit seinem Appendix, dem verstehenden) und das ideative stehen im Verhältnis der „Realrepugnanz" (N. Hartmann), als widerstreitende Tendenzen, die sich ihren Kampf auf dem Schauplatz des menschlichen Innern liefern. Jede gewinnt nur auf Kosten der anderen Terrain.

Die Realrepugnanz (N. Hartmann, Der Aufbau d. realen Welt, 1940, 32. Kap.) ist kein logischer Widerspruch, sondern ein Aufeinanderstoßen entgegengerichteter Tendenzen oder Determinationen, das im realen Konflikt besteht. In der Natur sind alle dynamischen Gleichgewichte bereits Ausgleichsformen widerstreitender Momente. In den organischen Prozeß sind antagonistische Kräfte in unübersehbarer Kompliziertheit eingebaut: den Auxinen wirken die Antiauxine entgegen, spezifischen Hormonen andere, die sie hemmen oder in ein dynamisches Gleichgewicht setzen. Das Antriebsleben des Menschen ist ein Feld von Konflikten deswegen, weil verschiedene Antriebsgruppen heterogener Art in gleicher Weise chronisch um die Ausdrucksfelder des Verhaltens konkurrieren, und die Tiefenpsychologie hat uns einigen Aufschluß darüber gegeben, welche Resultanten hier vorkommen (Ambivalenz, Verdrängung, Übersprungverhalten). Und der Konflikt von Pflicht und Neigung ist ein besonders bekanntes Beispiel der Realrepugnanzen, die im höheren Geistesleben vorkommen, wenn die individuelle Determination des Gefühls mit der sozialen der Verpflichtung in Kollision kommt.

Es ist nicht allzu oft bemerkt worden, daß im menschlichen Geist verschiedene Instanzen am Werke sind. Bergson sah es (Die zwei Quellen, p. 103), wenn er der Psychologie vorwarf, daß sie „allgemeine Fähigkeiten des Wahrnehmens, des Denkens, des Verstehens annimmt, ohne sich zu fragen, ob nicht verschiedene Mechanismen im Spiele sind, je nachdem ob diese Fähigkeiten auf Personen oder auf Sachen angewendet werden, je nachdem die Intelligenz in das soziale Milieu eingetaucht ist oder nicht". Es gibt da nicht nur verschiedene, sondern antagonistische „Mechanismen", also Funktionen derart, daß die eine die andere zu hemmen oder sogar zu destruieren neigt.

An dieser Stelle und am Schlusse dieses Buches wollen wir uns jedoch auf den Nachweis beschränken, daß es ganz bestimmte nichtinstrumentelle Akte des ideativen Bewußtseins sind, aus denen heraus Institutionen entwickelt werden. Wir wollen dies an einer Analyse des *Totemismus* zeigen. Der Totemismus oder soziale Tierkult ist eine der wenigen Kulturformen, denen man eine allgemeinmenschliche Bedeutung zusprechen muß. Er ist bei den Indianern Nord- und Südamerikas, in zahlreichen „primitiven" Gruppen Afrikas, Nord- und Ostasiens, in der Südsee und in Australien nachgewiesen. Die frühen Hochkulturen besonders Ägyptens, des klassischen Landes der Tiergottheiten, aber auch Mexikos und Chinas zeigen Erscheinungen, die man nur aus einem älteren, prähistorischen Totemismus ableiten kann, und selbst in den Fundamenten der hochhumanisierten griechischen Kultur findet man beim Nachgraben seine Spuren: so war Erinys ursprünglich eine pferdegestaltige Gottheit aus Thelpusa in Arkadien, und ein Fest zu Brauron in Attika hielt die Erscheinung der Artemis als Bär fest (s. H. J. Rose, Ancient Greek Religion, London 1946). Wenn es aber einen Kult gibt, der nachweislich bis in das Paläolithikum, nämlich bis ins Riss-Würm-Interglazial zurückreicht, so ist es der Bärenkult des Moustérien.

Was ist also Totemismus, abgesehen davon, daß er der „Gegenstand eines nicht enden wollenden Streites" ist (van d. Leeuw, Phänom. d. Relig. 1933)? Es gibt eine große Anzahl Theorien, die Freud (Totem u. Tabu, 1922, p. 61) eingeteilt hat: nominalistische, die mit der „Namengebung" arbeiten, soziologische und psychoanalytische, bis zu den oberflächlichsten und aus dem flachsten Verstehen abgeleiteten psychologischen, von denen v. d. Leeuw eine zitiert: „Wenn der Mensch im Jägerstadium durch die Not des Lebens und seine Tag für Tag gleichbleibende Beschäftigung gezwungen nur an das Tier denkt, das zugleich sein Feind und seine Nahrung ist, wenn er gewissermaßen (!) ganz im Tiere aufgeht, so ist es nur natürlich, daß dieser Inhalt seines Bewußtseins auch nach Äußerung drängt" – wobei bloß dunkel bleibt, weshalb diese Tag für Tag gleichbleibende Beschäftigung nicht umgekehrt zur Trivialisierung des ganzen Komplexes geführt hat.

Aber fragen wir nun: was muß eine Theorie des Totemismus mitsetzen? Natürlich die kardinalen Punkte: daß es Gruppen gibt, die sich jeweils mit bestimmten Tieren „identifizieren" und deren Namen tragen, daß das Totemtier als Ahn der Gruppe gilt, und daß für diese Gruppe die Tötung bzw. das Essen des Totemtieres verboten zu sein pflegt. Ferner muß die Theorie das hocharchaische Alter des Totemismus einrechnen, also eine prähistorische Bewußtseinsstruktur, von der wir mindestens eins mit hoher Wahrscheinlichkeit aussagen können, daß nämlich dieses Bewußtsein überwiegend an der Außenwelt orientiert, d. h. in geringem Grade reflexives Selbstbewußtsein war.

An dieser Stelle ist das Sichidentifizieren, d. h. das darstellende Sichverwandeln in ein Tier sehr wörtlich zu nehmen. Ich habe oben schon mehrfach auf die große anthropologische Bedeutung des Fundes von Mead hingewiesen, daß ein „Sichversetzen in den anderen", die „Nachahmung", wenn man will, das Selbstbewußtsein freilegt. Dann aber bedeutet der Totemismus zunächst einmal die primitivste, noch *indirekte Realisierung des Selbstbewußtseins.* Indem sich der einzelne mit einem Nicht-ich identifiziert, erreicht er ein kontrastierendes Selbstgefühl, das er in der mehr oder weniger dauernden *Darstellung* eines anderen Wesens festzuhalten vermag. Das primitive, nach außen gewendete Bewußtsein wird nur indirekt zum Selbstbewußtsein, nämlich in dem Prozeß der Darstellung eines Nicht-ichs, und in dem durch diese Darstellung hindurchgeführten Objektwerden des eigenen Selbst, das ein anderes darstellt. Dazu gibt es ein blasses Analogon heute noch in dem „Rollenspiel" der Kinder, in dem das Ich sich selbst in einem anderen gegenübertritt und so erfaßt. Nun ist diese Gestalt des Bewußtseins eine soziale Figur, die im direkten Verhalten der Menschen gegeneinander, in der gegenseitigen „Nachahmung" auch realisierbar wäre. Was den Totemismus darüber hinaus charakterisiert, ist dies, daß alle Mitglieder einer Gruppe, die „an sich" schon vorhanden ist, sich mit *demselben* Nicht-ich identifizieren und so nicht direkt einander nachahmen, sondern gegeneinander dieselbe Rolle eines Dritten festhalten. Dieses Nicht-ich muß daher außerhalb der Gruppe liegen, ja kann unmöglich ein anderer Mensch sein, der selbst tätig werden und das gegenseitige Verhältnis wieder zur direkten Nachahmung herabsetzen würde. Es muß ein lebender und benachbarter, aber passiver Bezugspunkt als Nichtich gefunden werden, und hier dient dann als Substrat das schon vorhandene Gefühl der vitalen Wichtigkeit der Gegenwart und Fortdauer tierischen Lebens für den Menschen. Wozu Gerald Heard die geistvolle Bemerkung macht, daß alle parasitären Beziehungen zu einer Stabilisierung der Symbiose streben.

Indem nun aber die einzelnen sich mit demselben Tier identifizieren, seine Darstellung gegeneinander festhaltend, realisieren sie auf eine indirekte Weise das Selbstbewußtsein ihrer objektiven Einheit als Gruppe. Der objektive Begriff „unsere Gruppe" ist daher viel früher in diesem mimischen Vollzug ins Bewußtsein gehoben, als abstrakt gedacht worden. Er geht weit über jedes bloß emotionale oder im direkten, gemeinsamen Verhalten erreichbare Wir-Erlebnis hinaus und gehört einer Reflexion höheren Grades an, die zu gewinnen das nach außen gewendete Bewußtsein nur imstande ist, wenn es ein in sich reflexives Verhalten (das Sichverkörpern in ein anderes) dazwischenschiebt. Die Art, wie der Begriff „unsere Gruppe" dann gedacht wird, knüpft an den Bezugspunkt der ganzen Struktur an, an das Totemtier, und greift zu der naheliegenden Vorstellung einer gemeinsamen, exklusiven Herkunft von diesem. Diese Vorstellung ist natürlich, empirisch gesehen, falsch oder fiktiv (wie übrigens die allermeisten späteren genealogischen Mythen), aber dennoch hat sie eine Realität sui generis, nämlich als Schematisierung eines sehr komplexen Verhaltens in einem *anschaulichen* Begriff, an den sich Verpflichtungserlebnisse anknüpfen können, die aus dem reflektiert abstrakten Begriff „unsere Gruppe" nicht folgen würden. So nun wird, wahrscheinlich erstmalig in der Geschichte der Menschheit, ein Bewußtsein der objektiven Gemeinsamkeit gerade durch die Identität des Selbstbewußtseins aller hindurch hergestellt, und dies ist ein bis in die hohen transnaturalen Religionen entwickelter Gehalt, den festzuhalten dem modernen Bewußtsein anscheinend schwer gelingt, dessen fortschrittlichste Formen, anders als damals, den einzelnen vielmehr unaufhaltsam isolieren. Auf der prähistorischen Stufe, von der wir reden, war diese progressivste Phase die des sich eben entwickelnden, nur von außen her, durch Verkörperung in ein anderes realisierbaren Selbstbewußtseins, und indem das Selbstbewußtsein aller sich in demselben äußeren Bezugspunkt schneidet, entsteht von da her das Bewußtsein der objektiven Gruppeneinheit, und schlägt sich anschaulich nieder in der Vorstellung der gemeinsamen Abstammung von *demselben* Tier.

Soweit wäre der Vorgang bloß eine Bewegung innerhalb des Bewußtseins. Er hat noch tiefere Seiten. Produktive Bewußtseinsstrukturen sind nicht nur theoretisch produktiv, sondern auch praktisch, sie geben stets Ansatzpunkte her, an denen sich das Verpflichtungsbedürfnis orientiert. Es gibt nun keine Verpflichtungen, die nicht in ihrem Kern einen Akt der Selbstbeschränkung hätten, und man kann die in diesem Kern stets *asketischen* Akte der Selbsthemmung von zwei Seiten her ansehen. Einmal drücken sie die Tatsache aus, daß der Mensch, sich selbst gegenübergetreten, an sich selbst ein Thema seiner eigenen Willenskraft findet. Der Mensch ist das zu sich selbst und damit gegen sich selbst stellungnehmende Wesen, und er ringt ein spezifisches Verhalten nach außen einem anderen, gleichmöglichen, in sich selbst ab. Zweitens ist mit der Instinktreduktion des Menschen, der Kehrseite seines Bewußtseins und seiner antriebshaften Platizität, zugleich ein tiefgreifender Mangel an echt instinktiven Hemmungsmechanismen gesetzt. Als Naturwesen ist er virtuell hemmungslos. Der *Asketismus* gehört daher zu den ganz fudamentalen Erscheinungen der geistigen Auseinandersetzung des Menschen mit seiner eigenen Konstitution und ist deshalb, wie schon Durkheim sah, „un élément essentiel" der Religion. Die Verpflichtungserlebnisse des protomagischen Bewußtseins knüpfen nun an einem *äußeren* „Appellgegenstand" an, in diesem Falle am Totemtier, und finden hier den Ansatzpunkt für ein asketisches Verhalten der Hemmungssetzung: es ist verboten, das Totemtier zu töten und zu essen. Man kann die Entstehung von Verpflichtungserlebnissen „von außen her" und den Asketismus (Tabuierung) als eine der möglichen Bestimmungen der Verpflichtung sehr wohl noch analysieren (s. „Urmensch und Spätkultur", 1956, Kap. 29).

Hier ist nun die Stelle erreicht, wo die bisher gehandhabte Methode des „Verstehens", des psychologischen Nachvollzuges nicht mehr weiter führt. Das Verstehen eines selbstwertgesättigten oder auf einen Selbstzweck gehenden Handelns führt nämlich nur bis zu der Einsicht, daß dieses Verhalten eine Möglichkeit unter anderen ist, und löst gerade damit die Selbstwertqualität relativistisch auf. Ein *Handeln* mit Sollqualität dagegen ist *exklusiv* und erwächst gerade auf der aktiven Hemmung anderer Möglichkeiten. Der einzige Weg, Willensakte zu verstehen, ist daher der *reale* Nachvollzug, also das reale Transzendieren eines bloß vorgestellten Verhaltens. Diejenigen tatsächlichen Konsequenzen, die aus einem wirklichen Gruppenverhalten folgen, sind daher weder aus dem psychologischen Verstehen, noch aus dem von außen herantretenden empirischen (soziologischen) Erheben der neueintretenden Veränderungen abzuleiten. Die Untersuchung muß daher jetzt *philosophisch* verfahren, d. h. sie ist auf ontologische Kategorien angewiesen. Die an dieser Stelle einzuführende ontologische Kategorie heißt „sekundäre objektive Zweckmäßigkeit".

Die bisher beschriebene totemistische Struktur des Verhaltens nämlich könnte, soweit dargestellt, eine bloß vorübergehende Bedeutung gehabt haben. An vielen Stellen und bei vielen Gelegenheiten entwickelt, hätte sie sich in andere Verhaltensformen wieder auflösen können. Es ist eine in diesem Verhalten immanente und erst dann, wenn es wirklich vollzogen wird, sekundär herausspringende objektive und übergreifende Zweckmäßigkeit gewesen, die aus dem Totemismus für viele Jahrtausende die *führende* Institution gemacht hat. Indem nämlich die einzelnen Mitglieder der Gruppe sich je mit demselben Totemtier identifizieren und darin nicht nur ihr Selbstbewußtsein entdecken, sondern einen gemeinsamen Konvergenzpunkt des Selbstbewußtseins aller finden, und indem die gemeinsame Verpflichtung des Nichttötens und Nichtessens dieses Tieres die Form darstellt, in der dieses Bewußtsein sich in eine Verpflichtung, d. h. in ein asketisches Handeln übersetzen kann, verhindert dieses Tötungsverbot zugleich den Mord und das Fressen des Gemordeten in der eigenen Gruppe, weil ja jeder einzelne sich gegenüber jedem anderen mit dem Totem identifiziert hat. Das heißt: die so vorstellbar gewordene Gruppeneinheit *stellt sie tatsächlich her*, kraft der Konsequenzverpflichtungen, die in diesem Verhalten liegen. Der Totemismus ist daher als diejenige weltweite Kulturform aufzufassen, in der die Menschheit *die Anthropophagie überwand*, und daraus erklärt sich ihre Stabilität und ihr ungeheueres Gewicht. Wir müssen die vortotemistischen Gruppen als unstabil und fluktuierend auffassen, mit einer immer wieder hervorbrechenden Möglichkeit der Tötung und Menschenfresserei in der eigenen Gruppe: daß der Sinanthropus Pekinensis (Altpaläolithikum) Anthropophage gewesen ist, ist erwiesen.

Das Tötungs- und Speiseverbot des Totemtieres impliziert daher dasselbe Verbot gegenüber jedem Gruppengenossen, d. h. die in einem indirekten Selbstbewußtsein der Gruppe denkbar gewordene Gruppeneinheit wird in derselben Bewegung real hergestellt, weil die an jene Bewußtseinsfigur anschließenden asketischen Verpflichtungen den assoziativen Bahnen dieses Bewußtseins bis in die Konsequenzen hinein folgen. Noch mehr: kraft derselben totemistischen Identifikation kann die Aggression gegenüber der benachbarten Gruppe des anderen Totems auf deren Totemtier abgelenkt werden, das zu töten erlaubt ist, und die Gewohnheit der Anthropophagie wieder wird abgeleitet auf die selten, ausnahmsweise und unter großem Zeremoniell erlaubte Tötung und Verzehrung des eigenen Totemtieres.

Die innere Befriedigung der Gruppe und ihre Schließung nach außen als eine Einheit ist natürlich die Voraussetzung jeglicher stabiler Tradition, d. h. im Grunde der Kultur, erstrecke sich diese Tradition nun auf kultische, ökonomische oder politische Inhalte. Sie ist vor allem die Bedingung dafür, daß jetzt im Verhältnis zur größeren Gruppe und durch sie mitbestimmt eine eindeutige und stabile Zuordnung der Geschlechtsverhältnisse möglich wird. Daher entsteht aus dem Totemismus heraus die obligatorische Eheregelung. Für die Konstituierung der Dauerfamilie ist nämlich zweierlei entscheidend: einmal irgendeine inhibierende Regelung der Geschlechtsbeziehung, die gewisse Beziehungen tabuiert, indem sie andere obligatorisch macht, und eine ebenfalls einschränkende Regulierung der Familienbindung gegenüber konkurrierenden Gemeinschaften, vor allem dem übergeordneten Verband. Auf der ersten Linie liegt das Inzestverbot, auf der zweiten die Auffassung der Ehezuordnung als einer Konsequenzverpflichtung aus den schon bestehenden totemistischen Gruppierungen. Die einfachste und anschaulichste Form, beiden Bedingungen zu genügen, ist die Exogamieregel, d. h. die Tabuierung der Geschlechtsbeziehung innerhalb der eigenen Totemgruppe fiktiver Blutsverwandtschaft und die Forderung der Gattenwahl innerhalb einer anderen Totemgruppe. Damit wird die fundamentale naturhafte Realität des Geschlechtsverhältnisses institutionalisiert, d. h. die „an sich" vorausgesetzte Fortpflanzung wird *zum Thema* eines geordneten Verhaltens der Gruppe „für sich".

Nach unserer Theorie muß in den Frühzeiten des Totemismus die parallele Identifikation mit dem Totemtier *dargestellt*, d. h. verkörpert und in einem allmählich ritualisierten Verhalten gegeneinander festgehalten worden sein. Die ursprünglich keineswegs angestrebte, sondern unerwartete, aber überwältigende objektive Zweckmäßigkeit hat dieses Verhalten *rückwärts stabilisiert.* Man hält Führungsideen nicht bloß im Kopfe fest, sie müssen, von realen Institutionen reflektiert, in die Grundlagen des Alltagsverhaltens eingegangen sein. Wenn nun dieses ursprünglich darstellende totemistische Verhalten stereotypisiert wurde, abflachte und sich auf Andeutungen zusammenzog, weil sich die lebendige Energie auf die Auswertung und Durcharbeitung der erscheinenden Konsequenzverpflichtungen und sekundären Zweckmäßigkeiten warf, dann mußte das primäre Verhalten symbolisch werden und sich von der realen Verkörperung entlasten. Es geschieht dies so, daß die ursprünglich totemistischen Inhalte des Bewußtseins zu Erzählungen von Begebenheiten und Handlungen entwickelt werden, daß sie die Form von Ereignissen in dem Maße annehmen, in dem sie das reale, in der Zeit verlaufende und aktive Gruppenverhalten zu ersetzen beginnen. Die so entstehenden „Mythen" von den „Totemgeistern" liegen z. B. aus Australien massenhaft vor, und sie reflektieren sehr wohl erkennbar frühere reale Verhaltensweisen der Gruppen. So quellen die australischen Mythen von „Wanderungen" der Totemgeister über, vor allem aber von endlosen „Verwandelungen" und Metamorphosen. Die Menschheit hält darin die Erinnerung an eine fundamentale Entdeckung fest: eben dieses Sichverwandeln in ein anderes, das Sichverkörpern in ein anderes Wesen war es ja, in dem das Selbstbewußtsein den ersten gewaltigen Schritt nach vorwärts tat.

Die „Erfindung" der Tierzucht und des Ackerbaues sind auf keinem anderen Wege geschehen. Auch diese ungeheuer folgenreichen Institutionen sind sekundäre objektive Zweckmäßigkeiten, die man aufgreifen und ausnutzen konnte, nachdem ein ganz anders orientiertes Verhalten sie überraschend freigesetzt hatte. Daß Pflanzen aus Samenkernen erwachsen, war eine zu naheliegende Beobachtung, als daß sie nicht überall gemacht worden wäre. Aber daraus folgt gerade keineswegs schon der Ackerbau, vielmehr muß erst die magische Hegung von Totemtieren und Totempflanzen dazwischentreten. Der Akkerbau erfordert nämlich auch eine asketische Selbstzucht, die das instrumentelle Bewußtsein von sich aus keineswegs hergibt. Das hat Ed. Hahn (Die Entstehung d. wirtsch. Arbeit, 1908) sehr klar erkannt: „Bei den Versuchen wohlmeinender Europäer, primitiven Stämmen den Ackerbau beizubringen, hat sich immer gezeigt, daß die größten Feinde der neuen Kultur die damit Beglückten selbst waren. Entweder wanderten die Sämereien und Wurzeln statt auf den Acker kurzerhand in den Magen, oder wenn das Feld unter Leitung Sachverständiger bestellt war, wurden die jungen Pflanzen halbreif abgerissen und verzehrt, aber nicht der geringste Vorrat für den Anbau zurückgelegt." Diese Disziplinierung kann ursprünglich nur die Kraft eines Tabus geleistet haben, ein Berührungsverbot, das mit der Hegung der Totempflanze zusammenhing, und ebenso ist die „Reindarstellung", die exklusive Hegung *einer* Pflanze, aus deren Nähe man alles nicht Dazugehörige fernhielt, nicht anders denkbar, als aus magischen Quellen entsprungen. Erst als durch ein solches Verhalten das Gesetz des vielfachen Ertrages der kultivierten Pflanze sich ergab, konnte man diese sekundäre objektive Zweckmäßigkeit von dem ursprünglichen Zweck ablösen, und ihn um seiner selbst willen verfolgen, zu welchem Akt der Rationalisierung man sogar nicht einmal immer bereit war: es gibt heute noch südamerikanische Indianer, die den Tabak nur zu Kultzwecken bauen und den, welchen sie rauchen, importieren.

Wenn diese Analysen ursprüngliche Kulturschöpfungen in einem genügenden Grade von Annäherung treffen, so hat dies gewichtige philosophische Konsequenzen. Der Totemismus ist ein Beispiel eines typisch ideativen, nichtinstrumentellen Verhaltens: weder das indirekt, in der Verkörperung in ein Nichtich erreichbare Selbstbewußtsein, noch das daraus entwickelte Verpflichtungsgefühl, noch auch die asketische Wendung desselben sind auf die geläufigen instrumentellen Kategorien Zweck, Mittel und Bedürfnis zu bringen. Wahrscheinlich werden ursprünglich Bedürfnisse in der *Darstellung* ihrer Erfüllung, nicht in dieser selbst überhaupt erst gegenständlich. Eine direkte psychologische Verstehbarkeit des Totemismus besteht für unser Bewußtsein auch nicht mehr. An seiner ganz epochalen Bedeutung ist umgekehrt kein Zweifel. Uns gelang eine Art Rekonstruktion desselben nur mit Hilfe mehrerer, sich ergänzender Methoden: wir brauchten dazu einige anthropologische Grundthesen, wie sie in diesem Buche entwickelt wurden, ein paar sehr wahrscheinliche Annahmen über prähistorische Bewußtseins- und Sozialzustände und die durchaus ontologische Kategorie der „sekundären objektiven Zweckmäßigkeit". In ihr liegt das tiefere philosophische Problem. Wie ist es möglich, daß ein Verhalten, welches dem instrumentellen Bewußtsein als imaginär erscheinen muß, dennoch die überraschendsten objektiven Zweckmäßigkeiten der Natur für den Menschen entwickelte, Zweckmäßigkeiten, die bislang verdeckt, ja nur virtuell vorhanden waren und die das instrumentelle Verhalten niemals gefunden hätte? Diese objektive Teleologie ist sehr besonderer Art. Es handelt sich keineswegs darum, daß schon naturhaft bestehende Zweckmäßigkeiten, wie sie in der organischen Welt massenhaft vorkommen, erkennbar und ausnützbar werden. Dies ist in unserem Falle erst der zweite Schritt. Der erste besteht darin, daß potentielle objektive Zweckmäßigkeiten durch die Konsequenzketten eines ideativen Verhaltens überhaupt erst entwickelt werden. Die Schwierigkeit liegt hier darin, daß unser analytisches Bewußtsein nur fragmentarisch an das herankommt, was organische „Veredelung" heißt. Die Kultivierung von Nutzpflanzen bedeutet eine *qualitative* Veränderung, die durch die Veränderung des Chromosomenbestandes, die wir daran allein analytisch fassen können, *nicht* ausdefiniert wird. Ähnlich steht es mit der „Humanisierung" des Menschen, wie sie durch das Abstoßen der Anthropophagie erst möglich wird. Die durch bestimmte Hemmungssysteme, wie sie der Totemismus setzt, erst konstituierte, in sich befriedete und nach außen geschlossene Gruppe ist das Spannungsfeld, in dem die Höherentwickelung nicht nur der Kultur, sondern des Menschen selbst erst provoziert wird. Die entscheidende Wirkung restriktiver Verhaltensnormen, können wir mit B. Malinowski (Crime and Custom in Savage Societies, 1940, XIII) sagen, besteht doch darin, gewisse natürliche Neigungen abzubiegen, menschliche Instinkte zu hemmen und zu kontrollieren und ihnen ein nichtspontanes, zwangsmäßiges Verhalten aufzudrängen: eben das ist offenbar zweckmäßig nicht nur für die geistige, sondern auch für die vitale Höherentwickelung des Typus Mensch gewesen.

Die inneren Kategorien des ideativen Verhaltens sind, wie wir gesehen haben, etwa die folgenden: Verkörperung (nicht „Rolle". Dieser in der amerikanischen Soziologie z. B. beliebte Begriff ist ein sekundäres Derivat der Verkörperung), indirektes Selbstbewußtsein, indirektes Gruppenbewußtsein, Verpflichtung „von außen", Askese und das ursprünglich schöpferische andere Ich (hier das Totemtier als Ahnherr). Diese Kategorien müssen sich, um es in der Sprache der neuen Ontologie N. Hartmanns auszudrücken, mit gewissen *potentiellen*, übergreifenden Kategorien der organischen und menschlichen Welt decken, müssen sie im Vollzuge „treffen" und „realisieren", ähnlich wie die Kategorien des instrumentellen Denkens denen der anorganischen Natur in hohem Grade angemessen sind. Eben dieses „Treffen" legt sich aus in der überraschenden, als Segnung dieses Verhaltens empfundenen objektiven Zweckmäßigkeit, die nun *festzuhalten* und *auf Dauer zu stellen* der wesentliche Inhalt der fundamentalen *Institutionen* ist, wie wir dies an den Beispielen der Gruppenbefriedigung, der Ehe und des Ackerbaus zeigten. Mit vollem Recht hat daher R. Meister als den wesentlichen Grundzug aller kulturellen Gestaltungen die Richtung auf *Dauer* hervorgehoben (Geistige Objektivierung und Resubjektivierung, Wiener Ztsch. f. Philos., Psychol. u. Päd. I/1, 1947), und ebenso wichtig ist, daß der oben genannte Hauriou die „Verkörperung" (incorporation) als eine Grundkategorie der Institutionslehre erkannte. Die Realkategorien des Lebens und der in ihm enthaltenen virtuellen objektiven Zweckmäßigkeiten sind natürlich nur zum Bruchteil *erkannt*, aber die Strukturen des ideativen Verhaltens scheinen sie mit höherer Annäherung und in einer indirekten Weise zu treffen. Denn es sind ja objektive, sehr reale und durchaus fundamentale Verhältnisse, die gerade in diesem nichtinstrumentellen, nicht zweckbewußten ideativen Verhalten, in Akten des Menschen *gegen* seine eigenen Antriebe gefunden und damit verhaltensfaßlich werden, in einer sozusagen succursorisch in Erscheinung tretenden Zweckmäßigkeit, die gar nicht intendiert war. So sieht jeder ein, daß die Tiere von den periodischen Prozessen „Ernährung" und „Fortpflanzung" nichts wissen, sondern daß diese Prozesse durch ihre Instinkte und ihr Verhalten hindurch, hinter dem Rücken ihres Bewußtseins ablaufen. In den menschlichen Institutionen der Familie und des Ackerbaus werden diese Prozesse thematisiert, nicht nur gelebt, sondern selbst noch Inhalte von Zielsetzungen und Verpflichtungen. Was dort „an sich" geschah, geschieht hier „für sich", aber gerade in Folge davon, daß das ideative Bewußtsein ganz andere Inhalte entwickelte, die in geistiger Weise durchaus Zwecke und Verpflichtungen für sich selbst waren. Das instrumentelle Bewußtsein hat diese Institutionen gerade *nicht* geschaffen, es ist überhaupt, wie wir gegenwärtig eher „durchmachen" als wissen, unfähig zur Begründung stabiler und humanisierender Institutionen. Auf dem Wege des instrumentellen Verhaltens, auf dem die Jägerkulturen ihre stets prekäre Nahrung sich beschafften, haben sie die Ernährung gerade nicht sichergestellt, und deshalb waren sie immer wieder auf die Anthropophagie angewiesen, der man eine sehr direkte Zweckmäßigkeit als Mittel zum Zweck nicht absprechen kann. Nichts war „praktischer". Erst als sie, in der Hege von Totemtieren und Totempflanzen, dem Lebendigen zweckfrei sich verpflichteten, „trafen" sie auf Zweckmäßigkeiten, die die Ernährung als dauerndes Gefüge, als überindividuellen Prozeß institutionalisierbar machten. Die stationäre Bedarfsdeckung trivialisierte diesen fundamentalen Antrieb einigermaßen und entlastete den Menschen überhaupt erst für Aktivitäten höheren Grades.

Die Institutionen halten also objektive, übergreifende Zweckmäßigkeiten fest, sie kristallisieren sie, nachdem sie durch ein ideatives Verhalten freigelegt wurden, und deshalb ist ihre Idée directrice, ihre Führungsnorm stets diejenige Idee, an der sich das ideative Bewußtsein zuerst orientiert hatte. Die strengen, meist exogamen Eheregelungen der Primitiven steuern sich allein an der Totemidee, die inzwischen in ein Nebeneinander von fast nur noch klassifikatorischen Benennungen und von massenhaften mythologischen Erzählungen zerfallen ist, deren ursprünglicher Normgehalt in die Verpflichtung zur ewigen wörtlichen Wiederholung degeneriert ist. Wir halten den primären, hier dargestellten komplexen Zusammenhang zwischen dem ideativen Verhalten, der asketischen Verpflichtung, der dadurch freigelegten, unerwarteten ontologischen Zweckmäßigkeit und die Institutionalisierung derselben unter *einer* Führungsidee für den philosophisch hier wenigstens approximativ erreichten eigentlichen Nerv der Religion. Man kann im vorstellenden, direkten Bewußtsein diesen Zusammenhang nicht anders denken als im Bilde eines höheren Wesens – hier des Totemahnen –, der diese Institutionen gegründet hat.

Wir kommen zum Schluß kurz auf die kritischen Ausführungen am Anfang dieses Kapitels zurück. Die empirische, soziologisch ausgerichtete Forschung ist als „Vorwissenschaft" unentbehrlich. Sie liefert jedoch nur die Ansatzpunkte spezieller kulturanthropologischer Kategorien, von denen wir einige in diesem Kapitel, andere (die „unbestimmte Verpflichtung", die „Protomagie" und die „tension stabilisée") an anderer Stelle („Urmensch und Spätkultur", 1956) entwickelt haben. Das Ziel dieser Forschungen ist die philosophische Untersuchung der gesellschaftlichen Kultur, d. h. aber in erster Linie: der elementaren Institutionen samt der darin inkorporierten Führungsideen. Psychologische Akte des „Verstehens" gehen in diese Analysen nur als Hilfsmethoden erster Annäherung ein, mit der Bedingung genauer Kontrolle der Linie, wo sie aussetzen; sie sind nie Selbstzweck und machen nicht die Bewegung aus, in der sich diese Wissenschaft vollendet. Wenn man nun in ihr einige Schritte in die tieferen Probleme getan hat, stößt man sehr bald auf ontologische Kategorien, wie die der „sekundären objektiven Zweckmäßigkeit". Dies ist eine bedeutende Kategorie der elementaren Institutionen und damit der Religion. Jetzt erst ist zu begreifen, warum die *unmittelbare* Beziehung religiöser *Vorstellungen* (im bloß subjektiven Aspekt) auf die Antriebsschicht im Menschen, wie sie von Bergson, Scheler, Beth, von uns selber in den früheren Auflagen und von vielen anderen Autoren unternommen wurde, unzureichend ist: eine primäre subjektive Zweckmäßigkeit kann die sekundäre objektive nicht zulänglich abbilden. Es ist dabei höchst bezeichnend, daß Bergson bei den primitiven Religionen nur die „fabulatorische Funktion" und die subjektiv zweckmäßige, entlastende, „ermutigende" Leistung derselben denken konnte, und unter den hohen Formen allein die individuellste, die Mystik: als Institution konnte er die Religion nicht denken, da schob er ihr die Soziologie unter. Es läßt sich weiter schon jetzt wahrscheinlich machen, daß weder das instrumentelle Bewußtsein, noch eines seiner Derivate, also auch nicht das historisch-psychologische fähig ist, dauerhafte und stabile Institutionen zu begründen. Alle Apologien der Geisteswissenschaft führen zwar zu einer Selbstverklärung des Gelehrtenstandes, aber nicht zu neuen Formen der sozialen Ordnung. Dies zu verkennen, war der entscheidende Fehler Diltheys.

Dauerhafte Institutionen sind, wie wir sahen, die Produkte eines sehr komplexen menschlichen sozialen Verhaltens, in das ideative Akte ebenso eingehen wie asketische der Selbstzucht und Hemmungssetzung. Jeder Fortschritt der menschlichen Kultur ist auch daran erkennbar gewesen, daß er eine neue Form der Zucht stabilisiert hat. Die einsame Seele des reflektierenden Menschen erhebt zu Unrecht allein den Anspruch auf Tiefe. „Diejenige Tiefe, die man berechtigterweise allein meinen kann, liegt den ontischen Verhältnissen nach ebenso oft nach außen wie nach innen", sagt N. Hartmann (Der Aufbau der realen Welt, p. 344). Denn „Die höhere Philosophie behandelt die Ehe von Natur und Geist" (Novalis, Frgm. 471).

Namenverzeichnis

Sachverzeichnis